Am Kapitelanfang kannst du prüfen, ob du **Startklar?** bist für das neue Thema.

Wenn du bei einigen Aufgaben noch unsicher bist, kannst du am Ende des Buches auf den Seiten **Erinnern und Wiederholen** nachschlagen und üben.

Am Ende des Kapitels werden **Auf einen Blick!** alle wichtigen Inhalte zusammengefasst. Zu jedem Merkkasten gibt es typische Aufgaben.

Auf der letzten Kapitelseite **Alles klar?** kannst du testen, ob du alles gut verstanden hast, und dich auf die Klassenarbeit vorbereiten.

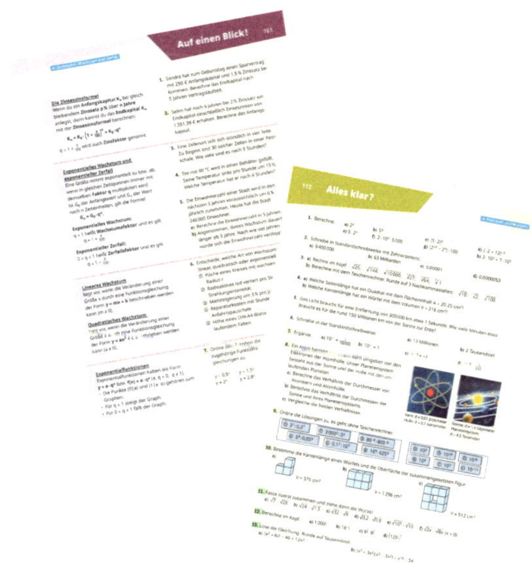

Zu allen diesen Seiten stehen die Lösungen hinten im Buch, so dass du deine Ergebnisse überprüfen kannst.

Mittendrin im Kapitel kannst du auf der Seite **Bleib fit!** Fähigkeiten üben und trainieren, unabhängig vom aktuellen Kapitelinhalt.

Wo wird Mathematik im Alltag angewendet? Gibt es Themen, die sich für ein Projekt oder zum Basteln eignen? Auf den Seiten **Mathe mal anders** findest du Beispiele und Anregungen dafür.

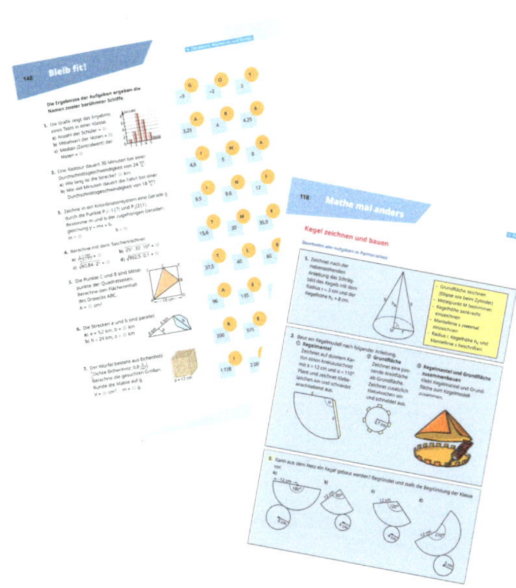

westermann

SEKUNDO

Mathematik

10

Differenzierende Ausgabe

Herausgegeben von

Tim Baumert
Peter Welzel
Bernd Wurl

SEKUNDO 10

Mathematik

Differenzierende Ausgabe

Herausgegeben und bearbeitet von

Tim Baumert, Volker Eisenmann, Kathrin Holten, R.-Michael Kienast, Anette Lessmann, Dr. Elke Mages, Ludwig Mayer, Michael Siegbert, Peter Welzel, Prof. Bernd Wurl

Mit Beiträgen von

Malk Abshagen, Jost Baier, Lutz Bassin, Kerstin Cohrs-Streloke, Klaus Frankenberg, Katharina Kutter, Dr. Martina Lenze, Hartmut Lunze, Monika Mattern, Sigrid Mergelkuhl, Alexsandra Misra, Peter Ploszynski, Erik Röhrich-Zorn, Jürgen Ruschitz, Julika Schlattmann, Rino Schroeder, Dr. Max Schröder, Christa Spring, Prof. Dr. Alexander Wynands

Zusatzmaterialien zu Sekundo 10

Für Lehrerinnen und Lehrer:

Lösungen zum Schülerband	978-3-14-124306-2
BiBox für Lehrerinnen und Lehrer (Einzellizenz)	WEB-14-124309
BiBox für Lehrerinnen und Lehrer (Kollegiumslizenz)	WEB-14-124310
Online-Diagnose zu Sekundo 9	www.onlinediagnose.de
kapiert.de zu Sekundo 9	www.kapiert.de/schule

Für Schülerinnen und Schüler:

Arbeitsheft	978-3-14-124307-9
Förderheft	978-3-14-124308-6
BiBox (Einzellizenz für 1 Schuljahr)	WEB-14-124312

westermann GRUPPE

Druck A[1] / Jahr 2022
Alle Drucke der Serie A sind im Unterricht parallel verwendbar.

Redaktion: Jessica Bader, Dr. Frances Beier
Umschlag: Gingco Net, Braunschweig
Layout: Janssen Kahlert, Hannover
Illustration: Heinrich Drescher, Münster
Zeichnungen: Michael Wojczak, Braunschweig
Druck und Bindung: Westermann Druck GmbH, Georg-Westermann-Allee 66, 38104 Braunschweig

ISBN 978-3-14-**124305**-5

1

Basiswissen 6

Check-in 7
Mündliches und schriftliches Rechnen 11
Rechnen mit Brüchen und Dezimalzahlen 12
Rechnen mit positiven und negativen Zahlen, Sachaufgaben 13
Proportionale und antiproportionale Zuordnungen 14
Prozentrechnung 15
Zinsrechnung 16
Terme 17
Gleichungen 18
Tabellen und Koordinatensystem 19
Lineare Funktionen 20
Lineare Gleichungssysteme 21
Winkel und Symmetrie 22
Dreiecke und Vierecke 23
Maßstab, Ähnlichkeit, Strahlensätze 24
Quadratwurzeln und Satz des Pythagoras 25
Umgang mit Größen und Maßeinheiten 26
Flächenberechnung 27
Schrägbilder und Netze 28
Körperberechnung und Dichte 29
Statistik 30
Diagramme 31
Wahrscheinlichkeit 32
Check-out 33

2

Quadratische Funktionen und Gleichungen 37

Startklar? 38
Normalparabel 39
Funktionen der Form $y = ax^2$ 40
Funktionen der Form $y = ax^2 + c$ 43
Nullstellen 45
Funktionen der Form $y = (x - d)^2 + e$ 46
Von der Form $y = x^2 + bx + c$ zur Scheitelpunktform 48
Funktionen der Form $y = a(x - d)^2 + e$ 49
Bleib fit! 50
Quadratische Gleichungen 51
Sonderfälle quadratischer Gleichungen 52
Rechnerische Lösung mit quadratischer Ergänzung 53
Lösungsformel für quadratische Gleichungen 54
Lösen von Sachaufgaben mit quadratischen Gleichungen 56
Vermischte Aufgaben 58
Mathe mal anders: Parabeln im Sport 59
Mathe mal anders: Bremsweg 60
Mathe mal anders: Quadratische Funktionen und Gleichungen in der Stadt 62
Auf einen Blick! 63
Alles klar? 64

3

Trigonometrie

Trigonometrie 65

Startklar? 66
Winkel im Einheitskreis 67
Sinus, Kosinus und Tangens im rechtwinkligen Dreieck 69
Trigonometrie im rechtwinkligen Dreieck 71
Trigonometrie bei Flächen und Körpern 75
Steigungen in Prozent 76
Vermischte Aufgaben 77
Bleib fit! 79
Trigonometrie in beliebigen Dreiecken 80
Sinussatz 81
Kosinussatz 83
Vermessungstechnik auf dem Schulgelände 84
Vermischte Aufgaben 86
Periodische Vorgänge 87
Bogenmaß 89
Auf einen Blick! 91
Alles klar? 92

4

Potenzen und Wurzeln

Potenzen und Wurzeln 93

Startklar? 94
Wiederholung: Potenzen 95
Wiederholung: Zehnerpotenzen 96
Wiederholung: Standardschreibweise 97
Potenzen mit negativen Exponenten 98
Rechenregeln für Potenzen mit gleicher Basis 99
Rechenregeln für Potenzen mit gleichem Exponenten 101
Vermischte Aufgaben 102
Mathe mal anders: Potenzfunktionen 103
Bleib fit! 104
Wiederholung: Quadratwurzeln und Kubikwurzeln 105
Mathe mal anders: Die Intervallschachtelung für Quadratwurzeln 106
Rechnen mit Quadratwurzeln 107
n-te Wurzel 108
Potenzen mit Brüchen als Exponenten 109
Vermischte Aufgaben 110
Auf einen Blick! 111
Alles klar? 112

5

Körper

Körper 113

Startklar? 114
Wiederholung: Oberfläche von Prisma und Zylinder 115
Wiederholung: Volumen von Prisma und Zylinder 116
Mathe mal anders: Pyramide zeichnen und bauen 117
Mathe mal anders: Kegel zeichnen und bauen 118
Der Satz des Pythagoras in Kegel und Pyramide 119
Oberfläche der Pyramide 120
Oberfläche des Kegels 122
Volumen von Pyramide und Kegel 124
Vermischte Aufgaben 126
Bleib fit! 128
Oberfläche der Kugel 129
Volumen der Kugel 130

Zusammengesetzte und ausgehöhlte Körper . . . 131
Volumen und Oberfläche von Körpern modellieren . . . 132
Vermischte Aufgaben . . . 133
Auf einen Blick! . . . 135
Alles klar? . . . 136

Zinseszins, Wachstum und Zerfall . . . 137

Startklar? . . . 138
Wiederholung: Zinsrechnung . . . 139
Mathe mal anders: Sparpläne . . . 140
Zinseszinsrechnung . . . 141
Berechnen von Anfangskapital und Zinssatz ■ . . . 143
Vermischte Aufgaben . . . 145
Mathe mal anders: Altersvorsorge . . . 146
Bleib fit! . . . 148
Exponentielles Wachstum und exponentieller Zerfall . . . 149
Exponent gesucht ■ . . . 152
Vermischte Aufgaben . . . 153
Mathe mal anders:
Kaufkraft und Inflation . . . 154
Lineares, quadratisches und exponentielles Wachstum . . . 155
Exponentialfunktionen ■ . . . 157
Logarithmus ■ . . . 159
Auf einen Blick! . . . 161
Alles klar? . . . 162

Daten und Zufall . . . 163

Startklar? . . . 164
Wiederholung: Statistische Kenngrößen . . . 165
Wiederholung: Boxplot . . . 166
Wiederholung: Grafische Darstellungen . . . 167
Mathe mal anders: Diagramme mit Tabellenkalkulation erstellen . . . 169
Bleib fit! . . . 170
Wiederholung: Baumdiagramme . . . 171
Vierfeldertafeln . . . 174
Kombinieren und variieren ■ . . . 175
Mathe mal anders: Lotto „6 aus 49“ . . . 179
Auf einen Blick! . . . 181
Alles klar? . . . 182

Prüfungsvorbereitung . . . 183

Erinnern und Wiederholen 200

Lösungen 218

Formeln . . . 247
Operatoren . . . 252
Stichwortverzeichnis . . . 254
Bildquellenverzeichnis . . . 256

■ ■ Seiten mit diesen Kennzeichnungen behandeln ein schwieriges Thema.

Basiswissen 1

In diesem Kapitel lernst du, ...

... deine Kompetenzen im Bereich des Basiswissens einzuschätzen,
... wichtige grundlegende Inhalte selbstständig zu wiederholen und aufzufrischen,
... wie du dich systematisch auf eine Prüfung vorbereiten kannst.

Die Lösungen der Aufgaben zum Check-in findest du ab Seite 218.

1. Überprüfe mit Hilfe einer Überschlagsrechnung, ob die Aufgabe richtig oder falsch gelöst wurde.
a) $478 + 5896 + 2401 = 8775$ **b)** $9403 - 2555 + 1030 = 12988$ **c)** $333 \cdot 333 = 999$

2. Berechne schriftlich ohne Taschenrechner.
a) $4674 + 3912 + 444$ **b)** $34 \cdot 28$ **c)** $36108 : 9$

→ *Mündliches und schriftliches Rechnen* S. 11

3. Berechne ohne Taschenrechner.
a) $2 \cdot \frac{3}{7}$ **b)** $\frac{1}{4}$ von 14 **c)** $\frac{2}{3} - \frac{1}{5}$ **d)** $\frac{5}{9} \cdot \frac{6}{7}$ **e)** $4 : \frac{4}{5}$
f) $0{,}1 \cdot 5$ **g)** $0{,}02 \cdot 0{,}12$ **h)** $8 : 0{,}5$ **i)** $1{,}9 + 3{,}7$ **j)** $10{,}3 - 1{,}05$

4. Notiere die Zahlen A, B und C als gekürzten Bruch und als Dezimalzahl.

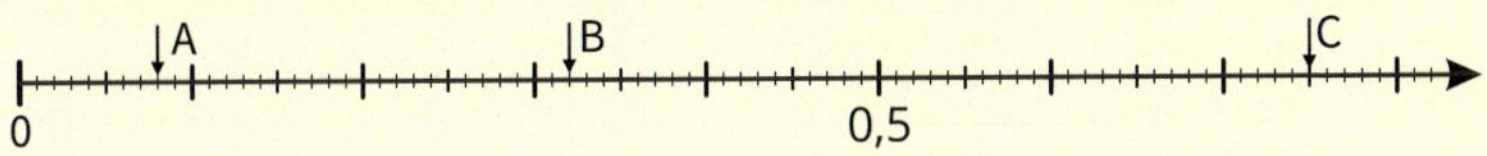

→ *Rechnen mit Brüchen und Dezimalzahlen* S. 12

5. Ergänze drei weitere Zahlen. **a)** –4; –7; –10; –13; ... **b)** –3; 6; –12; 24; ...

6. Die Klasse 10a und ihr Klassenlehrer gehen Bowlen. Insgesamt sind es 24 Personen. 19 Schülerinnen und Schüler sind noch unter 17 Jahren. 15 leihen sich Schuhe. Alle spielen drei Spiele, zwei davon vor 19 Uhr. Wie hoch sind die Gesamtkosten?

Bowlen und Spaß haben

	Erwachsene	Kinder unter 17 J.
10–19 Uhr	1,90 €	1,40 €
19–24 Uhr	2,20 €	1,80 €
	Pro Person u. pro Spiel	

Leihschuhe inklusive Socken 1,80 €

→ *Rechnen mit positiven und negativen Zahlen, Sachaufgaben* S. 13

7. Welche Art von Zuordnung liegt vor? Proportional, antiproportional oder keines von beiden?
a) Anzahl von Kürbissen → Masse der Kürbisse
b) Höhe der Geschwindigkeit eines PKW auf 100 km → benötigte Zeit für 100 km
c) Höhe eines Umtauschbetrages in Euro → Höhe des Betrages in Dollar

8. Ein Dampfer legt in einer Stunde 40 km Seeweg zurück. Wie viel Zeit benötigt dieser Dampfer voraussichtlich für 140 km Seeweg? Notiere deine Rechnung.

→ *Proportionale und antiproportionale Zuordnungen* S. 14

9. Welcher Prozentsatz passt recht gut?
Die Stadt Oberhausen hat nur etwa ▆ der Einwohnerzahl von Köln.
▆ 50 % ▆ 40 % ▆ 30 % ▆ 20 % ▆ 10 %.

Einwohner	
Köln	1 083 498
Oberhausen	209 566

(Stand 31.12.2020)

10. Am Black Friday erhält man auf die Lautsprecher einen Rabatt in Höhe von 20 %. Sie kosten an diesem Tag nur noch 118,80 €. Berechne den regulären Preis.

→ *Prozentrechnung* S. 15

11. Frau Eichner nimmt bei der Bank für ein Jahr einen Kredit in Höhe von 3 000 € zu einem Zinssatz von 5,8 % auf. Berechne die Zinsen.

12. Marius eröffnet ein Konto bei der ct-Bank. Zu einem Zinssatz von 2 % legt er 5 Monate lang 1 500 € an. Mit wie viel Euro Zinsen kann er rechnen?

→ *Zinsrechnung* S. 16

13. Bestimme die fehlenden Werte in der Wertetabelle für $y = 3x - 9$.

x	2	0,5	0	−2
y				

14. Löse die Klammer auf und fasse zusammen.

a) $40 + (5x - 20) + 30$ **b)** $12x - 5 - (x - 15)$ **c)** $4(3 - 6x) - 9$
d) $17 + x(5 + 2x)$ **e)** $-5x(x - 3) - 8x + 4$ **f)** $0{,}5(18x - 10) + 11x$

→ *Terme* S. 17

15. Löse die Gleichung.

a) $4x - 13 = 27 - 4x$ **b)** $6y - 2 + 9y = 3y + 24 - y$ **c)** $\frac{x}{16} = \frac{7}{8}$

16. Addiert man 11 zum Doppelten einer Zahl, so erhält man dasselbe, wie wenn man vom Fünffachen der Zahl 7 subtrahiert.

→ *Gleichungen* S. 18

17. Familie Müller muss für ein gemietetes Wohnmobil 200 € Grundgebühr bezahlen. In diesem Preis sind 300 km Fahrstrecke enthalten. Jeder weitere gefahrene km kostet 1 €.

a) Familie Müller fährt insgesamt 670 km. Berechne die zu bezahlende Miete.

b) Ergänze im Heft die Tabelle, die der Wohnwagenvermieter im Internet veröffentlichen möchte.

km	Preis
200	200 €
300	
400	
500	
600	
700	

18. Zeichne die Punkte in ein Koordinatensystem und verbinde sie. Welches Viereck entsteht?

a) A(1|3), B(3|0), C(5|3), D(3|6) **b)** A(−1|−1), B(4|−1), C(6|4), D(1|4)

→ *Tabellen und Koordinatensystem* S. 19

19. Ordne jedem Graphen die zugehörige Funktionsgleichung zu.

Ⓐ $y = 2x$ Ⓑ $y = x - 2$ Ⓒ $y = -2$
Ⓓ $y = -2x + 2$ Ⓔ $y = \frac{1}{2}x + 2$ Ⓕ $y = -\frac{1}{2}x + \frac{1}{2}$

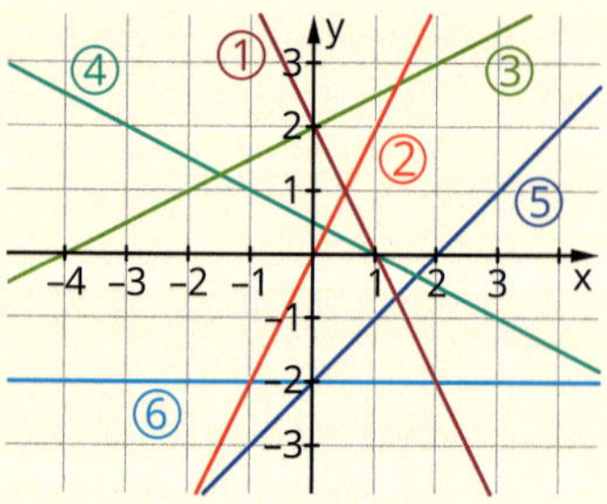

20. Zeichne die Gerade durch A(−3|2) und B(6|−4). Bestimme dann ihre Steigung m und ihre Funktionsgleichung.

→ *Lineare Funktionen* S. 20

21. Löse das lineare Gleichungssystem.
a) **I** $y = 3x + 5$ **II** $y = 2x + 6$ **b)** **I** $2x + 4y = 18$ **II** $x - 8y = -11$

22. Herr Mack zahlt im Park mit seinem Sohn 14 € Eintritt, Herr und Frau Yildiz mit ihren drei Kindern insgesamt 33 €. Stelle das zugehörige lineare Gleichungssystem auf.
Berechne dann die Eintrittspreise für Kinder und Erwachsene.

→ *Lineare Gleichungssysteme* S. 21

23. Berechne den Winkel α in der Abbildung.

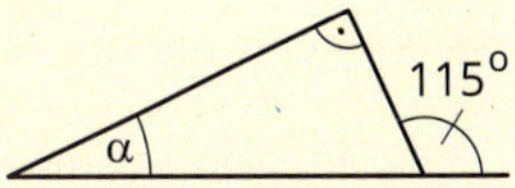

24. In einer Raute ist ein Winkel 120° groß. Erstelle zunächst eine Skizze und gib dann die Größen der anderen drei Winkel an.

→ *Winkel und Symmetrie* S. 22

25. Stimmt die Behauptung: „Jedes Quadrat ist ein Rechteck?" Begründe.

26. Konstruiere ein Dreieck ABC mit c = 5 cm, α = 53°, β = 23°. Bestimme durch Messen die Länge von b.

→ *Dreiecke und Vierecke* S. 23

27. Berechne die Höhe des Baumes. Die gemessenen Streckenlängen betragen a = 0,5 m; b = 11,50 m und c = 0,4 m.

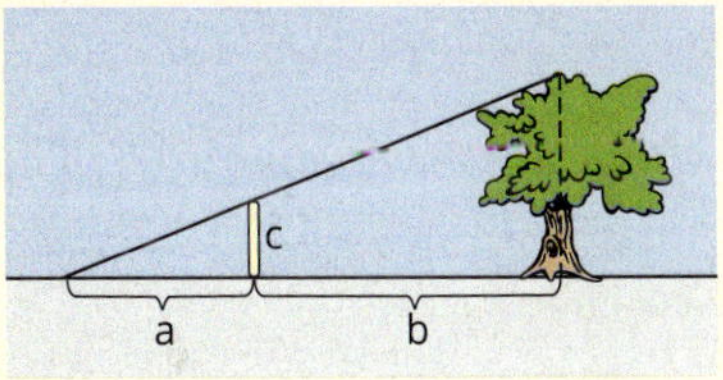

28. Mariam hat aus dem Urlaub ein Foto des „Burj Khalifa" in Dubai im Maßstab 1 : 10 000 mitgebracht. Wie hoch ist der Wolkenkratzer, wenn auf dem Foto eine Höhe von 8,3 cm gemessen wird?

→ *Maßstab, Ähnlichkeit, Strahlensätze* S. 24

29. Berechne die Länge von Seite x in der Abbildung.
Runde auf 2 Nachkommastellen.

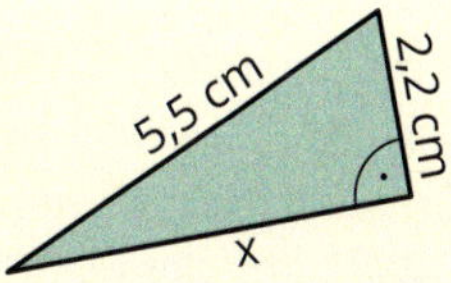

30. Berechne im Kopf. **a)** $\sqrt{169}$ **b)** $\sqrt{900}$

→ *Quadratwurzeln und Satz des Pythagoras* S. 25

31. Entscheide, ob <, > oder = gilt.
a) 75 dm ▒ 705 cm **b)** 250 cm^2 ▒ 2,5 m^2 **c)** 5 m^3 ▒ 555 ℓ

32. Laura ist mit dem Zug 2 h 25 min unterwegs. Sie kommt um 17:12 Uhr an ihrem Ziel an.
Wann ist sie losgefahren?

→ *Umgang mit Größen und Maßeinheiten* S. 26

33. Bestimme den Flächeninhalt des Quadrats.

34. In das Quadrat sind zwei Halbkreise eingezeichnet.
Welchen Flächeninhalt hat der gefärbte Teil? Runde auf eine Nachkommastelle.

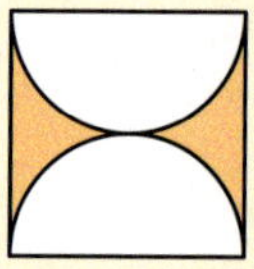

→ *Flächenberechnung* S. 27

35. Zeichne des Schrägbild eines Würfels mit der Kantenlänge a = 4 cm.

36. Benenne die Figuren, aus denen das Netz eines Zylinders besteht.

→ *Schrägbilder und Netze* S. 28

37. Bestimme das Volumen des abgebildeten Körpers. Die orange gefärbte Vorderfläche ist ein 25 cm^2 großes Quadrat.

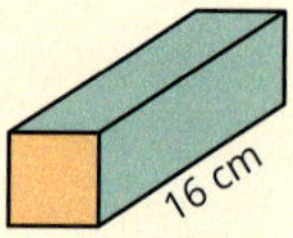

38. Berechne die Masse eines Holzzylinders (h_k = 8 cm; d = 5 cm). Holz hat eine Dichte von 0,7 g pro cm^3. Runde auf eine Nachkommastelle.

→ *Körperberechnung und Dichte* S. 29

39. Eines der beiden Glücksräder wurde 500-mal gedreht. In 180 Fällen war das Ergebnis „rot“. Welches Glücksrad war es vermutlich?

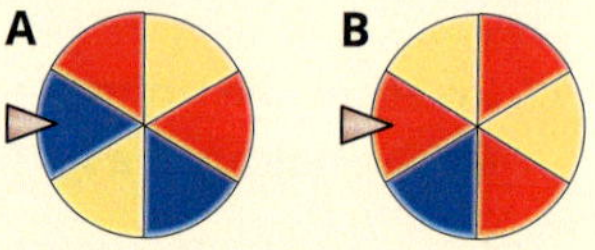

40. Bestimme den Median (Zentralwert) und den Mittelwert der Daten:

53 € 67 € 45 € 74 € 51 €

→ *Statistik* S. 30

41. Bei der Klassensprecherwahl erhielt Serkan 10 Stimmen, Selina 7 Stimmen, Martha 5 Stimmen und Paul 3 Stimmen. Stelle das Ergebnis in einem Streifendiagramm dar.

42. Die Jugendlichen der 10. Klassen wurden befragt, wie viele Stunden sie wöchentlich den Computer oder das Smartphone nutzen. Notiere vier wesentliche Unterschiede zwischen dem Verhalten der Mädchen und dem der Jungen.

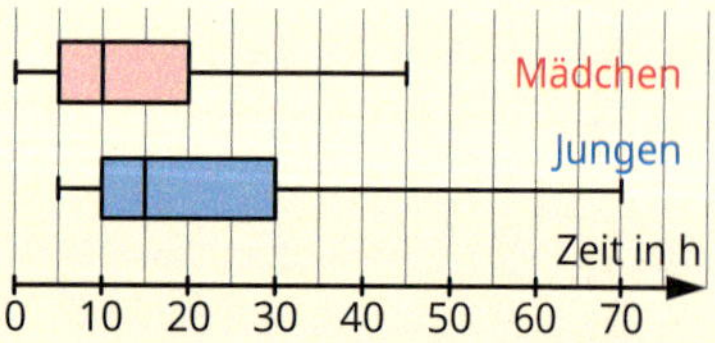

→ *Diagramme* S. 31

43. Bestimme die Wahrscheinlichkeit, mit einem fairen Würfel eine Zahl zu werfen, die größer als 2 ist.

44. In einer Klasse mit 30 Schülerinnen und Schülern, die je einen Zettel mit ihrem Namen in eine Lostrommel geben, sind 18 Mädchen. Berechne die Wahrscheinlichkeit, aus der Trommel nacheinander ohne Zurücklegen die Namen zweier Jungen zu ziehen.

→ *Wahrscheinlichkeit* S. 32

Mündliches und schriftliches Rechnen

Mit 10, 100, 1 000 multiplizieren und dividieren

Du multiplizierst (dividierst) mit 10, 100, 1 000, indem du die entsprechende Anzahl Nullen anhängst (wegstreichst).
Bei Dezimalzahlen verschiebst du das Komma um die entsprechende Anzahl von Stellen nach rechts (nach links).

4552 · 10 = 45520	920 : 10 = 92
274 · 100 = 27400	920 : 100 = 9,2
3,5 · 1000 = 3500	920 : 1000 = 0,92

Schriftliche Rechenverfahren

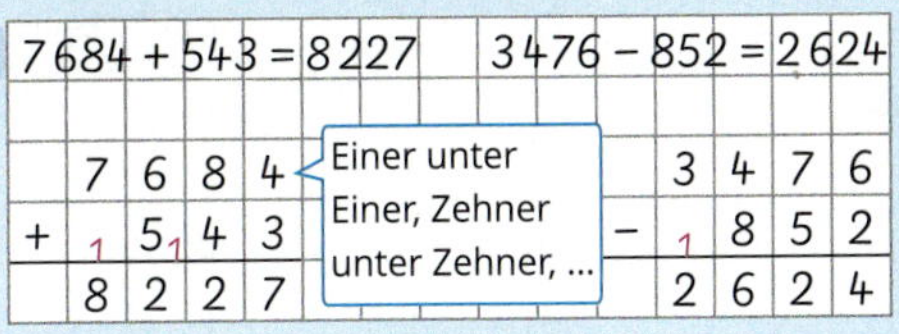

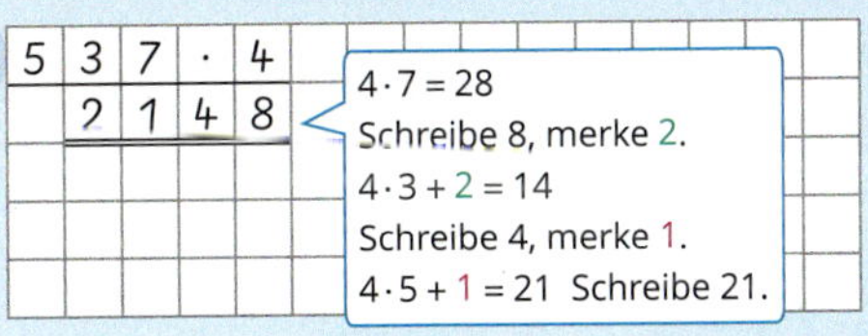

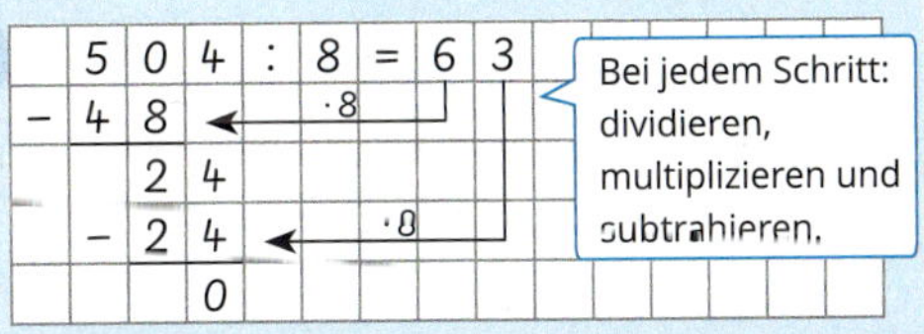

Runden

Beim Runden entscheidet die Ziffer rechts von der Rundungsstelle:
- abrunden bei 0, 1, 2, 3 und 4
- aufrunden bei 5, 6, 7, 8 und 9

Überschlag

① Runde alle Zahlen so, dass du im Kopf rechnen kannst.
② Rechne dann mit den gerundeten Zahlen.

Aufgabe	Überschlagsrechnung
485 + 273	runden auf Hunderter: 500 + 300 = 800
248 + 549	runden auf Zehner: 250 + 550 = 800

Bearbeite alle Aufgaben ohne Taschenrechner.

1. Berechne im Kopf.
a) 345 · 10 **b)** 59 · 100 **c)** 35 · 1 000
d) 7,23 · 10 **e)** 9,5 · 100 **f)** 1,09 · 1 000
g) 720 : 10 **h)** 680 : 100 **i)** 60 : 1 000

2. Fülle die Lücken aus.
a) 100 · ▢ = 4800 **b)** ▢ · 1 000 = 8 Mio.
c) 1 Mrd. : ▢ = 10 Mio. **d)** ▢ : 70 = 100 000

3. Rechne ohne Taschenrechner.
a) 35 600 + 14 000 **b)** 2200 − 555
c) 16 280 − 5 000 **d)** 4000 · 300
e) 23 · 30 **f)** 4800 : 60

4. Rechne geschickt im Kopf.
a) 98 + 302 **b)** 68 + 8 + 52
c) 765 − 99 **d)** 234 − 77 − 23
e) 749 − 628 **f)** 2456 + 82 − 84

5. Rechne schriftlich.
a) 9306 + 288 **b)** 249 + 8123 + 236
c) 28 000 − 1 456 **d)** 742 + 12 456 + 2038
e) 8934 − 2937 **f)** 12 000 − 2468 − 468

6. Multipliziere schriftlich.
a) 498 · 5 **b)** 2973 · 7 **c)** 3690 · 8
d) 55 · 33 **e)** 703 · 37 **f)** 582 · 29

7. Dividiere schriftlich.
a) 895 : 5 **b)** 2913 : 3 **c)** 3640 : 8
d) 624 : 6 **e)** 4072 : 4 **f)** 2779 : 7

8. Runde die Zahlen auf …
a) … Hunderter: 2468; 8309; 92 929
b) … Zehner: 8721; 288; 75 299
c) … Tausender: 5612; 24 500; 233 088

9. Überschlage im Kopf und ordne jeder Aufgabe das richtige Ergebnis zu.
a) 784 + 6410 + 178 **b)** 694 · 19
c) 8000 − 499 − 2500 **d)** 10 008 : 9
e) 943 − 4 · 190 **f)** 5 · (782 − 218)

661	13 186	5001	1112
183	19 521	7372	2820

Rechnen mit Brüchen und Dezimalzahlen

Berechnen von Bruchteilen:

Wie viel Euro sind $\frac{2}{3}$ von 12 €?

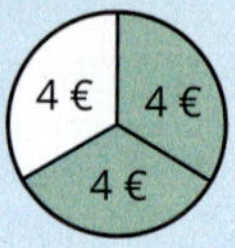

$12\ € \xrightarrow{:3} 4\ € \xrightarrow{\cdot 2} 8\ €$

$\frac{2}{3}$ von 12 € sind 8 €.

Brüche addieren und subtrahieren

① Erweitere die Brüche auf einen gemeinsamen Nenner.

② Addiere (subtrahiere) die Zähler, lasse den Nenner unverändert.

$\frac{3}{4} + \frac{1}{6} \overset{①}{=} \frac{9}{12} + \frac{2}{12} \overset{②}{=} \frac{9+2}{12} = \frac{11}{12}$

$\frac{5}{6} - \frac{1}{3} \overset{①}{=} \frac{5}{6} - \frac{2}{6} \overset{②}{=} \frac{5-2}{6} = \frac{3}{6} = \frac{1}{2}$

Brüche multiplizieren

Multipliziere Zähler mit Zähler und Nenner mit Nenner.

$\frac{2}{5} \cdot \frac{3}{13} = \frac{2 \cdot 3}{5 \cdot 13} = \frac{6}{65}$ $\qquad \frac{19}{8} \cdot \frac{2}{5} = \frac{19 \cdot \cancel{2}^{1}}{\cancel{8}_{4} \cdot 5} = \frac{19}{20}$

Brüche dividieren

Multipliziere den ersten Bruch mit dem Kehrbruch des zweiten Bruchs.

$\frac{2}{5} : \frac{8}{11} = \frac{2}{5} \cdot \frac{11}{8} = \frac{{}^{1}\cancel{2} \cdot 11}{5 \cdot \cancel{8}_{4}} = \frac{11}{20}$ $\qquad \frac{3}{11} : 2 = \frac{3}{11} \cdot \frac{1}{2} = \frac{3}{22}$

Dezimalzahlen addieren und subtrahieren

2,3 + 0,8 = 3,1

```
  2,3   ← Einer unter Einer, Komma unter Komma
+ 0,8
  1
-----
  3,1
```

9,5 − 0,15 = 9,35

```
  9,50  ← Fehler vermeiden, Nullen ergänzen
− 0,15
    1
------
  9,35
```

Dezimalzahlen multiplizieren

Das Produkt hat so viele Nachkommastellen wie die Faktoren zusammen.

0,4 · 0,08 = 0,032 (↑ ↑↑ ↑↑↑) $\qquad$ 0,5 · 0,8 = 0,40 = 0,4 (↑ ↑ ↑↑)

Dezimalzahlen dividieren

Erweitere beide Zahlen so mit 10 (100, 1 000, ...), dass im Divisor kein Komma steht.

1,24 : 0,2 = 12,4 : 2 = 6,2

Bearbeite alle Aufgaben ohne Taschenrechner.

1. Berechne den Bruchteil.
a) $\frac{2}{3}$ von 60 g **b)** $\frac{3}{4}$ von 48 km
c) $\frac{5}{6}$ von 120 € **d)** $\frac{3}{10}$ von 90 kg

2. Von 60 kontrollierten Pkws hatte ein Drittel leichte Mängel, $\frac{2}{5}$ wiesen erhebliche Mängel auf. Wie viele Pkws waren das jeweils?

3. Erweitere zunächst so, dass du addieren bzw. subtrahieren kannst.
a) $\frac{1}{4} + \frac{2}{5}$ **b)** $\frac{10}{12} - \frac{2}{3}$ **c)** $\frac{5}{6} - \frac{1}{5}$
d) $\frac{1}{2} + \frac{2}{3}$ **e)** $\frac{3}{5} + \frac{3}{4}$ **f)** $\frac{4}{7} - \frac{2}{5}$

4. **a)** $\frac{3}{5} \cdot \frac{1}{4}$ **b)** $\frac{3}{10} \cdot \frac{9}{11}$ **c)** $\frac{4}{9} \cdot \frac{5}{7}$
d) $\frac{4}{7} \cdot \frac{3}{12}$ **e)** $\frac{1}{2} \cdot \frac{2}{3}$ **f)** $\frac{1}{4} \cdot \frac{5}{7}$

5. **a)** $\frac{7}{10} : \frac{3}{5}$ **b)** $\frac{1}{2} : \frac{1}{7}$ **c)** $\frac{5}{12} : \frac{1}{7}$
d) $\frac{2}{5} : \frac{4}{35}$ **e)** $\frac{7}{10} : \frac{14}{15}$ **f)** $\frac{3}{16} : \frac{1}{8}$

6. **a)** $3 \cdot \frac{1}{4}$ **b)** $3 \cdot \frac{2}{3}$ **c)** $6 \cdot \frac{3}{20}$
d) $\frac{8}{9} : 2$ **e)** $\frac{1}{2} : 3$ **f)** $\frac{8}{15} : 10$

7. Berechne.
a) 256,30 € + 74,25 € **b)** 2,45 kg + 0,84 kg **c)** 23,854 km + 3,450 km

8. Schreibe zuerst stellengerecht untereinander.
a) 13,5 + 3,94 + 0,52 **b)** 93,6 + 213,04 + 12,2
c) 356,86 − 251,09 **d)** 0,894 − 0,216
e) 5 357,6 + 260 **f)** 7 000 − 692,38

9. Die Ziffernfolge im grünen Feld stimmt. Bestimme das Ergebnis mit einer Überschlagsrechnung.
a) 54,2 · 9,2 [=] 0004986400
b) 24,6 · 0,5 [=] 0000123000
c) 0,732 · 6,82 [=] 0049922400

10. Rechne möglichst im Kopf.
a) 0,9 · 0,5 **b)** 0,5 · 0,4 **c)** 0,09 · 0,3
d) 24 : 0,8 **e)** 4,5 : 0,9 **f)** 2,02 : 2

11. Berechne schriftlich.
a) 28 · 8,7 **b)** 0,55 · 55 **c)** 1,2 · 4,04
d) 5,25 : 5 **e)** 408 : 0,8 **f)** 0,276 : 0,6

Rechnen mit positiven und negativen Zahlen, Sachaufgaben

Zahlengerade

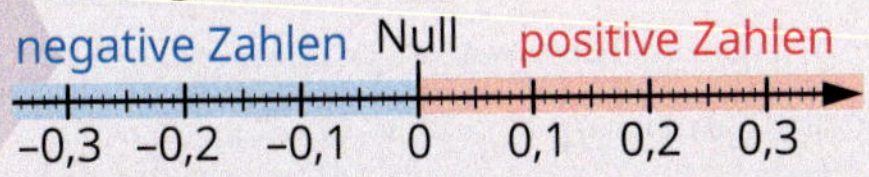

Auf der Zahlengeraden liegt die kleinere Zahl immer links von der größeren Zahl.

$-3{,}3 < -2$ $\quad -0{,}1 < 0$ $\quad -4 < 1$

Der **Betrag** einer Zahl ist der Abstand von der Zahl zur Null: $|-2| = 2$

Addition und Subtraktion

So **addierst** du zwei Zahlen ...

... mit **gleichen** Vorzeichen

① Addiere die Beträge.

② Das Ergebnis erhält das gemeinsame Vorzeichen.

$-5 + (-2) = -7$ $\quad 5 + 2 = 7$

... mit **verschiedenen** Vorzeichen:

① Subtrahiere den kleineren Betrag vom größeren Betrag.

② Das Ergebnis erhält das Vorzeichen der Zahl mit dem größeren Betrag.

$-5 + 2 = -3$ $\quad 5 + (-2) = 3$

Eine rationale Zahl **subtrahierst du**, indem du ihre Gegenzahl addierst.

$-5 - (-2) = -5 + 2 = -3$

Multiplikation und Division

Multipliziere bzw. dividiere die Beträge.

Gleiche Vorzeichen: Ergebnis ist positiv.

Verschiedene Vorzeichen: Ergebnis ist negativ.

$-3 \cdot (-2{,}5) = 7{,}5$ $\quad 5 : (-2) = -2{,}5$

Texte lesen, verstehen und bearbeiten

① Lies den Text genau. Markiere wichtige Informationen oder schreibe sie dir auf.

② Stelle die wichtigen Informationen übersichtlich dar.

③ Betrachte Abbildungen genau. Liefern sie zusätzliche Informationen?

Bearbeite alle Aufgaben ohne Taschenrechner.

1. Notiere die gesuchten Zahlen.

a)

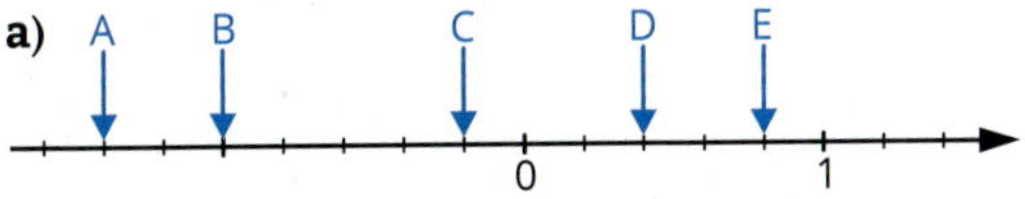

b)

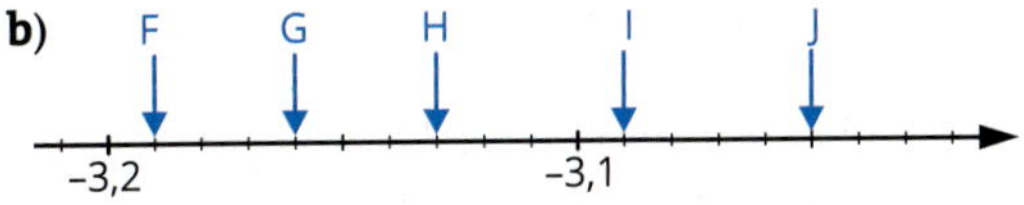

2. Ordne die Zahlen. Beginne mit der kleinsten.
$0{,}21$ $\quad -\frac{1}{5}$ $\quad -0{,}21$ $\quad 0{,}12$ $\quad \frac{1}{5}$ $\quad -0{,}12$

3. Wähle die passende Zahl für x aus.

a) $6{,}15 < x < 6{,}16$ 6,162 6,152

b) $-2{,}5 < x < -2{,}4$ −2,55 −2,45

4. Gib den Betrag an.
a) 0,8 **b)** $-\frac{5}{4}$ **c)** −5 **d)** −3,14 **e)** $\frac{1}{2}$ **f)** 9,03

5. Ergänze drei weitere Zahlen:
a) −6; −12; −18; ... **b)** 9; 5; 1; ...
c) 6,5; 4; 1,5; ... **d)** −15; −10; −5; ...

6. **a)** $6 + (-10)$ **b)** $25 + 62$ **c)** $-11 + (-38)$
d) $-56 + (-88)$ **e)** $-16 + 66$ **f)** $26 + (-62)$

7. **a)** $-16 + 9$ **b)** $-9 - 24$ **c)** $37 - (-41)$
d) $13 - 48$ **e)** $-29 - (-45)$ **f)** $1 - 11$

8. **a)** $-8 - 23 - 39$ **b)** $-8 + 3 - 9 + 11 - 15$
c) $13 - 49 - 11$ **d)** $19 - 33 - 8 + 59 - 23$

9. Berechne von 36; −12; −4,2 und −0,6 jeweils
a) das Dreifache, **b)** die Hälfte, **c)** ein Drittel.

10. **a)** $3 \cdot (-11)$ **b)** $-8 \cdot (-9)$ **c)** $-6 \cdot 7$
d) $20 : (-14)$ **e)** $-56 : (-7)$ **f)** $-88 : 4$

11. Yuna fliegt mit ihren Eltern zu ihrer Oma nach Bangkok in Thailand. Wie lange dauert der Flug?
Sie weiß, dass es in Thailand 21:00 Uhr abends ist, wenn sie ihre Oma um 15:00 Uhr aus Deutschland anruft.

Name:	Sirikiz, Yuna
Von:	Frankfurt (FRA)
Nach:	Bangkok (BKK)
Abflug:	22:00
Ankunft:	14:40 + 1 Tag

Proportionale und antiproportionale Zuordnungen

Proportionale Zuordnungen

Eine Zuordnung heißt **proportional**, wenn für sie gilt: Dem Doppelten (Dreifachen, ...) der ersten Größe entspricht das Doppelte (Dreifache, ...) der zweiten Größe.

	Anzahl	Preis (€)	
	2	5	
·3	6	15	·3
·2	12	30	·2

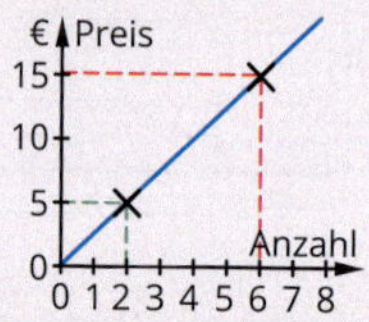

Die Wertepaare liegen auf einem **Strahl** vom Nullpunkt aus.

Dreisatz bei Proportionalität:

6 kg kosten 45 €. Wie teuer sind 10 kg?

	kg	€	
	6	45	
:6	1	7,5	:6
·10	10	**75**	·10

10 kg kosten 75 €.

Antiproportionale Zuordnungen

Eine Zuordnung heißt **antiproportional**, wenn für sie gilt: Dem Doppelten (Dreifachen, ...) der ersten Größe entspricht die Hälfte (ein Drittel, ...) der zweiten Größe.

	1. Größe	2. Größe	
	12	10	
:4	3	40	·4
·2	6	20	:2

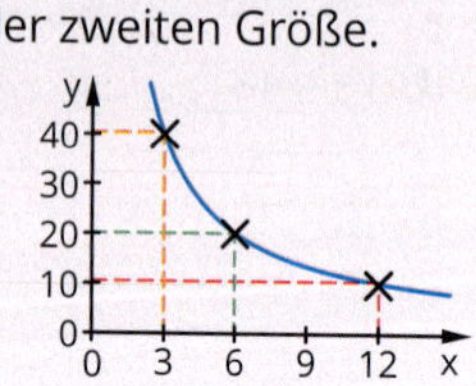

Die Wertepaare liegen auf einer **Hyperbel**.

Dreisatz bei Antiproportionalität:

5 Maschinen brauchen 12 Tage für eine bestimmte Arbeit. Wie lange brauchen 3 Maschinen dafür?

	Anzahl	Tage	
	5	12	
:5	1	60	·5
·3	3	**20**	:3

3 Maschinen brauchen 20 Tage.

Bearbeite Aufgabe 1 bis 3 ohne Taschenrechner.

1. Bestimme die fehlenden Größen der proportionalen Zuordnung.

a)

kg	€
3	24
1	
9	

b)

min	ℓ
6	24
1	
12	

c)

h	€
5	60
1	
10	

2. Bestimme die fehlenden Größen der antiproportionalen Zuordnung.

a)

Arb.	h
3	6
1	
6	

b)

a	b
4	6
1	
8	

c)

Tage	ℓ
5	20
1	
4	

3. Nina kauft 7 Roggenbrötchen für 4,20 €.
a) Wie viel muss sie für 5 Brötchen bezahlen?
b) Zeichne den Graphen der Zuordnung *Anzahl der Brötchen → Preis* (x-Achse bis 10 Brötchen).

4. Jan hat einen Ferienjob. In der ersten Woche erhält er für 25 Stunden 225 €. In der zweiten Woche arbeitet er 30 Stunden. Wie viel verdient er?

5. Bei einer Geschwindigkeit von 90 $\frac{km}{h}$ braucht ein Pkw 4 Stunden. Wie lange braucht er für dieselbe Strecke bei 60 $\frac{km}{h}$?

6. Überlege, bevor du die Aufgaben löst: proportional, antiproportional oder keines von beiden?
a) Eine Gruppe mietet einen Bus. Bei 25 Teilnehmern muss jeder 15 € zahlen. Wie viel muss jeder bei 30 Teilnehmern zahlen?
b) Eine Pumpe fördert 20 ℓ Wasser in 50 s. Wie viel Liter fördert sie in einer Minute?
c) Ein Quadrat mit 8 cm Seitenlänge hat 64 cm^2 Flächeninhalt. Welchen Flächeninhalt hat ein Quadrat mit doppelter Seitenlänge?
d) 8 cm^3 Aluminium wiegen 22,4 g. Wie viel cm^3 Aluminium wiegen 117,6 g?
e) 6 gleiche Pumpen füllen ein Becken in 14 Stunden. Wie lange brauchen 4 Pumpen?

Prozentrechnung

Prozentsätze

Brüche mit dem Nenner 100 kannst du leicht in der Prozentschreibweise notieren.

$1\,\% = \frac{1}{100} = 0{,}01$ $\quad$ $10\,\% = \frac{10}{100} = \frac{1}{10} = 0{,}1$

$20\,\% = \frac{20}{100} = \frac{1}{5} = 0{,}2$ $\quad$ $25\,\% = \frac{25}{100} = \frac{1}{4} = 0{,}25$

$50\,\% = \frac{50}{100} = \frac{1}{2} = 0{,}5$ $\quad$ $100\,\% = \frac{100}{100} = 1$

Die Berechnung des Prozentwertes W

Berechne 8 % von 600 €.

Dreisatz

	100 %	600 €	
: 100	1 %	6 €	: 100
· 8	8 %	**48 €**	· 8

Prozentformel

$W = G \cdot p\,\%$

$W = 600\,€ \cdot 0{,}08$

$\mathbf{W = 48\,€}$

Die Berechnung des Grundwertes G

Von wie viel € sind 8 % genau 32 €.

Dreisatz

	8 %	32 €	
: 8	1 %	4 €	: 8
· 100	100 %	**400 €**	· 100

Prozentformel

$W = G \cdot p\,\%$

$32\,€ = G \cdot 0{,}08 \mid : 0{,}08$

$\mathbf{G = \frac{32\,€}{0{,}08} = 400\,€}$

Die Berechnung des Prozentsatzes p %

Wie viel Prozent sind 12 m von 20 m?

Dreisatz

	20 m	100 %	
: 20	1 m	5 %	: 20
· 12	12 m	**60 %**	· 12

Prozentformel

$W = G \cdot p\,\%$

$12\,m = 20\,m \cdot p\,\% \mid : 20\,m$

$p\,\% = \frac{12\,m}{20\,m}$

$\mathbf{p\,\% = 0{,}6 = 60\,\%}$

Die prozentuale Erhöhung (Verminderung)

① Addiere (subtrahiere) den **Prozentsatz** zu 100 % (von 100 %).
② Wandle das Ergebnis in eine Dezimalzahl (**Prozentfaktor**) um.
③ **Multipliziere** den Grundwert mit dem Prozentfaktor.

Ein Preis von 60 € wird um 15 % gesenkt.
① 100 % − 15 % = 85 %
② 85 % = 0,85
③ 60 € · 0,85 = **51 €** (neuer Preis)

Bearbeite Aufgabe 1 bis 3 ohne Taschenrechner.

1. Ordne jedem Bruch den zugehörigen Prozentsatz zu. Sind Bruch und Prozentsatz nur ungefähr gleich, schreibe „≈“.

50 %	$\frac{1}{10}$	67 %	$\frac{1}{5}$	10 %	$\frac{2}{3}$	75 %	
$\frac{1}{4}$	33 %	$\frac{1}{2}$	25 %	$\frac{3}{4}$	20 %	$\frac{1}{3}$	

2. Gib den zugehörigen Prozentsatz an. Berechne dann die Anzahl.
a) Jeder vierte von 52 kontrollierten Lkws wies Mängel auf.
b) Jedes 20. Los gewinnt. In der Lostrommel sind 160 Lose.

3. Berechne im Kopf.
a) 50 % von 5 000 ℓ
b) 25 % von 800 kg
c) 10 % von 4 000 m
d) 1 % von 25,50 €
e) 75 % von 8 000 a
f) 30 % von 90 cm

4. Berechne den Prozentwert, runde sinnvoll.
a) 13 % von 468,50 €
b) 9 % von 2,35 m
c) 64 % von 8 654 kg
d) 125 % von 55 min

5. Berechne den Prozentsatz. Runde auf zwei Nachkommastellen.
a) Von dem 820 m langen Weg sind 145 m fertig.
b) Von 2,5 kg Erdbeeren waren 170 g verfault.
c) Ina hat 65 € von 180 € bezahlt.
d) Jens hat 45 von 50 Punkten.

6. Ein Mischbrot erhält 35 g Eiweiß, das sind 7 % seiner Masse. Wie schwer ist das Brot?

7. Berechne den neuen Preis.
a) Alter Preis: 280 €; Preiserhöhung: 5 %
b) Alter Preis: 55 €; Preiserhöhung: 3 %
c) Alter Preis: 1 600 €; Preiserhöhung: 12 %
d) Alter Preis: 48 €; Preissenkung: 8 %
e) Alter Preis: 140 €; Preissenkung: 15 %

8. Der neue ICE hat 826 Sitzplätze und damit 18 % mehr als ein Vorgängermodell. Wie viele Sitzplätze hatte das Vorgängermodell?

Zinsrechnung

Zinsrechnung
Das **Kapital** ist gespartes oder geliehenes Geld. Der **Zinssatz** gibt an, wie viel Prozent des Kapitals für 1 Jahr an **Zinsen** anfallen.
Zinsrechnung ist angewandte Prozentrechnung:
Das **Kapital K** entspricht dem Grundwert G.
Der **Zinssatz p %** entspricht dem Prozentsatz p %.
Die **Zinsen Z** entsprechen dem Prozentwert W.

Zinsen für ein Jahr:
$Z = K \cdot p\,\%$

Berechne die Jahreszinsen für ein Kapital von 7 000 €, das zu einem Zinssatz von 1,5 % angelegt wird.
$Z = K \cdot p\,\%$
$Z = 7000\text{ €} \cdot 0{,}015 = 105\text{ €}$
Die Jahreszinsen betragen 105 €.

Zinsen für weniger als ein Jahr
Für einen Bruchteil des Jahres gibt es auch nur den entsprechenden **Bruchteil der Jahreszinsen**.

In der Zinsrechnung gilt:
1 Monat = 30 Tage
1 Jahr = 12 Monate = 360 Tage

Zinsen für m Monate:
$Z = K \cdot p\,\% \cdot \frac{m}{12}$

Zinsen für t Tage:
$Z = K \cdot p\,\% \cdot \frac{t}{360}$

Greta leiht von ihrer Bank 1 800 € und zahlt das Geld nach 90 Tagen zurück. Die Bank verlangt 4 % Zinsen. Wie viel muss Greta zurückzahlen?

① *Berechnung der Zinsen*
$Z = K \cdot p\,\% \cdot \frac{t}{360}$
$Z = 1800\text{ €} \cdot 0{,}04 \cdot \frac{90}{360}$
$Z = 18\text{ €}$

② *Berechnung des Rückzahlbetrags*
$1800\text{ €} + 18\text{ €} = 1818\text{ €}$
Greta muss 1 818 € zurückzahlen.

1. Berechne die Jahreszinsen.
a) Kapital: 1 200 €
Zinssatz: 2,5 %
b) Kapital: 5 000 €
Zinssatz: 1,2 %
c) Kapital: 320 €
Zinssatz: 3,1 %
d) Kapital: 8 000 €
Zinssatz: 0,25 %

2. Herr Schmidt erhält einen Bankkredit über 15 000 € zu einem Zinssatz von 3,2 %. Wie viel Zinsen bezahlt er für ein Jahr?

3. Jasper hatte 960 € auf seinem Sparkonto und bekam dafür nach einem Jahr 10,56 € Zinsen gutgeschrieben. Berechne den Zinssatz.

4. Welchen Zinssatz nimmt die Bank, wenn für eine Kreditsumme von 10 000 € am Ende des Jahres 444 € Zinsen bezahlt werden müssen?

5. Familie Jorges nimmt einen Kredit über 8 000 € zu einem Zinssatz von 3,8 % für ein Jahr auf.
a) Wie viel Euro Zinsen muss sie bezahlen?
b) Wie hoch ist die gesamte Rückzahlung?

6. a) Welcher Betrag muss für einen Bankkredit über 10 000 € zu einem Zinssatz von 2,8 % mit einer Laufzeit von einem Jahr zurückgezahlt werden?
b) Vergleiche mit dem Angebot eines Kreditvermittlers: 10 000 € sofort, Rückzahlung einschließlich Zinsen nach einem Jahr, Zinsen: 25 € im Monat.

7. Berechne die Zinsen.
a) 800 € zu 2 %
für 45 Tage
b) 3 600 € zu 1,5 %
für 200 Tage
c) 1 500 € zu 1 %
für $\frac{1}{4}$ Jahr
d) 750 € zu 2,4 %
für 1 Monat

8. Mike hat seit dem 1. März ein Sparkonto mit 1 400 €, das mit 2,2 % verzinst wird. Wie viel Euro Zinsen bekommt er am Jahresende?

9. Eine Bank verlangt für Kredite einen Zinssatz von 4 %. Rosi hat für ein halbes Jahr einen Kleinkredit aufgenommen und bezahlt 76 € Zinsen. Berechne die Höhe des Kleinkredits.

Terme

Terme

Terme sind Rechenausdrücke. Sie können Variablen enthalten.
Wenn du für die Variablen Zahlen einsetzt, erhältst du eine Zahl als Ergebnis.
Als Vereinbarung gilt: $5x = 5 \cdot x$ und $x = 1 \cdot x$.

Berechne für $x = 3$ den Wert des Terms $7 + 4x$.
$7 + 4 \cdot 3 = 7 + 12 = 19$

Rechenregeln

① Klammern zuerst.
② Potenz- geht vor Punktrechnung.
③ Punktrechnung geht vor Strichrechnung.

Termumformungen

Vielfache derselben Variablen darfst du zusammenfassen: $6x - 2x = 4x$

Du **multiplizierst Terme**, indem du Zahlen mit Zahlen und Variablen mit Variablen multiplizierst: $3x \cdot 2x = 6x^2$

Summen addierst oder subtrahierst du, indem du die Summanden einzeln addierst bzw. subtrahierst.

$13 + (2x - 4) = 13 + 2x + (-4) = 2x + 9$
$12 - (5x - 3) = 12 - 5x - (-3) = 15 - 5x$

Durch **Ausmultiplizieren** wird aus einem Produkt eine Summe oder eine Differenz.

$2(3a - 5) = 2 \cdot 3a + 2 \cdot (-5) = 6a - 10$

$(a + 2)(b + 3) = ab + 3a + 2b + 6$

Durch **Ausklammern** wird aus einer Summe ein Produkt.

$30a + 50 = 10(3a + 5)$ $\quad x^2y + x = x(xy + 1)$

Binomische Formeln

$\mathbf{(a + b)^2 = a^2 + 2ab + b^2}$ (1. binomische Formel)
$\mathbf{(a - b)^2 = a^2 - 2ab + b^2}$ (2. binomische Formel)
$\mathbf{(a + b)(a - b) = a^2 - b^2}$ (3. binomische Formel)

$(x + 7)^2 = x^2 + 2 \cdot x \cdot 7 + 7^2 = x^2 + 14x + 49$
$(3x - y)^2 = (3x)^2 - 2 \cdot 3x \cdot y + y^2 = 9x^2 - 6xy + y^2$
$(2a + 4b)(2a - 4b) = (2a)^2 - (4b)^2 = 4a^2 - 16b^2$

Bearbeite alle Aufgaben ohne Taschenrechner.

1. Schreibe als Term mit einer Variablen.
a) das Dreifache einer Zahl, vermehrt um 7
b) 24 vermindert um das 7-Fache einer Zahl

2. Berechne den Term für die angegebene Zahl.
a) $3x - 7$ für $x = 11$ **b)** $a : 5 + 19$ für $a = -35$

3. Schreibe so kurz wie möglich.
a) $2y - 3 + 4y - 7y + 9 - 11y + 3$
b) $17 - 4x + 3x + 1 - x + 3 + 2x$

4. **a)** $8x \cdot 3$ **b)** $a \cdot 5b$ **c)** $x \cdot 12x$ **d)** $15a \cdot 3b$

5. Löse die Klammer auf und fasse zusammen.
a) $13 + (2x + 5)$ **b)** $12y - (4 - y)$
c) $6a - (4a + 3)$ **d)** $25 - (2x - 13)$
e) $23y + (19 - 7y)$ **f)** $15a + (9a + 7)$

6. Löse die Klammer auf.
a) $4(2x + 5)$ **b)** $2(9b - 4)$ **c)** $3(4y - 5x)$
d) $(6 - 3x) \cdot 5$ **e)** $x(7x + 9)$ **f)** $(3a - 2) \cdot 5a$

7. Jeweils zwei Terme sind gleichwertig.
Welche sind es?
① $4x + 12y$ ② $5x + 7y - x$ ③ $(4y + 2x) \cdot 2$
④ $7y + 4x$ ⑤ $x + 8y + 3x$ ⑥ $0{,}5 \cdot (8x + 24y)$

8. Klammere möglichst umfassend aus.
a) $25a + 35$ **b)** $21xy - 49x$ **c)** $-24a^2 + 48ab$
d) $15a - 15$ **e)** $16x^2 - 48x$ **f)** $x^2y + xy^2$

9. Multipliziere aus und fasse dann zusammen.
a) $(5 + 2x)(3 + 5x)$ **b)** $(3a + 4)(6a - 2)$
c) $(7y - 5)(6 + 3y)$ **d)** $(2x - 3)(4x - 7)$

10. **a)** $(x + 6)^2$ **b)** $(5 - y)^2$ **c)** $(3a + 4b)^2$
d) $(y - 3x)^2$ **e)** $\left(y + \frac{1}{2}\right)^2$ **f)** $(x + 0{,}3)^2$
g) $(x - 5)^2$ **h)** $(8 - b)^2$ **i)** $(-6 + y)^2$

11. **a)** $(x + 4)(x - 4)$ **b)** $(3y - 5)(3y + 5)$
c) $(7 - b)(7 + b)$ **d)** $(5a + 2b)(5a - 2b)$

12. Forme den Term mit Hilfe der binomischen Formeln in ein Produkt um.
a) $x^2 - 25$ **b)** $a^2 + 6a + 9$
c) $81s^2 - 4t^2$ **d)** $100y^2 - 100yz + 25z^2$

Gleichungen

Gleichungen
Eine Zahl, die beim Einsetzen in eine Gleichung eine wahre Aussage liefert, heißt Lösung der Gleichung.
Du kannst Gleichungen umformen:
① Du darfst die Gleichung auf jeder Seite so weit wie möglich zusammenfassen.
② Du darfst auf beiden Seiten dasselbe addieren oder subtrahieren.
③ Du darfst beide Seiten mit derselben Zahl außer Null multiplizieren oder durch sie dividieren.

	$5 + 2x - 21 = 3x + 8 - 7x$	
①	$2x - 16 = -4x + 8$	$\mid +4x$
②	$6x - 16 = 8$	$\mid +16$
	$6x = 24$	$\mid :6$
③	$x = 4$	

Gleichungen mit Klammern löst du so:
① Löse alle Klammern in der Gleichung auf.
② Fasse beide Seiten der Gleichung zusammen.
③ Löse die Gleichung mit erlaubten Umformungen.

Löse die Gleichung.

	$4(8x + 7) = 10 - (22 - 27x)$	
①	$32x + 28 = 10 - 22 + 27x$	
②	$32x + 28 = -12 + 27x$	$\mid -27x - 28$
③	$5x = -40$	$\mid :5$
	$x = -8$	

Verhältnisgleichungen
Wenn du zwei Verhältnisse gleichgesetzt, so erhältst du eine Verhältnisgleichung:
$a:b = c:d$ oder $\frac{a}{b} = \frac{c}{d}$

Variable im Zähler:		Variable im Nenner:	
$\frac{3x}{14} = \frac{6}{7}$	$\mid \cdot 14$	$\frac{24}{36} = \frac{10}{x}$	$\mid \cdot 36 \cdot x$
$\frac{3x \cdot 14}{14} = \frac{6 \cdot 14}{7}$	| *kürzen*	$\frac{24 \cdot 36x}{36} = \frac{10 \cdot 36x}{x}$	| *kürzen*
$3x = 12$	$\mid :3$	$24x = 360$	$\mid :24$
$x = 4$		$x = 15$	

Bearbeite alle Aufgaben ohne Taschenrechner.

1. Ist die angegebene Zahl Lösung der Gleichung?
a) $3x - 5 = 26 + 2x$ $x = 31$
b) $4 \cdot (2x - 5) = 3x - 65$ $x = -9$

2. Schreibe als Gleichung. Welche der angegebenen Zahlen ist Lösung der Gleichung?
a) Subtrahiert man von einer Zahl 10, so erhält man –6.
b) Addiert man zum Doppelten einer Zahl 16, so erhält man 46.
−4 4 15 −15

3. Löse die Gleichung und führe die Probe durch.
a) $5x + 3 = 38$ **b)** $2x + 9 = -11$
c) $3x - 5 = x + 3$ **d)** $4x + 7 = -2x - 5$

4. a) $6x - 41 - 2x = 69 - 6x$
b) $21 - 5y - 33 + 14y = 7y - 6$

5. Löse zuerst die Klammern auf.
a) $4x - (x - 7) = 4(x - 4)$
b) $3(2x - 9) + 31 = 4(2 + 3x) + 2$
c) $4y - (9 - 2y) + 3(y - 5) = 4(y - 1)$

6. a) $(x + 3)^2 - 5 = 16 + x^2$
b) $(-2x - 2)^2 = (2x + 2)(2x - 2)$
c) $(3x + 4)^2 = 9x^2 + 40$

7. Gib zunächst einen Term für den Umfang der Figur an und berechne dann die Länge x.
a)
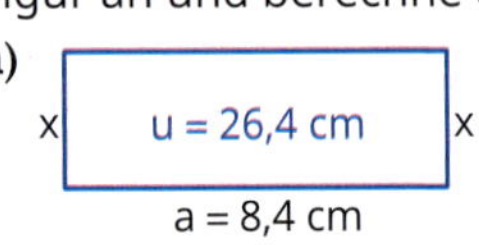

b)
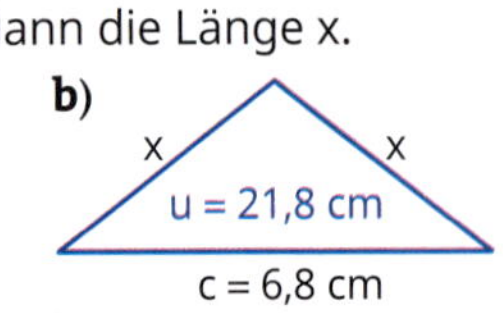

8. Löse die Gleichung.
a) $\frac{x}{12} = \frac{2}{3}$ **b)** $\frac{20}{x} = \frac{5}{12}$ **c)** $\frac{6x}{28} = \frac{12}{14}$

9. Schreibe die Verhältnisgleichung in Bruchform und löse dann.
a) $x:50 = 2:10$ **b)** $x:4 = 40:8$
c) $24:x = 9:3$ **d)** $36:24 = 15:x$

10. Eine Strecke von 8 km soll auf einer Karte im Maßstab 1:50 000 abgebildet werden. Bestimme die Länge der Strecke auf der Karte mit Hilfe einer Verhältnisgleichung.

Tabellen und Koordinatensystem

Tabellen

Wenn du eine Aufgabe mit Hilfe einer Tabelle lösen sollst, kannst du in zwei Schritten vorgehen:

① **Tabelle einordnen**
- *Worum genau geht es?*
- *Welche Informationen stehen in den Zeilen/Spalten der Tabelle?*
- *Gibt es eine Legende, in der Dinge erklärt sind?*

② **Werte/Informationen heraussuchen**
- *Welche Werte oder Informationen helfen dir bei der Lösung deiner Aufgabe?*
- *Kannst du die Werte direkt übernehmen oder musst du mit ihnen noch etwas ausrechnen?*

Punkte P(x|y) in ein Koordinatensystem einzeichnen

Trage den x- und y-Wert vom Ursprung auf den Achsen bzw. parallel zu den Achsen ab.

	positiv	negativ
x	waagerecht nach rechts	waagerecht nach links
y	senkrecht nach oben	senkrecht nach unten

Punkte aus dem Koordinatensystem ablesen

Bestimme den Abstand des Punktes von der x-Achse und von der y-Achse.

Lies Punkt B ab.

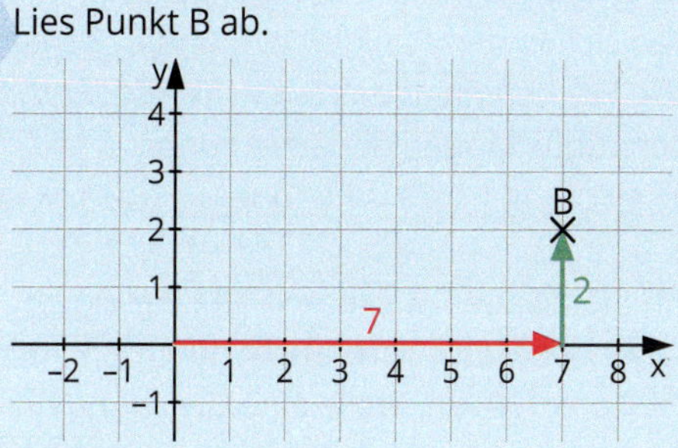

abgelesen: B(7|2)

1. Ein Fahrzeughersteller bietet seine Modelle mit alternativen Antrieben an.

Modell	Antrieb	Energiekosten pro 100 km
Typ B	Benzinmotor	9,00 €
Typ D	Dieselmotor	6,60 €
Typ H	Hybridmotor	6,30 €
Typ E	Elektromotor	4,80 €

a) Berechne, wie weit man mit den verschiedenen Antrieben für 50 € kommt. Stelle die Ergebnisse in einem geeigneten Diagramm dar.

b) Berechne die Kostenersparnis bei einer Fahrleistung von 100 000 km für einen Elektromotor gegenüber einem Dieselmotor.

c) Wie viel Prozent Energiekosten kann Herr Kazan sparen, wenn er Typ H anstelle Typ B kauft?

2. Zeichne die Punkte in ein Koordinatensystem und verbinde sie. Welches Viereck entsteht?

a) A(−1|−3), B(3|−2), C(2|2), D(−2|1)

b) A(−2|−2), B(3|3), C(0|6), D(−5|1)

c) A(4|0), B(6|2), C(4|4), D(−1|2)

3. Lies die Koordinaten der Punkte ab.

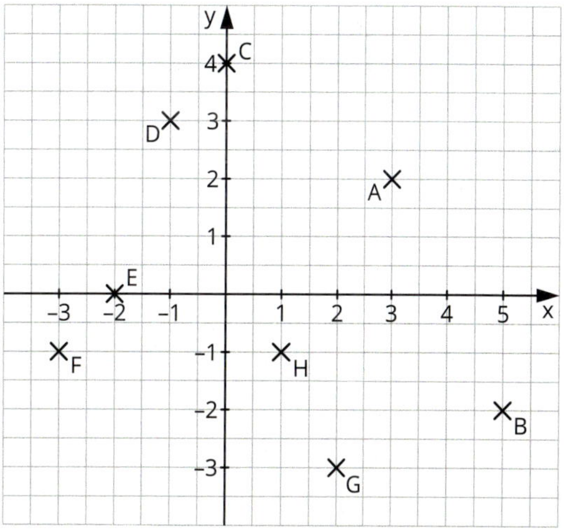

4. Zeichne die Punkte P(−3|0), Q(3|−1) und R(3|2) in ein Koordinatensystem.
Ergänze einen vierten Punkt, so dass beim Verbinden der Punkte ein Parallelogramm entsteht. Findest du alle 3 Möglichkeiten?

Lineare Funktionen

Lineare Funktionen

Funktionen, deren Graph eine Gerade ist, heißen **lineare Funktionen**.

Ihre Gleichung kannst du in der Form **y = mx + b** schreiben.

Eine Wertetabelle mit zwei geeigneten Wertepaaren reicht aus, damit du den Graphen zeichnen kannst.

$y = -2x + 3$

x	−1	2
y	5	−1

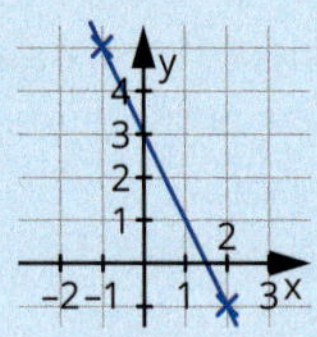

Steigung und y-Achsenabschnitt

b heißt y-Achsenabschnitt und beschreibt, wo die Gerade die y-Achse schneidet.

m heißt **Steigung** der Geraden und wird mit einem Steigungsdreieck berechnet:

Steigung $m = \frac{\text{Höhendifferenz}}{\text{Seitendifferenz}}$

Die Gerade steigt, wenn die Steigung m größer als 0 ist. Sie fällt, wenn m kleiner als 0 ist.

$y = -\frac{3}{2}x + 6$

Steigung:

$m = -\frac{3}{2}$

y-Achsenabschnitt:

$b = 6$

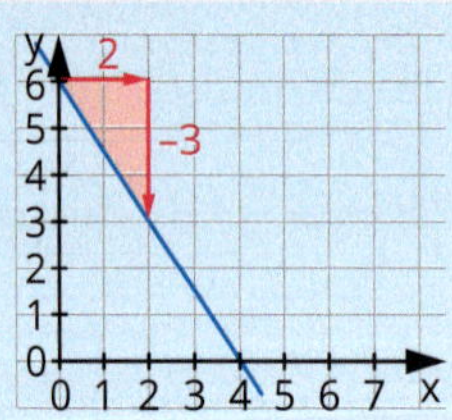

Funktionsgleichung bestimmen

Die Funktionsgleichung einer Geraden y = mx + b kann durch Ablesen von m und b aus der Zeichnung bestimmt werden.

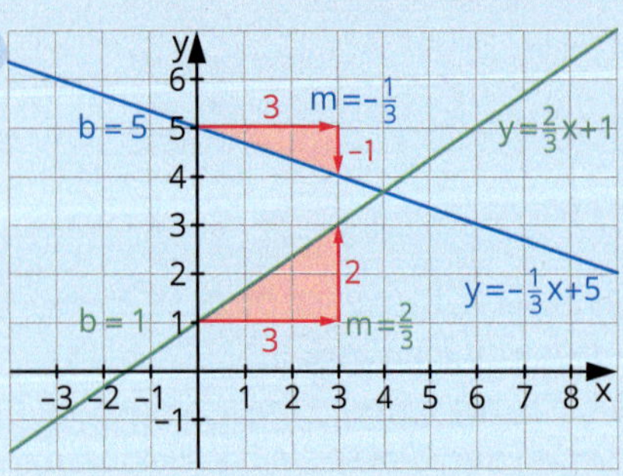

Bearbeite Aufgabe 1 bis 3 ohne Taschenrechner.

1. Die drei Gefäße werden gleichmäßig mit Wasser gefüllt. Welcher Graph gibt die Füllhöhe in Abhängigkeit von der Zeit an? Ordne zu.

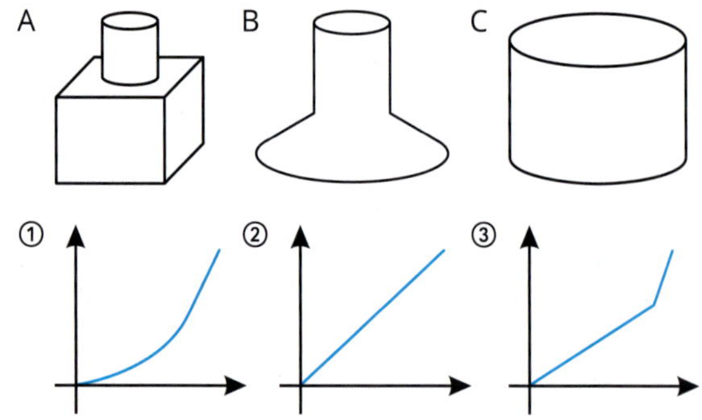

2. Zeichne den Graphen der linearen Funktion.

a) $y = 3x + 3$ **b)** $y = x - 4$

c) $y = \frac{3}{2}x - 3$ **d)** $y = -x + 2{,}5$

e) $y = 2(x + 3) - 6$ **f)** $2y = 4 - (3x + 8)$

3. Bestimme die zugehörige Funktionsgleichung.

a)

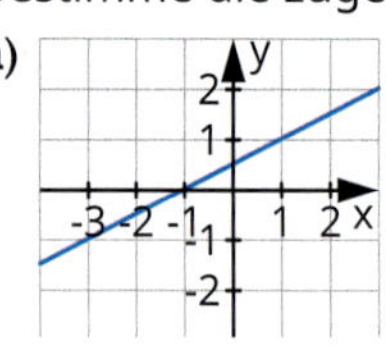

b)

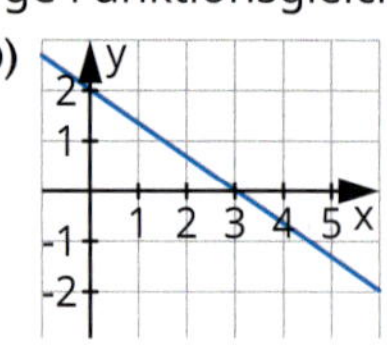

4. Zeichne eine Gerade durch die Punkte. Bestimme die Steigung m und den y-Achsenabschnitt b und gib die Funktionsgleichung an.

a) $P_1(1|4)$; $P_2(3|10)$ **b)** $P_1(-2|-5)$; $P_2(2|5)$

5. Zeichne die Funktionsgraphen in ein Koordinatensystem (Einheit 1 cm). Die Graphen schneiden sich in den Punkten A, B und C. Berechne den Flächeninhalt des Dreiecks ABC. Entnimm benötigte Längen der Zeichnung.

① $y = x - 4$ ② $y = 0{,}5x + 1$ ③ $y = -2x + 6$

6. Ein Kleinwagen startet mit 38 ℓ Benzin im Tank. Der Motor verbraucht durchschnittlich 7,5 ℓ pro 100 km. Stelle eine Gleichung für die Zuordnung *gefahrene Kilometer → Tankinhalt* auf und bestimme rechnerisch, nach wie viel Kilometern der Tank leer ist.

Lineare Gleichungssysteme

Lineare Gleichungssysteme

Zwei lineare Gleichungen zusammen bilden ein **lineares Gleichungssystem**. Seine Lösung erfüllt beide Gleichungen. Sie kann durch den **Schnittpunkt** der zugehörigen Geraden dargestellt werden.

I $y = x + 1$
II $y = -2x + 4$

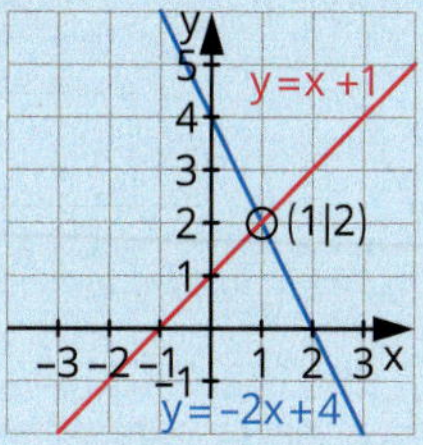

Lösungspaar: (1|2)

Sonderfälle:

- Ein lineares Gleichungssystem hat **keine Lösung**, wenn die Geraden parallel sind.
- Es hat **unendlich viele Lösungen**, wenn die Geraden identisch sind.

Gleichsetzungsverfahren

Beide Gleichungen nach derselben Variablen auflösen und gleichsetzen.

I	$y - 2x = -1$	**I = II**	$2x - 1 = 9 - 3x$
II	$y + 3x = 9$		$\mathbf{x = 2}$
I	$y = 2x - 1$	x in **I**	$y = 2 \cdot 2 - 1$
II	$y = 9 - 3x$		$\mathbf{y = 3}$

Einsetzungsverfahren

Eine Gleichung nach einer Variablen auflösen und in die andere einsetzen.

I	$3x + y = 6$	**I in II**	
II	$2x + 3y = 11$		$2x + 3(6 - 3x) = 11$
			$-7x + 18 = 11$
I	$y = 6 - 3x$		$\mathbf{x = 1}$
II	$2x + 3y = 11$	x in **I**	$y = 6 - 3 \cdot 1$
			$\mathbf{y = 3}$

Additionsverfahren

Gleichung umformen, sodass vor einer Variablen Gegenzahlen stehen.

I	$2x - 3y = 5 \quad \vert \cdot (-2)$	**I + II**	$4y = 12$
II	$4x - 2y = 22$		$\mathbf{y = 3}$
I	$-4x + 6y = -10$	y in **I**	$2x - 3 \cdot 3 = 5$
II	$4x - 2y = 22$		$\mathbf{x = 7}$

Bearbeite Aufgabe 1 bis 5 ohne Taschenrechner.

1. Bestimme die Lösung zeichnerisch und mache die Probe mit beiden Gleichungen.

a) **I** $y = 3x - 1$; **II** $y = 5x - 5$
b) **I** $x + y = -1$; **II** $2x + y = -8$

2. Welches Gleichungssystem hat keine Lösung, welches hat unendlich viele Lösungen? Entscheide, indem du die zugehörigen Graphen zeichnest.

① **I** $y = -x + 1$; **II** $y = -x + 4$
② **I** $y - x = 2$; **II** $2y = 2x + 4$

3. Löse das lineare Gleichungssystem mit dem Gleichsetzungsverfahren.

a) **I** $y = 5x - 21$; **II** $y = 6x - 24$
b) **I** $2x + 7y = -1$; **II** $2x = 3y + 9$

4. Löse das lineare Gleichungssystem mit dem Einsetzungsverfahren.

a) **I** $y = 3x - 5$; **II** $4x + 6y = 14$
b) **I** $3x - 2y = 13$; **II** $-2y + x = 7$

5. Löse das lineare Gleichungssystem mit dem Additionsverfahren.

a) **I** $3x - y = 8$; **II** $4x + y = 6$
b) **I** $x + 2y = 19$; **II** $-4x - 2y = -28$
c) **I** $x + 2y = 8$; **II** $-3x + 4y = 1$
d) **I** $6x + 7y = 35$; **II** $-12x + 10y = -22$

6. Löse das lineare Gleichungssystem mit einem Verfahren deiner Wahl.

a) **I** $5x + y = 21$; **II** $7x + 2y = 33$
b) **I** $5x + 7y = -47$; **II** $-2x - 4y = 26$
c) **I** $x = 6 - y$; **II** $x + 6y = 21$
d) **I** $-x + 8y = 70$; **II** $-x + 4y = 34$

7. Stelle zunächst 2 Gleichungen auf und löse dann das Gleichungssystem mit einem Verfahren deiner Wahl.

a) In der Klasse 10a sind 29 Schüler. Es gibt drei Jungen mehr als Mädchen.
b) Die Summe zweier Zahlen ist 48. Die erste Zahl ist dreimal so groß wie die zweite.
c) Pia ist heute 3-mal so alt wie ihr Bruder. Vor 4 Jahren war sie 7-mal so alt. Wie alt sind beide?

Winkel und Symmetrie

Winkelpaare

Nebenwinkel
ergänzen sich zu 180°.

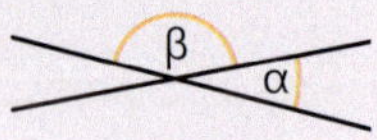

$\alpha + \beta = 180°$

Scheitelwinkel
sind gleich groß.

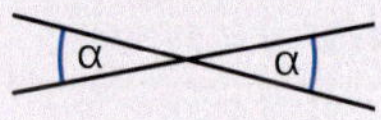

Stufenwinkel
sind gleich groß.

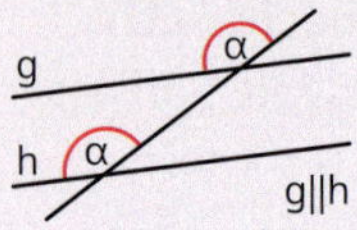

Wechselwinkel
sind gleich groß.

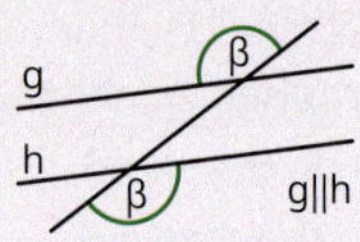

Winkel in Figuren

Dreieck
In jedem Dreieck beträgt die Winkelsumme 180°:
$\boldsymbol{\alpha + \beta + \gamma = 180°}$

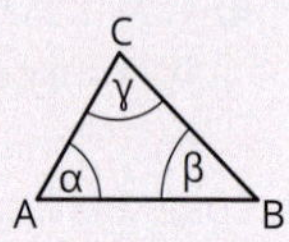

Im **gleichschenkligen Dreieck** sind zwei Basiswinkel gleich groß, im **gleichseitigen Dreieck** sind alle Winkel 60° groß.

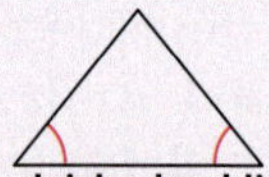

gleichschenklig

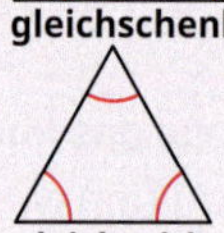

gleichseitig

Viereck
In jedem Viereck beträgt die Winkelsumme 360°:
$\boldsymbol{\alpha + \beta + \gamma + \delta = 360°}$

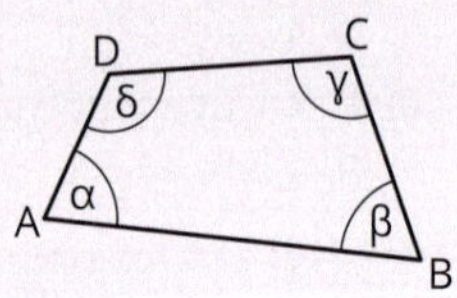

Achsen- und Punktsymmetrie

Eine Figur heißt
- **achsensymmetrisch**, wenn du sie an einer Spiegelachse (**Symmetrieachse**) so spiegeln kannst, dass die Figur mit sich selbst zur Deckung kommt.
- **punktsymmetrisch**, wenn du sie an einem Punkt Z (**Symmetriezentrum**) so spiegeln kannst, dass die Figur mit sich selbst zur Deckung kommt.

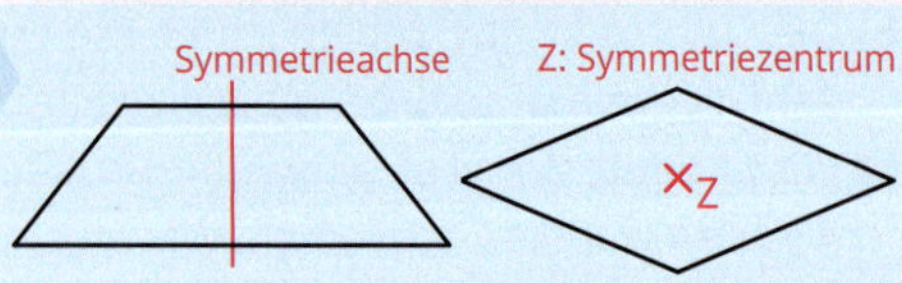

1. Schätze die Größe der Winkel. Kontrolliere deine Schätzung, indem du die Winkel misst.

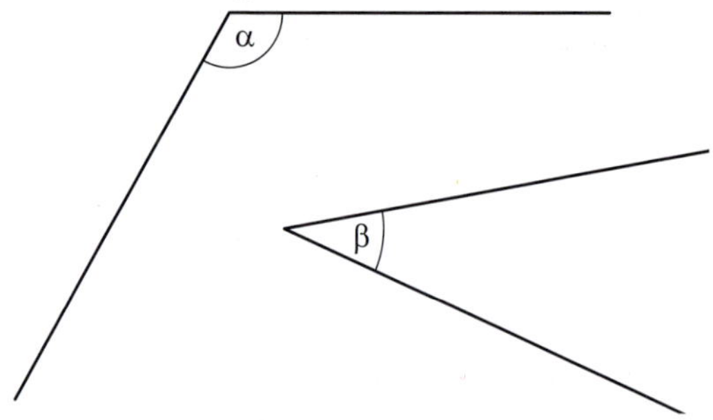

2. In der Figur sind die blauen Geraden parallel. Bestimme die eingezeichneten Winkel.

a)

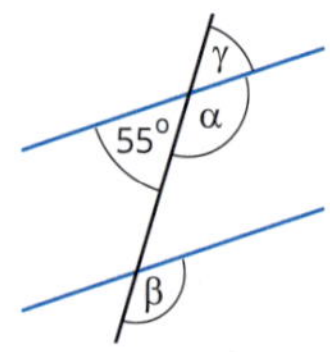

b)

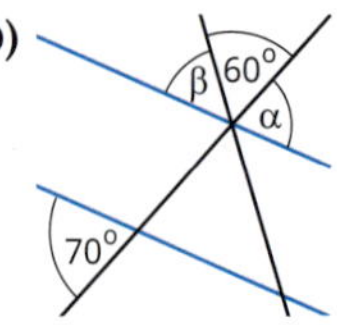

3. Berechne den fehlenden Winkel in der Figur.

a)

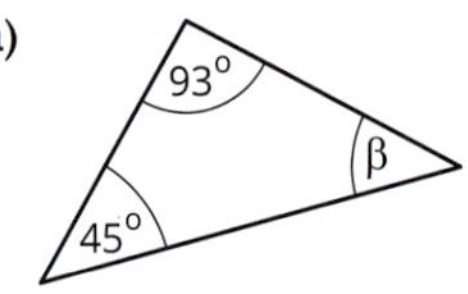

b)

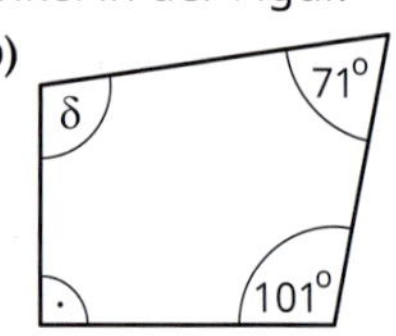

4. **a)** Übertrage die Vierecke in dein Heft.
b) Zeichne in die achsensymmetrischen Vierecke alle Symmetrieachsen ein.
c) Zeichne in die punktsymmetrischen Vierecke das Symmetriezentrum ein.

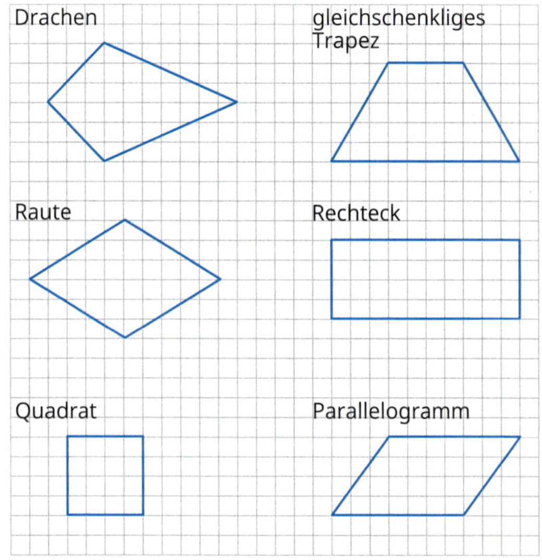

Dreiecke und Vierecke

Beschriftung von Dreiecken und Vierecken

Dreieck

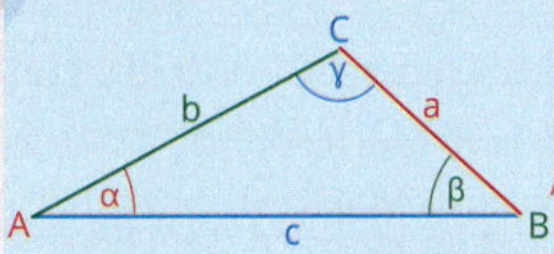

Viereck

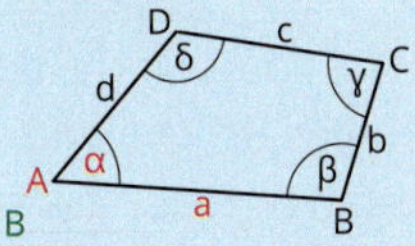

Dreieckskonstruktionen

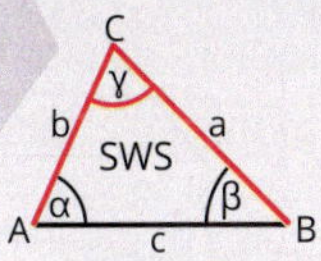

- Strecke $\overline{AC}$ zeichnen
- Winkel γ antragen
- Strecke $\overline{BC}$ abtragen

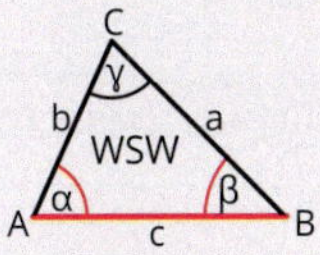

- Strecke $\overline{AB}$ zeichnen
- Winkel α, β antragen

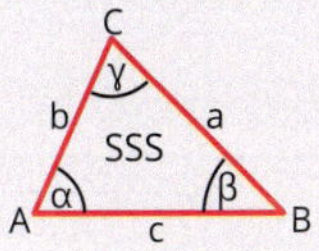

- Strecke $\overline{AB}$ zeichnen
- Kreis um A mit Radius b, Kreis um B mit Radius a

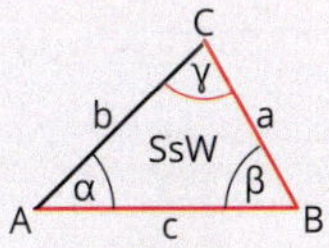

- Strecke $\overline{BC}$ zeichnen
- Winkel γ antragen
- Kreis um B mit Radius c

Haus der Vierecke

Jedes Viereck besitzt die Eigenschaften des verbundenen, darüber liegenden Vierecks.

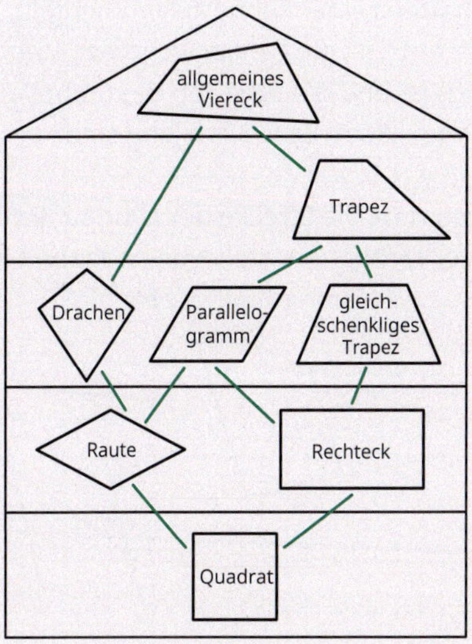

1.

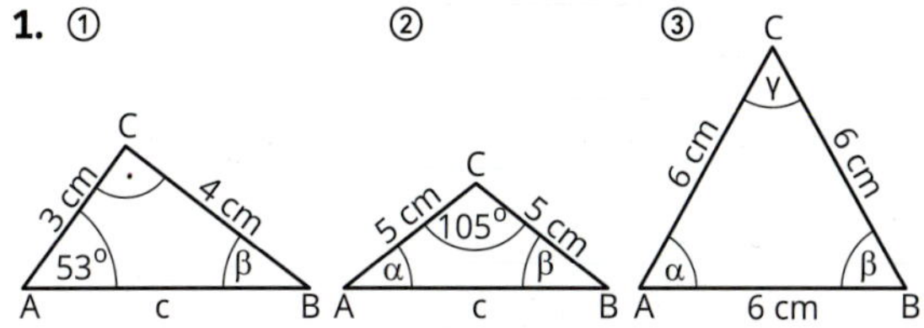

a) Ordne die passende Dreiecksart zu.

gleichschenkliges Dreieck	gleichseitiges Dreieck	rechtwinkliges Dreieck

b) Konstruiere die drei Dreiecke und bestimme fehlende Seiten und Winkel durch Messen.

2. Konstruiere das Dreieck.

a) b = 6,5 cm; α = 65°; γ = 50°
b) a = 7,5 cm; c = 6 cm; β = 100°
c) a = b = 7 cm, c = 8,5 cm
d) b = 6 cm; c = 9 cm; γ = 70°

3.

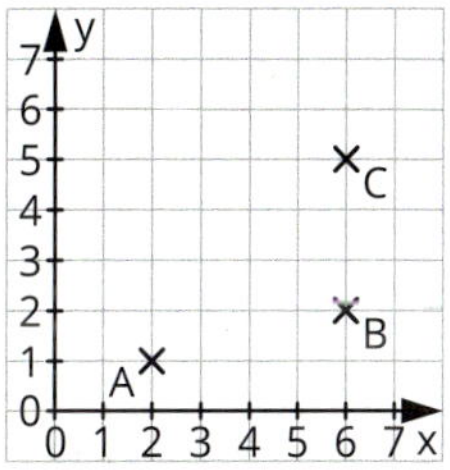

Gib die Koordinaten eines Punktes D an, so dass das Viereck ABCD ein …

a) … Parallelogramm ist.
b) … Drachen ist.
c) … gleichschenkliges Trapez ist.

4. Konstruiere das Viereck.

a)

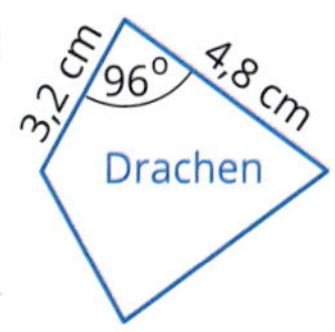

b)

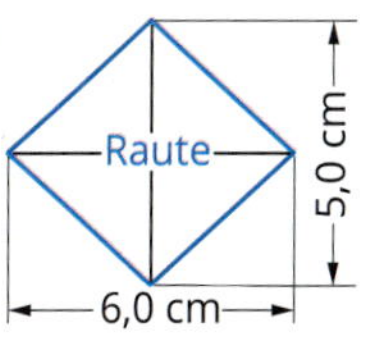

5. Konstruiere ein Trapez ABCD (a ∥ c) mit a = 8 cm; α = 70°; β = 55° und d = 4,5 cm.

6. Wahr oder falsch? Begründe deine Antwort.

a) Jedes Parallelogramm ist ein Rechteck.
b) Jede Raute ist ein Parallelogramm.
c) Jeder Drachen ist eine Raute.
d) Jeder Drachen ist ein Trapez.
e) Jedes Quadrat ist ein Trapez.

Maßstab, Ähnlichkeit, Strahlensätze

Maßstab
Der Maßstab gibt an, in welchem Verhältnis die Länge auf einem Bild zu der Länge in Wirklichkeit steht.
Verkleinerung der Wirklichkeit:
Maßstab 1 : 5 bedeutet:
1 cm auf dem Bild sind 5 cm in Wirklichkeit.
Vergrößerung der Wirklichkeit:
Maßstab 5 : 1 bedeutet:
5 cm auf dem Bild sind 1 cm in Wirklichkeit.

Ähnliche Dreiecke
1. Dreiecke sind ähnlich, wenn sie in zwei Winkeln übereinstimmen: $\alpha' = \alpha$ und $\beta' = \beta$. (Dann gilt auch $\gamma' = \gamma$.)
2. Dreiecke sind ähnlich, wenn sie in den Längenverhältnissen entsprechender Seiten übereinstimmen: $\frac{a'}{a} = \frac{b'}{b} = \frac{c'}{c}$.

Strahlensätze
Gegeben sind zwei Strahlen mit gleichem Anfangspunkt Z, geschnitten von zwei Geraden AC und BD.
Wenn die Geraden parallel sind, dann sind …

$\overline{AC} \parallel \overline{BD}$

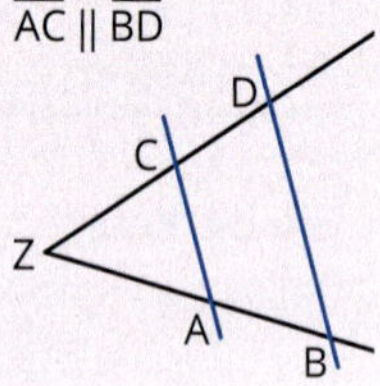

1. … auf den Strahlen entsprechende Streckenverhältnisse gleich:
$\frac{\overline{ZA}}{\overline{ZB}} = \frac{\overline{ZC}}{\overline{ZD}}$, $\frac{\overline{ZC}}{\overline{CD}} = \frac{\overline{ZA}}{\overline{AB}}$, $\frac{\overline{ZD}}{\overline{CD}} = \frac{\overline{ZB}}{\overline{AB}}$
2. … in den Dreiecken entsprechende Seitenverhältnisse gleich:
$\frac{\overline{AC}}{\overline{BD}} = \frac{\overline{ZA}}{\overline{ZB}} = \frac{\overline{ZC}}{\overline{ZD}}$

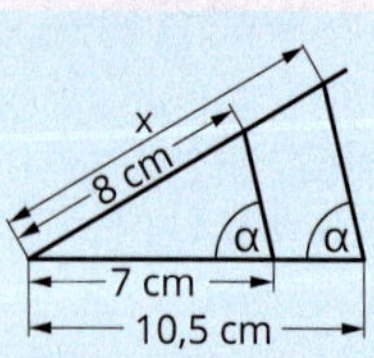

$\frac{x}{8} = \frac{10,5}{7} \quad | \cdot 8$

$x = \frac{10,5 \cdot 8}{7}$

$x = 12$

1. Wie viel km in Wirklichkeit ist 1 cm auf einer Karte im angegebenen Maßstab?
a) 1 : 40 000 **b)** 1 : 250 000

2. Auf Fotos sind ein Marienkäfer und ein Elefant beide 3,5 cm lang. Der Marienkäfer ist im Maßstab 5 : 1, der Elefant im Maßstab 1 : 100 abgebildet. Berechne die Längen in Wirklichkeit.

3. Sind die Dreiecke zueinander ähnlich?

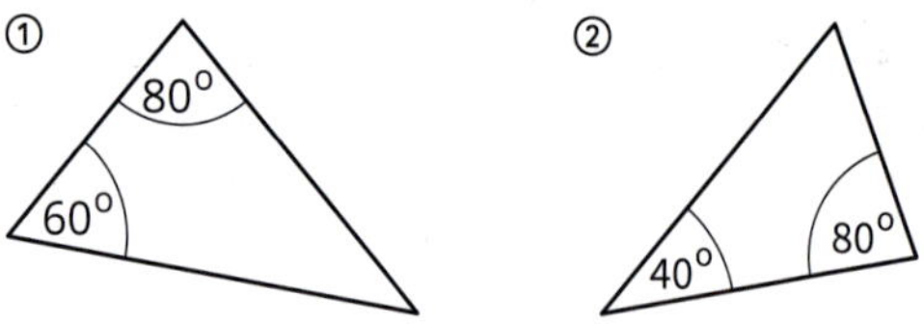

4. Berechne die Seite x der ähnlichen Dreiecke.

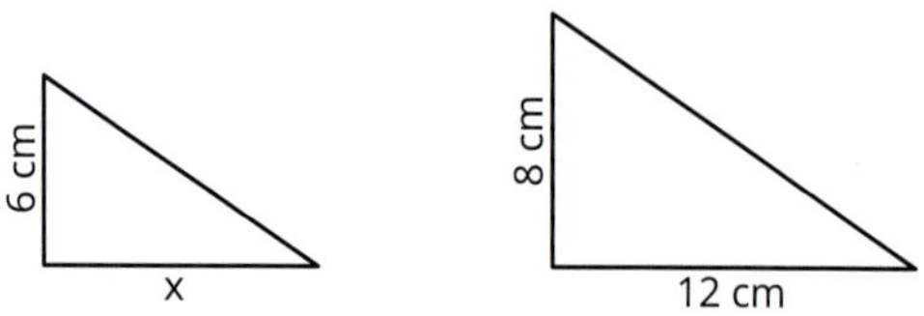

5.

Ein Stab wird senkrecht so aufgestellt, dass das Ende seines Schattens mit dem Ende des Schattens einer Tanne zusammenfällt.
Wie hoch ist die Tanne, wenn der Stab 1,50 m hoch ist und die Schatten des Stabes und der Tanne 4,80 m bzw. 32 m lang sind?

6. Bestimme die Strecke der Länge x. Runde auf eine Nachkommastelle (alle Angaben in cm).

a)

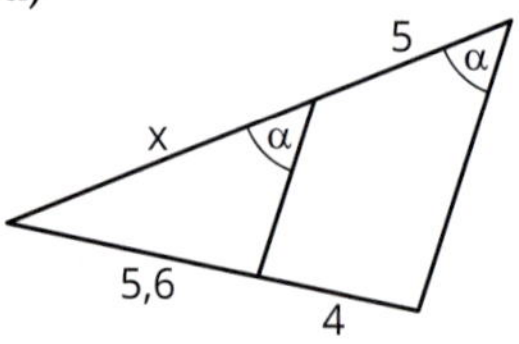

b)

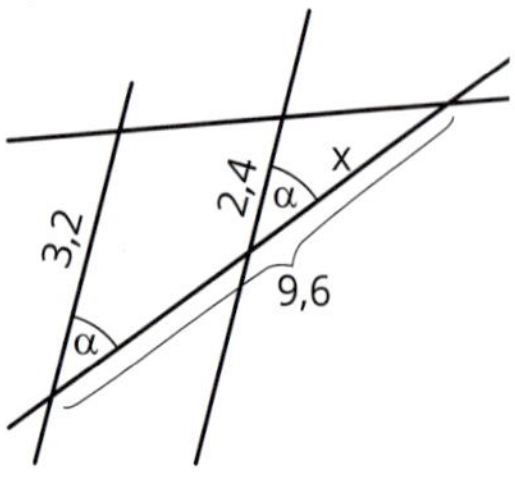

Quadratwurzeln und Satz des Pythagoras

Die **Quadratwurzel** aus einer positiven Zahl a ist diejenige positive Zahl, die mit sich selbst multipliziert die Zahl a ergibt.

$\sqrt{121} = 11$, denn $11^2 = 121$

Satz des Pythagoras
In jedem rechtwinkligen Dreieck haben die beiden Kathetenquadrate zusammen denselben Flächeninhalt wie das Hypotenusenquadrat.

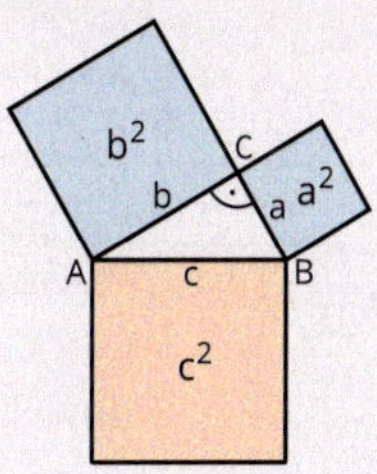

Mit γ als rechtem Winkel gilt:
$\mathbf{a^2 + b^2 = c^2}$

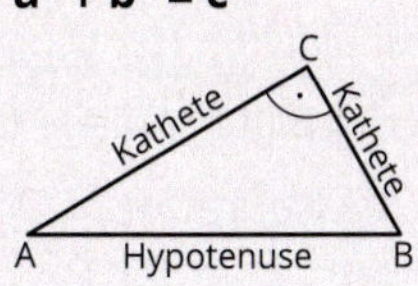

Hypotenuse berechnen

$a = 5$ cm, $b = 7$ cm gesucht: c

Einsetzen		*Umstellen*	
$5^2 + 7^2 = c^2$		$a^2 + b^2 = c^2$	$\mid\sqrt{\ }$
$c^2 = 25 + 49$		$c = \sqrt{a^2 + b^2}$	
$c^2 = 74$	$\mid\sqrt{\ }$	$c = \sqrt{5^2 + 7^2}$	
$c \approx 8{,}6$ cm		$c \approx 8{,}6$ cm	

Kathete berechnen

$b = 3$ cm, $c = 6$ cm gesucht: a

Einsetzen		*Umstellen*	
$a^2 + 3^2 = 6^2$	$\mid -3^2$	$a^2 + b^2 = c^2$	$\mid -b^2$
$a^2 = 6^2 - 3^2$		$a^2 = c^2 - b^2$	$\mid\sqrt{\ }$
$a^2 = 36 - 9$		$a = \sqrt{c^2 - b^2}$	
$a^2 = 27$	$\mid\sqrt{\ }$	$a = \sqrt{6^2 - 3^2}$	
$a \approx 5{,}2$ cm		$a \approx 5{,}2$ cm	

Kehrsatz zum Satz des Pythagoras
Gilt für die Seitenlängen a, b und c eines Dreiecks $a^2 + b^2 = c^2$, dann ist das Dreieck bei C rechtwinklig mit c als Hypotenuse.

Dreieck auf rechte Winkel prüfen

$a = 8$ cm; $b = 6$ cm; $c = 10$ cm

$8^2 + 6^2 = 10^2$

$64 + 36 = 100$ **wahr**

Das Dreieck ist rechtwinklig.

Runde bei allen Aufgaben auf eine Nachkommastelle.

1. Bestimme die Quadratwurzel im Kopf.
a) $\sqrt{64}$ **b)** $\sqrt{144}$ **c)** $\sqrt{400}$ **d)** $\sqrt{225}$

2. Berechne die Seitenlänge des Quadrats.
a) $A = 120\ cm^2$ **b)** $A = 50{,}5\ m^2$

3. Schreibe die Gleichung nach dem Satz des Pythagoras auf.

a)

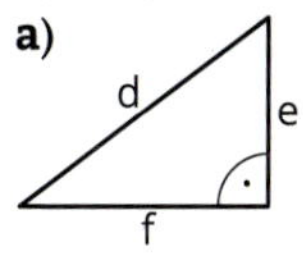

b)

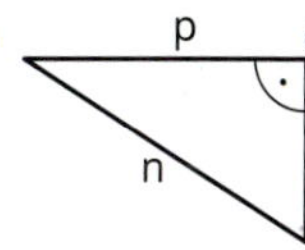

c)

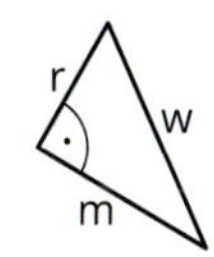

4. Berechne die fehlende Seitenlänge.

a)

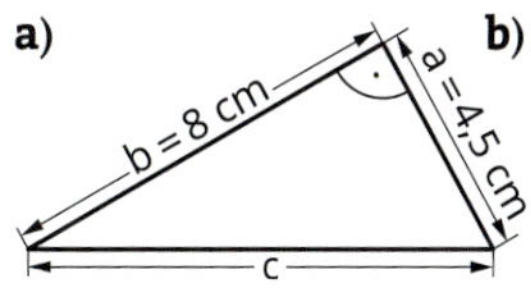

b)

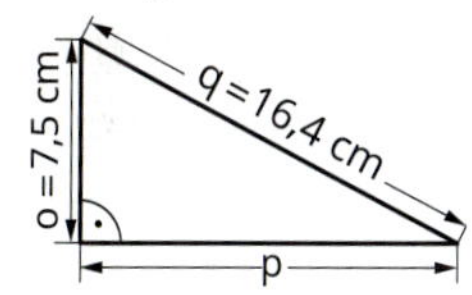

5. Berechne die Längen der roten Strecken.

a)

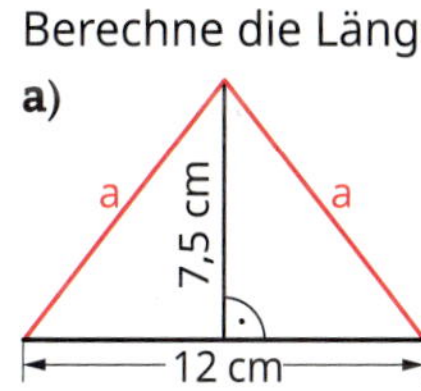

b)

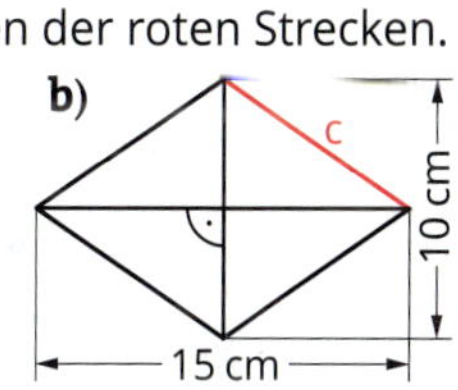

6. Eine Leiter wird in einem Abstand von 1,50 m an eine Hauswand gestellt und reicht dabei 5,50 m hoch. Zeichne eine Skizze und berechne die Länge der Leiter.

7. Berechne die fehlende Länge im Kegel.
a) $r = 12$ cm, $h_K = 8$ cm, $s =$ ▒
b) $r = 8$ cm, $s = 16$ cm, $h_K =$ ▒

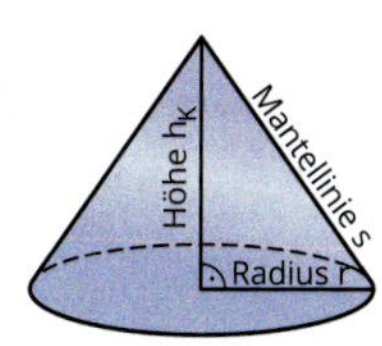

8. Wie lang ist die Raumdiagonale d eines Quaders mit $a = 7$ cm, $b = 9$ cm und $c = 5$ cm? Fertige vor der Berechnung eine Skizze an.

9. Überprüfe, ob das Dreieck ABC rechtwinklig ist.
a) $a = 3{,}6$ cm; $b = 4{,}8$ cm; $c = 6$ cm
b) $a = 9{,}8$ cm; $b = 11{,}2$ cm; $c = 14$ cm

Umgang mit Größen und Maßeinheiten

Maßeinheiten für Längen

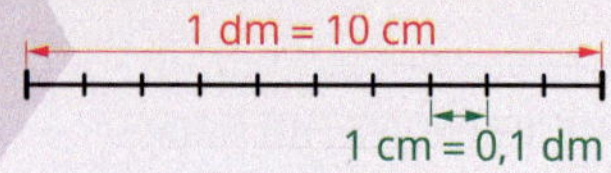

1 m = 10 dm
1 dm = 10 cm
1 cm = 10 mm
1 km = 1 000 m

Maßeinheiten für Flächen

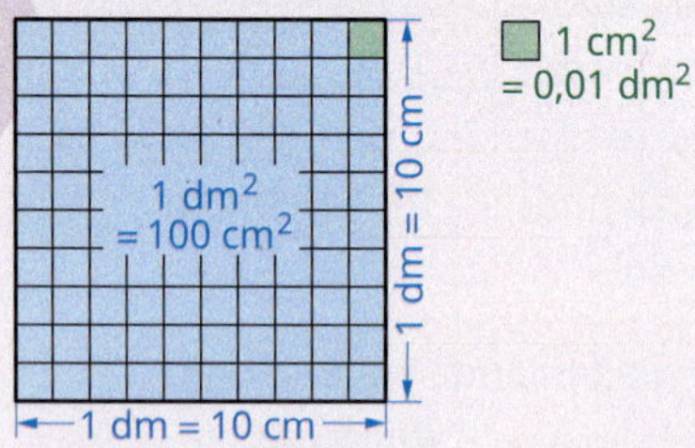

1 km² = 100 ha
1 ha = 100 a
1 a = 100 m²
1 m² = 100 dm²
1 dm² = 100 cm²
1 cm² = 100 mm²

Maßeinheiten für Volumina

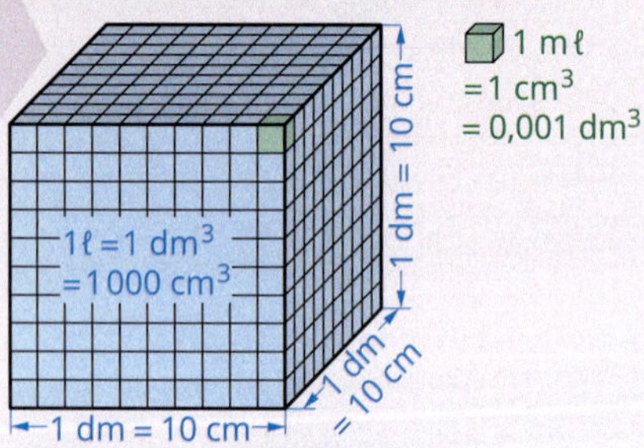

1 m³ = 1 000 dm³
1 dm³ = 1 000 cm³
1 cm³ = 1 000 mm³
1 ℓ = 1 dm³
1 mℓ = 1 cm³

Maßeinheiten für Massen

1 t = 1 000 kg
1 kg = 1 000 g
1 g = 1 000 mg

3,5 kg = 3 500 g (· 1 000 ; : 1 000)

Maßeinheiten für Zeiten

1 Jahr = 365 Tage
1 h = 60 min
1 Tag = 24 h
1 min = 60 s

Bearbeite Aufgabe 1 bis 8 ohne Taschenrechner.

1. Entscheide: kleiner (<) oder größer (>)?
a) Länge eines Autos ■ 400 dm
b) Höhe des Eiffelturms ■ 10 000 cm
c) Länge einer Stecknadel ■ 500 mm

2. **a)** 24 500 m = ■ km **b)** 0,8 km = ■ m
c) 1,8 cm = ■ mm **d)** 2 460 mm = ■ dm

3. Welche dieser Angaben entspricht 300 m²?

0,03 km²	3 a	0,3 ha	0,03 ha

4. Welcher Flächeninhalt passt am besten?

Fußballfeld, Tennisplatz, DIN-A4-Blatt, Fläche USA, Klassenraum, CD

9 Mio. km², 1 ha, 113 cm², 65 m², 2,6 a, 6 dm²

5. Ordne die Volumenmaße nach der Größe.

0,5 mℓ	$\frac{1}{2}$ m³	650 ℓ	87 000 cm³	8,5 dm³

6. **a)** 0,3 m³ = ■ dm³ **b)** 7 000 cm³ = ■ dm³
c) 50 dm³ = ■ m³ **d)** 200 000 cm³ = ■ m³
e) 800 cm³ = ■ ℓ **f)** 4,3 dm³ = ■ ℓ

7. Welche Masse passt am besten? Ordne zu.

Tafel Schokolade, Elefant, Mensch, Tüte Zucker

70 kg, 1 kg, 4 t, 100 g

8. **a)** 3,5 t = ■ kg **b)** 12 g = ■ kg
c) 750 kg = ■ t **d)** 0,5 g = ■ mg

9. **a)** Welches Alter hat etwa ein Schüler der 10. Klasse? Notiere die richtige Angabe.

4000 Tage	140 000 h	800 000 min

b) Wie viele Sekunden hat der September?

10.

	Anfangszeit	Dauer	Ende
a)	11:45 Uhr	$6\frac{3}{4}$ h	■
b)	■	$4\frac{1}{2}$ h	21:15 Uhr
c)	15:55 Uhr	■	23:10 Uhr

Flächenberechnung

Formeln für den Flächeninhalt

Quadrat

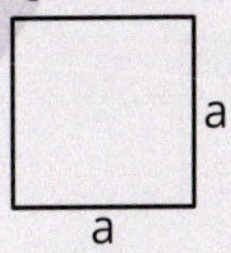

$A = a \cdot a = a^2$

Rechteck

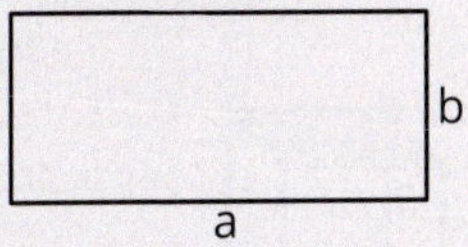

$A = a \cdot b$

Parallelogramm

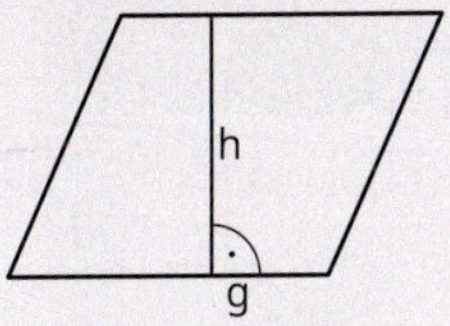

$A = g \cdot h$

Dreieck

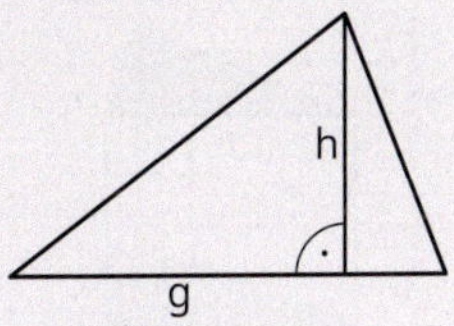

$A = \frac{g \cdot h}{2}$

Drachen

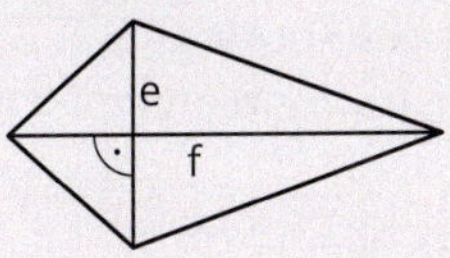

$A = \frac{e \cdot f}{2}$

Raute

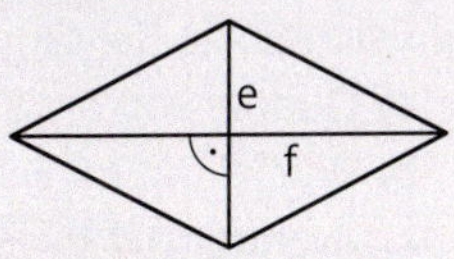

$A = \frac{e \cdot f}{2}$

Trapez

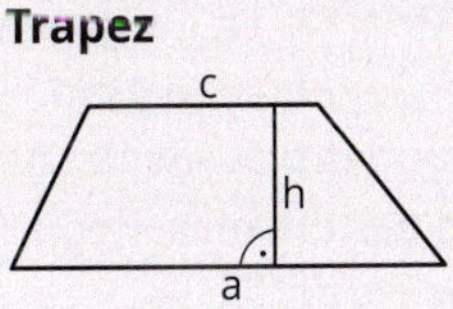

$A = \frac{a + c}{2} \cdot h$

Kreis

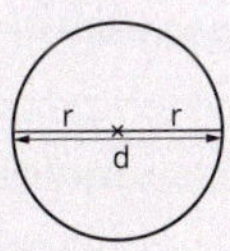

$A = \pi r^2$

$\pi \approx 3{,}14$

Flächeninhalt zusammengesetzter Flächen

Den Flächeninhalt A einer zusammengesetzten Fläche kannst du auf zwei Wegen berechnen:

- durch Zerlegen und Addieren
- durch Ergänzen und Subtrahieren

Formeln für den Umfang

Der Umfang u ist die Summe aller Seitenlängen.

Quadrat, Raute:	$u = 4a$
Rechteck, Parallelogramm, Drachen:	$u = 2a + 2b$
Dreieck:	$u = a + b + c$
Viereck:	$u = a + b + c + d$
Kreis:	$u = \pi \cdot d = \pi \cdot 2r$

1. In einem Dreieck sind gegeben:
$a = 6$ cm; $b = 9$ cm; $c = 11$ cm; $h_c = 4{,}9$ cm.
a) Skizziere und beschrifte das Dreieck.
b) Berechne Umfang und Flächeninhalt.

2. Bestimme Flächeninhalt und Umfang der Figur.
a) Quadrat: $a = 18$ cm
b) Rechteck: $a = 40$ cm; $b = 25$ cm
c) Parallelogramm: $a = 4{,}5$ cm; $b = 4$ cm; $h_a = 3{,}6$ cm

3. Aus der abgebildeten rechteckigen Spanplatte wird das Parallelogramm P herausgesägt.

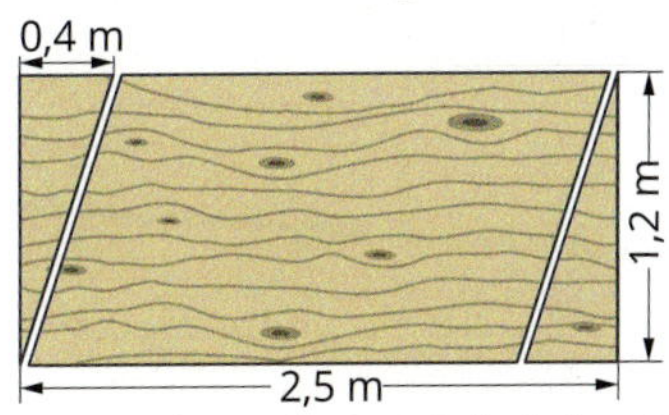

a) Welchen Flächeninhalt hat P?
b) Wie viel Prozent der Fläche des Rechtecks gehen als Abfall verloren?

4. Eine Raute hat einen Flächeninhalt von 60 cm², eine Diagonale misst 12 cm. Bestimme die Länge der zweiten Diagonale.

5. Berechne Flächeninhalt und Umfang des Kreises. **a)** $r = 6$ cm **b)** $d = 10{,}8$ cm

6. Bestimme den Flächeninhalt der Figur.

a)
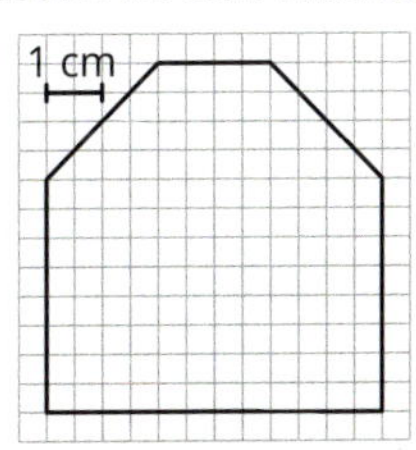

b)
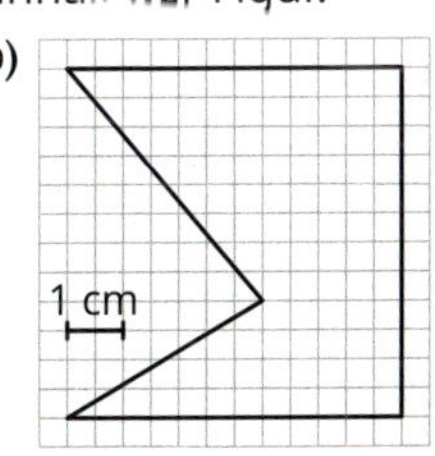

7. Bestimme den Flächeninhalt der gefärbten Figur (alle Angaben in cm).

a)
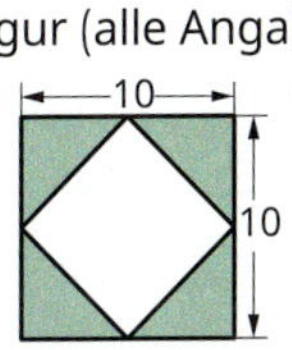

b)
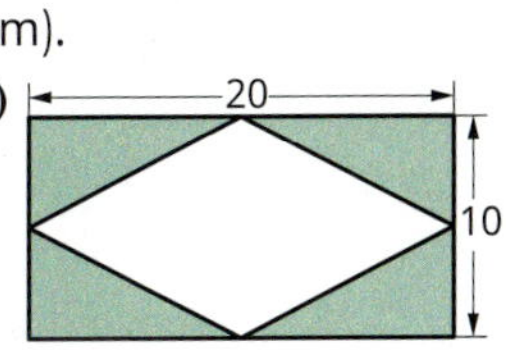

c)
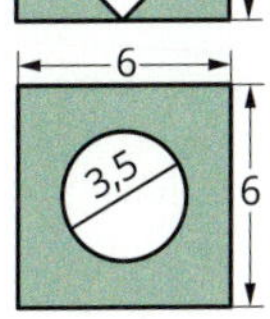

d)
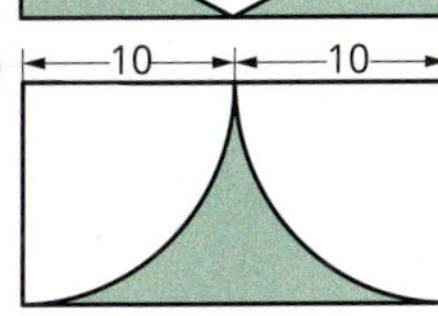

Schrägbilder und Netze

Schrägbilder zeichnen

① Zeichne die Kanten der Vorderfläche in Originalgröße.
② Zeichne senkrecht nach hinten laufende Kanten im Winkel von 45° mit halber Länge. Nicht sichtbare Kanten werden gestrichelt gezeichnet.
③ Zeichne alle fehlenden Kanten. Nicht sichtbare Kanten werden gestrichelt gezeichnet.

Zeichne das Schrägbild eines Würfels mit der Kantenlänge 1,5 cm.

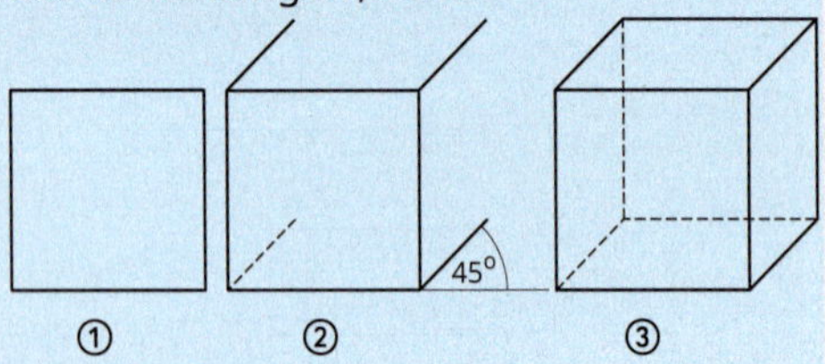

Netze

Das Netz eines Körpers erhältst du, wenn du den Körper an den Kanten so aufschneidest und auseinanderklappst, dass eine zusammenhängende Fläche entsteht.

Würfel Würfelnetz

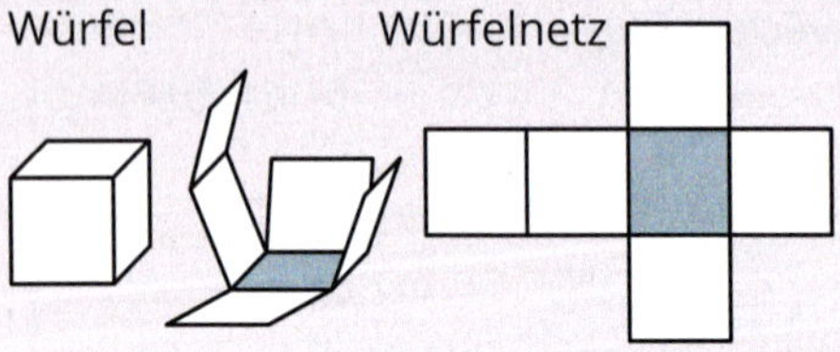

Quader Quadernetz

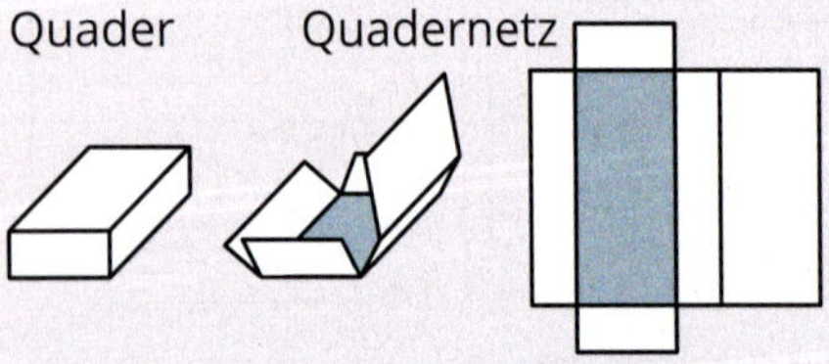

Zeichne das Netz des Quaders.

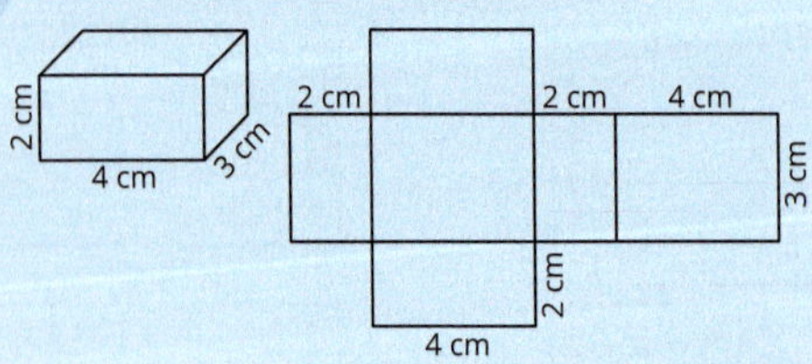

1. Skizziere das Schrägbild und das Netz des dargestellten Körpers und beschrifte mit den Größen auf den Zetteln.

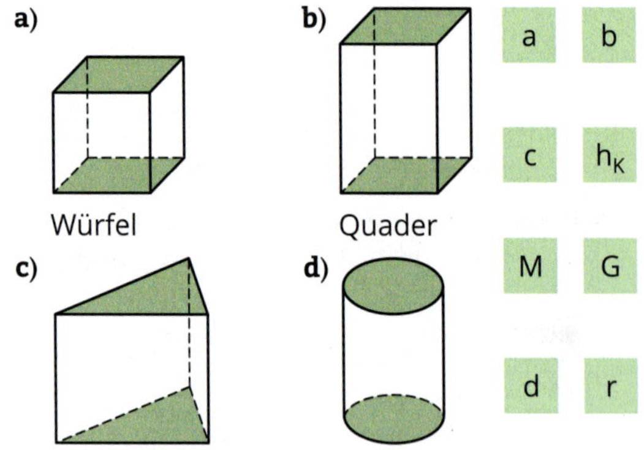

2. Zeichne ein Schrägbild des Körpers.
a) Quader mit a = 8 cm, b = 5 cm und c = 4 cm
b) Würfel mit a = 5 cm
c) Zylinder mit d = 5 cm, h_K = 12 cm

3. Die Grundfläche eines Prismas ist ein gleichseitiges Dreieck mit der Seitenlänge 4 cm. Die Körperhöhe des Prismas beträgt 10 cm. Zeichne das Schrägbild des Prismas. Beginne mit der Grundfläche als Vorderfläche.

4. Übertrage die Abbildung ins Heft und ergänze zu einem
a) Würfelnetz, **b)** Quadernetz.

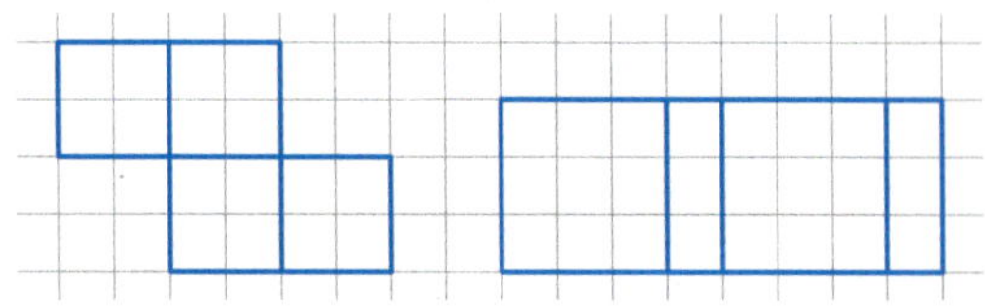

5. Zeichne das Netz des abgebildeten Körpers (alle Angaben in cm).

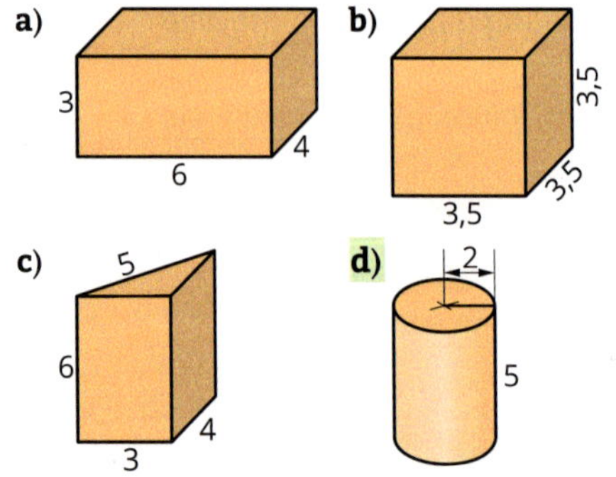

Körperberechnung und Dichte

Volumen und Oberfläche des Würfels

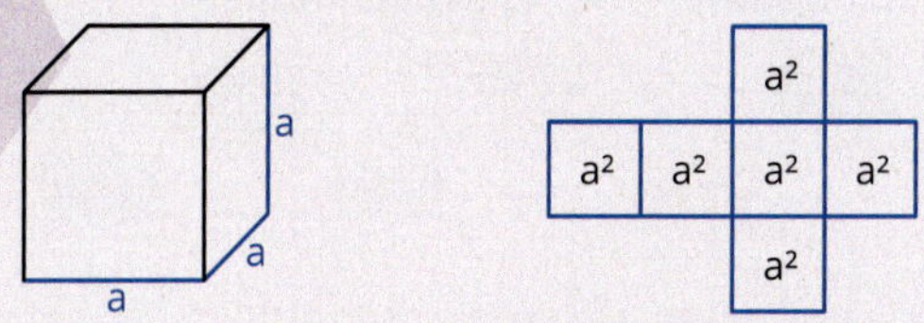

Volumen $V = a^3$ Oberfläche $O = 6a^2$

Volumen und Oberfläche des Quaders

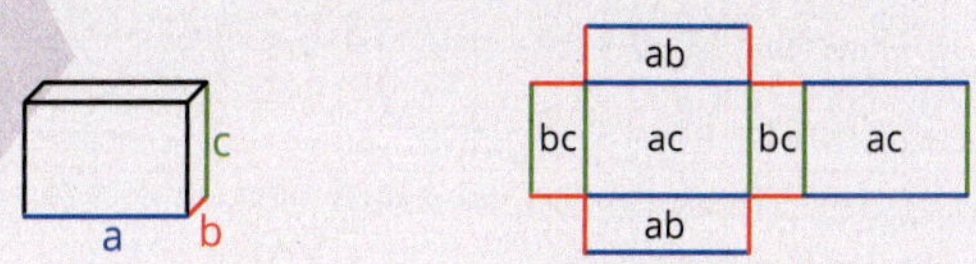

$V = a \cdot b \cdot c$ $O = 2ab + 2ac + 2bc$

Volumen und Oberfläche des Prismas

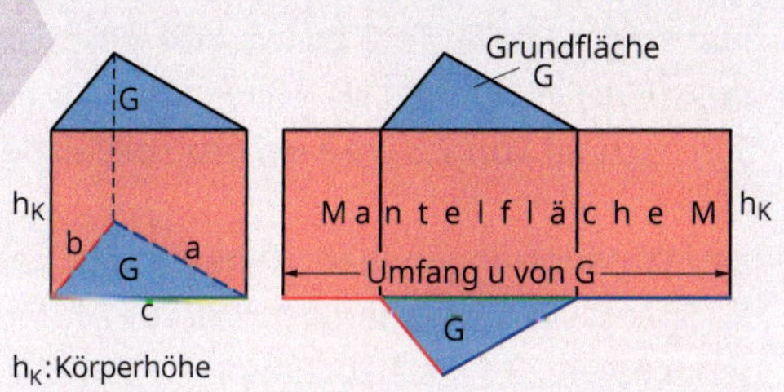

h_K: Körperhöhe

Volumen	Mantelfläche	Oberfläche
$V = G \cdot h_K$	$M = u \cdot h_K$	$O = 2 \cdot G + M$

Volumen und Oberfläche des Zylinders

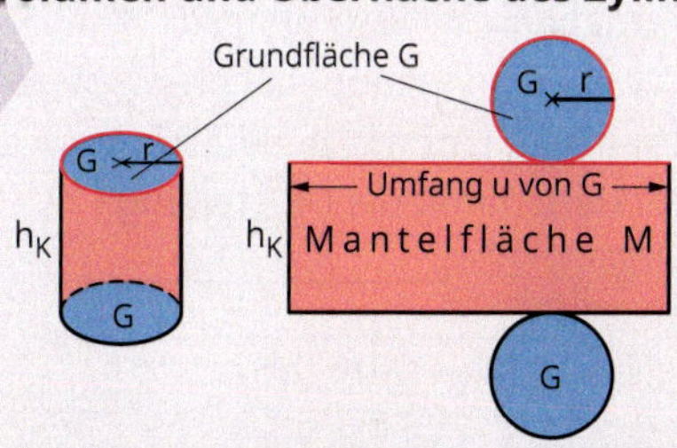

Volumen	Mantelfläche	Oberfläche
$V = G \cdot h_K$	$M = u \cdot h_K$	$O = 2 \cdot G + M$
$V = \pi r^2 h_K$	$M = 2\pi r h_K$	$O = 2\pi r^2 + 2\pi r h_K$

Dichte

Die Dichte ϱ gibt an, wie viel Gramm 1 cm³ eines Stoffes wiegt und wird in $\frac{g}{cm^3}$ angegeben. Die Masse berechnest du mit dieser Formel

Masse = Dichte · Volumen

$m = \varrho \cdot V$

1. Berechne Volumen und Oberfläche des Körpers (Maße in cm).

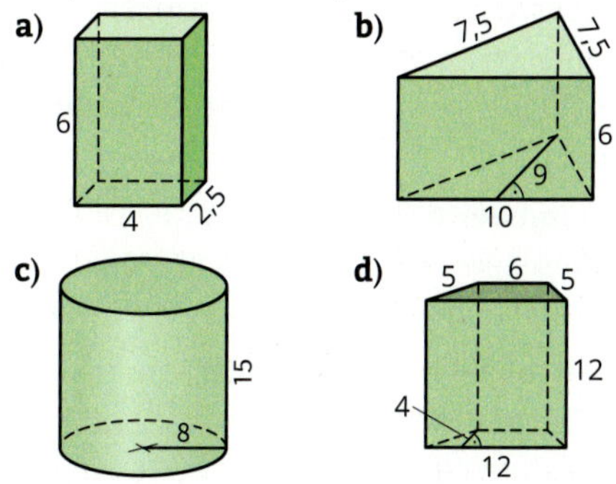

2. Berechne Volumen und Oberfläche einer quaderförmigen Schachtel, die 30 cm lang, 15 cm breit und 20 cm hoch ist. Gib das Volumen in cm³ und in Liter an (1 ℓ = 1 dm³).

3. Wie viel Liter Wasser fasst ein Becken, das 6 m lang, 4 m breit und 1,50 m tief gefüllt ist?

4. **a)** Ermittle Volumen und Oberfläche eines Würfels mit einer Kantenlänge von 4 cm.
b) Wie ändern sich das Volumen und die Oberfläche, wenn die Kantenlänge verdoppelt wird?
c) Wie ändern sich Volumen und Oberfläche bei einer Verdreifachung der Kantenlänge?

5. Berechne Volumen und Oberfläche eines Zylinders mit 10 cm Radius und 10 cm Höhe.

6. Die Skizze zeigt ein Werkstück aus Stahl (Maße in cm). Die Skizze ist nicht maßstäblich.

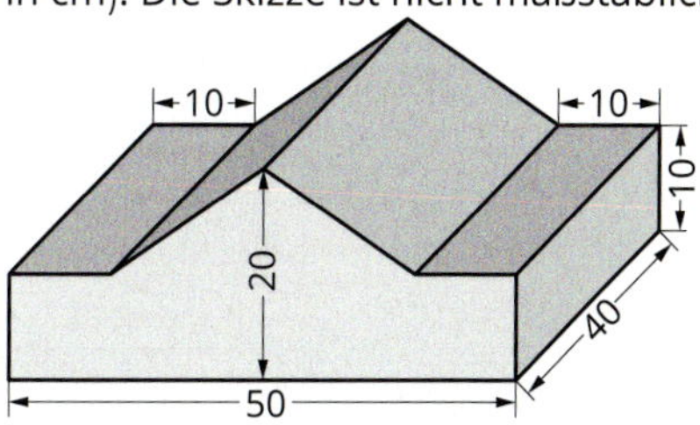

a) Wie viele Kanten hat das Werkstück?
b) Bestimme die Anzahl der Flächen und berechne die Oberfläche.
c) Stahl hat eine Dichte von $7{,}9\ \frac{g}{cm^3}$. Berechne die Masse des Werkstücks.

Statistik

Statistik

Eine **Urliste** ist die Liste der Werte, wie sie ursprünglich notiert wurde.
Wenn du die Werte der Größe nach ordnest, erhältst du eine **Rangliste**.

Die **Spannweite** von Größen ist die Differenz zwischen dem größten Wert (**Maximum**) und dem kleinsten Wert (**Minimum**).

Den **Mittelwert (Durchschnitt)** berechnest du, indem du alle Größen addierst und die Summe durch die Anzahl der Größen dividierst.

Urliste: 6, 13, 3, 5, 8
Rangliste: 3, 5, 6, 8, 13

Spannweite: 13 − 3 = 10 (13: Maximum; 3: Minimum; 10: Spannweite)

Mittelwert: (3 + 5 + 6 + 8 + 13) : 5 = 7

Der **Median (Zentralwert)** ist …

… bei einer ungeraden Anzahl von Werten der Wert in der Mitte der Rangliste.	… bei einer geraden Anzahl von Werten der Mittelwert der beiden mittleren Werte der Rangliste.
3, 5, 6, 8, 13	3, 5, 6, 8
Median: **6**	Median: (5 + 6) : 2 = **5,5**

Boxplot

Ein Boxplot ist eine grafische Darstellung von Daten. In einem Boxplot zerteilst du die Daten einer Rangliste in vier gleich große Teile. Die beiden mittleren Teile sind durch eine Box hervorgehoben.

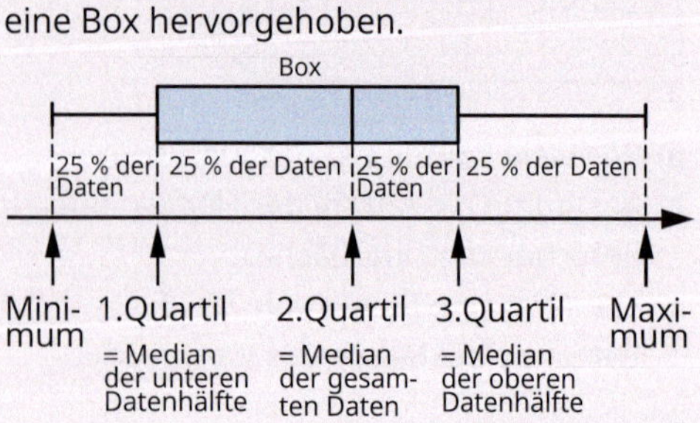

1. Berechne den Mittelwert und den Median (Zentralwert) der folgenden Massen.

26 kg 107 kg 38 kg 66 kg 29 kg 87 kg 67 kg

2. Esra hat für die letzten zehn Tage notiert, wie lange sie jeweils Hausaufgaben gemacht hat.

Dauer der HA in Minuten
68; 35; 120; 42; 55; 60; 135; 22; 60; 45

a) Erstelle eine Rangliste.
b) Bestimme die Spannweite, den Mittelwert und den Median.

3. Pro Saison gibt es 34 Spieltage in einer Fußballliga. Vor dem letzten Spieltag hatte der FC Althain insgesamt 82 Tore erzielt. Wie viele Tore müsste der FC Althain im letzten Spiel für einen Durchschnitt von 2,5 Treffern pro Spiel erzielten?

4. Fünf Wassermengen (ganze Literzahlen) haben die Spannweite 21 ℓ, den Mittelwert 22 ℓ und den Median 23 ℓ. Eine von ihnen ist 20 ℓ. Wie groß könnten die anderen 4 Wassermengen sein? Gib zwei verschiedene Möglichkeiten an.

5. In einer Umfrage wurde das Interesse einer 10. Klasse am Lesen ermittelt.

a) Die Angaben der 12 Jungen zur Lesedauer pro Monat sind im abgebildeten Boxplot veranschaulicht. Lies alle bedeutsamen Werte ab und erkläre damit die Darstellung.

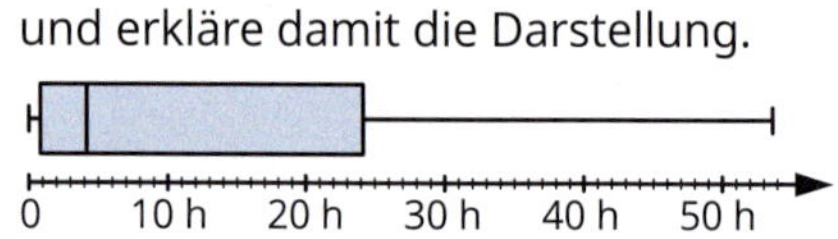

b) Die Mädchen machten zur Lesehäufigkeit pro Monat folgende Angaben. Zeichne einen Boxplot.

2 h 16 h 4 h 32 h 18 h 1 h 30 h 28 h 55 h 6 h 0 h 2 h

Diagramme

Diagramme

Die **absolute Häufigkeit** gibt die Anzahl an und wird häufig im **Säulen**- oder **Balkendiagramm** dargestellt.
Die **relative Häufigkeit** gibt den Anteil an und wird häufig im **Streifen**- oder **Kreisdiagramm** dargestellt.

relative Häufigkeit $= \frac{\text{absolute Häufigkeit}}{\text{Gesamtzahl}}$

8 von 32 Kindern sind im Sportverein (S).
relative Häufigkeit: $\frac{8}{32} = \frac{1}{4} = 0{,}25 = 25\,\%$
Darstellung im

Säulendiagramm:

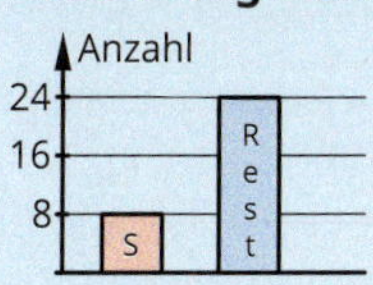

Balkendiagramm:

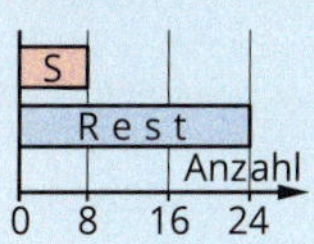

Kreisdiagramm:
S: $\frac{1}{4}$ von 360° = 90°

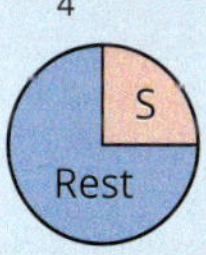

Im Kreisdiagramm musst du die Prozentsätze in Grad umrechnen: 1 % entspricht 3,6°.

Streifendiagramm:
S: $\frac{1}{4}$ der Gesamtbreite

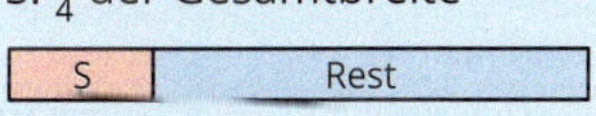

Das Streifendiagramm zeichnest du am besten mit einer Breite von 100 mm, dann entspricht 1 % einem Millimeter.

Statistische Darstellungen analysieren

① **Diagramm beschreiben**
- Worum genau geht es?
- Welches Diagramm wird verwendet?

② **Diagramm interpretieren**
- Was ist die zentrale Aussage des Diagramms?

③ **Diagramm bewerten**
- Ist das Diagramm korrekt gezeichnet?
- Stimmen die Proportionen bei flächigen oder räumlichen Darstellungen?

1. **Schulabgänger nach Abschlussarten im Abgangsjahr 2020 in Deutschland**

Abschlussart	Abgänger insgesamt	Abgänger weiblich
ohne Abschluss	45 072	17 013
Hauptschulabschluss	127 410	50 043
mittlerer Abschluss	333 039	162 552
Fachhochschulreife	81 748	37 900
allgemeine Hochschulreife	300 252	163 977

Die Tabelle informiert über die Art des Schulabschlusses, den Schulabgänger im Jahr 2020 erworben haben.

a) Erweitere die Tabelle um die Spalte „Abgänger männlich".
b) Ermittle jeweils die relativen Häufigkeiten.
c) Stelle die jeweiligen Anteile für die weiblichen und die männlichen Schulabgänger in einem Balkendiagramm gegenüber und vergleiche.
d) Veranschauliche für die Gesamtheit der Schulabgänger die Anteile der Schulabschlüsse in einem Kreisdiagramm.

2.

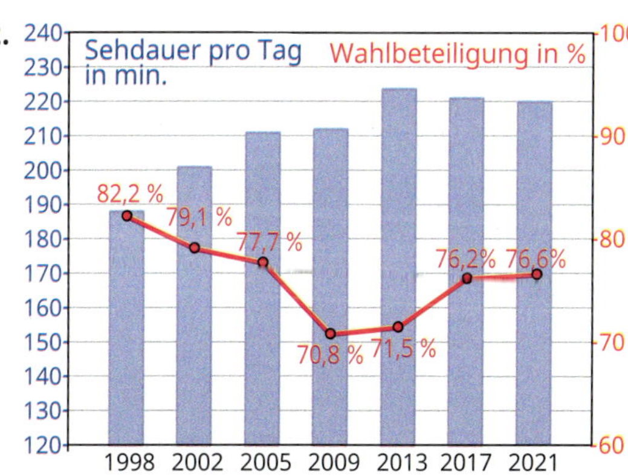

In der abgebildeten Grafik sind für den Zeitraum von 1998 bis 2021 die Wahlbeteiligungen bei den Bundestagswahlen und die durchschnittliche Fernsehzeit von Bürgern pro Tag in Minuten dargestellt.

a) Beschreibe die Grafik. Welcher Eindruck soll insbesondere zwischen 1998 und 2005 durch sie vermittelt werden?
b) Durch welche Maßnahmen in der Gestaltung wird dieser Eindruck erzielt?
c) Nimm Stellung zu der Verknüpfung von Fernsehdauer und Wahlbeteiligung.

Wahrscheinlichkeit

Laplace-Experimente
Bei einem **Laplace-Experiment** sind alle Ergebnisse gleichwahrscheinlich.

Wahrscheinlichkeit P eines Ergebnisses:

$P(\text{Ergebnis}) = \frac{1}{\text{Anzahl aller möglichen Ergebnisse}}$

Wahrscheinlichkeit P eines Ereignisses:

$P(\text{Ereignis}) = \frac{\text{Anzahl der günstigen Ergebnisse}}{\text{Anzahl aller möglichen Ergebnisse}}$.

Wurf mit einem fairen Würfel:
$P(2) = \frac{1}{6} \approx 0{,}167 = 16{,}7\ \%$ (Ergebnis)
Würfeln einer Zahl kleiner als 4:
$P(1{,}2 \text{ oder } 3) = \frac{3}{6} = \frac{1}{2} = 0{,}5 = 50\ \%$ (Ereignis)

Die Pfadregeln für Baumdiagramme

Produktregel:
Die Wahrscheinlichkeit eines **Ergebnisses** berechnest du durch **Multiplikation** der Wahrscheinlichkeiten längs des zugehörigen Pfades.

Summenregel:
Die Wahrscheinlichkeit eines **Ereignisses** berechnest du durch **Addition** der Wahrscheinlichkeiten der zugehörigen Pfade.

Zweimaliges Ziehen ohne Zurücklegen:

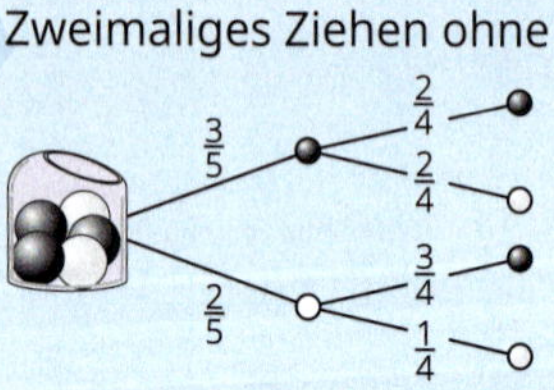

$P(\text{2-mal schwarz}) = \frac{3}{5} \cdot \frac{2}{4} = \frac{3}{10} = 0{,}3 = 30\,\%$
$P(\text{gleichfarbig}) = \frac{3}{5} \cdot \frac{2}{4} + \frac{2}{5} \cdot \frac{1}{4} = \frac{4}{10} = 0{,}4 = 40\,\%$

Rechnen mit dem Gegenereignis
Zu jedem Ereignis E gibt es ein zugehöriges **Gegenereignis $\overline{E}$** (lies: nicht E).
Das Gegenereignis $\overline{E}$ enthält alle Ergebnisse, die nicht zu E gehören.
Es gilt: $\mathbf{P(\overline{E}) + P(E) = 1}$ **und** $\mathbf{P(E) = 1 - P(\overline{E})}$

E: mindestens einmal weiß
$\overline{E}$: zweimal schwarz
P (mind. einmal weiß) = 1 – P(2-mal schwarz)
$= 1 - \left(\frac{3}{5} \cdot \frac{2}{4}\right) = 1 - \frac{6}{20} = 1 - 0{,}3 = 0{,}7 = 70\,\%$

1. 

Eine der bunten Kugeln wird mit geschlossenen Augen gezogen.
a) Gib an, wie viele Ergebnisse möglich sind.
b) Bestimme die Wahrscheinlichkeit, die Kugel mit der Nummer 8 zu ziehen.
c) Mit welcher Wahrscheinlichkeit wird eine gerade Zahl gezogen?

2. Wie groß ist die Wahrscheinlichkeit, mit einem fairen Würfel das Ereignis „1 oder 6“ zu erreichen? Gib sie als Bruch und als Prozentsatz an.

3. Beurteile folgende Aussagen.
a) Wenn du sechsmal mit einem fairen Würfel würfelst, dann muss eine Sechs dabei sein.
b) Wenn du 6 000-mal würfelst, dann kannst du etwa mit 1 000 Sechsern rechnen.

4. ①  ② 

Mit welcher Wahrscheinlichkeit wird
a) aus Urne 1 (Urne 2) eine blaue Kugel gezogen,
b) aus Urne 1 (Urne 2) eine rote Kugel gezogen,
c) aus Urne 1 keine rote Kugel gezogen,
d) aus Urne 2 weder eine rote noch eine gelbe Kugel gezogen?

5. Ina würfelt zweimal mit einem Würfel. Wie groß ist die Wahrscheinlichkeit, bei beiden Würfen eine ungerade Zahl zu erzielen?

6. In einem Behälter befinden sich 8 rote und 5 blaue Kugeln, die ansonsten gleich sind. Anika nimmt ohne Zurücklegen mit verbundenen Augen zwei Kugeln heraus. Wie groß ist die Wahrscheinlichkeit, dass beide Kugeln rot sind?

7. Es wird zweimal gewürfelt. Nutze das Gegenereignis und berechne die Wahrscheinlichkeit
a) mindestens eine 6 zu würfeln,
b) eine Augensumme größer als 2 zu würfeln.

Die Lösungen der Aufgaben zum Check-out findest du ab Seite 227.

1. Berechne im Kopf.

a) $192 \cdot 10$ **b)** $78 \cdot 100$ **c)** $94 \cdot 1000$ **d)** $3{,}65 \cdot 10$ **e)** $8{,}4 \cdot 100$
f) $700 : 10$ **g)** $5{,}4 : 10$ **h)** $435 : 100$ **i)** $90 : 1000$ **j)** $0{,}1 : 10$

2. Berechne schriftlich.

a) $23409 + 803 + 4566$ **b)** $2877 - 905$ **c)** $614 \cdot 25$ **d)** $68658 : 6$

→ *Mündliches und schriftliches Rechnen* *S. 11*

3. Berechne ohne Taschenrechner.

a) $37 + 3 \cdot 5$ **b)** $\frac{3}{4}$ von 20 m **c)** $\frac{1}{2} - \frac{1}{6}$ **d)** $\frac{3}{2} \cdot \frac{10}{3}$ **e)** $\frac{5}{3} : \frac{2}{9}$
f) $0{,}2 \cdot 3$ **g)** $0{,}01 \cdot 0{,}8$ **h)** $1{,}25 + 0{,}4$ **i)** $3{,}2 - 1{,}3$ **j)** $3 : 0{,}5$

4. Berechne schriftlich.

a) $237{,}8 + 3{,}08 + 12{,}45$ **b)** $28{,}05 - 3{,}505$ **c)** $73{,}1 \cdot 1{,}2$ **d)** $468{,}65 : 0{,}5$

→ *Rechnen mit Brüchen und Dezimalzahlen* *S. 12*

5. **a)** Welche Zahl ist um 7 kleiner als –9?
b) Welche Zahl liegt genau in der Mitte zwischen –23 und 15?

6. Berechne im Kopf.

a) $-7 - 8 + (-10)$ **b)** $2 - 8 - (5 - 2)$ **c)** $24 \cdot (-3)$ **d)** $-48 : (-6)$

→ *Rechnen mit positiven und negativen Zahlen, Sachaufgaben* *S. 13*

7. 2 kg Erdbeeren kosten 6,40 €. Für Erdbeermarmelade braucht Frau Mäurich 7 kg. Wie viel muss sie dafür bezahlen?

8. Ein Praktikumsbericht hat 16 Seiten, wenn auf jede Seite 48 Zeilen passen.
Wie viele Seiten hat der Bericht, wenn auf jede Seite nur 32 Zeilen passen?

→ *Proportionale und antiproportionale Zuordnungen* *S. 14*

9. Berechne den Prozentwert möglichst im Kopf.

a) 5 % von 240 € **b)** 25 % von 800 m **c)** 40 % von 40 kg **d)** 12 % von 400 €

10. Das Jahresticket für die öffentlichen Verkehrsmittel kostete bisher 650 €. Im nächsten Jahr wird der Preis um 8 % erhöht. Berechne den neuen Preis.

→ *Prozentrechnung* *S. 15*

11. Frau Krause leiht sich 5 000 € zu 3 % Jahreszins. Welchen Betrag muss sie zurückzahlen?

12. Halil leiht sich für 3 Monate 6 000 € zu einem Jahreszinssatz von 5 %. Wie viel Zinsen muss er zahlen?

→ *Zinsrechnung* *S. 16*

13. Fasse zusammen und schreibe so kurz wie möglich.
a) $4a - 15 + 7a - 15$ **b)** $-2x + (-7 + 7x)$ **c)** $10b - (30 + 5b)$ **d)** $4x + 3(20 - 3x)$

14. Im Schwimmbad wird Wasser abgelassen.
Zu Beginn ist das Becken 2 m hoch gefüllt, mit jeder Minute sinkt der Wasserstand um 4 cm.
Welcher der rechts stehenden Terme beschreibt den Wasserstand nach x Minuten?

$2 - 4x$ | $200 - \frac{x}{4}$ | $0{,}4x - 2$ | $200 - 4x$ | $\frac{1}{4} \cdot 200 - x$ | $(200 - x) \cdot \frac{1}{4}$

→ *Terme* *S. 17*

15. Löse die Gleichung.
a) $7y - 43 = 2y + 7 + 3y - 4$ **b)** $2a + 2(a + 3) = 66$ **c)** $\frac{x}{27} = \frac{20}{12}$

16. Addiert man eine Zahl zu 10 und multipliziert die Summe mit 4, so erhält man 20 mehr als das Achtfache der Zahl. Stelle eine Gleichung auf und berechne die gesuchte Zahl.

→ *Gleichungen* *S. 18*

17. Die Tabelle zeigt, wie viel Trinkwasser jede Person in Deutschland im Jahr 2018 verbrauchte.
a) Übertrage die Tabelle ins Heft und vervollständige die Lücken.
b) Stelle den Verbrauch in einem Diagramm dar.

	Verbrauch (in ℓ)	Anteil (in %)
Baden/Duschen	44	36
Toilette	33	■
Wäsche	■	■
Sonstiges	28	■
gesamt	122	100

18. Zeichne die Punkte in ein Koordinatensystem und verbinde sie. Welches Viereck entsteht?
A(−2|−2), B(6|−2), C(4|4), D(0|4)

→ *Tabellen und Koordinatensystem* *S. 19*

19. Welcher Graph gehört jeweils zur Funktionsgleichung?
① $y = x - \frac{1}{2}$ ② $y = 2x + 1$
③ $y = \frac{1}{2}x$ ④ $y = x - 2$

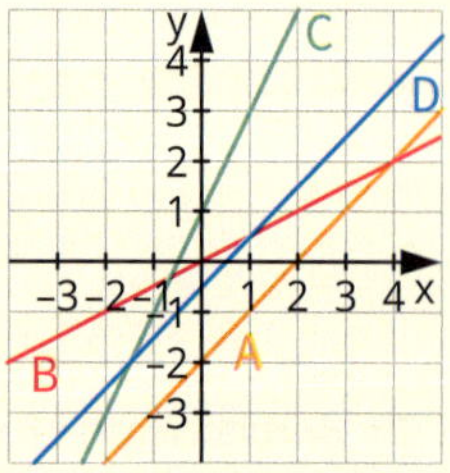

20. Zeichne eine Gerade durch P(−4|7) und Q(4|−1).
Bestimme die Steigung m und die Funktionsgleichung.

→ *Lineare Funktionen* *S. 20*

21. Löse das lineare Gleichungssystem mit einem Verfahren deiner Wahl.
I $10x + 2y = 42$ **II** $7x + 2y = 33$

22. Die Summe zweier Zahlen ist 55, ihre Differenz ist 11.
Stelle ein passendes Gleichungssystem auf und berechne damit die gesuchten Zahlen.

→ *Lineare Gleichungssysteme* *S. 21*

23. In einem Dreieck sind α und β gleich groß.
Der Winkel γ misst 84°. Bestimme die Größe des Winkels α.

24. Zeichne die Figur ins Heft und prüfe, ob sie achsensymmetrisch oder punktsymmetrisch ist. Zeichne die Symmetrieachsen und ggf. das Symmetriezentrum ein.

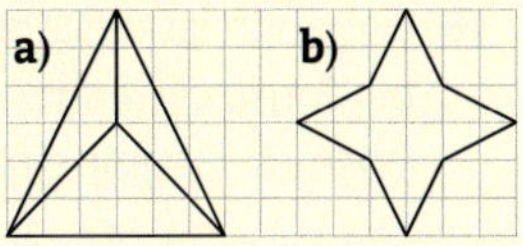

→ *Winkel und Symmetrie* S. 22

25. Konstruiere das gleichschenklige Dreieck ABC mit a = b = 7 cm und γ = 80°.
Fertige zunächst eine Planfigur an.

26. Stimmt die Behauptung: „Jeder Drachen ist eine Raute"? Begründe.

→ *Dreiecke und Vierecke* S. 23

27. Auf einer Karte im Maßstab 1 : 3,5 Mio. misst die Strecke zwischen Hannover und Köln 7 cm.
Berechne die Entfernung in km.

28. Berechne die Länge der Strecke x.

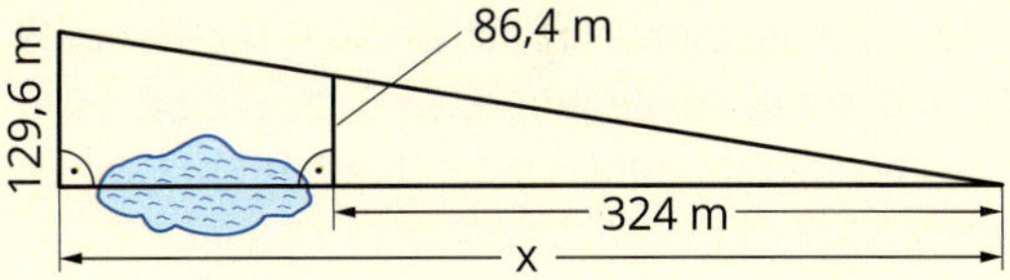

→ *Maßstab, Ähnlichkeit, Strahlensätze* S. 24

29. In einem rechtwinkligen Dreieck mit α = 90° sind zwei Seitenlängen gegeben: a = 10 cm und b = 6 cm. Skizziere das Dreieck und berechne die Länge der Seite c.

30. Eine 3 m lange Leiter steht in einem Abstand von 1,05 m an einer Wand.
Zeichne eine Skizze und berechne, ob die Leiter ein Fenster in 2,80 m Höhe erreicht.

→ *Quadratwurzeln und Satz des Pythagoras* S. 25

31. Notiere in der in Klammern angegebenen Maßeinheit.
a) 3,5 km (m) **b)** 0,5 t (kg) **c)** 2,5 Tage (h) **d)** 7,2 a (m^2) **e)** 0,3 m^3 (ℓ)

32. Man sollte täglich ca. 3 ℓ Flüssigkeit zu sich nehmen. Die Flüssigkeitsmenge, die ein Mensch so in 70 Jahren zu sich genommen hat, soll veranschaulicht werden. Welches Becken wäre annähernd mit dieser Menge Wasser gefüllt? Begründe mit einer Rechnung.
① Pool: 80 m^3 ② Sprungbecken: 750 m^3 ③ Wasserbecken: 3750 m^3

→ *Umgang mit Größen und Maßeinheiten* S. 26

33. Berechne den Flächeninhalt der zusammengesetzten Fläche.

34. Berechne Flächeninhalt und Umfang eines Kreises mit Radius r = 6 cm.

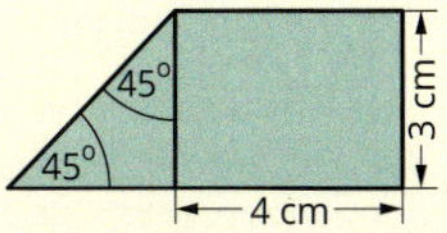

→ *Flächenberechnung* S. 27

35. Zeichne das Schrägbild und das Netz eines Quaders mit den Kantenlängen a = 6 cm, b = 2 cm und c = 4,5 cm.

36. Gegeben ist das abgebildete Netz eines Prismas mit a = 6 cm, b = 3 cm, c = 4 cm und h_K = 8 cm. Zeichne das Schrägbild des Prismas. Beginne mit der Grundfläche als Vorderfläche.

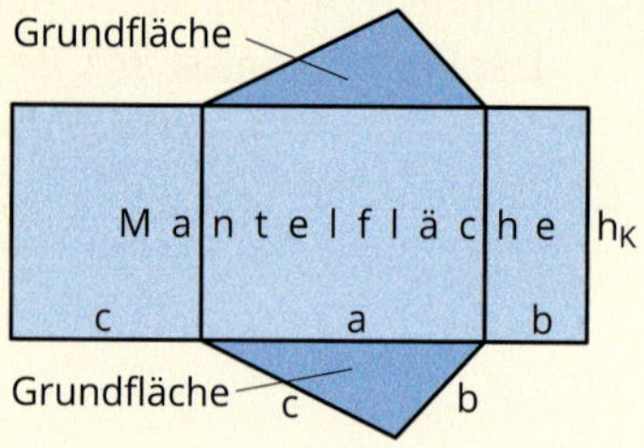

→ *Schrägbilder und Netze* S. 28

37. Bestimme Oberfläche und Volumen des abgebildeten Quaders.

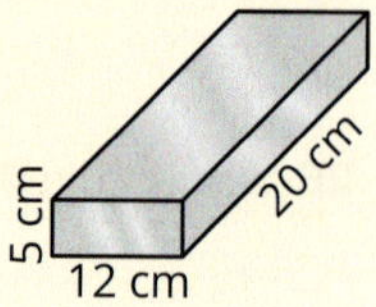

38. Ein Zylinder hat einen Durchmesser von 30 cm und eine Körperhöhe von 50 cm. Bestimme sein Volumen. Runde auf eine Nachkommastelle.

→ *Körperberechnung und Dichte* S. 29

39. Sina bekommt monatlich 50 € Taschengeld. In den vergangenen 6 Monaten hat sie folgende Beträge ausgegeben: 25 €, 29 €, 32 €, 19 €, 27 €, 21 €.
Gib den Mittelwert, den Median und die Spannweite der Ausgaben an.

40. Der abgebildete Boxplot zeigt die Verteilung der Körpergrößen in der Klasse 10a.

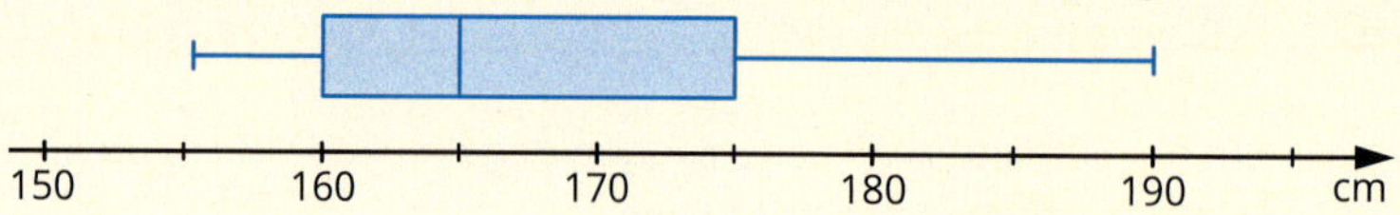

a) Notiere das Minimum, das Maximum, den Median, das untere und obere Quartil.
b) Timur misst 1,78 m. Begründe, ob er im Vergleich zur restlichen Klasse groß ist.

→ *Statistik* S. 30

41. An der Hertz-Schule lernen 640 Schülerinnen und Schüler. Von ihnen haben sich 160 erfolgreich am Känguru-Mathematikwettbewerb beteiligt. An der Lessing-Schule mit 810 Schülerinnen und Schülern waren 180 von ihnen erfolgreich beim Wettbewerb.
Zeige durch Rechnung, welche von beiden Schulen die bessere Erfolgsquote erzielte.

42. a) Veranschauliche die Erfolgsquote der Hertz-Schule aus Aufgabe 41 mit einem Kreisdiagramm.
b) Veranschauliche die Erfolgsquote der Lessing-Schule aus Aufgabe 41 mit einem Streifendiagramm.

→ *Diagramme* S. 31

43. Bestimme die Wahrscheinlichkeit, aus einer Lostrommel mit 5 Gewinnlosen und 20 Nieten mit verbundenen Augen einen Gewinn zu ziehen.

44. Berechne die Wahrscheinlichkeit, mit zwei fairen Würfeln eine Augensumme größer als 9 zu werfen.

→ *Wahrscheinlichkeit* S. 32

Quadratische Funktionen und Gleichungen

2

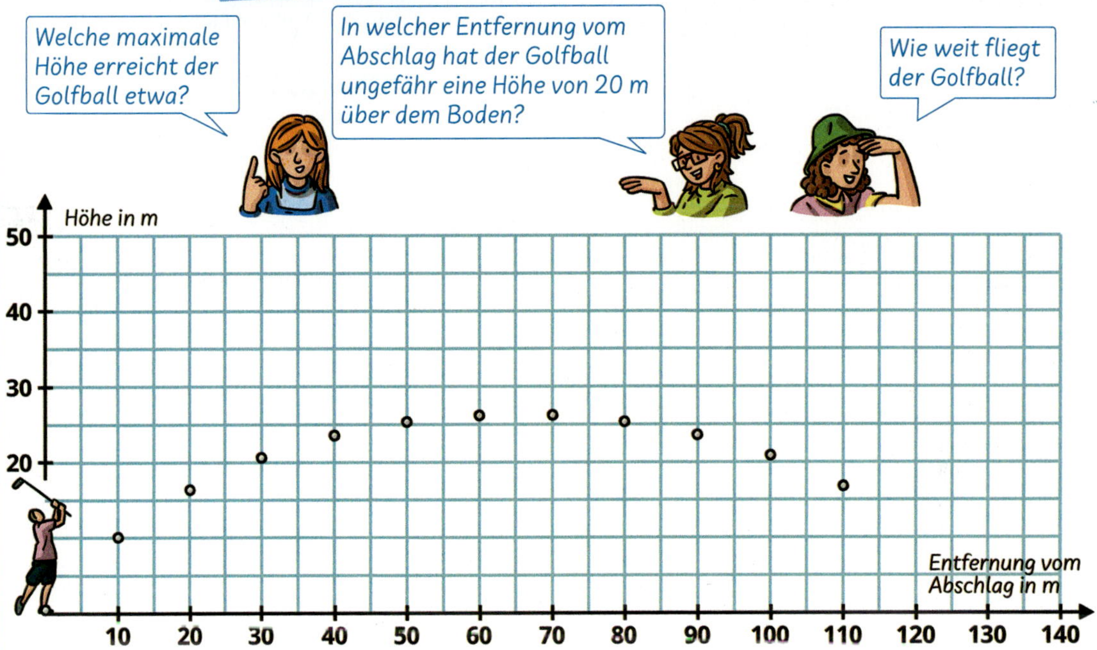

In diesem Kapitel lernst du, …

… welche Funktionsgraphen als „Parabeln" bezeichnet werden,
… wie du Parabeln mit Hilfe von Funktionsgleichungen beschreiben kannst,
… die Scheitelpunktform von quadratischen Funktionen kennen und wie du mit ihrer Hilfe Funktionsgraphen zeichnen kannst,
… was eine quadratische Gleichung ist und wie du sie lösen kannst,
… wie du Sachaufgaben mit quadratischen Gleichungen löst.

Löse die folgenden Aufgaben und schätze dich ein.

1. Prüfe durch Rechnung, ob die Punkte A und B auf dem Graphen der Funktion liegen.

a) $y = 3x + 2$ A(3|10) B(−2|−4)

b) $y = -2x - 4$ A(−6|8) B(5|−14)

c) $y = 0{,}5(x + 10)$ A(−5|2,5) B(3|7,5)

Ich kann durch Einsetzen der Koordinaten überprüfen, ob ein Punkt auf dem Graphen einer Funktion liegt.

Das kann ich gut. ☺ | Ich bin noch unsicher. → S. 200, A 1–3

2. Erstelle eine Wertetabelle für x = −3, −2, −1, ..., 3 und zeichne den Graphen in ein geeignetes Koordinatensystem.

a) $y = 0{,}5x + 1$

b) $y = x^2 - 2$

Ich kann zu einer Funktionsgleichung eine Wertetabelle erstellen und den Graphen im Koordinatensystem zeichnen.

Das kann ich gut. ☺ | Ich bin noch unsicher. → S. 214, A 1–2

3. Lies die Koordinaten der Schnittpunkte mit der x-Achse und der y-Achse ab und notiere sie im Heft.

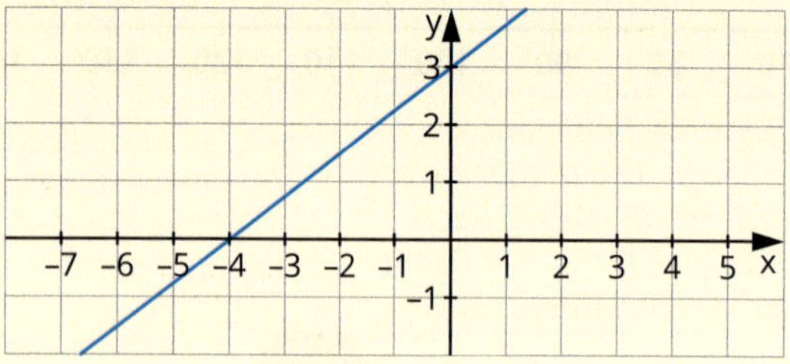

Ich kann die Koordinaten von Schnittpunkten eines Graphen mit der x-Achse oder y-Achse ablesen und angeben.

Das kann ich gut. ☺ | Ich bin noch unsicher. → S. 201, A 1–2

4. Löse die Klammern auf und fasse falls möglich zusammen.

a) $3(x + 2)$ **b)** $4(x - 0{,}5)$

c) $(x + 1)(x - 1)$ **d)** $(x + 6)^2$

Ich kann in Termen Klammern auflösen und Terme zusammenfassen.

Das kann ich gut. ☺ | Ich bin noch unsicher. → S. 201, A 3

5. Löse mit einer Gleichung.

a) Herr Miltner ist 25 Jahre älter als sein Sohn. Zusammen sind sie 51 Jahre alt. Wie alt sind Vater und Sohn?

b) Mia denkt sich eine Zahl und addiert 2. Dann verdoppelt sie die Summe und erhält 38 als Ergebnis. Welche Zahl hat sich Mia gedacht?

Ich kann zu Sachaufgaben Gleichungen aufstellen und lösen.

Das kann ich gut. ☺ | Ich bin noch unsicher. → S. 202, A 1–2

Normalparabel

1. **a)** Lege zu $y = x^2$ eine Wertetabelle für $x = -3{,}5; -3; -2{,}5; -2; \ldots; 3{,}5$ an.
b) Zeichne den Graphen auf Millimeterpapier (Einheit: 1 cm). Klebe ihn auf Pappe und schneide ihn als Schablone aus.
c) Beschreibe den Verlauf des Graphen mit Worten. Du kannst bei deiner Beschreibung die Textbausteine auf den Kärtchen benutzen.

Punkt (0|0) | symmetrisch | immer steiler | tiefster Punkt | gekrümmt

Der Graph der Funktion mit der Gleichung $\mathbf{y = x^2}$ heißt **Normalparabel**. Der Ursprung des Koordinatensystems (0|0) ist ihr **Scheitelpunkt**. Statt $y = x^2$ wird in der Mathematik auch die Schreibweise $f(x) = x^2$ *(lies: f von x)* verwendet.

2. Können bei der Funktion $y = x^2$ alle positiven und negativen Zahlen
a) für x eingesetzt werden,
b) als Funktionswert y auftreten?

3. Der Punkt P liegt auf der Normalparabel, lies die fehlende Koordinate näherungsweise ab. Verwende auch die Ausschnittvergrößerung.
a) P(2,8|■) **b)** P(1,2|■)
c) P(−0,2|■) **d)** P(+■|6)
e) P(−■|0,5) **f)** P(+■|1,8)

+4. Für den Punkt P auf der Normalparabel gibt es zwei Lösungen, lies beide näherungsweise ab.
a) P(■|5) **b)** P(■|6,5) **c)** P(■|7,8)

5. Lies an der Normalparabel näherungsweise ab.
a) $\sqrt{3}$ **b)** $\sqrt{4{,}9}$ **c)** $\sqrt{5{,}4}$
d) $\sqrt{8{,}5}$ **e)** $\sqrt{0{,}8}$ **f)** $\sqrt{1{,}5}$

6. Liegt der Punkt auf der Normalparabel? Prüfe, indem du die Koordinaten in die Funktionsgleichung $y = x^2$ einsetzt.
a) P(4,5|20) **b)** P(1,7|2,89)
c) P(−2,5|6,25) **d)** P(9,8|96)
e) P(−7,9|62,3) **f)** P(−4,2|17,64)

7. Begründe mit Hilfe der Funktionsgleichung für die Normalparabel:
a) Sie ist symmetrisch zur y-Achse.
b) Der Scheitelpunkt (0|0) ist ihr tiefster Punkt.

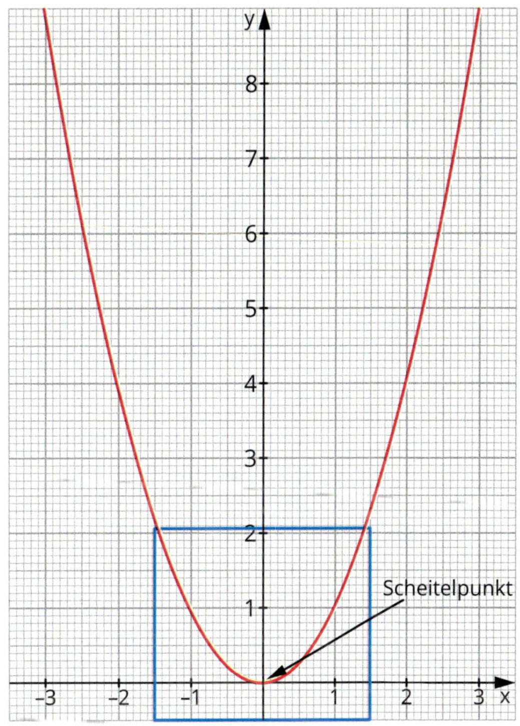

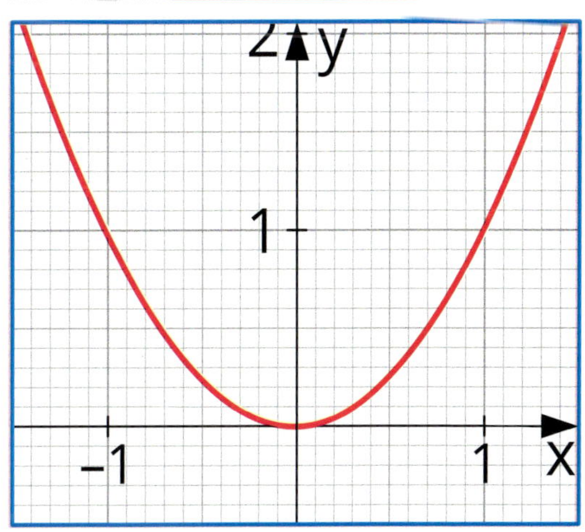

Funktionen der Form $y = ax^2$

Bearbeitet alle Aufgaben in Partnerarbeit.

$-1 \leq x \leq 1$, Schrittweite 0,5 bedeutet:

x	−1	−0,5	0	0,5	1
y					

Einheit 2 cm bedeutet:

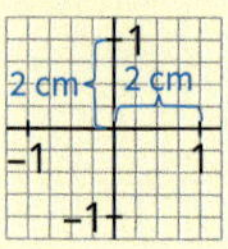

1. Wählt eine der drei Aufgaben aus, bearbeitet sie und präsentiert euer Ergebnis euren Mitschülerinnen und Mitschülern.

Ⓐ
- Erstellt für jede Funktionsgleichung eine Wertetabelle für $-2 \leq x \leq 2$, Schrittweite 0,5.
- Zeichnet alle vier Parabeln in dasselbe Koordinatensystem (Einheit 2 cm).

$y_1 = x^2$

$y_2 = 2x^2$

$y_3 = 1{,}5x^2$

$y_4 = 3x^2$

Was stellt ihr fest?

Ⓑ
- Erstellt für jede Funktionsgleichung eine Wertetabelle für $-1 \leq x \leq 1$, Schrittweite 0,2.
- Zeichnet alle vier Parabeln in dasselbe Koordinatensystem (Einheit 10 cm).

$y_1 = x^2$

$y_2 = 0{,}5x^2$

$y_3 = \frac{1}{3}x^2$

$y_4 = \frac{1}{8}x^2$

Was stellt ihr fest?

Ⓒ
- Erstellt für jede Funktionsgleichung eine Wertetabelle für $-2 \leq x \leq 2$, Schrittweite 0,5.
- Zeichnet alle vier Parabeln in dasselbe Koordinatensystem (Einheit 2 cm).

$y_1 = -x^2$

$y_2 = -2x^2$

$y_3 = -1{,}5x^2$

$y_4 = -\frac{1}{4}x^2$

Was stellt ihr fest?

2. Untersucht mit einem Computerprogramm, wie sich der Faktor a auf den Verlauf des Graphen von Funktionen mit Gleichungen der Form $y = ax^2$ auswirkt.
- Öffnet ein neues Zeichenblatt und aktiviert die Ansicht mit Koordinatensystem.
- Klickt auf das Symbol [a=2] und richtet für den Faktor a einen Schieberegler ein (Name: a, min: −5, max: 5, Schrittweite: 0.1)
- Gebt in das Eingabefeld die Funktionsgleichung ein: $y = ax^2$. Achtung: Bei einigen Programmen muss die Eingabe so lauten: y = a*x^2.
- Verändert den Wert des Faktors a, indem ihr mit der Maus den Schieberegler nach rechts oder links zieht. Beobachtet, wie sich der Graph für die unterschiedlichen Faktoren a ändert.

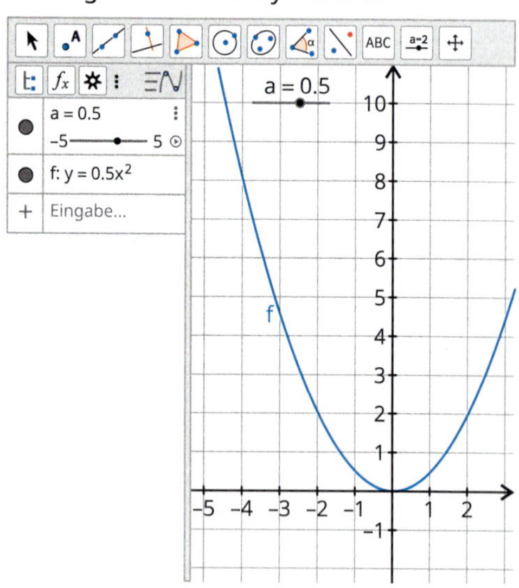

- Ergänzt die folgenden Sätze passend und übertragt sie in eure Hefte.
  ① Ist der Faktor a positiv, so ist die Parabel nach (*oben/unten*) geöffnet.
  ② Ist der Faktor a negativ, so ist die Parabel nach (*oben/unten*) geöffnet.
  ③ Ist der Faktor a kleiner als −1 oder größer als 1, so ist die Parabel im Vergleich zur Normalparabel (*weiter/enger*).
  ④ Liegt der Faktor a zwischen 0 und −1 oder zwischen 0 und 1, so ist die Parabel im Vergleich zur Normalparabel (*weiter/enger*).

Zu der Funktionsgleichung $\mathbf{y = ax^2}$ bzw. $f(x) = ax^2$ mit $a \neq 0$ gehört als Graph eine **gestreckte oder gestauchte Parabel**. Die Form der Parabel wird durch den **Streckfaktor a** bestimmt.

$a < 0$		$a > 0$	
nach unten geöffnet		nach oben geöffnet	
$a < -1$	$-1 < a < 0$	$0 < a < 1$	$a > 1$
gestreckt (enger als die Normalparabel)	gestaucht (weiter als die Normalparabel)	gestaucht (weiter als die Normalparabel)	gestreckt (enger als die Normalparabel)

• $y = -2{,}5x^2$

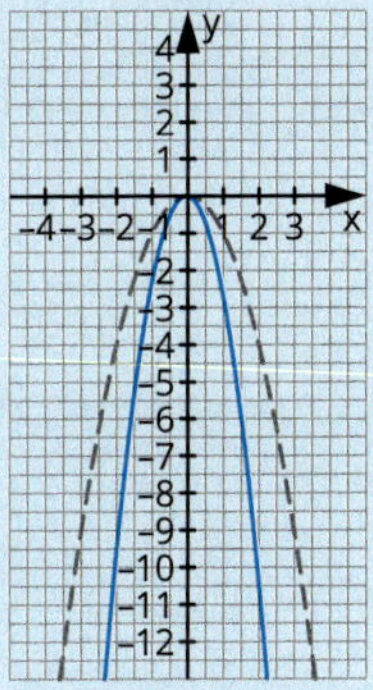

gestreckt, nach unten geöffnet

• $y = -0{,}2x^2$

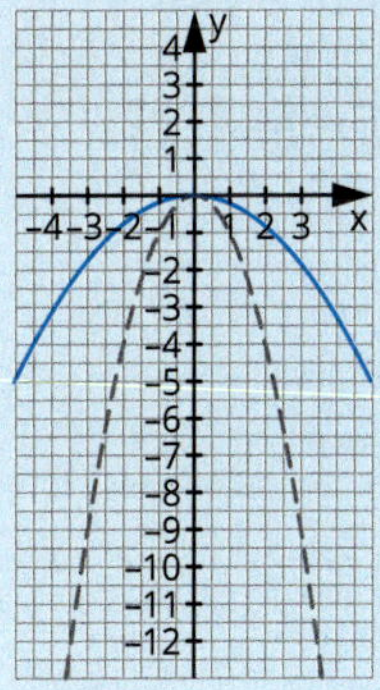

gestaucht, nach unten geöffnet

• $y = 0{,}3x^2$

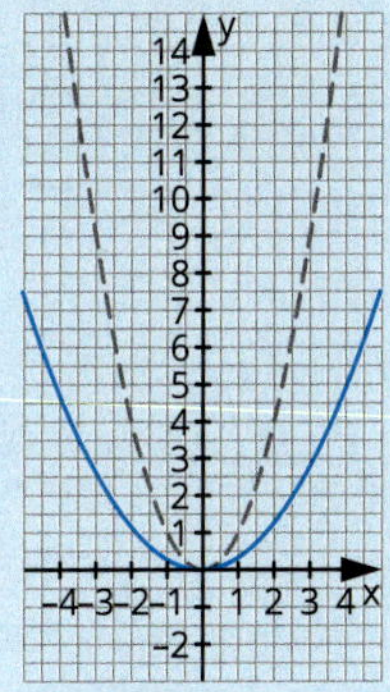

gestaucht, nach oben geöffnet

• $y = 2x^2$

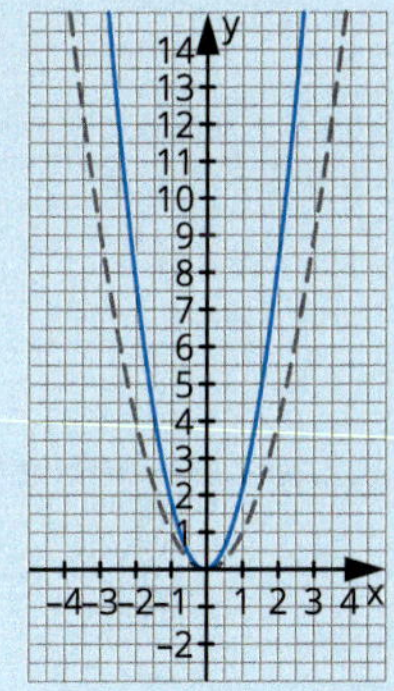

gestreckt, nach oben geöffnet

3. Übertrage die Tabelle ins Heft, trage die Funktionsgleichungen ein und kreuze die Parabeleigenschaften an.

Funktion	*Parabeleigenschaften*			
	nach oben geöffnet	*nach unten geöffnet*	*gestreckt (enger als Normalparabel)*	*gestaucht (weiter als Normalparabel)*
$y = 1{,}2x^2$	*x*		*x*	

$y = -7x^2$ | $f(x) = 3x^2$ | $y = -0{,}75x^2$ | $y = -\frac{2}{5}x^2$ | $f(x) = 3{,}7x^2$ | $y = -3{,}2x^2$ | $y = \frac{1}{7}x^2$

4. Beschreibe mit Worten, welche Form die Parabel hat.
a) $f(x) = -3{,}8x^2$ **b)** $f(x) = 0{,}3x^2$ **c)** $f(x) = 25x^2$ **⁺d)** $f(x) = \frac{2}{7}x^2$ **⁺e)** $f(x) = -0{,}1x^2$

5. Prüfe durch Einsetzen, ob der Punkt auf dem Graphen der Funktion liegt.
a) $y = 3x^2$ A(3|27) **b)** $f(x) = -0{,}2x^2$ B(5|5) **⁺c)** $f(x) = -4x^2$ C(1,5|−9)

6. Erstelle eine Wertetabelle und zeichne den Graphen der Funktion in ein Koordinatensystem mit der Einheit 1 cm.
a) $f(x) = -\frac{1}{2}x^2$ für $-5 \le x \le 5$ (Schrittweite 1)
b) $y = 2x^2$ für $-2 \le x \le 2$ (Schrittweite 0,5)
⁺c) $y = 0{,}25\,x^2$ für $-6 \le x \le 6$ (Schrittweite 2)
⁺d) $f(x) = 1{,}5\,x^2$ für $-5 \le x \le 5$ (Schrittweite1)

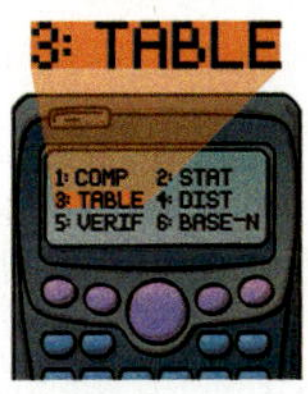

Tipp: Mit Hilfe der Funktion „Tabellen" (oder „table") können viele Taschenrechner eine Wertetabelle anzeigen. Dazu musst du Folgendes eingeben: Funktionsgleichung, kleinsten und größten x-Wert und die Schrittweite.

7. Ordne den Graphen die richtige Funktionsgleichung zu. In der Reihenfolge der Nummern liest du das Lösungswort.

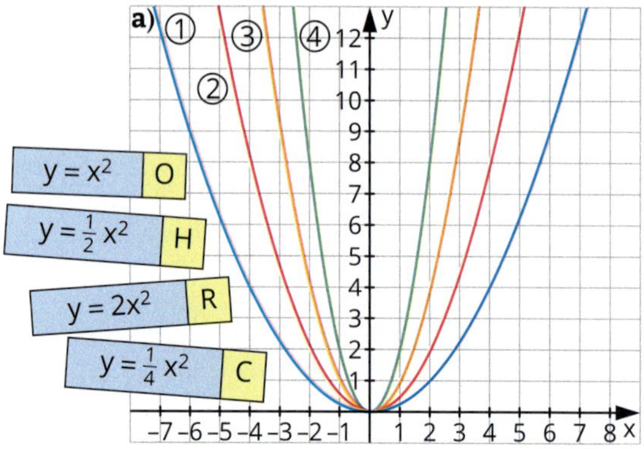

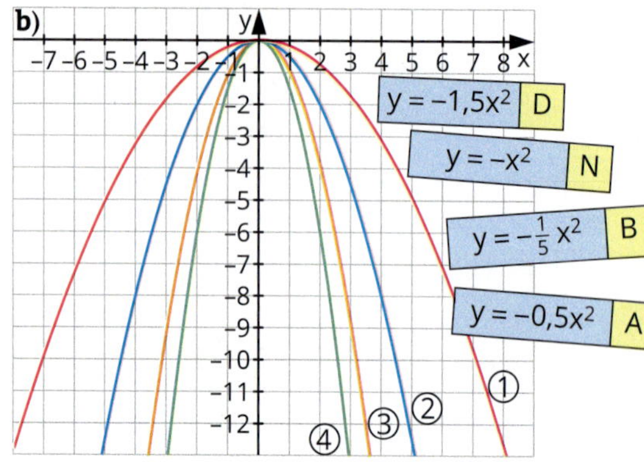

8. a) Welche Funktionsgleichung gehört zu dem im Geometrieprogramm angezeigten Graphen?

b) In welche Richtung muss der Schieberegler bewegt werden, um die Parabel „passender" zum Brückenbogen zu machen? Begründe deine Meinung.

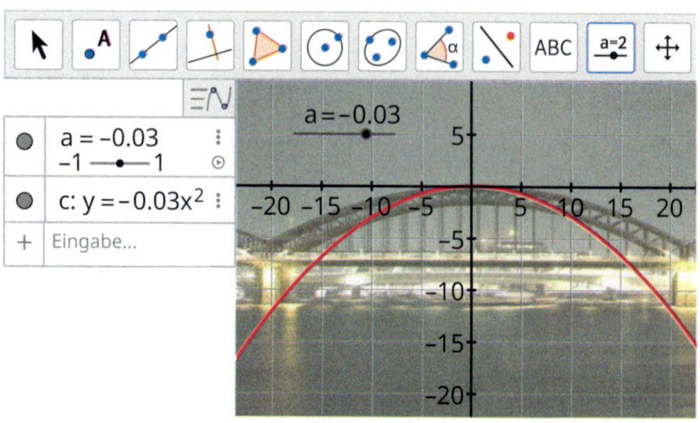

9. Sermin macht ein Praktikum in einem Konstruktionsbüro. Am ersten Tag erhält sie von ihrer Betreuerin die Aufgabe, eine Brücke mit den nebenstehen Maßen zu zeichnen.
Der Brückenbogen soll die Form einer Parabel mit der Gleichung $y = -0{,}14x^2$ haben. Zeichne die Brücke im Maßstab 1 : 100.

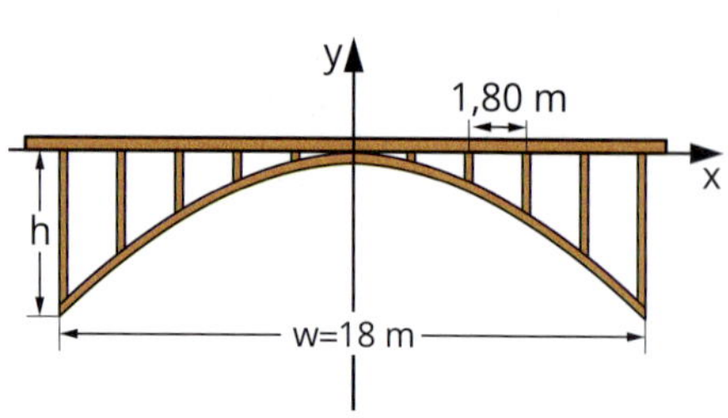

10. a) Gib die Koordinaten des Punkts P an.

b) Bestimme die Funktionsgleichung durch Einsetzen der Koordinaten in die Gleichung $y = ax^2$.

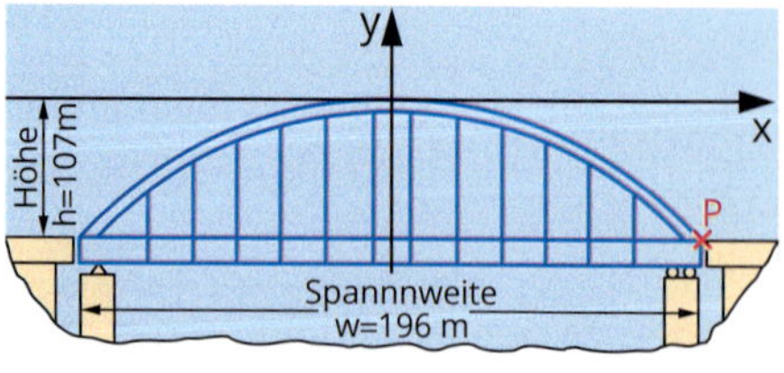

11. a) Der Bogen einer Hängebrücke hat die Funktionsgleichung $y = 0{,}001x^2$. Berechne die Spannweite w bei einer Höhe von 92 m.

b) Eine Hängebrücke hat die Spannweite w = 1 300 m und die Höhe h = 145 m. Bestimme die Funktionsgleichung $y = ax^2$.

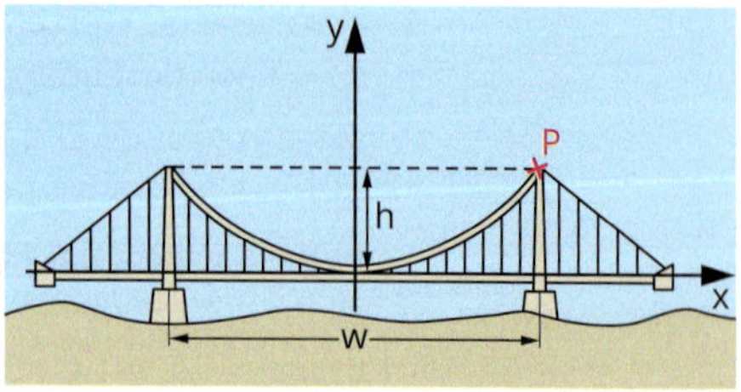

Funktionen der Form $y = ax^2 + c$

Bearbeitet alle Aufgaben in Partnerarbeit.

1. Wählt eine Aufgabenkarte aus. Zeichnet die Parabeln für $-2 \le x \le 2$ mit 1 cm als Einheit in dasselbe Koordinatensystem (Wertetabelle Schrittweite 0,5). Vergleicht den Verlauf der Graphen, nennt jeweils den Scheitelpunkt und präsentiert euer Ergebnis euren Mitschülerinnen und Mitschülern.

A
$y_1 = x^2 + 2$
$y_2 = x^2 - 3$
$y_3 = -x^2 + 2{,}5$
$y_4 = -x^2 - 1$

B
$y_1 = 2x^2$
$y_2 = 2x^2 + 1$
$y_3 = 2x^2 - 1{,}5$
$y_4 = 2x^2 - 4$

C
$y_1 = -2x^2$
$y_2 = -2x^2 + 4$
$y_3 = -2x^2 - 0{,}5$
$y_4 = -2x^2 - 2$

D
$y_1 = 0{,}5x^2$
$y_2 = 0{,}5x^2 + 2$
$y_3 = 0{,}5x^2 - 3$
$y_4 = 0{,}5x^2 + 0{,}5$

E
$y_1 = -0{,}8x^2$
$y_2 = -0{,}8x^2 + 3$
$y_3 = -0{,}8x^2 - 1$
$y_4 = -0{,}8x^2 + 1{,}5$

2. Untersucht mit einem Computerprogramm, welche Auswirkungen der Parameter c auf den Verlauf des Graphen von Funktionen mit der Gleichung $y = ax^2 + c$ hat.

- Öffnet ein Zeichenblatt und aktiviert die Ansicht mit Koordinatensystem.
- Richtet für die Parameter a und c jeweils einen Schieberegler ein.
  ① Name: a, min: –5, max: 5, Schrittweite: 0.1
  ② Name: c, min: –3, max: 3, Schrittweite: 0.1
- Gebt die Funktionsgleichung $y = ax^2 + c$ ein.
- Stellt die Parameter a und c so ein, dass das Programm eine Normalparabel erzeugt. Welchen Wert haben die Parameter jeweils?
- Lasst den Schieberegler a fest auf 1 und verändert die Stellung des Schiebereglers von c. Wie verändert sich der Graph?
- Stellt mit dem Schieberegler für a eine beliebige positive Zahl fest ein und verändert anschließend mindestens 4-mal die Stellung des Schiebereglers für c. Lest jeweils die Koordinaten des Scheitelpunkts ab und tragt die Werte in eine Tabelle ein.
- Wiederholt den letzten Arbeitsauftrag mit einer beliebigen negativen Zahl für den Schieberegler a.
- Beschreibt, wie sich der Funktionsgraph für verschiedene Werte des Parameters c verändert.

Parameter sind Variablen, die die Form und die Lage eines Graphen bestimmen.

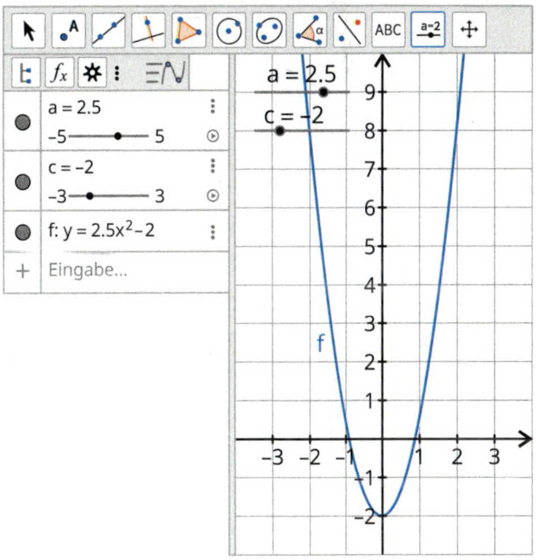

a	c	Scheitelpunkt
2.5	−2	(0|-2)
2.5	−1.5	
2.5	+1	

Die Funktion $\mathbf{y = ax^2 + c}$ bzw. $f(x) = ax^2 + c$ mit $a \neq 0$ hat als Graph eine **Parabel mit dem Scheitelpunkt (0 | c)** auf der y-Achse.
Der Funktionsgraph ist gegenüber dem Graph von $y = ax^2$ um c Einheiten längs der y-Achse verschoben.

• $y = -2{,}4x^2 + 1$

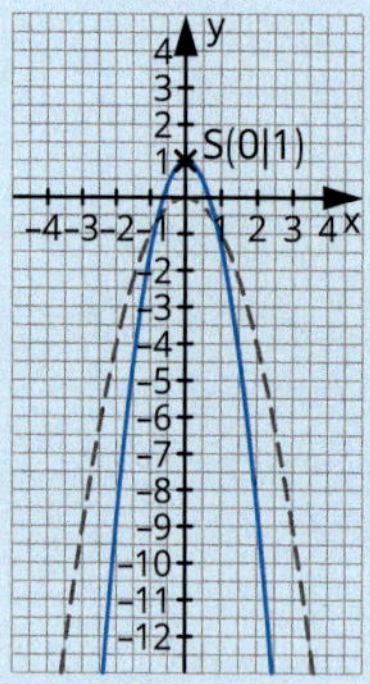

gestreckt, nach unten geöffnet, nach oben verschoben

• $y = -0{,}1x^2 - 2$

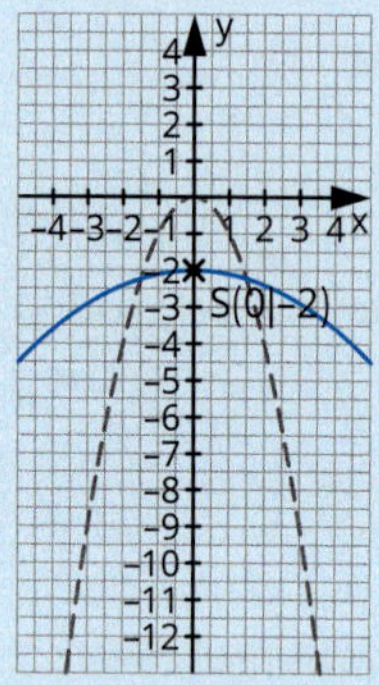

gestaucht, nach unten geöffnet, nach unten verschoben

• $y = 0{,}2x^2 + 2$

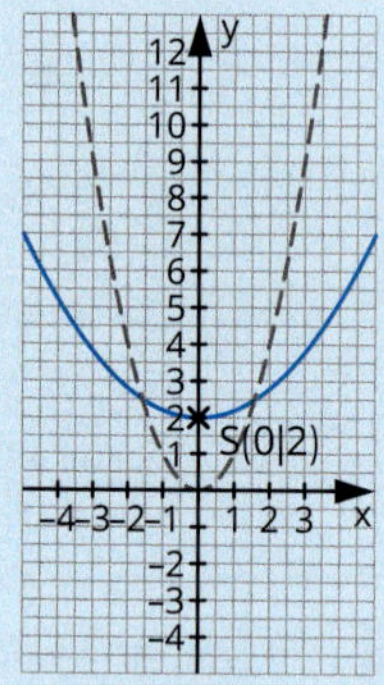

gestaucht, nach oben geöffnet, nach oben verschoben

• $y = 2x^2 - 2$

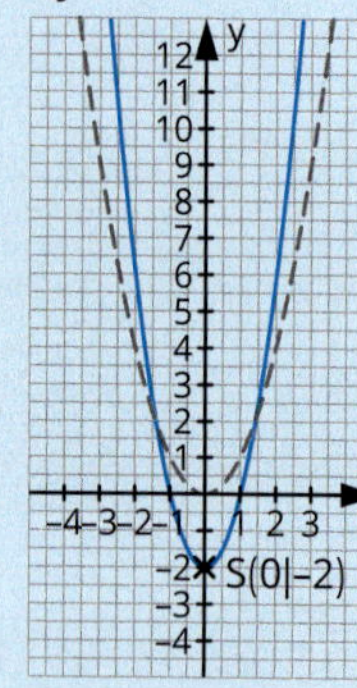

gestreckt, nach oben geöffnet, nach unten verschoben

3. Gib den Scheitelpunkt der Parabel an und beschreibe ihre Form mit Worten.

a) $f(x) = x^2 + 8$ **b)** $f(x) = -5x^2 - 4$ **c)** $y = 1{,}8x^2 - 9{,}5$ **d)** $f(x) = \frac{1}{3}x^2 + 9$

+e) $f(x) = -0{,}5x^2 - 4$ **+f)** $y = 0{,}1x^2 - 6$ **+g)** $f(x) = 7x^2 + 3$ **+h)** $y = -3{,}5x^2$

4. Ordne dem Graphen die richtige Funktionsgleichung zu, ohne eine Wertetabelle aufzustellen.

a)

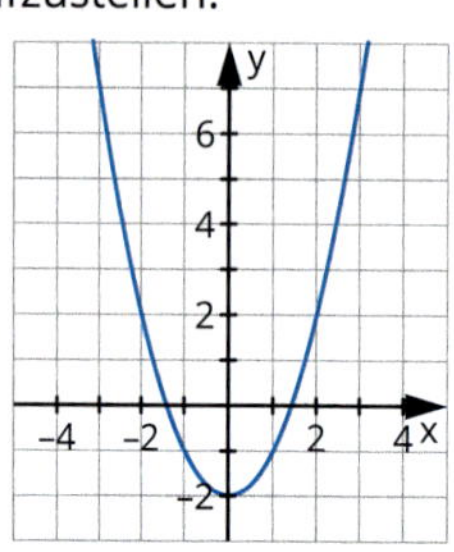

$y = -x^2 + 2$ | $y = x^2 + 2$ | $y = -x^2 - 2$ | $y = x^2 - 2$

b)

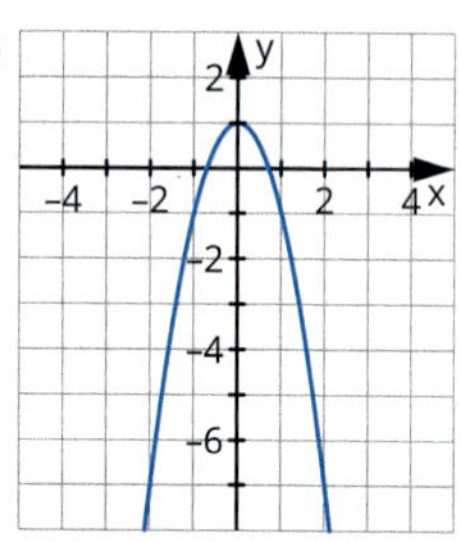

$y = 2x^2 + 1$ | $y = 2x^2 - 1$ | $y = -2x^2 + 1$ | $y = -2x^2 - 1$

c)

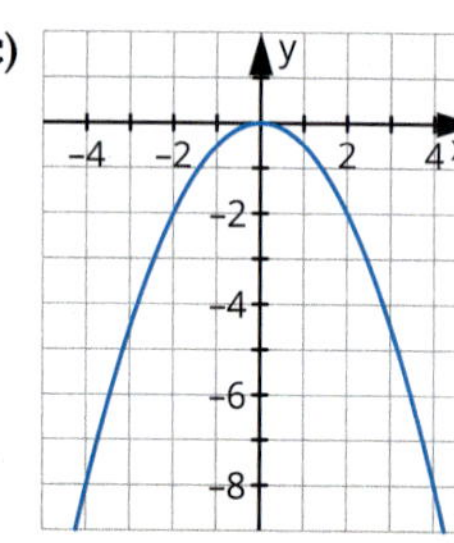

$y = -0{,}5x^2$ | $y = -0{,}5x^2 + 1$ | $y = 0{,}5x^2$ | $y = 0{,}5x^2 - 1$

5. Erstelle eine Wertetabelle und zeichne den Graphen der Funktion in ein Koordinatensystem mit der Einheit 1 cm.

a) $f(x) = \frac{1}{2}x^2 - 4$ für $-5 \leq x \leq 5$ (Schrittweite 1)

b) $y = 2x^2 + 3$ für $-2 \leq x \leq 2$ (Schrittweite 0,5)

6. Prüfe durch Einsetzen, ob die Punkte auf dem Graphen der Funktion liegen.

a) $y = 3x^2 + 5$ A(2 | 17) B(−1 | 9) **b)** $f(x) = -2{,}5x^2 - 3$ A(1 | −0,5) B(−4 | −43)

+c) $y = 0{,}5x^2 + 2$ A(3 | 6,5) B(6 | 12) **+d)** $f(x) = -3x^2 - 17$ A(0 | 17) B(0,5 | −17,75)

Nullstellen

1. Partnerarbeit:

a) Zeichne wie Marek den Graphen und lies die Koordinaten der gesuchten Punkte ab.

b) Welche Überlegung hat Lina angestellt? Führe ihre Rechnung zu Ende.

Stellen (x-Werte), an denen eine Funktion die x-Achse schneidet, heißen **Nullstellen**. Du kannst sie am Graphen ablesen oder rechnerisch bestimmen **(Rechenansatz: y = 0)**. Eine Parabel $y = ax^2 + c$ kann zwei Nullstellen, eine oder keine Nullstelle haben.

• zwei Nullstellen

$y = 2x^2 - 2$

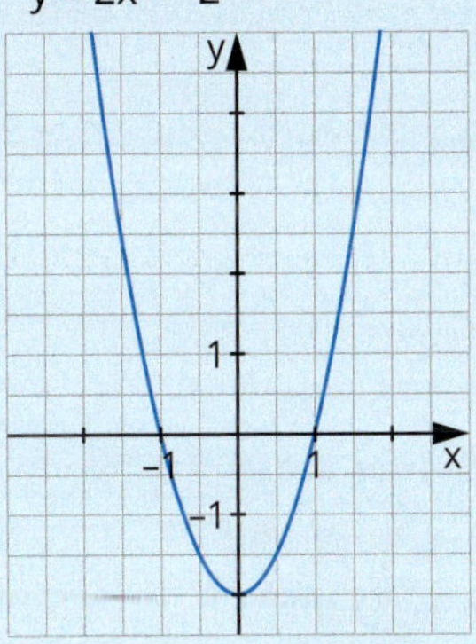

$0 = 2x^2 - 2 \quad | + 2$

$2 = 2x^2 \quad | : 2$

$1 = x^2$

$\mathbf{x_1 = 1, x_2 = -1}$

• eine Nullstelle

$y = 1{,}5x^2$

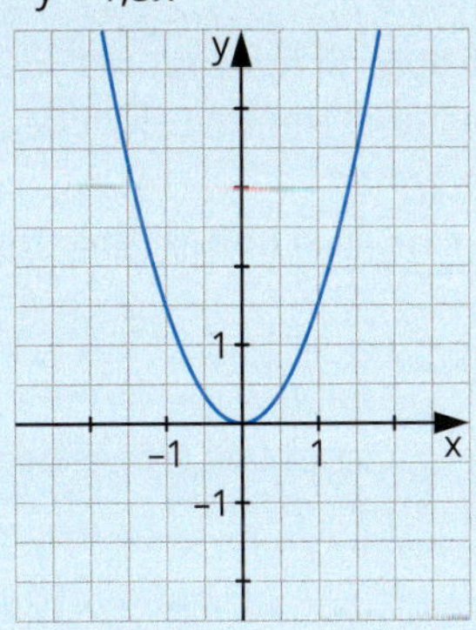

$0 = 1{,}5x^2 \quad | : 1{,}5$

$0 = x^2$

$\mathbf{x = 0}$

• keine Nullstelle

$y = 0{,}5x^2 + 1$

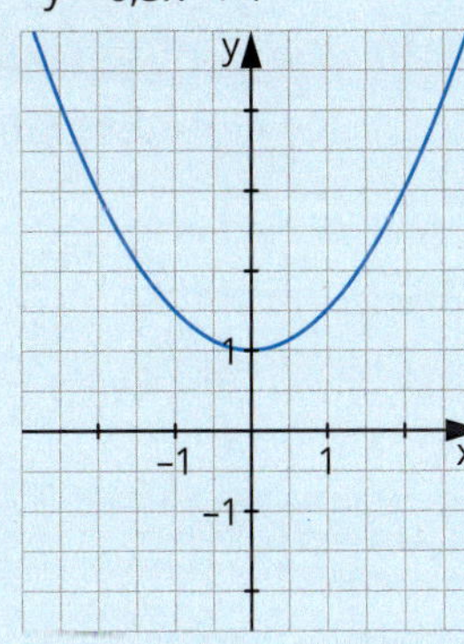

$0 = 0{,}5x^2 + 1 \quad | - 1$

$-1 = 0{,}5x^2 \quad | : 0{,}5$

$-2 = x^2$

keine Lösung

2. Gib an, wie viele Nullstellen die Funktion hat.
Überprüfe durch Zeichnen und lies die Nullstellen ab.

a) $y = 0{,}5x^2 - 2$ **b)** $f(x) = x^2 - 9$ **c)** $y = 2x^2$ **d)** $f(x) = -x^2 + 1$ **e)** $y = -0{,}5x^2 - 2$

3. Berechne die Nullstellen der Funktion.

a) $y = 0{,}5x^2 - 50$ **b)** $y = x^2 - 64$ **c)** $y = 2x^2 - 72$ **d)** $y = -3x^2 + 27$ **e)** $y = 35x^2$

f) $y = 0{,}01x^2 - 1$ **g)** $y = -x^2 + 225$ **h)** $y = 5x^2 - 4{,}05$ **i)** $y = -5x^2 - 80$ **j)** $y = 0{,}2x^2 - 3{,}2$

4. Partnerarbeit: In welchen Fällen hat eine Funktion $f(x) = ax^2 + c$ $(a \neq 0)$ zwei, eine oder keine Nullstelle? Gebt jeweils die Bedingungen für die Parameter a und c an.

Funktionen der Form $y = (x - d)^2 + e$

1. Partnerarbeit:

Untersucht mit einem Computerprogramm, welche Auswirkungen die Parameter d und e auf den Verlauf des zugehörigen Funktionsgraphen haben.

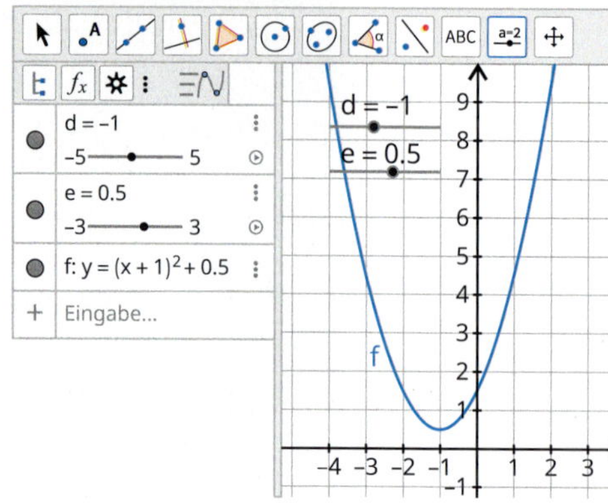

- Öffnet ein Zeichenblatt und aktiviert die Ansicht mit Koordinatensystem.
- Richtet für die Parameter d und e jeweils einen Schieberegler ein.
  ① Name: d, min: –5, max: 5, Schrittweite: 0.5
  ② Name: e, min: –3, max: 3, Schrittweite: 0.5
- Gebt die Funktionsgleichung $y = (x - d)^2 + e$ ein.
- Zeigt euer Computerprogramm die Funktionsgleichung in einer anderen Form an, als ihr sie eingegeben habt? Erklärt den Zusammenhang.
- Stellt an den Schiebereglern jeweils einen Parameter fest ein und verändert den zweiten. Wie verändert sich jeweils der Graph?
- Funktionsgleichungen dieser Form heißen „Scheitelpunktform“, weil man aus ihnen die Koordinaten des Scheitelpunkts ablesen kann. Erklärt dies.

Zu $\mathbf{y = (x - d)^2 + e}$ bzw. $f(x) = (x - d)^2 + e$ gehört als Graph eine **verschobene Normalparabel mit dem Scheitelpunkt (d | e)**.
Die Normalparabel ist um d Einheiten längs der x-Achse und um e Einheiten längs der y-Achse verschoben.
$y = (x - d)^2 + e$ heißt **Scheitelpunktform**.

$(x + 1)^2$ → eins nach links
$(x - 1)^2$ → eins nach rechts

- Bestimme die Funktionsgleichung.

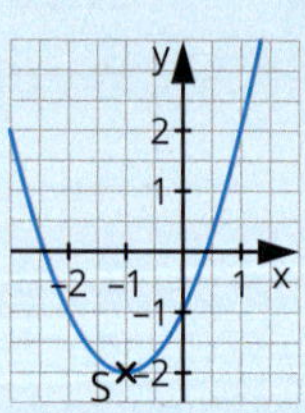

① *Lies den Scheitelpunkt ab.*
S(−1 | −2)
② *Bestimme d und e.*
d = −1 e = −2
③ *Stelle die Funktionsgleichung auf.*
$y = (x - (-1))^2 + (-2)$
$y = (x + 1)^2 - 2$

- Zeichne die Parabel zu $f(x) = (x + 2)^2 - 2{,}5$ mit deiner Schablone.

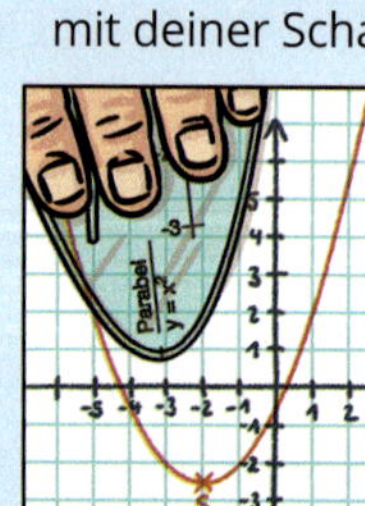

① *Bestimme den Scheitelpunkt und markiere ihn im Koordinatensystem:*
S(−2 | −2,5)
② *Lege die Schablone an und zeichne die Parabel.*

2. Gegeben ist der Scheitelpunkt einer verschobenen Normalparabel. Schreibe die Funktionsgleichung in der Scheitelpunktform auf.

a) S(−3 | 2) **b)** S(3 | 2,5) **c)** S(4,5 | −2) **d)** S(−7 | −8) **e)** S(−9,5 | 2,8)
+f) S(3,3 | 9,4) **+g)** S(4 | 8) **+h)** S(−3 | −9) **+i)** S(−2,5 | 3) **+j)** S(3,2 | −2,8)

3. Bestimme den Scheitelpunkt der Parabel und zeichne sie mit deiner Schablone.

a) $f(x) = (x + 2{,}5)^2 - 3$ **b)** $y = (x - 5)^2 + 2$ **c)** $y = (x - 3{,}5)^2$ **d)** $f(x) = (x + 1)^2 - 4$
+e) $y = (x + 5)^2$ **+f)** $y = (x - 2)^2 - 1$ **+g)** $f(x) = (x + 8)^2 + 2$ **+h)** $f(x) = (x - 2{,}5)^2$

4. Lies die Koordinaten der Scheitelpunkte ab. Die Buchstaben der zugehörigen Funktionsgleichungen ergeben ein spannendes Buch.

$y = (x + 3{,}5)^2$	K	$y = x^2 + 3{,}5$	T
$y = (x + 2{,}5)^2 - 1{,}5$	O	$y = (x + 1{,}5)^2 - 2{,}5$	R
$y = x^2 - 3$	I	$y = x^2 + 3$	N
$y = (x - 0{,}5)^2 + 0{,}5$	M	$y = (x + 0{,}5)^2 + 0{,}5$	E
$y = (x + 2)^2 + 3$	S	$y = (x - 3)^2 - 2$	I

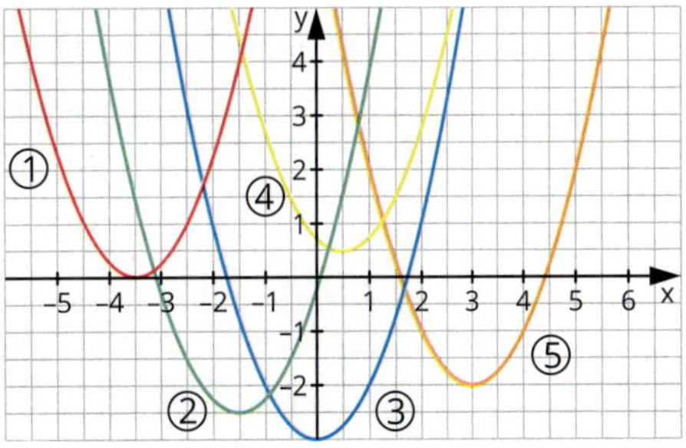

5. Wie lautet die Funktionsgleichung in der Scheitelpunktform?

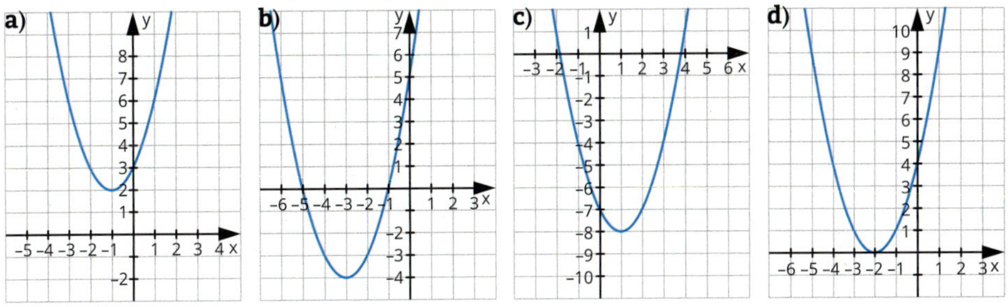

6. Die Normalparabel $y = x^2$ wird verschoben. Gib den Scheitelpunkt und die Funktionsgleichung für die neue Parabel an. Verschiebung um …

a) 2 Einheiten nach rechts
b) 1 Einheit nach links und 3 Einheiten nach unten
⁺c) 3 Einheiten nach unten
⁺d) 3 Einheiten nach rechts und 5 Einheiten nach unten

7. Prüfe durch Einsetzen, ob der Punkt auf dem Graphen der Funktion liegt.

a) $f(x) = (x - 2)^2$ A(0|2)
b) $y = (x + 4)^2 - 6$ B(2|30)
c) $f(x) = (x - 4)^2 - 3$ C(1|6)
⁺d) $y = (x + 1)^2 + 4$ D(−3|7)
⁺e) $f(x) = (x + 2{,}5)^2$ E(1,5|16)
⁺f) $y = (x - 1{,}5)^2 - 2{,}5$ F(2|0)

8. **a)** Zeichne die Parabeln mit deiner Schablone und lies die Nullstellen ab.

① $y = (x + 4)^2$ ② $f(x) = x^2 - 4$ ③ $y = (x + 1{,}5)^2 - 1$ ④ $y = (x - 3)^2 + 2{,}5$
⑤ $y = (x - 3)^2 - 2{,}5$ ⑥ $y = (x + 1{,}5)^2 + 1$ ⑦ $f(x) = (x - 2{,}5)^2$ ⑧ $f(x) = x^2 + 1{,}5$

b) Sortiere die Funktionsgleichungen aus Aufgabe a) nach der Anzahl der Nullstellen.

c) Partnerarbeit: Beschreibt den Zusammenhang zwischen den Scheitelpunkt-Koordinaten und der Anzahl der Nullstellen.

d) Bestimme die Koordinaten des Scheitelpunkts und daraus die Anzahl der Nullstellen ohne zu zeichnen.

① $f(x) = (x - 2{,}5)^2$ ② $f(x) = x^2 + 9$ ③ $y = (x + 5)^2 + 1$ ④ $y = (x + 0{,}6)^2 + 12$
⑤ $y = (x + 8)^2 - 9$ ⑥ $f(x) = (x - 7)^2 - 11$ ⑦ $y = (x + 6{,}5)^2$ ⑧ $f(x) = x^2 - 13$

⁺9. Partnerarbeit: Schreibe für deinen Nachbarn/deine Nachbarin 5 Funktionsgleichungen in der Scheitelpunktform auf, die er/sie mit der Schablone zeichnen soll. Kontrolliert euch gegenseitig.

Von der Form $y = x^2 + bx + c$ zur Scheitelpunktform

1. **a)** Partnerarbeit: Erklärt die beiden Lösungsansätze und führt die Rechnungen zu Ende.
b) Erklärt den Begriff „quadratische Ergänzung" beim zweiten Lösungsansatz.

Funktionen mit Gleichungen in der Normalform $y = x^2 + bx + c$ bzw. $f(x) = x^2 + bx + c$ kannst du mit Hilfe der **quadratischen Ergänzung** $\left(+\left(\frac{b}{2}\right)^2 - \left(\frac{b}{2}\right)^2\right)$ in die Scheitelpunktform $y = (x - d)^2 + e$ umformen. Ihre Graphen sind verschobene Normalparabeln.

Forme in die Scheitelpunktform um und bestimmt den Scheitelpunkt.

• $y = x^2 + 10x + 3$	①	*Normalform*	• $y = x^2 - 3x - 2$
$\left(\frac{b}{2}\right)^2 = \left(\frac{10}{2}\right)^2 = 5^2 = \mathbf{25}$	②	*Zwischenrechnung*	$\left(\frac{b}{2}\right)^2 = \left(-\frac{3}{2}\right)^2 = (-1{,}5)^2 = \mathbf{2{,}25}$
$y = x^2 + 10x \mathbf{+ 25 - 25} + 3$	③	*quadratische Ergänzung*	$y = x^2 - 3x \mathbf{+ 2{,}25 - 2{,}25} - 2$
$y = (x + 5)^2 - 22$	④	*Scheitelpunktform*	$y = (x - 1{,}5)^2 - 4{,}25$
$S(-5 \mid -22)$	⑤	*Scheitelpunkt*	$S(1{,}5 \mid -4{,}25)$

2. Forme in die Scheitelpunktform um, bestimme den Scheitelpunkt und zeichne die Parabel.
a) $y = x^2 + 2x + 3$ **b)** $y = x^2 - 4x + 2$ **c)** $y = x^2 + 2x - 2$ **d)** $y = x^2 - 8x - 5$
e) $y = x^2 - 8x + 2$ **f)** $y = x^2 + 6x - 4$ **g)** $y = x^2 - 2x + 4$ **h)** $y = x^2 + 8x + 10$

3. Bestimme den Scheitelpunkt der Parabel und zeichne sie.
a) $y = x^2 + 0{,}4x + 1$ **b)** $y = x^2 + 0{,}6x - 2$ **c)** $y = x^2 - 1{,}4x - 2$ **d)** $y = x^2 - 0{,}8x - 3$
e) $y = x^2 + 1{,}6x + 4$ **f)** $y = x^2 - 0{,}4x - 3$ **g)** $y = x^2 + 3{,}2x + 1$ **h)** $y = x^2 - 2{,}8x + 5$

4. Nun umgekehrt: Forme so um, dass du aus der Scheitelpunktform die Normalform erhältst.
a) $y = (x + 2)^2 + 3$ **b)** $y = (x - 4)^2 + 5$ **c)** $y = (x - 7)^2 - 1$ **d)** $y = (x + 6)^2 - 5$
e) $y = \left(x + \frac{1}{3}\right)^2 - \frac{4}{9}$ **f)** $y = (x - 2{,}5)^2 + 18$ **g)** $y = \left(x - \frac{3}{4}\right)^2 + \frac{1}{16}$ **h)** $y = (x - 0{,}5)^2 + 8{,}5$

5. Bestimme den Scheitelpunkt der zugehörigen Parabel, zeichne sie und lies ihre Nullstellen ab. Kontrolliere die Ablesewerte, indem du sie in die Funktionsgleichung einsetzt.
a) $y = x^2 + 6x - 7$ **b)** $y = x^2 - 8x + 16$ **c)** $y = x^2 - 8x + 12$ **d)** $y = x^2 - 4x + 3$

Funktionen der Form $y = a(x - d)^2 + e$

1. Partnerarbeit:
Untersucht mit einem Computerprogramm, welche Auswirkungen die Parameter d, e und a auf den Verlauf des zugehörigen Funktionsgraphen haben.

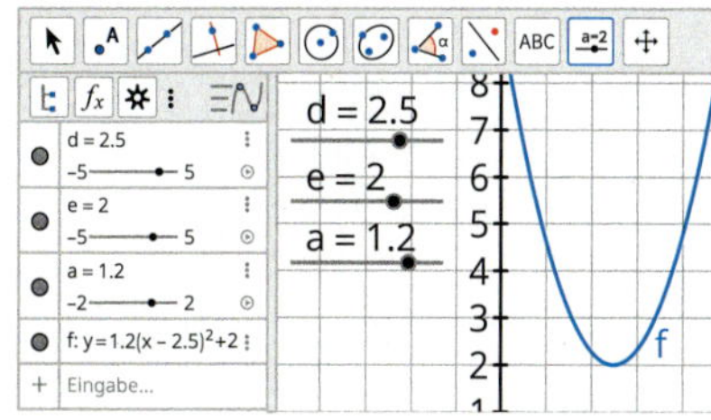

- Öffnet ein Zeichenblatt und aktiviert die Ansicht mit Koordinatensystem.
- Richtet für die Parameter d, e und a jeweils einen Schieberegler ein.
  ① Name: d, min: –5, max: 5, Schrittweite: 0.5
  ② Name: e, min: –5, max: 5, Schrittweite: 0.5
  ③ Name: a, min: –2, max: 2, Schrittweite: 0.1
- Gebt die Funktionsgleichung $y = a(x - d)^2 + e$ ein.
  Ihr seht nun den Graphen für die eingestellten Reglerwerte.
- Stellt an den Schiebereglern jeweils zwei Parameter fest ein und verändert den dritten. Wie verändern die Parameter d, e, a jeweils den Funktionsgraphen? Ordnet zu und beschreibt die Auswirkung des jeweiligen Parameters genauer.

Öffnung nach oben oder unten	*Verschiebung in Richtung der x-Achse*
Verschiebung in Richtung der y-Achse	*Stauchung oder Streckung*

Zu $\mathbf{y = a(x - d)^2 + e}$ bzw. $f(x) = a(x - d)^2 + e$ mit $a \neq 0$ gehört als Graph eine Parabel. Ihr Scheitelpunkt ist $S(d\,|\,e)$, ihre Form wird durch den Streckfaktor a bestimmt. Diese Art der Funktionsgleichung heißt **allgemeine Scheitelpunktform**.

$f(x) = 0{,}5(x + 3)^2 - 2$ Scheitelpunkt: $S(-3\,|\,-2)$
- 2 Einheiten nach unten verschoben
- 3 Einheiten nach links verschoben
- nach oben geöffnet und gestaucht

$g(x) = -2(x - 2)^2 + 3$ Scheitelpunkt: $S(2\,|\,3)$
- 3 Einheiten nach oben verschoben
- 2 Einheiten nach rechts verschoben
- nach unten geöffnet und gestreckt

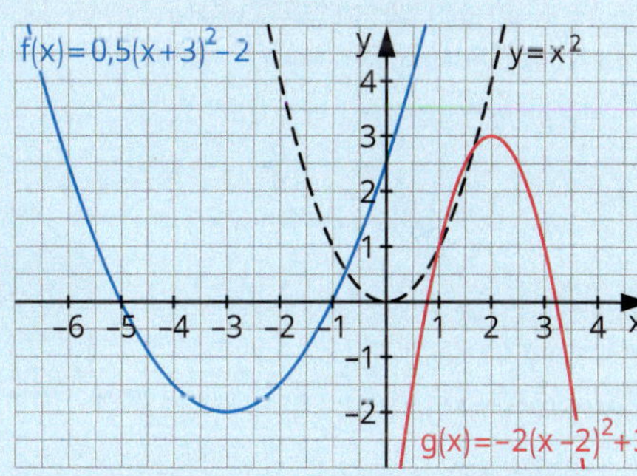

2. Bestimme den Scheitelpunkt und beschreibe die Form der Parabel ohne Zeichnung.

a) $y = 3(x - 5)^2 - 3$ **b)** $y = 5(x + 3{,}7)^2 + 1{,}5$ **c)** $y = -\left(x - \frac{3}{4}\right)^2 - 1\frac{1}{2}$ **d)** $y = \frac{1}{2}(x - 9{,}5)^2 - 3{,}6$

e) $y = \frac{1}{2}(x + 4)^2 - 5$ **f)** $y = -2\left(x - \frac{5}{2}\right)^2 + 3{,}3$ **g)** $y = -0{,}8(x + 7{,}2)^2 + 8$ **h)** $y = 3(x - 2{,}8)^2 - 6{,}4$

3. a) Zeichne die Parabeln, lies ihre Nullstellen ab und kontrolliere die Ablesewerte durch Rechnung.
Ⓐ $f(x) = 0{,}5(x + 1{,}5)^2 - 1$ Ⓑ $f(x) = 2(x + 4)^2 - 2$ Ⓒ $y = -(x - 2{,}5)^2 + 1{,}5$ Ⓓ $y = -0{,}5(x - 3)^2 + 4$

b) Erkläre, wie man der allgemeinen Scheitelpunktform ansieht, wie viele Nullstellen die Parabel besitzt.

c) Bestimme die Koordinaten des Scheitelpunkts und die Anzahl der Nullstellen ohne Zeichnung.
Ⓐ $f(x) = 4(x + 7)^2 - 5$ Ⓑ $y = -(x - 9)^2 + 7$ Ⓒ $y = 3(x + 4)^2 + 2{,}5$ Ⓓ $f(x) = \frac{1}{2}(x - 2)^2 - 6$

Die Ergebnisse der Aufgaben ergeben die Namen von vier bekannten Spielen.

1. **a)** 25 % von 2 km = ▒ m
b) 20 % von 1,80 m = ▒ cm
c) 75 % von 1,2 kg = ▒ g
d) 10 % von $4\frac{1}{2}$ h = ▒ min

2. Der ICE 212 fährt in Stuttgart um 13:15 Uhr ab. Er kommt nach 182 km um 14:46 Uhr in Mainz an.
a) Wie viel Minuten dauert die Fahrt?
b) Wie hoch ist die Durchschnittsgeschwindigkeit in $\frac{km}{h}$?

3. Berechne die fehlenden Angaben beim Zylinder. Die Höhe ist immer 12 cm. Runde auf Zehntel.
a) r = 5,1 cm, V = ▒ cm^3, M = ▒ cm^2
b) M = 300 cm^2, r = ▒ cm

4. Ein Pkw verbraucht 8 ℓ Benzin pro 100 km. Er kommt mit einer Tankfüllung 700 km weit.
a) Wie viel Liter fasst der Tank?
b) Wie viel Kilometer könnte der Wagen fahren bei einem Verbrauch von 7 ℓ pro 100 km?
c) Wie viel Prozent Benzin könnten bei 7 ℓ pro 100 km gespart werden?

5. Der vorher volle Öltank ist noch halbvoll.
a) Bis zu welcher Höhe (in cm) ist der Tank noch gefüllt?
b) Wie viel Liter wurden schon verbraucht?

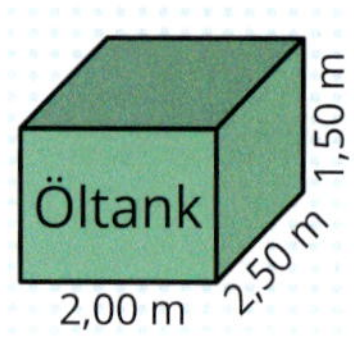

6. Gib das Ergebnis als Dezimalzahl an.
a) $\frac{7}{20} \cdot 10$
b) $\frac{1}{4} + 1,5$
c) $\frac{9}{5} - 0,2$
d) $(0,5 + 5) \cdot \frac{3}{5}$

7. Du würfelst mit einem solchen Würfel 240-mal. Es ist zu erwarten, dass dabei etwa ▒-mal eine gerade Zahl und ▒-mal eine ungerade Zahl auftritt.

Ü 1,6	M 1,75	H 3,3
R 3,5	A 3,75	R 3,9
C 4	O 12,5	B 20
T 27	K 36	F 38
L 40	H 56	K 75
S 91	C 120	E 160
I 375	A 384,5	S 500
P 800	A 900	H 980,6
F 1 100	E 3 750	A 5 625

Quadratische Gleichungen

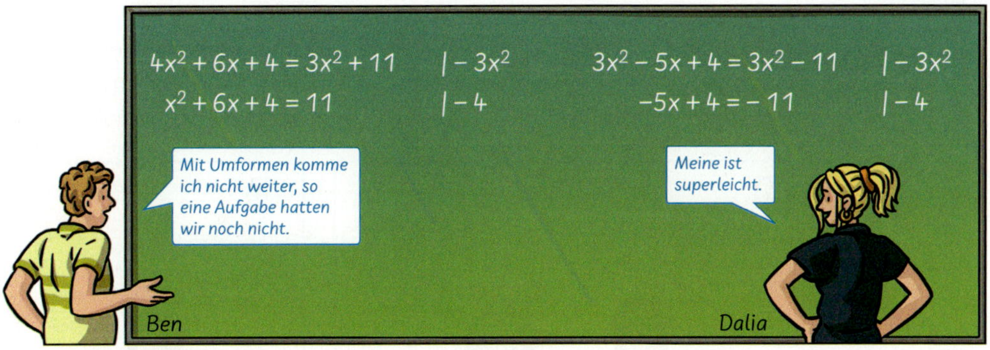

1. Partnerarbeit:

a) Beschreibt den Unterschied zwischen den beiden Aufgaben. Warum führt das Umformen bei Ben nicht zum Ziel?

b) Löst die Aufgabe von Ben durch Probieren und die Aufgabe von Dalia durch Umformen.

Eine Gleichung, die du in die Form $\mathbf{x^2 + px + q = 0}$ bringen kannst, heißt **quadratische Gleichung**. $x^2 + px + q = 0$ heißt **Normalform** der quadratischen Gleichung.
Die Lösungen einer quadratischen Gleichung entsprechen den Nullstellen der zugehörigen Funktion.

Liegt eine quadratische Gleichung vor? Wenn ja, bestimme p und q.

- $2x^2 + 2x + 6 = 2x^2 + x \quad | -2x^2$
  $2x + 6 = x \quad | -x$
  $x + 6 = 0$
  Die Gleichung ist nicht quadratisch, sondern linear.
- $4x^2 - 11x - 28 = 2x^2 - 5x - 12 \quad | -2x^2 \; | +5x \; | +12$
  $2x^2 - 6x - 16 = 0 \quad | :2$
  $x^2 - 3x - 8 = 0$
  Es handelt sich um eine quadratische Gleichung: $p = -3$; $q = -8$

2. Prüfe, ob eine quadratische Gleichung vorliegt. Wenn ja, bestimme p und q.
a) $3x^2 + 7x - 2 = 2x^2$ **b)** $7x^2 - 4x + 8 = 7x^2$ **c)** $4x - 4 = 8 - 4x^2$
+d) $6x^2 - 5x - 7 = 5 - 5x$ **+e)** $5x + 2x^2 + 12 = -5x - 4$ **+f)** $3x^2 + 7x - 2 = 3x^2 - 2$

3. Welche ganzen Zahlen von –3 bis 3 lösen die quadratische Gleichung? Hinweis: In der Regel gibt es zwei Lösungen, es kann aber auch nur eine Lösung geben oder keine.
a) $x^2 - 3x = 0$ **b)** $x^2 - 4x + 3 = 0$ **c)** $x^2 - 6x + 9 = 0$ **d)** $x^2 - x - 6 = 0$

+4. Prüfe, ob unter den Zahlen 2, 3, –2 und –4 Lösungen der Gleichung sind.
a) $x^2 - 3x + 2 = 0$ **b)** $5x^2 - 80 = 0$ **c)** $8x^2 - 72x = 0$ **d)** $x^2 + 3x - 10 = 0$
e) $x^2 - x - 6 = 0$ **f)** $x^2 + 5x + 6 = 0$ **g)** $x^2 + 6x = 0$ **h)** $8x^2 - 72 = 0$

+5. Bestimme durch Probieren, welche Zahlen Lösungen der Gleichung sind.
a) $x^2 + 8x = 0$ **b)** $x^2 + 5x = 0$ **c)** $x^2 - 2x - 24 = 0$ **d)** $x^2 + 2x - 48 = 0$
e) $x^2 - 5x + 4 = 0$ **f)** $x^2 - 7x + 10 = 0$ **g)** $x^2 + 2x - 35 = 0$ **h)** $x^2 + 11x + 18 = 0$

6. Prüfe, ob eine quadratische Gleichung vorliegt. Wenn ja, bestimme p und q.
a) $2(x + 3) + 4 = 3x^2 + 2$ **b)** $4 + 4x(x - 2) = x^2 + 1$ **c)** $(2x + 1)(x - 2) = 2x^2$
d) $7 - 6(x - 2) = 4 - x^2$ **e)** $24 - 4x(x + 3) = 3$ **f)** $3(2x - 4) + 52 = 6(2 - x)$

Sonderfälle quadratischer Gleichungen

1. Gruppenarbeit:
Setzt euch zu dritt oder viert zusammen und bearbeitet einen der beiden Arbeitsbögen A oder B. Wenn ihr fertig seid, setzt euch mit einer Gruppe zusammen, die die andere Aufgabe bearbeitet hat. Erklärt euch gegenseitig eure Ergebnisse.

Ⓐ

$x^2 - 4 = 0$
$x^2 = 4$
$x = 2$

a) Beurteilt die Äußerungen von Justus und Edibe. Wer hat Recht?
b) Zeichnet den Graphen zu $y = x^2 - 4$ und lest die Nullstellen ab. Welche Lösung ergibt sich für die Gleichung oben?
c) Löst die Gleichungen:
① $x^2 - 36 = 0$ ② $x^2 - 100 = 0$
③ $x^2 - 25 = 0$ ④ $x^2 + 400 = 0$
⑤ $x^2 - 20 = 0$ ⑥ $x^2 + 0{,}04 = 0$

Ⓑ

$x^2 + 7x = 0$
$x = ?$

a) Macht die Probe. Haben beide Schüler Recht?
b) Tarik sagt: „Ich klammere den Faktor x aus, dann finde ich die Lösungen mit der Regel *‚Ein Produkt ist Null, wenn ein Faktor Null ist'.*" Erklärt.
c) Löst die Gleichungen wie Tarik.
① $x^2 - 6x = 0$ ② $x^2 + 2{,}5x = 0$
③ $x^2 + 14x = 0$ ④ $x^2 - 12{,}5x = 0$

Quadratische Gleichungen der Form **$x^2 + q = 0$** kannst du durch einfaches Umformen lösen.
Für **$q > 0$** haben sie **keine Lösung**.
Für **$q < 0$** haben sie **2 Lösungen**.

• $x^2 + 4 = 0$
$x^2 = -4$
keine Lösung

• $x^2 - 9 = 0$
$x^2 = 9$
$x_1 = 3$ oder $x_2 = -3$

Quadratische Gleichungen der Form **$x^2 + px = 0$** kannst du durch Ausklammern lösen.
Sie haben immer **zwei Lösungen.**

Satz vom Nullprodukt: Ein Produkt ist Null, wenn ein Faktor Null ist.

• $x^2 - 5{,}7x = 0$ | *Ausklammern*
$x \cdot (x - 5{,}7) = 0$ | *Satz vom Nullprodukt*
$x_1 = 0$ oder $x_2 - 5{,}7 = 0$ | $+ 5{,}7$
$x_2 = 5{,}7$

2. Einige Gleichungen haben keine Lösung.
a) $x^2 - 36 = 0$ **b)** $x^2 - 25 = 0$ **c)** $x^2 + 9 = 0$ **d)** $x^2 - 64 = 0$ **e)** $x^2 + 100 = 0$

3. Löse mit dem Taschenrechner. Runde das Ergebnis auf eine Stelle nach dem Komma.
a) $x^2 - 7 = 0$ **b)** $x^2 - 8 = 0$ **c)** $x^2 - 11 = 0$ **d)** $x^2 - 15 = 0$ **e)** $3x^2 - 30 = 0$

4. Löse die Gleichung, indem du ausklammerst und als Produkt schreibst.
a) $x^2 + 2x = 0$ **b)** $x^2 - 6x = 0$ **c)** $x^2 + 17x = 0$ **d)** $x^2 - x = 0$ **e)** $x^2 + 3{,}5\,x = 0$
f) $2x^2 + 18x = 0$ **g)** $3x^2 - 9x = 0$ **h)** $40x^2 + 5x = 0$ **i)** $9x^2 - 72x = 0$ **j)** $4x^2 + 48x = 0$

5. Forme zuerst so um, dass du ausklammern kannst.
a) $3x^2 = 12x$ **b)** $12x^2 = -60x$ **c)** $2x^2 = 17x^2 + 0{,}5x$ **d)** $5x(x + 1) = x^2 - 19x$

Rechnerische Lösung mit quadratischer Ergänzung

1. Partnerarbeit: Matilda und Leon sind beide nicht zufrieden, weil in der Klasse noch kein Weg gefunden wurde, wie man alle quadratischen Gleichungen rechnerisch lösen kann. Sie haben sich zusammengesetzt und folgende Gedanken ausgetauscht.

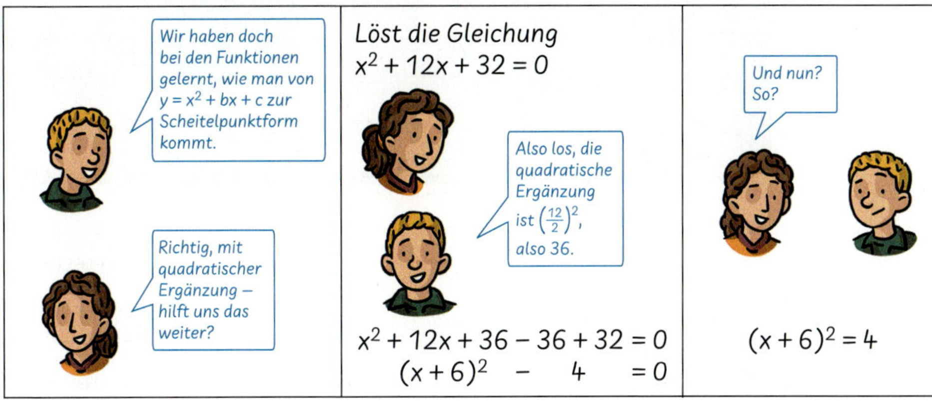

a) Setzt den Gedanken von Matilda und Leon fort und versucht, die Aufgabe zu lösen.

b) Findet für die folgenden quadratischen Gleichungen auch einen Weg für die rechnerische Lösung: ① $x^2 - 8x + 15 = 0$ ② $x^2 + 4x - 21 = 0$ ③ $x^2 + 4{,}5x + 2 = 0$

Quadratische Gleichungen der Form $x^2 + px + q = 0$ kannst du mit Hilfe der **quadratischen Ergänzung** $\left(+\left(\frac{p}{2}\right)^2 - \left(\frac{p}{2}\right)^2\right)$ lösen.

$$x^2 + 4x - 60 = 0$$
$$x^2 + 4x + 2^2 - 2^2 - 60 = 0$$
$$(x + 2)^2 - 64 = 0$$
$$(x + 2)^2 = 64$$
$$x_1 + 2 = \sqrt{64} \quad \text{oder} \quad x_2 + 2 = -\sqrt{64}$$
$$x_1 + 2 = 8 \qquad x_2 + 2 = -8$$
$$x_1 = 6 \qquad x_2 = -10$$

① *quadratische Gleichung in der Normalform*
② *quadratische Ergänzung*
③ *Zusammenfassen (binomische Formel)*
④ *Umformen der Gleichung*
⑤ *Berechnen der Lösungen x_1 und x_2*

2. Löse die Gleichung rechnerisch mit quadratischer Ergänzung.

a) $x^2 + 6x - 27 = 0$ **b)** $x^2 - 6x + 8 = 0$ **c)** $x^2 + 6x + 5 = 0$ **d)** $x^2 - 4x - 12 = 0$
e) $x^2 - 16x + 63 = 0$ **f)** $x^2 + 10x + 9 = 0$ **g)** $x^2 - 2x - 24 = 0$ **h)** $x^2 - 2x - 35 = 0$
i) $x^2 - 4x - 12 = 0$ **j)** $x^2 + 16x + 63 = 0$ **k)** $x^2 - 8x + 16 = 0$ **l)** $x^2 + 2x - 24 = 0$

3. Einige Gleichungen haben keine oder nur eine Lösung.

a) $x^2 + 6x + 9 = 0$ **b)** $x^2 + 4x + 3 = 0$ **c)** $x^2 - 10x + 30 = 0$
d) $x^2 + 5x - 24 = 0$ **e)** $x^2 - 6x + 10 = 0$ **f)** $x^2 - 9x + 14 = 0$

$x^2 + 6x + 18 = 0$
$x^2 + 6x + 3^2 - 3^2 + 18 = 0$
$(x + 3)^2 + 9 = 0$
keine Lösung

4. **a)** $x^2 - 5x + 4 = 0$ **b)** $x^2 + 3x - 4 = 0$ **c)** $x^2 + x - 2 = 0$

5. Löse die Gleichung wie im Beispiel. Runde die Ergebnisse, wenn nötig, auf eine Stelle nach dem Komma.

a) $2x^2 + 2x - 14 = 0$ **b)** $7x^2 + 7x - 140 = 0$
c) $3x^2 + 12x - 216 = 0$ **d)** $3x^2 + 18x - 168 = 0$
e) $2x^2 - 24x + 54 = 0$ **f)** $4x^2 - 24x + 20 = 0$

$3x^2 + 6x - 24 = 0 \quad |:3$
$x^2 + 2x - 8 = 0$
$x^2 + 2x + 1^2 - 1^2 - 8 = 0$
…

Lösungsformel für quadratische Gleichungen

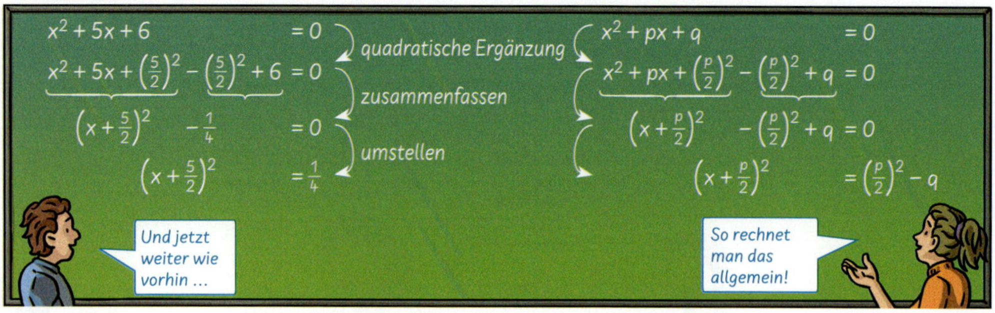

1. Partnerarbeit:
Findet für das Zahlenbeispiel links und die Formelgleichung rechts die Lösungen x_1 und x_2.

Eine quadratische Gleichung in der **Normalform $x^2 + px + q = 0$** kannst du mit der **Lösungsformel $x_{1/2} = -\frac{p}{2} \pm \sqrt{\left(\frac{p}{2}\right)^2 - q}$** lösen. Die Lösungsformel heißt auch **„pq-Formel"**.

- $x^2 + 12x - 13 = 0$
  $p = 12 \quad q = -13$
  $x_{1/2} = -\frac{12}{2} \pm \sqrt{\left(\frac{12}{2}\right)^2 - (-13)}$
  $x_{1/2} = -6 \pm \sqrt{36 + 13}$
  $x_{1/2} = -6 \pm \sqrt{49}$
  $x_1 = -13, x_2 = 1$
- $x^2 + 6x + 9 = 0$
  $p = 6 \quad q = 9$
  $x_{1/2} = -\frac{6}{2} \pm \sqrt{\left(\frac{6}{2}\right)^2 - 9}$
  $x_{1/2} = -3 \pm \sqrt{9 - 9}$
  $x = -3$
- $x^2 - 8x + 18 = 0$
  $p = -8 \quad q = 18$
  $x_{1/2} = -\frac{-8}{2} \pm \sqrt{\left(\frac{-8}{2}\right)^2 - 18}$
  $x_{1/2} = 4 \pm \sqrt{16 - 18}$
  $x_{1/2} = 4 \pm \sqrt{-2}$
  keine Lösung

2. Löse die quadratische Gleichung mit Hilfe der Lösungsformel. Bestimme zuerst p und q. Die Lösungen ergeben eine Stadt.
a) $x^2 + 6x + 8 = 0$ **b)** $x^2 + 4x + 3 = 0$ **c)** $x^2 + 12x + 20 = 0$ **d)** $x^2 + 20x + 36 = 0$
e) $x^2 - 12x + 11 = 0$ **f)** $x^2 - 16x + 15 = 0$ **g)** $x^2 + 8x - 84 = 0$ **h)** $x^2 + 10x - 24 = 0$

B	−2, −10	N	2, −12	I	−2, −18	N	11, 1	T	−2, −4	E	6, −14	G	15, 1	Ü	−1, −3

3. a) Löse die quadratische Gleichung. Sie kann keine, eine oder zwei Lösungen haben.
① $x^2 - 12x + 32 = 0$ ② $x^2 - 4x + 28 = 0$ ③ $x^2 + 4x + 4 = 0$ ④ $x^2 - 12x + 27 = 0$
⑤ $x^2 + 8x + 16 = 0$ ⑥ $x^2 + 3x + 2 = 0$ ⑦ $x^2 - 5x + 15 = 0$ ⑧ $x^2 - 7x - 18 = 0$

b) Wie erkennt man an dem Lösungsterm $x_{1/2} = -\frac{p}{2} \pm \sqrt{\left(\frac{p}{2}\right)^2 - q}$ wie viele Lösungen die Gleichung hat?

+4. Die Lösungen ergeben einen Tiernamen.
a) $x^2 + 10x + 24 = 0$ **b)** $x^2 + 4x - 5 = 0$
c) $x^2 - 7x - 8 = 0$ **d)** $x^2 - 10x + 16 = 0$
e) $x^2 - 5x - 24 = 0$ **f)** $x^2 - x - 72 = 0$

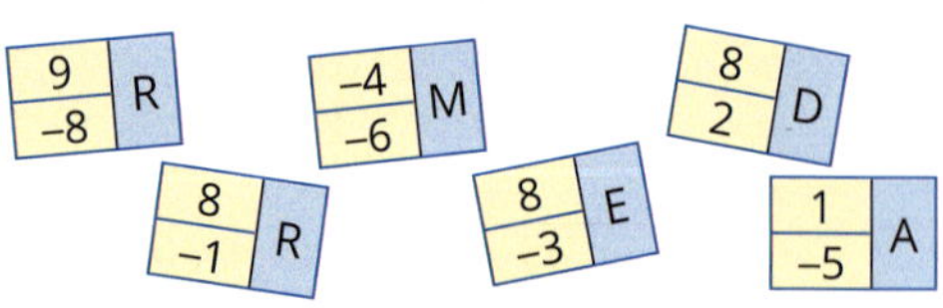

5. Gib für die Gleichung $x^2 + 4x + q = 0$ ein q so an, dass die Gleichung
a) eine Lösung; **b)** zwei Lösungen; **c)** keine Lösung hat.

6. Gib für die Gleichung $x^2 + px + 9 = 0$ ein p so an, dass die Gleichung
a) eine Lösung; **b)** zwei Lösungen; **c)** keine Lösung hat.

7. Luca hat Fehler gemacht. Finde sie und berichtige sie im Heft.

a)	b)	c)
$x^2 - 7x + 12 = 0$	$x^2 + 3x - 10 = 0$	$x^2 - 15x + 56 = 0$
$p = 7 \quad q = 12$	$p = -10 \quad q = 3$	$p = -15 \quad q = 56$
$x_{1/2} = -\frac{7}{2} \pm \sqrt{\left(\frac{7}{2}\right)^2 - 12}$	$x_{1/2} = \frac{10}{2} \pm \sqrt{\left(-\frac{10}{2}\right)^2 - 3}$	$x_{1/2} = -\frac{15}{2} \pm \sqrt{\left(-\frac{15}{2}\right)^2 - 56}$
$x_{1/2} = -\frac{7}{2} \pm \frac{1}{2}$	$x_{1/2} = 5 \pm \sqrt{22}$	$x_{1/2} = -7{,}5 \pm 0{,}5$
$x_1 = -3$	$x_1 \approx 9{,}7$	$x_1 = -8$
$x_2 = -4$ f	$x_2 \approx 0{,}3$ f	$x_2 = -7$ f

8. Berechne die Nullstellen nach der Überlegung der beiden Jugendlichen mit einer Gleichung.

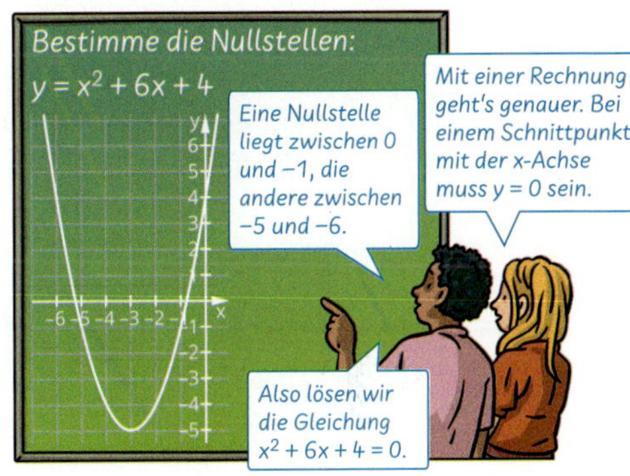

9. Berechne die Nullstellen. Die Graphen können eine, zwei oder keine Nullstelle haben.

a) $y = x^2 + 4x - 3$ **b)** $y = x^2 + 12x + 38$
c) $f(x) = x^2 - 10x + 15$ **d)** $f(x) = x^2 + 8x + 11$
⁺e) $y = x^2 - 8x + 16$ **⁺f)** $y = x^2 - 16x + 65$
⁺g) $f(x) = x^2 + 5x + 6$ **⁺h)** $f(x) = x^2 - 5x + 4$

10. Bringe zuerst in die Normalform $x^2 + px + q = 0$ und löse dann die Gleichung.

a) $2x^2 + 8x - 42 = 0$ **b)** $3x^2 - 18x + 15 = 0$ **c)** $4x^2 - 16x - 48 = 0$ **d)** $5x^2 + 10x - 120 = 0$
e) $3x^2 - 9x - 54 = 0$ **f)** $3x^2 + 6x - 72 = 0$ **g)** $2x^2 - 2x - 84 = 0$ **h)** $3x^2 + 6x - 24 = 0$

11. Bringe in die Normalform und löse mit der pq-Formel. Die Lösungen hängen an der Leine. Eine Lösung kann auch für zwei Gleichungen gelten. Es sind mehr Lösungen als Gleichungen.

a) $-2x^2 + 22x + 60 = 108$ **b)** $10x^2 + 17x - 10 = 10$ **c)** $3x^2 + 15x - 200 = 52$
d) $-4x^2 + 8x + 100 = -92$ **e)** $2x^2 - 4x + 4 = 100$ **f)** $3x^2 - 3x - 63 = 63$

12. Berechne die Lösungen der Gleichung möglichst geschickt.

a) $2x^2 - x = 0$ **b)** $3x^2 - 27 = 0$ **c)** $8x + 16 = -x^2$ **d)** $16 = 2x^2 + 4x$
e) $(x + 2)(x - 3) = 0$ **f)** $-x^2 = 7x$ **g)** $x^2 + 49 = 14x$ **h)** $5x(x - 3) = 500 - 15x$

13. Löse die Klammern auf und vereinfache, dann löse mit der pq-Formel. In der Reihenfolge der Aufgaben erhältst du den Namen einer Stadt.

a) $x(4x + 7) + 20 = x(3x - 2)$ **b)** $x(x - 3) = 2x(x - 1) - 2$
c) $5x(x - 1) - 6 = x(3x - 1) + 120$ **d)** $x(10 + 8x) = 3(-2x) + 24$
e) $2x(3x - 2) - 7 = x(x + 6) + 233$ **f)** $x(2x - 1) - 6 = x(9x - 1) - 258$
g) $3x(2x - 1) - 7 = x(5x + 9) + 57$ **h)** $x(4x + 3) + 1 = x(x + 6) + 127$

Lösen von Sachaufgaben mit quadratischen Gleichungen

1. In einem gleichschenkligen Dreieck ist die Höhe h 5 cm kürzer als die Basis x. Der Flächeninhalt beträgt 42 cm^2.

a) Übertrage die Zeichnung ins Heft und vervollständige sie.

b) Stelle eine Gleichung auf, die nur die Variable x beinhaltet, und löse sie.

Der Flächeninhalt beträgt 42 cm^2:

42 =

c) Mache die Probe am Text.

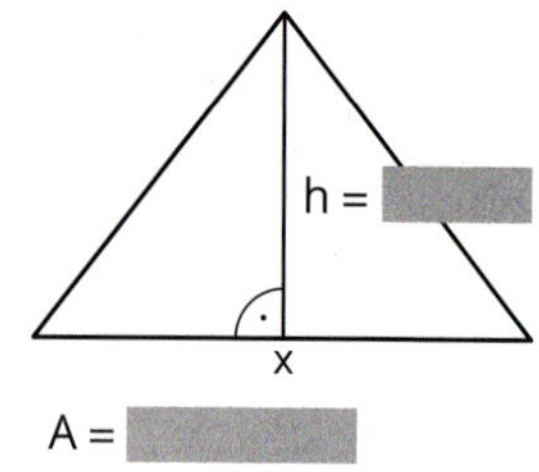

So kannst du Sachaufgaben mit einer quadratischen Gleichung lösen:

① Lies den Text gründlich durch und markiere wichtige Informationen.
② Überlege, welche Größe gesucht ist und nenne sie x.
③ Trage alle gegebenen Informationen in eine Skizze oder Tabelle ein.
④ Stelle eine Gleichung auf, löse sie und formuliere einen passenden Antwortsatz.
⑤ Mache eine Probe am Text.

① **Text:** Auf einem Backblech sind Muffins in rechteckiger Form angeordnet. Waagerecht sind es 8 Stück mehr als senkrecht. Insgesamt sind es 84 Muffins. Wie viele Stücke sind senkrecht angeordnet?

② **gesucht:**
Anzahl senkrecht angeordnete Muffins (x)

③ **Skizze:**

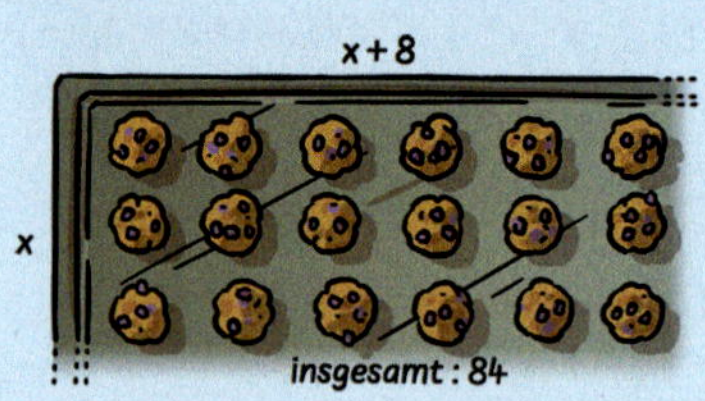

④ **Gleichung aufstellen und lösen:**

$x \cdot (x + 8) = 84$

$x^2 + 8x - 84 = 0$

$p = 8, q = -84;$

$x_{1/2} = -\frac{8}{2} \pm \sqrt{16 + 84};$

$x_1 = 6, x_2 = -14$

Antwort: Senkrecht sind 6 Stücke angeordnet (eine Anzahl Muffins kann nicht negativ sein).

⑤ **Probe am Text:** Senkrecht sind es 6 Muffins, waagerecht also $6 + 8 = 14$.
$6 \cdot 14 = 84$, also ist die Lösung richtig.

2. Ich denke mir eine Zahl und multipliziere sie mit der um 6 kleineren Zahl. Das Produkt ist 216.

3. a) Das Quadrat einer Zahl vermehrt um ihr Fünffaches beträgt 93,75.

b) Von zwei Zahlen ist eine um 9 größer als die andere. Ihr Produkt ist 1 170.

4. a) Verkleinert man eine Zahl um 3 und multipliziert dann mit der um 3 vergrößerten Zahl, so erhält man 40.

b) Addiere zu einer Zahl 12 und multipliziere die Summe mit 8. Du erhältst das Vierfache vom Quadrat der Zahl.

5. Eine zweistellige Zahl unter 50 hat die Quersumme 13. Das Produkt der Ziffern ist 36.

6. Von der Spitze eines 45 m hohen Turmes wird eine Eisenkugel fallen gelassen. Die Höhe h (in m) der Kugel über dem Erdboden beträgt nach t Sekunden näherungsweise $h = 45 - 5\,t^2$.

a) Nach welcher Zeit schlägt die Kugel auf dem Boden auf?

b) Wie lange dauert der Fall einer Eisenkugel vom Eiffelturm (ca. 300 m hoch)?

7. Die vier Cowboys schießen senkrecht nach oben. Die Gleichung $h = a + 100\,t - 5\,t^2$ gibt näherungsweise an, welche Höhe h (in m) ihre Kugeln nach t Sekunden erreicht haben.

a ist hier die Abschusshöhe

a) Berechne auf 2 Stellen nach dem Komma, nach welcher Zeit die Kugel des größten Cowboys (a = 2 m) auf dem Erdboden aufschlägt.

b) Wann schlägt die Kugel des kleinsten Cowboys (a = 1,20 m) auf?

8. Berechne x. **a)** $A = 424\text{ cm}^2$ **b)** $A = 546\text{ cm}^2$ **c)** $A = 63\text{ cm}^2$ **d)** $A = 62{,}1\text{ cm}^2$

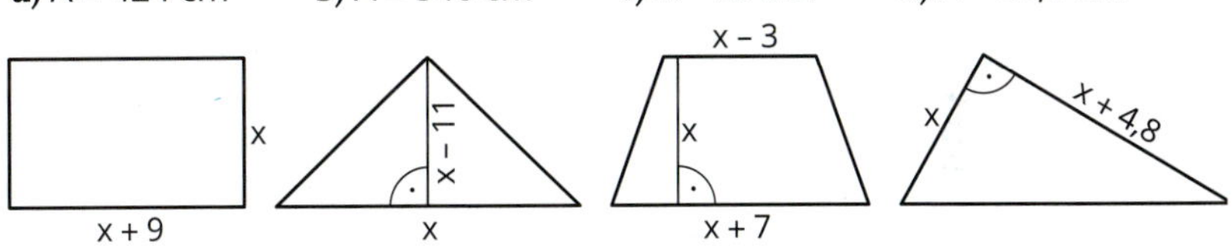

9. **a)** Die Seiten eines Rechtecks unterscheiden sich um 8 cm. Sein Flächeninhalt beträgt 240 cm^2.

⁺b) In einem Rechteck ist eine Seite 7 cm länger als die andere. Der Flächeninhalt ist 330 cm^2.

10. Der Umfang eines Rechtecks beträgt 52 cm, der Flächeninhalt 153 cm^2. Wie lang sind die Seiten?

11. In einem Rechteck sind die Seiten 16 cm und 19 cm lang. Verkürzt man alle Seiten um dieselbe Länge, so ist der Flächeninhalt um 96 cm^2 kleiner als der Flächeninhalt des ursprünglichen Rechtecks. Wie lang sind die Seiten des neuen Rechtecks?

12. Eine Rasenfläche ist 16 m lang und 12 m breit. In der Mitte wird ein rechteckiges Blumenbeet mit dem Flächeninhalt 32 m^2 so angelegt, dass der umlaufende Rasenstreifen überall gleich breit ist. Wie breit ist der Rasenstreifen?

13. In einem rechtwinkligen Dreieck ist die Hypotenuse 78 cm lang, der Umfang beträgt 180 cm. Wie lang sind die Katheten?

14. In einem Dreieck ist die Höhe 2 cm kürzer als die Grundseite. Verdoppelt man die Länge der Grundseite und verkürzt man die Höhe um 2 cm, so hat das neue Dreieck einen um 36 cm^2 größeren Flächeninhalt als das ursprüngliche Dreieck. Berechne Grundseite, Höhe und Flächeninhalt des ursprünglichen Dreiecks.

Vermischte Aufgaben

1. Löse, wenn möglich, im Kopf. Überprüfe mit dem Taschenrechner.

a) $x^2 - 400 = 0$ **b)** $x^2 - 1600 = 0$ **c)** $x^2 + 144 = 0$ **d)** $x^2 - 196 = 0$ **e)** $x^2 - 6400 = 0$
f) $x^2 - 0{,}64 = 0$ **g)** $x^2 + 0{,}04 = 0$ **h)** $x^2 - \frac{9}{24} = 0$ **i)** $x^2 - \frac{1}{121} = 0$ **j)** $x^2 - 0{,}0036 = 0$

2. Löse mit Hilfe der pq-Formel.

a) $x^2 + 8x + 15 = 0$ **b)** $x^2 + 6x + 5 = 0$ **c)** $x^2 + 14x + 48 = 0$
⁺**d)** $x^2 + 6x - 16 = 0$ ⁺**e)** $x^2 - 4x - 5 = 0$ ⁺**f)** $x^2 - 8x = 0$

3. **a)** Zeichne die Gerade mit der Gleichung $y = 2x + 3$ in ein Koordinatensystem. Zeichne dann die Normalparabel in das Koordinatensystem und lies die Schnittpunkte mit der Geraden ab.
b) Erkläre, warum man mit der rechts stehenden Gleichung die Schnittpunkte der Normalparabel $y = x^2$ mit der Geraden $y = 2x + 3$ berechnen kann. Löse die Gleichung und berechne die Schnittpunkte.

I $\quad y = x^2$
II $\quad y = 2x + 3$

I = II $\quad x^2 = 2x + 3 \quad | -2x - 3$
$x^2 - 2x - 3 = 0$

4. Bestimme die Schnittpunkte der Normalparabel $y = x^2$ und der Geraden mit folgender Gleichung. Wie heißen die zugehörige quadratische Gleichung und deren Lösung?

a) $y = 3x$ **b)** $y = x + 6$ **c)** $y = -2x - 1$ **d)** $y = 0{,}5x + 2{,}5$

5. Gib eine Gleichung an, deren Lösung man aus dem Bild ablesen kann. Achte dabei auf die Skalierung der Achsen. Notiere die quadratische Gleichung in der Form $x^2 + px + q = 0$.

a) **b)** **c)**

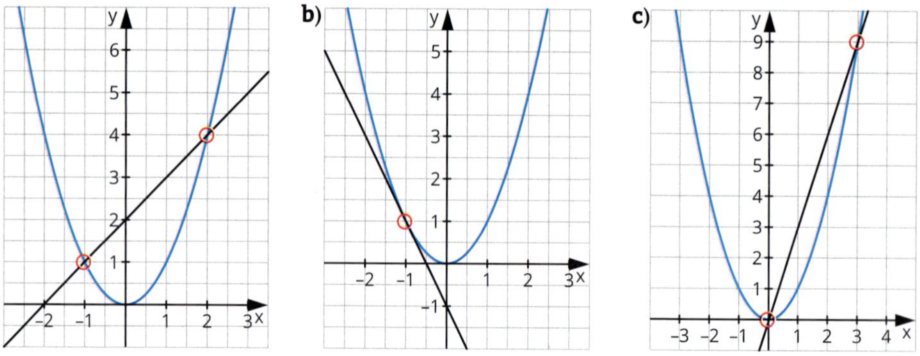

6. Eine Firma hat ein neues Trainingsgerät für Fitnessstudios entwickelt. Jetzt wird geplant, wie viele Geräte produziert werden sollen, um einen möglichst großen Gewinn zu erzielen. Die Funktion $y = -0{,}5x^2 + 6800x - 5000000$ beschreibt den Gewinn y in Euro bei einer Produktion von x Trainingsgeräten.

a) Erstelle eine Wertetabelle ($0 \le x \le 15000$, Schrittweite 1 000) und zeichne den Graphen auf Millimeterpapier.
b) Lies am Graphen ab:
① Wie hoch ist der Gewinn bei einer Produktion von 5 000 Trainingsgeräten?
② Wie viele Geräte müssen produziert werden, um einen Gewinn von 13 000 000 Euro zu erzielen?
③ Bei welcher Produktionsmenge ist der Gewinn am größten? Wie hoch ist er etwa?
④ Werden zu viele Geräte produziert, wird kein Gewinn erzielt, sondern die Firma macht Verlust. Woran kann das liegen? Ab welcher Produktionsmenge ist das etwa der Fall?

Parabeln im Sport

1. Beim Kugelstoßen ist die Flugbahn der Kugel eine Parabel. Christian behauptet, er habe einen Stoß geschafft, bei dem die Kugel auf einer Parabel mit der Gleichung $y = -0{,}03x^2 + x + 1{,}7$ fliegt.

a) Zeichne die Parabel mit Hilfe einer Wertetabelle. (x-Achse: Weite in m, 1 cm für 2,5 m; y-Achse: Höhe in m, 1 cm für 1 m)

b) Bestimme die ungefähre Stoßweite, indem du feststellst, für welches x die Höhe y = 0 ist.

c) Bestimme die genaue Stoßweite, indem du die quadratische Gleichung $-0{,}03x^2 + x + 1{,}7 = 0$ löst.

d) Wie beurteilst du Christians Behauptung?

2.

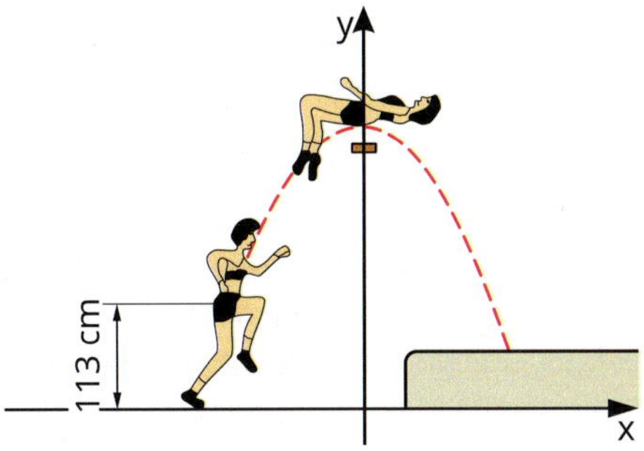

Beim Sprung einer Hochspringerin über 2,03 m bewegte sich der Körperschwerpunkt annähernd auf einer Parabel mit der Gleichung $y = -0{,}0117\,x^2 + 2{,}07$. Welche Höhe erreichte der Körperschwerpunkt?

3. Als Bob Beamon (USA) 1968 in der Höhenluft von Mexiko-City den Weltrekord im Weitsprung gleich um 55 cm verbesserte, sprach man von einem „Jahrhundertsprung“. Der Rekord hatte aber nur 23 Jahre Bestand.

a) Wie weit sprang Bob Beamon, wenn seine Sprungparabel näherungsweise durch die Funktion $y = -0{,}058x^2 + 0{,}384x + 1{,}18$ beschrieben wird?

b) Verändere den Faktor vor x^2 so, dass die Traummarke von 9 m erreicht wird.

4. Die Flugbahn des Balles ist eine Parabel.

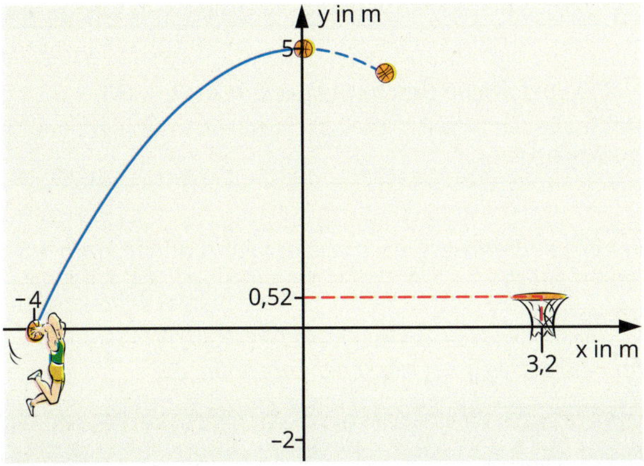

Trifft der Basketball den Korb? Links oder rechts fliegt er nicht vorbei. Erkläre die Hinweise und nutze sie:

① Die Flugparabel hat eine Gleichung der Form $y = ax^2 + b$.

② b kann abgelesen werden.

③ a kann man mit Hilfe des Abwurfpunkts (−4 | 0) berechnen.

Bremsweg

In der Rummelsburger Str. in Berlin-Lichtenberg hat ein Autofahrer fast ein kleines Mädchen angefahren. Obwohl das Mädchen mit dem Schrecken davonkam, wurde gegen den Autofahrer Anzeige erstattet.

Aufgabe: Nutzt die gegebenen Informationen über den Unfall und zur Berechnung des Bremsweges, um ein Gutachten zu erstellen. Begründet in eurem Gutachten, ob der Autofahrer eurer Meinung nach schuldig oder nicht schuldig ist.

① **Einzelarbeit:** Lies dir die Aufgabe genau durch und notiere alle Informationen aus dem Material, die dir wichtig erscheinen.

② **Partnerarbeit:** Tragt eure Informationen zusammen und trennt wichtige von unwichtigen Informationen. Gibt es Informationen die noch fehlen?

③ **Gruppenarbeit:** Vergleicht eure gesammelten Informationen und berechnet die Geschwindigkeit des Autos vor Betätigung des Bremspedals. Stellt zuerst aus der passenden Wortgleichung in den Informationen eine Formelgleichung auf. Nutzt folgende Variablen: s für den Bremsweg in m, v für die Geschwindigkeit in km/h.

④ **Gruppenarbeit:** Schreibt gemeinsam euer Gutachten. Trefft eine Entscheidung (schuldig/nicht schuldig) und begründet diese.

Der Weg, den ein Fahrzeug ab Betätigung des Bremspedals bis zum Stillstand zurücklegt, heißt Bremsweg. In der Fahrschule lernt man folgende Faustformel zur **Berechnung des einfachen Bremsweges:**

Normaler Bremsweg in m
≈ (gefahrene Geschwindigkeit in km/h ÷ 10) x (gefahrene Geschwindigkeit in km/h ÷ 10)

Die tatsächliche Wegstrecke bis zum Stillstand des Fahrzeug ist aber noch von vielen anderen Faktoren abhängig, zum Beispiel von der Fahrbahnbeschaffenheit (trocken oder nass).
Bei **Gefahrenbremsung** (Vollbremsung, das Bremspedal wird bis zum Anschlag durchgetreten) halbiert sich der einfache Bremsweg:

Bremsweg in m bei Gefahrenbremsung
≈ [(gefahrene Geschwindigkeit in km/h ÷ 10) x (gefahrene Geschwindigkeit in km/h ÷ 10)] ÷ 2

Bei **nasser Fahrbahn** verlängert sich der Bremsweg:

Bremsweg in m bei nasser Fahrbahn
≈ [(Bremsweg bei trockener Fahrbahn in km/h) + (Bremsweg bei trockener Fahrbahn in km/h ÷ 3)]

Bei **Schneefall** verdoppelt sich der Bremsweg:

Bremsweg in m bei verschneiter Fahrbahn ≈ (Bremsweg bei trockener Fahrbahn x 2)

Vorgangs-Nr: 76284/3094
Strafanzeige

Spurensicherung:

☒ hat stattgefunden
☐ hat nicht stattgefunden

Tatort: Rummelsburger Str.
AG-Bezirk: Berlin-Lichtenberg
Datum, Tatzeit: 11.09., 20:10 Uhr
Strafbare Handlung: Gefährdung einer Person durch Auto

Beschreibung des Vorfalls:
Am Freitag, den 11.09., gegen 20:30 Uhr, wurde der hiesigen Dienststelle mitgeteilt, dass ein Autofahrer in der Rummelsburger Str. fast ein Mädchen überfahren hätte.

Objektiver Tatbefund:
Der Ort des Unfalls ist eine gerade, gut zu überblickende Straße. Bei unserem Eintreffen stand das Auto noch an seiner Bremsposition (siehe Unfallskizze). Das Mädchen saß auf dem Bürgersteig, wirkte unverletzt und stand sichtlich unter Schock.
Offensichtlich hatte der Autofahrer stark gebremst. Bei der Spurensicherung wurde eine Bremsspur der Länge 22,25 m gemessen. Am Auto selbst wurden keinerlei Schäden festgestellt.
Zur Tatzeit hatte bereits die Dämmerung bei trockenem Wetter (Temperatur 20°C) eingesetzt. Die Fahrbahn der Rummelsburger Straße befindet sich in einem sehr guten Zustand.

Unfallskizze:

Subjektiver Tatbefund:
Hierbei kann sich im Wesentlichen auf die Aussagen des Mädchens sowie des Autofahrers bezogen werden, die bereits schriftlich vernommen wurden.

Das Mädchen schilderte, wie ihr beim Ballspielen der Ball auf die Straße rollte. Als sie hinterherlief, um den Ball zu holen, kam mit viel zu hoher Geschwindigkeit ein Auto angefahren, machte eine Vollbremsung und kam nur sehr knapp vor ihr zum Stehen.

Der Autofahrer beschrieb, wie er mit normaler Geschwindigkeit die Straße entlang fuhr, als plötzlich ein Ball auf die Straße rollte und ein Mädchen hinterherlief. Sofort machte er eine Vollbremsung, so dass er noch vor dem Mädchen zum Stehen kam.

Quadratische Funktionen und Gleichungen in der Stadt

Bearbeitet alle Aufgaben in Partnerarbeit.

1. Die Wasserdüsen des Springbrunnens sind 25 cm über der Wasserfläche angebracht. Die Flugbahn des Wassers wird durch die Gleichung $f(x) = -\frac{1}{4}x^2 + 2x + \frac{1}{4}$ beschrieben:
Der Entfernung x (m) von der Düse wird die Höhe y (m) des Strahls zugeordnet.

a) Fertigt eine Skizze an und bemaßt sie.

b) In welcher Entfernung von der Düse trifft der Strahl auf die Wasserfläche?
Welche Bedeutung hat die 2. Lösung?

2. Der Berliner Bogen ist ein preisgekröntes Bürogebäude in Hamburg, das 2001 von den Architekten Bothe, Richter und Teherani fertiggestellt wurde. Es handelt sich dabei um eine eindrucksvolle Konstruktion aus Glas und Stahl, bei der besonders das bogenförmige Dach auffällt.

a) Die Vorderseite des Hauses ist 36 m hoch und am Boden 70 m breit und hat die Form einer Parabel. Skizziert die Parabel in einem Koordinatensystem, bei dem die x-Achse auf dem Boden verläuft. Bestimmt die Funktionsgleichung der Parabel.

b) In 12,70 m Höhe befindet sich eine Zwischendecke. Berechnet ihre Breite.

3. Das Bild unten zeigt das Rathaus von Leipzig (erbaut 1556).

Der Turm teilt das Gebäude nach dem Goldenen Schnitt. An welcher Stelle befindet sich der Turm?

Eine Strecke ist im Verhältnis des *Goldenen Schnittes* geteilt, wenn das Verhältnis der Gesamtstrecke zum größeren Teil gleich dem Verhältnis des größeren Teils zum kleineren Teil ist.

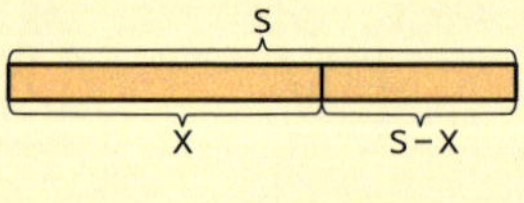

$$\frac{s}{x} = \frac{x}{s-x}$$

Seit der Zeit der Griechen und Römer und besonders in der Renaissance wurde dieses Längenverhältnis bei der Gestaltung von Gebäuden und Kunstwerken als Ausdruck idealer Schönheit angewandt.

Der Graph der Funktion $\mathbf{y = x^2}$ heißt **Normalparabel**.

Die Funktion $\mathbf{y = ax^2 + c}$, $a \neq 0$, hat als Graph eine Parabel mit dem Scheitelpunkt $(0|c)$.

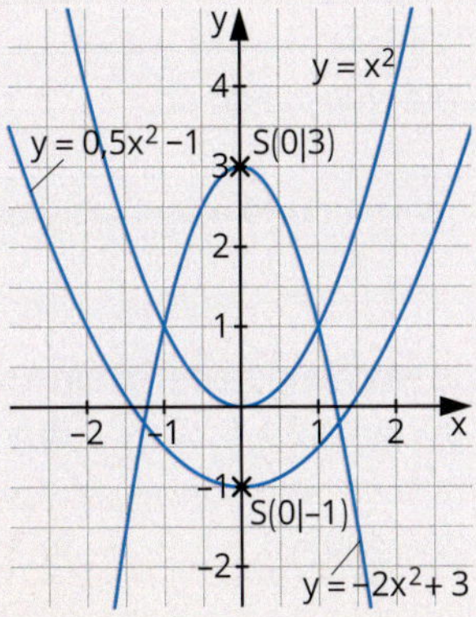

a < 0		a > 0	
nach unten geöffnet		nach oben geöffnet	
a < −1	−1 < a < 0	0 < a < 1	a > 1
gestreckt (enger)	gestaucht (weiter)	gestaucht (weiter)	gestreckt (enger)

1. Gib die Koordinaten des Scheitelpunkts an. Schreibe auf, ob die Parabel gestreckt oder gestaucht ist und ob die Parabel nach oben oder nach unten geöffnet ist.

a) $y = 4x^2$ **b)** $y = 0{,}2x^2 + 3$
c) $y = 4x^2 + 1$ **d)** $y = 0{,}5x^2$
e) $y = -2x^2 + 0{,}5$ **f)** $y = \frac{1}{4}x^2 - 5$

2. Lege eine Wertetabelle an, zeichne den Graphen und lies die Nullstellen ab.

a) $y = -2x^2$ **b)** $y = 0{,}5x^2 + 4$ **c)** $y = 3x^2 - 5$

3. Prüfe durch Rechnung, ob der Punkt auf dem Graphen der Funktion $y = 2x^2 - 15$ liegt.

a) $A(3|3)$ **b)** $B(-2|-4)$ **c)** $C(4|17)$ **d)** $D(0|15)$

Die Funktionsgleichung $\mathbf{y = (x - d)^2 + e}$ heißt **Scheitelpunktform**.

Ihr Graph ist eine verschobene Normalparabel mit dem **Scheitelpunkt S(d|e)**.

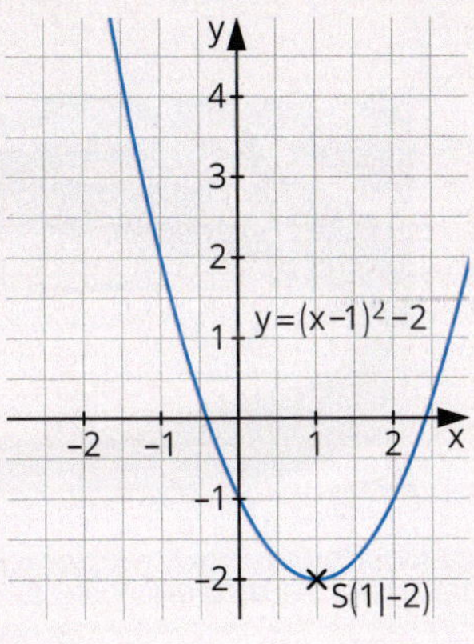

4. Gib die Koordinaten des Scheitelpunkts an und zeichne den Graphen.

a) $y = (x + 4)^2 - 1$ **b)** $y = (x - 3)^2 + 4$
c) $y = x^2 - 5$ **d)** $y = (x - 1)^2$

5. Gegeben ist der Scheitelpunkt einer verschobenen Normalparabel. Gib die Funktionsgleichung in der Scheitelpunktform an.

a) $S(-5|7)$ **b)** $S(6|9)$ **c)** $S(-8|-1)$
d) $S(1{,}5|2{,}5)$ **e)** $S(0{,}5|-11)$ **f)** $S(-1{,}3|-4)$

Eine quadratische Gleichung in der **Normalform $\mathbf{x^2 + px + q = 0}$** hat folgende **Lösungsformel**:

$$x_{1/2} = -\frac{p}{2} \pm \sqrt{\left(\frac{p}{2}\right)^2 - q}$$

Sie kann keine, eine oder zwei Lösungen haben.

$x^2 - 4x - 60 = 0$ $\qquad p = -4,\ q = -60$

$x_{1,2} = -\frac{-4}{2} \pm \sqrt{\left(\frac{-4}{2}\right)^2 - (-60)}$

$x_{1,2} = 2 \pm \sqrt{64}$

$x_{1,2} = 2 \pm 8$

Lösungen: $x_1 = -6$, $x_2 = 10$

6. Löse mit Hilfe der Lösungsformel.

a) $x^2 + 4x - 21 = 0$ **b)** $x^2 + 6x - 7 = 0$
c) $x^2 + 8x + 7 = 0$ **d)** $x^2 - 4x - 140 = 0$

7. Der Deckel eines Mathematikbuchs ist 7 cm länger als breit. Insgesamt hat der Deckel einen Flächeninhalt von 494 cm². Wie breit und wie lang ist der Deckel?

8. Löse die Gleichung. Runde ggf. auf 2 Stellen nach dem Komma.

a) $3x^2 + 12x + 9 = 0$ **b)** $-3x^2 + 18x - 12 = 0$
c) $x^2 = 7x$ **d)** $x^2 + 5x = 5x + 16$

Alles klar?

1. Liegt der Punkt auf der Normalparabel? **a)** A(4,5|22) **b)** B(2,3|5,29)

2. Zeichne den Graphen der Funktion $y = x^2 - 4$ und lies die Nullstellen ab.

3. Eine Parabel mit der Gleichung $y = ax^2$ ist nach oben geöffnet und enger als die Normalparabel. Was kannst du über die Zahl a sagen?

4. Gib den Scheitelpunkt an und zeichne die verschobene Normalparabel in ein Koordinatensystem.
a) $y = (x + 3)^2 - 3$ **b)** $y = (x - 1)^2 + 2$ **c)** $y = (x - 4)^2 - 6$ **d)** $y = (x + 2)^2 + 1$

5. Löse die Gleichung. **a)** $x^2 - 64 = 0$ **b)** $x^2 - 400 = 0$ **c)** $x^2 - 0{,}09 = 0$

6. Löse mit Hilfe der Lösungsformel. **a)** $x^2 + 12x + 11 = 0$ **b)** $x^2 - 4x - 12 = 0$

7. Ich denke mir eine Zahl und multipliziere sie mit der um 3 größeren Zahl. Das Produkt ist 180. Berechne die gedachte Zahl mit Hilfe einer quadratischen Gleichung.

8. Forme die Funktionsgleichung in die Scheitelpunktform um, gib den Scheitelpunkt an und zeichne den Graphen der Funktion.
a) $f(x) = x^2 - 4x + 5$ **b)** $f(x) = x^2 + 6x + 4$ **c)** $f(x) = x^2 - 5x + 0{,}25$ **d)** $f(x) = x^2 - 8x + 16$

9. Das Dach der Kölnarena wird von einem Stahlbogen getragen, der die Form einer Parabel hat. Der Bogen ist über dem Erdboden an der höchsten Stelle 73 m hoch und hat eine Spannweite von 180 m.
a) Skizziere die Parabel im Koordinatensystem und trage die gegebenen Maße ein.
b) Bestimme die Funktionsgleichung der Parabel.

10. Gib die Lösungen der Gleichung an, ohne die Lösungsformel zu nutzen.
a) $x^2 + 7x = 0$ **b)** $x^2 - 6x = 0$ **c)** $x^2 = 8x$ **d)** $2x = x^2$

11. Löse die quadratische Gleichung. **a)** $2x^2 + 16x + 8 = -24$ **b)** $4(x + 2)^2 - 9 = 0$

12. Löse mit Hilfe einer Gleichung: Das Produkt zweier aufeinander folgender Zahlen ist um 305 größer als ihre Summe.

13. Mit einer Pistole wird senkrecht nach oben geschossen. Die Höhe h der Kugel (in m) nach einer Zeit t (in s) wird annähernd mit der Formel $h = 120t - 5t^2$ berechnet. Diese Formel gilt aber nur für die ersten 10 Flugsekunden. Nach wie vielen Sekunden erreicht die Kugel eine Höhe von 540 m?

14. Bestimme den Scheitelpunkt und beschreibe die Form der Parabel ohne Zeichnung.
a) $f(x) = 3(x - 5)^2 - 7$ **b)** $f(x) = 0{,}5(x + 2)^2 - 8$ **c)** $f(x) = -2(x - 4)^2 - 5$

15. In einem rechtwinkligen Dreieck ist die Hypotenuse 29 cm lang, der Umfang beträgt 70 cm. Wie lang sind die Katheten?

3 Trigonometrie

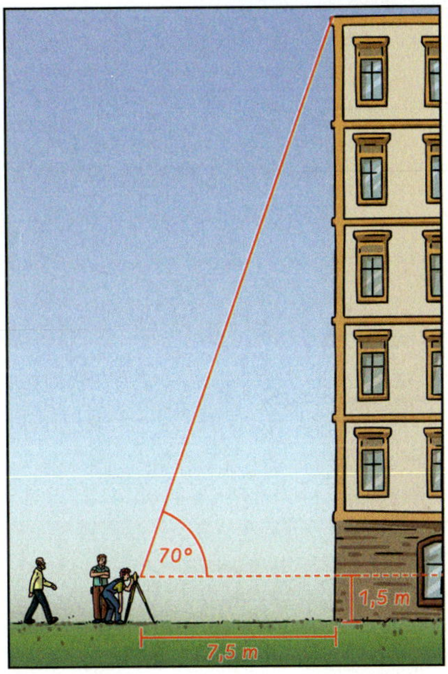

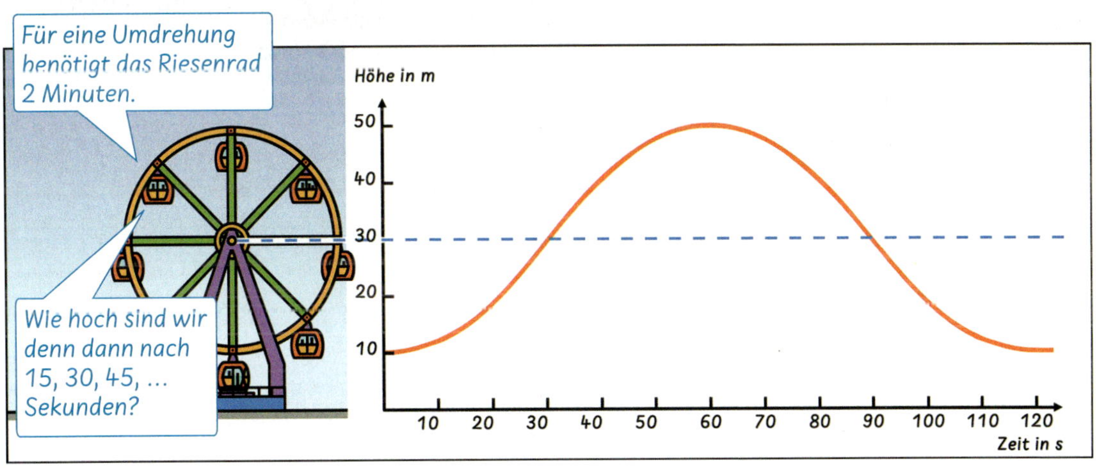

In diesem Kapitel lernst du, …

… was Sinus, Kosinus und Tangens sind und was sie in einem rechtwinkligen Dreieck angeben,

… wie du mit Sinus, Kosinus und Tangens in einem rechtwinkligen Dreieck Seiten und Winkel berechnest,

… wie du in beliebigen Dreiecken mit dem Sinussatz und dem Kosinussatz Strecken und Winkel berechnen kannst,

… was ein periodischer Vorgang und eine periodische Funktion sind.

Löse die folgenden Aufgaben und schätze dich ein.

1. Berechne alle Winkel.

a)

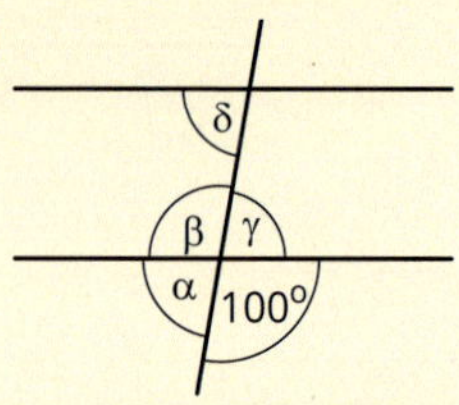

b)

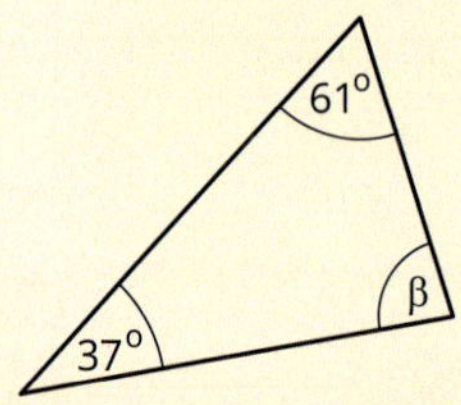

Ich kann Winkel an sich schneidenden Geraden und in Dreiecken berechnen.

Das kann ich gut. | Ich bin noch unsicher.

→ S. 204, A 1–2

2. Konstruiere das Dreieck mit den gegebenen Größen.

a) $c = 6$ cm; $\alpha = 40°$; $\beta = 55°$

b) $a = 5{,}2$ cm; $\alpha = 50°$; $\beta = 62°$

Ich kann Dreiecke konstruieren.

Das kann ich gut. | Ich bin noch unsicher.

→ S. 203, A 1–3

3. Übertrage das rechtwinklige Dreieck in dein Heft und beschrifte es vollständig. Kennzeichne die Hypotenuse rot und die Katheten blau.

a)

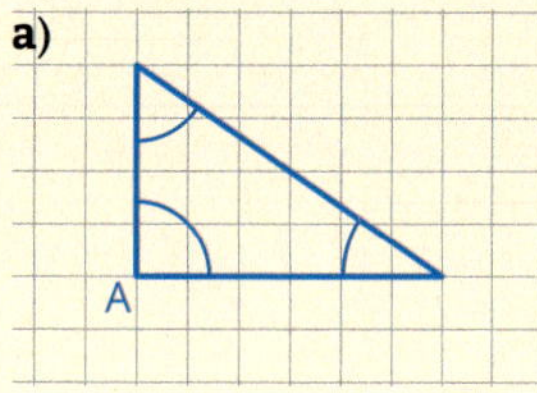

b)

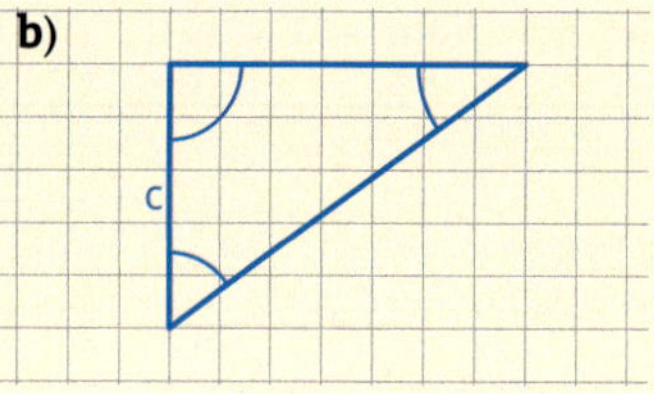

Ich kann ein Dreieck korrekt beschriften und kenne im rechtwinkligen Dreieck die Katheten und die Hypotenuse.

Das kann ich gut. | Ich bin noch unsicher.

→ S. 204, A 3
→ S. 209, A 1–2

4. Berechne die Länge der Seite x mit dem Satz des Pythagoras.

a)

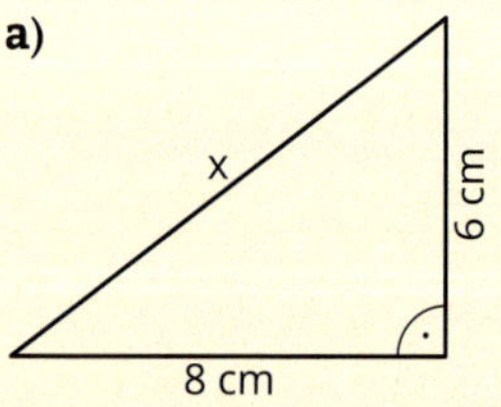

b)

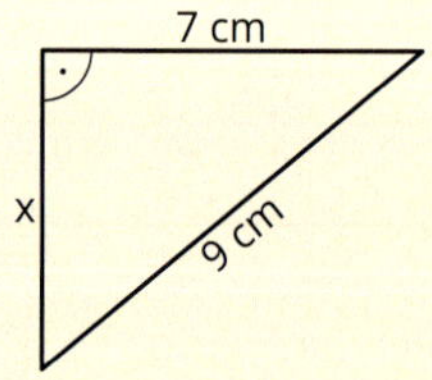

Ich kann den Satz des Pythagoras anwenden.

Das kann ich gut. | Ich bin noch unsicher.

→ S. 209, A 1–2

5. Berechne x.

a) $\frac{x}{9} = \frac{2}{3}$ **b)** $\frac{5}{4} = \frac{x}{6}$ **c)** $\frac{2}{5} = \frac{7}{x}$

Ich kann Verhältnisgleichungen lösen.

Das kann ich gut. | Ich bin noch unsicher.

→ S. 202, A 3

Winkel im Einheitskreis

Die Winkelfunktion Sinus (sin)

Bearbeitet die folgenden Aufgaben bzw. Fragen zusammen mit einer Mitschülerin oder einem Mitschüler.
Wenn ihr fertig seid, setzt euch bitte mit einem anderen „Paar" zu einer Gruppe zusammen, erklärt euch gegenseitig eure Ergebnisse und erstellt ein Lernplakat mit der Überschrift dieser Seite.

Das ist ein **Einheitskreis** im Koordinatensystem.

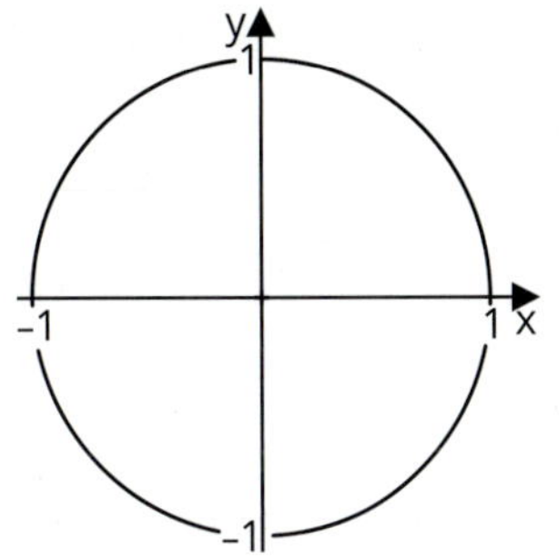

1. a) Welche Bedingungen muss ein Kreis in einem Koordinatensystem erfüllen, damit er als Einheitskreis bezeichnet werden kann?

b) Klebt zwei DIN-A4-Blätter an den längeren Seiten zusammen, zeichnet ein Koordinatensystem mit der Einheit 1 dm und den zugehörigen Einheitskreis darauf.

Das ist der Winkel $\alpha = 20°$, gezeichnet in den Einheitskreis.

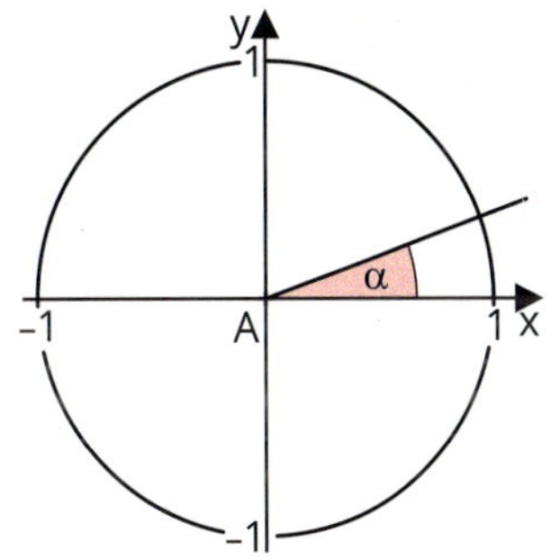

2. Wie zeichnet man einen Winkel α in einen Einheitskreis? Beschreibt das Vorgehen und übertragt die Winkel in euren Einheitskreis:
$\alpha = 53°$; $\beta = 135°$; $\gamma = 209°$.

3. Man kann auch den Winkel $\delta = -74°$ in den Einheitskreis zeichnen. Beschreibt, wie ihr den Winkel δ zeichnet.

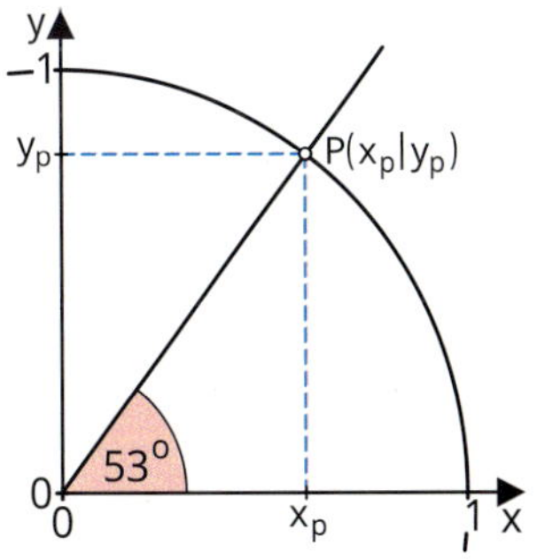

4. Sinus ist eine Winkelfunktion. Sie ordnet jedem Winkel α eine Zahl sin α zu, die zwischen −1 und 1 liegt. Man kann z. B. am Taschenrechner ablesen:
$\sin 53° = 0{,}798635...$
Übertragt die nebenstehende Abbildung in euren Einheitskreis aus Aufgabe 1b und findet heraus, wo und wie man in der Zeichnung den Wert sin α ablesen kann.

5. Überprüft eure Vermutung aus Aufgabe 4 an den Winkeln $\beta = 135°$; $\gamma = 209°$ und $\delta = -74°$ aus den Aufgaben 2 und 3.
Dann setzt euch wie oben beschrieben in Vierergruppen zusammen.

Die Winkelfunktionen Kosinus (cos) und Tangens (tan)

Neben Sinus gibt es auch die Winkelfunktionen Kosinus (cos) und Tangens (tan). Auch ihre Bedeutung kann man am Einheitskreis erklären.
Arbeitet in Vierergruppen zusammen, um das „Geheimnis der Winkelfunktionen" zu lüften.

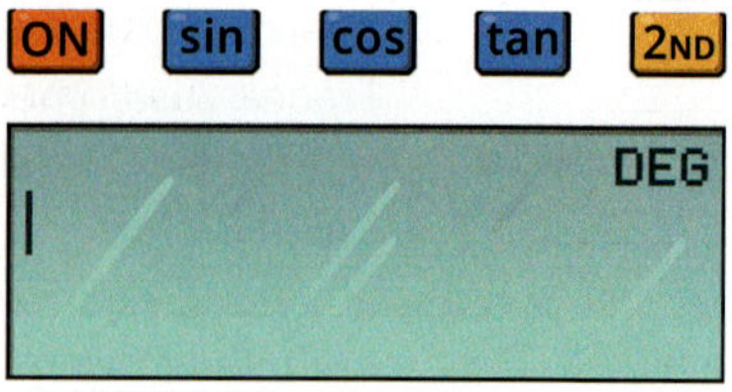

Eine Tangente ist eine Gerade, die einen Kreis in genau einem Punkt berührt.

6. Abgebildet sind ein Teil des Einheitskreises und eine **Tangente t** an diesen Kreis durch x = 1. Eingezeichnet ist außerdem der Winkel $\alpha = 53°$, dessen zweiter Schenkel den Kreis im Punkt $P(x_P | y_P)$ und die Tangente im Punkt $T(1 | y_T)$ trifft.
Auf der vorigen Seite habt ihr herausgefunden: $y_P = \sin 53°$.
Wo und wie kann man in der Zeichnung cos 53° und tan 53° ablesen?
Nutzt zur Überprüfung euren Taschenrechner.

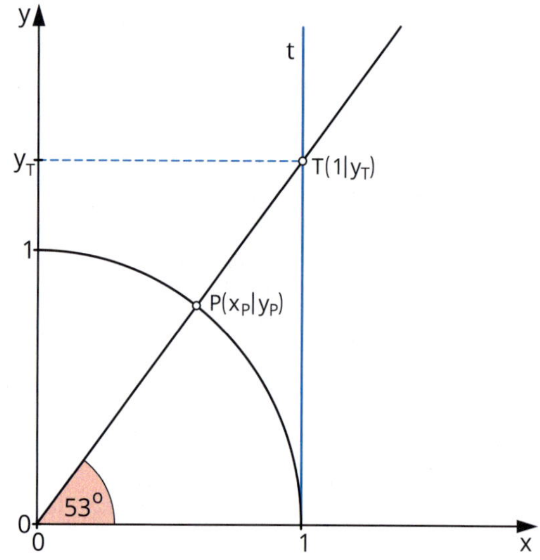

7. Überprüft eure Vermutung aus Aufgabe 6 an den Winkeln $\beta = 135°$; $\gamma = 209°$ und $\delta = -74°$. Um den Tangens eines Winkels zu bestimmen, müsst ihr die Tangente t und oft auch den zweiten Schenkel des Winkels zu einer Geraden verlängern.

Gegeben ist ein **Einheitskreis** im Koordinatensystem mit seiner Tangente t durch x = 1.
Zeichnet man einen Winkel α in den Einheitskreis, dann schneidet sein zweiter Schenkel den Kreis im Punkt **P(cos α | sin α)** und die Tangente t im Punkt **T(1 | tan α)**.

Achtung:
Bei α = 90° und α = 270° verläuft der zweite Schenkel parallel zur Tangente und schneidet sie nicht. Deshalb gibt es die Werte für tan 90° und tan 270° nicht.

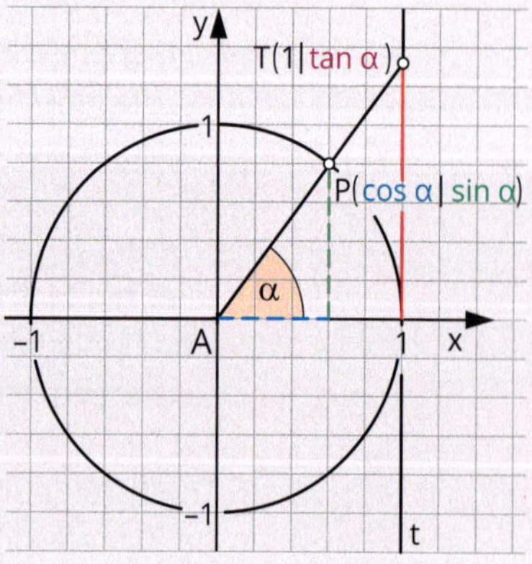

Sinus, Kosinus und Tangens im rechtwinkligen Dreieck

Bearbeitet alle Aufgaben in Partnerarbeit.

1. Der Inhaber einer Skihalle schafft ein 500 m langes Förderband an. Der Hersteller empfiehlt als maximalen Neigungswinkel $\alpha = 15°$. Welcher Höhenunterschied lässt sich mit dem Förderband überwinden?

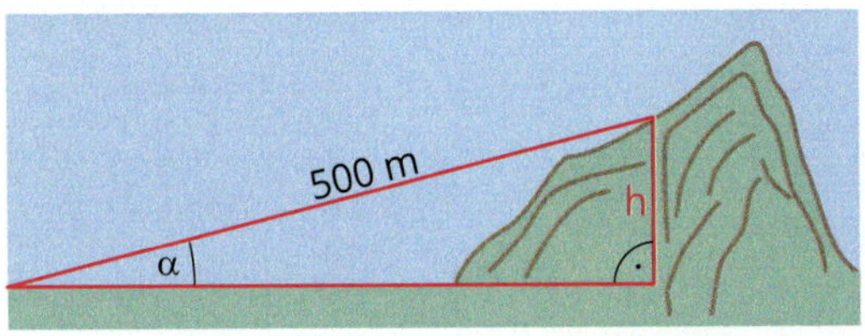

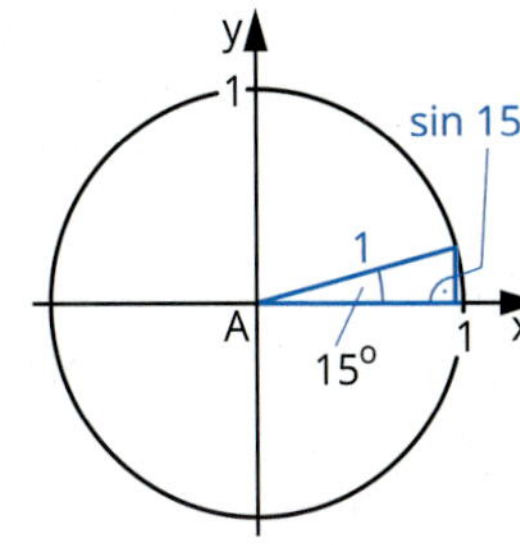

a) Begründet die Aussagen von Nico und Milla.

b) Löst die Gleichung von Nico und Milla nach h auf und berechnet so den Höhenunterschied, den das Förderband überwinden kann.

2. Untersucht verschiedene rechtwinklige Dreiecke ($\alpha = 15°$, $\beta = 90°$) mit einer DGS und notiert die gemessenen Seiten und ihre Verhältnisse in einer Tabelle.

a) Konstruiert mit einer DGS oder auf Papier vier weitere ähnliche Dreiecke ($\alpha = 15°$, $\beta = 90°$).

b) Messt für jedes Dreieck die Seiten a, b und c. Notiert die Werte in einer Tabelle.

c) Berechnet dann die Verhältnisse $\frac{a}{b}$, $\frac{c}{b}$ und $\frac{a}{c}$. Rundet auf zwei Stellen hinter dem Komma.

d) Was fällt auf? Formuliert eure Beobachtungen mit eigenen Worten.

e) Sortiert die Textbausteine so, dass sie einen sinnvollen Merksatz ergeben.

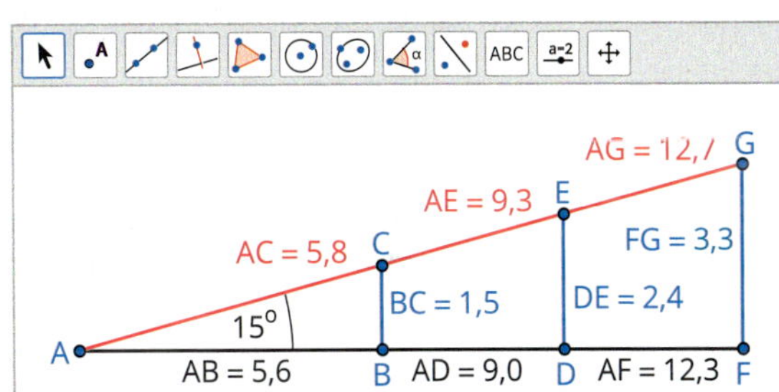

α	a	b	c	$\frac{a}{b}$	$\frac{c}{b}$	$\frac{a}{c}$
15°	1,5	5,8	5,6	0,26	0,97	0,27
15°	2,4	9,3	9			
15°						

Ⓐ ... sind sie zueinander ähnlich.

Ⓑ Wenn rechtwinklige Dreiecke in einem spitzen Winkel übereinstimmen, ...

Ⓒ Dann sind die entsprechenden Seitenverhältnisse auch gleichgroß ...

Ⓓ ... und nur von dem bekannten spitzen Winkel abhängig.

In einem rechtwinkligen Dreieck gilt:

$\sin\alpha = \frac{\text{Gegenkathete von }\alpha}{\text{Hypotenuse}}$; $\sin\alpha = \frac{a}{c}$ *(„Sinus von α")*

$\cos\alpha = \frac{\text{Ankathete von }\alpha}{\text{Hypotenuse}}$; $\cos\alpha = \frac{b}{c}$ *(„Kosinus von α")*

$\tan\alpha = \frac{\text{Gegenkathete von }\alpha}{\text{Ankathete von }\alpha}$; $\tan\alpha = \frac{a}{b}$ *(„Tangens von α")*

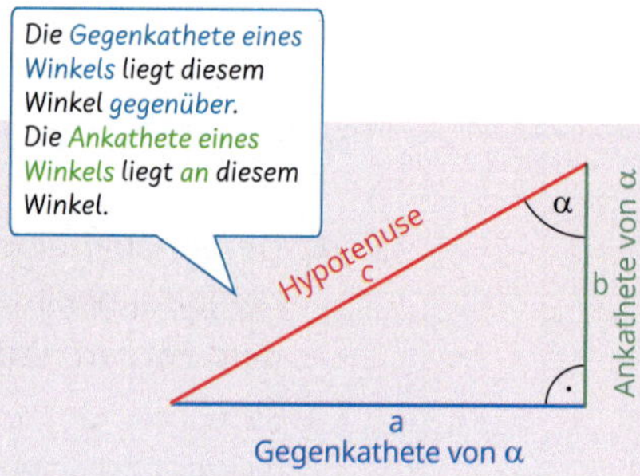

Bestimme sin α, cos α und tan α.

① *Kennzeichne zunächst die Hypotenuse, Gegenkathete und Ankathete von α.*

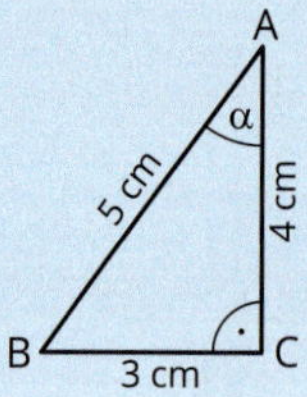

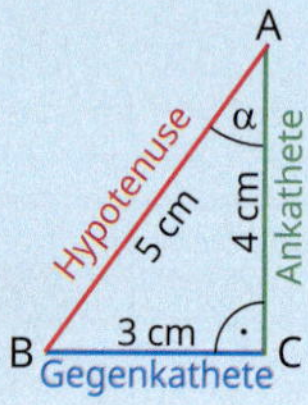

② *Bestimme dann die entsprechenden Seitenverhältnisse.*

$\sin\alpha = \frac{3}{5} = 0{,}6$

$\cos\alpha = \frac{4}{5} = 0{,}8$

$\tan\alpha = \frac{3}{4} = 0{,}75$

3. **a)** Welche Seite ist die Hypotenuse?
b) Benenne die Gegenkathete und die Ankathete von α.
c) Benenne die Gegenkathete und die Ankathete von β.

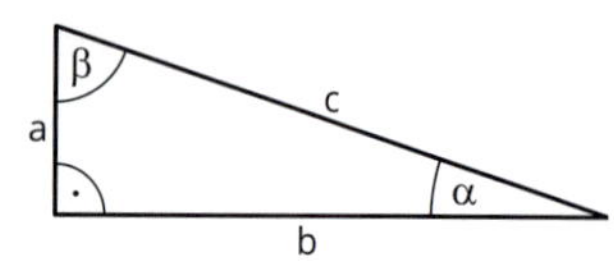

4. Gib das gesuchte Seitenverhältnis an.

a) sin α = ▒; cos β = ▒ **b)** tan α = ▒; sin β = ▒ **c)** cos α = ▒; tan β = ▒

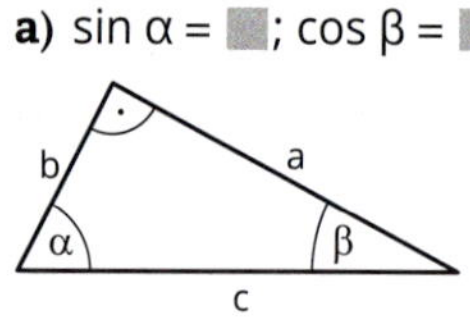

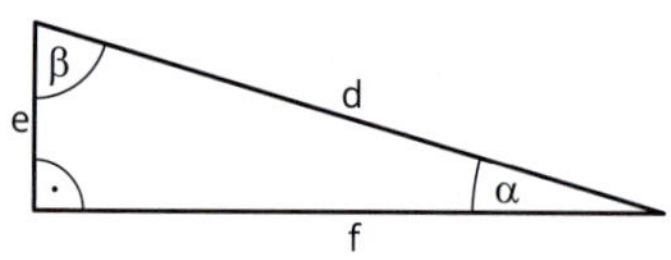

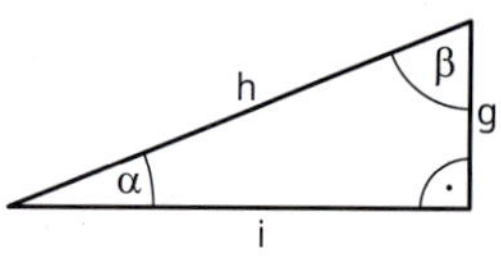

5. Gib die Seitenverhältnisse sin α, cos α und tan α als Bruch an.

a)
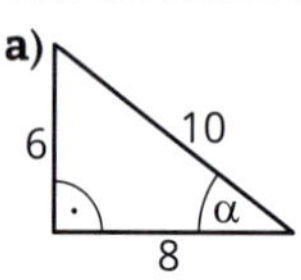

b)
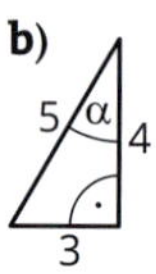

c)
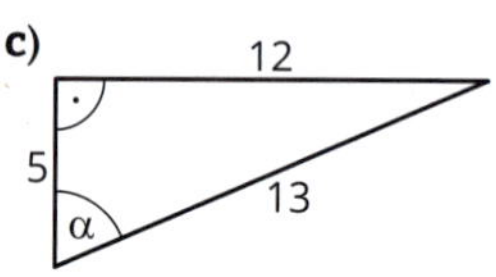

d)
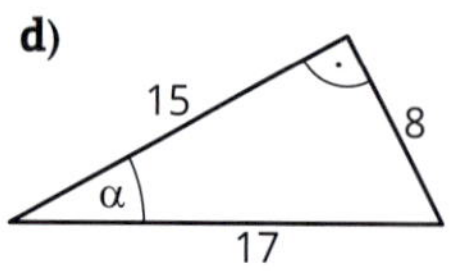

6. Bestimme mit dem Taschenrechner das genannte Seitenverhältnis zu den gegebenen Winkeln. Runde auf vier Stellen hinter dem Komma.
a) Sinus (sin): 65°; 30°; 45°; 90°; 7°
b) Kosinus (cos): 85°; 30°; 25°; 60°; 0°
c) Tangens (tan): 1°; 12°; 45°; 49°; 75°

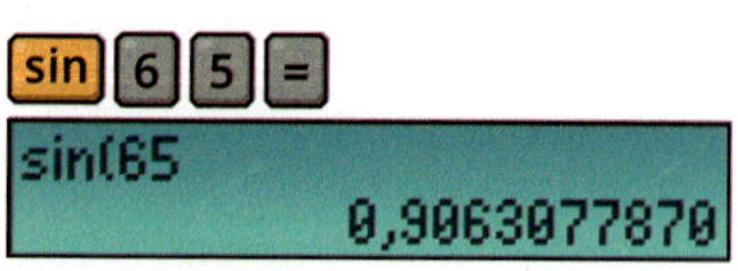

7. Mit dem Taschenrechner kannst du zu bekannten Sinus-, Kosinus- oder Tangenswerten den entsprechenden Winkel bestimmen. Gib den Winkel α auf ganze Grad gerundet an.

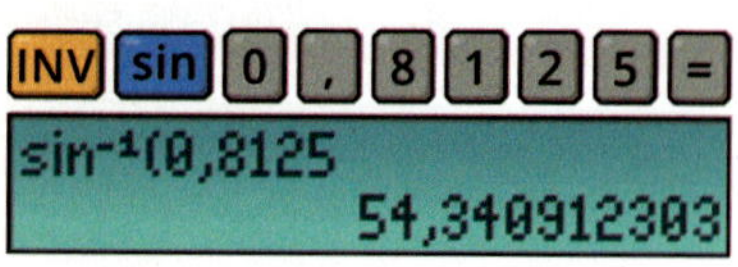

a) sin α = 0,9976 **b)** sin α = 0,8090 **c)** sin α = 0,2419 **d)** sin α = 0,5878
e) cos α = 0,3765 **f)** cos α = 0,7253 **g)** tan α = 0,5095 **h)** tan α = 7,1154

Trigonometrie im rechtwinkligen Dreieck

Bearbeitet alle Aufgaben in Partnerarbeit.

1. Emily, Lea und Justin haben für das Förderband die Höhe x und den Abstand y mit trigonometrischen Berechnungen bestimmt. Dabei haben sie verschiedene Lösungswege benutzt.

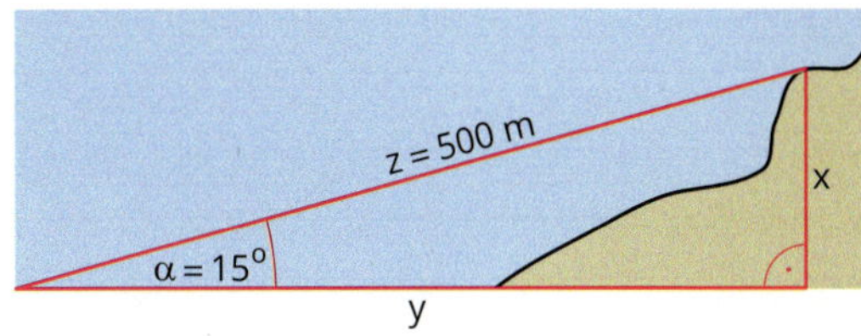

Emily

$\sin\alpha = \frac{x}{z}$

$\sin 15° = \frac{x}{500\,m} \quad | \cdot 500\,m$

$\sin 15° \cdot 500\,m = x$

$\underline{129{,}41\,m} \approx x$

$\cos\alpha = \frac{y}{z}$

$\cos 15° = \frac{y}{500\,m} \quad | \cdot 500\,m$

$\cos 15° \cdot 500\,m = y$

$\underline{482{,}96\,m} = y$

Lea

$\cos\alpha = \frac{y}{z} \quad | \cdot z$

$\cos\alpha \cdot z = y$

$\cos 15° \cdot 500\,m = y$

$\underline{482{,}96\,m} = y$

$\tan\alpha = \frac{x}{y} \quad | \cdot y$

$\tan\alpha \cdot y = x$

$\tan 15° \cdot 482{,}96 = x$

$\underline{129{,}41\,m} \approx x$

Justin

$\sin\alpha = \frac{x}{z}$

$\sin 15° = \frac{x}{500\,m} \quad | \cdot 500\,m$

$\sin 15° \cdot 500\,m = x$

$\underline{129{,}41\,m} \approx x$

$x^2 + y^2 = z^2 \quad | -x^2$

$y^2 = z^2 - x^2 \quad | \sqrt{}$

$y = \sqrt{z^2 - x^2}$

$y = \sqrt{500^2 - 129{,}41^2}$

$y = \underline{482{,}96\,m}$

a) Ordnet den Lösungswegen von Emily, Lea und Justin alle passenden Beschreibungen zu.

① hat den Sinus benutzt	② hat zuerst Zahlwerte eingesetzt und dann umgeformt
③ hat den Tangens benutzt	④ hat den Satz des Pythagoras angewandt
⑤ hat den Kosinus benutzt	⑥ hat zuerst umgeformt und dann Zahlwerte eingesetzt

b) Für welchen Lösungsweg würdet ihr euch entscheiden? Begründet.

2. In einem Skigebiet soll ein Förderband (Neigungswinkel 9°) einen Höhenunterschied von 25 m überwinden.

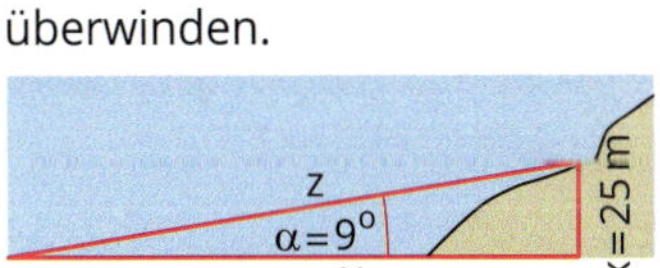

Can

$\sin\alpha = \frac{x}{z}$

$\sin 9° = \frac{25\,m}{z} \quad | : 25\,m$

$\frac{\sin 9°}{25\,m} = z$

⋮

Lea

$\sin\alpha = \frac{x}{z}$

$\sin 9° = \frac{25\,m}{z} \quad | \cdot z$

$\sin 9° \cdot z = 25\,m \quad | : \sin 9°$

$z = \frac{25\,m}{\sin 9°}$

⋮

Can und Lea haben die Länge des Förderbandes berechnet. Ein Lösungsweg ist falsch. Erklärt den Fehler und führt den richtigen Lösungsweg zu Ende.

3.

Beschreibt Leas Lösungsschritte und berechnet dann die Seite b.

In einem **rechtwinkligen** Dreieck kannst du mit **Sinus**, **Kosinus** und **Tangens** fehlende Größen berechnen.

①

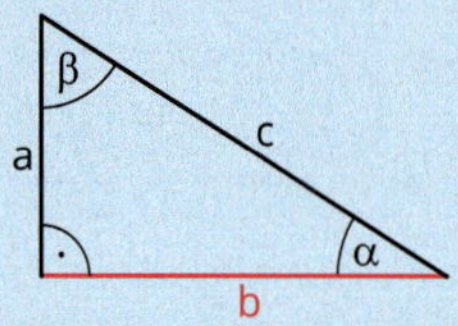

gegeben: $a = 5\text{ cm}$; $\beta = 62°$
gesucht: Gegenkathete b
$\tan\beta = \frac{b}{a}$
$\tan 62° = \frac{b}{5\text{ cm}}$ $\quad |\cdot 5\text{ cm}$
$\tan 62° \cdot 5\text{ cm} = b$
b ≈ 9,4 cm

②

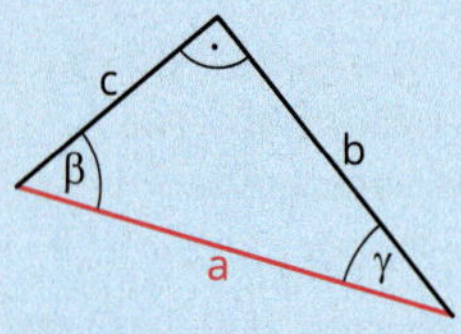

gegeben: $c = 4\text{ cm}$; $\gamma = 32°$
gesucht: Hypotenuse a
$\sin\gamma = \frac{c}{a}$
$\sin 32° = \frac{4\text{ cm}}{a}$ $\quad |\cdot a$
$\sin 32° \cdot a = 4\text{ cm}$ $\quad |:\sin 32°$
a ≈ 7,5 cm

③

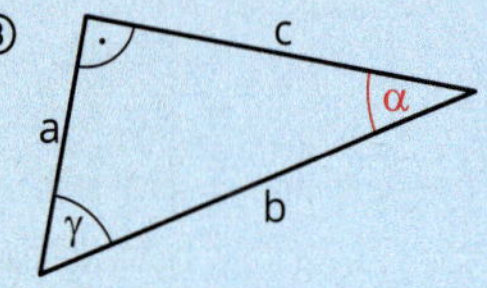

gegeben: $c = 8\text{ cm}$; $b = 10\text{ cm}$
gesucht: Winkel α
$\cos\alpha = \frac{c}{b}$
$\cos\alpha = \frac{8\text{ cm}}{10\text{ cm}}$
$\cos\alpha = 0{,}8$
α ≈ 36,9°

4. Berechne die rote Seite.

a)

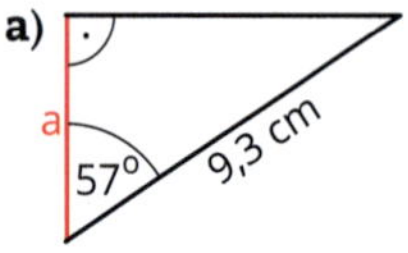

b)

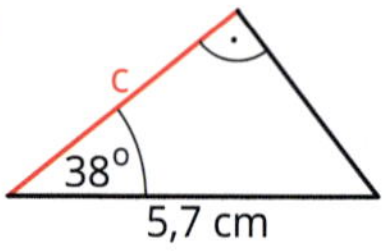

c)

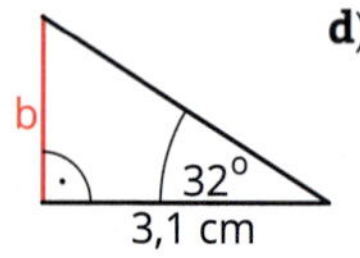

d)

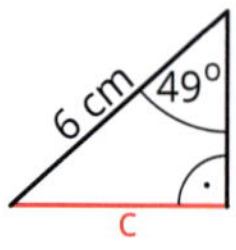

5. Berechne die Seite a.

a)

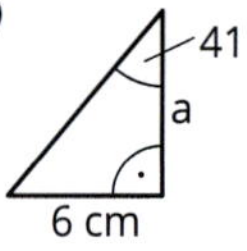

b)

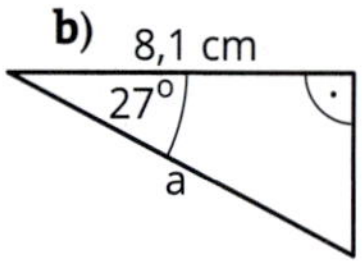

c)

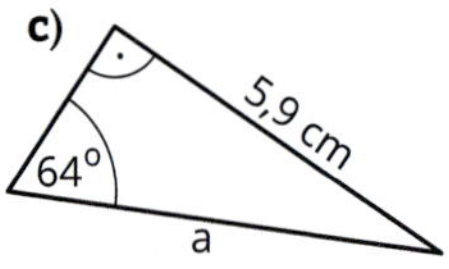

d)

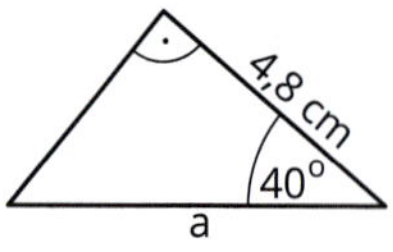

6. Berechne die beiden spitzen Winkel des Dreiecks.

a)

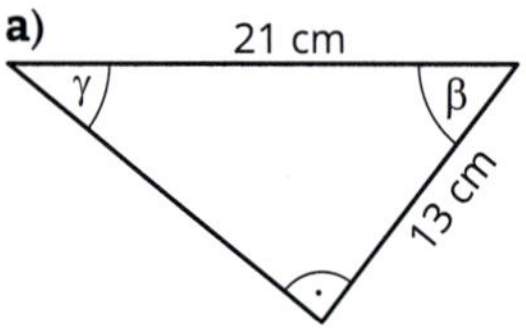

b)

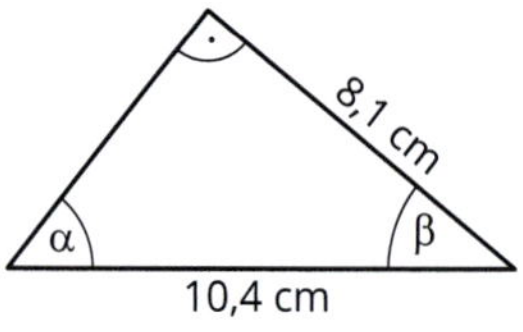

c)

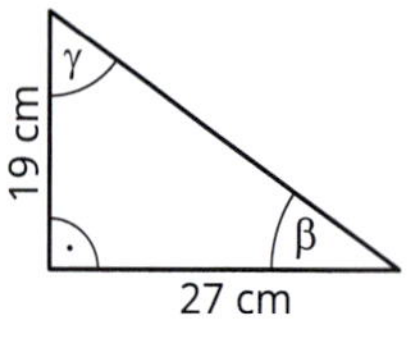

7. Eine 5 m lange Leiter wird so an eine Hauswand gelehnt, dass der Winkel zwischen Leiter und Boden 70° beträgt. Fertige eine Skizze an und berechne wie hoch die Leiter reicht.

8. Während seiner Ausbildung als Vermessungstechniker peilt Paul ein Gebäude unter einem Höhenwinkel von 23,7° an. Seine Entfernung zum Gebäude misst er mit 41 m, seine Augenhöhe beträgt 1,60 m. Berechne die Gebäudehöhe.

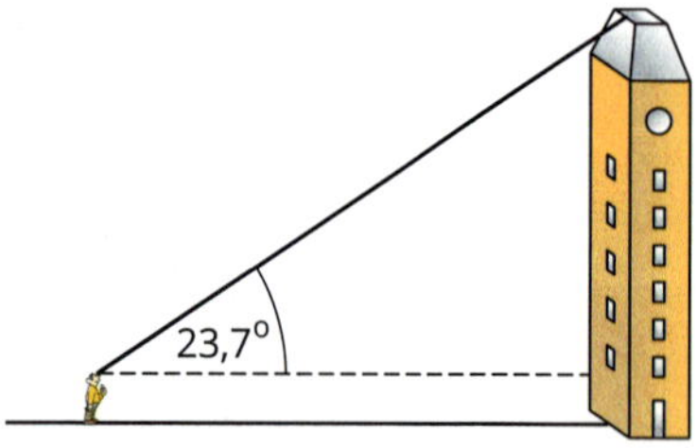

9. Eine Bahn überwindet 50 m Höhenunterschied bei einem Winkel von 2,5°. Danach steigt sie um weitere 35 m bei einem Winkel von 3,5°. Berechne die gefahrene Strecke.

10. Anton, Noah und Chris haben eine Aufgabe unterschiedlich bearbeitet.
a) Ein Schüler hat falsch gerechnet. Welchen Fehler hat er gemacht?
b) Erkläre die Rechenwege der zwei anderen Schüler.
c) Für welchen Weg würdest du dich entscheiden? Begründe.

11. Ein Flugzeug startet mit einem durchschnittlichen Steigungswinkel von 7°.
Welche Flugstrecke hat es zurückgelegt, wenn es eine Höhe von 555 m erreicht hat?

+12. Berechne die Länge der Hypotenuse.

a)
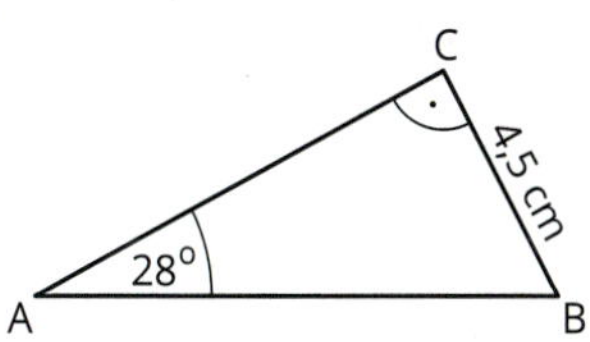

b)
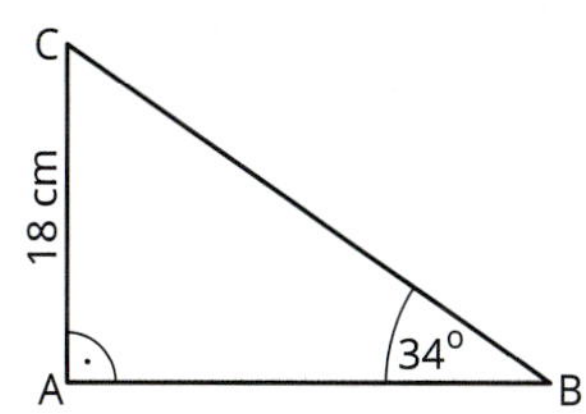

c)
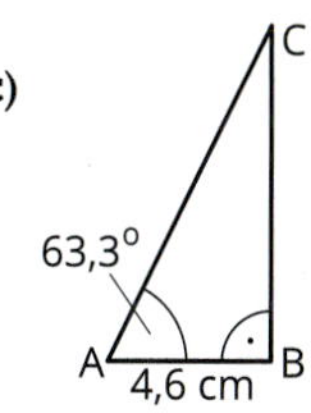

+13. Konstruiere das Dreieck. Miss die Hypotenuse und überprüfe durch Rechnung.
a) $b = 4$ cm; $\alpha = 65°$; $\gamma = 90°$
b) $c = 6{,}2$ cm; $\alpha = 90°$; $\beta = 34°$;
c) $a = 7{,}3$ cm; $\beta = 38°$; $\gamma = 90°$
d) $b = 5{,}7$ cm; $\gamma = 41°$; $\alpha = 90°$

+14. Bestimme mit dem Taschenrechner den Winkel α. Runde auf ganze Grad.
a) $\sin\alpha = 0{,}9976$
b) $\sin\alpha = 0{,}8090$
c) $\cos\alpha = 0{,}3765$
d) $\tan\alpha = 0{,}5095$
e) $\sin\alpha = 0{,}2419$
f) $\cos\alpha = 0{,}7253$
g) $\sin\alpha = 0{,}5878$
h) $\tan\alpha = 7{,}1154$

15. In einem Rechteck mit der Länge $a = 8$ cm ist die Diagonale e 9 cm lang.
a) Berechne die Winkel α und β.
b) Berechne Flächeninhalt und Umfang des Rechtecks.

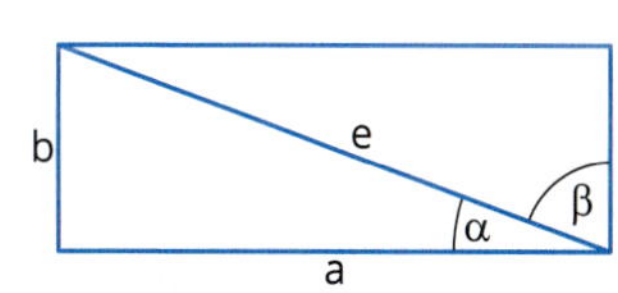

16. Wird Sand oder anderes Material aufgeschüttet, bildet sich ein sogenannter Schüttkegel mit einem bestimmten Schüttwinkel α. Dieser beträgt bei Zement 40°, bei trockener Erde 35°, bei feuchter Erde 25°.
Berechne jeweils die Höhe des Schüttkegels bei einem Durchmesser von 20 m.

17. Von einem 10 m hohen Balkon wird ein Turm angepeilt. Vom Fußpunkt des Turmes bis zu dessen Spitze ist der Peilwinkel 78° groß. Turm und Balkon sind in Luftlinie 87 m voneinander entfernt. Fertige eine Skizze an und berechne die Höhe des Turmes.

18. Berechne die fehlenden Seiten und Winkel.

a)
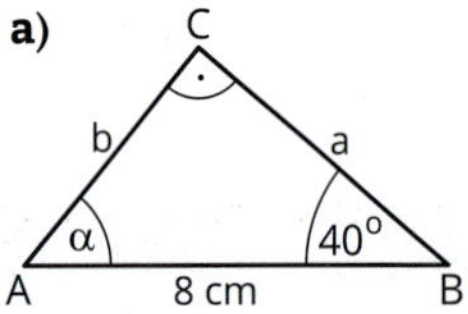

b)
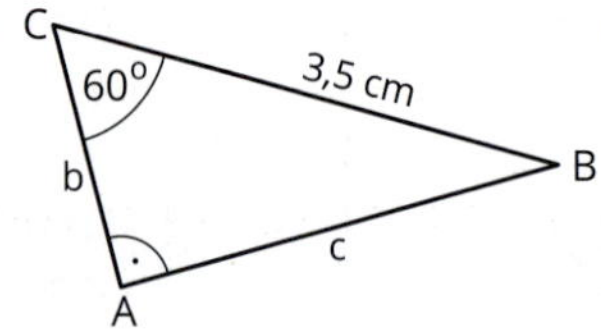

c)
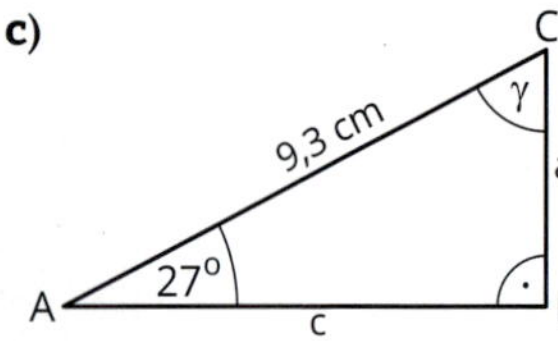

d)
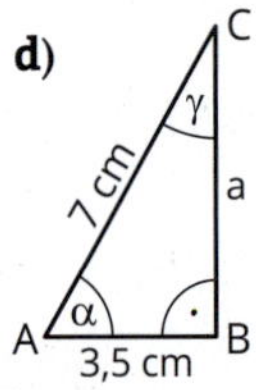

e)
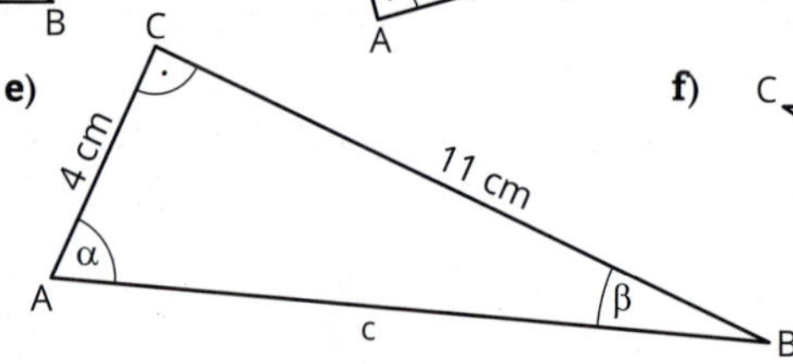

f)
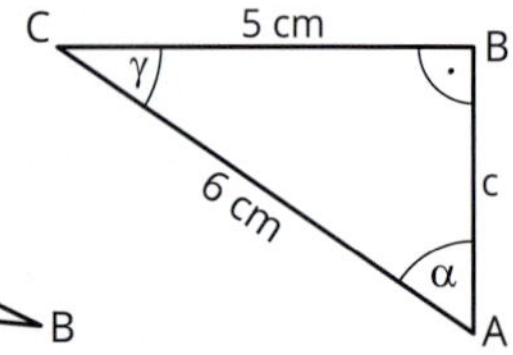

19. Durch eine Seilbahn wird ein Höhenunterschied von 1 075 m überwunden. Die Seillänge beträgt 1 500 m. Wie groß ist der durchschnittliche Steigungswinkel der Seilbahn?

+20. Eine Leiter mit 7,5 m Länge lehnt in der Höhe von 6,5 m an der Wand. Bestimme den Winkel zwischen Leiter und Hauswand.

21. Um die Höhe eines Baumes zu ermitteln, peilt der Förster die Baumspitze unter einem Winkel von 37° an. Dabei ist er 38 m vom Baum entfernt, seine Augenhöhe beträgt 1,70 m. Berechne die Baumhöhe.

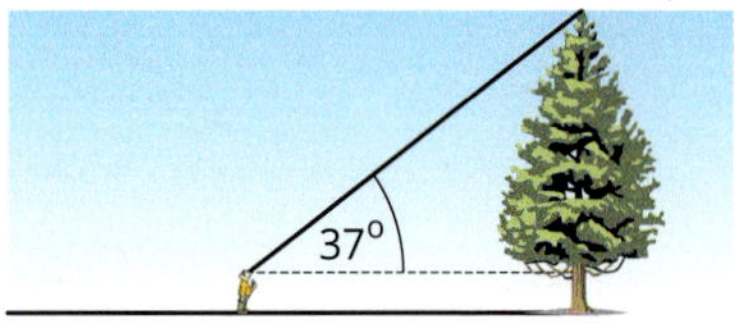

22. Zeichne das Dreieck ABC mit den folgenden Angaben. Berechne das Gesuchte.

a) $h_c = 3$ cm $\alpha = 40°$ $a = 5$ cm, gesucht: b und β.

b) $b_c = 5$ cm $\alpha = 90°$ $c = 8$ cm, gesucht: β und γ.

23. **a)** Zeichne zwei Dreiecke, die folgenden Maße haben: $c = 6{,}4$ cm; $b = 5$ cm; $\beta = 50°$

b) Berechne jeweils die Höhe h_a und die Maße der fehlenden Winkel.

24. **a)** Zeichne einen Drachen mit $a = 6$ cm, $b = 5$ cm und $f = 8$ cm. Berechne die Größe aller Innenwinkel sowie die Länge von e.

b) Berechne die Seitenlänge und die Innenwinkel einer Raute, deren Diagonalen 8 cm und 6 cm lang sind.

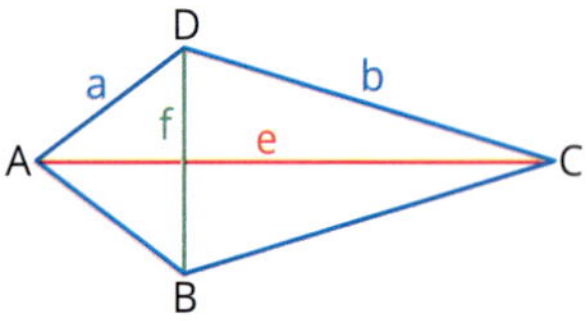

25. Ein Flugzeug hat kurz nach dem Start eine Höhe von 700 m erreicht. Seine horizontale Entfernung vom Flughafen beträgt 5 000 m. Danach verringert es seinen Steigungswinkel um 3°.

a) Wie groß ist die horizontale Entfernung des Flugzeugs vom Flughafen, wenn es eine Flughöhe von 1 200 m erreicht hat? Fertige zunächst eine Skizze an.

b) Welche Flugstrecke hat es bis dahin insgesamt zurückgelegt?

26. Welchen Neigungswinkel hat ein Abhang von der Länge l = 320 m, wenn seine Höhe auf der Karte (Maßstab 1 : 25 000) 11 mm misst?

Vermischte Aufgaben

1. Berechne die fehlenden Größen im Quadrat, im Rechteck und in der Raute.

a)

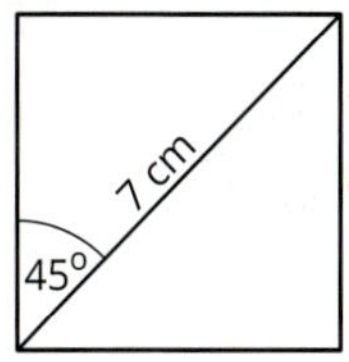

b)

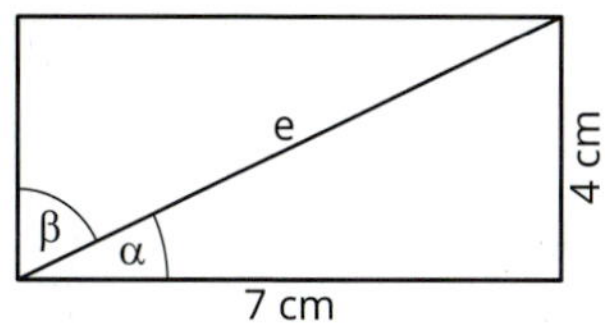

c)

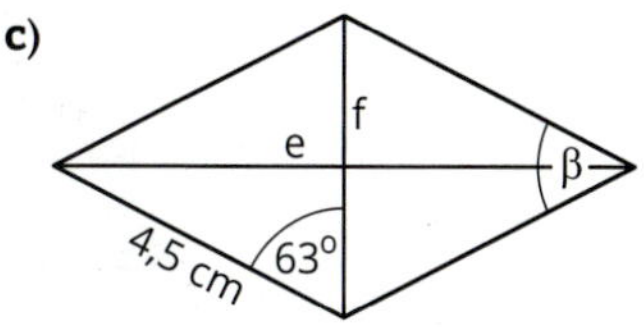

2. Wie lang sind der Durchmesser d, der Radius r, die Körperhöhe h_K und die Mantellinie s des Kegels? Berechne die fehlenden Größen.

a)

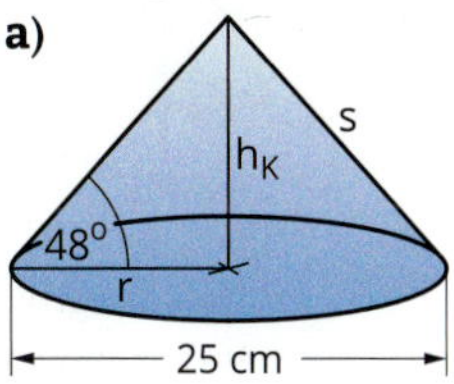

b)

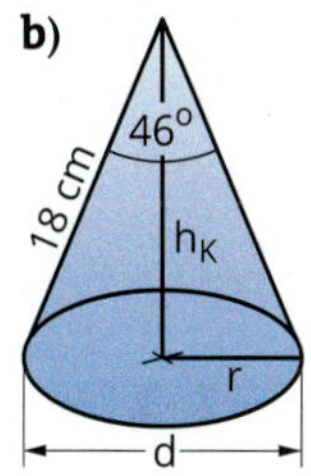

+c)

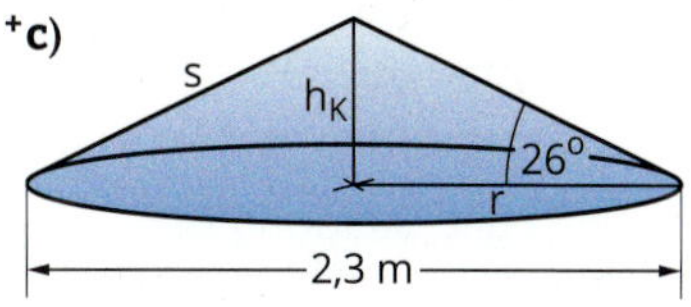

+d)

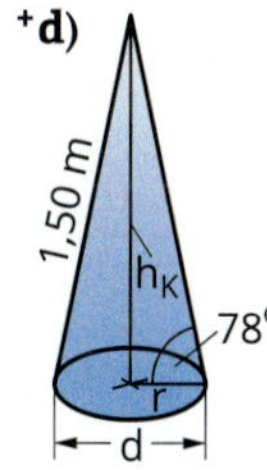

3. Zeichne das Schrägbild des Körpers in dein Heft. Berechne die Längen der Flächendiagonalen d und Raumdiagonalen r sowie die Größe der eingezeichneten Winkel α und β.

a) Würfel mit a = 4 cm

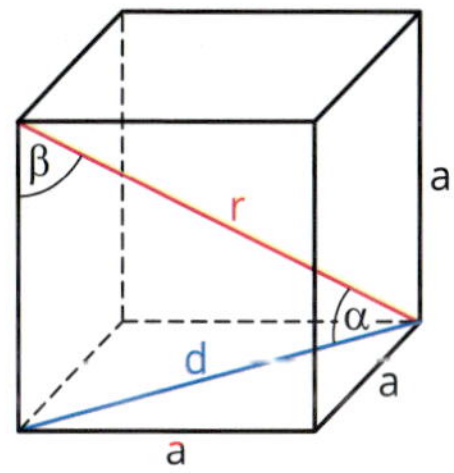

b) Quader mit a = 3 cm, b = 5 cm, c = 4 cm

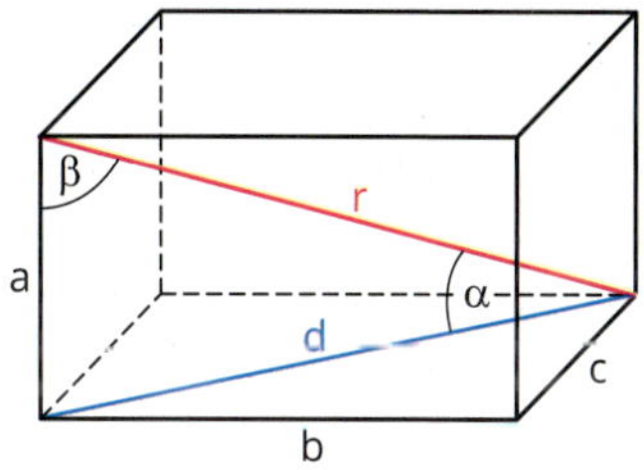

4. Berechne das Volumen des abgebildeten Körpers. Überlege zunächst, welche Längen du benötigst, und berechne sie trigonometrisch.

a)

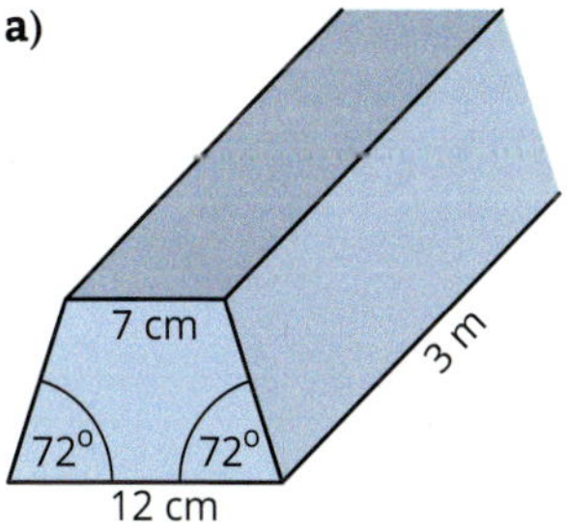

b)

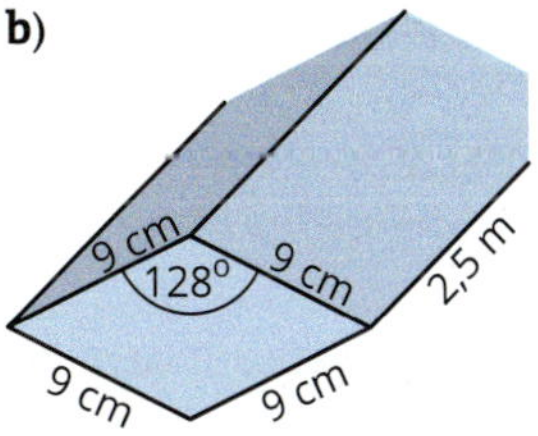

c)

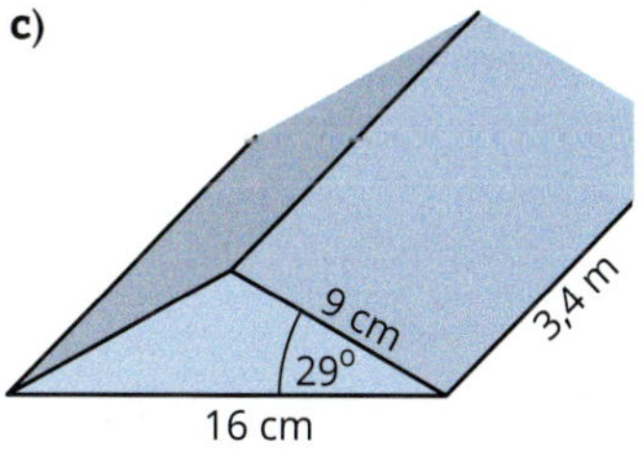

5. Die Cheopspyramide war ursprünglich 146,59 m hoch, die Grundkanten 138,75 m lang. Die Grundfläche der 1989 errichteten Louvre Pyramide ist auch quadratisch. Die Pyramide ist 21,64 m hoch, ihre Grundkante ist 35,42 m lang. Die Seitenflächen welcher Pyramide sind stärker geneigt? Berechne jeweils den Neigungswinkel.

Steigungen in Prozent

1.

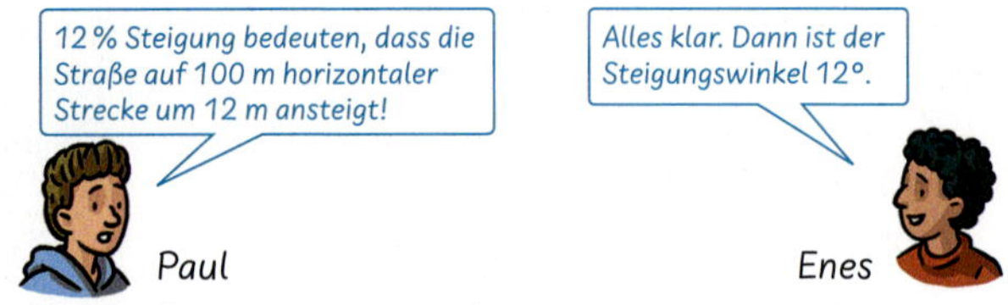

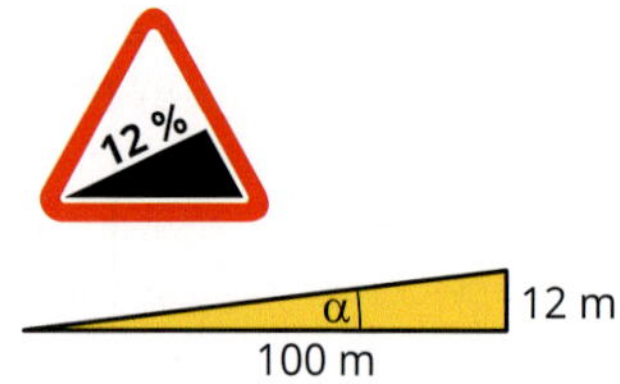

α: Steigungswinkel

Partnerarbeit: Was meint ihr zu Enes' Aussage? Begründet durch eine Zeichnung oder Rechnung.

Die Steigung oder das Gefälle m von Straßen kannst du in Prozent oder über den **Steigungswinkel α** angeben.

Es gilt: Steigung $m = \frac{\text{Gegenkathete von } \alpha}{\text{Ankathete von } \alpha}$

$\tan \alpha = m$

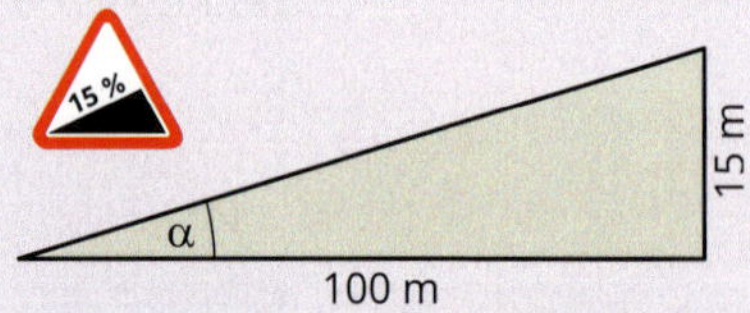

15 % Steigung bedeutet, dass pro 100 m in waagerechter Richtung die Höhe um 15 m zunimmt.

Berechne den Steigungswinkel α bei einer Steigung von 25 %.

① *Umwandlung der Steigung in eine Dezimalzahl*

$m = 25\,\%$

$= \frac{25}{100}$

$= 0{,}25$

② *Berechnung von α*

$\tan \alpha = m$

$\tan \alpha = 0{,}25$

$\boldsymbol{\alpha \approx 14°}$

2. Bestimme jeweils den Steigungswinkel zu den prozentualen Steigungsangaben der Verkehrsschilder.

3. Der Loibl-Pass in Kärnten (Österreich) hatte vor dem Bau eines Tunnels max. 29 % Steigung, danach nur noch 17 %. Berechne die Differenz der zugehörigen Steigungswinkel.

⁺4. Die steilste Straße in Dundee (Neuseeland) hat eine 35 % Steigung. Berechne ihren Steigungswinkel.

5. Welche Angabe müsste auf dem Verkehrsschild an der Passstraße (Bild rechts) stehen?

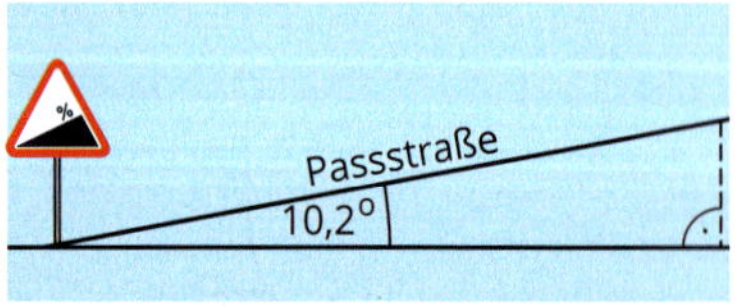

6. Bei Schienen der Bundesbahn ist auf Hauptstrecken nur ein Steigungswinkel von max. 1,5° und auf Nebenstrecken von max. 2,3° zulässig. Wie viel Prozent Steigung sind das jeweils? Wie lang muss eine Hauptstrecke mindestens sein, wenn sie einen Höhenunterschied von 300 m überwinden soll?

7. Zwei Geländewagen im Vergleich:
Welcher Wagen schafft die steileren Strecken?

Geländewagen 1:
25 % Steigfähigkeit

Geländewagen 2:
bewältigt Steigungen von 17°

Vermischte Aufgaben

1. Zum Bau einer Flussbrücke soll die Flussbreite von Punkt A nach C bestimmt werden. Dazu wird eine Strecke $\overline{AB} = 95$ m gemessen und der Punkt C von B aus angepeilt.
a) Berechne die Flussbreite $\overline{AC}$.
b) Welchen Vorteil hat dieses Messverfahren?

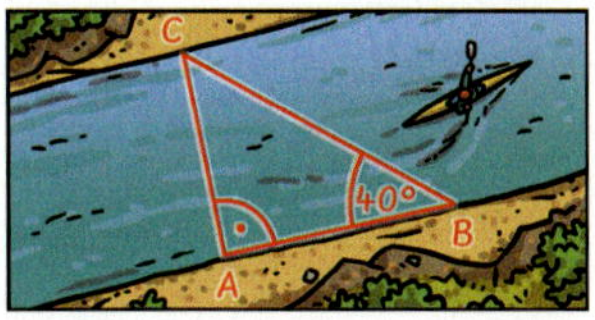

2. Der Anstellwinkel einer Leiter sollte aus Sicherheitsgründen zwischen 65° und 75° betragen.
a) Was könnte passieren, wenn der Winkel größer als 75° ist? Was ist die Gefahr, wenn er kleiner als 65° ist?
b) Berechne die maximal erreichbare Höhe einer 6,50 m langen Leiter bei Einhalten des sicheren Anstellwinkels.
c) Wie weit darf der Fußpunkt dieser 6,50 m langen Leiter höchstens von der Hauswand entfernt sein?
d) Eine 4,20 m lange Leiter lehnt in 4 m Höhe an einer Hauswand. Steht sie sicher? Begründe.

3. Ein Sendemast wird durch Stahlseile gesichert. Dabei sind die Stahlseile so verankert, dass sie unter einem Winkel von 59° in einer Entfernung von 67 m auf den Erdboden treffen.
a) Wie lang ist ein Seil?
b) In welcher Höhe sind die Seile am Mast befestigt.

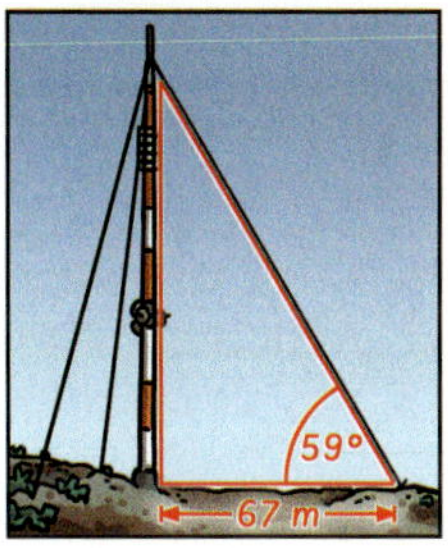

4. Verwende nur eine Skizze vom Einheitskreis und ordne zu. In der Reihenfolge der Aufgaben ergeben die Buchstaben ein Lösungswort.

①	sin 17°	⑤	sin 263°
②	cos 161°	⑥	cos 258°
③	sin 309°	⑦	sin 92°
④	cos 78°	⑧	cos 355°

G	0,2079	A	−0,9455
N	−0,2079	T	0,9994
E	0,9962	T	0,2924
N	−0,7771	E	−0,9925

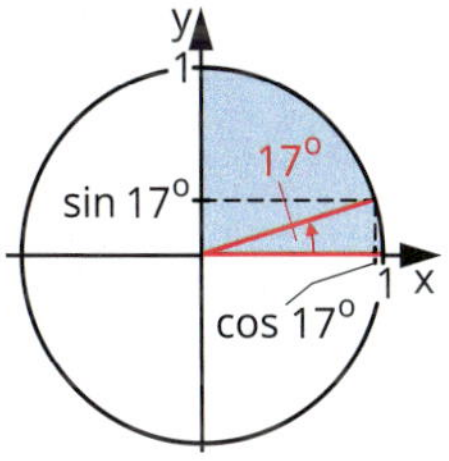

⁺5. Mats ist 1,72 m groß. Er wirft einen 3,25 m langen Schatten. Fertige eine beschriftete Skizze an. Berechne, unter welchem Winkel die Sonnenstrahlen auf die Erde treffen.

⁺6. a) Für das Fliegen hinter dem Motorboot wird eine 120 m lange Leine verwendet. Wie hoch fliegt die Person hinter dem Motorboot, wenn der Winkel zwischen der straffen Leine und der Wasseroberfläche 40° beträgt? Runde auf m.
b) Bei einer 120 m langen Leine soll die Person nicht höher als 25 m über dem Wasser fliegen. Wie groß darf der Anstiegswinkel der Leine höchstens sein?

7. Eine Stehleiter hat einen Öffnungswinkel von 32° und eine Spreizweite von 3,70 m.
a) Wie hoch reicht die Leiter? **b)** Berechne die Leiterlänge.

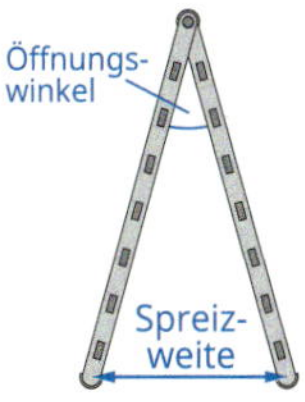

+8. Das ist der Querschnitt eines Deiches. Berechne
a) den Böschungswinkel α,
b) die Länge b der Böschung zur Landseite und die Länge a der Böschung zur Seeseite,
c) die gesamte Sohlenlänge c des Deiches.

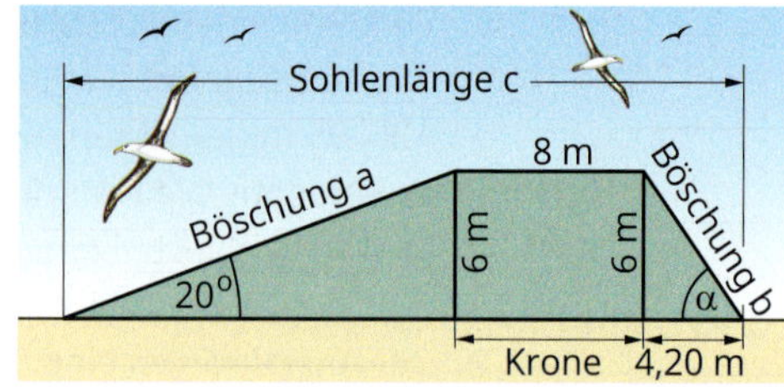

9. Dies ist der Querschnitt des Dortmund-Ems-Kanals. Das gleichschenklige Trapez ist an der Wasseroberfläche 40 m, am Boden 24 m breit. Der Kanal ist 3,50 m tief.
a) Zeichne den Querschnitt des Kanals im Maßstab 1 : 200. Notiere die Maße an der Zeichnung.
b) Berechne den Böschungswinkel α und die Länge b der Böschung unter Wasser.

10.

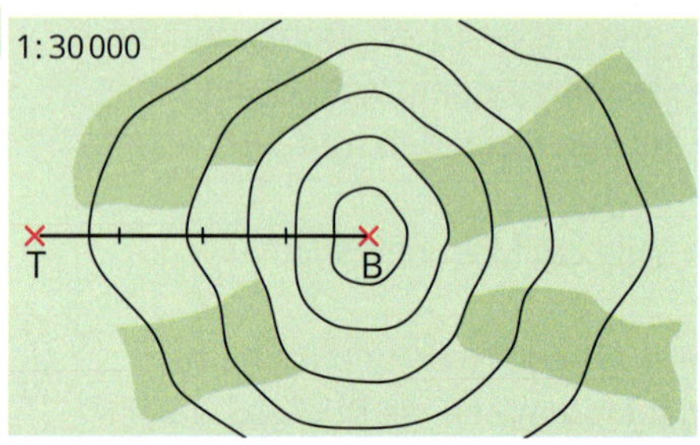

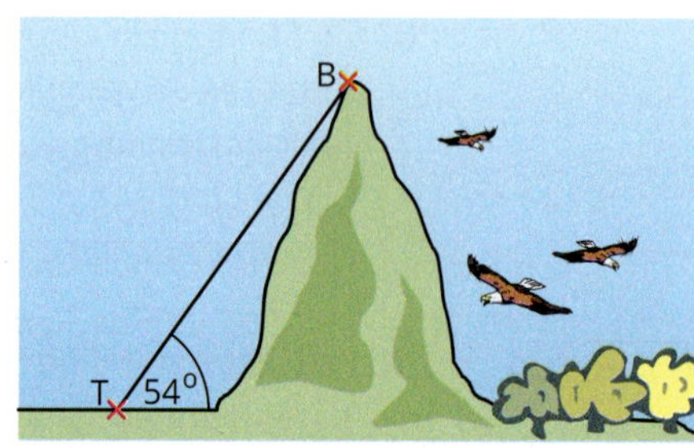

Abgebildet sind Talstation T und Bergstation B einer Seilbahn auf einer Landkarte und in Seitenansicht.
a) Wie groß ist die horizontale Entfernung von Talstation und Bergstation?
b) Wie groß ist der Höhenunterschied zwischen Talstation und Bergstation?
c) Welchen Weg legt die Gondel der Seilbahn zwischen Tal- und Bergstation zurück?

11. Dieser Eisenbahndamm ist 1,7 km lang. Sein Querschnitt hat die Form eines gleichschenkligen Trapezes.
a) Wie hoch ist der Damm?
b) Berechne die Böschungslänge.
c) Aus wie viel m^3 Erdreich besteht der Damm?

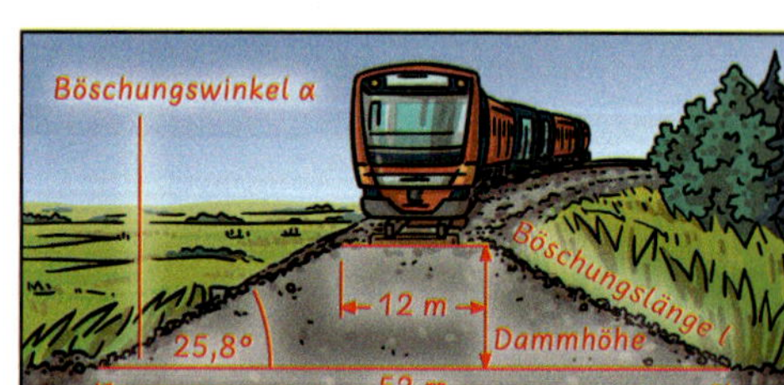

12. Um das Haus vor der Zerstörung durch eine Lawine zu bewahren, wird auf 20 m Länge die abgebildete Betonwand gebaut. Wie viel m^3 Beton werden benötigt?

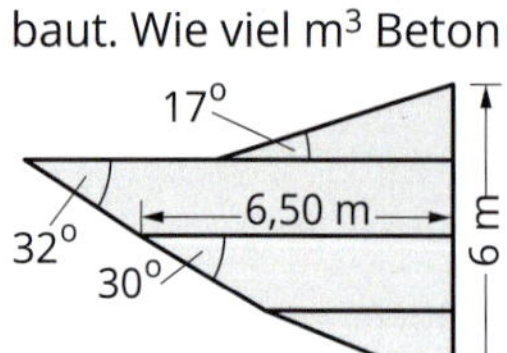

Die Ergebnisse der Aufgaben ergeben vier Namen von Sportarten.

1. Schreibe das Ergebnis ohne Zehnerpotenzen.
a) $1{,}4 \cdot 10^3$ **b)** $4{,}4 \cdot 10^0$
c) $4 \cdot 10^{-2}$ **d)** $5 \cdot 10^{-3}$

2. Der große Zeiger einer Uhr ist vom Drehpunkt zur Spitze 10 cm lang. Wie viel cm legt die Zeigerspitze zurück
a) an einem Tag, **b)** in 20 Minuten?
Runde auf ganze cm.

3. Berechne den Flächeninhalt A und den Umfang u der Figur (Angaben in cm).
Runde ganzzahlig.
A = ■ cm² u = ■ cm

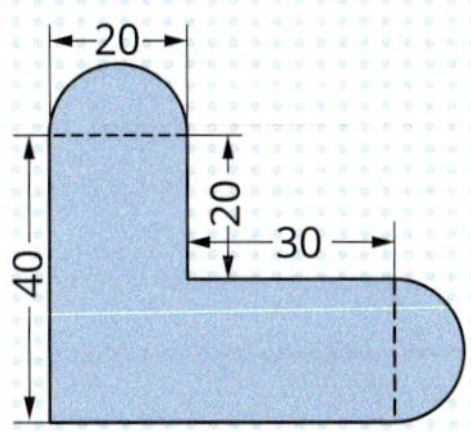

4. Für die 500 m bis zur Spitze eines sehr hohen Bürogebäudes braucht der Aufzug 40 Sekunden. Berechne die Durchschnittsgeschwindigkeit v des Aufzugs.
a) $v = ■ \frac{m}{s}$ **b)** $v = ■ \frac{m}{min}$ **c)** $v = ■ \frac{km}{h}$

5. Berechne die Länge von x in der Figur.
Runde auf mm (Maße in cm).

a)
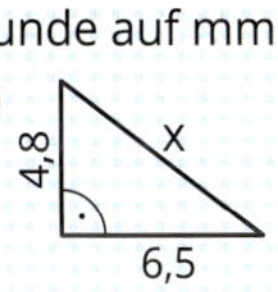

b)
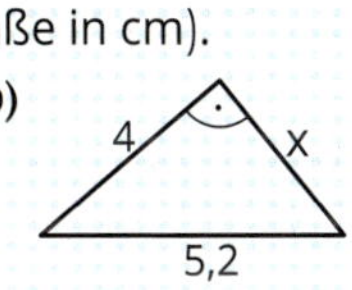

c)
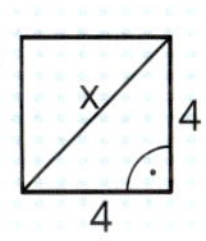

6.

	a)	b)	c)
alter Preis	2,75 €	89 €	■ €
Preisänderung	+4 %	− ■ %	−25 %
neuer Preis	■ €	62,30 €	112,50 €

7. Ein Würfel hat ein Volumen von 1 728 cm³.
a) Berechne die Summe seiner Kantenlängen:
s = ■ cm.
b) Bestimme seine Oberfläche: O = ■ cm².

O 0,005	L 0,04	A 0,4
Y 2,86	G 3,3	S 3,4
O 4,4	B 5,7	U 8,1
N 11,8	I 12,5	O 21
S 25	G 30	R 45
S 46,1	L 144	O 150
L 189	C 203	A 750
F 864	P 1 400	B 1 508
U 1 657,1	C 1 714	I 1 000 000

Trigonometrie in beliebigen Dreiecken

1.

Partnerarbeit: Konstruiert das gegebene Dreieck und messt die Länge der Seite a. Bestätigt eure Messung durch eine Rechnung.

Du kannst auch in einem **beliebigen** Dreieck mit **Sinus**, **Kosinus** und **Tangens** fehlende Seiten oder Winkel berechnen, wenn du es durch eine **geeignete Höhe** in zwei rechtwinklige Dreiecke zerlegst.

Berechne die Seite a.

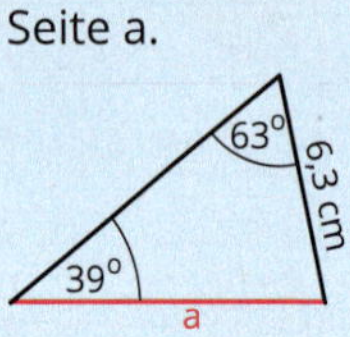

① *Zeichne eine Höhe h so ein, dass weder die gesuchte Seite a noch die gegebene Seite geteilt wird.*

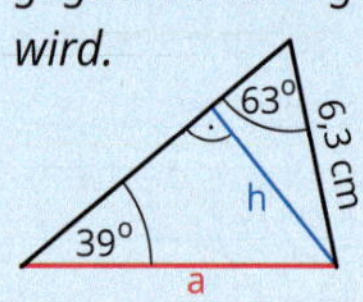

② *Berechne die Höhe h.*

$\sin 63° = \frac{h}{6,3}$

$\sin 63° \cdot 6,3 = h$

$h \approx 5,6$ cm

③ *Berechne dann die Seite a.*

$\sin 39° = \frac{5,6}{a}$

$\sin 39° \cdot a = 5,6$

$a = \frac{5,6}{\sin 39°}$

a ≈ 8,9 cm

2. Berechne zunächst die Höhe h und dann die rote Seite.

a)

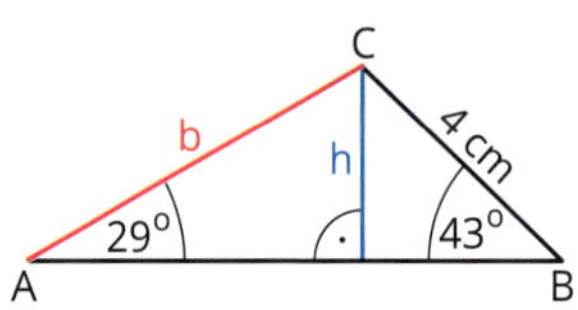

b)

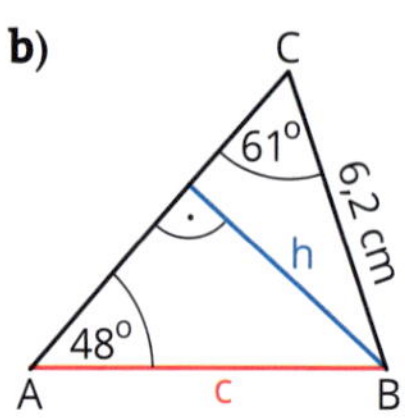

⁺c)

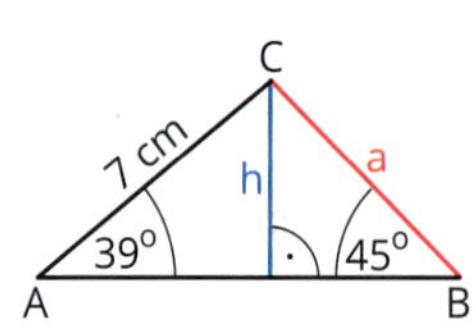

⁺d)

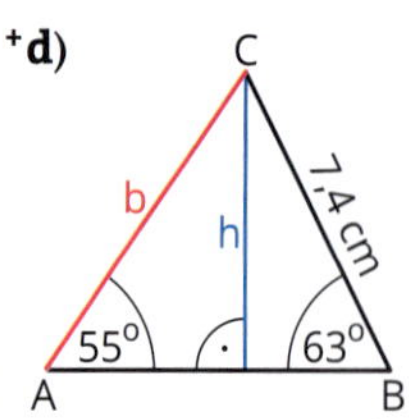

⁺3. Herr Müller möchte sein Haus renovieren und benötigt noch einige Maße.

a) Berechne die Dachhöhe h.

b) Wie lang ist die Dachschräge d?

c) Berechne die Hausbreite b?

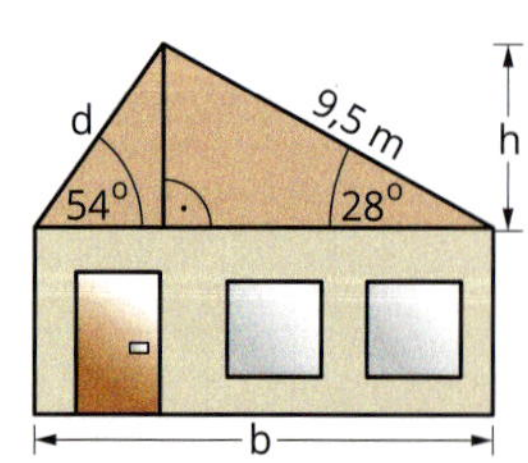

4. Berechne die rot eingezeichnete Seite.

a)

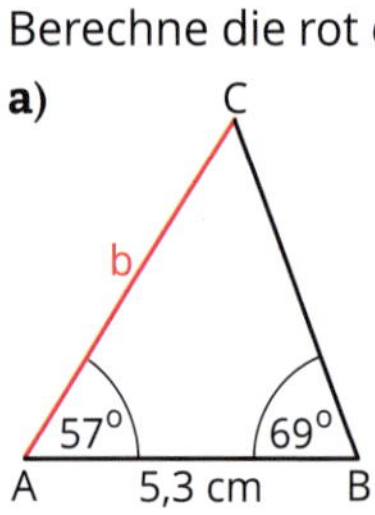

b)

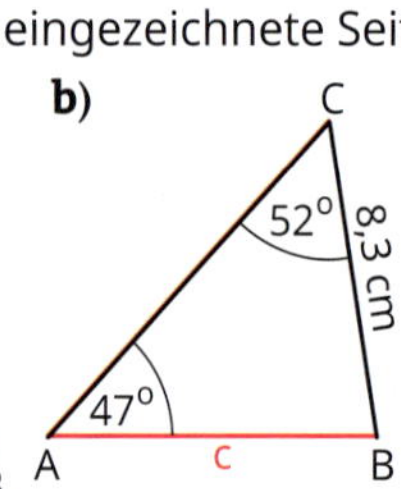

c)

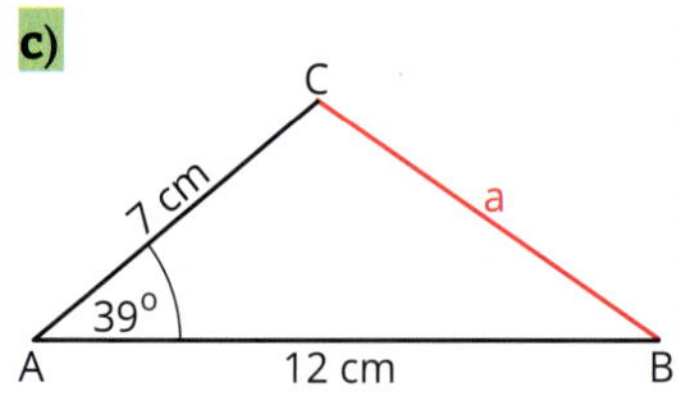

Du brauchst:
- Pythagoras
- Winkelsumme
- trigonometrische Funktionen

Sinussatz

Bearbeitet die Aufgaben 1 und 2 in Partnerarbeit.

1. Von einem Dreieck ABC sind folgende Größen gegeben: b = 6 cm; α = 35°; β = 70°. Wie lang ist a?

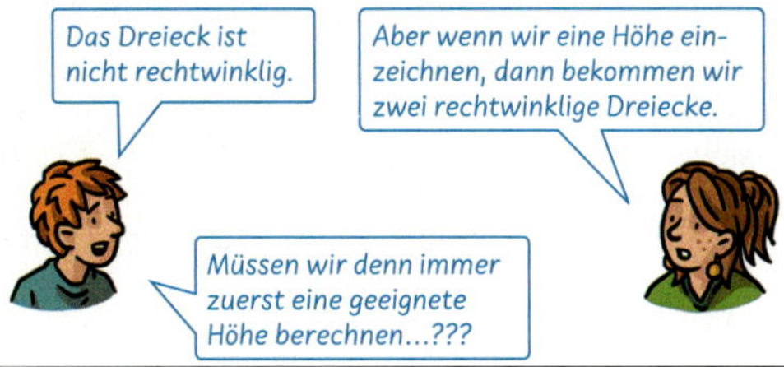

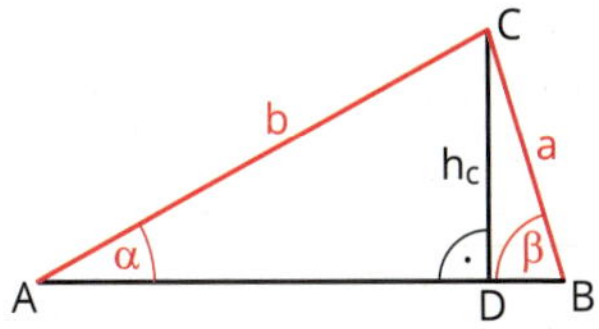

Im Dreieck ADC gilt:

$\sin\alpha = \frac{h_c}{b}$, also $h_c = b \cdot \sin\alpha$

Im Dreieck DBC gilt:

$\sin\beta = \frac{h_c}{a}$, also $h_c = a \cdot \sin$ ▢

Gleichsetzen der beiden Terme für h_c:

▢ $\cdot \sin\beta = b \cdot \sin$ ▢ $\quad | : \sin\beta \quad | : \sin\alpha$

$\frac{a}{▢} = \frac{b}{\sin\beta}$

a) Skizziert das Dreieck ins Heft.

b) Übertragt die Rechnungen und setzt für die Kästchen die Winkel α oder β und die Seiten a oder b so ein, dass die Gleichungen richtig sind.

c) Setzt danach die gegebenen Werte ein und berechnet a.

2.

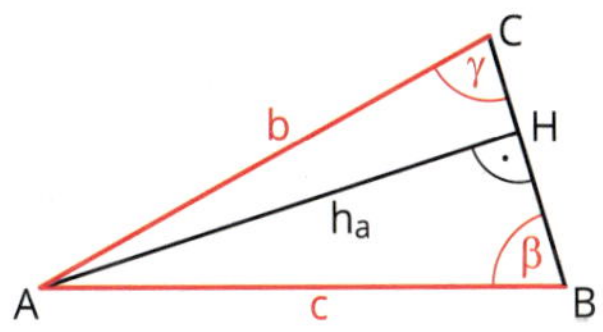

① Bestimmt einen Term für h_a im Dreieck ABH.

② Bestimmt einen Term für h_a im Dreieck AHC.

③ Setzt die Terme aus ① und ② gleich.

④ Formt die Gleichung aus ③ so um, dass auf einer Seite $\frac{b}{\sin\beta}$ steht.

In **beliebigen** Dreiecken mit den Seiten a, b und c sowie den jeweiligen gegenüberliegenden Winkeln α, β, γ gilt der

Sinussatz: $\frac{a}{\sin\alpha} = \frac{b}{\sin\beta} = \frac{c}{\sin\gamma}$

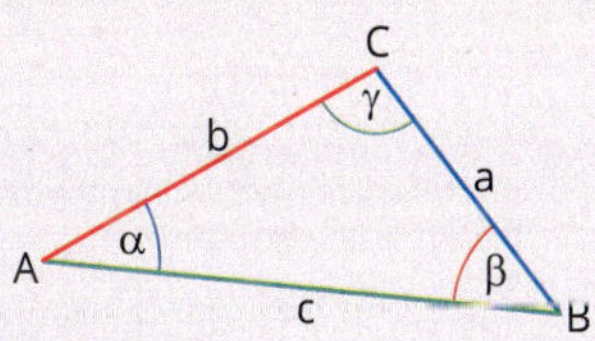

gegeben: Dreieck mit a = 4 cm; α = 40°; γ = 85°

gesucht: Länge der Seite c

Skizze:

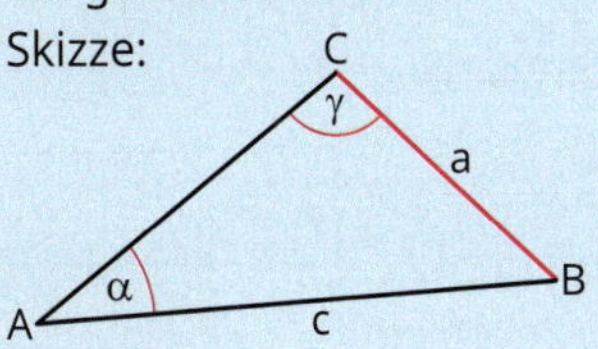

$\frac{c}{\sin\gamma} = \frac{a}{\sin\alpha}$

$\frac{c}{\sin 85°} = \frac{4}{\sin 40°} \quad | \cdot \sin 85°$

$c = \frac{4}{\sin 40°} \cdot \sin 85°$

$\mathbf{c \approx 6{,}2\ cm}$

3. Berechne die gefärbte Seitenlänge mit dem Sinussatz.

a)

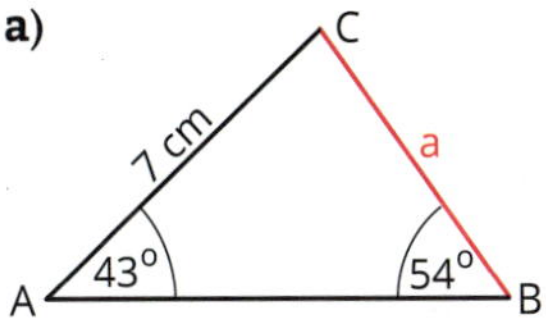

b)

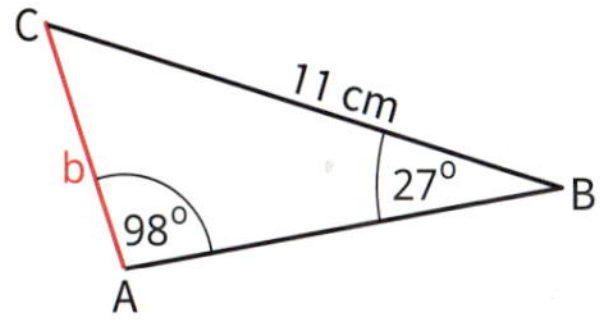

c)

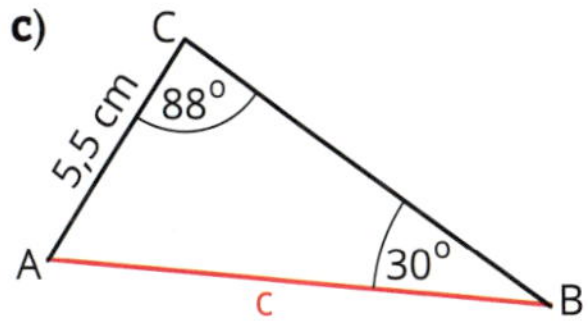

Der Sinussatz gilt auch in stumpfwinkligen Dreiecken.

4. Von ihrer Mathematiklehrerin hat Doreen die nebenstehende Information erhalten. Mit DGS hat sie deshalb ein Dreieck mit folgenden Maßen zeichnen lassen:
$a = 6{,}8$ cm; $b = 5{,}3$ cm und $\gamma = 107°$.
Die Abfrage im DGS zu den fehlenden Maßen ergab:
$c = 9{,}77$ cm; $\alpha = 41{,}7°$ und $\beta = 31{,}3°$.
Prüfe mit dem Taschnrechner, ob diese Maße zum Sinussatz passen.

5. Bestimme den gefärbten Winkel mit dem Sinussatz.

a)

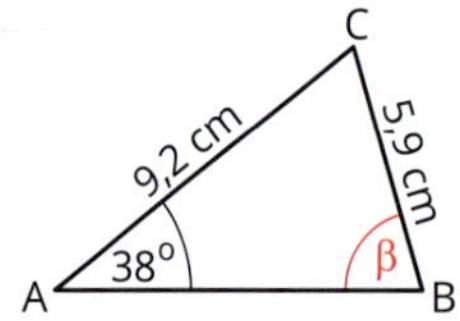

b)

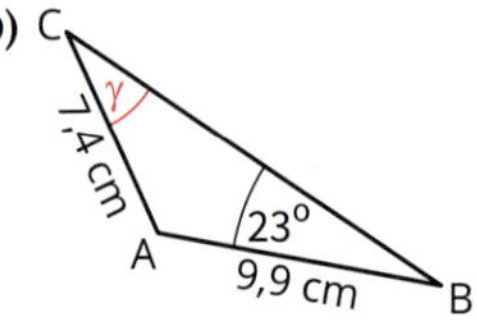

$\frac{a}{\sin\alpha} = \frac{b}{\sin\beta}$ $\quad |\cdot \sin\alpha \cdot \sin\beta$

$a \cdot \sin\beta = b \cdot \sin\alpha$ $\quad |:a$

$\sin\beta = \frac{b \cdot \sin\alpha}{a}$

6. Berechne zuerst den fehlenden Winkel und dann die gesuchte Seitenlänge.

a) $a = 5$ cm; $\alpha = 30°$; $\beta = 80°$; $c = ▒$

+b) $b = 8{,}1$ cm; $\alpha = 58°$; $\gamma = 43°$; $a = ▒$

+7. Berechne die fehlende Seitenlänge mit dem Sinussatz.

a) $a = 6{,}7$ cm; $\alpha = 50°$; $\gamma = 60°$; $c = ▒$

b) $b = 4{,}5$ cm; $\alpha = 28°$; $\beta = 80°$; $a = ▒$

c) $c = 12$ cm; $\beta = 78°$; $\gamma = 43°$; $b = ▒$

d) $a = 9{,}2$ cm; $\alpha = 100°$; $\beta = 30°$; $b = ▒$

Berechnet mit den gemessenen Winkeln zunächst α und b.

8. Jan und Merle haben auf dem Schulhof eine 10 m Standlinie abgemessen und die Spitze eines Baums angepeilt. Die Augenhöhe beträgt 1,60 m.
Wie hoch ist der Baum?

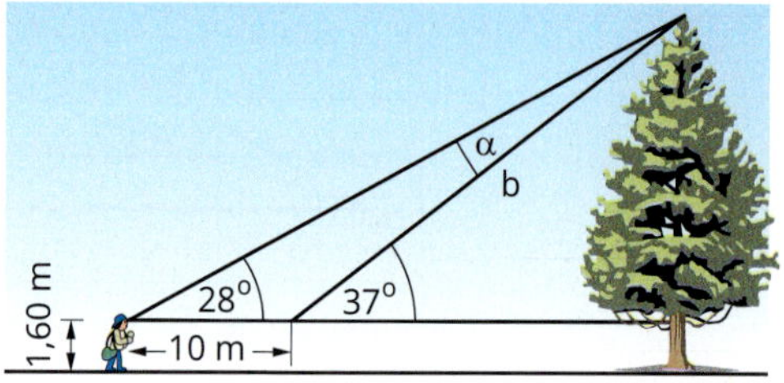

9. Der Hubschrauber fliegt in konstanter Höhe mit einer Geschwindigkeit von 180 $\frac{km}{h}$ und peilt zu den angegebenen Zeiten die Kirchturmspitze an.

a) Welche Strecke ist er in der Zeit zwischen den beiden Peilungen geflogen?

b) Wie weit war er bei der ersten Peilung, wie weit bei der zweiten Peilung von der Kirchturmspitze entfernt?

Zeichne das Dreieck P_1KP_2.

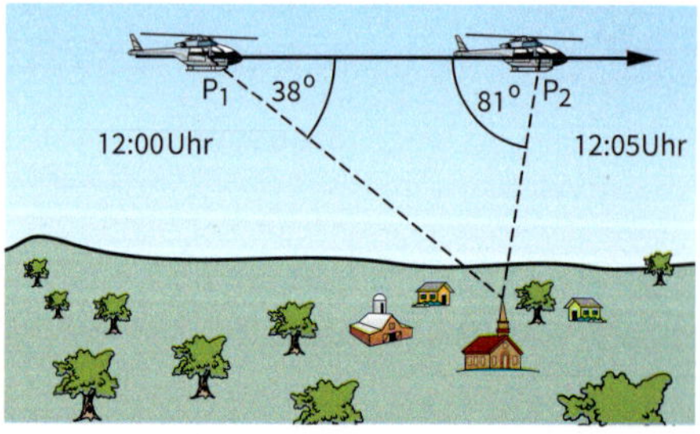

10. Das Grundstück A_1 ist 20 994 m² groß. Beide Grundstücke (A_1 und A_2) sollen eingezäunt werden. Wie viel m Zaun werden benötigt?

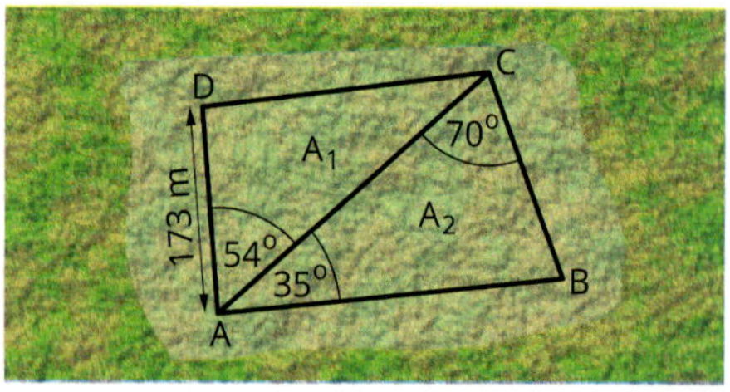

11. Konstruiere ein Parallelogramm ABCD mit $\overline{AB} = 8$ cm und $\alpha = 60°$. Die Diagonale $\overline{AC}$ misst 12 cm. Berechne den Umfang und den Flächeninhalt des Parallelogramms ohne zu messen.

Kosinussatz

1. Partnerarbeit: Skizziert das Dreieck in eure Hefte und bearbeitet die Schritte ① bis ⑥.

Im Dreieck ABC sind die Seiten b und c sowie der Winkel α gegeben. Gesucht ist a.

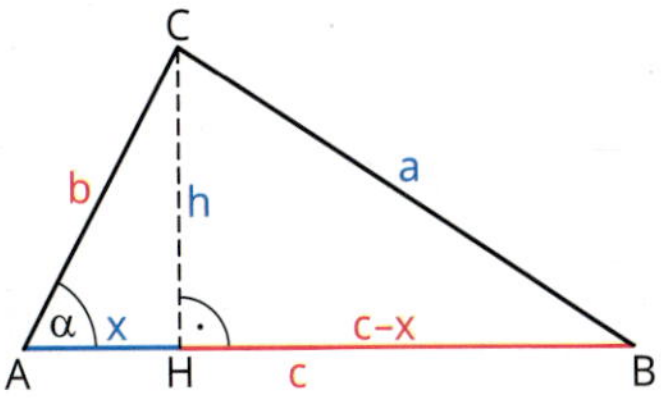

① Ergänzt für das Dreieck AHC den Satz des Pythagoras:
$h^2 = b^2 - ▇$

② Ergänzt nun den Satz des Pythagoras für das Dreieck BCH:
$▇ = a^2 - (c - x)^2$

③ Im Dreieck AHC gilt: $\cos\alpha = \frac{x}{b}$
Formt die Gleichung nach x um.

④ Ergänzt die Lücken, wenn man ② und ① gleichsetzt:
$a^2 - (c - ▇)^2 = b^2 - ▇$

⑤ Löst die Gleichung aus ④ nach a^2 um und vereinfacht.

⑥ Ersetzt dann x durch den Term aus ③.

In jedem **beliebigen** Dreieck gilt für zwei Seiten und den eingeschlossenen Winkel der **Kosinussatz**:

$a^2 = b^2 + c^2 - 2bc \cdot \cos\alpha$

$b^2 = a^2 + c^2 - 2ac \cdot \cos\beta$

$c^2 = a^2 + b^2 - 2ab \cdot \cos\gamma$

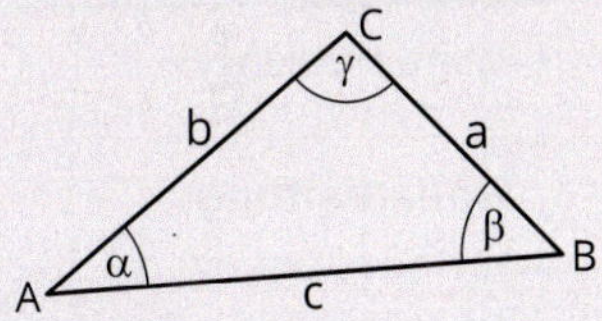

gegeben: Dreieck mit b = 8 cm; c = 5,5 cm; α = 30°
gesucht: Länge der Seite a
Skizze:

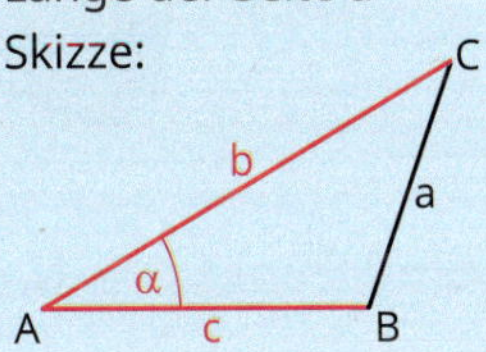

$a^2 = b^2 + c^2 - 2bc \cdot \cos\alpha$

$a^2 = 8^2 + 5{,}5^2 - 2 \cdot 8 \cdot 5{,}5 \cdot \cos 30°$

$a^2 \approx 18{,}04$

a ≈ 4,2 cm

2. Prüfe, ob für das stumpfwinklige Dreieck auf S. 82, Aufgabe 4 auch der Kosinussatz gilt.

3. Berechne die Länge der dritten Seite mit dem Kosinussatz. Zeichne das Dreieck in einem geeigneten Maßstab, um deine Berechnung zu kontrollieren.

a) b = 4,8 cm; c = 9,2 cm; α = 53°
b) a = 7,2 m; c = 6,3 m; β = 111°
c) a = 5,4 dm; b = 3 dm; γ = 78°
d) b = 160 m; c = 270 m; α = 88°

4. Berechne die Winkel des Dreiecks. Löse dazu für den ersten Winkel den Kosinussatz nach dem Kosinus eines Winkels auf.

a)

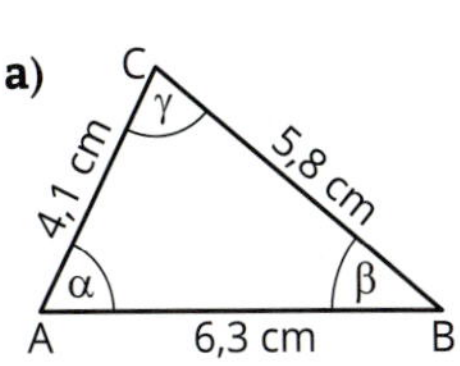

b)

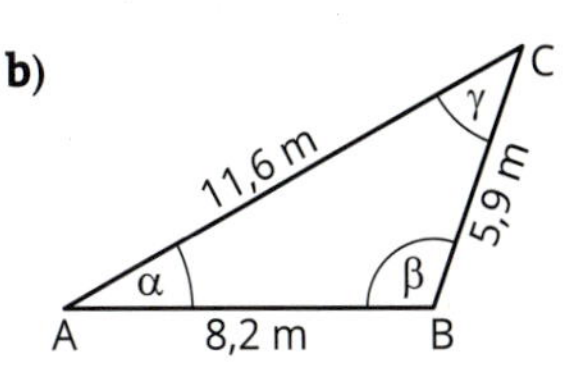

5. In einem Koordinatensystem sind die Ecken eines Dreiecks gegeben. Berechne die Winkel und den Flächeninhalt des Dreiecks.

a) A(0|0); B(6|0); C(3|4)
b) A(1|1); B(5|2); C(4|6)

Vermessungstechnik auf dem Schulgelände

In der Vermessungstechnik werden Messungen von Strecken und Winkeln im Gelände durchgeführt. Die Daten werden dann zur Erstellung von Karten, Plänen usw. weiterverarbeitet.

Bearbeitet alle Aufgaben in Gruppenarbeit.

1. Als Winkelmessinstrument wird ein Theodolit benutzt. Mit dem Fernrohr des Theodolits kann man einzelne Punkte im Gelände anpeilen. Der Höhen- bzw. Horizontalwinkel lässt sich an einer entsprechenden Skala ablesen.
Modernere Geräte verfügen auch über Laserentfernungsmesser.

Auch auf dem Schulgelände könnt ihr Messungen durchführen.
Mit den Daten könnt ihr dann z. B. schwer erreichbare Gebäudemaße oder Baumhöhen bestimmen.
Einen stark vereinfachten Theodoliten könnt ihr auch selbst herstellen und dann nutzen.

Bauanleitung:
Ihr benötigt ein ca. 30 cm langes Isolierrohr (oder Papprohr), ein Geodreieck, einen Bindfaden mit Gewicht (Stein oder Schraube) und Klebeband.
Befestigt mit dem Klebeband das Geodreieck so wie im Bild an das eine Ende des Rohrs.
Danach befestigt den Bindfaden (mit Gewicht) genau auf Höhe des Geodreiecknullpunkts.

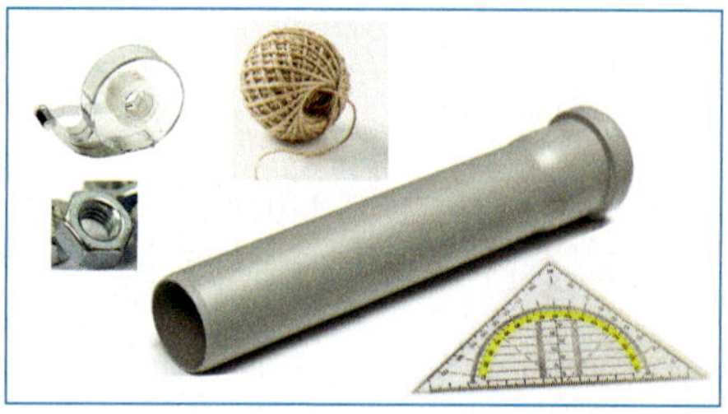

Anwendung:
Peilt z. B. die Spitze eines Baums durch das Rohr an. Der Bindfaden zeigt nun am Geodreieck den Höhenwinkel α an. Bestimmt dann mit einem Maßband die Entfernung zum Baum.
Notiert eure Messwerte in einer Skizze und berechnet mit trigonometrischen Mitteln die Baumhöhe.

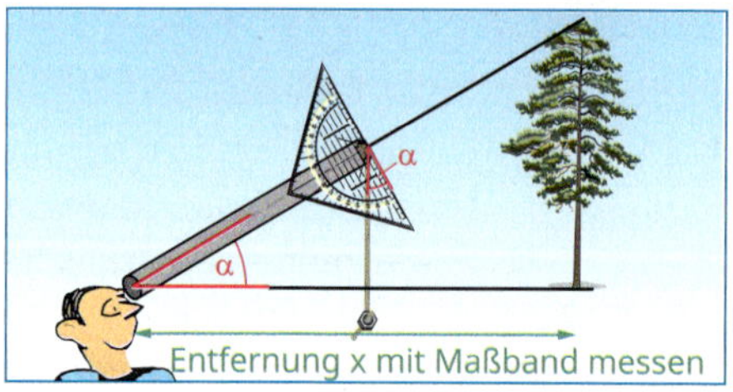

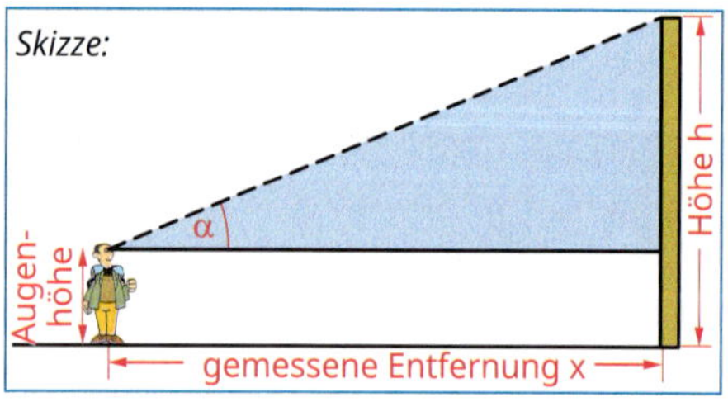

Bestimmt auf eurem Schulhof die Höhen von selbst gewählten Bäumen, Klettergerüsten oder Gebäuden schrittweise:
① Überlegt zunächst euer Vorgehen und fertigt eine Skizze an.
② Messt benötigte Entfernungen.
③ Ermittelt mit eurem Winkelmesser benötigte Winkel.
④ Bestimmt mit trigonometrischen Berechnungen die gesuchten Höhen.

2. Lena und Cem haben ein einfaches Horizontalwinkelmessgerät gebastelt.

a) Formuliert eine Bastelanleitung mit Materialliste.

b) Fertigt selbst einen Winkelmesser zum Bestimmen eines Horizontalwinkels an und testet ihn z. B. im Klassenraum oder auf dem Schulhof.

3. Mira und Ben nutzen eine App für Winkel- und Streckenmessungen. Damit haben sie Maße auf dem Schulgelände ermittelt und in einer Skizze festgehalten.

a) Wie breit ist der Schulteich?

b) Berechnet die fehlenden Winkel im Dreieck ABC.

c) Informiert euch selbst über aktuelle Apps zur Winkel- und Streckenmessungen und testet sie z. B. auf dem Schulgelände.

4. Die Berufsausbildung zur Vermessungstechnikerin dauert in der Regel 3 Jahre.

a) Informiert euch bei eurem Berufsberater, im Internet (z. B. Berufenet) oder im BIZ über ...

Ⓐ ... Ausbildungsvoraussetzungen (Schulabschluss, wichtige Schulfächer),

Ⓑ ... Fachrichtungen und Einsatzmöglichkeiten,

Ⓒ ... Ausbildungsbetriebe in eurer Umgebung,

Ⓓ ... Ausbildungsvergütung und Einstiegsgehalt.

b) Gestaltet ein Informationsplakat oder eine Präsentation zum Ausbildungsberuf der Vermessungstechnikerin.

Vermischte Aufgaben

1. a) Berechne die Strecke a.

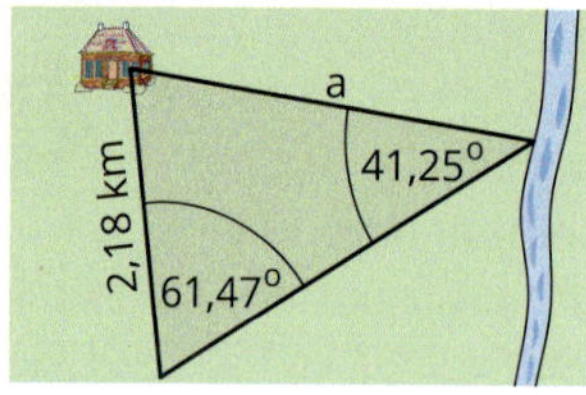

b) Berechne die Strecke x.

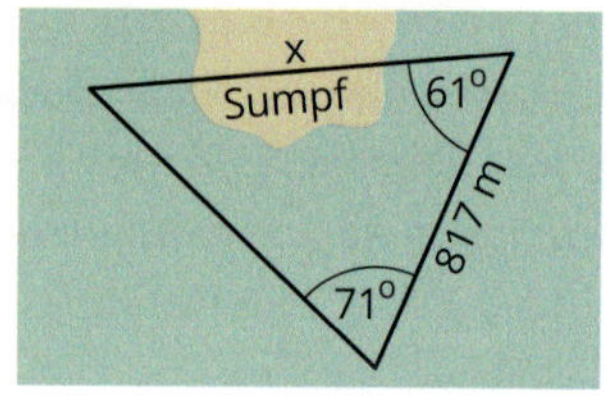

c) Wie lang ist die Brücke?

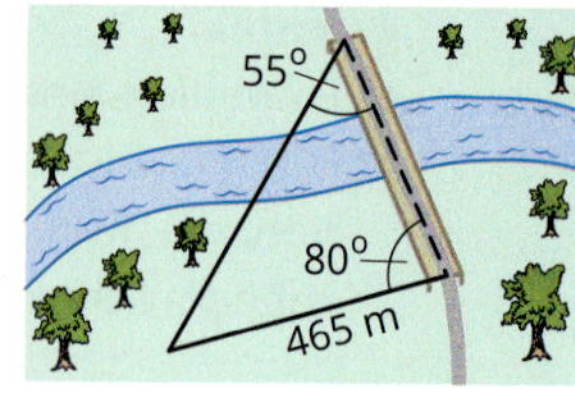

2. Berechne die Entfernung der Insel von der Anlegestelle.

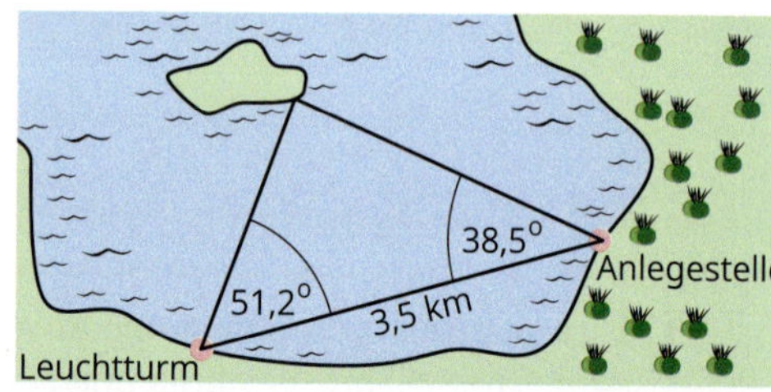

+3. Berechne die Länge der Seite a.

a) $b = 7\text{ cm}$; $\alpha = 33°$; $\beta = 94°$

b) $c = 6{,}2\text{ cm}$; $\alpha = 77°$; $\gamma = 43°$

c) $b = 9{,}5\text{ cm}$; $\beta = 51°$; $\gamma = 68°$

4. Über einen See soll eine Brücke gebaut werden. Dazu hat ein Vermessungsteam vorab Messungen durchgeführt.

a) Überlege zunächst, ob du die Gesamtlänge der Strecke AB mit dem Sinussatz oder dem Kosinussatz berechnen kannst. Begründe.

b) Berechne dann die Brückenlänge x.

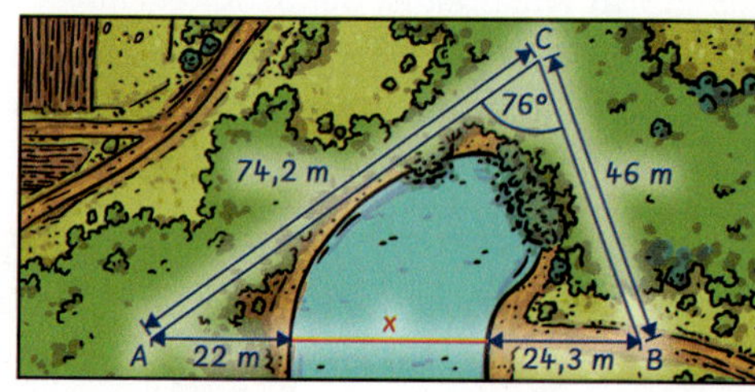

5. Eine Boeing und ein Airbus verlassen den Flughafen über denselben Luftkorridor. Um 12:00 Uhr schwenkt die Boeing auf ihren Reisekurs und um 12:10 Uhr an gleicher Stelle der Airbus auf den seinen. Ihre Richtungen unterscheiden sich um den angegebenen Winkel. Bis 13:00 Uhr erreicht die Boeing eine Durchschnittsgeschwindigkeit von 700 $\frac{\text{km}}{\text{h}}$, der Airbus 600 $\frac{\text{km}}{\text{h}}$. Wie weit sind die Flugzeuge um diese Uhrzeit voneinander entfernt?

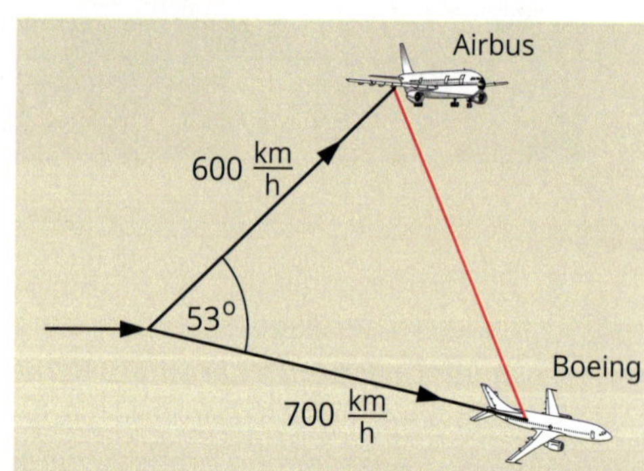

6. Das Gebiet zwischen den drei Straßen wird von einem Investor aufgekauft. Er will dort ein Neubaugebiet mit Doppel- und Reihenhäusern, Einkaufszentrum usw. entstehen lassen.

a) Berechne die Größe des Gebiets in m^2.

b) Bestimme die Grundstückskosten, wenn ein m^2 85,50 € kostet.

c) Die Erschließung kostet insgesamt 583 795 €.
Wie teuer ist die Erschließung pro m^2?

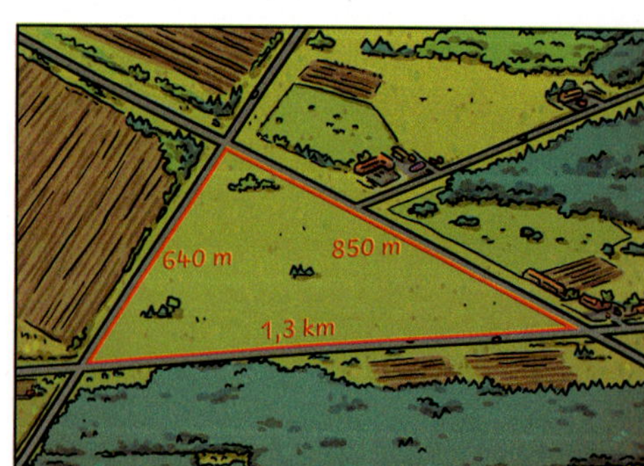

Periodische Vorgänge

1. Aicha und Max untersuchen im Physikunterricht die mechanische Schwingung einer Feder mit angehängtem Massenstück. Wenn sie das Massenstück aus der Ruhelage anheben und es loslassen, sinkt es zurück über die Ruhelage hinaus nach unten. Die Feder zieht das Massenstück wieder über die Ruhelage hinaus hoch, danach sinkt es wieder usw.
Diese Bewegung wird **Schwingung** genannt. Die Entfernung des Massenstücks von der Ruhelage wird als **Auslenkung** bezeichnet. Die Auslenkung der Feder und die Anzahl der Schwingungen in 5 Sekunden haben Aicha und Max durch einen Graphen dargestellt.

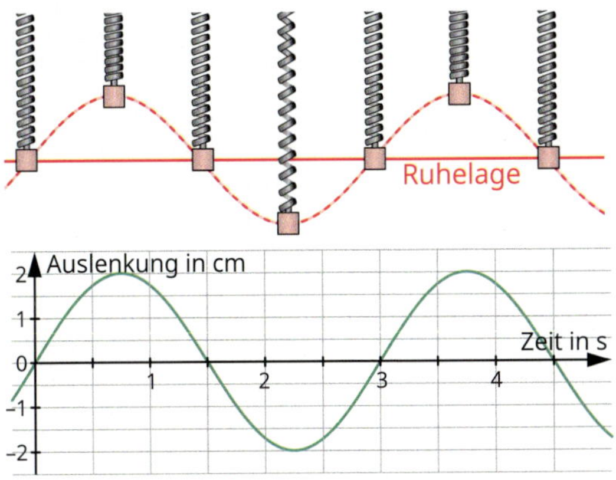

a) Um wie viel cm wird die Feder ausgelenkt?
b) Bestimme die Dauer einer Schwingung.

2. Eine Stimmgabel ist eine Metallgabel, die durch Schwingung einen bestimmten Ton erzeugt, z. B. um eine Gitarre zu stimmen. Durch Anschlagen bewegt die Stimmgabel sich hin und her, sie wird also in Schwingung versetzt.
In der Abbildung wird eine angeschlagene Stimmgabel über eine Rußplatte gezogen. Dadurch werden die Schwingungen sichtbar und lassen sich in ein Koordinatensystem übertragen.
a) Wie lange dauert eine Schwingung?
b) Wie oft schwingt die Stimmgabel in 0,5 Sekunden hin und her?
c) Gib die maximale Auslenkung der Stimmgabel in mm an.

Den Ton abnehmen – die A-Saite stimmen.

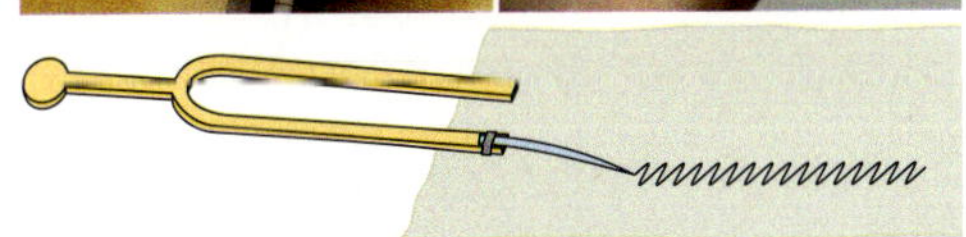

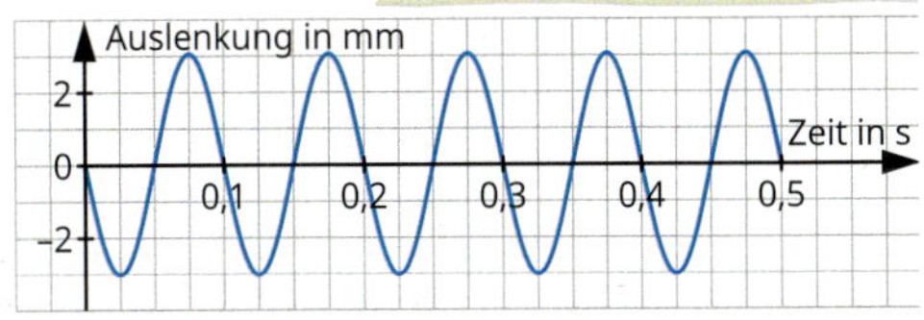

3. Das Schwingungsbild eines Saxophons unterscheidet sich von den Bildern der Stimmgabel (Aufgabe 2) und der Feder (Aufgabe 1).
Beschreibt mit Worten die Unterschiede.
Wie viele wiederkehrende (periodische) Schwingungen erkennt ihr?

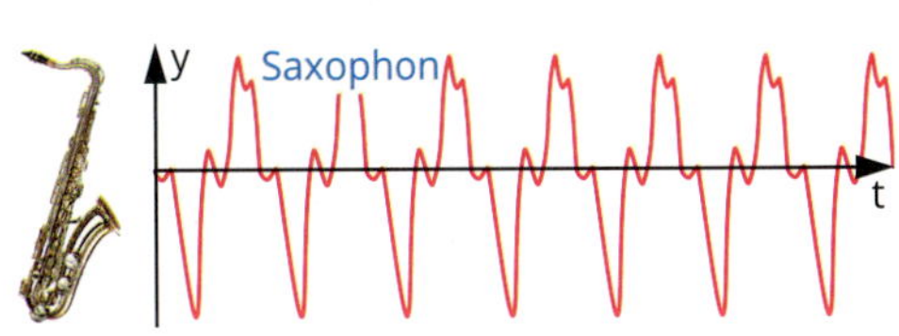

Ein Vorgang heißt **periodisch**, wenn er sich regelmäßig in gleicher Zeitdauer wiederholt. Die Periode p gibt an, wie lange ein sich wiederholender Vorgang dauert.
Die Amplitude a ist die maximale Auslenkung gegenüber der Ruhelage.
Die Frequenz f gibt die Anzahl der Wiederholungen pro Sekunde an. Sie wird in Hertz angegeben: 1 Hz = 1 Schwingung pro Sekunde. **Es gilt: f = 1 : p**

Schwingbilder von zwei Tönen

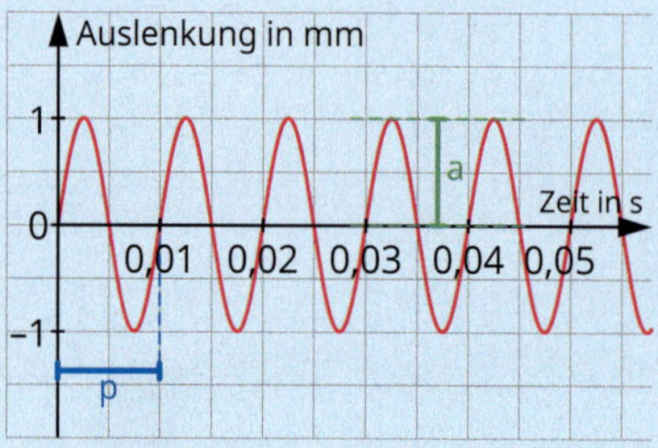

Periode p = 0,01 s
Amplitude a = 1 mm
Frequenz f = 1 : p = 1 : 0,01= 100 (Hz)

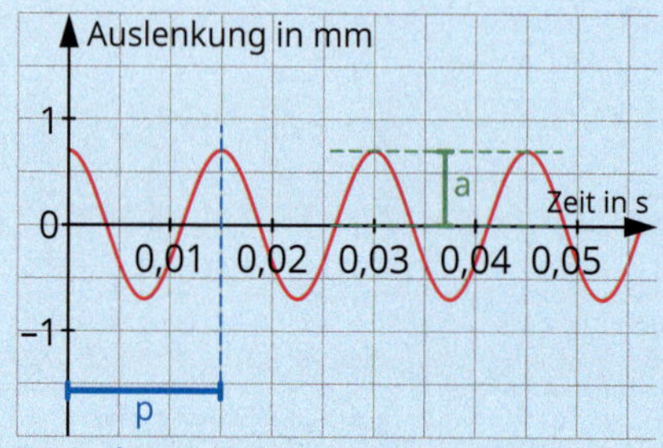

Periode p = 0,015 s
Amplitude a = 0,7 mm
Frequenz f = 1 : p = 1 : 0,015 = 67 (Hz)

4. Diskutiert, ob es sich um einen periodischen Vorgang handelt.
a) Sekundenzeiger einer Uhr
b) Paul übt Trompete
c) Fahrt einer Straßenbahn
d) Ebbe und Flut
e) Kind schaukelt
f) Skifahrer fährt im Schuss eine Piste herunter
g) Ventilatorbewegung
h) Erdumdrehung

5. Bestimme die Periode p und Amplitude a des Klangbildes. Berechne dann die Frequenz f.

a)
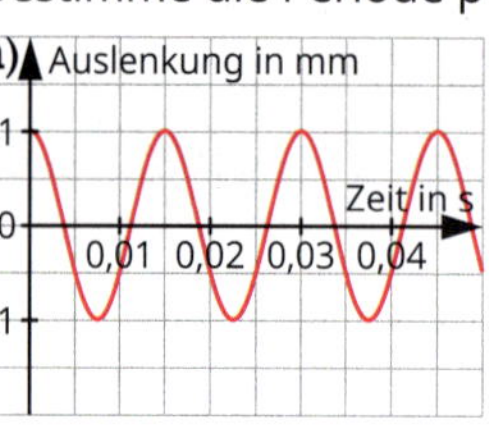

b)
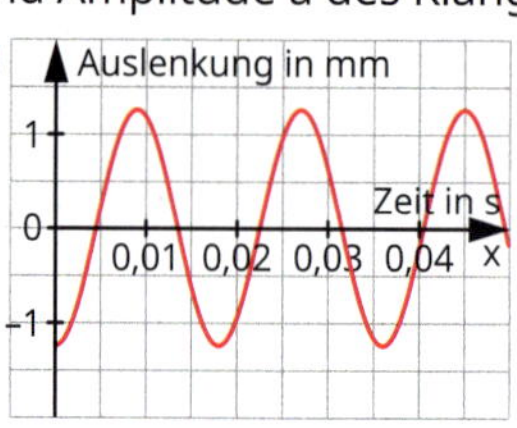

c)
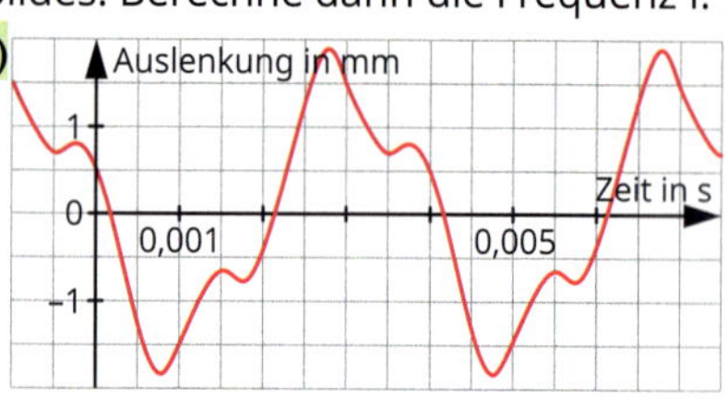

⁺6. Filip hat für die Physik AG Schwingungsbilder von Ton, Geräusch und Klang recherchiert und skizziert. Welche Bilder sind periodisch? Begründe.

a)
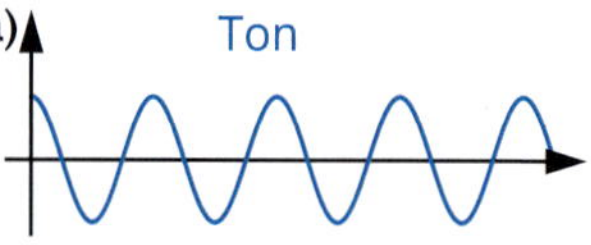

b)

c)
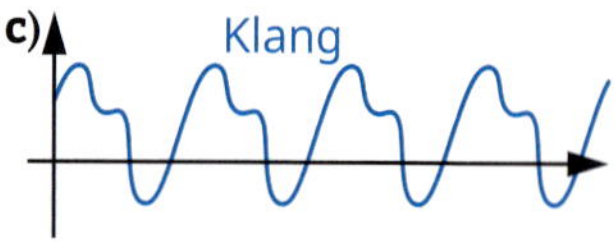

7. Übertrage das Koordinatensystem in dein Heft und skizziere jeweils einen periodischen Graphen mit den entsprechenden Eigenschaften.
a) Amplitude a = 2 mm; Periode 0,2 s
b) Amplitude a = 3,5 mm; Periode 0,25 s
c) Amplitude a = 1,5 mm; Frequenz f = 10 Hz
d) Amplitude a = 2 mm; Frequenz f = 12,5 Hz

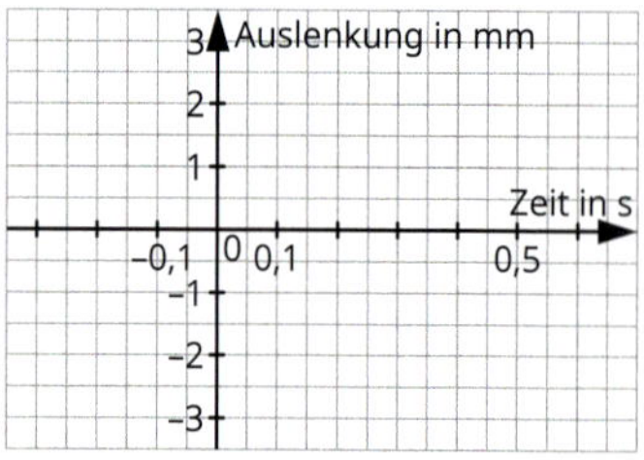

Bogenmaß

1. Partnerarbeit: Zu jedem Winkel α im Einheitskreis gehört eine Bogenlänge b_α (auch Bogenmaß genannt).

a) Erklärt das in der nebenstehenden Tabelle notierte Bogenmaß b_α zum Winkel $\alpha = 180°$.

b) Berechnet zu den anderen Winkeln das jeweils zugehörige Bogenmaß und rundet auf fünf Stellen nach dem Komma.

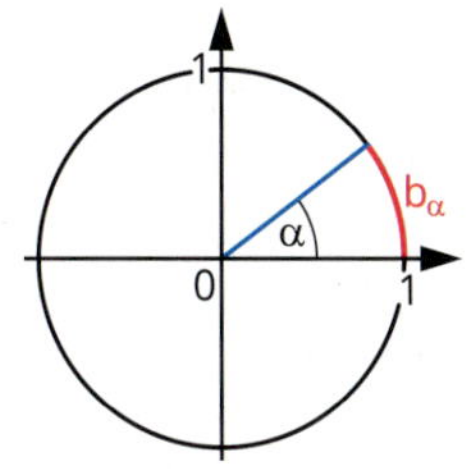

α	b_α
90°	
180°	3,14159
270°	
360°	
900°	

2. **a)** Partnerarbeit: Erklärt den abgebildeten Funktionsgraphen, übertragt die Tabelle ins Heft und füllt sie mit Näherungswerten aus.

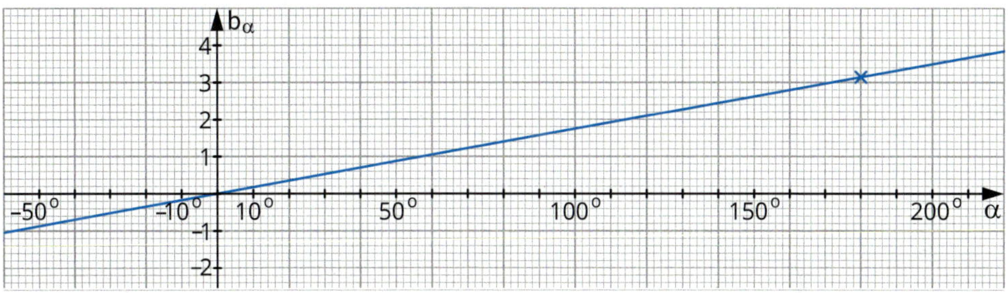

α	200°	180°	100°	60°	−20°	−50°				
b_α		3,1					2,6	0,8	−0,5	−1

b) Erklärt die beiden Formeln im Merkkasten.

Im Einheitskreis gehört zu jedem Winkel α ein Bogenmaß b_α.

Es gelten folgende Formeln: ① $b_\alpha = \frac{\pi}{180°} \cdot \alpha$ ② $\alpha = \frac{180° \cdot b_\alpha}{\pi}$

① Berechne das Bogenmaß von $\alpha = 40°$.

$b_\alpha = \frac{\pi}{180°} \cdot \alpha$

$b_\alpha = \frac{\pi}{180°} \cdot 40°$

$b_\alpha \approx 0{,}698$

② Welcher Winkel gehört zum Bogenmaß $b_\alpha = 2{,}618$?

$\alpha = \frac{180° \cdot b_\alpha}{\pi}$

$\alpha = \frac{180° \cdot 2{,}618}{\pi}$

$\alpha \approx 150°$

Ersetze im Taschenrechner die Anzeige „DEG" durch „RAD" (z. B. Tippfolge MODE 5), dann rechnet das Gerät mit der Bogenlänge: $\sin 2{,}86 \approx 0{,}2779$

3. Häufig wird das Bogenmaß eines Winkels nicht als Dezimalzahl angegeben, sondern in Abhängigkeit von π. Ordne Bogenmaß und Winkel einander zu.

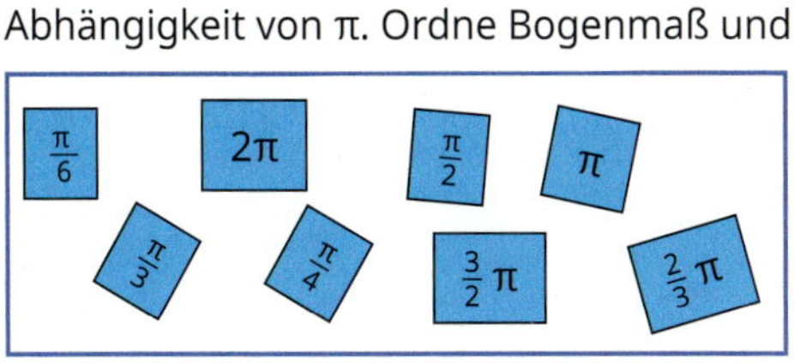

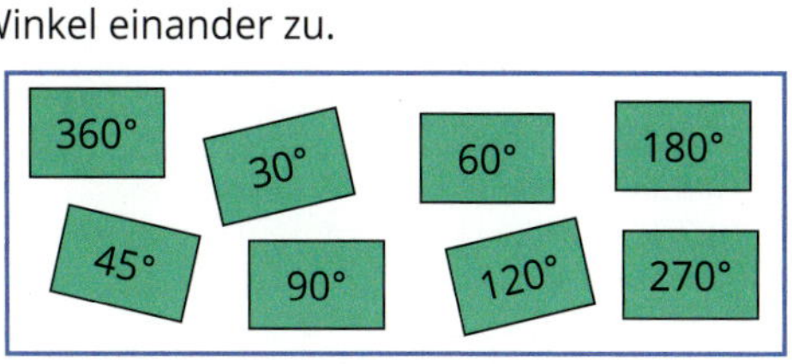

4. Partnerarbeit: Zeichnet die Sinusfunktion $y = \sin(x)$, wobei jedem Winkel x im Bogenmaß der Sinus dieses Winkels zugeordnet wird. Erstellt zuerst eine Wertetabelle für die Bogenmaße $x = -1{,}5; -1; -0{,}5; \ldots, 5{,}5; 6$ sowie $x = \frac{1}{2}\pi; \frac{3}{2}\pi$ und 2π.

Sinusfunktion

1. Mit der Sinusfunktion könnt ihr periodische (sinusförmige) Vorgänge mathematisch beschreiben. Dazu lässt sich die Sinusfunktion in x- und y-Richtung strecken, stauchen und verschieben.
Gruppenarbeit: Untersucht die Graphen der Funktionen mit einer DGS.
Welche Bedeutung haben die Parameter a, b, c und d? Formuliert einen Merksatz und präsentiert eure Ergebnisse in der Klasse.

Parameter sind Variablen, die durch Zahlen ersetzt werden und ihren festen Platz z. B. in einer Gleichung haben.

A Funktion $y = \sin(x) + d$
$y_1 = \sin(x) + 2$ $y_2 = \sin(x) - 5$
$y_3 = 2{,}7 + \sin(x)$ $y_4 = -\frac{8}{3} + \sin(x)$

B Funktion $y = a \cdot \sin(x)$ mit $a > 0$
$y_1 = 3 \cdot \sin(x)$ $y_2 = 0{,}7 \cdot \sin(x)$
$y_3 = \frac{3}{2} \cdot \sin(x)$ $y_4 = \pi \cdot \sin(x)$

C Funktion $y = \sin(bx)$ mit $b > 0$
$y_1 = \sin(3x)$ $y_2 = \sin(1{,}2x)$
$y_3 = \sin\left(\frac{1}{2}x\right)$ $y_4 = \sin(0{,}1x)$

D Funktion $y = \sin(x + c)$
$y_1 = \sin(x + 2)$ $y_2 = \sin(x - 3)$
$y_3 = \sin(x - \pi)$ $y_4 = \sin\left(x + \frac{\pi}{2}\right)$

Allgemeine Sinusfunktionen

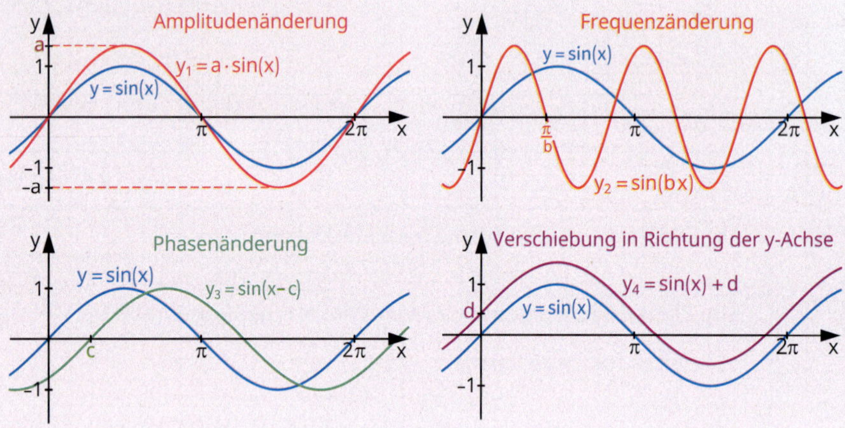

2. Die vier Graphen des Schaubilds gehören zu vier der sechs Funktionsgleichungen.
a) Ordne die Graphen richtig zu.
b) Zeichne die Graphen der beiden Funktionen, die nicht im Schaubild dargestellt sind, in dein Heft. Kontrolliere anschließend mit einer DGS.

$y_1 = \sin(2x)$ $y_2 = \sin(3x)$
$y_3 = 4 \cdot \sin(x)$ $y_4 = \sin(x - 2)$
$y_5 = \sin(x) - 1$ $y_6 = \sin(x) - 2$

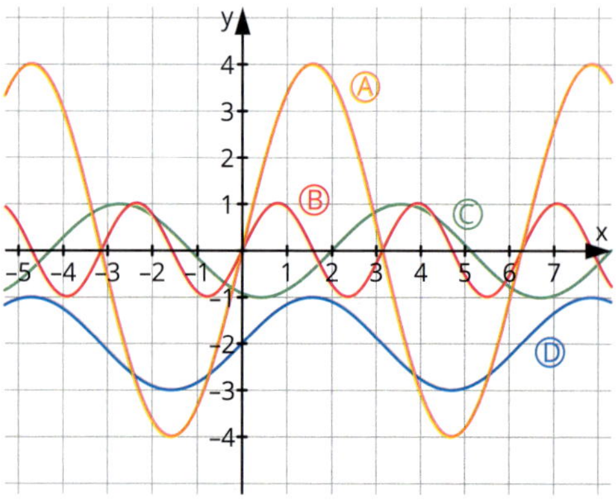

3. Gruppenarbeit: Gegeben ist die Funktion $y = 2\sin\left[\frac{1}{3}(x - 5)\right] + 4$.
Jedes Gruppenmitglied skizziert den vermuteten Verlauf des Graphen dieser Funktion und erklärt die Skizze. Erstellt dann mit einer DGS den tatsächlichen Graphen der Funktion und beurteilt die Skizzen der Gruppenmitglieder.

Sinus, Kosinus und Tangens

in rechtwinkligen Dreiecken

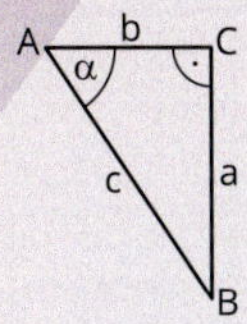

$\sin\alpha = \frac{\text{Gegenkathete von }\alpha}{\text{Hypotenuse}}$

$\cos\alpha = \frac{\text{Ankathete von }\alpha}{\text{Hypotenuse}}$

$\tan\alpha = \frac{\text{Gegenkathete von }\alpha}{\text{Ankathete von }\alpha}$

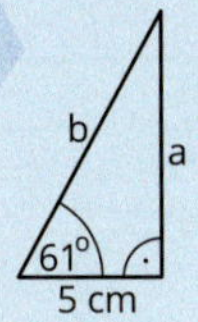

$\tan 61° = \frac{a}{5\text{ cm}} \quad |\cdot 5\text{ cm}$

$a \approx 9\text{ cm}$

$\cos 61° = \frac{5\text{ cm}}{b} \quad |\cdot b$

$b \cdot \cos 61° = 5\text{ cm} \quad |:\cos 61°$

$b \approx 10{,}3\text{ cm}$

1. Ergänze die gesuchten Seitenverhältnisse.

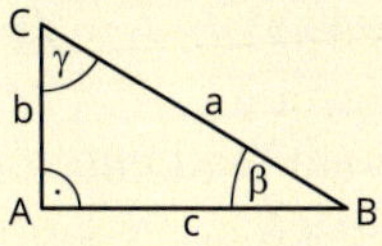

$\sin\beta = \frac{\square}{\square}$ $\quad \sin\gamma = \frac{\square}{\square}$

$\cos\beta = \frac{\square}{\square}$ $\quad \cos\gamma = \frac{\square}{\square}$

$\tan\beta = \frac{\square}{\square}$ $\quad \tan\gamma = \frac{\square}{\square}$

2. Berechne die fehlenden Seiten (Winkel).

a)

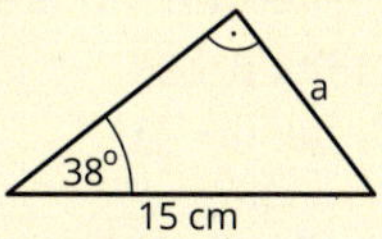

b)

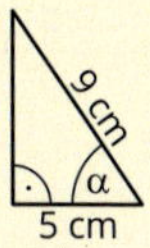

3. Berechne die Höhe des Kirchturms.

a)

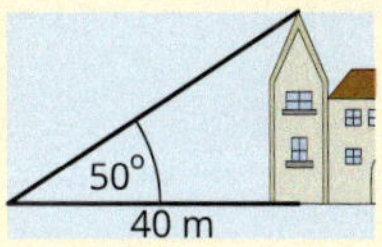

b)

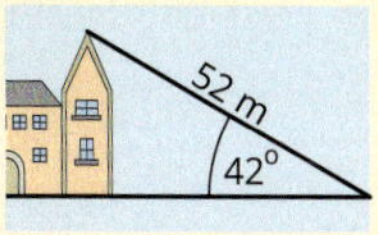

Steigung einer Geraden

Die Steigung m kann auch in Prozent angegeben werden.

$\text{Steigung } m = \frac{p}{100} = \frac{\text{Gegenkathete}}{\text{Ankathete}}$

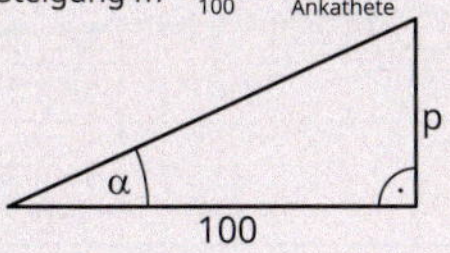

Für den zugehörigen Steigungswinkel α gilt: $\tan\alpha = m$

4. Berechne den zugehörigen Steigungswinkel α.

a)

b)

c)

5. Gib zum Steigungswinkel α die Steigung in % an.

a) 10° **b)** 25° **c)** 45°

Sinussatz

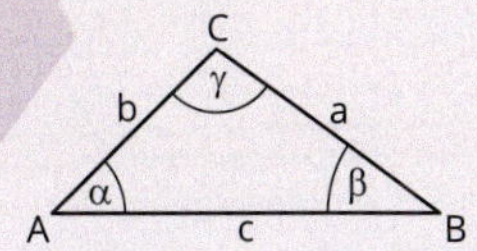

In jedem Dreieck gilt:

$\frac{a}{\sin\alpha} = \frac{b}{\sin\beta} = \frac{c}{\sin\gamma}$

$c = 3\text{ cm}$
$\alpha = 30°$
$\gamma = 40°$

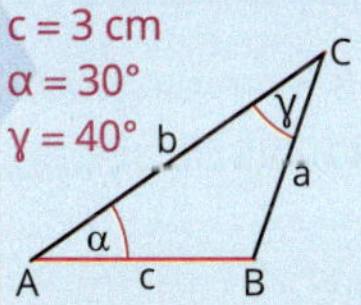

$\frac{a}{\sin 30°} = \frac{3}{\sin 40°} \quad |\cdot \sin 30°$

$a = \frac{3}{\sin 40°} \cdot \sin 30°$

$a \approx 2{,}3\text{ cm}$

6. Berechne die fehlenden Seiten und Winkel. Nutze die Winkelsumme und den Sinussatz.

a)

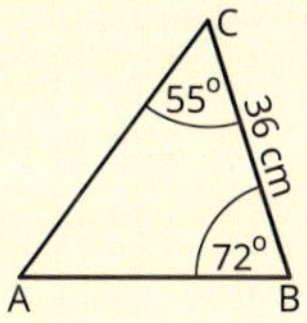

b)

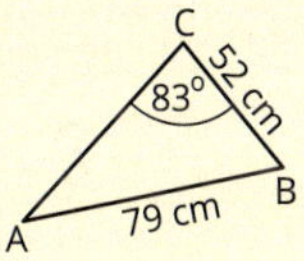

7. Berechne im Dreieck ABC mit $a = 5\text{ cm}$, $\beta = 81°$ und $\gamma = 55°$ die fehlenden Seiten und Winkel.

Kosinussatz

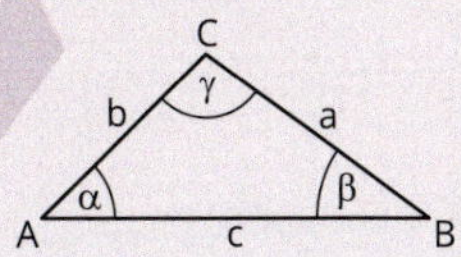

In jedem Dreieck gilt:

$a^2 = b^2 + c^2 - 2bc \cdot \cos\alpha$

$b^2 = a^2 + c^2 - 2ac \cdot \cos\beta$

$c^2 = a^2 + b^2 - 2ab \cdot \cos\gamma$

$b = 6\text{ cm}$
$c = 5\text{ cm}$
$\alpha = 40°$

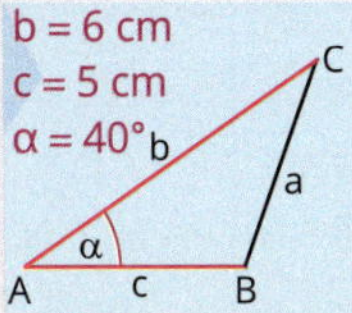

$a^2 = b^2 + c^2 - 2bc \cdot \cos\alpha$

$a^2 = 6^2 + 5^2 - 2 \cdot 6 \cdot 5 \cdot \cos 40°$

$a^2 \approx 15{,}04$

$a \approx 3{,}9\text{ cm}$

8. In einer Raute mit 40 cm Umfang ist ein Winkel 50°. Berechne die Diagonalen.

9. Berechne die fehlenden Größen des Dreiecks ABC. Konstruiere das Dreieck, um deine Berechnungen zu kontrollieren.

a) $b = 5\text{ cm}$; $c = 3\text{ cm}$; $\beta = 70°$

b) $a = 6\text{ cm}$; $b = 8\text{ cm}$; $\gamma = 55°$

c) $b = 4{,}7\text{ cm}$; $c = 5{,}2\text{ cm}$; $\alpha = 74°$

d) $a = 8{,}2\text{ cm}$; $b = 5{,}5\text{ cm}$; $c = 6{,}8\text{ cm}$

1. Berechne mit dem Taschenrechner und runde auf 3 Stellen nach dem Komma.
a) sin 35° **b)** cos 43,5° **c)** tan 25° **d)** cos 120° **e)** sin (–40°)

2. Berechne den Winkel mit dem Taschenrechner. Runde auf ganze Grad.
a) $\sin\alpha = 0{,}64$ **b)** $\sin\alpha = 1$ **c)** $\tan\alpha = 1{,}5$ **d)** $\cos\alpha = 0{,}4$ **e)** $\cos\alpha = 0$

3. Schreibe das gesuchte Seitenverhältnis auf.
a) $\sin\alpha =$ ■ **b)** $\tan\beta =$ ■
c) $\cos\beta =$ ■ **d)** $\tan\alpha =$ ■

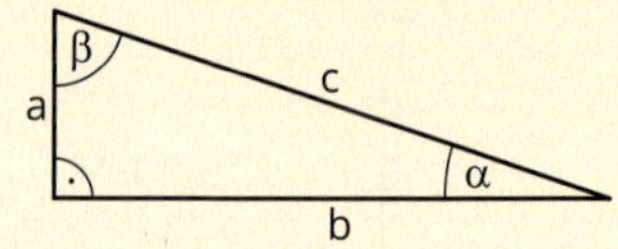

4. Berechne die gesuchte Seite des rechtwinkligen Dreiecks.

a)
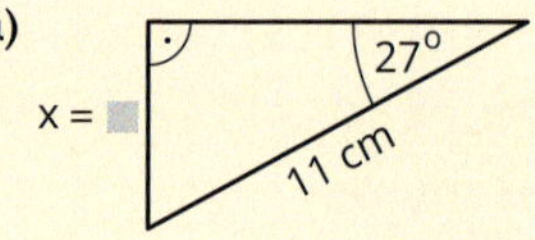

b)
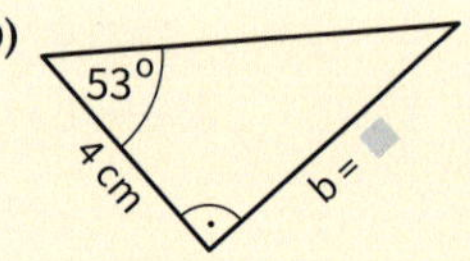

5. **a)** Berechne die Länge der Seite b.

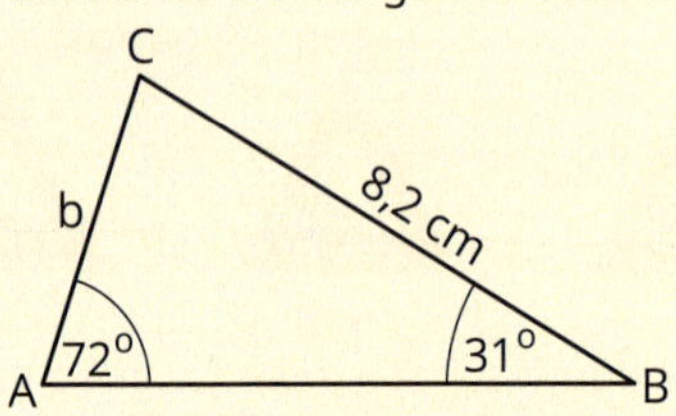

b) Berechne den Umfang des Dreiecks.

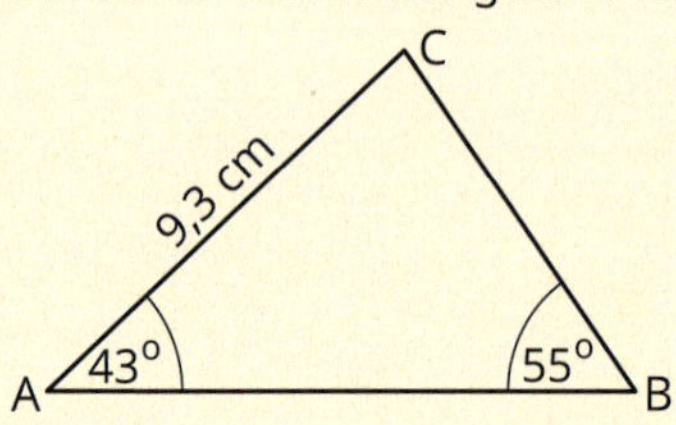

6. Ein Berghang hat eine Steigung von 35 %. Berechne den Steigungswinkel.

7. Wie viel Kubikmeter Erde wurden zum Bau des Damms für ein 200 m langes Teilstück benötigt?

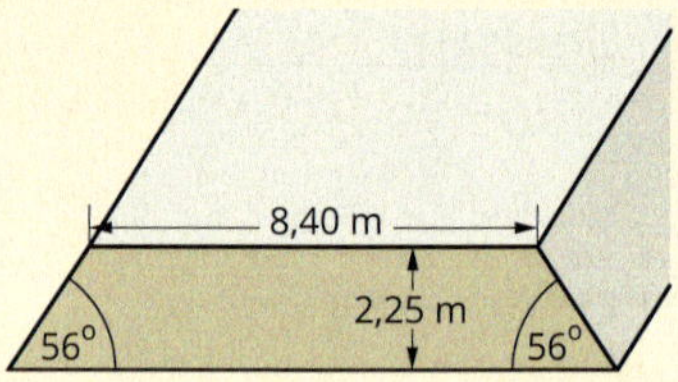

8. Eine Passstraße steigt gleichmäßig an. Sie überwindet auf einer Fahrstrecke von 8,5 km eine Höhe von 630 m. Unter welchem Steigungswinkel α und mit welcher Steigung in % steigt die Straße an?

9. **a)** Berechne die Länge der Seite c.

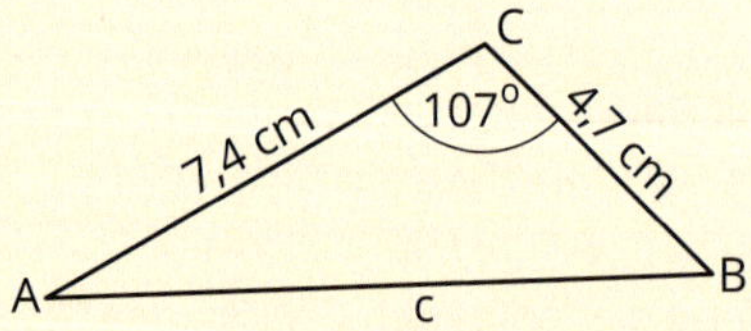

b) Berechne die Länge der Seite a.

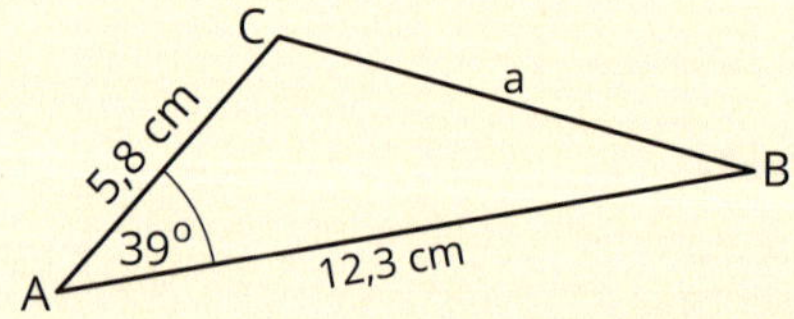

10. Berechne im nebenstehenden Dreieck ABC die Länge $\overline{CD}$ und den Flächeninhalt des Dreiecks.

11. In einem Dreieck sind gegeben: a = 5 cm; b = 9 cm und c = 6 cm. Skizziere das Dreieck und färbe gegebene Größen. Berechne alle Winkel.

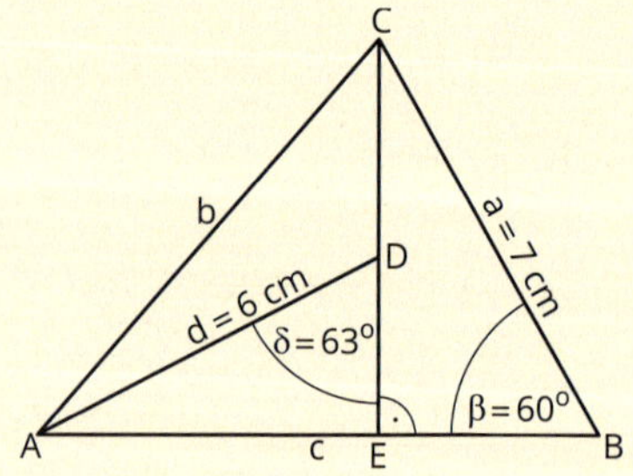

Potenzen und Wurzeln

4

In diesem Kapitel lernst du, …

… wie du mit Potenzen rechnest, die negative Exponenten haben,
… wie du mit Potenzen multiplizierst, dividierst und potenzierst,
… welche Rechengesetze für Quadratwurzeln gelten,
… was eine n-te Wurzel ist,
… wie man Wurzeln auch als Potenzen schreiben kann.

Löse die folgenden Aufgaben und schätze dich ein.

1. Berechne im Kopf.

a) 5^2 | 8^2 | 11^2 | 12^2 | 15^2 | 20^2 | 30^2

b) 1^3 | 2^3 | 3^3 | 4^3 | 5^3 | 6^3 | 10^3

Ich kann einfache Quadrat- und Kubikzahlen im Kopf berechnen.

Das kann ich gut. | Ich bin noch unsicher.
→ S. 205, A 1–4

2. Übertrage die Zeile ins Heft und ordne die Begriffe auf den Kärtchen richtig zu:

$3^5 = 3 \cdot 3 \cdot 3 \cdot 3 \cdot 3 = 243$

Ⓑ (Exponent 5), Ⓐ (Basis 3), Ⓒ (Faktoren 3·3·3·3·3), Ⓓ (243)

Faktoren | Exponent | Potenzwert | Basis

Ich kenne die Fachbegriffe bei Potenzen.

Das kann ich gut. | Ich bin noch unsicher.
→ S. 205, A 5–7

3. Immer drei Kärtchen gehören zusammen. Notiere.

zehn Millionen	10^{-2}	10 000 000 000
ein Hunderttausendstel	10^4	0,01
ein Hundertstel	10^{10}	10 000
zehntausend	10^{-5}	0,00001
zehn Milliarden	10^7	10 000 000

Ich kann Zehnerpotenzen auf verschiedene Weise berechnen und bezeichnen.

Das kann ich gut. | Ich bin noch unsicher.
→ S. 206, A 1–3

4. Berechne im Kopf.

a) $\sqrt{100}$ **b)** $\sqrt{64}$ **c)** $\sqrt{225}$ **d)** $\sqrt{81}$
e) $\sqrt{196}$ **f)** $\sqrt{361}$ **g)** $\sqrt{9}$ **h)** $\sqrt{400}$
i) $\sqrt[3]{27}$ **j)** $\sqrt[3]{1}$ **k)** $\sqrt[3]{125}$ **l)** $\sqrt[3]{1000}$

Ich kann einfache Quadrat- und Kubikwurzeln im Kopf berechnen.

Das kann ich gut. | Ich bin noch unsicher.
→ S. 206, A 4–6

5. Berechne ohne Taschenrechner.

a) $\frac{1}{3} \cdot \frac{1}{11}$ **b)** $\frac{2}{5} \cdot \frac{15}{8}$ **c)** $\frac{2}{75} \cdot \frac{25}{16}$ **d)** $\frac{5}{7} \cdot \frac{7}{30}$
e) $8 \cdot 1,5$ **f)** $0,7 \cdot 0,7$ **g)** $0,2 \cdot 0,65$ **h)** $1,1 \cdot 1,7$

Ich kann Brüche und Dezimalzahlen multiplizieren.

Das kann ich gut. | Ich bin noch unsicher.
→ S. 207, A 1–3

Wiederholung: Potenzen

Basis **Exponent** (Hochzahl)

2^5

Potenz (lies „2 hoch 5“)

Potenzwert

$2^5 = \underbrace{2 \cdot 2 \cdot 2 \cdot 2 \cdot 2}_{\text{5-mal der Faktor 2}} = 32$

5-mal der Faktor 2

1. Stelle die Potenz als Produkt dar. Berechne dann den Potenzwert ohne Taschenrechner.

a) 3^3 **b)** 4^3 **c)** 10^5 **d)** 1^4 **e)** 17^2 **f)** 15^2
g) $(-2)^4$ **h)** $(-2)^5$ **i)** $(-3)^2$ **j)** $(-3)^3$ **k)** $(-100)^2$ **l)** $(-400)^2$

2. Berechne den Potenzwert mit dem Taschenrechner.

a) 6^5 **b)** 14^3 **c)** 100^5 **d)** 22^4 **e)** 9^7 **f)** 400^3
g) $(-100)^5$ **h)** $(-21)^2$ **i)** $(-21)^3$ **j)** $(-7)^5$ **k)** $(-27)^3$ **l)** $(-3)^9$

3. Ordne die Potenzen der Größe nach. Beginne mit dem kleinsten Potenzwert.

2^8 8^2 1^{41} 20^2 3^8 5^5 7^4 10^4

4. Schreibe zuerst in Potenzschreibweise. Berechne dann den Potenzwert.

a) Eine Potenz hat die Basis 5 und den Exponenten 4.
b) Die Zahl 3 wird siebenmal mit sich selbst multipliziert.
c) 8 hoch 4
d) Ein Produkt besteht aus vier Neunen.

5. Ergänze die Gleichungen und schreibe sie ins Heft.

a) $\square^2 = 256$ **b)** $2^\square = 256$ **c)** $5^5 = \square$ **d)** $4^\square = 1\,024$ **e)** $(-13)^\square = 169$
f) $(-25)^2 = \square$ **g)** $7^\square = 343$ **h)** $\square^3 = 27$ **i)** $\square^9 = -1$ **j)** $5^\square = 625$

6. Berechne im Kopf. Es gilt: Potenzrechnung vor Punktrechnung vor Strichrechnung.

a) -3^4; $(-3)^4$ **b)** $(-2)^5$; -2^5 **c)** $3 \cdot 7^2$; $(3 \cdot 7)^2$
d) $4 \cdot 5^3$; $(4 \cdot 5)^3$ **e)** $2 + 2^5$; $(2 + 2)^5$ **f)** $-5 + 15 \cdot 2^3$; $-(5 + 15) \cdot 2^3$

$-3^2 = -(3 \cdot 3) = -9$, aber $(-3)^2 = (-3) \cdot (-3) = 9$
$5 + 3^2 = 5 + 9 = 14$, aber $(5 + 3)^2 = 8^2 = 64$
$5 \cdot 3^2 = 5 \cdot 9 = 45$, aber $(5 \cdot 3)^2 = (15)^2 = 225$

7. Hier findest du typische Schülerfehler. Überprüfe und korrigiere alle Fehler.

① $2^5 = 10$	② $0{,}1^3 = 0{,}1$	③ $2^4 = 24$	④ $5^3 = 3^5$	⑤ $(-8)^2 = -64$
⑥ $\left(\frac{2}{3}\right)^2 = \frac{4}{6}$	⑦ $0{,}6^2 = 3{,}6$	⑧ $12^2 = 104$	⑨ $1^9 = 9$	⑩ $\frac{1^3}{2} = 0{,}125$

8. Schreibe diese Zahlen in Potenzschreibweise. Es gibt mehrere Möglichkeiten.

a) 16 **b)** 81 **c)** 1 000 000 **d)** 625 **e)** –512
f) 1 **g)** –729 **h)** 1 296 **i)** $\frac{1}{10\,000}$ **j)** $\frac{16}{81}$

9. a) Berechne die Potenzwerte von $(-2)^2$; $(-2)^3$; $(-2)^4$; $(-2)^5$; $(-2)^6$ und $(-2)^7$.
b) Welches Vorzeichen hat der Potenzwert von $(-2)^{21}$?
c) Formuliere eine Regel für das Vorzeichen des Potenzwertes. Verwende diese Worte:

Basis | Exponent | Faktoren | gerade | ungerade | Anzahl | negativ | positiv

Wiederholung: Zehnerpotenzen

Eine Potenz mit der Basis 10 wird als **Zehnerpotenz** bezeichnet.
Ist der Exponent eine negative ganze Zahl, kann die Zehnerpotenz als Bruch dargestellt werden. Dabei wird die Zehnerpotenz in den Nenner geschrieben. Beim Exponenten wechselt dadurch das Vorzeichen.

$10^5 = \underbrace{100\,000}$ — 5 Nullen nach der 1

$10^{-6} = \frac{1}{10^6} = \frac{1}{1\,000\,000} = \underbrace{0{,}000001}$ — 6 Nullen vor der 1

1. Schreibe den Potenzwert als Zahl und als Wort.
a) 10^6 **b)** 10^2 **c)** 10^4 **d)** 10^{11} **e)** 10^8

2. Schreibe den Potenzwert als Dezimalzahl und als Bruch.
a) 10^{-7} **b)** 10^{-1} **c)** 10^{-3} **d)** 10^{-5} **e)** 10^{-8}

3. Schreibe die Zahl in der Potenzschreibweise.
a) 0,001 **b)** 10 000 **c)** 0,0000001 **d)** 100 000 000 **e)** 0,01

Million	Mio	10^6
Milliarde	Mrd	10^9
Billion	Bio	10^{12}
Billiarde	Brd	10^{15}

4. Notiere als Zahl und in der Potenzschreibweise.
a) 10 Mio **b)** einhunderttausend **c)** 100 Bio **d)** zehn Billiarden
e) ein Tausendstel **f)** 100 Mrd **g)** ein Millionstel **h)** ein Zehntel
i) eine Million **j)** eintausend **k)** 1 Brd **l)** ein Hunderttausendstel

5. Setze den richtigen Exponenten ein.
a) $80\,000 = 8 \cdot 10^{\square}$ **b)** $22 \text{ Bio} = 22 \cdot 10^{\square}$ **c)** $0{,}005 = 5 \cdot 10^{\square}$ **d)** $0{,}0007 = 7 \cdot 10^{\square}$

Vorsilben bei großen Maßen		
Kilo	k	10^3
Mega	M	10^6
Giga	G	10^9
Tera	T	10^{12}

6. Die Größe von elektronischen Rechenspeichern wird in Bytes angegeben, dabei entspricht ein Byte einem Zeichen.
Wie viel Speicherkapazität in Bytes ist notwendig um folgende Datenmenge auf einem Computer abzuspeichern? Notiere deine Ergebnisse als Zahl und als Produkt einer ganzen Zahl und einer Zehnerpotenz für:
a) eine Schreibmaschinenseite
b) eine Zeitung
c) 270 Minuten Musik
d) einen HD-Kinofilm als Download
e) eine Filmothek mit rund 600 Kinofilmen à 2h

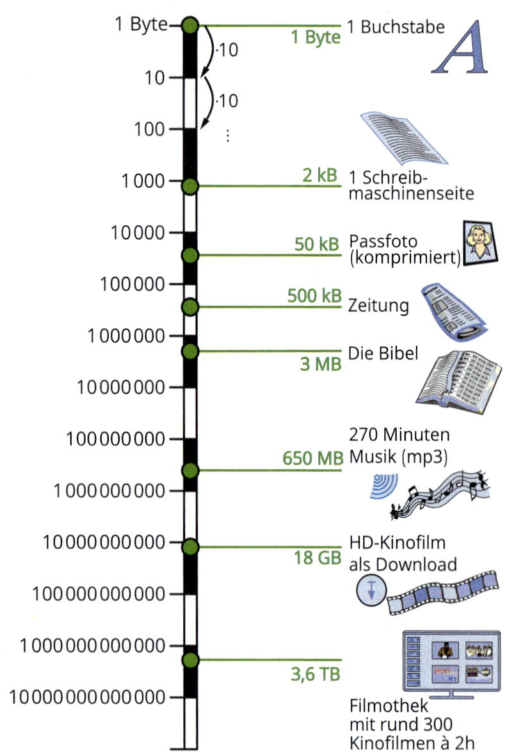

7. Schreibe das Ergebnis einmal mit allen Nullen und einmal mit einer Zehnerpotenz als Faktor.
a) $200 \cdot 30\,000$ **b)** $5\,000 \cdot 3\,000$
c) $20\,000 \cdot 4\,000$ **d)** $5\,000 \cdot 60\,000$

Wiederholung: Standardschreibweise

Die Standardschreibweise wird häufig verwendet, um sehr große und sehr kleine Zahlen übersichtlicher darzustellen und besser vergleichen zu können.
Dabei werden die Zahlen als Produkt einer **Zahl zwischen 1 und 10** und einer **Zehnerpotenz** geschrieben.

große Zahlen:

$12345678 = 1{,}2345678 \cdot 10^7$

Komma „wandert" um 7 Stellen nach links

kleine Zahlen:

$0{,}000067 = 6{,}7 \cdot 10^{-5}$

Komma „wandert" um 5 Stellen nach rechts

1. Schreibe die große Zahl in der Standardschreibweise.
a) 750 000 **b)** 44 000 000 000 **c)** 35 600 000 **d)** 52 800 **e)** 3 870 000
+f) 1 365 000 **+g)** 3 400 500 000 **+h)** 22 797 000 **+i)** 758 **+j)** 410 000

2. Schreibe die kleine Zahl in der Standardschreibweise.
a) 0,000038 **b)** 0,0000000000029 **c)** 0,65 **d)** 0,00862 **e)** 0,00127
+f) 0,00801 **+g)** 0,000000473 **+h)** 0,0017 **+i)** 0,306 **+j)** 0,0101

3. Schreibe als eine Zahl ohne Zehnerpotenz.
a) $7{,}5 \cdot 10^5$ **b)** $1{,}2 \cdot 10^7$ **c)** $4{,}95 \cdot 10^6$ **d)** $2 \cdot 10^{-7}$ **e)** $3{,}8 \cdot 10^{-4}$ **f)** $5{,}82 \cdot 10^{-10}$

4. Ordne die Zahlen der Größe nach.
① $9{,}876 \cdot 10^2$ ② $0{,}9876 \cdot 10^5$ ③ $0{,}0009876 \cdot 10^9$ ④ $9876000 \cdot 10^{-5}$

5. Jeweils zwei Kärtchen gehören zusammen.
Ordne sie einander zu und schreibe ausführlich als Zahl bzw. als Dezimalzahl.

8,1 Millionen | $8{,}1 \cdot 10^{-5}$ | $8{,}1 \cdot 10^{-6}$ | 81 Tausendstel | 8,1 Millionstel
$8{,}1 \cdot 10^{-2}$ | $8{,}1 \cdot 10^6$ | 81 Milliarden | 81 Millionstel | $8{,}1 \cdot 10^{10}$

Vorsilben bei kleinen Maßen

milli	m	10^{-3}
mikro	µ	10^{-6}
nano	n	10^{-9}
pico	p	10^{-12}

6. Hier siehst du einige der schwersten und einige der leichtesten Lebewesen unseres Planeten. Gib die Masse jeweils zuerst in kg und dann in der Standardschreibweise an.

a)

Blauwal: 190 t

b)

Elefant: 6 t

c)

Lederschildkröte: 0,95 t

d)

Koboldmaki: 50 g

e)

Kolibri: 2 g

f)
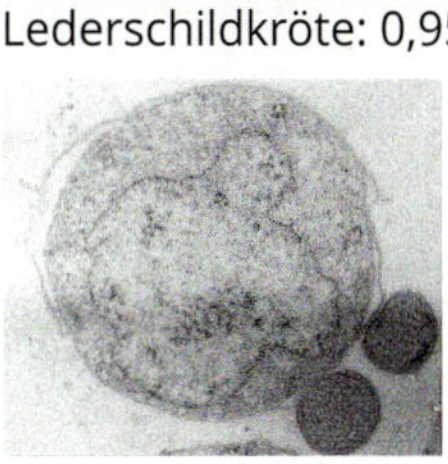
Nanoarchaeum equitans: 1 ng

Potenzen mit negativen Exponenten

1. Partnerarbeit:

a) Welche Gesetzmäßigkeit haben Dilara und Marvin entdeckt? Überlegt gemeinsam, welche Zahlen einzusetzen sind und übertragt das vollständige Tafelbild in euer Heft.

b) Bildet auf die gleiche Weise zwei weitere Reihen bei denen ihr eine andere Zahl als Basis verwendet.

c) Berechnet und findet andere Schreibweisen für 10^{-4}; 2^{-4}; 5^{-4} und 3^0.

d) Warum kann die Reihe 0^4; 0^3; 0^2; … nicht entsprechend fortgesetzt werden? Begründet.

Für **Potenzen** mit Null oder einer negativen Zahl als Exponent gilt für $a \neq 0$:

$\mathbf{a^0 = 1}$ $\quad$ $\mathbf{a^{-1} = \frac{1}{a}}$ $\quad$ $\mathbf{a^{-n} = \frac{1}{a^n}}$

• $11^0 = 1$ • $7259^0 = 1$ • $7^{-1} = \frac{1}{7}$ • $\frac{1}{8} = 8^{-1}$ • $5^{-3} = \frac{1}{5^3} = \frac{1}{125}$ • $\frac{1}{256} = \frac{1}{4^4} = 4^{-4}$

2. Berechne nacheinander folgende Potenzen mit dem Taschenrechner.

a) 9^4; 9^3; … 9^{-4} **b)** $\left(\frac{1}{3}\right)^4$; $\left(\frac{1}{3}\right)^3$; … $\left(\frac{1}{3}\right)^{-4}$ **c)** $2{,}4^4$; $2{,}4^3$; … $2{,}4^{-4}$

d) 11^4; 11^3; … 11^{-4} **e)** $\left(\frac{1}{7}\right)^4$; $\left(\frac{1}{7}\right)^3$; … $\left(\frac{1}{7}\right)^{-4}$ **f)** $0{,}5^4$; $0{,}5^3$; … $0{,}5^{-4}$

3. Schreibe als Bruch mit positivem Exponenten und berechne den Potenzwert im Kopf.

a) 5^{-2} **b)** 2^{-2} **c)** 10^{-6} **d)** 10^{-3} **e)** 3^{-4} **f)** 12^{-2} **g)** 7^0 **h)** 3^{-1}

i) 5^{-4} **j)** 4^{-2} **k)** 10^{-5} **l)** 7^{-1} **m)** 2^{-5} **n)** 17^0 **o)** 15^{-2} **p)** 3^{-3}

4. Schreibe den Bruch in Potenzschreibweise mit negativem Exponenten.

a) $\frac{1}{8}$ **b)** $\frac{1}{25}$ **c)** $\frac{1}{27}$ **d)** $\frac{1}{125}$ **e)** $\frac{1}{216}$ **f)** $\frac{1}{1\,000\,000\,000}$

5. Zu jeder Potenz gibt es einen passenden Bruch. Ordne ohne Taschenrechner richtig zu.

3^{-2} $\quad$ 6^{-2} $\quad$ 10^{-5} $\quad$ 4^{-3} $\quad$ 7^{-2} $\quad$ 20^{-2} $\quad$ 30^{-1}

$\frac{1}{64}$ $\quad$ $\frac{1}{36}$ $\quad$ $\frac{1}{400}$ $\quad$ $\frac{1}{30}$ $\quad$ $\frac{1}{49}$ $\quad$ $\frac{1}{100\,000}$ $\quad$ $\frac{1}{9}$

6. Partnerarbeit: Welche Potenzwerte sind positiv, welche negativ? Entscheidet zuerst und begründet. Überprüft dann mit dem Taschenrechner.

a) 2^4 $\quad 2^{-4}$ $\quad -2^4$ $\quad -2^{-4}$ $\quad (-2)^4$ $\quad (-2)^{-4}$ **b)** 4^3 $\quad 4^{-3}$ $\quad -4^3$ $\quad -4^{-3}$ $\quad (-4)^3$ $\quad (-4)^{-3}$

7. Partnerarbeit: Der Taschenrechner zeigt bei $\left(\frac{4}{7}\right)^{-3}$ und $\left(\frac{7}{4}\right)^3$ dasselbe Ergebnis. Findet eine Erklärung dafür.

Rechenregeln für Potenzen mit gleicher Basis

Bearbeitet alle Aufgaben in Partnerarbeit.

$2^2 \cdot 2^7$ | $2^1 \cdot 2^4$ | $2^5 \cdot 2^2$ | $2^3 \cdot 2^2$ | $2^3 \cdot 2^6$

$2^6 : 2^3$ | $2^4 : 2^2$ | $2^2 : 2^1$ | $2^7 : 2^5$ | $2^5 : 2^2$

$2^3 \cdot 2^2$
$= (2 \cdot 2 \cdot 2) \cdot (2 \cdot 2)$
$= 2 \cdot 2 \cdot 2 \cdot 2 \cdot 2$
$= 2^5$

$2^5 : 2^2$
$= \frac{2 \cdot 2 \cdot 2 \cdot 2 \cdot 2}{2 \cdot 2}$
$= 2 \cdot 2 \cdot 2$
$= 2^3$

1. **a)** Berechnet die übrig gebliebenen Karten auf die gleiche Weise wie Josepha und Erkan. Stellt das Ergebnis als Potenz dar.

b) Verwendet statt der Basis 2 jeweils die Basis 10 und rechnet auf die gleiche Weise die neu entstandenen Aufgaben.

c) Vervollständigt die Regelsätze und schreibt sie in euer Heft:

Bei der ____________ von Potenzen mit gleicher Basis, werden die Exponenten ____________.
Die ____________ wird beibehalten.
Bei der ____________ von Potenzen mit gleicher Basis werden die ____________ subtrahiert.
Die Basis wird ____________.

Multiplikation | Division | addiert | Exponenten | Basis | beibehalten

2.

a) Beim letzten Hefteintrag von Berkay ist leider so einiges danebengegangen. Trotz seiner Lupe ist Wichtiges nicht mehr zu erkennen. Könnt ihr helfen und die Zeilen vervollständigen?

b) Berechnet auf die gleiche Weise:

① $(2^3)^1$; $(2^3)^3$; $(2^3)^4$ ② $(4^2)^1$; $(4^2)^2$; $(4^2)^4$ ③ $(5^3)^{-4}$ ④ $(2^{-3})^4$ ⑤ $(3^{-2})^{-5}$

c) Formuliert eine Regel zum Potenzieren von Potenzen. Verwendet dabei die Begriffe: Potenz, Exponent, potenziert, multipliziert.

3.

$2^4 \cdot 2^{-2}$
$= 2 \cdot 2 \cdot 2 \cdot 2 \cdot \frac{1}{2^2}$
$= \frac{2 \cdot 2 \cdot 2 \cdot 2}{2 \cdot 2}$
$= 2 \cdot 2$
$=$

$2^4 : 2^{-2}$
$= 2^4 : \frac{1}{2^2}$
$= 2^4 \cdot 2^2$
$=$

a) Ergänzt die beiden Hefteinträge. Stellt die Ergebnisse als Potenz dar.

b) Berechnet auf die gleiche Weise:

① $2^4 \cdot 2^{-3}$ ② $2^5 : 2^{-7}$ ③ $2^{-3} \cdot 2^{-4}$ ④ $2^{-5} : 2^{-2}$

Potenzen mit gleicher Basis **multiplizierst** du, indem du die **Exponenten addierst.**	Potenzen mit gleicher Basis **dividierst** du, indem du die **Exponenten subtrahierst.**	Potenzen **potenzierst** du, indem du die **Exponenten multiplizierst.**
$a^m \cdot a^n = a^{m+n}$ mit $a \neq 0$	$a^m : a^n = a^{m-n}$ mit $a \neq 0$	$(a^m)^n = a^{m \cdot n}$ mit $a \neq 0$
• $8^3 \cdot 8^5 = 8^{3+5} = 8^8$ • $7^4 \cdot 7^{-6} = 7^{4-6} = 7^{-2}$ • $6^{-9} \cdot 6^{-5} = 6^{-9-5} = 6^{-14}$	• $3^7 : 3^{-4} = 3^{7-(-4)} = 3^{11}$ • $5^{-4} : 5^6 = 5^{-4-6} = 5^{-10}$ • $8^{-7} : 8^{-4} = 8^{-7-(-4)} = 8^{-3}$	• $(5^3)^9 = 5^{3 \cdot 9} = 5^{27}$ • $(5^2)^{-3} = 5^{-6}$ • $(6^{-4})^{-5} = 6^{-4 \cdot (-5)} = 6^{20}$

4. Vereinfache zu einer Potenz und berechne den Potenzwert. Rechne im Kopf.

a) $3^2 \cdot 3^2$ **b)** $4^3 : 4^2$ **c)** $5^2 \cdot 5^2$ **d)** $10^9 : 10^6$ **e)** $\left(\frac{1}{2}\right)^3 \cdot \left(\frac{1}{2}\right)^2$
f) $2^3 \cdot 2^4$ **g)** $5^2 : 5^3$ **h)** $8^2 \cdot 8^1$ **i)** $6^7 : 6^5$ **j)** $0{,}8^2 : 0{,}8^2$

5. **a)** $2^{-3} \cdot 2^6$ **b)** $4^{-2} \cdot 4^{-1}$ **c)** $4^{-2} : 4^{-1}$ **d)** $10^{-3} : 10^2$ **e)** $3^{-2} : 3^{-5}$

6. Schreibe mit nur einem Exponenten und berechne den Potenzwert.

a) $(2^5)^2$ **b)** $(3^2)^3$ **c)** $(4^{-2})^2$ **d)** $(10^3)^4$ **e)** $(10^{-4})^2$ **f)** $(5^{-1})^3$ **g)** $(9^{-4})^{-2}$ **h)** $(6^4)^{-3}$

7. Ergänze den fehlenden Exponenten und berechne.

a) $(4^3)^{■} = 4^6$ **b)** $(2^5)^{■} = 2^{-10}$ **c)** $(10^2)^{-3} = 10^{■}$ **d)** $(6^5)^{■} = 6^0$ **e)** $(3^{■})^{-4} = 3^8$

8. Achtung Fehler! Bei diesen Rechnungen ist einiges schiefgelaufen.
Erkläre, was hier falsch gemacht wurde und stelle dann die Rechnung richtig dar.

a) $3^9 = 27$	b) $2 + 2^2 = 8$	c) $4^2 + 4^4 = 4^6$	d) $(-5)^3 \cdot 5^5 = (-5)^8$
e) $10^5 : 10^4 = 1$	f) $7^3 \cdot 7^5 = 7^{15}$	g) $17^2 : 17^2 = 0$	h) $\frac{6^{10}}{6^5} = 6^2$
i) $20^2 \cdot 20^2 = 40^4$	j) $\frac{8^6}{8^2} = 1^4$	k) $x \cdot x = 2x$	l) $y^7 - y^3 = y^4$

9. Vereinfache den Bruch zu einer Potenz.

a) $\frac{x^9}{x^2 \cdot x^5}$ **b)** $\frac{y^{10}}{y \cdot y^6}$ **c)** $\frac{a^6 \cdot a^8}{a^2 \cdot a^3}$ **d)** $\frac{b \cdot b^{11}}{b^8 \cdot b^4}$ **e)** $\frac{c^7 \cdot c^8}{c^8 \cdot c^9}$

10. Rechne und ordne gleiche Aufgaben und Ergebnisse einander zu.

Aufgaben: $10x^2 \cdot x^{10}$ | $4x \cdot 2{,}5x^7$ | $2x^3 \cdot 5x^4$ | $4x^6 + 6x^6$ | $8x^8 \cdot 1{,}25x^8$

Ergebnisse: $10x^7$ | $10x^8$ | $10x^{12}$ | $10x^{16}$ | $10x^6$

11. Notiere das Ergebnis in der Standardschreibweise.

a) $4{,}57 \cdot 10^4 \cdot 5$ **b)** $5{,}12 \cdot 10^{-4} \cdot 6{,}4 \cdot 10^7$ **c)** $4{,}73 \cdot 10^{-3} \cdot 7{,}20 \cdot 10^{-2}$ **d)** $6{,}54 \cdot 10^{-5} \cdot 8 \cdot 10^9$

12. Ist hier richtig gerechnet worden? Begründe mit der Regel oder widerlege und stelle die Rechnung richtig dar.

a) $x^n \cdot x^n = x^{n^2}$	b) $y^n : y^{n-1} = y$	c) $z^n : z^{-n} = z^0$	d) $(x^{3n})^{2n} = x^{5n}$

Rechenregeln für Potenzen mit gleichem Exponenten

$4^2 \cdot 20^2$ | $5^3 \cdot 8^3$ | $3^5 \cdot 10^5$ | $8^5 \cdot 2{,}5^5$ | $5^3 \cdot 12^3$ | $6^3 \cdot 10^3$ | $2^5 \cdot 15^5$ | $16^2 \cdot 5^2$ | $4^5 \cdot 5^5$ | $25^2 \cdot 4^2$ | $10^2 \cdot 10^2$ | $2^3 \cdot 20^3$

$3^4 \cdot 8^4$
$= 3 \cdot 3 \cdot 3 \cdot 3 \cdot 8 \cdot 8 \cdot 8 \cdot 8$
$= 3 \cdot 8 \cdot 3 \cdot 8 \cdot 3 \cdot 8 \cdot 3 \cdot 8$
$= 24 \cdot 24 \cdot 24 \cdot 24$
$= 24^4$

Bearbeitet die Aufgaben 1 und 2 in Partnerarbeit.

1. Wandelt die Aufgaben auf den Kärtchen um. Welche liefern die gleichen Ergebnisse?

2. Berechnet auf die gleiche Weise wie Luca und Maya. Findet ihr noch eine schnellere Methode?

a) ① $5^4 \cdot 8^4$ ② $7^3 \cdot 3^3$ ③ $2^{-5} \cdot 10^{-5}$ ④ $10^3 : 5^3$ ⑤ $20^{-2} : 2^{-2}$

b) Beim Formulieren der Regel hat der Buchstabenvertauscher zugeschlagen. Ergänzt die Lücken und übertragt den vervollständigten Satz in euer Heft.

Ist der ________ (potExenn) gleich, werden beim Multiplizieren die ________ (saBen) multipliziert und der Exponent ________ (bebeitenhal). Beim ________ (diDeivenir) werden die ________ (sanBe) dividiert und der ________ (pexotEnn) beibehalten.

Potenzen mit gleichem Exponenten

$a^n \cdot b^n = (a \cdot b)^n$ mit $a, b \neq 0$

$a^n : b^n = (a : b)^n$ mit $a, b \neq 0$

- $5^6 \cdot 0{,}4^6 = (5 \cdot 0{,}4)^6 = 2^6$
- $1{,}5^{-2} \cdot 4^{-2} = (1{,}5 \cdot 4)^{-2} = 6^{-2}$

- $20^{-4} : 2{,}5^{-4} = (20 : 2{,}5)^{-4} = 8^{-4}$
- $4^{-3} : 8^{-3} = (4 : 8)^{-3} = \left(\frac{1}{2}\right)^{-3}$

3. Schreibe als eine Potenz und berechne den Potenzwert. Rechne im Kopf.

a) $2^4 \cdot 5^4$ **b)** $15^3 : 5^3$ **c)** $8^9 \cdot 0{,}125^9$ **d)** $10^{-3} : 2^{-3}$ **e)** $0{,}75^4 \cdot 4^4$
f) $24^5 : 8^5$ **g)** $3^2 \cdot 4^2$ **h)** $6^4 : 60^4$ **i)** $4^{-2} \cdot 4^{-2}$ **j)** $0{,}8^3 : 0{,}2^3$
k) $2^2 \cdot 3^2 \cdot 4^2$ **l)** $8^3 : 4^3 : 2^3$ **m)** $25^4 \cdot 12^4$ **n)** $84^3 : 12^3$ **o)** $1{,}44^2 : 1{,}2^2$

4. Das Ergebnis ist eine Zehnerpotenz. Wenn du richtig zuordnest, erhältst du ein Lösungswort.

① $2^7 : 0{,}2^7$ ② $0{,}1^7 : 10^7$ ③ $16^9 \cdot 625^9$ ④ $80^{-8} : 800^{-8}$ ⑤ $3000^2 : 3^2$ ⑥ $7^{-9} : 7^{-9}$ ⑦ $5^9 : 0{,}05^9$ ⑧ $0{,}0025^5 \cdot 5000^5$

Ⓒ 10^{36} Ⓦ 10^{18} Ⓗ 10^8 Ⓛ 10^7 Ⓜ 10^6 Ⓔ 10^5 Ⓞ̈ 10^0 Ⓐ 10^{-14}

5. Ergänze.

a) $1{,}7^2 : \blacksquare^2 = 0{,}1^2$ **b)** $25^4 \cdot \blacksquare^4 = 500^4$ **c)** $8^3 : \blacksquare^3 = 32^3$ **d)** $1{,}9^5 \cdot \blacksquare^5 = 3{,}61^5$
e) $(-3{,}5)^4 \cdot \blacksquare^4 = 84^4$ **f)** $(-0{,}2)^3 \cdot \blacksquare^3 = (-0{,}08)^3$ **g)** $(-0{,}1)^2 : \blacksquare^2 = 10^2$ **h)** $2{,}25^5 : \blacksquare^5 = (-1{,}5)^5$

Vermischte Aufgaben

1. Stelle die Zahl ohne Zehnerpotenz dar.
a) Auf der Erde lebten Mitte 2021 ca. $7{,}8 \cdot 10^9$ Menschen.
b) Der menschliche Körper besteht aus etwa $6 \cdot 10^{13}$ Zellen.
c) Die gesamte Oberfläche der Erde beträgt etwa $5{,}1 \cdot 10^8\ \text{km}^2$.

2. Schreibe in der Standardschreibweise mit der Einheit Meter.
a) Die Entfernung Erde–Mond beträgt etwa 384 000 km.
b) Tollwutviren sind etwa 0,00002 cm lang.

3. Berechne im Kopf. Bestimme zuerst das Vorzeichen.
a) $(-1)^8$ **b)** $(-2)^7$ **c)** $(-5)^3$ **d)** $(-0{,}2)^3$ **e)** $\left(-\frac{1}{4}\right)^4$ **f)** $\left(-\frac{2}{5}\right)^3$

+4. Im Bodensee befinden sich etwa $5 \cdot 10^{10}\ \text{m}^3$ Wasser. Jährlich werden etwa 200 Mio. Kubikmeter Trinkwasser entnommen. Für wie viele Jahre würde die Wassermenge des Sees ohne Zu- und Abfluss reichen? Schätze zuerst.

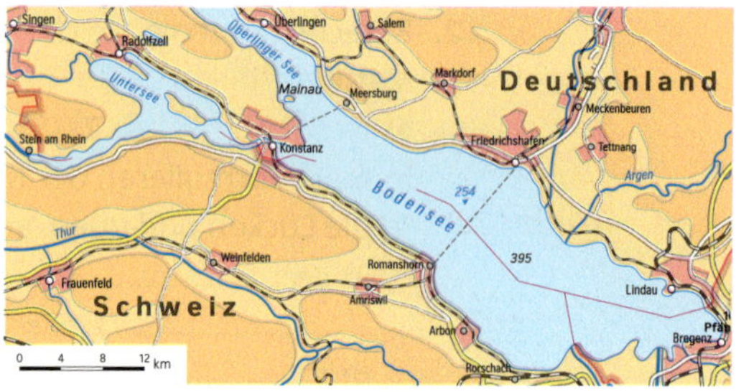

5. Begründe ohne auszurechnen, ob die Potenz größer oder kleiner als 1 ist.
a) 10^{-3} **b)** $\left(\frac{1}{3}\right)^2$ **c)** $\frac{1}{7^2}$ **d)** $0{,}5^{-4}$ **e)** $(-2)^6$ **f)** $(-40)^3$ **g)** $\frac{1}{5^{-2}}$ **h)** $(-0{,}1)^{-6}$

6. Gib den Bruch als Potenz mit negativem Exponenten an. Manchmal gibt es mehrere Möglichkeiten.
a) $\frac{1}{36}$ **b)** $\frac{1}{81}$ **c)** $\frac{1}{64}$ **d)** $\frac{1}{125}$ **e)** $\frac{1}{256}$ **f)** 1 Millionstel

$\frac{1}{16} = \frac{1}{4^2} = 4^{-2}$

$\frac{1}{16} = \frac{1}{2^4} = 2^{-4}$

7. Ordne zu. Das Lösungswort nennt einen Ort, der einen Besuch lohnt.

① $3^4 \cdot 3^2$ ② $(3^4)^2$ ③ $4^5 \cdot 4^{-5}$ ④ $3^2 : 3^4$
⑤ $6^3 : 3^3$ ⑥ $(2^{-1})^{-6}$ ⑦ $3^4 : 3^2$ ⑧ $4^3 \cdot 4^{-5}$
⑨ $2^3 \cdot 3^3$ ⑩ $(2^3)^3$ ⑪ $4^5 : 2^5$ ⑫ $4^6 \cdot 4^{-4}$

8. Schreibe die ergänzten Gleichungen in dein Heft.
a) $3^5 \cdot 3^{■} = 3^8$ **b)** $6^{-4} \cdot 6^{■} = 6$ **c)** $4^{■} : 4^{-5} = 4^2$
d) $■^5 : 0{,}1^5 = 100^5$ **e)** $8^{-3} : ■^{-3} = 0{,}5^{-3}$ **f)** $(7^3)^{■} = 7^{12}$

9. Die mittlere Entfernung einiger Planeten zur Sonne beträgt:
Merkur $5{,}8 \cdot 10^7$ km Erde $1{,}5 \cdot 10^8$ km
Jupiter $7{,}78 \cdot 10^8$ km Saturn $1{,}43 \cdot 10^9$ km.
Schätze zuerst, dann berechne, wie lange das Licht von der Sonne zu diesen Planeten unterwegs ist.

Die Lichtgeschwindigkeit beträgt 300 000 km pro Sekunde

Potenzfunktionen

1. Zeichne die Graphen der Funktionen in einer DGS. Liegen die Punkte auf dem Graphen? Überprüfe durch Rechnung. Verändere die y-Koordinate entsprechend, falls der Punkt nicht auf dem Graphen liegt.

a) $y = x^3$; A(0,5 | 0,1) und B(−1,5 | −3,3) **b)** $y = x^4$; C(0,7 | 0,24) und D(−1,2 | 2,0)

2. Auf welchen Graphen zu den Funktionen $y = x^2$, $y = x^3$ oder $y = x^4$ liegen die Punkte P(3 | 27); Q(2,5 | 6,25); R(−1 | 1); S(−3 | 81); T(1 | −1) und U(5 | 2)? Zeichne in einer DGS und überprüfe durch Rechnung.

$y = x^2$, $y = x^3$ oder auch $y = x^4$ sind Potenzfunktionen.
Jede Funktion $y = x^n$ mit einer ganzen Zahl (ohne 0 und 1) als Exponent heißt **Potenzfunktion**.

Die Graphen von $y = x^2$ und $y = x^4$ sind **achsensymmetrische Potenzfunktion.**
Der Graph von $y = x^3$ ist eine **punktsymmetrische Potenzfunktion.**

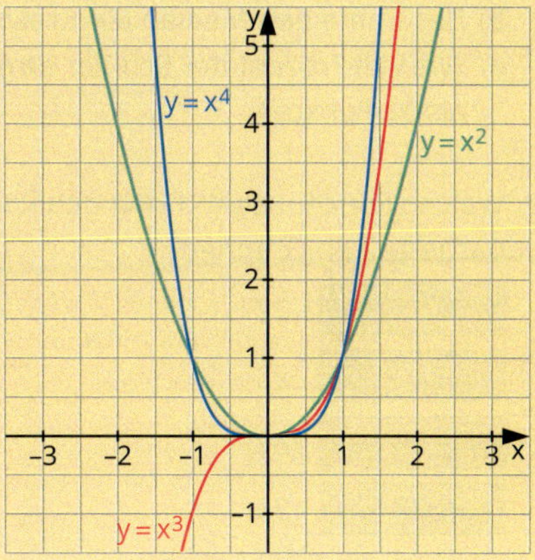

3. Alena meint: „Für mich sind auch $y = x^1$ und $y = x^0$ Potenzfunktionen.“ Überlegt in Partnerarbeit: Was spricht für Alenas Meinung, was dagegen? Notiert eure Meinung und sprecht mit anderen.

4. Mit einem Streckfaktor a kann man Potenzfunktionen strecken und stauchen. Die Funktionsgleichungen haben dann die Form $y = a \cdot x^n$. Zeichne in einer DGS die folgenden Funktionsgraphen mit positivem Exponenten. Welchen Einfluss hat a auf den Graphen? Beschreibe.

a) $y = 3x^2$ **b)** $y = 2x^3$ **c)** $y = 0{,}5x^4$ **d)** $y = \frac{1}{10}x^5$

5. Gruppenarbeit: Erstellt in eurer Gruppe Graphen verschiedener Potenzfunktionen $y = a \cdot x^n$ mit einem Schieberegler n von −10 bis 10 in einer DGS.

a)
Welche Potenzfunktionen
① *sind punktsymmetrisch?*
② *sind achsensymmetrisch?*
③ *gehen durch den Punkt (1 | 1)?*
④ *gehen durch den Punkt (0 | 0)?*
⑤ *gehen durch den Punkt (−1 | −1)?*
⑥ *haben als Graphen eine Gerade?*

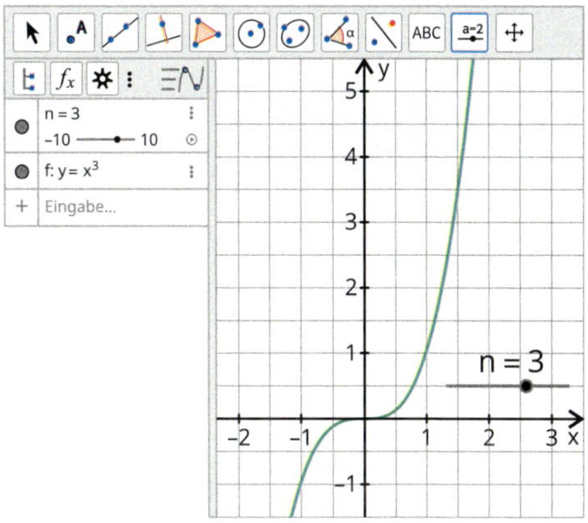

b) Die Potenzfunktionen mit negativem Exponenten sehen anders aus. Sie heißen **Hyperbeln.** Beschreibt ihr Aussehen. Untersucht die Graphen wie in Aufgabenteil a).

c) Notiert, wie der Exponent n die Eigenschaften des Graphen bestimmt.

Die Ergebnisse der Aufgaben ergeben zwei berühmte Abenteurer.

1. Löse die Gleichungen: x = ▒

a) $4x + 24 = 46{,}5 - x$ **b)** $5(x + 12) = 4x - 52$

c) $0{,}4x - 0{,}5 = 1{,}5 - 0{,}6x$ **d)** $\frac{3}{2}x = 3x - 27$

2. Bei einem Test in der Klasse 10a wurden diese Punktzahlen erreicht.

36	35	18	31	19	38
15	29	29	31	31	36
24	18	24	18		

a) Wie hoch ist die durchschnittliche Punktzahl?

b) Bestimme den Median (Zentralwert).

c) Wie viel Prozent der Schüler erreichten mehr als 31 Punkte?

3. Welche Funktionsgleichung gehört zum dargestellten Graphen?

$y = -2x + 3$ (22)

$y = 2x + 3$ (23)

$y = -2x - 3$ (32)

$y = 2x - 3$ (33)

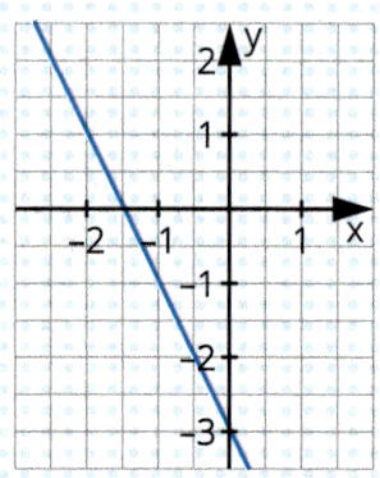

4. Eine Konservendose hat einen Durchmesser von 72 mm und eine Höhe von 75 mm.
Berechne Volumen und Oberfläche. Runde auf einen ganzzahligen Wert.

V = ▒ cm^3 O = ▒ cm^2

5. Ein TV-Bild hat eine Höhe von h = 36 cm.
Das Verhältnis von Breite b zu Höhe h ist 4 : 3.

a) Wie breit ist der Bildschirm? b = ▒ cm

b) Wie lang ist die Diagonale? d = ▒ cm

6. Berechne den Flächeninhalt (Maße in cm).

a)

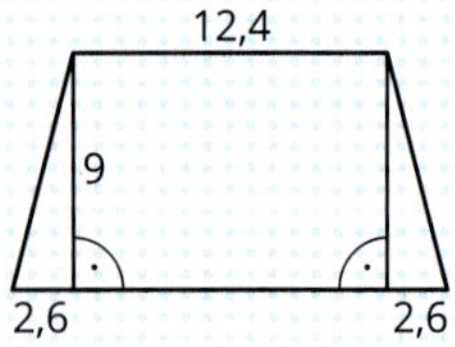

A = ▒ cm^2

b)

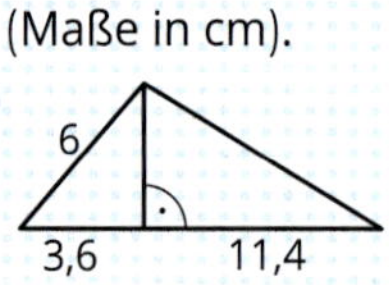

A = ▒ cm^2

7. Es sollen 600 m^3 Erde abtransportiert werden. Dafür müssen 3 Lkw jeweils 8-mal fahren. Wie oft müssten 4 Lkw dafür jeweils fahren?

G −121	M −112	A 4,5
I 5,5	U 2	Y 6
N 18	U 22	B 23
E 25	D 27	E 27,1
S 29	N 32	L 33
T 35	R 36	E 42
L 48	L 60	A 135
F 158,6	I 251	H 305
A 324,8	A 665	K 1221

Wiederholung: Quadratwurzeln und Kubikwurzeln

Quadratwurzel

quadrieren

$\sqrt{121} = 11$ denn $11^2 = 121$

Wurzel ziehen

Kubikwurzel

hoch³

$\sqrt[3]{8} = 2$ denn $2^3 = 8$ Lies: „dritte Wurzel von 8"

3. Wurzel ziehen

- $\sqrt{0{,}81} = 0{,}9$ denn $0{,}9^2 = 0{,}81$
- $\sqrt{10} \approx 3{,}1623$ denn $3{,}1623^2 \approx 10$

- $\sqrt[3]{0{,}064} = 0{,}4$ denn $0{,}4^3 = 0{,}064$
- $\sqrt[3]{10} \approx 2{,}1544$ denn $2{,}1544^3 \approx 10$

Kubikzahlen
Lerne sie auswendig.
$1^3 = 1$
$2^3 = 8$
$3^3 = 27$
$4^3 = 64$
$5^3 = 125$
$6^3 = 216$
$7^3 = 343$
$8^3 = 512$

1. Berechne die Wurzel im Kopf.

a) $\sqrt{196}$ **b)** $\sqrt{256}$ **c)** $\sqrt{64}$ **d)** $\sqrt[3]{1\,000}$ **e)** $\sqrt[3]{27}$ **f)** $\sqrt[3]{216}$

2. Ergänze die Lücke. Rechne im Kopf.

a) $\sqrt{\square} = 6$ **b)** $\sqrt{\square} = 12$ **c)** $\sqrt{\square} = 100$ **d)** $\sqrt[3]{\square} = 4$ **e)** $\sqrt[3]{\square} = 5$

+f) $\sqrt{\square} = 1$ **+g)** $\sqrt{\square} = 14$ **+h)** $\sqrt{\square} = 17$ **+i)** $\sqrt{\square} = 40$ **+j)** $\sqrt{\square} = 11$

3. Ordne von klein nach groß. Rechne im Kopf. Du erhältst ein Lösungswort.

$\sqrt{289}$	$\sqrt{169}$	$\sqrt[3]{125}$	10^2	$\sqrt{400}$	$\sqrt[3]{1\,000}$	$\sqrt[3]{216}$	$\sqrt{65^2}$	$\sqrt[3]{1}$
L	**E**	**U**	**L**	**W**	**K**	**C**	**A**	**B**

4. Berechne mit dem Taschenrechner. Runde auf zwei Stellen nach dem Komma.

a) $\sqrt[3]{20}$ **b)** $\sqrt[3]{200}$ **c)** $\sqrt[3]{5}$ **d)** $\sqrt[3]{1\,331}$ **e)** $\sqrt[3]{10}$ **f)** $\sqrt[3]{3{,}5}$

5. Berechne zwischen welchen natürlichen Zahlen die dritte Wurzel liegt. Rechne im Kopf.
Begründe wie im Beispiel: *$3 < \sqrt[3]{50} < 4$ da $3^3 = 27 < 50 < 64 = 4^3$*

a) $\sqrt[3]{5}$ **b)** $\sqrt[3]{15}$ **c)** $\sqrt[3]{100}$ **d)** $\sqrt[3]{234}$ **e)** $\sqrt[3]{300}$ **f)** $\sqrt[3]{81}$

6. Die Figuren sind aus flächengleichen Quadraten zusammengesetzt. Bestimme die Kantenlänge des einzelnen Quadrats und den Umfang der Figur.

a) 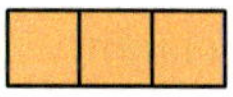
A = 108 cm²

b) 
A = 900 cm²

c) 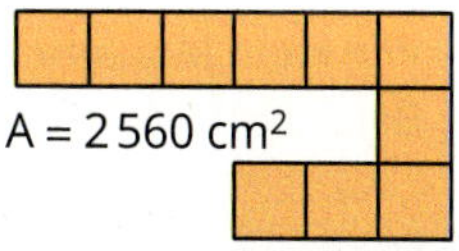
A = 2 560 cm²

7. Sogenannte Kubushäuser sind energieeffizient, da sie bei gleicher Wohnfläche mit weniger Baumaterialien auskommen als andere Hausformen. Sie sind annähernd würfelförmig.
Das skizzierte Haus verfügt über einen umbauten Raum von 1 728 m³.
Für wie viel Quadratmeter Fassadenfläche muss Malergeselle Mirko Farbe bestellen, wenn das Haus neu gestrichen werden soll? Für die Fenster- und Türflächen kannst du 15 % abziehen.

Der umbaute Raum bezeichnet im Bauwesen das Volumen eines Gebäudes.

8. Berechne die Kubikwurzeln von: 10; 100; 1 000; 10 000; 100 000 und 1 000 000.
Was fällt dir auf? Kannst du eine Regel formulieren?

Die Intervallschachtelung für Quadratwurzeln

1. Bestimme $\sqrt{30}$ auf eine Nachkommastelle genau.

a) Erkläre warum Ilhana im Bild die Quadratwurzeln $\sqrt{25}$ und $\sqrt{36}$ an die Tafel schreibt.

b) Berechne.

$5{,}1^2 =$ ■
$5{,}2^2 =$ ■
...
$5{,}9^2 =$ ■

c) Zwischen welchen beiden der bei b) quadrierten Zahlen liegt $\sqrt{30}$?
5,■ $< \sqrt{30} <$ 5,■

d) Wie lautet der Wert für $\sqrt{30}$ auf eine Nachkommastelle genau? $\sqrt{30} \approx$ 5,■

e) Führe das Verfahren weiter und bestimme die zweite Nachkommastelle von $\sqrt{30}$.

2. Mohammad bestimmt $\sqrt{23}$ mit der Intervallschachtelung und geht dabei sehr clever vor. Er weiß, dass $4 < \sqrt{23} < 5$ gilt. Außerdem überlegt er, dass $\sqrt{23}$ viel näher an der 5 liegt als an der 4. Denn 23 liegt ja auch näher an 25 (= 5^2) als an 16 (= 4^2). Mohammad startet nicht bei $4{,}1^2$, sondern erst bei:

$4{,}6^2 = 21{,}16$
$4{,}7^2 = 22{,}09$
$4{,}8^2 = 23{,}04$

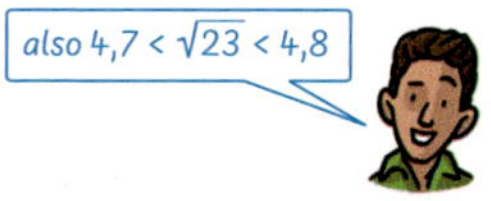

Jetzt überlegt Mohammad, dass 23,04 viel näher an der 23 liegt als 22,09. Deshalb „rät" er die nächste Nachkommastelle:

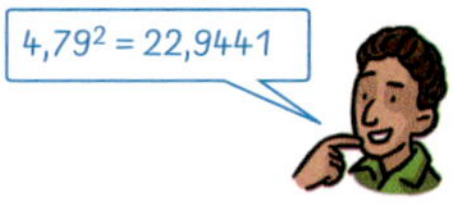

4,80 liegt mit $4{,}80^2 = 23{,}0400$ über der gesuchten Zahl, das hatte Mohammad im vorherigen Schritt schon herausgefunden. $\sqrt{23}$ muss mittig zwischen 4,79 und 4,80 liegen, da die 23 etwa mittig zwischen 22,9441 und 23,0400 liegt.
Wie kann Mohammad die dritte Nachkommastelle von $\sqrt{23}$ clever berechnen? Beschreibe. Nutze zum Quadrieren den Taschenrechner.

3. Bestimme die folgenden Wurzeln mit der Intervallschachtelung clever auf 3 Nachkommastellen genau. Nutze zum Quadrieren den Taschenrechner.

a) $\sqrt{12}$ **b)** $\sqrt{150}$ **c)** $\sqrt{333}$ **d)** $\sqrt{994}$ **e)** $\sqrt{1\,500}$

4. Partnerarbeit: Erklärt das Verfahren der Intervallschachtelung auf einem Poster oder dreht ein Erklärvideo und stellt es in der Klasse vor.

5. Setze mit dem Taschenrechner ohne Verwendung der Potenz- oder Wurzelfunktion beide dezimale Intervallschachtelungen so weit fort, bis die Wurzeln auf 4 Stellen nach dem Komma genau bestimmt sind.

$4 < \sqrt{17} < 5$	$9 < \sqrt[3]{837} < 10$
$4{,}1 < \sqrt{17} < 4{,}2$	$9{,}4 < \sqrt[3]{837} < 9{,}5$
$4{,}12 < \sqrt{17} < 4{,}13$	...
...	...
...	...

Rechnen mit Quadratwurzeln

$\sqrt{100}:\sqrt{4}$	$\sqrt{6}$	$\sqrt{9}$	$\sqrt{144}$
$\sqrt{4}\cdot\sqrt{36}$	$\sqrt{3}\cdot\sqrt{7}$	$\sqrt{9}\cdot\sqrt{100}$	$\sqrt{21}$
$\sqrt{900}$	$\sqrt{225}:\sqrt{25}$	$\sqrt{25}$	$\sqrt{90}:\sqrt{15}$

1. Berechne die Wurzelterme und beantworte Fynns Frage. Kannst du eine Regel erkennen?

Für die **Multiplikation** und die **Division** von Quadratwurzeln gelten folgende Regeln:

$\sqrt{a}\cdot\sqrt{b}=\sqrt{a\cdot b}$ $\qquad$ $\sqrt{a}:\sqrt{b}=\frac{\sqrt{a}}{\sqrt{b}}=\sqrt{\frac{a}{b}}$ $\qquad$ mit a, b > 0

- $\sqrt{3}\cdot\sqrt{27}=\sqrt{3\cdot 27}=\sqrt{81}=9$
- $\sqrt{5}\cdot\sqrt{32}=\sqrt{5\cdot 32}=\sqrt{160}\approx 12{,}649$
- $\sqrt{75}:\sqrt{3}=\sqrt{75:3}=\sqrt{25}=5$
- $\frac{\sqrt{10}}{\sqrt{2}}=\sqrt{10:2}=\sqrt{5}\approx 2{,}236$

2. Berechne auf zwei Arten wie im Beispiel.

$\sqrt{9\cdot 25}=\sqrt{225}=15$
$\sqrt{9}\cdot\sqrt{25}=3\cdot 5=15$

a) $\sqrt{64\cdot 4}$ **b)** $\sqrt{36\cdot 9}$ **c)** $\sqrt{100\cdot 25}$ **d)** $\sqrt{25\cdot 4}$
e) $\sqrt{0{,}25\cdot 9}$ **f)** $\sqrt{0{,}49\cdot 36}$ **g)** $\sqrt{0{,}04\cdot 25}$ **h)** $\sqrt{1{,}21\cdot 16}$

3. Berechne auf zwei Arten wie im Beispiel.

$\sqrt{2401:49}=\sqrt{49}=7$
$\sqrt{2401}:\sqrt{49}=49:7=7$

a) $\sqrt{64:4}$ **b)** $\sqrt{36:9}$ **c)** $\sqrt{100:25}$ **d)** $\sqrt{625:25}$
e) $\sqrt{9:0{,}25}$ **f)** $\sqrt{0{,}49:49}$ **g)** $\sqrt{0{,}04:25}$ **h)** $\sqrt{3{,}24:9}$

4. Finde den Fehler, beschreibe ihn und stelle die Rechnung dann richtig dar.

a) $\sqrt{4}+\sqrt{9}=\sqrt{13}$ f $\quad$ b) $\sqrt{169}-\sqrt{144}=\sqrt{25}$ f $\quad$ c) $\sqrt{5}\cdot\sqrt{5}=2\sqrt{5}$ f $\quad$ d) $\sqrt{12}:\sqrt{2}=6$ f

5. Fasse zusammen sodass nur eine Wurzel zu berechnen ist.

a) $\sqrt{12}\cdot\sqrt{2}$ **b)** $\sqrt{54}:\sqrt{3}$ **c)** $\sqrt{24}\cdot\sqrt{8}$ **d)** $\sqrt{80}:\sqrt{10}$ **e)** $\sqrt{192}:\sqrt{3}$
⁺f) $\sqrt{2}\cdot\sqrt{32}$ **⁺g)** $\sqrt{242}:\sqrt{2}$ **⁺h)** $\sqrt{4}\cdot\sqrt{9}$ **⁺i)** $\sqrt{147}:\sqrt{3}$ **⁺j)** $\sqrt{2}\cdot\sqrt{50}$

6. Fasse die Wurzeln zusammen und berechne dann den Wert im Kopf.

a) $\sqrt{50}\cdot\sqrt{0{,}5}$ **b)** $\sqrt{8{,}1}\cdot\sqrt{10}$ **c)** $\sqrt{62{,}5}\cdot\sqrt{10}$ **d)** $\sqrt{0{,}016}\cdot\sqrt{10}$ **e)** $\sqrt{\frac{4}{3}}\cdot\sqrt{\frac{1}{3}}$ **f)** $\frac{\sqrt{112}}{\sqrt{7}}$

7. Das Ergebnis der Multiplikation kommt in den darüber liegenden Stein.

a)

b)

Die erste binomische Formel hilft.

8. Beweist in Partnerarbeit, dass für alle positiven Zahlen a, b gilt: $\sqrt{a+b}\neq\sqrt{a}+\sqrt{b}$.

n-te Wurzel

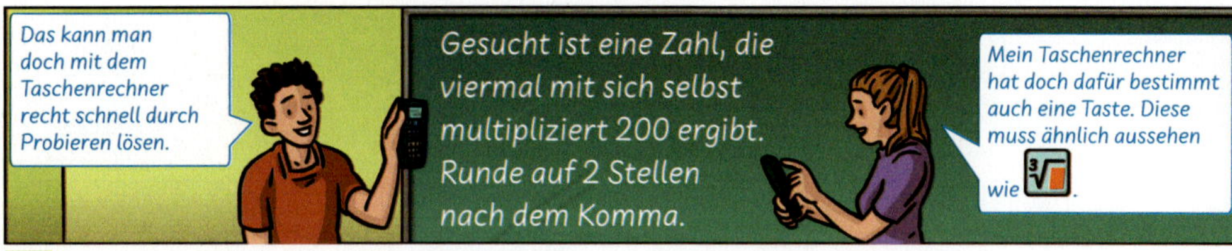

1. Löse die Aufgabe wie Jannik und Ella. Vergleiche die Ergebnisse.

Für positive Zahlen a ist das **Ziehen der n-ten Wurzel** die **Umkehrung** des **Potenzierens mit n**. Die n-te Wurzel aus a ist die positive Zahl x mit der Eigenschaft $x^n = a$.

$\sqrt[n]{a} = x$ —hoch n→ $x^n = a$; $x^n = a$ —n-te Wurzel→ $\sqrt[n]{a} = x$

Für $\sqrt[2]{a}$ schreibt man kurz $\sqrt{a}$

- $\sqrt[4]{81} = 3$ denn $3^4 = 81$
- $\sqrt[3]{0{,}008} = 0{,}2$ denn $0{,}2^3 = 0{,}008$
- $\sqrt[5]{\frac{1}{32}} = \frac{1}{2}$ denn $\left(\frac{1}{2}\right)^5 = \frac{1}{32}$

Löse die Gleichungen.

- $5x^4 = 80 \quad |:5$
  $x^4 = 16 \quad |\sqrt[4]{}$
  $\mathbf{x_1 = -2,\ x_2 = 2}$
- $x^3 + 5 = 13 \quad |-5$
  $x^3 = 8 \quad |\sqrt[3]{}$
  $\mathbf{x = 2}$

2. Berechne die Wurzel im Kopf.
a) $\sqrt[3]{27}$ **b)** $\sqrt[3]{64}$ **c)** $\sqrt[3]{125}$ **d)** $\sqrt[3]{1\,000}$ **e)** $\sqrt[3]{0{,}125}$ **f)** $\sqrt[4]{16}$
g) $\sqrt[3]{0{,}008}$ **h)** $\sqrt[6]{64}$ **i)** $\sqrt[5]{243}$ **j)** $\sqrt[3]{1\text{ Million}}$ **k)** $\sqrt[6]{1\text{ Million}}$ **l)** $\sqrt[5]{1}$

Viele Taschenrechner verwenden die Taste $\sqrt[x]{}$.

3. Berechne mit dem Taschenrechner. Runde auf 3 Nachkommastellen.
a) $\sqrt[4]{10}$ **b)** $\sqrt[4]{50}$ **c)** $\sqrt[4]{0{,}85}$ **d)** $\sqrt[5]{25}$ **e)** $\sqrt[5]{3\,712}$ **f)** $\sqrt[5]{0{,}25}$ **g)** $\sqrt[3]{61{,}82}$

4. Begründe, warum die Gleichung $x^3 = 8$ nur eine Lösung hat, die Gleichung $x^4 = 16$ hingegen zwei Lösungen hat.

5. Löse die Gleichung. Runde auf Zehntel.
a) $x^5 = 480$ **b)** $x^7 = 74{,}8$ **c)** $x^6 = 111{,}1$ **d)** $x^{12} = 48\,550$
e) $x^{99} = 1\,000\,000$ **f)** $3x^4 = 930$ **g)** $\frac{1}{5}x^8 = 433$ **h)** $x^5 + 45{,}8 = 80$
i) $x^{11} - 725 = 100$ **j)** $2x^{15} - 800 = 30\,000$ **k)** $2x^4 - 35 = 261$ **l)** $7x^6 + 43 = 883$

6. Eine Blechdose mit einem Volumen von 10 Litern ist zylinderförmig. Ihre Höhe und ihr Durchmesser sind gleich groß (h = 2r). Berechne r und h. Runde auf Millimeter.

7. Im Straßenbau gilt das *Vierte-Potenz-Gesetz:*
Die Beanspruchung des Straßenbelags durch eine Fahrzeugachse steigt mit der vierten Potenz der sogenannten *Achslast* (Fahrzeuggewicht geteilt durch die Anzahl der Achsen).

a) Wie viel mal stärker als ein PkW belastet ein SUV den Straßenbelag? Runde ganzzahlig.
b) Wie schwer dürfte ein SUV sein, um die Straße nur doppelt so stark zu belasten wie ein PkW?

Potenzen mit Brüchen als Exponenten

1. Sandra: „Mein Taschenrechner bestimmt auch Potenzen, wenn ich als Exponenten einen Stammbruch eingebe; ich muss ihn nur in Klammern setzen:

$200^{\left(\frac{1}{3}\right)} = 5{,}848035...$

$1\,750^{\left(\frac{1}{4}\right)} = 6{,}4678436...$

Was bedeutet das?"

$a^8 = \sqrt{a^{16}}$ | $b^{27} = \sqrt[3]{b^{81}}$
$a^4 = \sqrt{a^8}$ | $b^9 = \sqrt[3]{b^{27}}$
$a^2 = \sqrt{a^4}$ | $b^3 = \sqrt[3]{b^9}$
$a^1 = \sqrt{a^2}$ | $b^1 = \sqrt[3]{b^3}$
$a^{\blacksquare} = \_\blacksquare\_$ | $b^{\blacksquare} = \_\blacksquare\_$

Findet in Partnerarbeit eine Erklärung für Sandras Beobachtung. Das Tafelbild hilft euch, wenn ihr jeweils die nächste Gleichung findet.

2. Hedda und Kevin haben in einem anderen Ansatz überlegt, wie man Wurzeln passend zu den Potenzgesetzen als Potenzen schreiben kann. Führe zusammen mit einer Partnerin oder einem Partner die Überlegungen zu Ende.

$\sqrt[n]{a} = a^x$ Welcher Term für x?
$\left(\sqrt[n]{a}\right)^n = (a^x)^n$
$a^1 =$

3.

$29^{\frac{4}{3}}$ $8^{\frac{5}{3}}$ $25^{\frac{7}{2}}$

$\sqrt[3]{8^5}$ $29 \cdot \sqrt[3]{29}$ $5 \cdot \sqrt{25^6}$ $\sqrt{25^7}$ $\left(\sqrt[3]{8}\right)^5$ $\sqrt[3]{29^4}$

Im linken Feld stehen Potenzen mit Brüchen als Exponenten (gebrochene Exponenten). Im rechten Feld stehen Terme ohne gebrochene Exponenten. Zu jeder Potenz links gehören zwei Terme von der rechten Seite. Ordne die Terme richtig zu.

Für alle positiven reellen Zahlen a, ganzen Zahlen m und natürlichen Zahlen n ≠ 0 gilt:

$$\mathbf{a^{\frac{1}{n}} = \sqrt[n]{a}} \quad \text{und} \quad \mathbf{a^{\frac{m}{n}} = \sqrt[n]{a^m} = \left(\sqrt[n]{a}\right)^m}$$

Auch bei gebrochenen Exponenten gelten die Potenzgesetze.

- $3^{\frac{1}{2}} = \sqrt{3}$
- $2^{\frac{1}{3}} = \sqrt[3]{2}$
- $5^{\frac{2}{3}} = \sqrt[3]{5^2} = \sqrt[3]{25}$

4. Berechne im Kopf. **a)** $4^{\frac{1}{2}}$ **b)** $27^{\frac{1}{3}}$ **c)** $81^{\frac{1}{4}}$ **d)** $32^{\frac{1}{5}}$ **e)** $8^{\frac{2}{3}}$ **f)** $10\,000^{\frac{5}{4}}$ **g)** $25^{\frac{3}{2}}$ **h)** $64^{\frac{4}{3}}$

5. Schreibe die Potenzen in der Form $\left(\sqrt[n]{a}\right)^m$ mit ganzzahligen n und m und berechne sie in der ursprünglichen und der geänderten Form jeweils mit dem Taschenrechner.
a) $36^{1{,}5}$ **b)** $16^{0{,}25}$ **c)** $16^{0{,}75}$ **d)** $100^{0{,}5}$ **e)** $100^{1{,}5}$ **f)** $100^{2{,}5}$

6. Was du von den Quadratwurzeln kennst, gilt auch hier. Es gelten die angegebenen Wurzelgesetze. Zeige, dass sie sich aus Potenzgesetzen ergeben, wenn man die Wurzeln mit gebrochenen Exponenten schreibt.

① $\sqrt[n]{a} \cdot \sqrt[n]{b} = \sqrt[n]{a \cdot b}$
② $\frac{\sqrt[n]{a}}{\sqrt[n]{b}} = \sqrt[n]{\frac{a}{b}}$

$\sqrt{a} = \sqrt[2]{a}$

7. Partnerarbeit: Berechnet ohne Taschenrechner. Es gibt mehrere Lösungswege, probiert.
a) $\sqrt{48} \cdot 3^{\frac{1}{2}}$ **b)** $\sqrt[6]{4} \cdot \sqrt[6]{16}$ **c)** $1{,}5^{\frac{1}{4}} \cdot 3{,}375^{\frac{1}{4}}$ **d)** $16^{0{,}25} \cdot 16^{0{,}5}$

Vermischte Aufgaben

1. Victoria arbeitet als Verwaltungsfachangestellte. Wegen einer Baumaßnahme werden Grundstücke getauscht und sie soll die neuen Grundstückmaße berechnen.
Die bisherige Eigentümerin eines rechteckigen Grundstücks mit den Seitenlängen a = 250 und b = 165 m soll nun ein flächengleiches Quadratisches erhalten. Welche Seitenlänge sollte Victoria bei ihrer Rechnung herausbekommen? Runde auf ganze Meter.

2. Berechne aus dem Flächeninhalt A eines Quadrats seine Seitenlänge und seinen Umfang.
a) $A = 256\ m^2$ **b)** $A = 676\ m^2$ **c)** $A = 5000\ m^2$ **d)** A = 4 ha

3. Berechne aus dem Volumen V eines Würfels seine Kantenlänge und seine Oberfläche.
a) $V = 125\ cm^3$ **b)** $V = 1331\ m^3$ **c)** $V = 0{,}008\ m^3$ **d)** V = 8 hℓ

4. Löse die Gleichung. Runde auf Zehntel.
a) $x^7 = 560$ **b)** $x^{50} = 75$ **c)** $x^5 + 23 = 110$ **d)** $5x^{12} = 3165$ **e)** $3x^{16} - 4500 = 2037$

5. Bestimme die Lösung *ohne* Taschenrechner. Denke ans Kürzen.
a) $\frac{\sqrt{5}}{\sqrt{2}} \cdot \sqrt{10}$ **b)** $\sqrt{24} \cdot \frac{\sqrt{3}}{\sqrt{2}}$ **c)** $\frac{\sqrt{1}}{\sqrt{28}} \cdot \sqrt{7}$ **d)** $\frac{\sqrt{90}}{\sqrt{5}} : \sqrt{2}$
e) $\sqrt{2} : \frac{\sqrt{27}}{\sqrt{6}}$ **f)** $\frac{\sqrt{12}}{\sqrt{2}} \cdot \frac{\sqrt{8}}{\sqrt{75}}$ **g)** $\frac{\sqrt{1}}{\sqrt{7}} : \frac{\sqrt{14}}{\sqrt{32}}$ **h)** $\frac{\sqrt{4{,}6}}{\sqrt{9{,}2}} : \sqrt{32}$

$\frac{\sqrt{a}}{\sqrt{b}} \cdot \sqrt{c} = \sqrt{\frac{a \cdot c}{b}}$

$\frac{\sqrt{a}}{\sqrt{b}} : \sqrt{c} = \sqrt{\frac{a}{b \cdot c}}$

6. Für die Erzeugung von Strom aus regenerativen Quellen spielt die Windkraft eine immer größere Rolle. Für den zu erzeugenden Strom ist die Windleistung entscheidend. Diese ist von der Windgeschwindigkeit abhängig, welche in dritter Potenz in die Berechnung eingeht.

a) Wie verändert sich die Windleistung, wenn aus einer schwachen Brise mit $v = 11\ \frac{km}{h}$ eine frische Brise mit $v = 33\ \frac{km}{h}$ wird?
b) Um welchen Faktor muss sich die Windgeschwindigkeit verändern, damit sich die Windleistung verdoppelt, verzehnfacht oder verhundertfacht?

7. Der niederländische Architekt Piet Blom hat in Rotterdam besondere Kubushäuser gebaut. Bei diesen hier sitzt ein würfelförmiges Baumodul um 45° gekippt auf einer Stützsäule.
Die Kantenlänge des Kubus beträgt 7,5 m.

a) Bestimme den umbauten Raum eines Kubus, Mauerstärken und Treppen kannst du vernachlässigen.
b) Welche Höhe haben diese aufgesetzten Würfel?
c) Wie viel Quadratmeter sind als horizontale Wohnfläche in einer Etage dieses Kubus maximal möglich?

8. Partnerarbeit: Schätzt mit Kopfrechnen ab, ob <, = oder > einzusetzen ist. Kontrolliert dann mit dem Taschenrechner.
a) $62{,}9^{\frac{3}{2}}\ \blacksquare\ 10$ **b)** $31{,}8^{\frac{3}{5}}\ \blacksquare\ 10$ **c)** $1000^{\frac{4}{3}}\ \blacksquare\ 10000$ **d)** $2{,}5^{\left(-\frac{3}{2}\right)}\ \blacksquare\ 1$

$62{,}9^{\frac{2}{3}}\ \blacksquare\ 10$

$62{,}9^{\frac{2}{3}} = \left(\sqrt[3]{62{,}9}\right)^2 \approx \left(\sqrt[3]{64}\right)^2$

Potenzen mit *Basis* a
ganzzahliger *Exponent* n > 0:

(n gleiche Faktoren)

$\mathbf{a^n = \overbrace{a \cdot a \cdot \ldots \cdot a}}$

$\mathbf{a^{-n} = \frac{1}{a^n}}$ für a ≠ 0

Sonderfall: $\mathbf{a^0 = 1}$

1. Berechne im Kopf.
a) 4^3 **b)** $0{,}5^2$ **c)** $(-3)^3$ **d)** $(-4)^4$ **e)** $0{,}1^5$

2. Schreibe als Bruch und berechne.
a) 7^{-2} **b)** 5^{-3} **c)** 3^{-4} **d)** 2^{-5} **e)** 10^{-5}

Standardschreibweise

große Zahlen
$84\,000\,000 = 8{,}4 \cdot 10^7$
Komma um 7 Stellen nach links

kleine Zahlen
$0{,}000091 = 9{,}1 \cdot 10^{-5}$
Komma um 5 Stellen nach rechts

3. Schreibe in der Standardschreibweise mit Zehnerpotenz.
a) 750 000 000 000 **b)** 0,00000000593
c) 37 Milliarden **d)** 43 Millionstel

4. Schreibe mit Ziffern.
a) $5{,}2 \cdot 10^8$ **b)** $7{,}4 \cdot 10^{12}$ **c)** $4{,}1 \cdot 10^{-6}$

5. Notiere das Ergebnis in der Standardschreibweise. **a)** $6 \cdot 10^4 \cdot 3 \cdot 10^5$ **b)** $2 \cdot 10^{-5} \cdot 7 \cdot 10^7$

Rechenregeln zum **Multiplizieren und Dividieren von Potenzen** mit a ≠ 0; b ≠ 0

$\mathbf{a^m \cdot a^n = a^{m+n}}$ $2^4 \cdot 2^5 = 2^9$
$\mathbf{a^m : a^n = a^{m-n}}$ $3^6 : 3^2 = 3^4$
$\mathbf{a^n \cdot b^n = (a \cdot b)^n}$ $2^5 \cdot 3^5 = 6^5$
$\mathbf{a^n : b^n = (a : b)^n}$ $12^3 : 2^3 = 6^3$

Potenzieren von Potenzen:
$\mathbf{(a^n)^m = a^{n \cdot m}}$ $(5^3)^6 = 5^{3 \cdot 6} = 5^{18}$

6. Schreibe als eine Potenz und berechne.
a) $4^3 \cdot 4^2$ **b)** $2^7 \cdot 2^8$ **c)** $8^3 \cdot 8^2$
d) $5^7 : 5^3$ **e)** $12^8 : 12^6$ **f)** $23^5 : 23^2$

7. **a)** $5^8 \cdot 0{,}4^8$ **b)** $3^5 \cdot 2^5$ **c)** $20^4 \cdot 0{,}1^4$
d) $12^6 : 6^6$ **e)** $10^4 : 5^4$ **f)** $24^5 : 8^5$

8. **a)** $(2^3)^2$ **b)** $(1{,}5^2)^4$ **c)** $(4^2)^{-2}$ **d)** $(5^{-2})^3$

9. Schreibe ins Heft, ergänze die fehlende Zahl.
a) $4^{\square} \cdot 4^4 = 4^9$ **b)** $5^{\square} : 5^6 = 5^{-2}$
c) $4^3 \cdot \square^3 = 20^3$ **d)** $(4^{\square})^5 = 4^{15}$

---

n-te Wurzel

$\mathbf{\sqrt[n]{a} = x}$ ⟶ hoch n ⟶ $\mathbf{x^n = a}$; $\mathbf{x^n = a}$ ⟶ n-te Wurzel ⟶ $\mathbf{\sqrt[n]{a} = x}$

a > 0; x > 0;
n > 0 ganzzahlig

$\sqrt[5]{243} = 3$ denn $3^5 = 243$

10. Berechne mit dem Taschenrechner die Kantenlänge eines Würfels mit 500 cm³ Volumen.

11. Berechne die Wurzel ohne Taschenrechner.
a) $\sqrt{144}$ **b)** $\sqrt[3]{125}$ **c)** $\sqrt[4]{0{,}0016}$

12. Bestimme die Lösung. Runde auf Tausendstel.
a) $x^6 = 300$ **b)** $x^8 = 0{,}05$ **c)** $12x^7 = 60$

Rechenregeln zum **Multiplizieren und Dividieren von Wurzeln** mit a > 0; b > 0

$\mathbf{\sqrt{a} \cdot \sqrt{b} = \sqrt{a \cdot b}}$ $\sqrt{10} \cdot \sqrt{6{,}4} = \sqrt{64} = 8$

$\mathbf{\sqrt{a} : \sqrt{b} = \frac{\sqrt{a}}{\sqrt{b}} = \sqrt{\frac{a}{b}}}$ $\sqrt{72} : \sqrt{8} = \frac{\sqrt{72}}{\sqrt{8}} = \sqrt{9} = 3$

13. Berechne ohne Taschenrechner.
a) $\sqrt{25 \cdot 4}$ **b)** $\sqrt{18 \cdot 8}$ **c)** $\sqrt{128 \cdot 2}$
d) $\sqrt{12{,}5 \cdot 8}$ **e)** $\sqrt{0{,}5 \cdot 8}$ **f)** $\sqrt{27 \cdot 3}$

14. Berechne ohne Taschenrechner
a) $\sqrt{200 : 8}$ **b)** $\sqrt{72 : 2}$ **c)** $\sqrt{484 : 4}$
d) $\sqrt{10 : 2{,}5}$ **e)** $\sqrt{98 : 2}$ **f)** $\sqrt{900 : 4}$

1. Berechne.
a) 2^4 **b)** 5^3 **c)** $(5\cdot 2)^6$ **d)** $(-2+12)^{-3}$
e) $5\cdot 2^5$ **f)** $2\cdot 10^4\cdot 5000$ **g)** $(2^{10}-2^4):100$ **h)** $3\cdot 10^3+7\cdot 10^3$

2. Schreibe in Standardschreibweise mit Zehnerpotenz.
a) 9 400 000 **b)** 63 Milliarden **c)** 0,00001 **d)** 0,0000053

3. a) Rechne im Kopf: $\sqrt{25}$; $\sqrt{144}$; $\sqrt{10000}$; $\sqrt[3]{27}$; $\sqrt[3]{64}$; $\sqrt[3]{1}$
b) Berechne mit dem Taschenrechner. Runde auf 3 Nachkommastellen: $\sqrt{10}$; $\sqrt[3]{2}$; $\sqrt[3]{100}$

4. a) Welche Seitenlänge hat ein Quadrat mit dem Flächeninhalt $A = 20{,}25\ cm^2$?
b) Welche Kantenlänge hat ein Würfel mit dem Volumen $V = 216\ cm^3$?

5. Das Licht braucht für eine Entfernung von 300 000 km etwa 1 Sekunde. Wie viele Minuten etwa braucht es für die rund 150 Millionen km von der Sonne zur Erde?

6. Schreibe in der Standardschreibweise: **a)** 13 Millionen **b)** 2 Tausendstel

7. Ergänze. **a)** $10^{■} = \frac{1}{100000}$ **b)** $10^{■} = 1$ **c)** $■^{-3} = -1$ **d)** $■^{-9} = \frac{1}{512}$

8. Ein Atom besteht aus einem Kern umgeben von den Elektronen der Atomhülle. Unser Planetensystem besteht aus der Sonne und der Hülle mit den umlaufenden Planeten.
a) Berechne das Verhältnis der Durchmesser von Atomkern und Atomhülle.
b) Berechne das Verhältnis der Durchmesser der Sonne und ihres Planetensystems.
c) Vergleiche die beiden Verhältnisse.

Kern: d = 0,01 picometer
Hülle: d = 0,1 nanometer

Sonne: d = 1,4 Gigameter
Planetensystem: d = 4,5 Terameter

9. Ordne die Lösungen zu, es geht ohne Taschenrechner.

① $2^7:0{,}2^7$ ② $3000^2:3^2$ ③ $80^{-8}:800^{-8}$
④ $5^9:0{,}05^9$ ⑤ $0{,}1^7:10^7$ ⑥ $16^9\cdot 625^9$

Ⓐ 10^8 Ⓑ 10^{18} Ⓒ 10^{36}
Ⓓ 10^6 Ⓔ 10^7 Ⓕ 10^{-14}

10. Bestimme die Kantenlänge eines Würfels und die Oberfläche der zusammengesetzten Figur.

a)

$V = 375\ cm^3$

b)

$V = 1\,296\ cm^3$

c)

$V = 512\ cm^3$

11. Fasse zuerst zusammen und ziehe dann die Wurzel.
a) $\sqrt{7}\cdot\sqrt{28}$ **b)** $\sqrt{24}\cdot\sqrt{1{,}5}$ **c)** $\sqrt{32}:\sqrt{8}$ **d)** $\sqrt{0{,}2}\cdot\sqrt{0{,}8}$ **e)** $\sqrt{10^5}:\sqrt{10}$ **f)** $\sqrt{2x}\cdot\sqrt{8x}$ $(x>0)$

12. Berechne im Kopf. **a)** $1000^{\frac{1}{3}}$ **b)** $16^{-\frac{1}{4}}$ **c)** $9^{\frac{3}{4}}\cdot 9^{\frac{3}{4}}$ **d)** $\left(125^{\frac{1}{6}}\right)^2$

13. Löse die Gleichung. Runde auf Tausendstel.
a) $(x^3+6)^2 = 46+12x^3$ **b)** $(x^5+3x^2)(x^5-3x^2) = x^{10}-54$

Körper

5

Die Verpackungen sollen nach ihrem Volumen sortiert werden. Beginne mit der größten Verpackung.

①

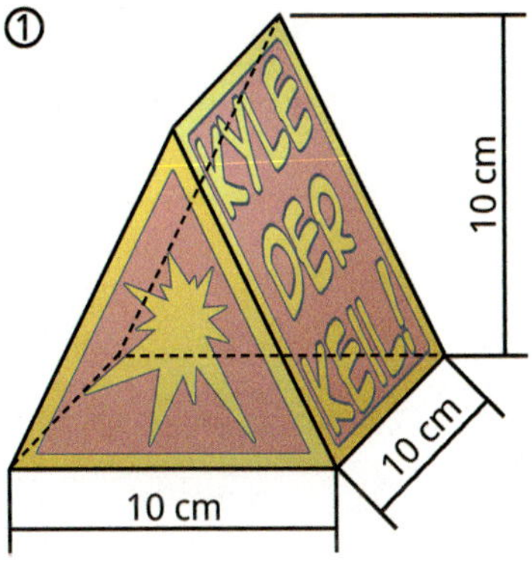

②

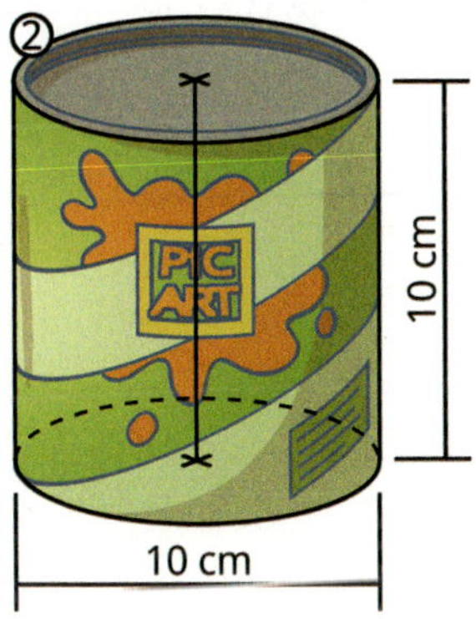

③

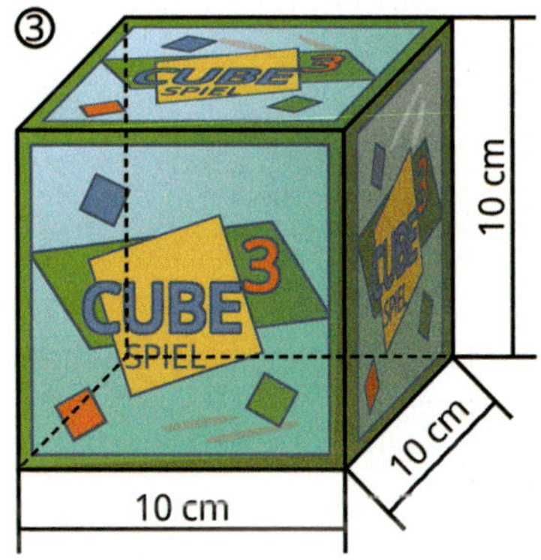

④

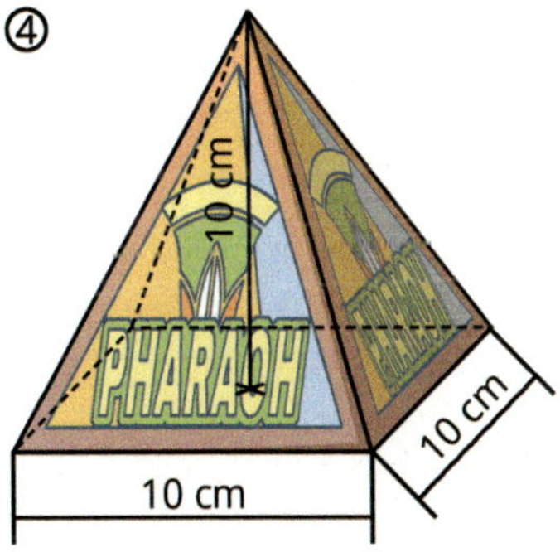

⑤

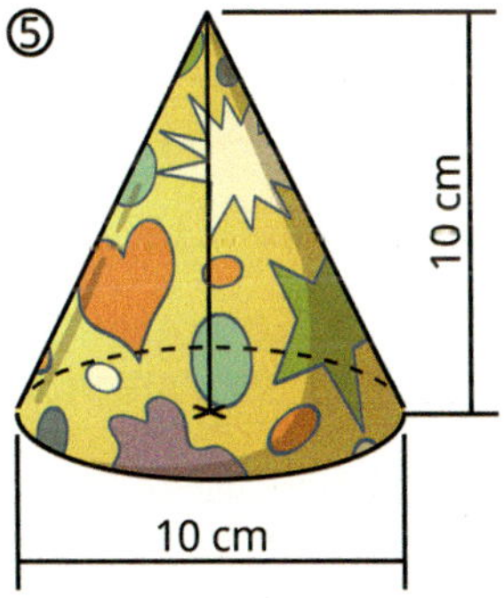

⑥

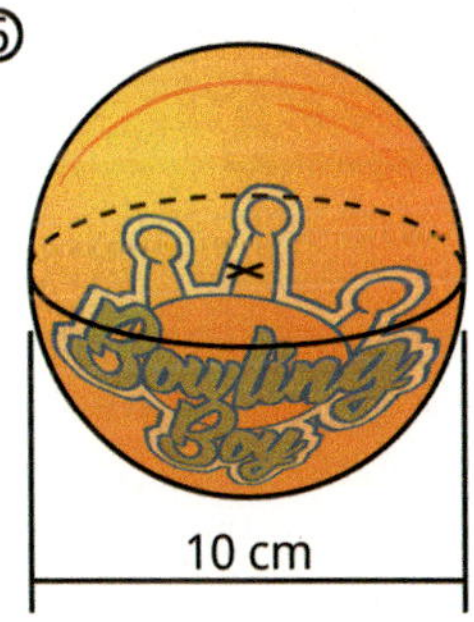

In diesem Kapitel lernst du, ...

... wie du bei Kegel und Pyramide den Satz des Pythagoras anwenden kannst, um gesuchte Größen zu berechnen,
... wie du die Oberfläche und das Volumen des Kegels berechnest,
... wie du die Oberfläche und das Volumen der Pyramide berechnest,
... wie du die Oberfläche und das Volumen der Kugel berechnest.

Löse die folgenden Aufgaben und schätze dich ein.

1. Berechne den Flächeninhalt und den Umfang der Figur.
a) Quadrat mit a = 7 cm
b) Rechteck mit a = 5 cm und b = 2,8 cm
c) Kreis mit Radius r = 7,5 cm

Ich kann den Flächeninhalt und den Umfang von Quadrat, Rechteck und Kreis berechnen.

Das kann ich gut.	Ich bin noch unsicher.
☺	→ S. 207, A 4–5

2. Berechne den Flächeninhalt des abgebildeten Dreiecks.

a)
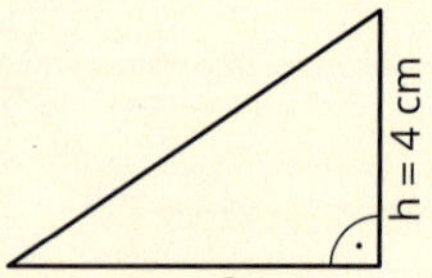

b)
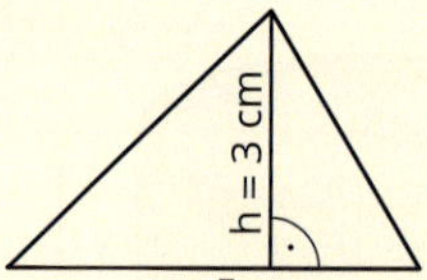

Ich kann den Flächeninhalt eines Dreiecks berechnen.

Das kann ich gut.	Ich bin noch unsicher.
☺	→ S. 208, A 1–2

3. Berechne die fehlende Seitenlänge x im Dreieck mit Hilfe des Satzes des Pythagoras.

a)
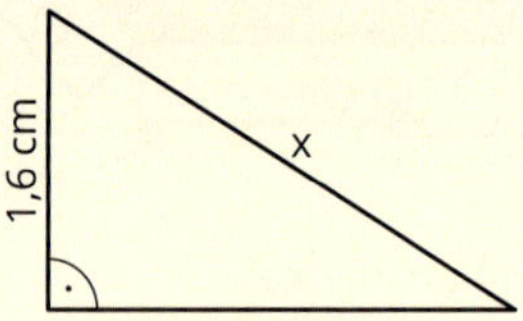

b)
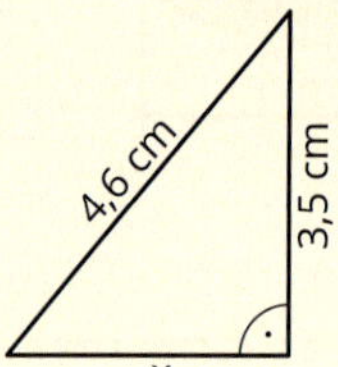

Ich kann den Satz des Pythagoras anwenden.

Das kann ich gut.	Ich bin noch unsicher.
☺	→ S. 209, A 1–2

4. Berechne die gesuchte Größe, indem du die gegebenen Größen in die Formel einsetzt und dann die Gleichung umformst.
Quader mit $V = 2688\ cm^3$; b = 14 cm; c = 16 cm
Gesucht: Kantenlänge a
Volumenformel für den Quader: $V = a \cdot b \cdot c$

Ich kann fehlende Größen durch Umstellen von Formeln berechnen.

Das kann ich gut.	Ich bin noch unsicher.
☺	→ S. 210, A 1–2

5. Wandle in die angegebene Flächen- bzw. Volumeneinheit um.
a) $1{,}6\ dm^2 = ▒\ cm^2$
b) $241\ cm^2 = ▒\ dm^2$
c) $23\ cm^2 = ▒\ mm^2$
d) $975{,}3\ mm^2 = ▒\ cm^2$
e) $3\ m^2 = ▒\ cm^2$
f) $15\ dm^3 = ▒\ cm^3$
g) $3468\ cm^3 = ▒\ dm^3$
h) $48\ cm^3 = ▒\ mm^3$
i) 2500 mℓ = ▒ ℓ
j) 7 ℓ = ▒ mℓ

Ich kann Flächen- und Volumenmaße in andere Einheiten umwandeln.

Das kann ich gut.	Ich bin noch unsicher.
☺	→ S. 210, A 3–5 → S. 211, A 1–3

Wiederholung: Oberfläche von Prisma und Zylinder

Die Oberfläche des Prismas und des Zylinders berechnest du, indem du die Flächeninhalte des Mantels und der beiden Grundflächen addierst.

Prisma

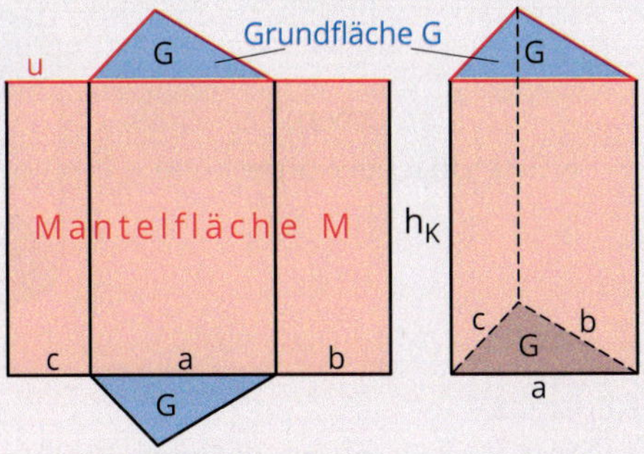

$M = u \cdot h_K$
$O = 2 \cdot G + M$

Zylinder

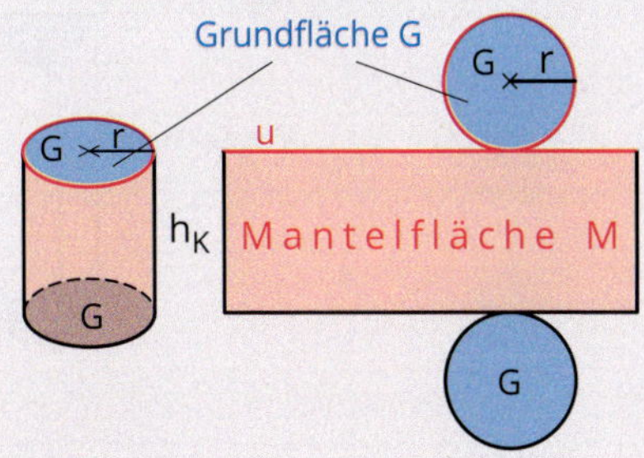

$G = \pi r^2$
$M = u \cdot h_K$
$M = 2\pi r \cdot h_K$

$O = 2 \cdot G + M$
$O = 2\pi r^2 + 2\pi r \cdot h_K$

1. **a)** Berechne vom abgebildeten Dreiecksprisma nacheinander die Grundfläche G, den Umfang u der Grundfläche, die Mantelfläche M und die Oberfläche O.
b) Berechne vom abgebildeten Zylinder nacheinander die Grundfläche G, die Mantelfläche M und die Oberfläche O.

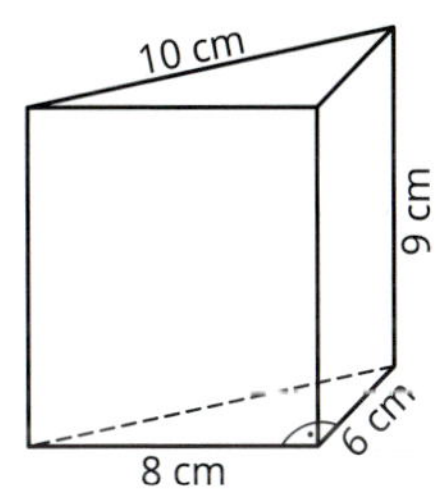

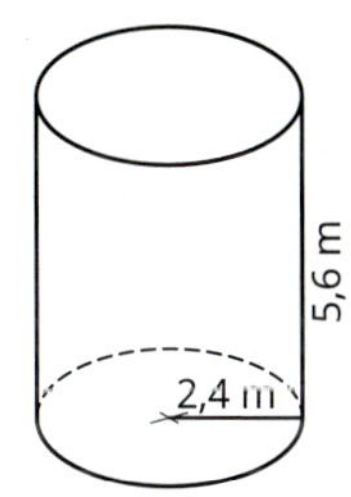

2. Berechne die Oberfläche des Prismas mit der Körperhöhe $h_K = 11$ cm.
a) Grundfläche ist ein Rechteck mit a = 7 cm, b = 9 cm.
b) Grundfläche ist ein rechtwinkliges Dreieck mit a = 9 cm, b = 12 cm, c = 15 cm.
c) Grundfläche ist ein Parallelogramm mit a = 7,2 cm, b = 4,8 cm, $h_a = 3,6$ cm.

3. Berechne die Mantelfläche M und die Oberfläche O des Zylinders.

a)
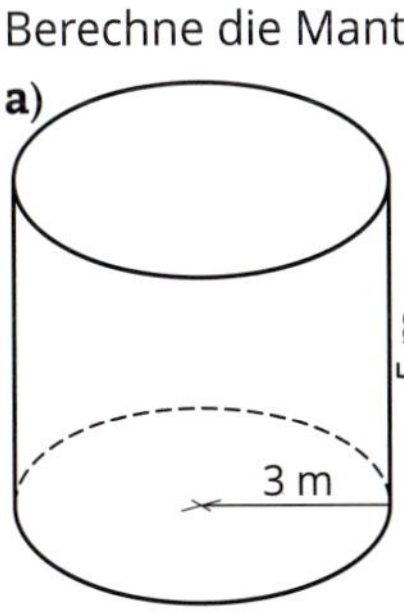

b)
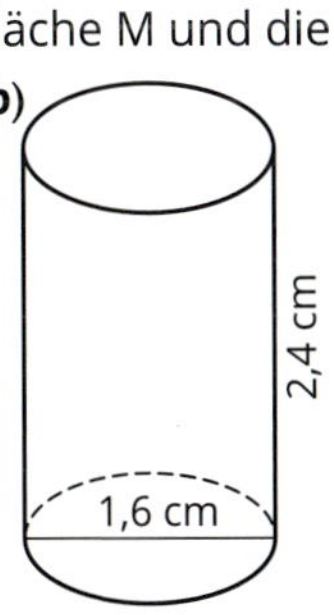

+c)
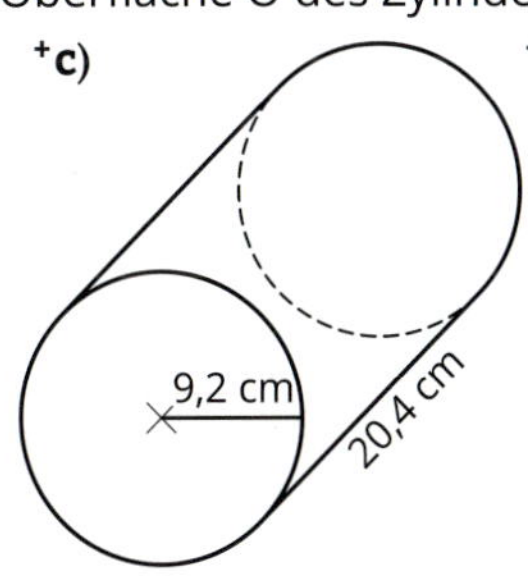

+d)
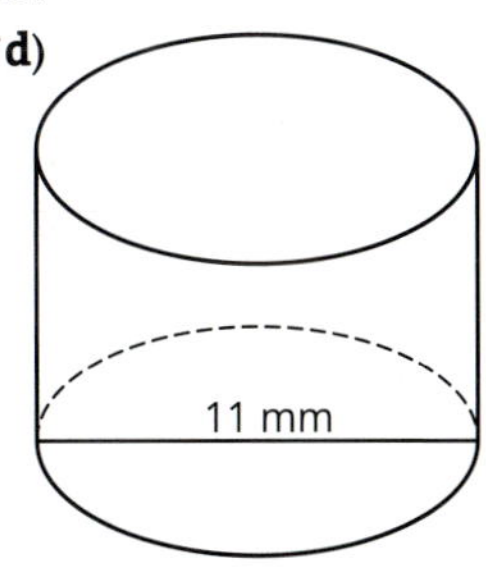

4. Berechne die gesuchte Größe des Zylinders. Das Beispiel zeigt dir, wie du vorgehen kannst.
a) gegeben: $M = 67{,}50\ cm^2$; r = 2,5 cm
gesucht: Körperhöhe h_K
b) gegeben: $M = 246{,}89\ cm^2$; $h_K = 9{,}40$ cm
gesucht: Radius r

Zylinder mit
$M = 73{,}89\ cm^2$; $r = 2{,}8$ cm; $h_K =$ ▒
$M = 2\pi r \cdot h_K$
$73{,}89 = 2\pi \cdot 2{,}8 \cdot h_K$
$73{,}89 \approx 17{,}59 \cdot h_K \quad |:17{,}59$
$h_K \approx 4{,}2$
Die Höhe beträgt etwa 4,2 cm.

Wiederholung: Volumen von Prisma und Zylinder

Das Volumen des Prismas und des Zylinders berechnest du, indem du die Grundfläche G mit der Körperhöhe h_K multiplizierst.

Prisma

$\mathbf{V = G \cdot h_K}$

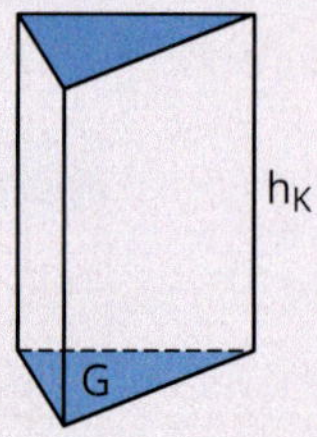

Volumen
= Grundfläche · Körperhöhe

Zylinder

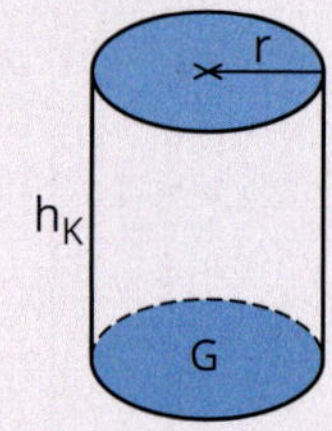

$\mathbf{V = G \cdot h_K}$
$\mathbf{V = \pi r^2 \cdot h_K}$

1. Berechne das Volumen des Prismas.
a) $G = 24\ cm^2$; $h_K = 6\ cm$ **b)** $G = 18{,}6\ cm^2$; $h_K = 2{,}5\ cm$ **⁺c)** $G = 22\ dm^2$; $h_K = 3{,}3\ dm$

2. Berechne das Volumen des Prismas.

a)

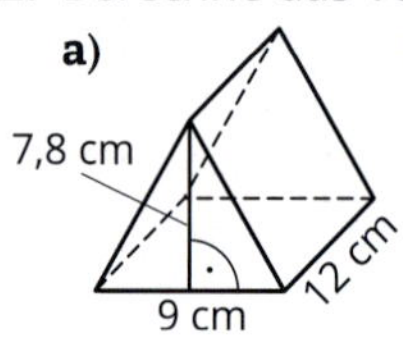

b)

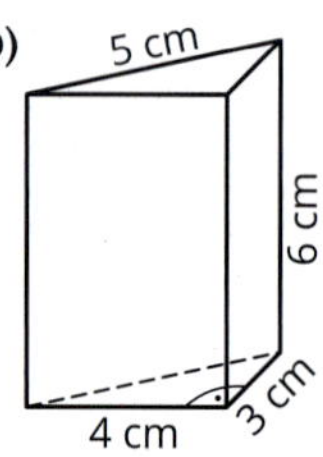

c)

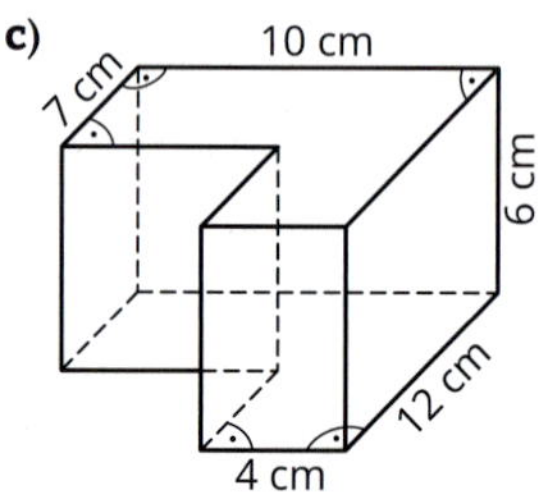

⁺d)

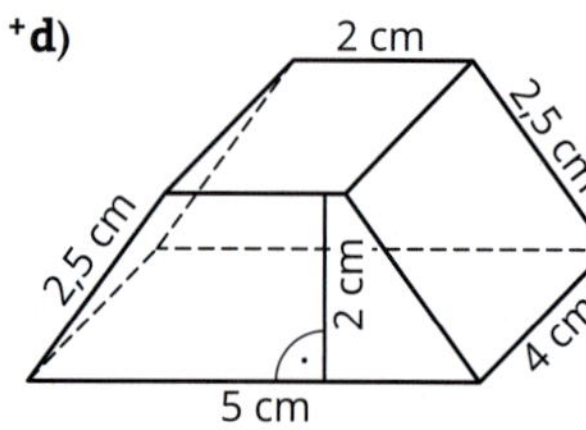

3. Berechne das Volumen des Zylinders.
a) $r = 4\ cm$; $h_K = 9\ cm$ **b)** $d = 40\ mm$; $h_K = 70\ mm$ **⁺c)** $r = 6{,}0\ cm$; $h_K = 4{,}4\ cm$

4. Berechne das Volumen des abgebildeten Zylinders.

a)

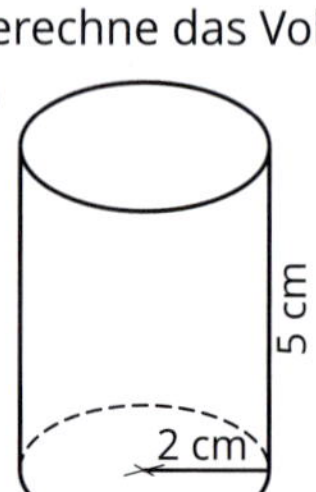

b)

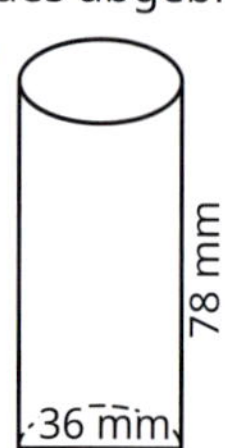

⁺c)

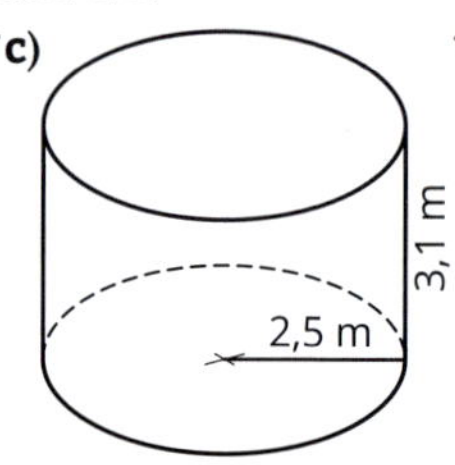

⁺d)

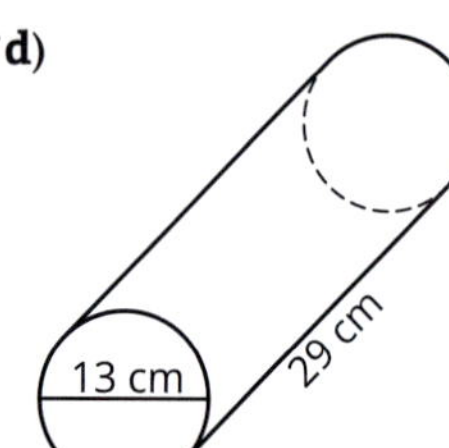

5. Ein Werkstück aus Stahl hat die Form eines Zylinders. Der Durchmesser beträgt 9,5 cm, die Körperhöhe 7,2 cm. Stahl hat eine Dichte von 7,9 g pro cm^3.
Berechne die Masse des Werkstücks.

6. Vom Zylinder sind Volumen und die Körperhöhe h_K gegeben. Berechne den Radius wie im Beispiel.
a) $V = 96{,}2\ cm^3$; $h_K = 2{,}6\ cm$
b) $V = 543{,}2\ cm^3$; $h_K = 6{,}3\ cm$

Zylinder mit
$V = 51{,}7\ cm^3$; $h_K = 3{,}4\ cm$; $r = ■$
$V = \pi r^2 \cdot h_K$
$51{,}7 = \pi r^2 \cdot 3{,}4$
$51{,}7 \approx 10{,}68 \cdot r^2 \quad |:10{,}68$
$4{,}84 \approx r^2 \quad |\sqrt{\ }$
$r \approx 2{,}2$
Der Radius beträgt etwa 2,2 cm.

7. Ein Prisma hat die abgebildete Grundfläche und ein Volumen von $V = 46{,}62\ cm^3$.
Berechne die Körperhöhe h_K.

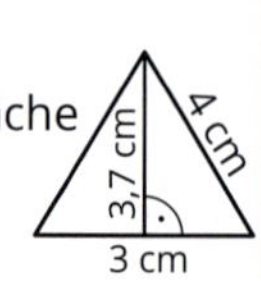

Pyramiden zeichnen und bauen

Bearbeitet alle Aufgaben in Partnerarbeit.

1. Zeichnet nach der untenstehenden Anleitung das Schrägbild der Pyramide mit der Grundkante a = 5 cm und der Pyramidenhöhe h_K = 7 cm.

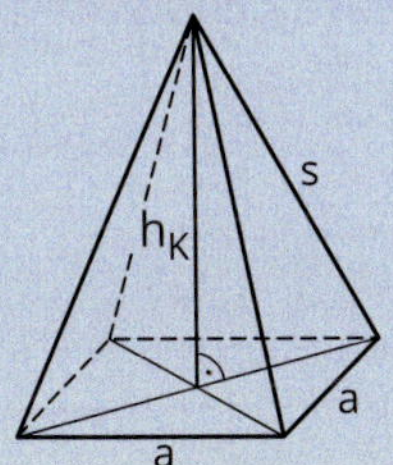

- Grundfläche zeichnen, Mittelpunkt bestimmen
- Pyramidenhöhe senkrecht einzeichnen
- Seitenkanten zeichnen
- Grundkante a, Seitenkante s und Höhe h_K beschriften

2. Zeichnet das Netz der Pyramide auf festem Karopapier oder Karton (DIN A3). Plant Klebelaschen ein, schneidet aus, knickt an den Faltlinien und klebt ein Pyramidenmodell zusammen.

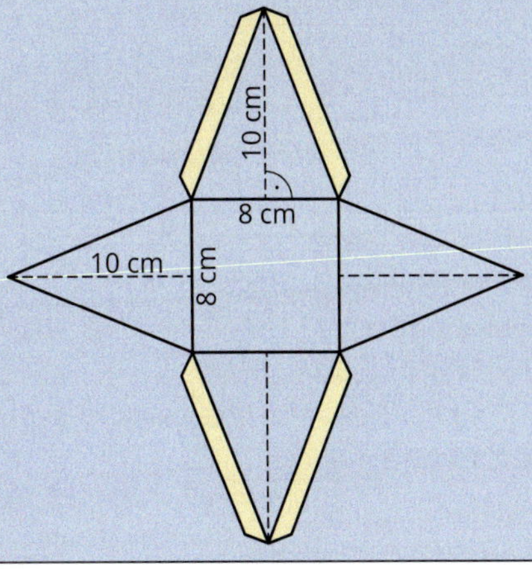

3. Welche Netze lassen sich zur Pyramide falten? Begründet eure Antwort.

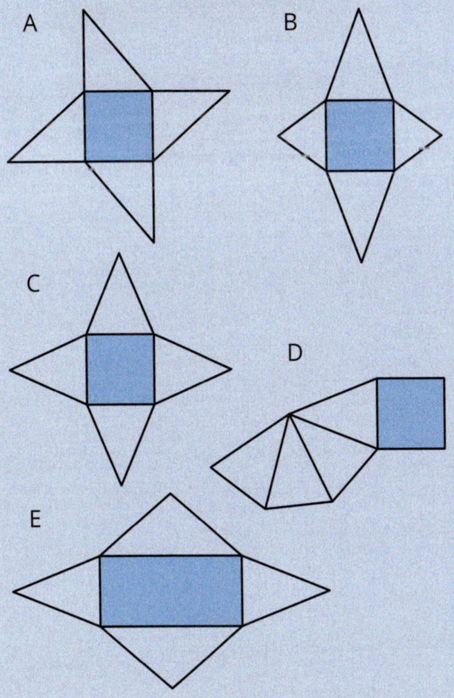

4. Fertigt ein Kantenmodell der Pyramide aus dünnen Holzspießen an.
Prüft die Maße.

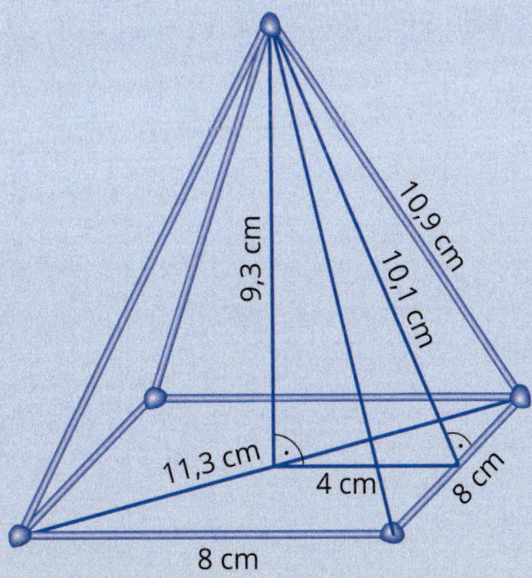

Materialien:
- dünne Holzspieße (z. B. Schaschlikspieße)
- Schere oder Seitenschneider
- Knete oder Klebstoff (z. B. Heißkleber)

Kegel zeichnen und bauen

Bearbeitet alle Aufgaben in Partnerarbeit.

1. Zeichnet nach der nebenstehenden Anleitung das Schrägbild des Kegels mit dem Radius r = 3 cm und der Kegelhöhe h_K = 8 cm.

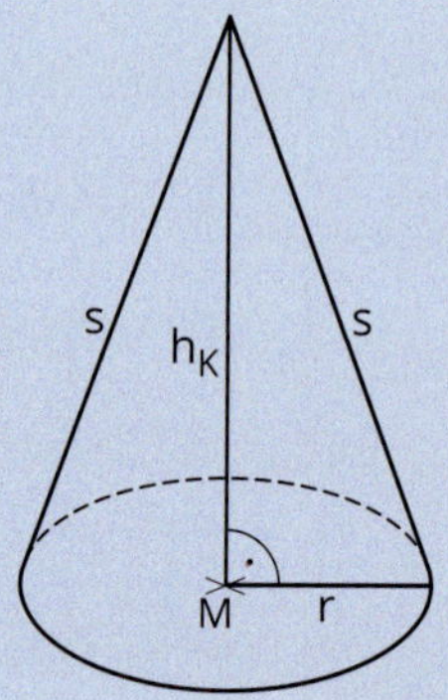

- Grundfläche zeichnen (Ellipse wie beim Zylinder)
- Mittelpunkt M bestimmen
- Kegelhöhe senkrecht einzeichnen
- Mantellinie s zweimal einzeichnen
- Radius r, Kegelhöhe h_K und Mantellinie s beschriften

2. Baut ein Kegelmodell nach folgender Anleitung.

① **Kegelmantel**
Zeichnet auf dünnem Karton einen Kreisausschnitt mit s = 12 cm und α = 110°. Plant und zeichnet Klebelaschen ein und schneidet anschließend aus.

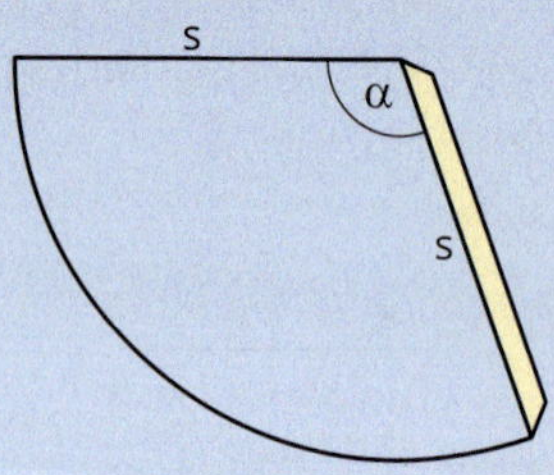

② **Grundfläche**
Zeichnet eine passende Kreisfläche als Grundfläche. Zeichnet zusätzlich Klebelaschen ein und schneidet aus.

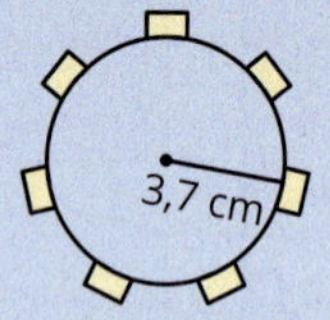

③ **Kegelmantel und Grundfläche zusammenbauen**
Klebt Kegelmantel und Grundfläche zum Kegelmodell zusammen.

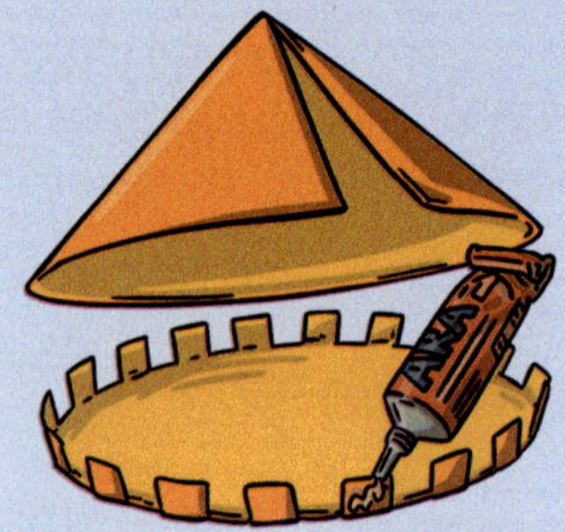

3. Kann aus dem Netz ein Kegel gebaut werden? Begründet und stellt die Begründung der Klasse vor.

a)

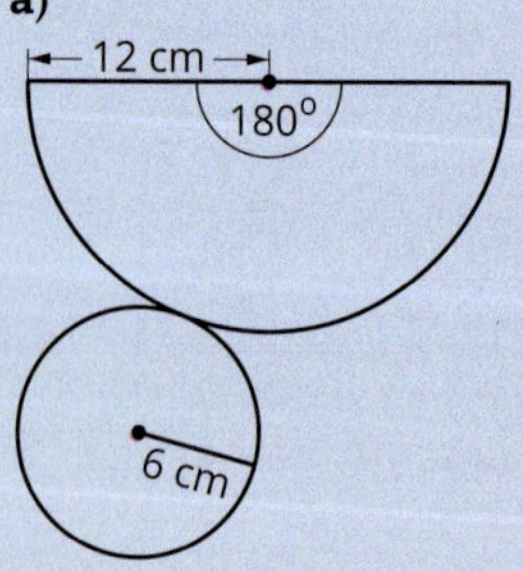

b)

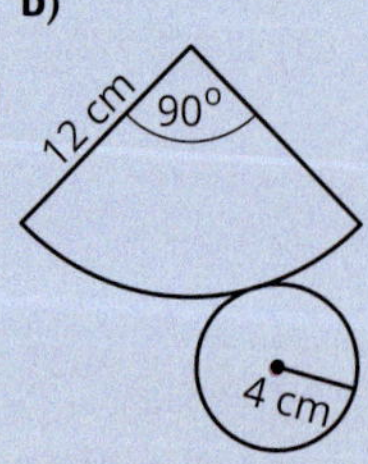

c)

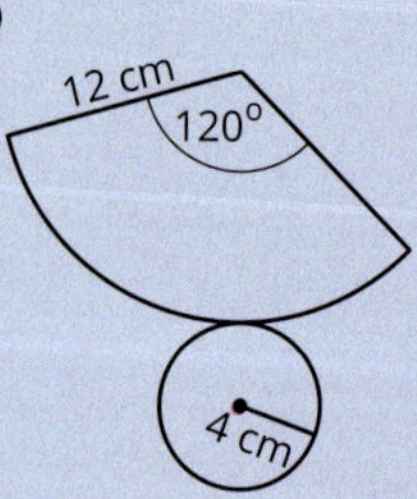

d)

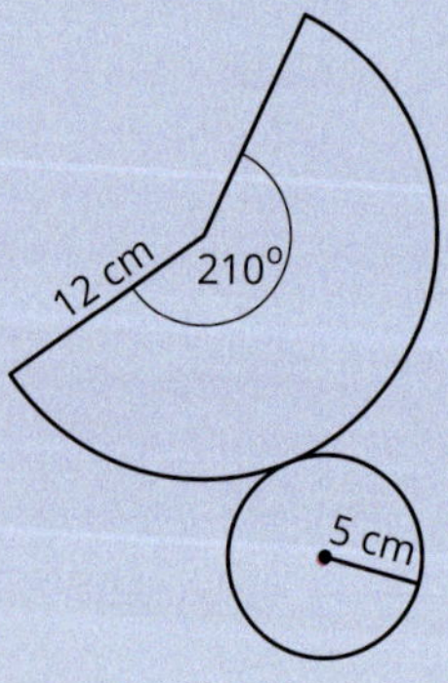

Der Satz des Pythagoras in Kegel und Pyramide

1. a) Suche im Kegel ein rechtwinkliges Dreieck, skizziere das rechtwinklige Dreieck im Heft und notiere die Gleichung nach dem Satz des Pythagoras.

b) Skizziere verschiedene rechtwinklige Dreiecke der quadratischen Pyramide im Heft und beschrifte alle Seiten der rechtwinkligen Dreiecke. Notiere alle Gleichungen nach dem Satz des Pythagoras.

zu **a)**

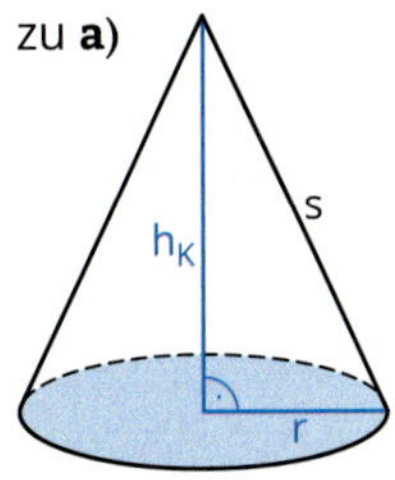

zu **b)**

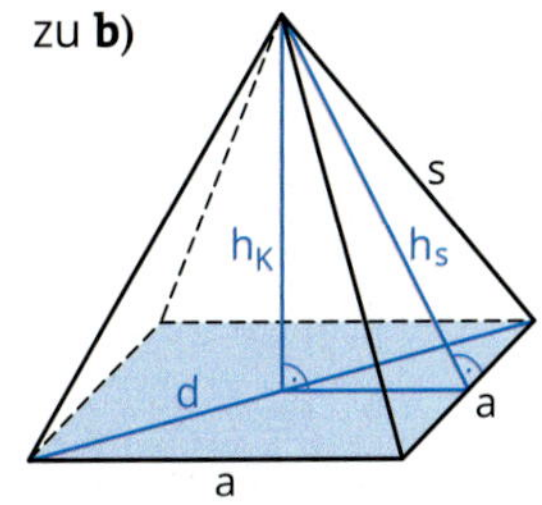

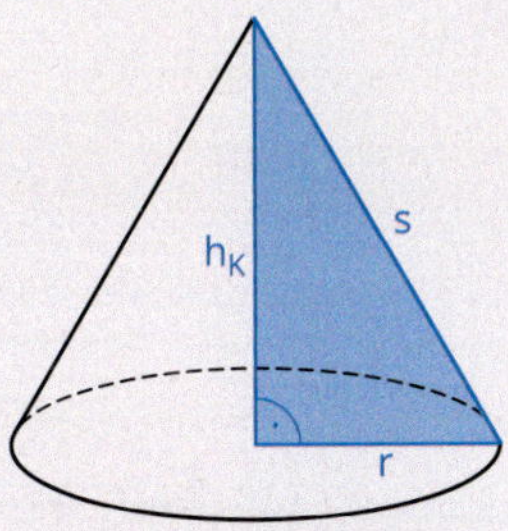

$h_K^2 + r^2 = s^2$

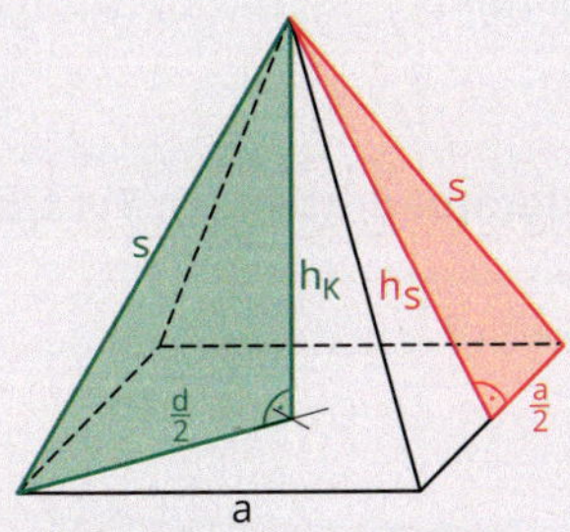

$h_K^2 + \left(\frac{d}{2}\right)^2 = s^2 \quad h_s^2 + \left(\frac{a}{2}\right)^2 = s^2$

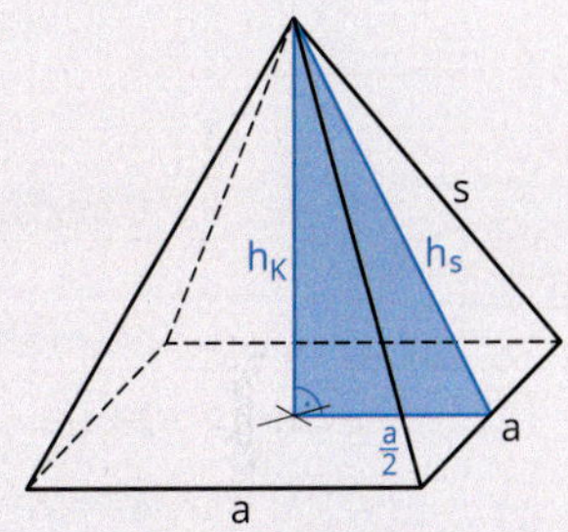

$h_K^2 + \left(\frac{a}{2}\right)^2 = h_s^2$

r: Radius; s: Mantellinie; h_K: Körperhöhe; a: Grundkante; s: Seitenkante; h_s: Höhe der Seitenfläche

Berechne die gesuchte Größe des Kegels mit dem Satz des Pythagoras.

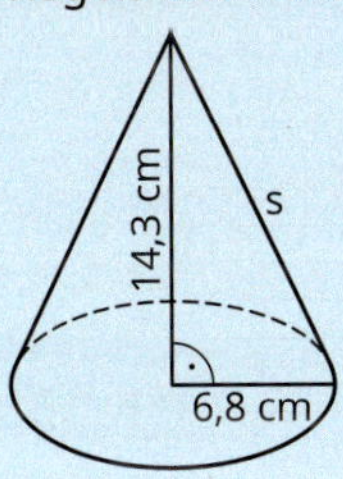

$s^2 = 14{,}3^2 + 6{,}8^2$

$s^2 = 250{,}73 \quad |\sqrt{}$

$s \approx 15{,}83$

Die Seitenkante ist etwa 15,83 cm lang.

Berechne die gesuchte Größe der Pyramide mit dem Satz des Pythagoras.

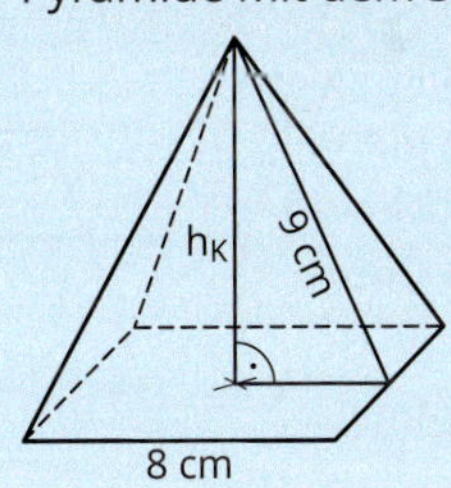

$9^2 = h_K^2 + 4^2$

$81 = h_K^2 + 16 \quad | -16$

$65 = h_K^2 \quad |\sqrt{}$

$h_K \approx 8{,}06$

Die Höhe beträgt etwa 8,06 cm.

2. Wende den Satz des Pythagoras an und berechne die gesuchte Größe des Kegels.

a) $h_K = 8$ cm; $r = 6$ cm; $s =$ ▒

b) $h_K = 14$ cm; $s = 15{,}4$ cm; $r =$ ▒

c) $s = 12$ cm; $r = 5{,}1$ cm; $h_K =$ ▒

+d) $h_K = 4{,}6$ cm; $r = 3{,}7$ cm; $s =$ ▒

+e) $h_K = 8{,}2$ cm; $s = 8{,}9$ cm; $r =$ ▒

+f) $s = 5{,}5$ m; $r = 4{,}2$ m; $h_K =$ ▒

3. Berechne die gesuchte Größe in der quadratischen Pyramide.

a) $h_s =$ ▒

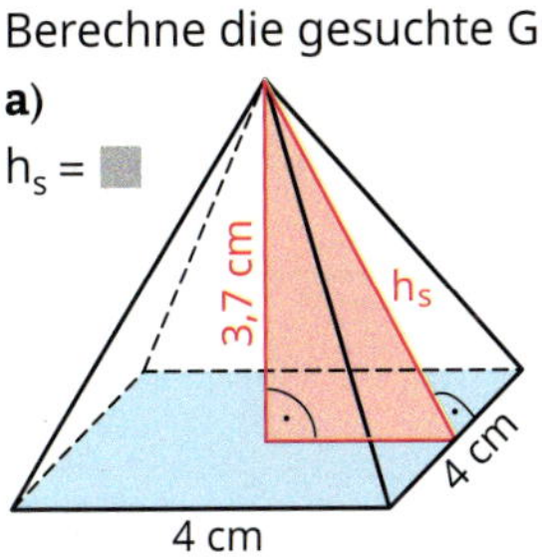

b) a = ▒

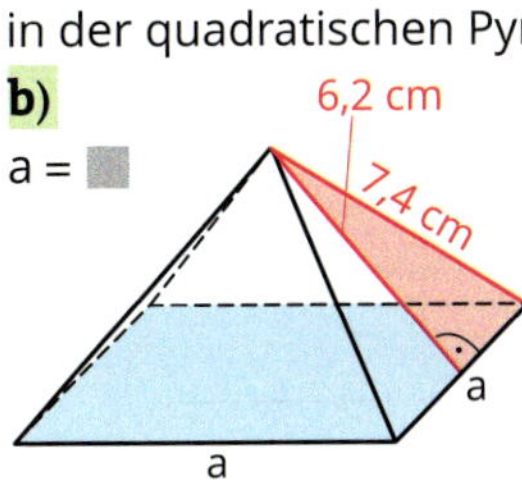

c) s = ▒

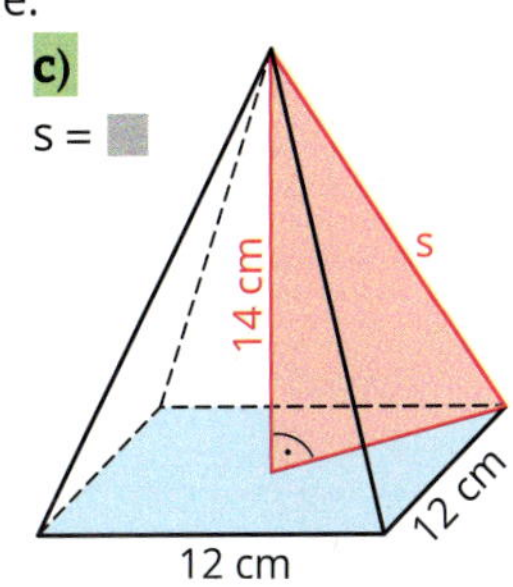

Oberfläche der quadratischen Pyramide

1. Für eine quadratische Pyramide gilt:
$a = 5$ cm, $h_s = 6$ cm
a) Zeichne ein Netz der Pyramide ins Heft.
b) Berechne die quadratische Grundfläche G der Pyramide.
c) Berechne den Flächeninhalt eines Seitenflächen-Dreiecks.
d) Berechne die Oberfläche der Pyramide.
e) Erkläre die Formel für die Oberfläche der Pyramide: $O = a^2 + 2a \cdot h_s$

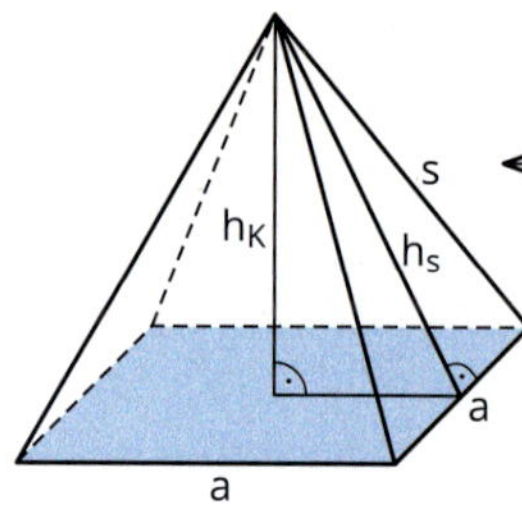

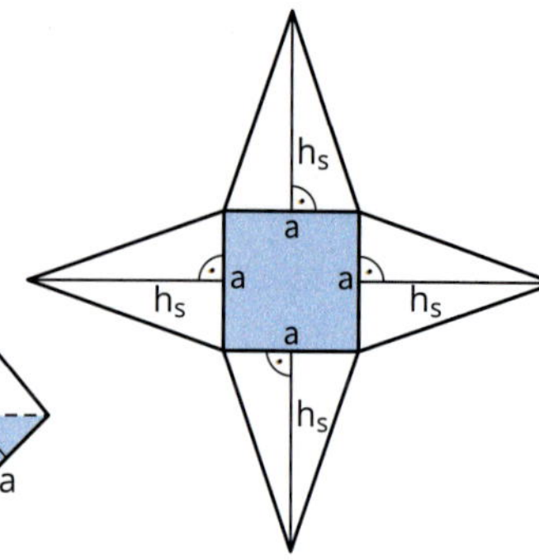

Oberfläche der quadratischen Pyramide

Mantelfläche = Summe der Seitenflächen
$\mathbf{M = 4 \cdot \left(\frac{a \cdot h_s}{2}\right)}$
$\mathbf{M = 2a \cdot h_s}$

Oberfläche = Grundfläche + Mantelfläche
O = G + M
$\mathbf{O = a^2 + 2a \cdot h_s}$

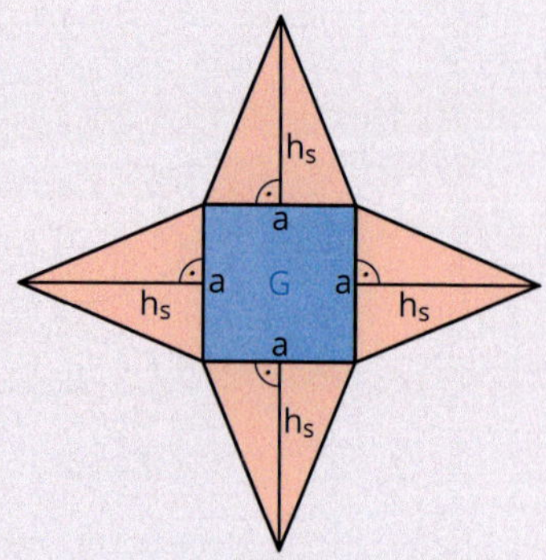

Berechne die Grundfläche, die Mantelfläche und die Oberfläche der Pyramide.

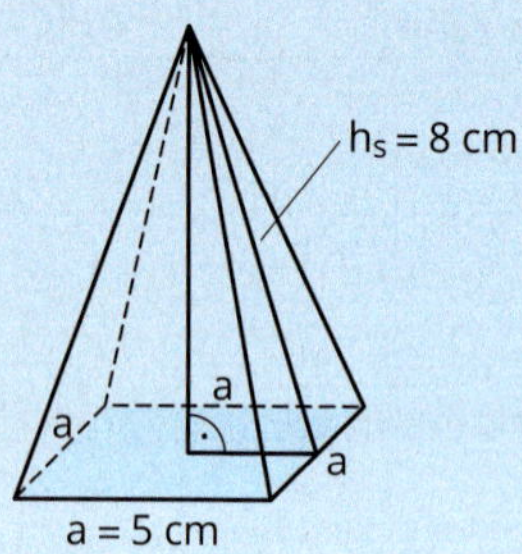

$G = a^2$
$G = (5\text{ cm})^2$
$G = 25\text{ cm}^2$

$M = 2a \cdot h_s$
$M = 2 \cdot 5\text{ cm} \cdot 8\text{ cm}$
$M = 80\text{ cm}^2$

$O = G + M$
$O = 25\text{ cm}^2 + 80\text{ cm}^2$
$\mathbf{O = 105\text{ cm}^2}$

2. Berechne die Mantelfläche M und die Oberfläche O der quadratischen Pyramide.
a) $a = 4$ cm; $h_s = 5$ cm **b)** $a = 6{,}2$ cm; $h_s = 7{,}5$ cm **⁺c)** $a = 2{,}6$ m; $h_s = 3{,}4$ m

3. Berechne die Oberfläche der quadratischen Pyramide mit dem gegebenen Netz.

a)

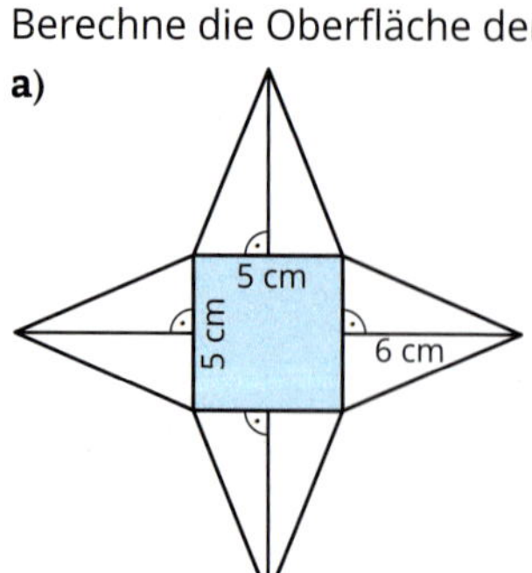

⁺b)

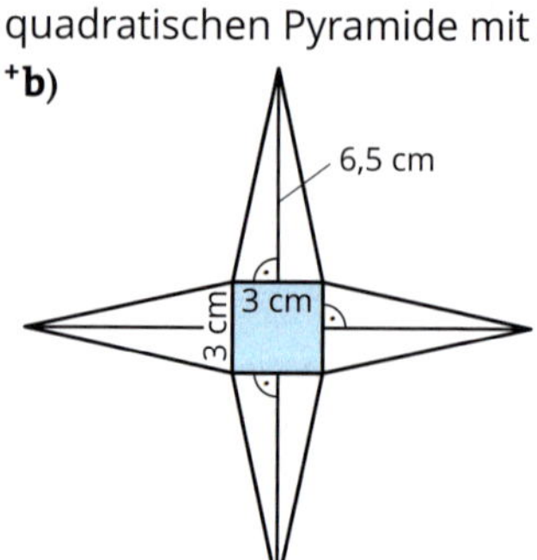

⁺c)

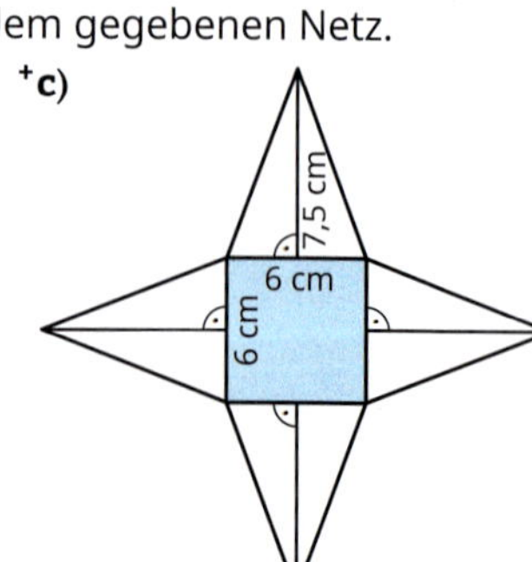

4. Berechne die Mantelfläche und die Oberfläche der Pyramide.

a)

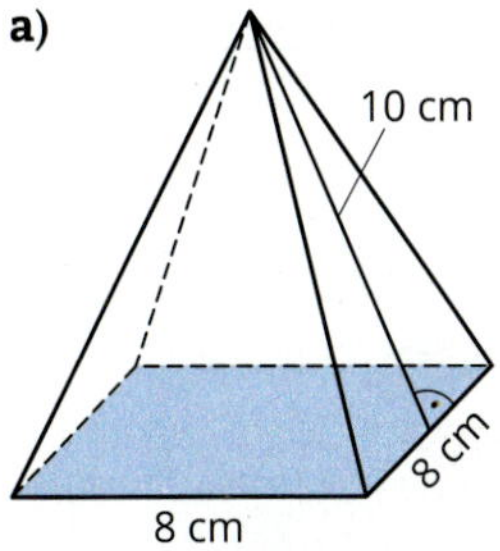

b)

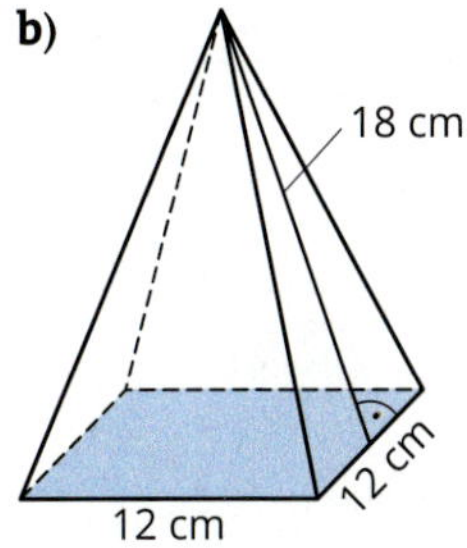

+c)

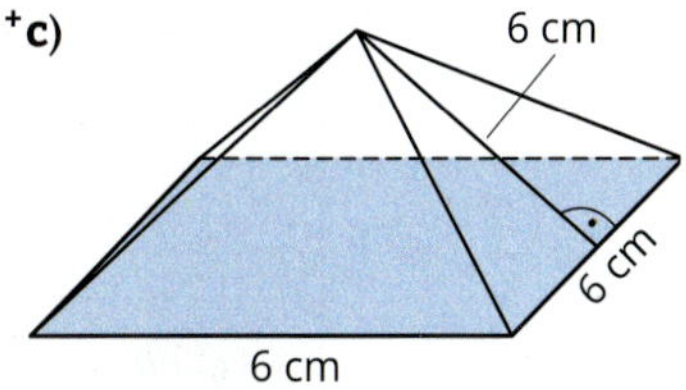

5. Setze die gegebenen Werte in die Formel für die Mantelfläche der Pyramide ein und berechne die gesuchte Größe wie im Beispiel.

a) $M = 196\ \text{cm}^2$; $h_s = 7$ cm; a = ▮

b) $M = 212{,}8\ \text{cm}^2$; a = 11,2 cm; h_s = ▮

+c) $M = 132{,}6\ \text{cm}^2$; $h_s = 8{,}5$ cm; a = ▮

$M = 216\ \text{cm}^2$	$M = 2a \cdot h_s$
$h_s = 9$ cm	$216 = 2a \cdot 9$
a = ▮	$216 = 18a \quad |:18$
	a = 12 cm

6. Berechne die Oberfläche der Pyramide. Berechne erforderliche Größen mit dem Satz des Pythagoras.

a)

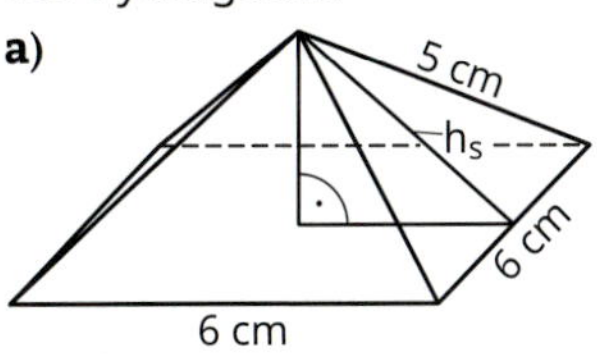

b)

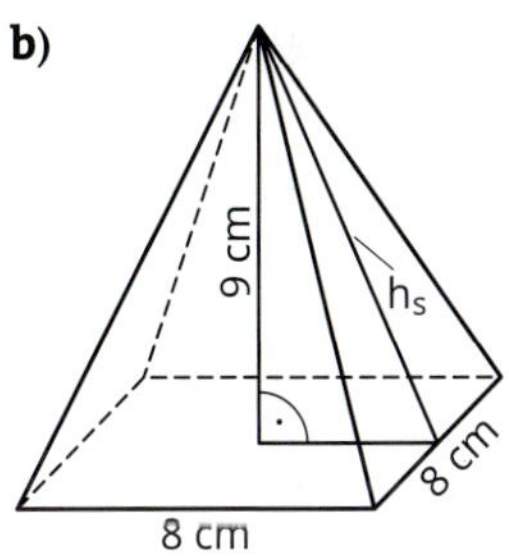

c)

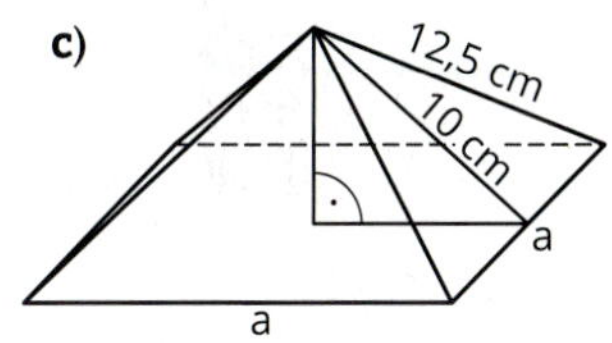

7. Die abgebildete Pyramide ist ein Wahrzeichen der Stadt Karlsruhe. Schätze die Grundkante a und die Länge der Seitenhöhe h_s der Pyramide. Berechne mit deinen Schätzwerten die Mantelfläche M der Pyramide.

8. In Joshuas Formelsammlung ist für die Oberfläche der quadratischen Pyramide $O = a \cdot (a + 2h_s)$ notiert, bei Mareike $O = a^2 + 2a \cdot h_s$. Weise nach, dass beide Formeln gleichwertig sind.

9. Stelle die Formel nach der rot geschriebenen Größe um.

a) $M = 2ah_s$ **b)** $M = 2ah_s$ **c)** $O = a^2 + 2ah_s$

10. Von den fünf Größen einer quadratischen Pyramide (Grundkante a, Seitenhöhe h_s, Mantelfläche M, Grundfläche G, Oberfläche O) sind zwei gegeben. Berechne daraus die restlichen Größen.

a) a = 4 cm; $h_s = 7$ cm **b)** a = 5,6 cm; $M = 78{,}4\ \text{cm}^2$ **c)** $h_s = 12{,}3$ cm; $M = 209{,}1\ \text{cm}^2$

d) a = 9,4 m; $O = 291{,}4\ \text{m}^2$ **e)** $G = 21{,}16\ \text{dm}^2$; $O = 69{,}0\ \text{dm}^2$ **f)** $M = 434\ \text{cm}^2$; $O = 783\ \text{cm}^2$

Oberfläche des Kegels

1. Partnerarbeit:

a) Beschreibt das Vorgehen von Karin. Wie kommt Karin auf die Bezeichnungen „πr" und „s" in der letzten Abbildung?

b) Stellt eine Formel für die Berechnung der Mantelfläche des Kegels auf.

c) Berechnet mit der Formel die Mantelfläche eines Kegels mit Radius r = 3 cm und Mantellinie s = 5 cm. Wenn eure Formel stimmt und ihr richtig gerechnet habt, müsste $M \approx 47{,}12\ cm^2$ euer Ergebnis sein.

d) Stellt eine Formel zur Berechnung der Oberfläche des Kegels auf, präsentiert euer Ergebnis der Klasse und vergleicht es mit anderen.

Oberfläche des Kegels

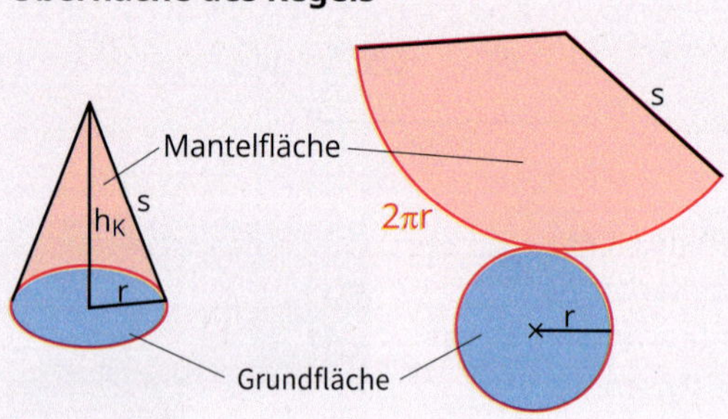

Grundfläche: $G = \pi r^2$
Mantelfläche: $M = \pi rs$

Oberfläche
= Grundfläche + Mantelfläche

O = G + M
$O = \pi r^2 + \pi rs$

Berechne die Grundfläche, die Mantelfläche und die Oberfläche des Kegels.

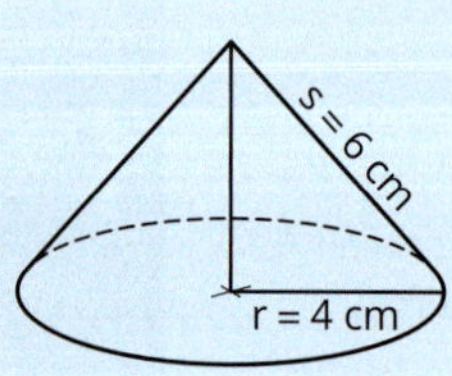

$G = \pi r^2$
$G = \pi \cdot (4\ cm)^2$
$G \approx 50{,}27\ cm^2$

$M = \pi rs$
$M = \pi \cdot 4\ cm \cdot 6\ cm$
$M \approx 75{,}40\ cm^2$

$O = G + M$
$O \approx 50{,}27\ cm^2 + 75{,}40\ cm^2$
$O \approx 125{,}67\ cm^2$

2. Berechne die Mantelfläche und die Oberfläche des Kegels.

a) r = 2 cm; s = 5 cm

b) r = 4,2 cm; s = 5,5 cm

⁺c) r = 1,2 m; s = 1,8 m

d)

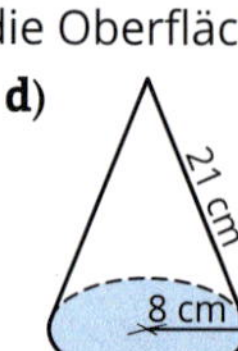

⁺e)

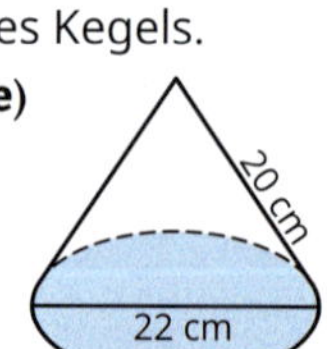

3. Setze den gegebenen Wert in die Formel für die Mantelfläche des Kegels ein und berechne die gesuchte Größe wie im Beispiel.

a) $M = 62{,}83\ cm^2$; $r = 4\ cm$; $s =$ ■

b) $M = 197{,}92\ cm^2$; $s = 8\ cm$; $r =$ ■

+c) $M = 167{,}45\ cm^2$; $r = 6{,}5\ cm$; $s =$ ■

+d) $M = 130{,}19\ cm^2$; $s = 5{,}6\ cm$; $r =$ ■

$M = 222{,}05\ cm^2$; $s = 9{,}3\ cm$; $r =$ ■

$M = \pi r s$

$222{,}05 = \pi \cdot r \cdot 9{,}3$

$222{,}05 \approx 29{,}22 \cdot r \quad |:29{,}22$

$7{,}60 \approx r$

Der Radius beträgt etwa 7,6 cm.

4. Schätze die Längen von Radius r und Mantellinie s des kegelförmigen Gegenstandes und berechne damit die ungefähre Größe der Mantelfläche.

a)

+b)

5. Zeichne das Netz des Kegels mit dem Radius r sowie der Mantellinie s und berechne die Oberfläche O des Kegels.

a) $r = 4\ cm$; $s = 6\ cm$ ($\alpha = 240°$) **b)** $r = 2{,}5\ cm$; $s = 5\ cm$ ($\alpha = 180°$)

c) $r = 1{,}5\ cm$; $s = 4{,}5\ cm$ ($\alpha = 120°$) **d)** $r = 2\ cm$; $s = 8\ cm$ ($\alpha = 90°$)

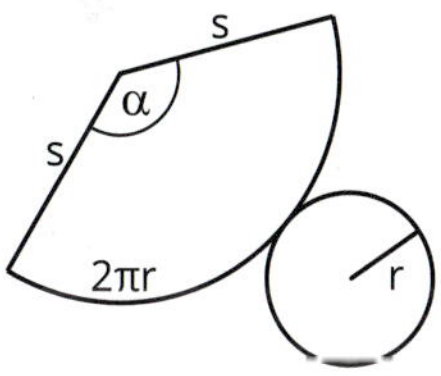

6. Berechne die Oberfläche des Kegels. Berechne die dazu notwendige Größe mit dem Satz des Pythagoras.

a) $h_K = 6\ cm$; $r = 4\ cm$

b) $h_K = 14{,}8\ cm$; $s = 17{,}3\ cm$

c) $h_K = 2{,}4\ dm$; $r = 1{,}8\ dm$

d)

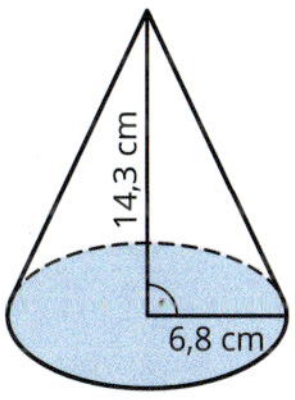

e)

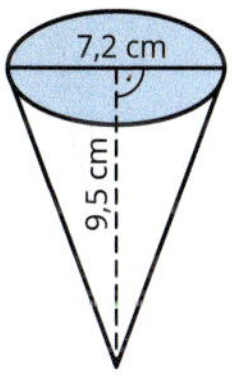

7. Gegeben sind die Oberfläche und der Radius eines Kegels. Berechne die Mantellinie s.

a) $O = 75{,}40\ cm^2$; $r = 3{,}0\ cm$; $s =$ ■ **b)** $O = 224{,}62\ cm^2$; $r = 5{,}5\ cm$; $s =$ ■

8. Als Hausaufgabe soll Mia die Oberfläche eines Kegels mit den Maßen 5,5 cm und 8 cm berechnen. Leider weiß sie nicht mehr, welches davon der Radius r und welches die Mantellinie s des Kegels ist.

a) Berechne die Oberfläche für beide Möglichkeiten.

b) Hättest du vor der Berechnung sagen können, welche Möglichkeit zur größeren Oberfläche führt? Begründe deine Einschätzung.

9. Ein Kegel hat die Oberfläche $O = 100\ cm^2$ und die Mantellinie $s = 4\ cm$. Berechne den Radius r.

Zur Lösung von **9.** musst du eine quadratische Gleichung aufstellen und lösen.

Volumen von Pyramide und Kegel

Bearbeitet alle Aufgaben in Partnerarbeit.

Alle abgebildeten Körper (Quader, Pyramiden, Zylinder, Kegel) haben gleichgroße Grundflächen und die gleiche Höhe.

1. Beschreibt, wie die Kinder vorgehen, um das jeweilige Körpervolumen zu bestimmen.

2. Leitet aus den Untersuchungsergebnissen eine Volumenformel ab, die sowohl für Pyramiden als auch für Kegel gilt.

3. **a)** Entwickelt eine spezielle Volumenformel für die quadratische Pyramide. Verwendet dabei die Variablen V, a und h_K.
b) Entwickelt eine Volumenformel für den Kegel. Verwendet die Variablen V, r und h_K.

Volumen von quadratischer Pyramide und Kegel

Quadratische Pyramide — **Kegel**

$V = \frac{1}{3}$ Grundfläche · Körperhöhe

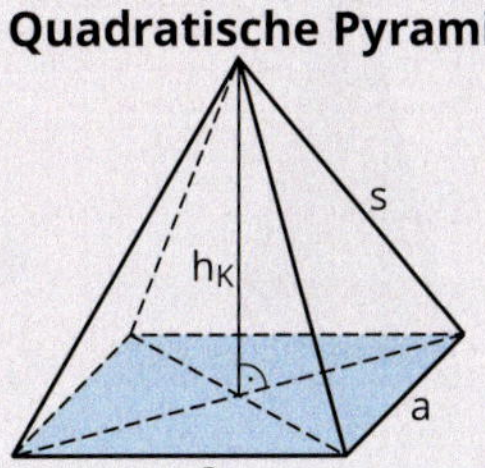

$\mathbf{V = \frac{1}{3}\,G \cdot h_K}$

$\mathbf{V = \frac{1}{3}\,a^2 \cdot h_K}$

$\mathbf{V = \frac{1}{3}\,G \cdot h_K}$

$\mathbf{V = \frac{1}{3}\,\pi r^2 \cdot h_K}$

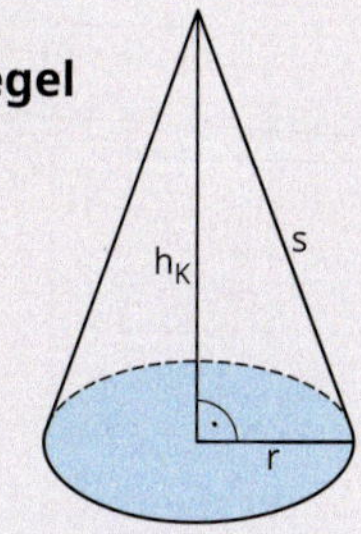

Berechne das Volumen der quadratischen Pyramide und des Kegels.

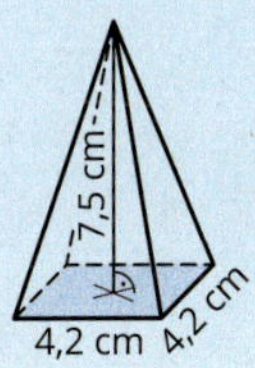

$V = \frac{1}{3} a^2 \cdot h_K$

$V = \frac{1}{3} \cdot (4{,}2\ \text{cm})^2 \cdot 7{,}5\ \text{cm}$

$\mathbf{V = 44{,}1\ cm^3}$

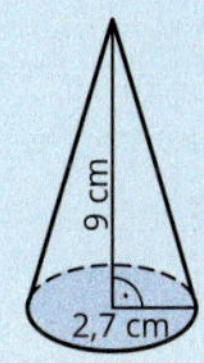

$V = \frac{1}{3} \pi r^2 \cdot h_K$

$V = \frac{1}{3} \pi \cdot (2{,}7\ \text{cm})^2 \cdot 9\ \text{cm}$

$\mathbf{V = 68{,}71\ cm^3}$

4. Berechne das Volumen des Körpers.

a) Pyramide mit $G = 36\ \text{cm}^2$; $h_K = 9$ cm
b) Kegel mit $G = 14{,}7\ \text{cm}^2$; $h_K = 7{,}5$ cm
+c) Pyramide mit $G = 90\ \text{mm}^2$; $h_K = 10$ mm
+d) Kegel mit $G = 123{,}4\ \text{mm}^2$; $h_K = 9$ mm

5. Berechne das Volumen der quadratischen Pyramide.

a) a = 5 cm; $h_K = 4$ cm
b) a = 3,6 cm; $h_K = 8$ cm
+c) a = 4,4 cm; $h_K = 5{,}5$ cm

6. Berechne das Volumen des Kegels.

a) r = 2 cm; $h_K = 5$ cm
b) d = 6,8 cm; $h_K = 7{,}5$ cm
+c) d = 10,4 cm; $h_K = 6{,}5$ cm

7. Berechne das Volumen des Körpers (Maße in cm).

a)
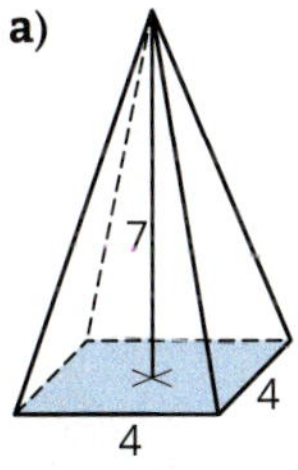

b)
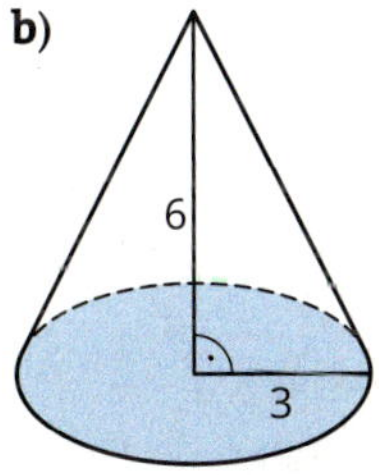

+c)
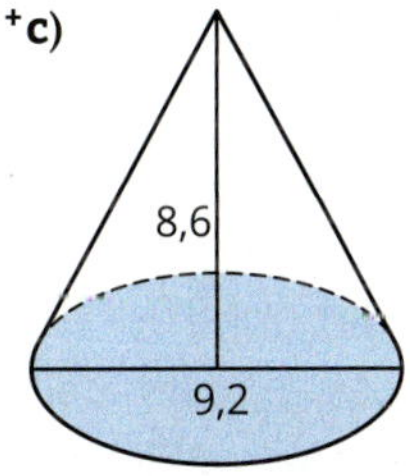

+d)
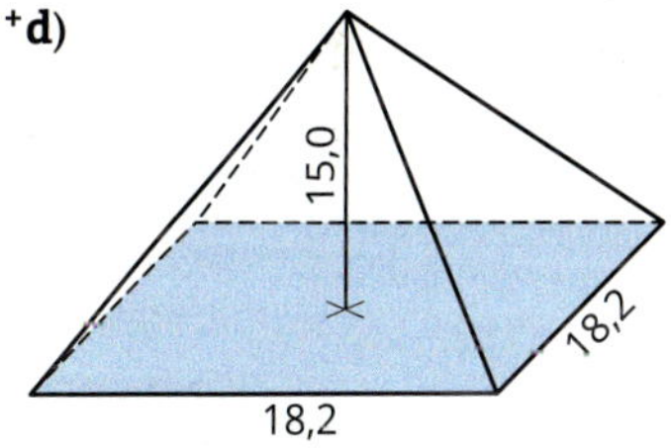

8. Ein kegelförmiges Lot aus Blei ist 8 cm hoch und hat einen Durchmesser von 3 cm. Berechne das Volumen des Lots und seine Masse ($1\ \text{cm}^3$ Blei wiegt 11,4 g).

Beim Lösen von **9.** und **10.** helfen dir die trigonometrischen Funktionen.

9. Die Seitenfläche einer quadratischen Pyramide ist ein gleichschenkliges Dreieck. Die Basis misst 8 cm, die beiden Schenkel messen je 12,6 cm.

a) Berechne Volumen und Oberfläche der Pyramide.
b) Berechne den Winkel α zwischen der Seitenkante der Pyramide und der Diagonalen der Grundfläche.

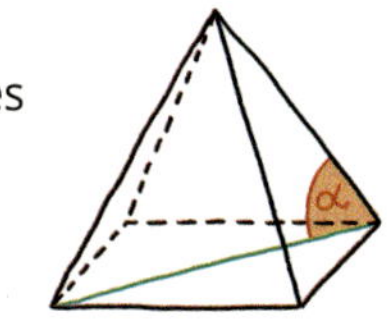

10. Eine quadratische Pyramide hat eine Grundkante a = 6 cm und ein Volumen $V = 96\ \text{cm}^3$. Berechne die Oberfläche O sowie den Winkel zwischen Seitenkante und Grundkante.

Vermischte Aufgaben

1. Wie viel cm^2 Karton wird für die Verpackung benötigt?

a)

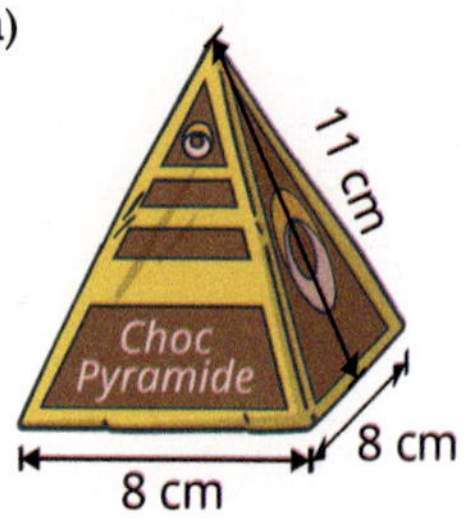

b)

⁺c)

⁺d)

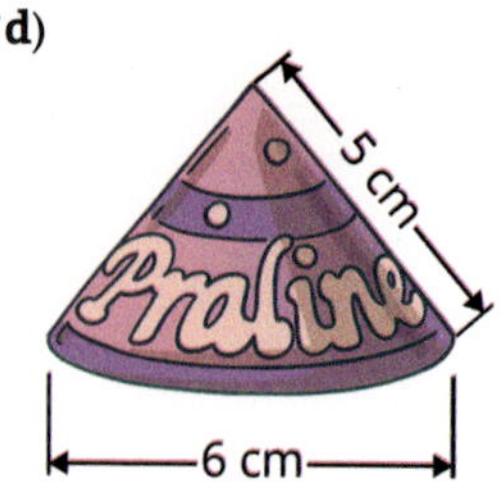

2. Berechne die Oberfläche und das Volumen des Körpers.

a)

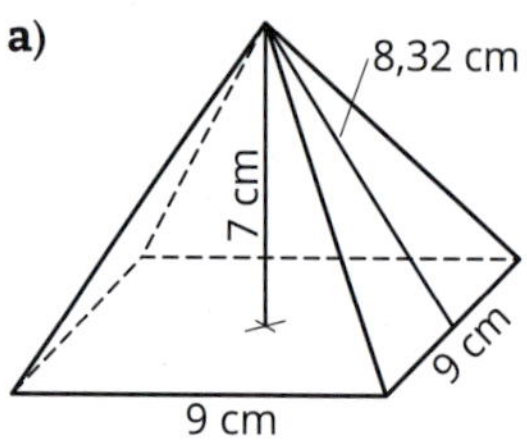

b)

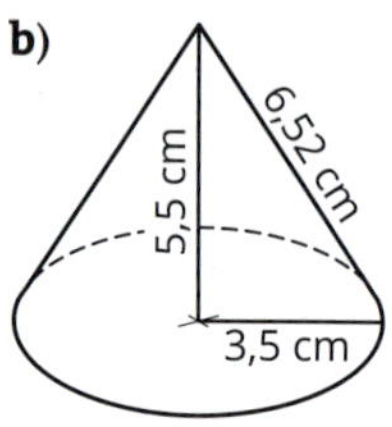

⁺c)

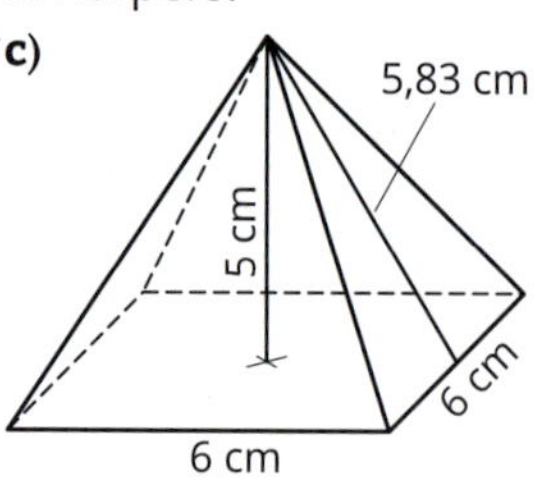

⁺d)

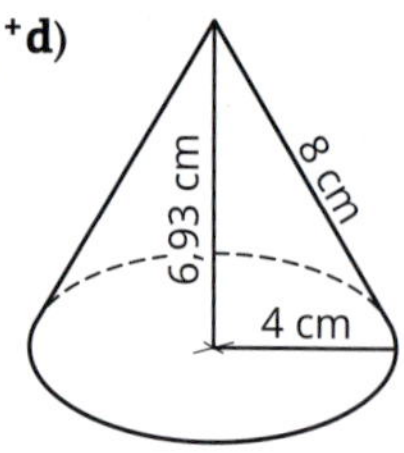

3. Berechne die gesuchte Größe der quadratischen Pyramide.

a) $M = 78{,}4\ cm^2$; $a = 5{,}6\ cm$; $h_s =$ ■
b) $M = 209{,}1\ cm^2$; $h_s = 12{,}3\ cm$; $a =$ ■
⁺c) $M = 191{,}4\ m^2$; $a = 9{,}4\ m$; $h_s =$ ■
⁺d) $M = 69{,}00\ dm^2$; $h_s = 4{,}5\ dm$; $a =$ ■

4. Berechne die gesuchte Größe des Kegels.

a) $M = 49{,}8\ cm^2$; $s = 4{,}8\ cm$; $r =$ ■
b) $M = 141{,}8\ cm^2$; $r = 6{,}1\ cm$; $s =$ ■
⁺c) $M = 235\ m^2$; $s = 12{,}4\ m$; $r =$ ■
⁺d) $M = 48{,}2\ cm^2$; $r = 3{,}2\ cm$; $s =$ ■

5. Welche Masse hat ein Briefbeschwerer aus Edelstahl in der Form einer quadratischen Pyramide mit der Grundkantenlänge 5 cm und der Körperhöhe 4 cm? Die Dichte von Edelstahl beträgt 8,4 g pro cm^3.

6. Die Cheops-Pyramide ist das größte Steingebäude der Welt.

a) Recherchiere im Internet die Länge der Grundkante und der Höhe der Cheops-Pyramide.
b) Berechne das Volumen der Pyramide.
c) Berechne die Masse der Cheops-Pyramide. 1 m^3 der verwendeten Steinblöcke wiegt 2,7 t. Hohlräume darfst du vernachlässigen.

⁺7.

a) V = ■

b) V = ■

c) V = ■

d) V = ■

8. Berechne die Oberfläche des Körpers. Berechne zuerst die erforderliche Größe mit dem Satz des Pythagoras (alle Maßangaben in cm).

a)
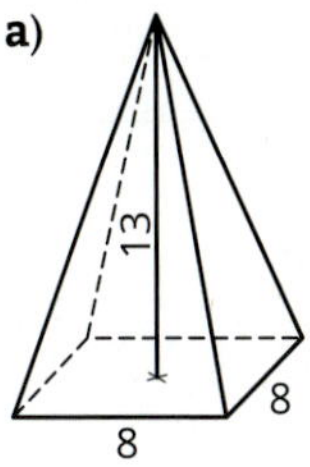

b)
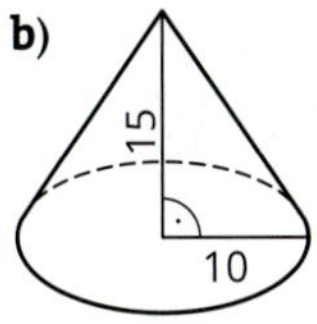

c)
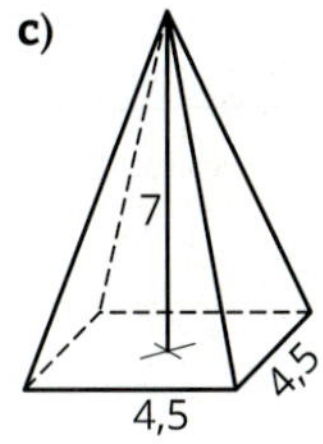

d)
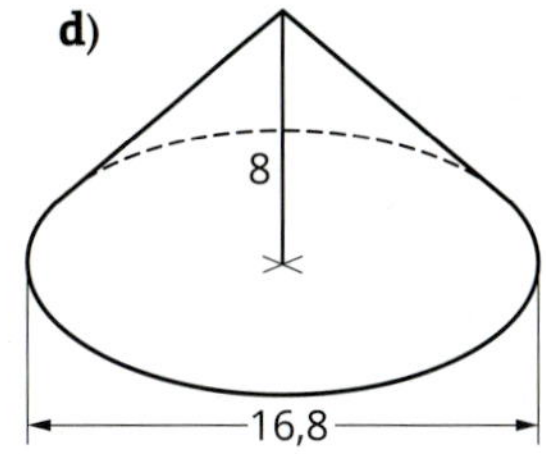

9. Berechne die Oberfläche des Kegels mit dem gegebenen Netz.

a)
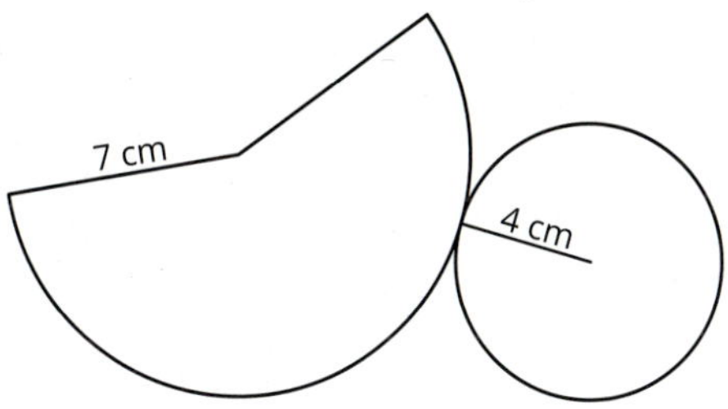

b)
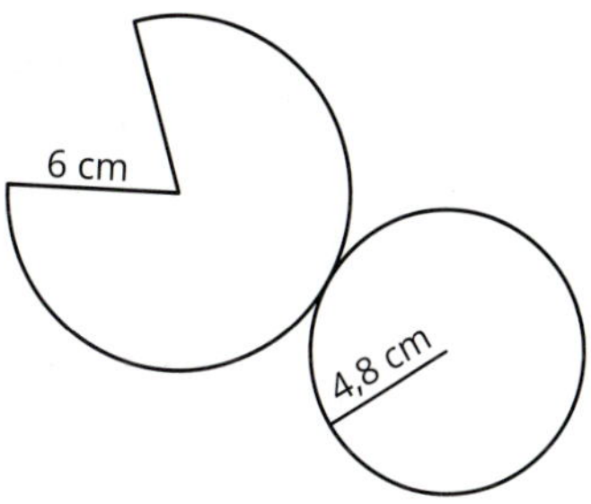

10. Berechne für eine quadratische Pyramide mit Grundkante a, Pyramidenhöhe h_K, Grundfläche G und Volumen V die fehlenden Größen.

a) $a = 3{,}5$ cm; $h_K = 7{,}4$ cm
b) $h_K = 6{,}9$ mm; $V = 135{,}7$ mm^3
c) $a = 4{,}2$ cm; $V = 76{,}5$ cm^3
d) $G = 50{,}4$ cm^2; $V = 94{,}1$ cm^3
e) $G = 56{,}25$ cm^2; $V = 101{,}25$ cm^3
f) $a = 8{,}3$ cm; $V = 137{,}1$ cm^3

11. Berechne für einen Kegel mit Radius r, Höhe h_K, Grundfläche G und Volumen V die fehlenden Größen.

a) $r = 42$ mm; $V = 85{,}1$ cm^3
b) $h_K = 5{,}6$ cm; $V = 67{,}8$ cm^3
c) $h_K = 6{,}42$ m; $G = 46{,}75$ m^2
d) $G = 12{,}3$ mm^2; $V = 24{,}2$ mm^3

12. Berechne das Volumen einer quadratischen Pyramide mit der Grundkante a und der Seitenhöhe h_s.

a) $a = 6{,}0$ cm; $h_s = 5{,}0$ cm
b) $a = 12{,}3$ cm; $h_s = 7{,}5$ cm

13. Berechne das Volumen des Kegels.

a) Radius $r = 6{,}0$ cm, Mantellinie $s = 10{,}0$ cm
b) Durchmesser $d = 17{,}0$ cm, Mantellinie $s = 25{,}0$ cm

14. Löse die Volumenformel des Kegels auf. **a)** nach h_K **b)** nach r

15. Die Abbildung zeigt den Achsenschnitt eines Kegels. Berechne Mantelfläche, Oberfläche und Volumen des Kegels.

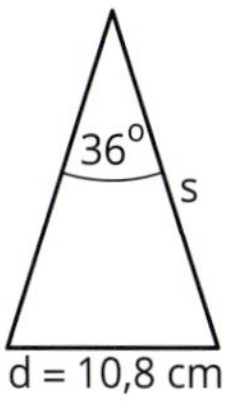

16. Begründe: Für einen Kegel mit $d = h_K$ gilt die Formel $V = \frac{\pi}{12} h_K^3$.

17. Ein kegelförmiges Glas ist bis zur halben Höhe gefüllt. Wie viel Prozent des Glasinhalts sind das ?

Bleib fit!

Die Ergebnisse der Aufgaben ergeben drei Namen bekannter Raumfahrzeuge.

1. **a)** $\frac{1}{2}$ m³ = ■ ℓ **b)** 400 g = ■ kg
c) 4,5 m² = ■ dm² **d)** 1,5 h = ■ min

2. Löse das Gleichungssystem.

a)
I y = 3x + 9
II y = 2x + 10

x = ■ y = ■

b)
I 2x + y = −10
II 3x + y = −15

x = ■ y = ■

3. Ein Rechteck hat einen Umfang von 18 cm. Die Seite a ist 3 cm länger als die Seite b.
a) Länge a = ■ cm, b = ■ cm
b) Flächeninhalt A = ■ cm²

4. Es wird mit einem fairen Würfel gewürfelt. Gib die Wahrscheinlichkeit in Prozent an, runde auf Ganze.
a) P(Augenzahl ist größer als 2) = ■ %
b) P(Augenzahl ist teilbar durch 3) = ■ %

5. Berechne die gesuchten Größen beim Kreis. Runde auf eine Stelle nach dem Komma.
a) r = 2,4 m A = ■ m², u = ■ m
b) u = 22 cm d = ■ cm, A = ■ cm²

6. Ein Darlehen von 2800 € wird mit 3 % verzinst. Es wird nach 10 Monaten zurückgezahlt. Wie viele Zinsen sind dann fällig?

7. Eine Taxifahrt kostet je km 1,35 €. Der Grundpreis beträgt 2,40 €.
Welche Gleichung gibt die Gesamtkosten y (in Euro) bei einer Fahrstrecke von x km an?

y = 2,4x + 1,35	(40)	y = x(2,4 + 1,35)	(55)
y = 1,35x + 2,4	(45)	$y = \frac{1,35}{x} + 2,4$	(65)

8. Ein Dreieck hat die Seitenlänge c = 22,5 cm und die Höhe h_c = 18,4 cm. Berechne den Flächeninhalt des Dreiecks.

−5	I	0	A	0,4	O
1	M	3	U	6	L
7	A	12	B	15,1	L
18	N	18,1	T	26	L
33	A	38,5	N	40	B
45	I	50	O	55	K
65	W	67	A	70	T
90	U	207	S	275	Z
450	L	500	C	5000	K

Oberfläche der Kugel

1.

Partnerarbeit: Den oben dargestellten Versuch könnt ihr selber durchführen. Statt einer Mandarine könnt ihr auch einen Apfel oder eine Orange schälen.

a) Welche Erkenntnis ergibt sich aus diesem Versuch für die Oberfläche der Kugel?

b) Notiert eine Formel für die Kugeloberfläche. Verwendet in der Formel O, r und π.

Oberfläche der Kugel

$\mathbf{O = 4\pi r^2}$

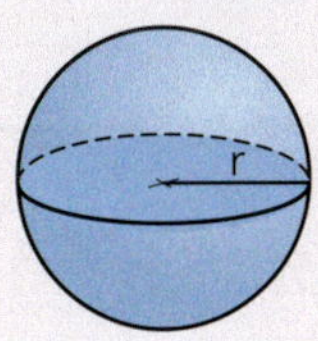

$r = 5\text{ cm};\ O = \square$

$O = 4\pi r^2$

$O = 4 \cdot \pi \cdot (5\text{ cm})^2$

$\mathbf{O \approx 314{,}16\text{ cm}^2}$

2. Berechne die Oberfläche der Kugel.

a) r = 3,0 cm **b)** r = 4,5 cm **c)** d = 10 cm **+d)** r = 24,6 mm **+e)** d = 2,8 m

3. Die Kugel des Berliner Fernsehturms hat einen Durchmesser von 32 m. Berechne die Oberfläche.

4. Bei Handbällen gibt man als Größenmaß den Umfang u an. Bei einem Handball für Damenmannschaften gilt u = 54 cm.

a) Berechne den Radius und die Oberfläche eines Damenhandballs.

b) Wie viel Leder wird für die Herstellung des Handballs benötigt, wenn mit 20 % Verschnitt gerechnet wird?

c) Für einen Männerhandball wurden einschließlich 20 % Verschnitt 1 330 cm² Leder verarbeitet. Welchen Umfang hat ein Männerhandball?

5. Die Oberfläche der Kugel ist gegeben. Berechne den Radius der Kugel.

a) $O = 54{,}3\text{ cm}^2$

b) $O = 125{,}8\text{ cm}^2$

c) $O = 358{,}1\text{ dm}^2$

$O = 24{,}6\text{ cm}^2;\ r = \square$

$O = 4\pi r^2$

$24{,}6 = 4\pi r^2 \quad |:4\pi$

$1{,}96 \approx r^2 \quad |\sqrt{\ }$

$1{,}4 \approx r$

Der Radius beträgt etwa 1,4 cm.

Volumen der Kugel

1.

Partnerarbeit: Leitet mit Hilfe des Comics die Formel für das Volumen der Halbkugel und dann der Kugel her und präsentiert eure Ideen der Klasse.

Volumen der Kugel

$\mathbf{V = \frac{4}{3}\pi r^3}$

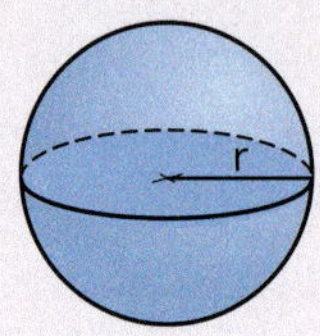

$r = 3\ \text{cm};\ V = \blacksquare$

$V = \frac{4}{3}\pi r^3$

$V = \frac{4}{3}\pi \cdot (3\ \text{cm})^3$

$\mathbf{V \approx 113{,}10\ cm^3}$

2. Berechne das Volumen der Kugel.

a) $r = 4{,}0$ cm **b)** $r = 2{,}5$ cm **c)** $d = 7$ cm **+d)** $r = 16{,}2$ mm **+e)** $d = 3{,}6$ m

3. Berechne das Volumen des kugelförmigen Gegenstands.

a)

Stecknadelkopf
$r = 0{,}8$ mm

b)

Murmel
$d = 7{,}7$ mm

+c)

Golfball
$d = 4{,}12$ cm

+d)

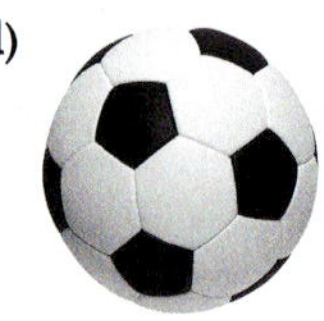

Fußball
$r = 11$ cm

4. **a)** Beim Kugelstoßen der Frauen werden Stoßkugeln mit einem Durchmesser von 9,9 cm verwendet.
Berechne die Masse der Stoßkugel, 1 cm^3 des Metalls wiegt 7,86 g.

b) Eine Kugelstoß-Wettkampfkugel für Männer ist 7,26 kg schwer. Berechne den Durchmesser der Kugel, 1 cm^3 wiegt 7,86 g.

5. Das Volumen der Kugel ist gegeben.
Berechne den Radius.

a) $V = 55{,}5\ cm^3$ **b)** $V = 123{,}4\ cm^3$

6. Ist es möglich, dass bei einer Kugel Volumen und Oberfläche dieselbe Maßzahl haben? Für welchen Radius ist das der Fall?

$V = 68{,}5\ \text{cm}^3;\ r = \blacksquare$

$V = \frac{4}{3}\pi r^3$

$68{,}5 = \frac{4}{3}\pi r^3$

$68{,}5 \approx 4{,}19 r^3 \quad |:4{,}19$

$16{,}35 \approx r^3 \quad |\sqrt[3]{\ }$

$2{,}54 \approx r$

Der Radius beträgt etwa 2,54 cm.

Zusammengesetzte und ausgehöhlte Körper

1. Partnerarbeit:

a) Ordnet den rechts abgebildeten Körpern die richtigen Kurzformeln für das Volumen zu.

$V = V_{Zy} - V_{Ke}$	$V = V_{Ke} + \frac{1}{2}V_{Ku}$
$V = V_{Wü} + V_{Py}$	$V = V_{Wü} - \frac{1}{2}V_{Ku}$

b) Ordnet den Körpern nun die richtigen Kurzformeln für die Oberfläche zu.

$O = M_{Zy} + O_{Ke}$	$O = O_{Wü} + \frac{1}{2}O_{Ku} - A_{Kr}$
$O = M_{Ke} + \frac{1}{2}O_{Ku}$	$O = O_{Wü} + M_{Py} - G_{Py}$

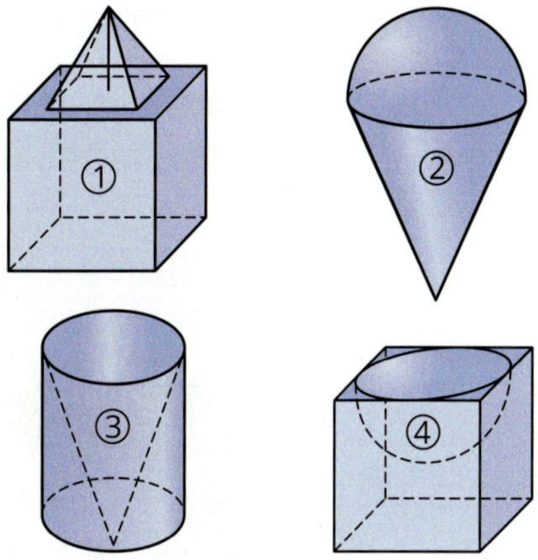

Ein **zusammengesetzter Körper** setzt sich aus mehreren Teilkörpern zusammen. Wenn aus einem Körper einer oder mehrere andere Körper herausgeschnitten werden, entsteht ein **ausgehöhlter Körper**.

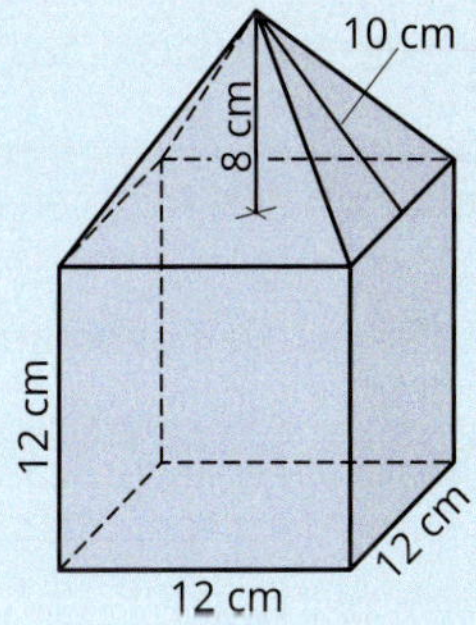

$\mathbf{V = V_{Wü} + V_{Py}}$
$V_{Wü} = a^3$
$V_{Wü} = (12\text{ cm})^3$
$V_{Wü} = 1\,728\text{ cm}^3$

$V_{Py} = \frac{1}{3}a^2 \cdot h_K$
$V_{Py} = \frac{1}{3}(12\text{ cm})^2 \cdot 8\text{ cm}$
$V_{Py} = 384\text{ cm}^3$

$V = V_{Wü} + V_{Py}$
$V = 1\,728\text{ cm}^3 + 384\text{ cm}^3$
$\mathbf{V = 2\,112\text{ cm}^3}$

$\mathbf{O = O_{Wü} + M_{Py} - G}$
$O_{Wü} = 6a^2$
$O_{Wü} = 6 \cdot (12\text{ cm})^2$
$O_{Wü} = 864\text{ cm}^2$

$M_{Py} = 2a \cdot h_s$
$M_{Py} = 2 \cdot 12\text{ cm} \cdot 10\text{ cm}$
$M_{Py} = 240\text{ cm}^2$

$G = a^2$
$G = (12\text{ cm})^2$
$G = 144\text{ cm}^2$

$O = 864\text{ cm}^2 + 240\text{ cm}^2 - 144\text{ cm}^2$
$\mathbf{O = 960\text{ cm}^2}$

2. Berechne das Volumen des zusammengesetzten oder ausgehöhlten Körpers.

a)
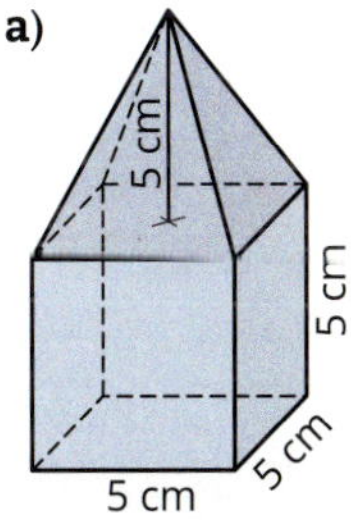

b)
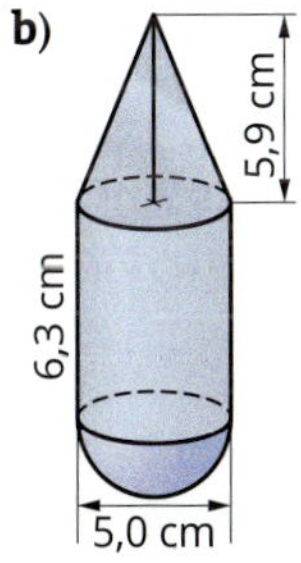

c)
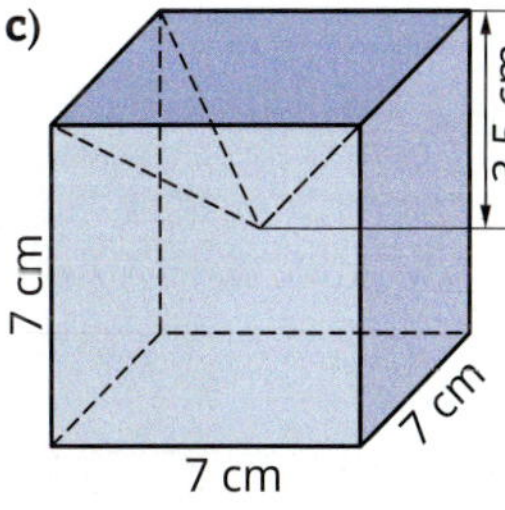

d)
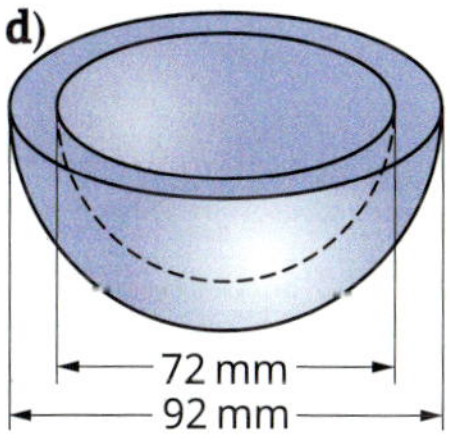

3. Berechne die Oberfläche des zusammengesetzten oder ausgehöhlten Körpers.

a)
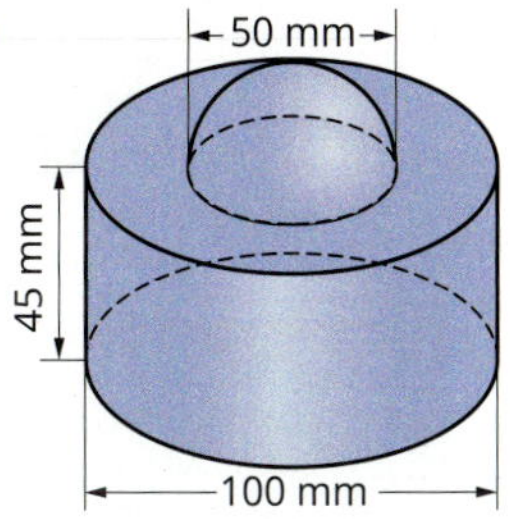

b)
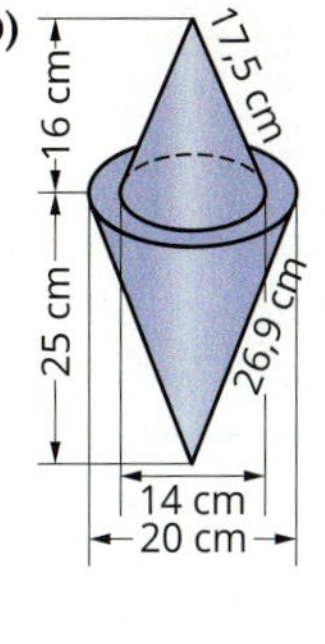

c)
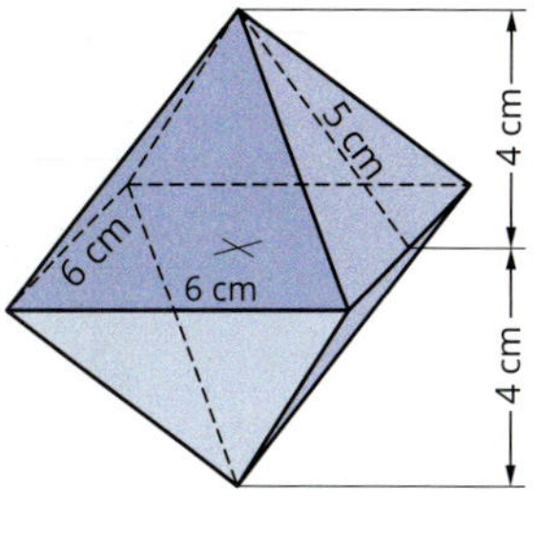

Volumen und Oberfläche von Körpern modellieren

Bearbeitet alle Aufgaben in Partnerarbeit.

1. 

a) Gebt an, aus welchen geometrischen Körpern das Zirkuszelt zusammengesetzt ist.
b) Schätzt Durchmesser und Höhe der Körper.
c) Berechnet näherungsweise das Volumen und die Oberfläche des Zirkuszelts.

Die folgenden Schritte helfen euch beim **Modellieren** des Volumens und der Oberfläche von Körpern.

① Überlegt, welchem geometrischen Körper oder welchen geometrischen Teilkörpern der Gegenstand ähnlich sieht.
② Schätzt die benötigten Längenmaße mit Hilfe von Vergleichsgrößen (z.B. Auto oder Körpergrößen).
③ Fertigt eine Skizze an und tragt die gegebenen Werte ein.
④ Berechnet näherungsweise die gesuchten Größen des Gegenstandes.

2. Berechnet näherungsweise die gesuchte Größe des abgebildeten Gegenstands.

a) V = ▒

b) O = ▒

Vermischte Aufgaben

1. Berechne Volumen und Oberfläche der Kugel.

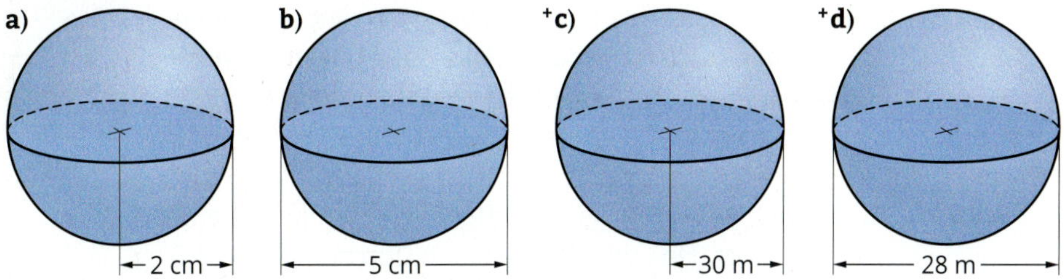

2. Berechne das Volumen einer Halbkugel. **a)** r = 4 cm **+b)** d = 27 mm

3. Die St. Paul's Kathedrale in London hat eine der größten Kuppeln der Welt. Die Halbkugelkuppel hat einen inneren Durchmesser von 48 m. Berechne die innere Oberfläche.

4. Zur Herstellung von Käse wird ein halbkugelförmiger Kupferkessel mit d = 1,35 m verwendet.

a) Wie groß ist die Innenfläche des Kessels?

b) Welches Volumen fasst der Kessel?

5. Berechne das Volumen des abgebildeten Körpers (Maße in cm).

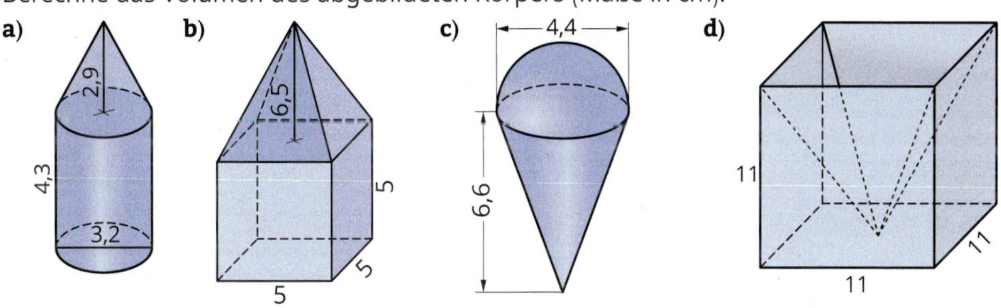

6. Schätze Breite und Höhe des Körpers und berechne Mantelfläche und Volumen.

7. In dem Märchen vom Froschkönig spielt die Prinzessin mit einer goldenen Kugel am Brunnen. Angenommen, es handelt sich um eine massive Goldkugel mit einem Radius von 8 cm. Die Dichte von Gold beträgt 19,3 $\frac{g}{cm^3}$.
Wie schwer ist die goldene Kugel?

8. In einer Süßwarenfabrik werden kugelförmige Karamelllutscher hergestellt. Ein Lutscher hat einen Durchmesser von 3 cm.
a) Berechne, wie viel cm^3 Karamell zur Herstellung eines Lutschers benötigt werden.
b) Berechne das Gewicht der Karamellkugel.
Die Dichte von Karamell beträgt 1,3 $\frac{g}{cm^3}$.
c) Jeder Lutscher wird in eine quadratische Folie gewickelt. Berechne, wie viel Folie man für einen Lutscher benötigt, wenn pro Lutscher eine Überlappung von 20 % eingerechnet werden muss.

9. Ein Gastank hat die Form einer Kugel.
Sein Innendurchmesser beträgt 12,5 m.
a) Berechne das Volumen des Gastanks.
Wie viel m^3 Gas können in diesem Tank gelagert werden?
b) Der Gastank soll innen einen neuen Anstrich bekommen. 1 Liter der Spezialfarbe reicht für 8 m^2.
Wie viele 3-ℓ-Dosen müssen gekauft werden?

10. **a)** Welche Oberfläche hat eine Kugel mit 1 ℓ Volumen?
b) Welches Volumen hat eine Kugel mit 2 500 cm^2 Oberfläche?

11. Berechne die Oberfläche des zusammengesetzten Körpers.

a)
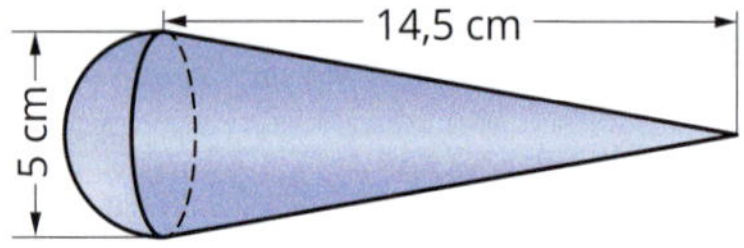

b)
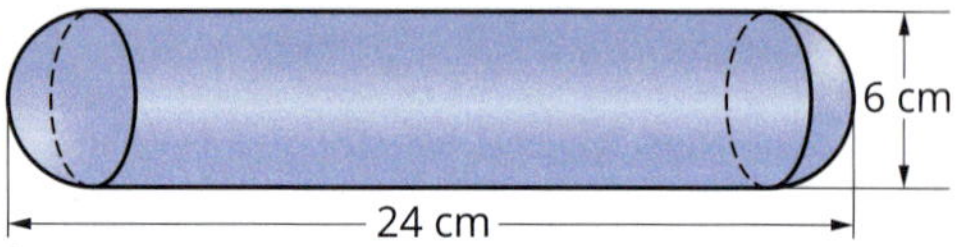

12. Bearbeitet in Partnerarbeit und präsentiert euer Ergebnis der Klasse.
Die abgebildeten Gläser stimmen in Durchmesser und Höhe überein. Es gilt: $h_K = \frac{1}{2}$ d.
a) Berechnet das Volumen der Gläser für d = 10 cm.
b) Vergleicht das Volumen der 3 Gläser.

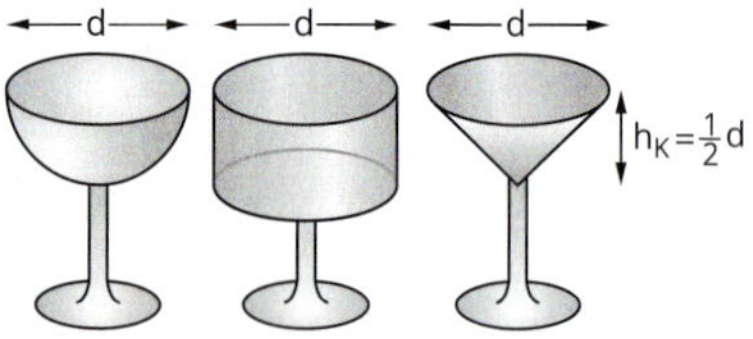

13. In einer Holzkiste mit 24 cm Länge und 16 cm Breite sollen 6 Metallkugeln und 2 kleinere Holzkugeln untergebracht werden.
a) Welchen Durchmesser dürfen die 6 Metallkugeln höchstens haben?
b) Welches ist der größtmögliche Durchmesser für die Holzkugeln?

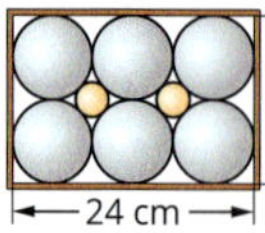

Prisma und Zylinder

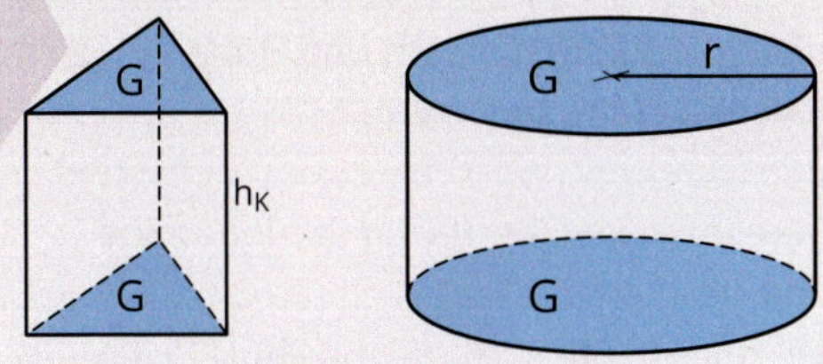

Prisma		Zylinder
$M = u \cdot h_K$	Mantelfläche	$M = 2\pi r h_K$
$O = 2 \cdot G + M$	Oberfläche	$O = 2\pi r^2 + 2\pi r h_K$
$V = G \cdot h_K$	Volumen	$V = \pi r^2 h_K$

1. Berechne Volumen und Oberfläche des Körpers.

a) 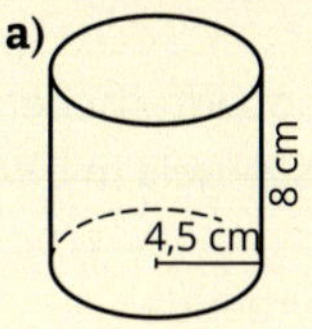

b) 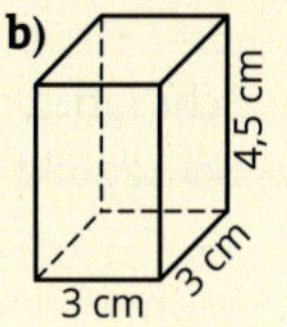

c) 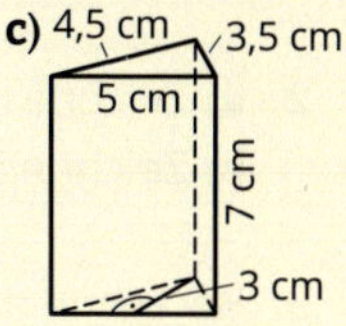

2. Berechne die gesuchte Größe des Zylinders.

a) $M = 26{,}8\ cm^2$; $h_K = 2{,}2\ cm$; r = ▬

b) $V = 79{,}2\ cm^3$; $r = 2{,}7\ cm$; h_K = ▬

3. Die Grundfläche eines Prismas ist ein rechtwinkliges Dreieck mit den Katheten a = 3 cm und b = 4 cm. Die Körperhöhe beträgt $h_K = 10\ cm$. Berechne die Oberfläche.

Quadratische Pyramide

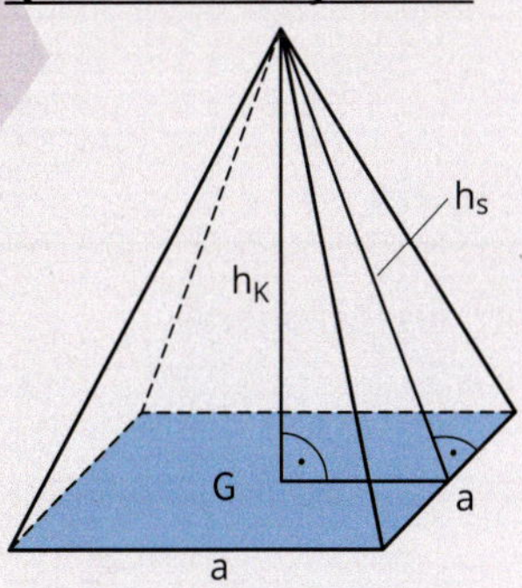

Mantelfläche
$M = 2ah_s$

Oberfläche
$O = G + M$
$O = a^2 + 2ah_s$

Volumen
$V = \frac{1}{3}G \cdot h_K$
$V = \frac{1}{3}a^2 \cdot h_K$

Kegel

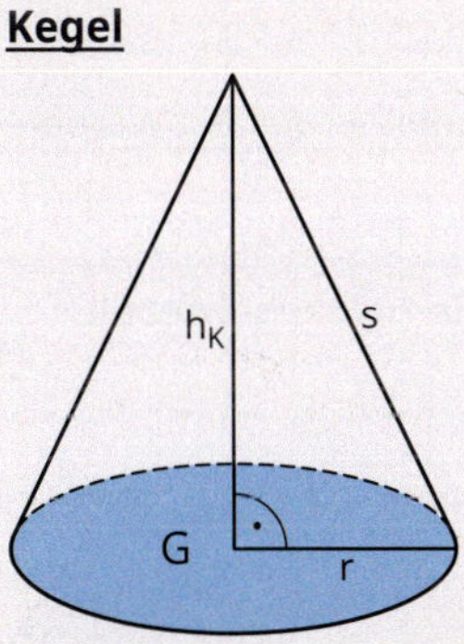

Mantelfläche
$M = \pi r s$

Oberfläche
$O = G + M$
$O = \pi r^2 + \pi r s$

Volumen
$V = \frac{1}{3}G \cdot h_K$
$V = \frac{1}{3}\pi r^2 \cdot h_K$

4. Berechne die Mantelfläche und die Oberfläche des Körpers.

a) 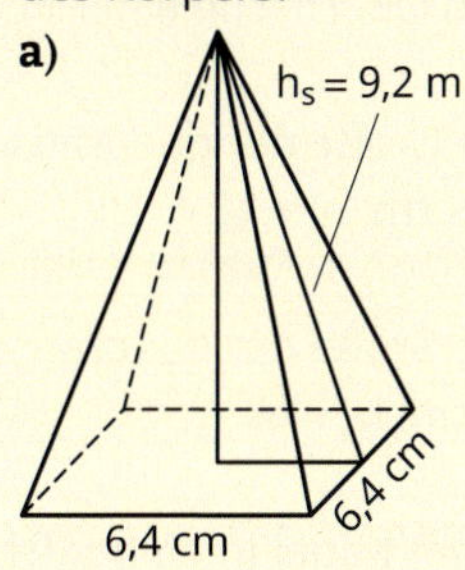

b) 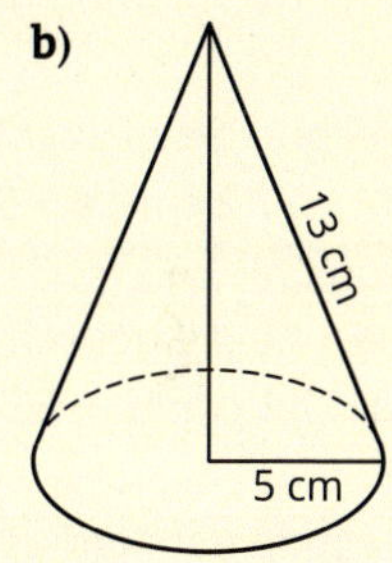

5. Berechne das Volumen des Körpers.

a) 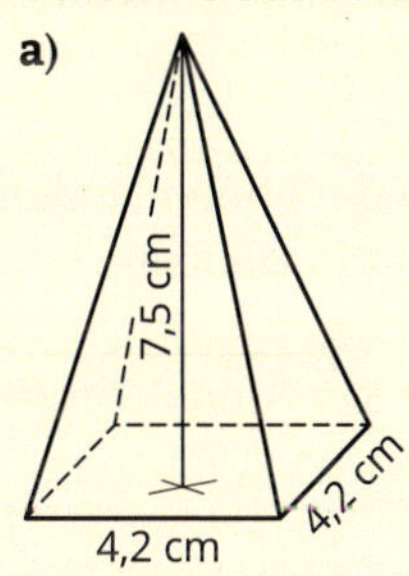

b) 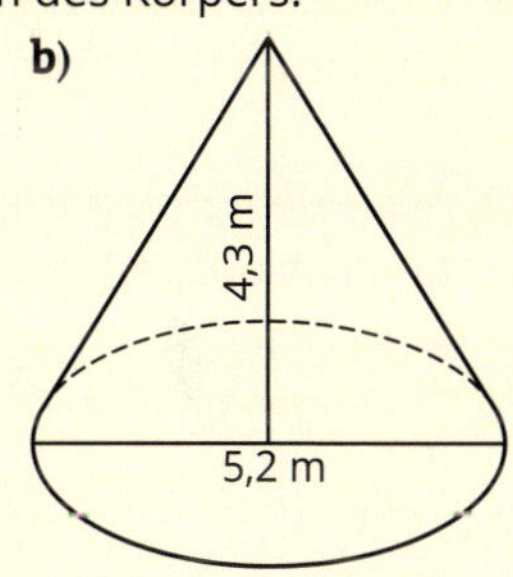

6. Berechne die gesuchte Größe des Kegels.

a) $M = 264{,}9\ cm^2$	$s = 12{,}4\ cm$	r = ▬ cm
b) $V = 756{,}6\ cm^3$	$r = 8{,}5\ cm$	h_K = ▬ cm

Kugel

Oberfläche

$O = 4\pi r^2$

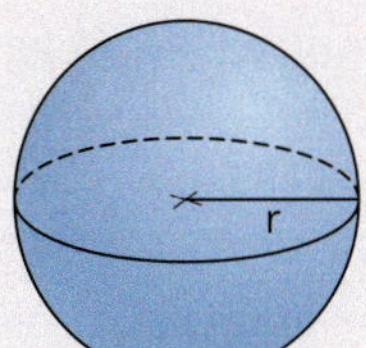

Volumen

$V = \frac{4}{3}\pi r^3$

7. Berechne das Volumen der Kugel.

a) r = 3 cm b) r = 5,6 m c) d = 3,6 m

8. Berechne die Oberfläche der Kugel.

a) r = 4 cm b) r = 7,5 dm c) d = 2,8 m

9. Berechne den Radius der Kugel mit einer Oberfläche von $46{,}7\ cm^2$.

Alles klar?

1. Berechne Oberfläche und Volumen des Zylinders mit $r = 4{,}6$ cm und $h_K = 7{,}5$ cm.

2. **a)** Zeichne das Schrägbild der quadratischen Pyramide mit Grundkante $a = 3$ cm und Höhe $h_K = 5$ cm.
b) Zeichne das Schrägbild des Kegels mit Radius $r = 2{,}5$ cm und Höhe $h_K = 6$ cm.

3. Berechne das Volumen der Pyramide und des Kegels.

a)

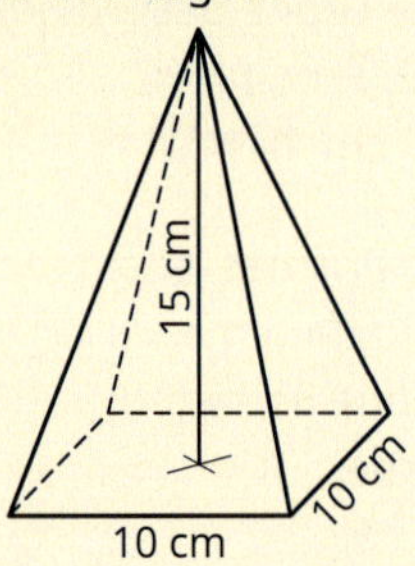

b)

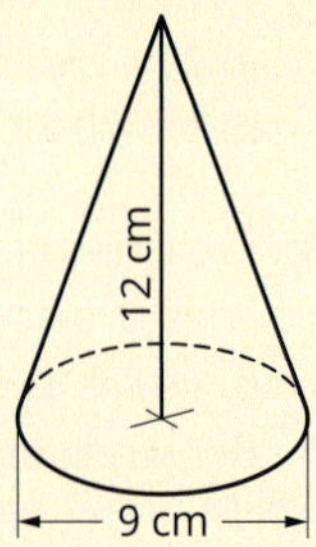

4. Berechne die Oberfläche der Pyramide und des Kegels.

a)

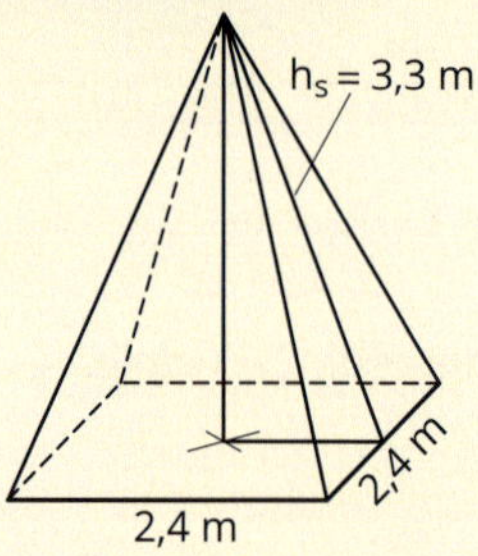

b)

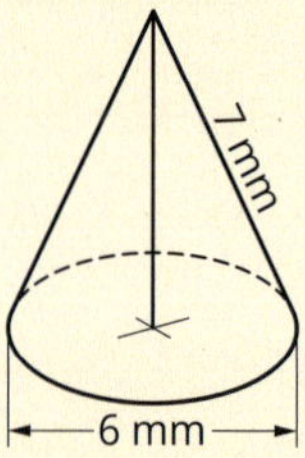

5. Berechne Volumen und Oberfläche einer Kugel mit Radius 3,5 cm.

6. Berechne die gesuchte Größe der quadratischen Pyramide.
a) $M = 77{,}2\ cm^2$; $a = 5{,}5$ cm; h_s = ■ **b)** $V = 31{,}3\ cm^3$; $a = 3{,}8$ cm; h_K = ■

7. Berechne die gesuchte Größe der quadratischen Pyramide mit dem Satz des Pythagoras.
a) $a = 7{,}1$ cm; $h_K = 6{,}5$ cm; h_s = ■ **b)** $s = 5{,}8$ cm; $h_s = 4{,}6$ cm; a = ■

8. Berechne den Radius der Kugel mit einer Oberfläche von $98{,}7\ cm^2$.

9. Eine quadratische Pyramide hat ein Volumen von $78{,}6\ cm^3$ und eine Höhe von 6,5 cm. Wie lang ist die Grundkante a?

10. Aus einem Holzwürfel mit der Kantenlänge 5 cm soll die größtmögliche Kugel hergestellt werden. Berechne das Volumen des Holzabfalls.

11. Ein Kegel mit dem Radius 3 cm und der Höhe 4 cm wird in zwei gleich große Halbkegel geteilt. Berechne die Oberfläche eines Halbkegels.

12. Eine Metallkugel mit dem Radius 50 mm wird geschmolzen. Wie viele Kugeln mit dem Radius 10 mm können aus der Schmelzmasse hergestellt werden?

13. Berechne die Oberfläche des zusammengesetzten Körpers.

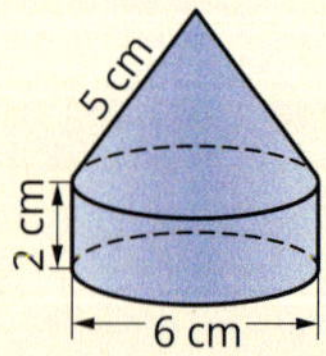

14. Eine Kugel hat die Oberfläche $O = 64\ cm^2$. Berechne das Volumen der Kugel.

15. Berechne für einen Kegel mit Radius r, Höhe h_K, Seitenkante s, Grundfläche G, Volumen V, Mantelfläche M und Oberfläche O die fehlenden Größen.
a) $G = 706{,}9\ cm^2$; $O = 1\,696{,}5\ cm^2$ **b)** $M = 296{,}5\ cm^2$; $O = 433{,}35\ cm^2$

16. Ein Würfel hat eine Kantenlänge von 6 cm. Berechne die Oberfläche einer Kugel, die dasselbe Volumen hat wie der Würfel.

Zinseszins, Wachstum und Zerfall

6

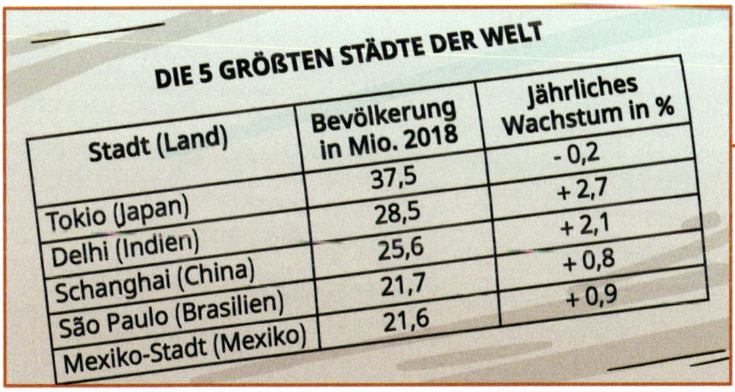

DIE 5 GRÖßTEN STÄDTE DER WELT

Stadt (Land)	Bevölkerung in Mio. 2018	Jährliches Wachstum in %
Tokio (Japan)	37,5	- 0,2
Delhi (Indien)	28,5	+ 2,7
Schanghai (China)	25,6	+ 2,1
São Paulo (Brasilien)	21,7	+ 0,8
Mexiko-Stadt (Mexiko)	21,6	+ 0,9

In diesem Kapitel lernst du, ...

... was Anfangskapital, Laufzeit, Endkapital, Zinsfaktor und Zinseszins sind,
... wie du mit der Zinseszinsformel Zinsen für mehrere Jahre berechnest,
... was man unter exponentiellem Wachstum versteht und wo es vorkommt,
... wie sich exponentielles Wachstum von linearem oder quadratischem Wachstum unterscheidet,
... wann man von einem exponentiellen Zerfall spricht.

Löse die folgenden Aufgaben und schätze dich ein.

1. Wandle den Prozentsatz in eine Dezimalzahl um und umgekehrt.

a) 14 % **b)** 60 % **c)** 92,5 %
d) 120 % **e)** 7 % **f)** 0,2 %
g) 0,03 **h)** 0,88 **i)** 0,5
j) 1,43 **k)** 0,008 **l)** 1

Ich kann Prozentsätze in Dezimalzahlen umwandeln und umgekehrt.
Das kann ich gut. | Ich bin noch unsicher.
→ S. 211, A 4–5

2. Gib den Prozentfaktor für die prozentuale Erhöhung bzw. Verminderung an.

a) Erhöhung um 5 %
b) Erhöhung auf 150 %
c) Erhöhung um 27 %
d) Verminderung um 1 %
e) Verminderung um 0,5 %
f) Verminderung auf 30 %

Ich kann für eine prozentuale Erhöhung oder Verminderung den Prozentfaktor angeben.
Das kann ich gut. | Ich bin noch unsicher.
→ S. 212, A 1–2

3. Welcher Wert (G, W oder p %) fehlt? Berechne ihn.

a) Wenn Herr Yakin an einem verkaufsoffenen Sonntag arbeitet, erhält er auf seinen Stundenlohn von 14,40 € einen Zuschlag von 45 %.
b) In der Klasse 10b sind 14 Mädchen. Das sind 56 % aller Lernenden.
c) Durch einen Gutschein spart Serkan 4,40 € auf den Parfümpreis von 55,00 €.

Ich kann gesuchte Werte in Prozentaufgaben berechnen.
Das kann ich gut. | Ich bin noch unsicher.
→ S. 213, A 1–3

4. Berechne den Potenzwert im Kopf.

a) 2^3 **b)** 2^5 **c)** 2^7
d) 2^{10} **e)** 3^2 **f)** 3^4
g) 4^3 **h)** 5^4 **i)** 10^5

Ich kann einfache Potenzwerte im Kopf berechnen.
Das kann ich gut. | Ich bin noch unsicher.
→ S. 205, A 5–7

5. Eine Funktion hat die Funktionsgleichung $y = 2 \cdot \sqrt{x}$.

a) Erstelle eine Wertetabelle für x = 0; 1; 2; ...; 9. Wenn nötig, runde auf eine Nachkommastelle.
b) Skizziere den zugehörigen Graphen in ein Koordinatensystem.

Ich kann zu vorgegebenen Funktionsgleichungen Wertetabellen erstellen und die zugehörigen Graphen skizzieren.
Das kann ich gut. | Ich bin noch unsicher.
→ S. 214, A 1–2

Wiederholung: Zinsrechnung

Zinsrechnung ist angewandte Prozentrechnung. Das **Kapital K** entspricht dem Grundwert G, die **Zinsen Z** dem Prozentwert W und der **Zinssatz p %** dem Prozentsatz p %.
Der Zinssatz p% bezieht sich immer auf die Laufzeit von einem Jahr. Es gilt:

Zinsen für ein Jahr: Z = K · p %

Frau Melzig muss für ihren Kredit über 12 000 € im Jahr einen Zinssatz von 2,25 % zahlen. Berechne, wie viel Euro Zinsen sie nach einem Jahr zahlen muss.

Rechnung: Z = K · p %
= 12 000 € · 0,0225 = **270 €**

Frau Melzig muss nach einem Jahr 270 € Zinsen bezahlen.

1. Berechne die Zinsen für ein Jahr.

a) Kapital: 4 000 €
Zinssatz: 4 %

b) Kapital: 5 800 €
Zinssatz: 2,5 %

+c) Kapital: 21 500 €
Zinssatz: 0,7 %

2. Frau Nowak nimmt für einen Autokauf einen Kredit über 8 000 € zu einem Zinssatz von 2,8 % auf. Berechne die fälligen Jahreszinsen.

3. Berechne die gesuchte Größe

a) Kapital: 6 500 €
Zinsen: 130 €
gesucht: Zinssatz p %

b) Zinsen: 480 €
Zinssatz: 3 %
gesucht: Kapital K

+c) Kapital: 15 000 €
Zinsen: 135 €
gesucht: Zinssatz p %

+d) Zinsen: 14,26 €
Zinssatz: 2,3 %
gesucht: Kapital K

gegeben: K = 3 000 €; Z = 37,50 €
gesucht: Zinssatz p %
Z = K · p %
37,5 = 3 000 · p % | : 3000
$p\,\% = \frac{37{,}5}{3000}$
p % = 0,0125 = 1,25 %

4. Herr Schummel muss bei einem vereinbarten Zinssatz von 2,1 % am Ende des Jahres 73,50 € Zinsen zahlen. Berechne, wie viel Geld er sich geliehen hat.

5. Janek hat von seinen Großeltern 5 000 € geschenkt bekommen und möchte diese auf einem Konto anlegen. Drei Angebote kommen in die engere Auswahl. Vergleiche die Angebote und gib eine Empfehlung ab.

6. Familie El-Kassem kauft die abgebildete Einbauküche. Beim Kauf wird eine Zahlung von 12 Monatsraten in Höhe von je 987,00 € vereinbart.
Berechne, welchen Jahreszinssatz das Küchenstudio dabei veranschlagt.

Ein Küchenstudio ist ein Fachgeschäft für die Planung und den Verkauf von Küchen.

Sparpläne

1. Partnerarbeit:
Nadim ist großer Autofan und kann es kaum erwarten, seinen Führerschein zu machen. Jetzt, zu seinem 12. Geburtstag, beginnt er jedes Jahr 250 € auf einem Konto einzuzahlen. Der Zinssatz beträgt 2 %. Sobald er 2000 € beisammen hat, möchte er sich in der Fahrschule anmelden.

a) Zur Kalkulation erstellt sich Nadim einen Sparplan mit seiner Tabellenkalkulationssoftware. Erklärt euch gegenseitig den Aufbau der Tabelle und geht dabei insbesondere auf die Einträge in den Zellen C4 und B5 ein.

C4 =B4*1,02

	A	B	C	D	E	F	G	H
1	Jährliche Sparrate:		**250,00 €**		Zinssatz:	**2%**		
2								
3	**Lebensjahr**	**Anfang**	**Ende**					
4	12 Jahre	250,00 €	255,00 €					
5	13 Jahre	505,00 €						
6	14 Jahre							
7	15 Jahre							
8	16 Jahre							
9	17 Jahre							
10	18 Jahre							
11	19 Jahre							
12	20 Jahre							

Um die Spalten zu ergänzen und die Formeln zu übertragen, klicke mit der Maus auf das kleine Quadrat und ziehe dieses nach unten.

*=B4*1,02*

=C1+C4
Mit dem „$"-Zeichen greifst du immer auf das gleiche Feld zu.

b) Übertragt nun den Sparplan in euer eigenes Tabellenkalkulationsprogramm und bestimmt, wann Nadim die 2000 € für seinen Führerschein angespart hat.

c) Verändert nun die Höhe der jährlichen Sparrate. Bestimmt, wie hoch Nadim die Sparrate wählen müsste, damit er schon mit 17 Jahren seinen Führerschein beginnen kann.

2.

Stelle dir deine eigene Traumreise zusammen und erstelle einen Sparplan für die Finanzierung.

a) Lege zunächst fest, wohin die Reise gehen soll und mit welchen Kosten man rechnen sollte. Recherchiere dafür Preise im Internet.

b) Erstelle deinen eigenen Sparplan. Der Zinssatz soll bei 1,5 % liegen. Lege eine realistische jährliche Sparrate fest und bestimme dann, wann du die Reise antreten könntest.

c) Präsentiere deine Reiseidee und deinen Sparplan in der Klasse.

Zinseszinsrechung

Bearbeitet alle Aufgaben in Partnerarbeit.

1. Die 15-jährige Latifa möchte 1 000 €, die sie im Laufe der Jahre angespart hat, fest für drei Jahre bei der Bank anlegen. Auf einem Vergleichsportal hat sie drei Angebote eingeholt.

a) Nehmt Stellung zu den Meinungen von Latifas Bruder und ihrer Mutter.

b) Berechnet für alle Angebote das Endkapital, das nach drei Jahren vorhanden ist. Gebt Latifa dann eine Empfehlung, welches Angebot sie annehmen sollte.

c) Latifa und ihre Freundinnen Lina und Merve haben für die Berechnung des Angebots B drei verschiedene Rechenansatze gewählt. Vervollständigt die Rechnungen und vergleicht die drei Lösungswege.

Latifa:

	€	%
1. Jahr:		
	1 000	100
	10	1
	1 020	102
2. Jahr:	€	%
	1 020	100
	10,20	1
	1 040,40	102
3. Jahr:	€	%

Lina:

Zinsfaktor: 100 % + 2 % = 102 %

102 % = 1,02

1. Jahr: 1 000 € · 1,02 = 1 020 €

2. Jahr: 1 020 € · 1,02 = 1 040,40 €

3. Jahr:

Merve:

Kapital nach 3 Jahren:

$1\,000\ € \cdot 1{,}02^3 =$

d) Beurteilt, welche der drei Methoden (Latifa, Lina oder Merve) bei den folgenden beiden Angeboten mit gleichbleibendem Zinssatz die größten Vorteile hat. Berechnet mit dieser Methode jeweils das Endkapital.

- Anfangskapital: 6 500 €, Zinssatz 1 %, Laufzeit: 8 Jahre
- Anfangskapital: 2 300 €, Zinssatz 3,2 %, Laufzeit: 12 Jahre

Wenn du die Zinsen eines Guthabens nicht abhebst, werden sie im nächsten Jahr zusammen mit dem Guthaben verzinst. Die Zinsen der Zinsen heißen **Zinseszinsen**.
Wenn du ein **Anfangskapital K_0** bei gleichbleibendem **Zinssatz p %** über **n Jahre** anlegst, dann kannst du das **Endkapital K_n** folgendermaßen berechnen:

① Bestimme den **Zinsfaktor q**: $q = 1 + p\,\% = 1 + \frac{p}{100}$

② Berechne das Endkapital mit der **Zinseszinsformel**: $K_n = K_0 \cdot q^n$

Auf wie viel Euro wächst ein Kapital von 7000 € bei p % = 1,5 % in 6 Jahren an?

① *Zinsfaktor q bestimmen:* $q = 1 + \frac{p}{100} = 1 + \frac{1{,}5}{100} = 1{,}015$

② *Endkapital K_6 berechnen:* $K_6 = K_0 \cdot q^6$

$K_6 = 7000\,€ \cdot 1{,}015^6 \approx \mathbf{7654{,}10\,€}$

Das Kapital von 7000 € wächst bei einem Zinssatz von 1,5 % in 6 Jahren auf 7654,10 € an.

2. Auf wie viel Euro wächst das Kapital in n Jahren?

a) $K_0 = 4000\,€$; p % = 3 %; n = 3 Jahre
b) $K_0 = 12\,600\,€$; p % = 2,4 %; n = 14 Jahre
+c) $K_0 = 4500\,€$; p % = 0,8 %; n = 6 Jahre
+d) $K_0 = 380\,€$; p % = 1,2 %; n = 4 Jahre

3. Bestimme den Jahreszinssatz p % und den Zinsfaktor q.

Anstieg <u>um</u> 10 % = Anstieg <u>auf</u> 110 %

① Der Wert eines Immobilienfonds ist in Jahresfrist auf 120 % gestiegen.

② Die Aktie ist in einem Jahr um $\frac{1}{4}$ ihres Wertes gestiegen.

③ Pias Geldanlage wächst von Jahr zu Jahr um 5 %.

④ Tom wünscht sich eine Verdopplung seines Vermögens innerhalb eines Jahres.

4. Im April 2022 haben Herr und Frau Lehne aus Heilbronn 24 837 € im Lotto gewonnen. Ihr Bankberater rät ihnen zum Kauf von Aktien der Firma Stiller, die E-Bikes herstellt. Angenommen, der Berater hat Recht: Wie viel wäre das Aktienpaket im April 2035 mindestens, wie viel wäre es höchstens wert?

5. Die Graphen zeigen das Wachstum von Kapital, das zu unterschiedlichen Zinssätzen (4 %; 6 % und 8 %) verzinst wurde. Das Endkapital K_5 beträgt jeweils 2000 €.

a) Ordne die Graphen den zugehörigen Zinssätzen zu.

b) Nimm Stellung zu folgender Aussage:

Bei doppeltem Zinssatz erzielt man mit einem halb so großen Anfangskapital das gleiche Endkapital.

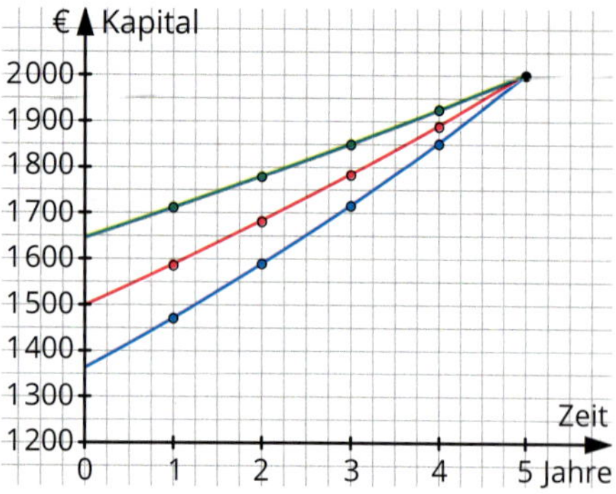

Berechnen von Anfangskapital und Zinssatz

1. Berechne das Anfangskapital bzw. den Zinssatz, indem du alle gegebenen Größen in die Zinseszinsformel einsetzt und nach der gesuchten Größe umstellst.

a)

b)

Wenn du mit der Zinseszinsformel das **Anfangskapital K_0** oder den **Zinssatz p %** berechnen möchtest, kannst du alle gegebenen Größen in die Formel einsetzen und die Gleichung nach der gesuchten Größe umstellen.

gegeben: $p\,\% = 0{,}5\,\%$; $K_8 = 1\,561{,}06$ €
gesucht: K_0

① *Bestimme den Zinsfaktor q.*
$q = 1 + \frac{0{,}5}{100} = 1{,}005$

② *Setze alle gegebenen Größen in die Formel ein und stelle nach K_0 um.*
$1\,561{,}08 = K_0 \cdot 1{,}005^8 \quad |:1{,}005^8$
$K_0 = \frac{1\,561{,}08}{1{,}005^8} \approx 1\,500$

Anfangskapital: $K_0 = 1\,500$ €

gegeben: $K_0 = 300$ €; $K_5 = 331{,}22$ €
gesucht: p %

① *Setze alle gegebenen Größen in die Formel ein und stelle nach q um.*
$331{,}22 = 300 \cdot q^5 \quad |:300$
$\frac{331{,}22}{300} = q^5 \quad |\sqrt[5]{}$
$q = \sqrt[5]{\frac{331{,}22}{300}} \approx 1{,}02$

② *Bestimme den Zinssatz p %.*
$p\,\% = 1{,}02 - 1 = 0{,}02 = 2\,\%$

Zinssatz: p % = 2 %

2. Berechne das erforderliche Anfangskapital K_0.
a) $p\,\% = 2\,\%$; $K_4 = 541{,}22$ €
b) $p\,\% = 0{,}4\,\%$; $K_5 = 851{,}66$ €
c) $p\,\% = 1{,}5\,\%$; $K_7 = 50\,000$ €
d) $p\,\% = 3{,}8\,\%$; $K_{10} = 65\,341{,}04$ €

3. Berechne den zugehörigen Zinssatz für ein Jahr.
a) $K_0 = 3\,000$ €; $K_6 = 3\,338{,}93$ €
b) $K_0 = 2\,500$ €; $K_{14} = 3\,079{,}39$ €
c) $K_0 = 8\,000$ €; $K_{10} = 10\,240{,}68$ €
d) $K_0 = 35\,000$ €; $K_{12} = 52\,887{,}40$ €

4. Zu Luises Geburt zahlten ihre Eltern für sie Geld auf ein Sparkonto. Bei einem jährlichen Zinssatz von 2 % ist das Kapital in 18 Jahren auf 4 284,74 € angewachsen.
a) Berechne, wie viel Euro auf dem Konto waren, als es Luise geschenkt wurde.
b) Bestimme, welches Kapital an Luises 25. Geburtstag auf dem Konto liegt.

5. Bei Mustafas Geburt eröffneten seine Großeltern für ihn ein Bankkonto mit 800 €. Vor wenigen Tagen wurde Mustafa 18 Jahre alt. Sein Bankkonto war inzwischen auf 1 247,73 € angewachsen.
Welche durchschnittliche jährliche Verzinsung erzielte Mustafas Konto?

6. Frau Hansel ist 50 Jahre alt geworden und betreibt zusammen mit ihrem Mann die Gaststätte „Zum goldenen Hahn" im Teutoburger Wald.
Beide träumen davon, am 70. Geburtstag von Frau Hansel die Gaststätte ihren Kindern zu übergeben und dann eine dreimonatige Kreuzfahrt rund um die Welt anzutreten.
Dafür kalkulieren sie Kosten in Höhe von 100 000 €.
Welchen Betrag müssten sie heute in einen Aktienfonds anlegen, damit sie bei einer erwarteten durchschnittlichen Verzinsung von 3 % pro Jahr die Kreuzfahrt bezahlen können?

Ein Aktienfonds ist ein Bündel von vielen Aktien, von dem man Anteile kaufen kann.

p. a. kommt vom lateinischen „per annum" und bedeutet „pro Jahr".

7. a) Frau Lemke hat einen Geldbetrag 16 Jahre lang zu 2 % Zinsen p. a. angelegt und am Ende der Laufzeit 82 367,14 € ausgezahlt bekommen. Welchen Geldbetrag hatte sie angelegt?
b) Welchen Betrag muss man heute anlegen, um nach 20 Jahren bei einem jährlichen Zinssatz von 2,9 % 140 000 € ausgezahlt zu bekommen?

8. Berechne den jährlichen Zinssatz.

Anfangskapital	**a)** 87 000 €	**b)** 34 500 €	**c)** 265 800 €	**d)** 174 600 €
Laufzeit	11 Jahre	16 Jahre	9 Jahre	18 Jahre
Zinssatz pro Jahr				
Endkapital	117 880,92 €	55 362,37 €	346 808,71 €	240 715,60 €

9. Welches Angebot ist besser? Begründe.

Ⓐ *Aus 2 000 € werden in 5 Jahren 2 500 €.*

Ⓑ *Aus 1 000 € werden in 6 Jahren 1 340 €.*

10. Der Übernachtungspreis einer Ferienwohnung wurde in den letzten 10 Jahren jährlich um durchschnittlich 5 % erhöht. Momentan kostet eine Übernachtung 146,60 €. Berechne, was man vor 10 Jahren pro Nacht gezahlt hat.

Bitcoin ist ein Zahlungsmittel, das nicht aus Scheinen und Münzen, sondern rein digital aus Computercodes besteht (eine so genannte Kryptowährung).

11. Bei der Einführung im Jahr 2009 lag der Bitcoin-Kurs mit 0,08 US-Cent noch weit unterhalb der kleinsten US-Münze. Im Jahr 2021 sprang der Wert kurzzeitig auf 64 748,91 US-Dollar.
a) Berechne, um wie viel Prozent der Kurs zwischen 2009 und 2021 insgesamt gestiegen ist.
b) Berechne die durchschnittliche jährliche Wertsteigerung der Bitcoin-Währung.

12. a) Zeige durch Umstellen der Zinseszinsformel, dass allgemein gilt: $K_0 = \frac{K_n}{q^n}$.
b) Zeige durch Umstellen der Zinseszinsformel, dass allgemein gilt: $p\,\% = \sqrt[n]{\frac{K_n}{K_0}} - 1$.

Vermischte Aufgaben

Als Rendite bezeichnet man den Zinssatz, den eine Anlage in einem Jahr einbringt.

1. Alysha macht eine Ausbildung zur Bankkauffrau. Heute berät sie eine Kundin, die für 10 Jahre 10 000 € anlegen möchte. Zur Auswahl stehen ein Festgeldkonto und ein Aktienfonds. Vergleiche die beiden Anlageformen und finde Argumente, die für das eine oder für das andere Angebot sprechen.

Festgeldkonto
1 % Zinsen pro Jahr garantiert.

Aktienfonds
Je nach Wertpapierentwicklung sind zwischen 0 % und 4 % Rendite möglich.

2. Yasin und Clara haben bei ihren Rechnungen Fehler gemacht. Finde sie und berechne das richtige Ergebnis.

a) Yasin:

gegeben: $K_0 = 8\,000$ €, $p\,\% = 5\,\%$, $n = 5$ Jahre
gesucht: K_5

$Z = p\,\% \cdot K = 0{,}05 \cdot 8\,000\text{ €} = 400\text{ €}$

$K_5 = 8\,000\text{ €} + 5 \cdot 400\text{ €}$

$K_5 = 10\,000\text{ €}$

b) Clara:

gegeben: $p\,\% = 3\,\%$, $K_7 = 7\,994{,}18$ €
gesucht: K_0

$Z = p\,\% \cdot K = 0{,}03 \cdot 7\,994{,}18\text{ €} = 239{,}83\text{ €}$

$K_0 = 7\,994{,}18\text{ €} - 7 \cdot 239{,}83\text{ €}$

$K_0 = 6\,315{,}37\text{ €}$

p. a. kommt vom lateinischen „per annum" und bedeutet „pro Jahr".

+3. Berechne das Endkapital.
a) 56 000 € werden 12 Jahre lang mit 2,8 % pro Jahr verzinst.
b) 85 500 € werden mit 3,5 % p. a. verzinst. Die Laufzeit beträgt 18 Jahre.
c) 3,2 % Zinsen pro Jahr werden auf ein Anfangskapital von 243 900 € 15 Jahre lang gezahlt.
d) Bei einer Laufzeit von 10 Jahren wird ein Kapital von 307 450 € mit jährlich 1,9 % verzinst.

+4. Schätze zuerst und rechne danach genau: Wie lange dauert es, bis sich ein Anfangskapital von 1 000 € bei einer durchschnittlichen Verzinsung von 6 % pro Jahr verdoppelt hat? 6 Jahre, 12 Jahre oder 18 Jahre?

5. Kiras Großeltern legen bei ihrer Geburt einen Betrag mit 3,2 % Zinsen p. a. so an, dass Kira am 18. Geburtstag von der Auszahlung ein E-Auto zum Preis von 26 440 € kaufen kann. Wie viel Geld haben Kiras Großeltern bei ihrer Geburt auf der Bank eingezahlt?

Bei einer Auktion werden Produkte an denjenigen versteigert, der das meiste Geld bietet.

6. Im Jahr 1973 kaufte Frau Lensig für umgerechnet 112 € ein Gemälde eines damals noch unbekannten Künstlers. Im Jahr 2019 konnte Frau Lensig das Bild bei einer Auktion für 95 000 € verkaufen. Berechne die durchschnittliche jährliche Wertsteigerung des Gemäldes.

7. Welches Anfangskapital verdoppelt sich bei einem Zinssatz von 5 % schneller? 5 000 € oder 10 000 €? Begründe deine Antwort.

Altersvorsorge

Bearbeitet alle Aufgaben in Gruppenarbeit.

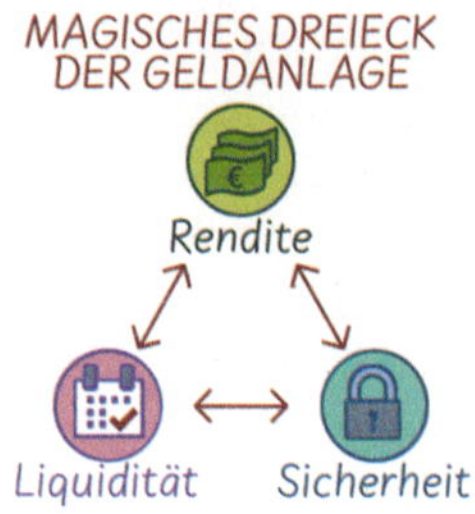

Rendite	Die **Rendite** ist der prozentuale Ertrag einer Geldanlage, der innerhalb eines Jahres erzielt wird. Sie bezieht sich auf das eingesetzte Kapital.
Liquidität	Die **Liquidität** beschreibt, wie schnell sich das angelegte Geld in Bargeld umwandeln lässt.
Sicherheit	Die **Sicherheit** einer Geldanlage wird daran gemessen, wie wahrscheinlich es ist, Geld zu verlieren.

1. Die richtige Geldanlage zu finden ist oft nicht leicht. Bei der Auswahl der Anlageform können drei verschiedene Ziele verfolgt werden, die oben im sogenannten *magischen Dreieck der Geldanlage* dargestellt sind.
Lest die Erläuterungen und begründet gemeinsam, warum die drei Ziele in einem Spannungsverhältnis stehen und nicht gleichzeitig erreicht werden können.

2. a) Lest euch die Informationstexte zu den verschiedenen Anlageformen durch.
b) Bewertet gemeinsam, wie sehr eurer Meinung nach die drei Ziele des magischen Dreiecks bei den verschiedenen Anlageformen erfüllt sind. Vergebt dabei für jedes Ziel bis zu fünf Punkte.

Anlageform: Tagesgeld					
Ziel	☹		😐		☺
Rendite	1	2	3	4	5
Liquidität	1	2	3	4	5
Sicherheit	1	2	3	4	5

Tagesgeld
Auf ein Tagesgeldkonto kannst du jederzeit Geld überweisen oder es vom Konto abbuchen. Die Verzinsung liegt üblicherweise zwischen 0 % und 1,5 %, kann aber jederzeit von der Bank angepasst werden.

Festgeld
Auf einem Festgeldkonto kannst du einen größeren Geldbetrag für einen (meist längeren) festgelegten Zeitraum zu einem festen Zinssatz anlegen. Je höher der Anlagebetrag und je länger die Laufzeit, desto höher ist der Zinssatz. Der Zinssatz ist meist höher als beim Tagesgeld.

Bausparen
Ein Bausparvertrag kombiniert Sparen mit einem Immobiliendarlehen. Dabei legst du Geld zu einem sehr niedrigen Zinssatz an. Sobald du eine vorher festgelegte Summe angespart hast, erhältst du einen Kredit, der auch sehr niedrig verzinst wird.

Immobilien
Wenn du dir ein Haus oder eine Wohnung kaufst, ist dein Geld bis zu einem möglichen Wiederverkauf gebunden. Gleichzeitig kannst du dadurch aber Miete sparen oder Miete einnehmen. Für die Instandhaltung entstehen aber auch immer wieder zusätzliche Kosten.

Aktie
Mit dem Kauf einer oder mehrerer Aktien beteiligst du dich finanziell an einem Unternehmen. In guten Phasen des Unternehmens kannst du so sehr hohe Renditen erzielen, in schlechten Phasen aber auch sehr viel verlieren. Aktien kannst du jederzeit an der Börse kaufen und auch wieder verkaufen.

Aktienfonds
Ein Aktienfonds sammelt das Geld vieler Anleger und verteilt es auf eine Vielzahl verschiedener Aktien. Durch die Streuung des Kapitals auf verschiedene Aktien ist das Risiko geringer als beim Kauf einzelner Aktien. Für die Verwaltung eines Fonds werden Gebühren verlangt. Du kannst Fondanteile jederzeit kaufen und auch wieder verkaufen.

Gold / Edelmetalle
Gold wird wahrscheinlich niemals völlig wertlos. Jedoch unterlag der Goldpreis in der Vergangenheit oft deutlichen Schwankungen. In Krisenzeiten erreicht der Goldpreis oft Höchststände, in stabilen Zeiten stürzt er aber immer wieder ab.

ETF
Ein Indexfonds (ETF) funktioniert ähnlich wie ein Aktienfonds. Er baut Aktienlisten, wie z. B. den DAX (Deutscher Aktienindex), nach. Üblicherweise fallen bei ETFs niedrigere laufende Kosten an als bei Aktienfonds.

3. Amir und Lenka befinden sich in verschiedenen Lebenssituationen. Gebt ihnen jeweils eine begründete Empfehlung für eine Geldanlage, die zu ihrer jeweiligen Lebenssituation passt.

Amir
Amir ist 22 Jahre alt und gerade als medizinisch-technischer Laboratoriumsassistent in den Beruf gestartet. Er verdient pro Monat 1 900 € netto. Besondere Verpflichtungen, wie z. B. Schulden, hat er nicht. Er möchte gern Geld für seine Altersvorsorge ansparen.

Empfehlung für Amir:

Begründung:

Lenka
Lenka ist 22 Jahre alt und hat gerade ihr Fachabitur erreicht. Nun beginnt sie ein duales Studium Wirtschaftsmathematik. Da sie noch bei ihren Eltern wohnt, kann sie über ihr Nettoeinkommen von 680 € frei verfügen. Sie würde am Ende ihres Studiums gern eine Weltreise machen.

Empfehlung für Lenka:

Begründung:

Die Ergebnisse der Aufgaben ergeben die Namen zweier berühmter Schiffe.

1. Die Grafik zeigt das Ergebnis eines Tests in einer Klasse.
a) Anzahl der Schüler = ■
b) Mittelwert der Noten = ■
c) Median (Zentralwert) der Noten = ■

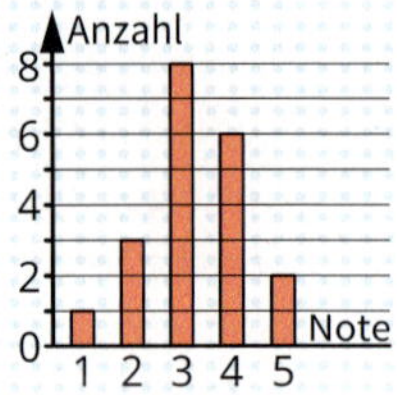

2. Eine Radtour dauert 30 Minuten bei einer Durchschnittsgeschwindigkeit von 24 $\frac{km}{h}$.
a) Wie lang ist die Strecke? ■ km
b) Wie viel Minuten dauert die Fahrt bei einer Durchschnittsgeschwindigkeit von 18 $\frac{km}{h}$?

3. Zeichne in ein Koordinatensystem eine Gerade g durch die Punkte $P_1(-1|7)$ und $P_2(2|1)$. Bestimme m und b der zugehörigen Geradengleichung y = mx + b.
m = ■ b = ■

4. Berechne mit dem Taschenrechner.
a) $\frac{2 \cdot 1\,350}{12{,}3 + 7{,}7}$ = ■
b) $\sqrt[3]{5^2 \cdot 32 \cdot 10^4}$ = ■
c) $\sqrt{60{,}84 \cdot 2^2}$ = ■
d) $\sqrt{902{,}5 \cdot 0{,}1}$ = ■

5. Die Punkte C und B sind Mittelpunkte der Quadratseiten. Berechne den Flächeninhalt des Dreiecks ABC.
A = ■ cm^2

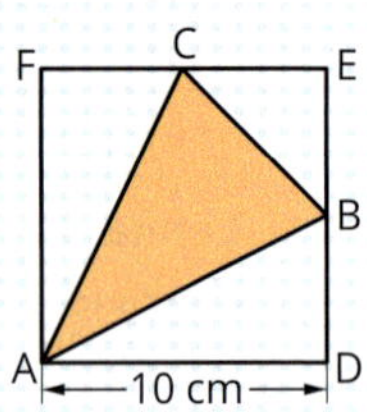

6. Die Strecken a und b sind parallel.
a) a = 3,2 km, b = ■ km
b) b = 24 km, a = ■ km

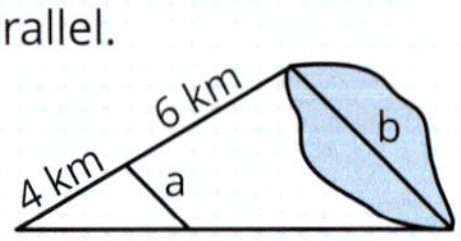

7. Der Würfel besteht aus Eichenholz (Dichte Eichenholz: 0,8 $\frac{g}{cm^3}$).
Berechne die gesuchten Größen. Runde die Masse auf g.
V = ■ cm^3, m ≈ ■ g.

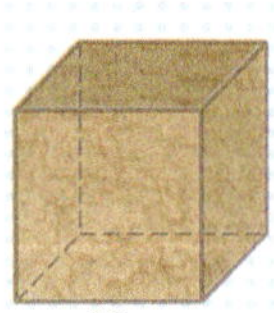
a = 12 cm

G: −3	O: −2	Y: 3
A: 3,25	R: 4	A: 4,25
I: 4,9	W: 5	A: 8
I: 9,5	N: 9,6	F: 12
T: 15,6	M: 20	E: 35,5
T: 37,5	L: 40	B: 80
A: 96	E: 135	A: 189
R: 200	E: 375	C: 1 382
I: 1 728	K: 2 260	S: 3 535

Exponentielles Wachstum und exponentieller Zerfall

1. Gruppenarbeit:
Wählt jeweils eine Aufgabenstellung (A, B oder C) aus. Achtet darauf, dass jede Aufgabenstellung etwa gleich oft bearbeitet wird.

A Bevölkerungswachstum

Die *Deutsche Stiftung Weltbevölkerung* (DSW) unterhält im Internet eine Weltbevölkerungsuhr, die anzeigt, wie viele Menschen in der aktuellen Minute leben. In den nächsten Jahrzehnten wird sich die Weltbevölkerung jedes Jahr durchschnittlich um etwa 0,8 % vergrößern.

- Geht mit dem Link *www.dsw.org/weltbevoelkerung* auf die Seite der DSW und recherchiert, wie viele Menschen aktuell auf der Erde leben. Rundet den Wert auf 100 Millionen.
- Erstellt Prognosen für die Größe der Weltbevölkerung in den nächsten 5 Jahren.
- Gebt einen Term an, mit dem ihr die Größe der Weltbevölkerung in *n* Jahren berechnen könnt. Nutzt diesen Term, um die Größe der Weltbevölkerung im Jahr 2040 zu schätzen.

B Immer mehr Speicherdichte

Die Speicherkapazität moderner Computer wächst seit Jahren so, wie es der Mitgründer der Firma Intel, Gordon Moore, im Jahr 1965 vorhersagte:
„Alle 2 Jahre wird sich die Anzahl der Transistoren pro cm^2 verdoppeln."

- Im Jahr 1970 betrug die Anzahl der Transistoren 4004 pro cm^2.
  Erstellt eine Wertetabelle für die Zuordnung *Anzahl der Jahre → Anzahl der Transistoren pro* cm^2 und skizziert sie in einem Koordinatensystem.
- Welche Anzahl von Transistoren pro cm^2 ist nach der Prophezeiung Moores im Jahr 2040 zu erwarten?

Ein Transistor ist ein elektronisches Bauteil und dient zum Steuern und Verstärken von Strömen und Spannungen.

C Licht

Wenn Licht in Wasser eindringt, so verliert es mit zunehmender Wassertiefe an Stärke. In reinem Meerwasser nimmt die Lichtintensität pro Meter auf etwa zwei Fünftel des bis dahin verbliebenen Wertes ab.

- Wie viel Lux sind von der ursprünglichen Lichtstärke in 1 m, 2 m und 3 m Wassertiefe noch vorhanden, wenn die Lichtstärke an der Wasseroberfläche ca. 5000 Lux beträgt?
- Zeichnet den zugehörigen Graphen und lest ab, in welcher Tiefe etwa nur noch die Hälfte der ursprünglichen Lichtstärke vorhanden ist.
- Gebt einen Term an, mit dem ihr die Lichtintensität in *n* Metern Tiefe berechnen könnt.

Exponentielles Wachstum

Eine Größe nimmt exponentiell zu, wenn sie in gleichen Zeitspannen immer mit demselben **Wachstumsfaktor $q > 1$** multipliziert wird.

Bei einer Zunahme um p % pro Zeiteinheit gilt: $q = 1 + \frac{p}{100}$.

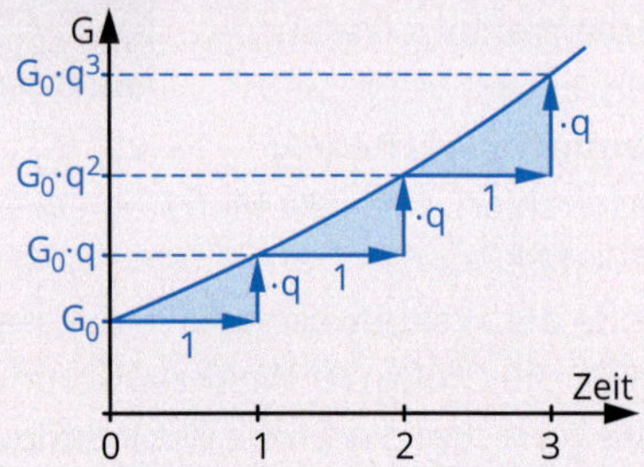

Exponentieller Zerfall

Eine Größe nimmt exponentiell ab, wenn sie in gleichen Zeitspannen immer mit demselben **Zerfallsfaktor $0 < q < 1$** multipliziert wird.

Bei einer Abnahme um p % pro Zeiteinheit gilt: $q = 1 - \frac{p}{100}$.

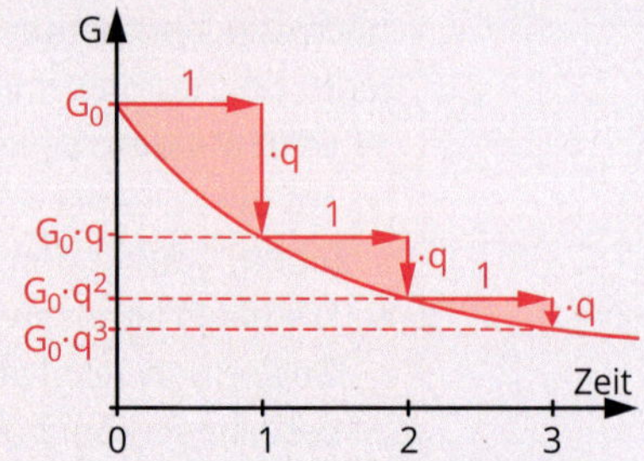

Ist G_0 der Anfangswert und G_n der Wert nach n Zeiteinheiten, gilt die Formel

$$G_n = G_0 \cdot q^n.$$

In A-Stadt gibt es derzeit 5 250 Einwohner, die benachbarte B-Stadt hat 14 550 Einwohner. Wie wären die Bevölkerungszahlen in 5 Jahren, wenn sich die Einwohnerzahl in A-Stadt jährlich um 8 % vergrößern, die in B-Stadt dagegen jährlich um 3 % abnehmen würde?

A-Stadt:
$A_n = A_0 \cdot q^n$
$A_5 = 5\,250 \cdot \left(1 + \frac{8}{100}\right)^5$
$= 5\,250 \cdot 1{,}08^5$
$\approx \mathbf{7\,714}$

B-Stadt:
$B_n = B_0 \cdot q^n$
$B_5 = 14\,550 \cdot \left(1 - \frac{3}{100}\right)^5$
$= 14\,550 \cdot 0{,}97^5$
$\approx \mathbf{12\,495}$

In 5 Jahren hätte A-Stadt etwa 7 700 Einwohner und B-Stadt rund 12 500 Einwohner.

2. Bestimme den Wachstums- bzw. Zerfallsfaktor q.

a) Wachstum um 35 % **b)** Abnahme um 4 % **c)** Wachstum um 170 %
d) Abnahme um 0,4 % **⁺e)** Abnahme um 17 % **⁺f)** Wachstum um 30 %
⁺g) Wachstum um 10,5 % **⁺h)** Wachstum um 100 % **⁺i)** Abnahme um 7 %

3. Schreibe zu jedem Term einen Satz, der das Wachstum bzw. den Zerfall beschreibt.

a) 2 300 € $\cdot 1{,}05^n$ (n in Jahren)
b) 120 m² $\cdot 0{,}75^n$ (n in Tagen)
c) 78 °C $\cdot 0{,}94^n$ (n in Minuten)
⁺d) 450 ℓ $\cdot 0{,}8^n$ (n in Stunden)
⁺e) 4,5 t $\cdot 1{,}024^n$ (n in Jahren)

4. In einem See nimmt die Lichtstärke (gemessen in Lux) mit jedem Meter Tiefe um 40 % ab.

a) An einem bedeckten Wochentag herrschte an der Wasseroberfläche eine Lichtstärke von 18 000 Lux. Berechne die Lichtstärke des Sees in 4 m Tiefe.

b) An einem Sommertag wird in 2 m Tiefe eine Helligkeit von 16 200 Lux gemessen. Berechne die Lichtstärke an der Wasseroberfläche.

5. **a)** Zu welcher Sachsituation passt die nebenstehende Abbildung?

Ⓐ Eine Waldfläche wächst jedes Jahr um 200 ha.

Ⓑ Die Anzahl von Keimen in unbehandelter Milch verdreifacht sich jede Stunde.

Ⓒ Der Preis für eine komplette Tankfüllung erhöht sich jedes Jahr um 3 %.

b) Gib einen Term an, der das Wachstum des Graphen beschreibt.

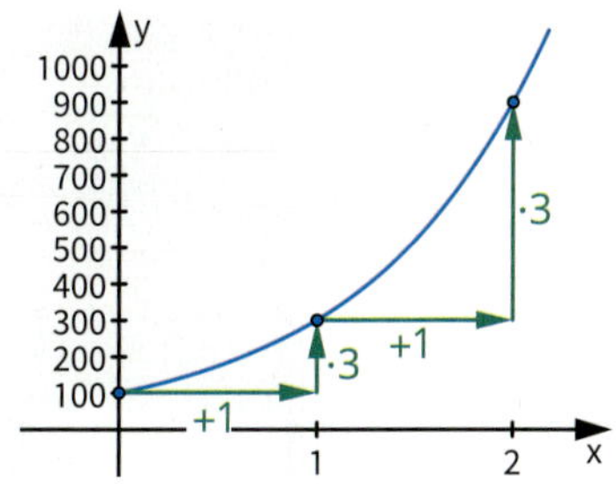

⁺6.

Spielt das oben dargestellte Spiel in eurer Klasse:

– Notiert den Anfangswert G_0 der Stehenden und dann die Zahl G_n der Stehenden nach dem n-ten Münzwurf in einer Wertetabelle. Stellt die Abnahme dann grafisch dar.

– Um wie viel Prozent nimmt die Zahl der Stehenden bei jedem Münzwurf ungefähr ab?

7. Eine Bakterienkultur wächst exponentiell. Um 8:00 Uhr betrug die Anzahl der Keime 1 100, um 9:00 Uhr sind es 1 254 Keime. Bestimme den Wachstumsfaktor und stelle die Zuordnung *Zeit → Anzahl der Keime* für den Zeitraum von 8:00 Uhr bis 13:00 Uhr grafisch dar. (3 Kästchen für eine Stunde, 1 Kästchen für 100 Keime)

8. Eine Seerosenart vermehrt sich derart, dass sich die von ihr bedeckte Wasseroberfläche in 10 Tagen verdoppelt.

a) Gib den Wachstumsfaktor für jeweils 10 Tage an.

b) Nach 200 Tagen sind 50 % der Teichfläche bedeckt. Nach wie vielen Tagen ist der gesamte Teich zugewachsen?

c) Wie groß war der Anteil der bedeckten Fläche am 10. Tag, wenn nach 200 Tagen 50 % der Teichfläche bedeckt sind?

9. Im März 2020 begann in Deutschland und Italien die erste Covid-19-Pandemiewelle.

a) Begründe mit Hilfe der Grafik, warum am 20. März auch in Deutschland trotz deutlich niedrigerer Fallzahlen als in Italien Grund zur Sorge bestand.

b) Beurteile, in welchem der beiden Länder im abgebildeten Zeitraum das schnellere Wachstum vorlag. Begründe deine Antwort durch geeignete Rechnungen.

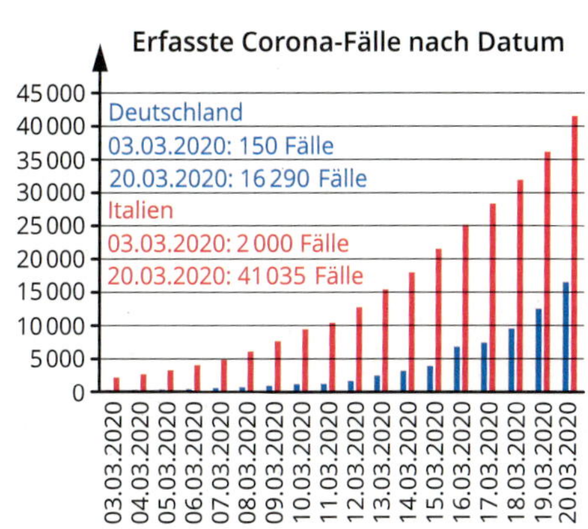

Exponent gesucht

1. Partnerarbeit:

a) Begründet, warum die von Jan vermuteten 10 Jahre nicht stimmen können.

b) Gebt einen Term an, mit dem man das Kapital nach n Jahren berechnen kann.

c) Löst gemeinsam die Aufgabe mit dem Taschenrechner oder einem Tabellenkalkulationsprogramm. Findet dabei heraus, nach wie vielen Jahren das Kapital erstmals einen Wert von 10 000 € überschreitet.

Ist beim exponentiellen Wachstum oder Zerfall nach dem **Exponenten** gefragt, kannst du diesen mit Hilfe einer Wertetabelle näherungsweise bestimmen.
Bei aufwändigeren Aufgaben kannst du ein Tabellenkalkulationsprogramm oder die Wertetabellenfunktion deines Taschenrechners nutzen.

Durch Aufforstungsmaßnahmen wächst ein Waldbestand von 4,0 ha jährlich um 6 % an. Nach wie vielen Jahren ist der Bestand größer als 5,0 ha?

① *Stelle einen Term zur Berechnung der Waldfläche nach n Jahren auf.*

$$G_n = 4 \cdot 1{,}06^n$$

② *Erstelle eine Wertetabelle und suche den ersten Wert, der größer ist als 5 ha.*

n	1	2	3	**4**
G_n	4,24	4,49	4,76	**5,05**

Nach 4 Jahren ist der Bestand mit 5,05 ha erstmals größer als 5 ha.

2. Berechne, nach wie vielen Jahren ein Kapital von 90 000 € bei einem Zinssatz von 3 % auf über 100 000 € angewachsen ist.

3. Das neue E-Auto *Modell R* hat einen Neupreis von 45 000 €. Der jährliche Wertverlust beträgt 11 %. Berechne, nach wie vielen Jahren sich der Wert des Wagens halbiert hat.

4. Partnerarbeit: Der kleinste Holzstab auf der Grafik ist 1 cm hoch, jeder folgende Stab ist doppelt so hoch wie der vorangehende. Der wievielte Stab würde bis zum Mond reichen? Recherchiert die Entfernung Erde – Mond im Lexikon oder im Internet.

5. Eine Ansammlung von 1 Mrd. Bakterien kann man mit bloßem Auge sehen. Nach wie vielen Stunden wird diese Anzahl erreicht, wenn es anfangs 10 Bakterien sind, ...

a) ... die sich alle 30 Minuten teilen?

b) ... die sich alle 20 Minuten teilen?

Vermischte Aufgaben

1. Bakterien vermehren sich durch Zellteilung. Bei manchen teilt sich jede Zelle alle 30 Minuten in zwei neue. Angenommen, um 12 Uhr werden 100 Bakterien gezählt, und in den nächsten 5 Stunden sterben keine Bakterien ab.

a) Erstelle eine Wertetabelle für die Bakterienzahl G_n von 12 Uhr bis 17 Uhr (Schrittweite 30 Minuten).

b) Stelle das Bakterienwachstum grafisch dar.

c) Wie viele Bakterien waren schon um 11 Uhr vorhanden?

2. Eine indische Großstadt hatte bei der letzten Volkszählung im August 2020 rund 1 576 400 Einwohner. Vorausgesagt wird, dass die Bevölkerungszahl jährlich um 4,5 % steigt. Wie viele Einwohner hätte die Stadt dann im August 2035?

+3. Die Wertetabelle beschreibt exponentielles Wachstum oder exponentiellen Zerfall. Bestimme jeweils den Wachstumsfaktor oder den Zerfallsfaktor.

a)

n	G_n
0	3
1	9
2	27
3	81

b)

n	G_n
0	100
1	50
2	25
3	12,5

c)

n	G_n
0	4,5
1	9
2	18
3	36

4. In Brasilien gab es im Jahr 2010 insgesamt rund 194 890 000 Einwohner. Bis zum Jahr 2020 ist die Einwohnerzahl bei fast gleichbleibendem jährlichen Zuwachs auf 211 420 000 angestiegen.

a) Wie hoch war die jährliche prozentuale Zuwachsrate in Brasilien?

b) Wie viele Einwohner müsste man bei gleichbleibender jährlicher Zuwachsrate für das Jahr 2040 erwarten?

5. Der Luftdruck p in der Erdatmosphäre, der in der Einheit hPa (Hektopascal) gemessen wird, nimmt mit größer werdender Höhe h über dem Meeresspiegel immer weiter ab.
Die nebenstehende Tabelle gibt Messwerte für den Luftdruck p in der Erdatmosphäre für verschiedene Höhen h über dem Meeresspiegel an.

h in m	p in hPa
500	951,79
1 000	894,06
1 500	839,82
2 000	788,87

a) Weise rechnerisch nach, dass es sich beim Zusammenhang zwischen der Höhe und dem Luftdruck um einen exponentiellen Zerfall handelt.

b) Berechne den Luftdruck auf Höhe des Meeresspiegels.

6. Partnerarbeit:

Energiegewinnung aus Wind auf dem Festland bezeichnet man als onshore. Im Gegensatz zu offshore, Energiegewinnung auf dem Meer.

a) Prüft, ob es Phasen von mehreren Jahren gegeben hat, in denen die Anzahl der Onshore-Windanlagen von Jahr zu Jahr annähernd exponentiell zugenommen hat.

b) Berechnet einen durchschnittlichen jährlichen Wachstumsfaktor für die Anzahl der Anlagen zwischen 2006 und 2019.

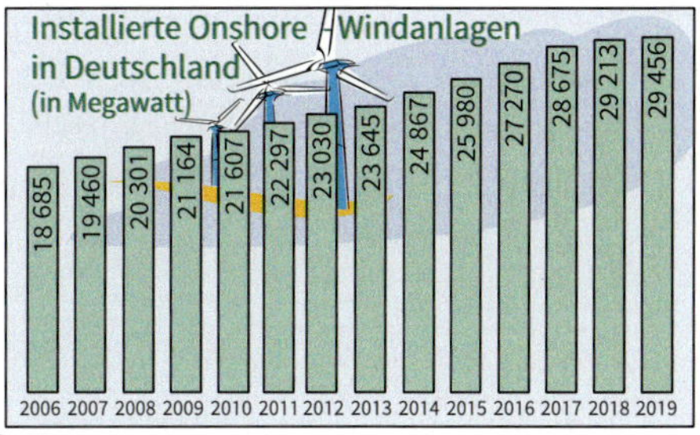

Kaufkraft und Inflation

Bearbeitet alle Aufgaben in Gruppenarbeit. Lest zuerst den Informationstext zu Kaufkraft und Inflation.

Kaufkraft und Inflation

Als **Inflation** bezeichnet man einen Anstieg des Preisniveaus. Den prozentualen Anstieg des Preisniveaus zwischen zwei festgelegten Zeitpunkten nennt man **Inflationsrate**.

Wenn das Preisniveau steigt, kann man bei gleichem Einkommen weniger Waren oder Dienstleistungen kaufen, es kommt zu einer Abnahme der **Kaufkraft**. Die Kaufkraft ist dabei derjenige Geldbetrag, der übrig bleibt, wenn man vom Einkommen eines Haushalts alle regelmäßigen Zahlungsverpflichtungen (z. B. Miete oder Versicherungen) abzieht.

Eine Möglichkeit, die Inflation zu messen, ist der **Verbraucherpreisindex**. Dabei wird vom statistischen Bundesamt ein „Warenkorb" für einen durchschnittlichen privaten Haushalt zusammengestellt, dessen Preisentwicklung dann beobachtet wird.

1. Rechts abgebildet seht ihr eine Grafik zur Preisentwicklung des Benzinpreises in Deutschland von 1994 bis 2020.
Diskutiert über mögliche Gründe für kurz- und langfristige Veränderungen.

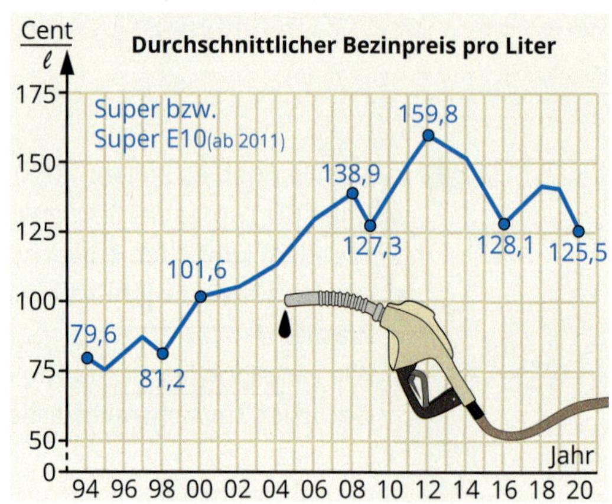

2. Die allgemeine historische Inflationsrate von 1994 bis 2020 betrug in Deutschland 44 %. Berechnet mit Hilfe der Grafik den prozentualen Preisanstieg von Benzin in diesem Zeitraum. Beurteilt dann, ob man anhand der Preisentwicklung eines Artikels auf die allgemeine Preisentwicklung eines Landes schließen kann.

3. **a)** Bildet aus dem Angebot eures Schulshops oder eurer Mensa einen Warenkorb aus 5 Artikeln, die dort häufig gekauft werden. Ermittelt den Gesamtpreis (= Preisniveau des Warenkorbs).
b) Angenommen, nur der Preis des teuersten Artikels eures Warenkorbs erhöht sich um 20 %. Berechnet die Inflationsrate für den Schulshop/die Mensa.

4. Nehmt zur folgenden Aussage begründet Stellung: „Wenn der Verbraucherpreisindex um 2,3 % steigt, dann sind davon alle Haushalte gleich stark betroffen."

5. Die Europäische Zentralbank (EZB) gibt als Ziel eine jährliche Inflationsrate von 2 % aus. Nehmt an, dass dieses Ziel in den nächsten 5 Jahren erreicht wird.
a) Ein repräsentativer Warenkorb kostet heute 185 €. Berechnet, wie viel er in fünf Jahren kostet.
b) Berechnet den heutigen Wert eines repräsentativen Warenkorbs, der in fünf Jahren 408,50 € wert sein wird.

Lineares, quadratisches und exponentielles Wachstum

1. Partnerarbeit: Am Eröffnungstag eines Streichelzoos befanden sich 40 Meerschweinchen in einem Gehege. Ein Jahr später waren es bereits 44. Angenommen, die Meerschweinchen würden sich genauso weiter vermehren: Bestimmt die ungefähre Anzahl der Meerschweinchen am Tag des 10-jährigen Zoo-Jubiläums.

a) Rechts seht ihr die Überlegungen von Aiko, Lilia und Jasmin. Führt sie zu Ende und berechnet, auf welche Ergebnisse die drei Freundinnen kommen.

b) Gebt für jeden Ansatz einen Term an, mit dem ihr die Anzahl y der Meerschweinchen nach x Tagen berechnen könnt.

c) Beurteilt, welcher Rechenansatz am besten geeignet ist, um die Vermehrung der Meerschweinchen zu beschreiben.

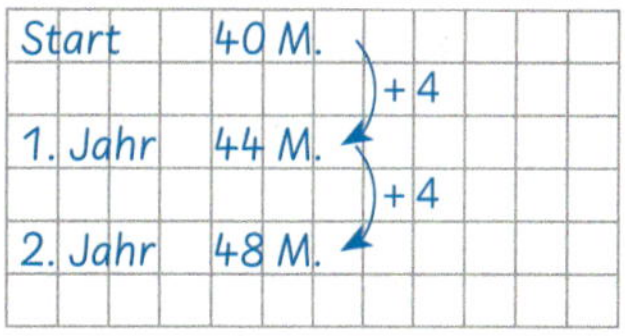

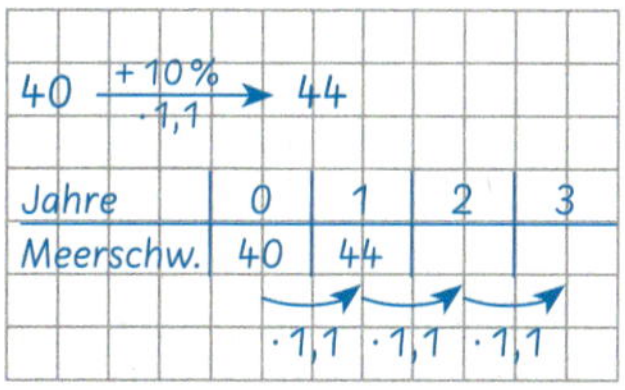

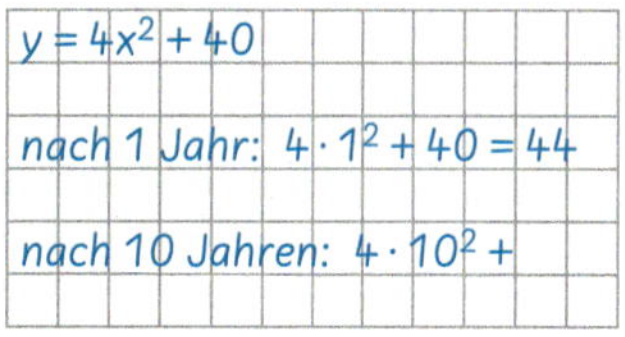

Lineares Wachstum liegt vor, wenn die Veränderung einer Größe x durch eine Funktionsgleichung der Form $y = mx + b$ bzw. $f(x) = mx + b$ beschrieben werden kann ($m \neq 0$). Der Graph ist eine Gerade.

Quadratisches Wachstum liegt vor, wenn die Veränderung einer Größe x durch eine Funktionsgleichung der Form $y = ax^2 + c$ bzw. $f(x) = ax^2 + c$ beschrieben werden kann ($a \neq 0$). Der Graph ist eine Parabel.

Exponentielles Wachstum liegt vor, wenn die Veränderung einer Größe x durch eine Funktionsgleichung der Form $y = a \cdot q^x$ bzw. $f(x) = a \cdot q^x$ beschrieben werden kann ($a \neq 0$, $q > 0$).

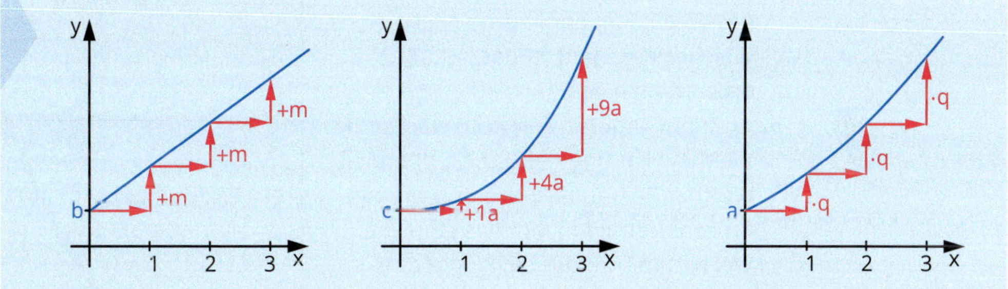

2. Partnerarbeit:

a) Liegt lineares, quadratisches oder exponentielles Wachstum vor oder keines davon?

① Kapitalwachstum bei einer Anlage mit Zinseszins
② Taxitarif mit Grundgebühr und kilometergenauer Abrechnung
③ Flächeninhalt des Kreises bei wachsendem Radius
④ Wertentwicklung einer Aktie im Tagesverlauf
⑤ fortgesetzte Verdopplung einer Streckenlänge
⑥ Gewichtsentwicklung eines Säuglings im ersten Lebensjahr

b) Findet weitere Beispiele für lineare, quadratische und exponentielle Zu- und Abnahmen.

3. Ordne zu: Wachstum oder Abnahme? Linear, quadratisch oder exponentiell?

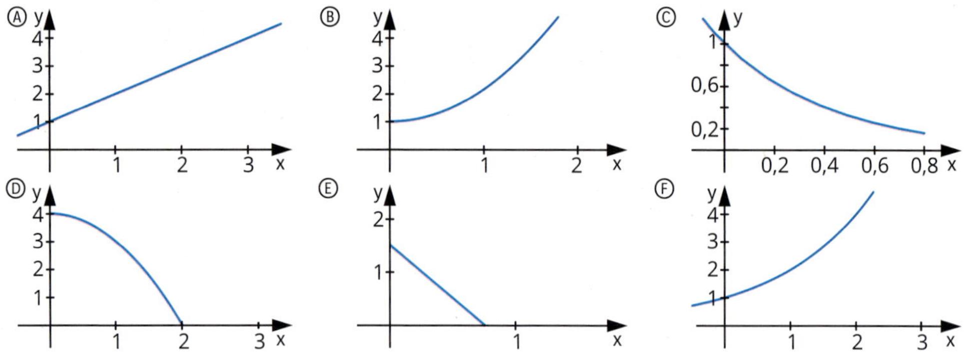

4. Gruppenarbeit: Im September 2021 kostete ein Liter Diesel an der Tankstelle 1,49 €. Die folgenden drei Preisentwicklungen gehen aus Modellüberlegungen hervor.

Ⓐ Der Dieselpreis wird von Jahr zu Jahr um 3 % teurer.	Ⓑ Der Dieselpreis wird von Jahr zu Jahr um 0,12 € teurer.	Ⓒ Der Dieselpreis wird nach 1 Jahr um 1 ct, nach 2 Jahren um 4 ct, nach 3 Jahren um 9 ct, nach 4 Jahren um 16 ct usw. teurer.

Stellt in Gruppen die Dieselpreisentwicklung bei jeder Modellüberlegung grafisch dar, gebt zu den Graphen Funktionsgleichungen an und begründet, um welche Art von Wachstum es bei den einzelnen Modellüberlegungen geht.

5. Gruppenarbeit: Rechts ist in einer Grafik dargestellt, wie sich die Weltbevölkerung bisher entwickelt hat und wie sie sich eventuell in Zukunft entwickeln wird.

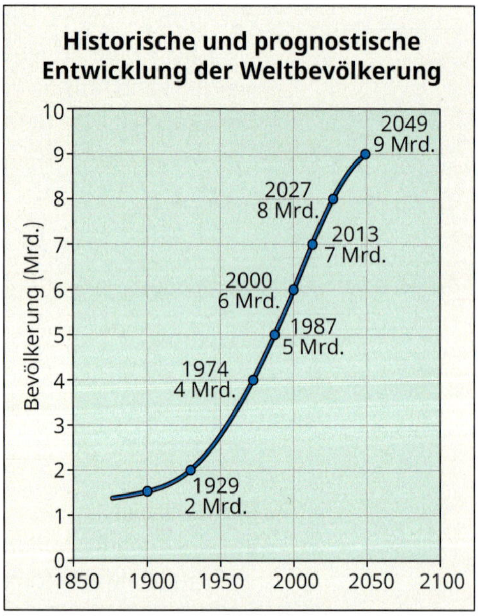

a) Es gibt einen Zeitabschnitt, in dem das Wachstum annähernd linear ist. Welcher Abschnitt ist das? Woran erkennt man das?

b) In einem anderen Zeitraum wächst die Weltbevölkerung nahezu exponentiell. Welcher Zeitraum ist das und wie viel Prozent beträgt in ihm das jährliche Wachstum? Rundet die Prozentangabe auf zwei Nachkommastellen und dokumentiert eure Untersuchung.

c) Seit etwa 2013 erfolgt die Zunahme der Weltbevölkerung fast quadratisch. Bezogen auf dieses Jahr „x = 0“ beschreibt eine der folgenden Funktionsgleichungen angenähert das Wachstum:

① $y = 1{,}00754x^2 + 0{,}00537x + 7$

② $y = -0{,}00976x^2 - 0{,}956x + 7$

③ $y = -0{,}00068x^2 + 0{,}08095x + 7$

④ $y = 0{,}00852x^2 + 7$

Welche der Funktionsgleichungen ist es? Nutzt euren Taschenrechner zur Überprüfung, präsentiert und begründet anschließend euer Ergebnis.

Exponentialfunktionen

Bearbeitet die Aufgabe in Partnerarbeit.

1. Untersucht mit einem Computerprogramm, welche Auswirkungen die Parameter a und q auf den Verlauf von Funktionsgraphen mit Funktionsgleichungen der Art $f(x) = a \cdot q^x$ haben, wobei die Parameter a und q stets größer Null sind. Notiert eure Ergebnisse übersichtlich im Heft.

a) Bereitet euer Arbeitsblatt vor:
- Öffnet ein neues Zeichenblatt und aktiviert die Ansicht mit dem Koordinatensystem.
- Richtet für den Parameter a einen Schieberegler ein (Name: a, min: 0, max: 10, Schrittweite: 0.1).
- Richtet für den Parameter q einen Schieberegler ein (Name: q, min: 0, max: 5, Schrittweite: 0.1).
- Gebt in das Eingabefeld die Funktionsgleichung ein: „f(x) = a*q^x"

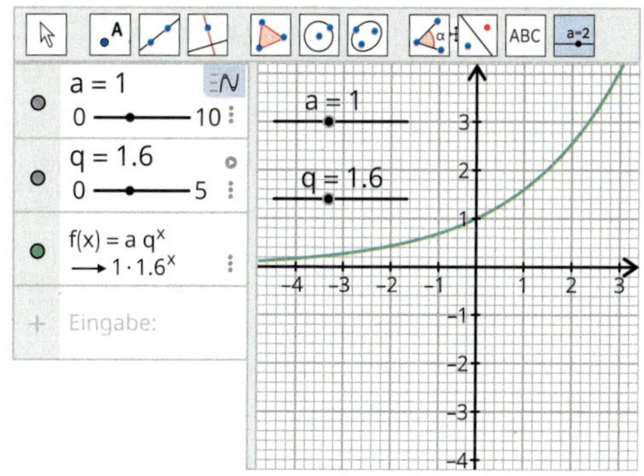

b) Untersucht den Parameter a:
- Klickt in der Menüleiste auf das Pfeilsymbol .
- Stellt den Schieberegler „q" auf den festen Wert 1,6 ein.
- Verstellt nun den Schieberegler „a" und wählt verschiedene Werte aus.
- Beschreibt, wie sich der Funktionsgraph für verschiedene Werte von a verändert. Ihr könnt bei eurer Beschreibung die Worte auf den Kärtchen nutzen.

Verschiebung | Stauchung | y-Achsenabschnitt | Steigung | steil | Streckung | flach

c) Untersucht nun den Parameter q:
- Verstellt nun den Schieberegler q und wählt verschiedene Werte aus.
- Übertragt die rechts abgebildete Tabelle in eure Hefte und beschreibt für die angegebenen Fälle die Gestalt des Graphen.

Fall 1: $0 < q < 1$	Fall 2: $q = 1$	Fall 3: $q > 1$
Der Graph …	Der Graph …	Der Graph …

- Übertragt unterhalb der Tabelle die beiden Satzanfänge in eure Hefte und vervollständigt sie sinnvoll.

Ist $q > 1$, so gilt:
Je größer der Wert von q, desto …

Ist $0 < q < 1$, so gilt:
Je kleiner der Wert von q, desto …

d) Funktionen mit der Gleichung $f(x) = a \cdot q^x$ (mit $a > 0$, $q > 0$ und $q \neq 1$) heißen **Exponentialfunktionen**.
Erklärt, warum die Basis q bei Exponentialfunktionen weder den Wert Null noch den Wert Eins annehmen darf.

Funktionen mit der Gleichung $\mathbf{y = a \cdot q^x}$ bzw. $\mathbf{f(x) = a \cdot q^x}$ (mit $a > 0$, $q > 0$ und $q \neq 1$) heißen **Exponentialfunktionen zur Basis q**.
Für jede dieser Exponentialfunktionen gilt:
- Der Graph verläuft oberhalb der x-Achse.
- Die Punkte $(0|a)$ und $(1|a \cdot q)$ gehören zum Graphen.
- Für $q > 1$ steigt der Graph. Er steigt um so steiler, je größer q ist.
- Für $0 < q < 1$ fällt der Graph. Er fällt um so steiler, je kleiner q ist.

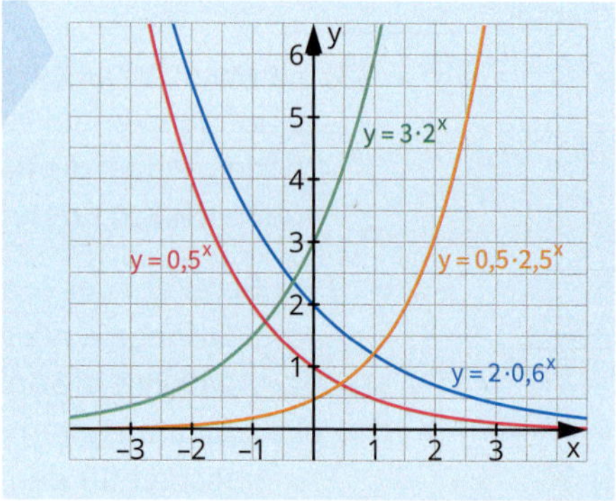

2. Erstelle mit Hilfe deines Taschenrechners eine Wertetabelle für $-5 \leq x \leq 5$ (Schrittweite 1). Zeichne anschließend den Graphen der Funktion in ein Koordinatensystem.
a) $f(x) = 1{,}8 \cdot 1{,}5^x$ **b)** $f(x) = 0{,}8 \cdot 0{,}7^x$ **c)** $f(x) = 1{,}2^x$

3. $y = \left(\frac{2}{5}\right)^x$ | $y = \left(\frac{2}{3}\right)^x$ | $y = 1{,}05^x$ | $y = \left(\frac{5}{2}\right)^x$ | $y = 0{,}8^x$ | $y = 10^x$ | $y = 0{,}1^x$

a) Welche dieser Funktionen besitzen fallende, welche steigende Funktionsgraphen?
b) Bei welcher dieser Exponentialfunktionen ist die Zu- oder Abnahme am stärksten?

4. Partnerarbeit: Beantwortet die Frage. Begründet eure Antwort.
a) Welche Funktion beschreibt eine stärkere Zunahme: $f(x) = 8 \cdot 5^x$ oder $g(x) = 5 \cdot 8^x$?
b) Was kann man über den Verlauf des Graphen der Funktion $f(x) = a \cdot q^x$ sagen, wenn $a > 0$ und $0 < q < 1$ ist?
c) Warum darf bei Exponentialfunktionen $f(x) = a \cdot q^x$ die Basis q nicht kleiner als 0 sein? Überprüft am Beispiel $f(x) = 3 \cdot (-2)^x$, ob diese Einschränkung sinnvoll ist.
d) Zwei Punkte des Graphen zur Funktion $g(x) = 3 \cdot 1{,}5^x$ lassen sich schnell im Kopf bestimmen. Welche sind es?

5. Dennis hat vor dem Frühstück einen koffeinhaltigen Energie-Drink zu sich genommen. Um 8 Uhr hatte er 75 mg Koffein im Blut. Der Koffeingehalt im Blut nimmt pro Stunde um 20 % ab.
a) Stelle eine Funktionsgleichung für die Restmenge Koffein im Blut auf. Nenne x die Zeit in Stunden, y die Restmenge Koffein im Blut nach x Stunden; a = 75 mg.
b) Um 13 Uhr hat Dennis eine Prüfung. Stimmt seine Behauptung?

6. Im Koordinatensystem sind vier Graphen f_1; f_2; f_3; f_4 gezeichnet, drei davon gehören zu den angegebenen Funktionen: $y = 2^x$ $y = 2{,}5^x$ $y = 1{,}2^x$
a) Welche Funktionsgleichung gehört zu welchem Graphen? Begründe deine Entscheidung.
b) Wie heißt die Funktionsgleichung zum vierten Graphen? Stelle deine Überlegungen in der Klasse vor.

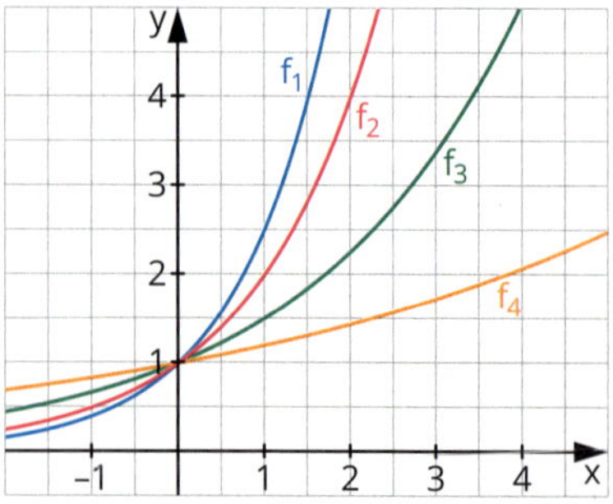

Logarithmus

1. Bestimme den passenden Exponenten im Kopf.

a) $2^x = 16$ **b)** $10^x = 1\,000$ **c)** $3^x = 27$ **d)** $10^x = 1$
e) $2^x = \frac{1}{2}$ **f)** $10^x = \frac{1}{1\,000}$ **g)** $3^x = \frac{1}{9}$ **h)** $10^x = 0{,}01$

2. Bestimme ohne Taschenrechner, zwischen welchen ganzen Zahlen der Exponent liegt.

a) $2^x = 10$ **b)** $10^x = 7$ **c)** $3^x = 33$ **d)** $2^x = 20$
e) $2^x = 1{,}5$ **f)** $10^x = 155$ **g)** $3^x = 0{,}1$ **h)** $2^x = \frac{1}{20}$

3. Bestimme den gesuchten Exponenten mit dem Taschenrechner durch Probieren auf drei Stellen gerundet.

a) $2^x = 3$ **b)** $2^x = 0{,}6$ **c)** $2^x = 1{,}3$ **d)** $2^x = 6$

Als **Logarithmus von y zur Basis a** bezeichnet man den Exponenten x, mit dem eine vorher festgelegte Basis a potenziert werden muss, um die Zahl y zu erhalten.

$a^x = y$	$\Leftrightarrow$	$x = \log_a(y)$
Die **Potenzgleichung** *„a hoch x gleich y"*	ist äquivalent zur	**Logarithmusgleichung** „x gleich *Logarithmus von y zur Basis a."*

Spezialfall: Der Logarithmus zur Basis 10 wird auch **dekadischer Logarithmus** genannt und man schreibt kurz: $\log_{10}(y) = \log(y)$ oder $\lg(y)$.

- $\log_5(25) = 2$, *(Logarithmusgleichung)*
  weil $5^2 = 25$ *(Potenzgleichung)*
- $\log_3(81) = 4$, *(Logarithmusgleichung)*
  weil $3^4 = 81$ *(Potenzgleichung)*
- $\log(100) = 2$, *(Logarithmusgleichung)*
  weil $10^2 = 100$ *(Potenzgleichung)*

- Löse die Gleichung $2^x = 100$.

① *Forme die Gleichung in die Logarithmusschreibweise um.*
$x = \log_2(100)$

② *Berechne das Ergebnis mit dem Taschenrechner.*
$x \approx 6{,}644$

4. Forme die Logarithmusgleichung in die zugehörige Potenzgleichung um.

a) $\log_5(125) = 3$ **b)** $\log_8(64) = 2$ **c)** $\log_7(343) = 3$ **d)** $\log(1\,000) = 3$
e) $\log_2(1\,024) = 10$ **f)** $\log_{0,1}(0{,}01) = 2$ **g)** $\log_5(0{,}2) = -1$ **h)** $\log(0{,}01) = -2$

5. Forme die Potenzgleichung in die zugehörige Logarithmusgleichung um.

a) $2^7 = 128$ **b)** $5^4 = 625$ **c)** $13^2 = 169$ **d)** $10^5 = 100\,000$
e) $0{,}5^2 = 0{,}25$ **f)** $3^0 = 1$ **g)** $2^{-1} = 0{,}5$ **h)** $10^{-3} = 0{,}001$

6. Berechne im Kopf.

a) $\log_2(8)$ **b)** $\log_4(64)$ **c)** $\log_{14}(196)$ **d)** $\log(1\,000\,000)$
e) $\log_{99}(1)$ **f)** $\log_4(0{,}25)$ **g)** $\log_{0,2}(0{,}008)$ **h)** $\log(0{,}0001)$

7. Bestimme den Wert von y ohne Taschenrechner.

a) $\log_2(y) = 5$ **b)** $\log_8(y) = 3$ **c)** $\log_9(y) = 0$ **d)** $\log(y) = 1$
e) $\log_{\frac{1}{2}}(y) = 4$ **f)** $\log_{0,3}(y) = 3$ **g)** $\log_7(y) = -2$ **h)** $\log(y) = -1$

8. Bestimme die Lösung der Gleichung mit dem Taschenrechner. Runde auf Tausendstel.

a) $18^x = 27$ **b)** $3^x = 1\,000$ **c)** $5 \cdot 3^x = 75$ **d)** $13 \cdot 12^x = 39$

9. Schreibe die dekadischen Logarithmen, die Kira nennt, untereinander in dein Heft.
a) Was fällt dir auf?
b) Erkläre die Auffälligkeiten, die du unter a) entdeckt hast, mit Hilfe der Potenzgesetze und stelle deine Erklärung in der Klasse vor.
c) Tanja stutzt. „Bei log 0,57 passt die Erklärung aus b) nicht mehr!"
Frederik erwidert: „Doch!" Wer hat recht?

10. a) In wie vielen Jahren wächst ein Kapital bei 3 % Verzinsung von 3 500 € auf 8 000 € an?
b) Ein Kapital von 12 000 € wird heute zu 2,8 % p. a. angelegt. Wann erreicht es 25 000 €?

11. Partnerarbeit: Berechnet zur Exponentialfunktion $y = 2 \cdot 1{,}3^x$ die fehlenden Werte der Wertetabelle, nachdem ihr sie ins Heft übertragen habt. Rundet sie auf 2 Stellen nach dem Komma.

x	−2	3			
y			0,14	51,8	243,72

12. Eine Bakterienart verdoppelt ihre Anzahl stündlich. Zu Beginn der Zählung sind es 3 000 Bakterien. Nach wie viel Stunden sind es erstmals 30 000 oder mehr Bakterien?

Die ^{14}C-Methode
Jeder lebende Organismus wie Mensch oder Pflanze enthält radioaktive Kohlenstoffatome (^{14}C), die er aus der Atmosphäre bzw. über die Nahrungskette aufnimmt. Nach dem Tod wird kein ^{14}C mehr aufgenommen. Der Anteil von ^{14}C-Atomen halbiert sich dann durch radioaktiven Zerfall innerhalb von 5 730 Jahren (Halbwertszeit). Recherchiere im Internet mit den Stichworten „^{14}C-Methode" und „Altersbestimmung".

13. 1940 entdeckte man in Lascaux (Frankreich) Höhlen mit Bildern von Wildpferden, Urrindern, Wisenten und Menschen. Die ^{14}C-Atome im dort gefundenen verkohlten Holz hatten noch eine Aktivität von ca. 13 %.

a) Schätze mit der Halbwertszeit von ca. 6 000 Jahren grob ab, nach wie vielen Jahren die ^{14}C-Aktivität von Holz nur noch ungefähr 13 % beträgt.
b) Berechne aus der genauen Halbwertszeit von 5 730 Jahren den Abnahmefaktor q pro Jahr. Nutze und erkläre dafür den Rechenansatz $q^{5730} = \frac{1}{2}$. Runde dein Ergebnis für q auf fünf Stellen nach dem Komma.
c) Berechne, wie lange das Holz schon „tot" ist.
d) Die ^{14}C-Aktivität kann nie ganz genau bestimmt werden. Welches Alter der Höhlenmalereien von Lascaux ergibt sich mit einer Restradioaktivität von 12,5 % bzw. von 13,5 % im gefundenen Holz?

Die Zinseszinsformel

Wenn du ein **Anfangskapital K_0** bei gleichbleibendem **Zinssatz p %** über **n Jahre** anlegst, dann kannst du das **Endkapital K_n** mit der **Zinseszinsformel** berechnen:

$$K_n = K_0 \cdot \left(1 + \frac{p}{100}\right)^n = K_0 \cdot q^n$$

$q = 1 + \frac{p}{100}$ wird auch **Zinsfaktor** genannt.

1. Sandra hat zum Geburtstag einen Sparvertrag mit 250 € Anfangskapital und 1,5 % Zinssatz bekommen. Berechne das Endkapital nach 5 Jahren Vertragslaufzeit.

2. Selim hat nach 6 Jahren bei 2 % Zinssatz ein Endkapital einschließlich Zinseszinsen von 1 351,39 € erhalten. Berechne das Anfangskapital.

Exponentielles Wachstum und exponentieller Zerfall

Eine Größe nimmt exponentiell zu bzw. ab, wenn in gleichen Zeitspannen immer mit demselben **Faktor q** multipliziert wird.
Ist G_0 der Anfangswert und G_n der Wert nach n Zeiteinheiten, gilt die Formel

$$G_n = G_0 \cdot q^n.$$

Exponentielles Wachstum:
$q > 1$ heißt **Wachstumsfaktor** und es gilt
$q = 1 + \frac{p}{100}$.

Exponentieller Zerfall:
$0 < q < 1$ heißt **Zerfallsfaktor** und es gilt
$q = 1 - \frac{p}{100}$.

3. Eine Zellenart teilt sich stündlich in vier Teile. Zu Beginn sind 30 solcher Zellen in einer Petrischale. Wie viele sind es nach 5 Stunden?

4. Tee mit 90 °C wird in einen Behälter gefüllt. Seine Temperatur sinkt pro Stunde um 15 %. Welche Temperatur hat er nach 4 Stunden?

5. Die Einwohnerzahl einer Stadt wird in den nächsten 5 Jahren voraussichtlich um 6 % jährlich zunehmen. Heute hat die Stadt 240 000 Einwohner.
a) Berechne die Einwohnerzahl in 5 Jahren.
b) Angenommen, dieses Wachstum dauert länger als 5 Jahre. Nach wie viel Jahren würde sich die Einwohnerzahl verdoppeln?

Lineares Wachstum

liegt vor, wenn die Veränderung einer Größe x durch eine Funktionsgleichung der Form $\mathbf{y = mx + b}$ beschrieben werden kann ($m \neq 0$).

Quadratisches Wachstum

liegt vor, wenn die Veränderung einer Größe x durch eine Funktionsgleichung der Form $\mathbf{y = ax^2 + c}$ beschrieben werden kann ($a \neq 0$).

6. Entscheide, welche Art von Wachstum vorliegt (linear, quadratisch oder exponentiell).
① Fläche eines Kreises mit wachsendem Radius r
② Radioaktives Iod verliert pro Stunde 8 % der Strahlungsintensität.
③ Mietsteigerung um 3 % pro Jahr
④ Reparaturkosten mit Stundenlohn und Anfahrtspauschale
⑤ Höhe eines DIN-A4-Blattes bei fortlaufendem Falten

Exponentialfunktionen

Exponentialfunktionen haben die Form
$\mathbf{y = a \cdot q^x}$ bzw. $\mathbf{f(x) = a \cdot q^x}$ ($a, q > 0,\ q \neq 1$).
- Die Punkte $(0|a)$ und $(1|a \cdot q)$ gehören zum Graphen.
- Für $q > 1$ steigt der Graph.
- Für $0 < q < 1$ fällt der Graph.

7. Ordne den Graphen die zugehörige Funktionsgleichungen zu.

$y = 0{,}5^x$ $\quad$ $y = 1{,}5^x$
$y = 2^x$ $\quad$ $y = 2{,}8^x$

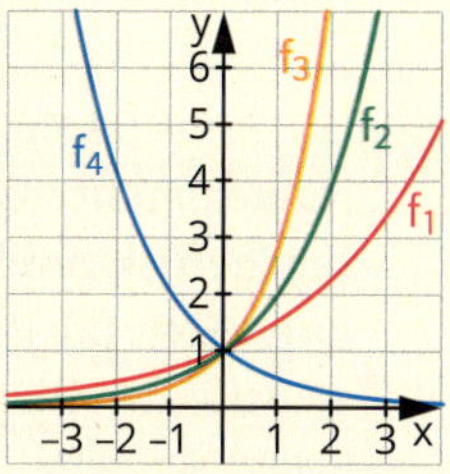

1. Um sich ein Mofa kaufen zu können, leiht sich Emilia bei einer Kollegin 850 €. Sie vereinbaren einen Zinssatz von 1 %. Welchen Betrag muss Emilia ihrer Freundin nach einem Jahr insgesamt zurückgeben?

2. Eine 3-Zimmer-Wohnung kostet heute 360 000 €, wenn man sie kaufen will. Leider muss man davon ausgehen, das die Immobilienpreise jährlich um durchschnittlich 5 % steigen. Wie teuer wird die Wohnung in 8 Jahren ungefähr sein?

3. Das Forschungslabor einer Universität in Nordrhein-Westfalen hat eine Bakterienkultur aus 2 000 Bakterien angelegt, die täglich um 30 % wächst. Wie hoch ist der Bestand in dieser Kultur 25 Tage später?

4. Beim Einschenken von Bier entsteht Schaum. Die Schaumhöhe von anfangs 4 cm nimmt pro Sekunde um 5 % ab. Berechne die Schaumhöhe nach 10 Sekunden.

5. Zu Leonoras Geburt haben ihre Großeltern einen größeren Betrag in Wertpapieren angelegt.
An ihrem 18. Geburtstag erhielt Leonora von Oma und Opa den abgebildeten Betrag, den der Verkauf der Wertpapiere ergeben hat.
Die Papiere sind pro Jahr durchschnittlich um 6 % im Wert gestiegen. Welchen Betrag haben die Großeltern zu Leonoras Geburt angelegt?

6. Wie viel Prozent Zinsen müsste es auf der Bank jährlich geben, damit ein Kapital von 25 000 € innerhalb von 40 Jahren auf 100 000 € anwächst?

7. Eine afrikanische Stadt mit etwa gleichbleibendem jährlichen Bevölkerungswachstum hat ihre Einwohnerzahl in 20 Jahren verdreifacht. Berechne die jährliche Wachstumsrate.

8. Ein Flummi fällt aus einer Höhe von 2 m. Nach jedem Auftreffen auf dem Boden erreicht er nur noch 50 % der vorherigen Höhe.
a) Stelle die Höhe des Flummis nach dem ersten bis fünften Auftreffen auf dem Boden in einer Tabelle dar.
b) Stelle den Sachverhalt grafisch dar.
c) Nach wie vielen Sprüngen erreicht er weniger als 1 cm Höhe?

9. Eine Großgemeinde nahe der Grenze zu den Niederlanden verfügte 2020 über 250 Hektar Wald. Leider gehen jährlich durch Abholzung und anderweitige Nutzung ca. 7 % der Waldfläche verloren. In welchem Jahr wäre bei gleichbleibendem jährlichen Verlust nur noch halb so viel Waldfläche vorhanden?

10. Die Firma Daniel Wurm ist auf Winterdienst spezialisiert. Heute nimmt sie pro Quadratmeter Fläche, die von Schnee zu reinigen ist, pro Saison 10 €. Von Jahr zu Jahr musste die Firma ihren Preis um 3,5 % wegen steigender Personal- und Materialkosten erhöhen. Vor wie vielen Jahren war das abgebildete Schild aktuell?

Daten und Zufall

7

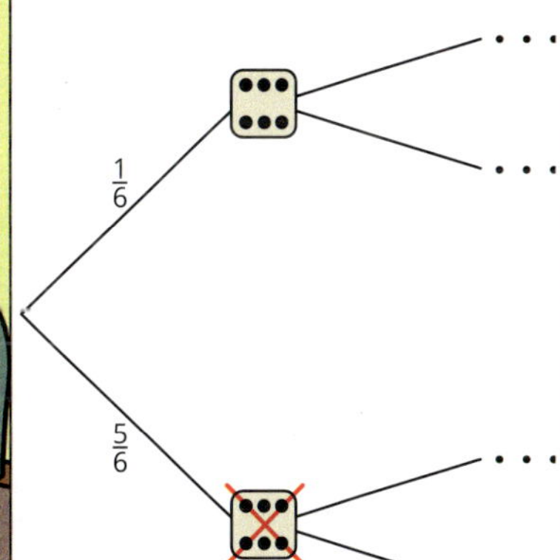

In diesem Kapitel lernst du, ...

... wie du mit statistischen Kenngrößen Daten bewerten kannst,
... wie du Wahrscheinlichkeiten von mehrstufigen Zufallsexperimenten bestimmen kannst,
... wie du ein Baumdiagramm nutzen kannst,
... wie du eine Vierfeldertafel einsetzen kannst,
... wie du verschiedene Kombinationsmöglichkeiten geschickt bestimmen kannst.

Löse die folgenden Aufgaben und schätze dich ein.

1. Beantworte die Fragen zu dem abgebildeten Diagramm.

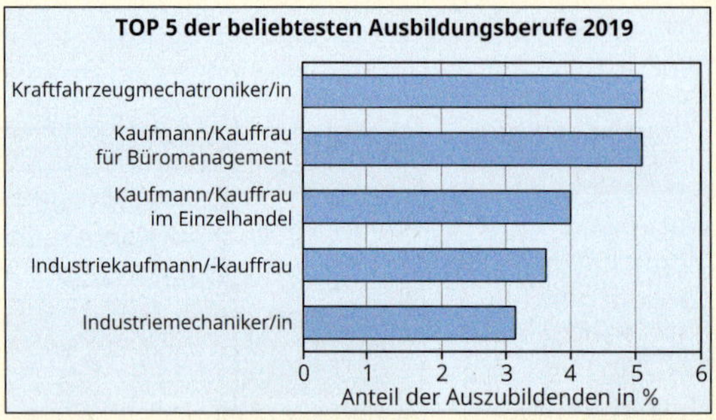

a) Wieviel Prozent der Auszubildenden waren im Einzelhandel?
b) Welcher Ausbildungsberuf liegt an der vierten Stelle?

Ich kann Informationen aus Diagrammen entnehmen .

Das kann ich gut.	Ich bin noch unsicher.
☺	→ S. 215, A 1–2

2. Tom wirft zehnmal auf einen Basketballkorb. Er trifft sechsmal. Bestimme die absolute und relative Häufigkeit seiner Treffer.

Ich kann absolute und relative Häufigkeiten angeben.

Das kann ich gut.	Ich bin noch unsicher.
☺	→ S. 216, A 1–2

3. In einer Tüte sind 5 rote, 3 gelbe und 2 weiße Gummibärchen.
a) Wie groß ist die Wahrscheinlichkeit, ein rotes Gummibärchen zu ziehen?
b) Wie groß ist die Wahrscheinlichkeit, **kein** gelbes Gummibärchen zu ziehen?

Ich kann die Wahrscheinlichkeiten von einstufigen Laplace-Experimenten berechnen.

Das kann ich gut.	Ich bin noch unsicher.
☺	→ S. 216, A 3–4

4. Das Glücksrad wird einmal gedreht. Bestimme das Gegenereignis.
a) Der Pfeil zeigt auf eine gerade Zahl.
b) Der Pfeil zeigt auf eine Zahl, die durch drei teilbar ist.
c) Der Pfeil zeigt auf eine Zahl, die mindestens drei Teiler hat.

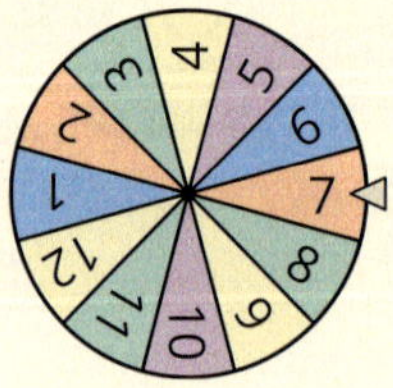

Ich kenne den Begriff Gegenereignis und kann Gegenereignisse zu Ereignissen formulieren.

Das kann ich gut.	Ich bin noch unsicher.
☺	→ S. 217, A 1–2

5. Ein Tetraeder ist mit den Zahlen von 1 bis 4 beschriftet. Er wird zweimal hintereinander gewürfelt. Notiere alle Ergebnisse, die auftreten können. Beachte die Reihenfolge.

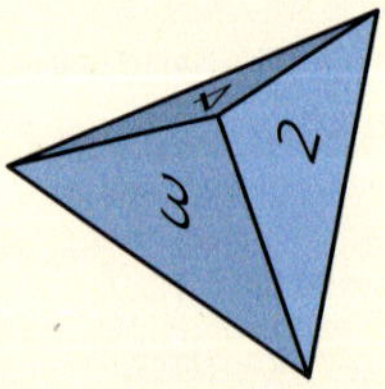

Ich kann alle Ergebnisse von zweistufigen Zufallsexperimenten benennen.

Das kann ich gut.	Ich bin noch unsicher.
☺	→ S. 217, A 3–4

Wiederholung: Statistische Kenngrößen

Zu den statistischen Kenngrößen von Datenmengen gehören die **Spannweite**, der **Mittelwert**, der **Modalwert** und der **Median**.
Die **Spannweite** ist die Differenz zwischen dem größten Wert (**Maximum**) und dem kleinsten Wert (**Minimum**) deiner Daten: Maximum – Minimum = Spannweite
Den **Mittelwert (Durchschnitt oder arithmetisches Mittel)** berechnest du, indem du alle Daten addierst und die Summe durch die Anzahl deiner Daten dividierst.
Der **Modalwert** ist der Wert deiner Daten, der am häufigsten vorkommt.
Der **Median (Zentralwert)** ist ...
... bei einer **ungeraden** Anzahl von Daten der Wert in der Mitte der Rangliste.
... bei einer **geraden** Anzahl von Daten der Mittelwert der beiden mittleren Werte der Rangliste.

Urliste: 5, 8, 3, 21, 11, 5, 17, 10
Rangliste: 3, 5, 5, 8, 10, 11, 17, 21
Median: $(8 + 10) : 2 = \mathbf{9}$
Mittelwert: $(3 + 5 + 5 + 8 + 10 + 11 + 17 + 21) : 8 = \mathbf{10}$
Modalwert: 5
Spannweite: $21 - 3 = 18$

1. In der Tabelle sind die Noten einer Klassenarbeit aufgelistet. Bestimme den Modalwert, die Spannweite, den Median und den Durchschnitt der Noten.

<table>
<tr><td>Note</td><td>1</td><td>2</td><td>3</td><td>4</td><td>5</td><td>6</td></tr>
<tr><td>Anzahl</td><td>|||</td><td>||||</td><td>||||</td><td>𝍸 |</td><td>||</td><td>|</td></tr>
</table>

2. Anton fährt Motorrad. Er notiert sich seine monatlichen Ausgaben fürs Tanken.

Monat	Jan.	Feb.	März	April	Mai	Juni	Juli	Aug.	Sept.	Okt.	Nov.	Dez.
Betrag in €	10	0	15	20	30	28	42	30	25	15	0	0

Bestimme die Spannweite, den Median und den Mittelwert.

3. Partnerarbeit: Eine 10. Klasse hat an zwei Schulen jeweils 20 Jugendliche befragt, wie viele Telefonnummern sie in ihrem Mobiltelefon gespeichert haben.

Anzahl gespeicherter Telefonnummern																				
Schule 1	75	96	52	36	148	79	46	69	278	90	150	61	145	82	59	63	27	73	297	145
Schule 2	198	77	83	54	79	139	41	91	85	142	70	48	97	149	44	37	84	34	258	224

Bestimmt die statistischen Kenngrößen mit einem Tabellenkalkulationsprogramm und vergleicht die Schulen miteinander. Stellt eure Ergebnisse übersichtlich dar.

4. Partnerarbeit: Frau Sieber arbeitet als Restaurantfachfrau. Außer einem festen Grundgehalt erhält sie Trinkgelder. Im letzten Jahr betrug der Mittelwert der monatlichen Trinkgelder 600 €, der Median war 450 €.

a) Welche 12 monatlichen Trinkgeldbeträge könnten es mit diesem Mittelwert und diesem Median gewesen sein? Notiert jeder ein Beispiel und vergleicht eure Werte untereinander.

b) Was bedeutet es für die monatlichen Trinkgelder, dass der Mittelwert über dem Median liegt? Was würde es bedeuten, wenn der Mittelwert unter dem Median liegen würde?

Wiederholung: Boxplot

Ein **Boxplot** ist eine grafische Darstellung von Daten. In einem Boxplot zerteilst du die Menge der Daten einer Rangliste in vier gleich große Teile. Die beiden mittleren Teile der Daten liegen in einer Box. Die außerhalb der Box liegenden Daten werden durch Antennen dargestellt.

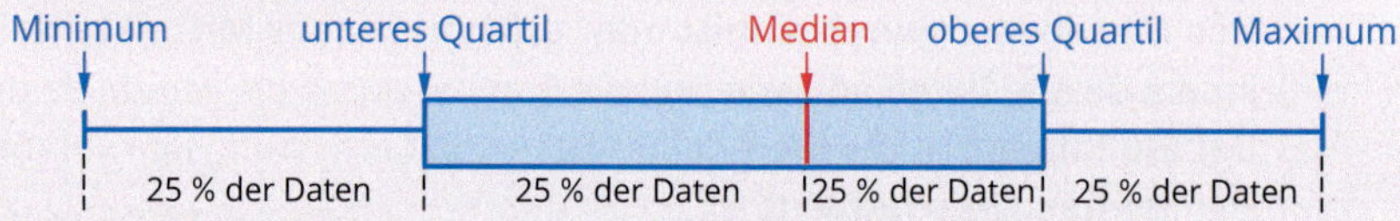

Bei den Bundesjugendspielen springen die Mädchen der Klasse 10a folgende Weiten in cm: 372; 433; 421; 446; 425; 385; 397; 525; 350; 475; 502

① *Erstelle eine Rangliste:*
325; 332; 350; 397; 421; 425; 435; 446; 475; 502; 525

② *Bestimme die für einen Boxplot fünf notwendigen Kenngrößen:*
Minimum: 325 cm Maximum: 525 cm Median: 425 cm
unteres Quartil: 350 cm oberes Quartil: 475 cm

③ *Wähle eine geeignete Skala, markiere die Kennwerte und zeichne den Boxplot.*

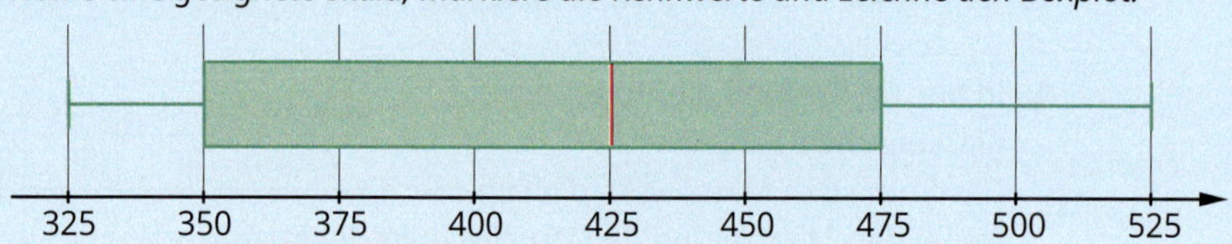

1. Erstelle für die folgenden Daten einen Boxplot.

42	16	4	9	22	56	17	19	2	26	31	15	15	22	41	43	9	36

2. Überprüfe die Aussage mit Hilfe des Boxplots.

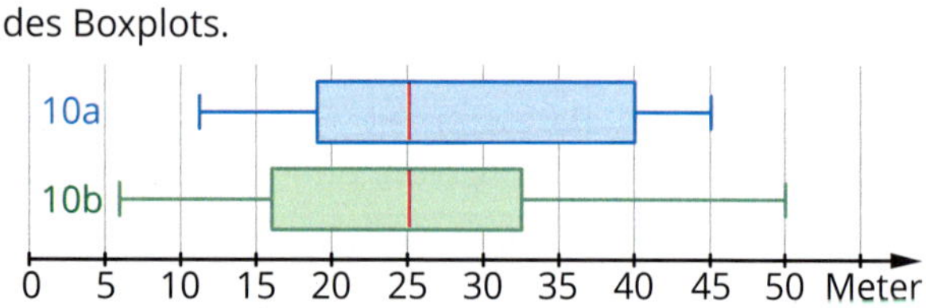

a) Der Median ist bei beiden Boxplots gleich.
b) Die Klasse 10b hat eine größere Spannweite der Daten.
c) In der Klasse 10b gibt es links der Box weniger Daten als rechts der Box.
d) In der Klasse 10a liegen 50 % der Daten zwischen 19 Meter und 40 Meter.

3. **a)** Zwei Gruppen von Personen wurden getestet und die Ergebnisse in zwei Boxplots dargestellt. Vergleicht die beiden Gruppen. Lest dabei alle Größen ab, die im Merkkasten genannt sind
b) Lässt sich den Boxplots entnehmen, ob die beiden Gruppen aus gleich viel Personen bestanden? Begründet.
c) Angenommen, beide Gruppen hätten aus je 12 Personen bestanden. Gebt mögliche Testergebnisse an, die zu den beiden Boxplots führen.

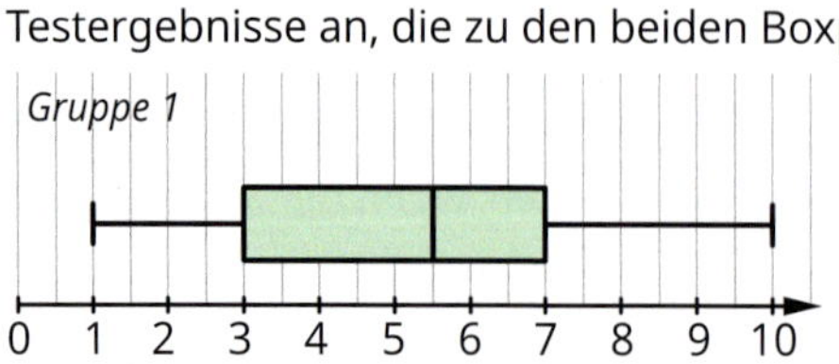

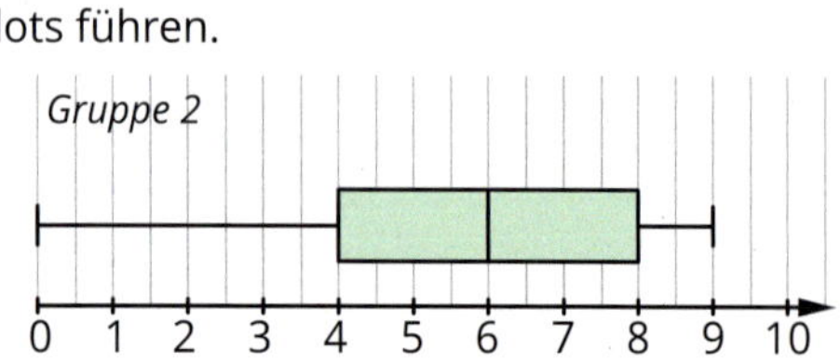

Wiederholung: Grafische Darstellungen

Diese Fragen helfen dir, Diagramme zu beschreiben, zu interpretieren und zu bewerten.

① Diagramm beschreiben
- Worum genau geht es? (Überschrift, Text)
- Welches Diagramm wurde verwendet?
- Wer hat das Diagramm erstellt?
- Gibt es Auffälligkeiten (z. B. Extremwerte, Ausreißer)?
- Welche Merkmale werden einander zugeordnet?

② Diagramm interpretieren
- Was ist die zentrale Aussage des Diagramms?
- Wie wird die zentrale Aussage durch die Darstellung der Daten unterstützt?

③ Diagramm bewerten
- Von wem und von wann stammen die Daten?
- Passen Achsenbeschriftung und -skalierung zu den Daten?
- Ist das Diagramm korrekt gezeichnet?
- Stimmen die Proportionen bei flächigen oder räumlichen Darstellungen?

1. Beurteilt die Aussagen, die aus den rechts dargestellten Umfrageergebnissen abgeleitet werden, mit ①, ② oder ③ und begründet.

① informativ und richtig ② richtig, aber zu einseitig ③ völlig falsch

Ⓐ Die Anzahl der Zufriedenen erhöhte sich von 1990 bis 2006 um 6 % der Bevölkerung.

Ⓑ Der Anteil der Zufriedenen erhöhte sich bis 2006 um etwa 20 %.

Ⓒ Die Zufriedenheit erhöhte sich bis 2006 um 6 %.

Ⓓ Die Zahl der Zufriedenen hat sich nach 1990 fast verdoppelt.

Ⓔ Die Zahl der Zufriedenen stieg zunächst, hielt sich mehrere Jahre auf über 50 % und sank dann wieder fast auf den Anfangswert.

Ⓕ In den letzten in der Grafik erfassten Jahren nahm die Unzufriedenheit stark zu.

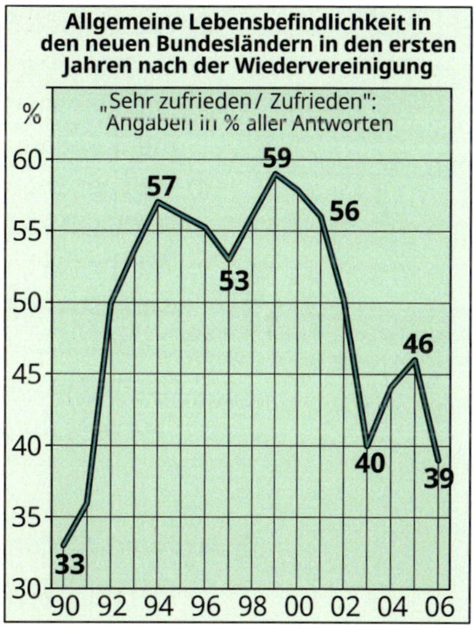

2. Die abgebildete Grafik zeigt die Entwicklung der Medienausstattung von Haushalten über die Jahre 2015 bis 2020. Welche Aussagen sind falsch? Findet und korrigiert sie.

Ⓐ Der Besitz von Tablets hat vom Jahr 2015 bis 2020 um etwa 20 Prozentpunkte zugenommen.

Ⓑ Der Besitz von Laptops ist stets angestiegen und liegt im Jahr 2020 bei fast 100 %.

Ⓒ Spielekonsolen sind konstant auf niedrigem Niveau geblieben.

Ⓓ Der Besitz von MP3-Playern hat sich etwa halbiert.

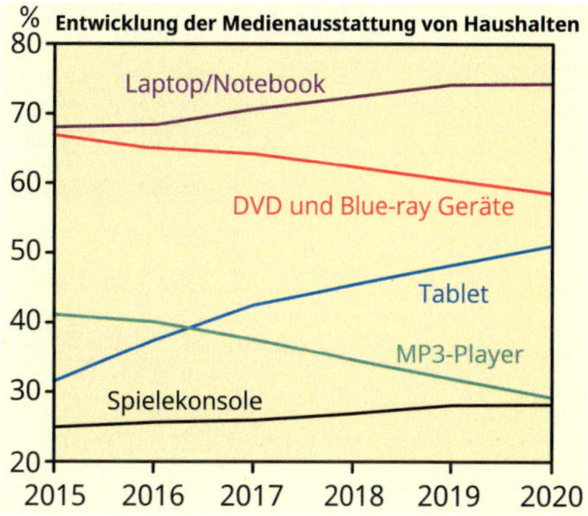

3. a) Beschreibe, welche Sachsituation in der abgebildeten Grafik dargestellt ist.
b) Erkläre, warum ein Kreisdiagramm zur Darstellung der Sachsituation nicht geeignet ist.
c) Übertrage den Inhalt der nebenstehenden Grafik in ein geeignetes Diagramm. Verwende ein Tabellenkalkulationsprogramm.

4. a) Beschreibe, welche Sachsituation in der Grafik dargestellt ist.
b) Wie viele US-Dollar wurden weltweit im Jahr 2021 für Games ausgegeben?
c) Wie hängen die Prozentangaben am Kreisring mit den Prozentangaben an den Pfeilen zusammen? Erkläre.
d) Welches Segment hat sich am stärksten verändert?
e) Welches Segment hat sich am wenigsten verändert?
f) Berechne die Umsätze für die Segmente "Smartphone" und "Konsole" für 2020.

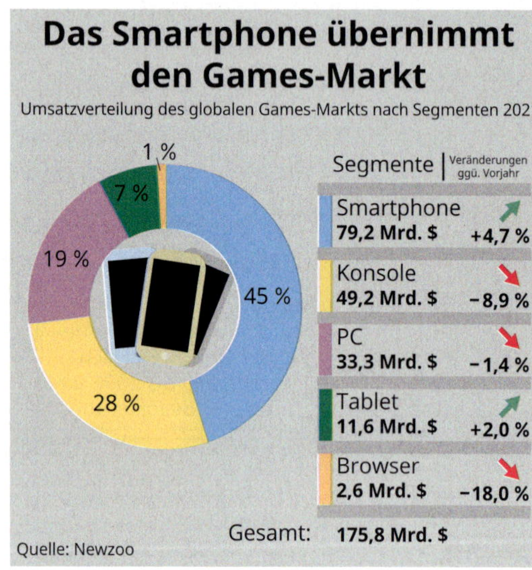

5. a) Nimm Stellung zu den drei Aussagen.

Ⓐ Kaufmann/Kauffrau für Büromanagement ist der beliebteste Ausbildungsberuf in NRW.

Ⓑ Es gab im Jahr 2019 in NRW insgesamt 43 257 Auszubildende.

Ⓒ Etwa 47 % der Auszubildenden zum Industriekaufmann/zur Industriekauffrau in NRW sind Männer.

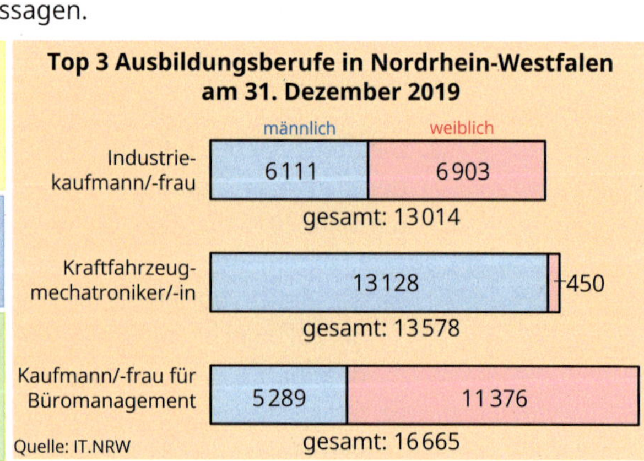

b) Erkläre die unterschiedlichen Längen der Streifendiagramme.

Diagramme mit Tabellenkalkulation erstellen

Bearbeitet alle Aufgaben in Partnerarbeit.

Diagramme könnt ihr mit einem Tabellenkalkulationsprogramm sehr einfach erstellen.

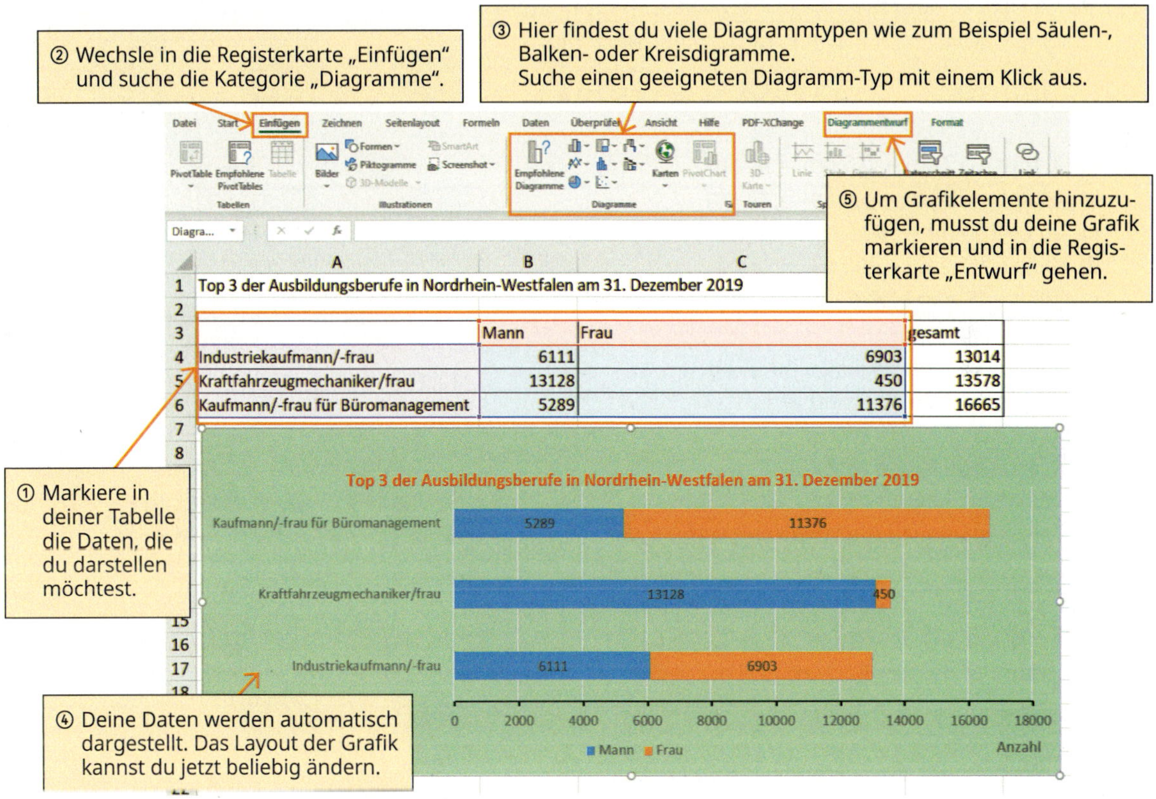

1. Die abgebildete Tabelle zeigt eine Statistik über den prozentualen Anteil der Auszubildenden nach Ausbildungsbereichen in Deutschland im Jahr 2019.

Ausbildungsbereich		Frauen (in %)	Männer (in %)
1	Industrie und Handel	55,5	59,2
2	Handwerk	14,3	35,0
3	Freie Berufe	22,1	1,1
4	Sonstige	8,1	4,7

a) Übertragt die Tabelle in ein Tabellenkalkulationsprogramm und wählt einen geeigneten Diagrammtyp, um den Sachverhalt darzustellen.

b) Stellt euer Diagramm der Klasse vor und beschreibt, wie ihr vorgegangen seid.

2. Die Schülerinnen und Schüler des 10. Jahrgangs der Albert-Einstein-Schule wurden nach dem ersten Halbjahr nach ihren Plänen nach dem Schulabschluss gefragt. Übertragt die Datentabelle in ein Tabellenkalkulationsprogramm und erstellt ein geeignetes Diagramm, das zeigt, wie sich die drei Bereiche bei Mädchen und Jungen unterscheiden.

Jahrgang 10	Anzahl	Prozent	Mädchen	Jungen
Ausbildung	72	60 %	18	54
weiterführende Schule	30	25 %	24	6
weiß noch nicht	18	15 %	14	4

Bleib fit!

Die Ergebnisse der Aufgaben ergeben die Namen von vier bedeutenden Europäern.

1. Bestimme den fehlenden Wert der proportionalen Zuordnung.

a)

x	y
2,5	0,75
10	■

b)

x	y
0,7	■
1,4	25,2

c)

x	y
■	3,2
4,5	0,4

2. **a)** 50 mm + 17 cm + 0,63 m = ■ cm
b) 0,4 km + 280 m + 1,6 km = ■ km
c) 1,5 ℓ + 750 mℓ + 500 cm^3 = ■ ℓ
d) 10,6 kg + 1,2 kg + 400 g = ■ kg
e) 330 s + 45 min + 90 s = ■ min

3. **a)** Zwei Drittel von 34,5 kg sind ■ kg.
b) 20 % mehr als 120 € sind ■ €.
c) 40 € sind ■ % von 160 €.
d) 15 € sind 25 % von ■ €.

4. Berechne die fehlenden Werte des Würfels.
a) a = 15 cm V = ■ ℓ O = ■ dm^2
b) a = ■ cm V = 343 cm^3 O = ■ dm^2
c) a = ■ cm V = ■ ℓ O = 8,64 dm^2
d) Gesamtlänge aller Kanten: 1,68 m
V = ■ ℓ O = ■ dm^2

5. Berechne die gesuchte Größe beim Zylinder. Runde auf eine ganze Zahl.
a) r = 5 m, h = 10 m V = ■ m^3, O = ■ m^2
b) r = 4 cm, V = 300 cm^3 h = ■ cm, O = ■ cm^2

6. Ein Kapital von 600 € wird 10 Monate lang mit 2 % verzinst. Wie viel Euro werden insgesamt zurückgezahlt?

7. Eine Taxifahrt kostet je km 1,20 €. Der Grundpreis beträgt 2,40 €. Welcher Graph stellt diese Zuordnung am besten dar?

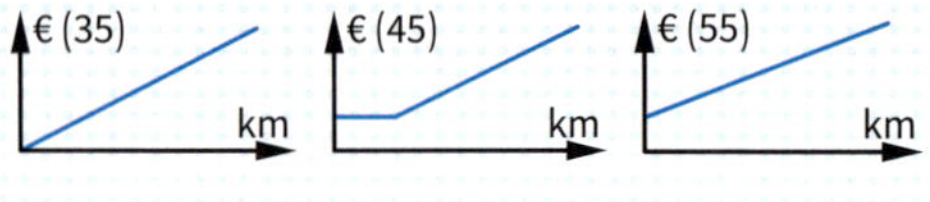

O 1,728	N 2,28	O 2,744
I 2,75	O 2,94	L 3
P 3,375	R 6	L 7
K 11,76	C 12	Z 12,2
E 12,6	O 13,5	A 23
C 25	M 35	I 36
X 45	M 52	Z 55
O 60	B 85	D 86
Z 120	R 144	T 251
O 471	E 610	C 785

Wiederholung: Baumdiagramme

Produktregel
Die Wahrscheinlichkeit eines **Ergebnisses** berechnest du durch **Multiplikation** der **Wahrscheinlichkeiten des zugehörigen Pfades** im Baumdiagramm.

Summenregel
Die Wahrscheinlichkeit eines **Ereignisses** berechnest du durch **Addition** der **Wahrscheinlichkeiten der zugehörigen Pfade** im Baumdiagramm.

Das Glücksrad hat sechs gleich große Felder und wird zweimal gedreht.

a) Bestimme die Wahrscheinlichkeit, dass der Zeiger zweimal auf dem blauen Feld stehen bleibt.
b) Bestimme die Wahrscheinlichkeit, dass der Zeiger unabhängig von der Reihenfolge auf einem roten und einem gelben Feld stehen bleibt.

① *Baumdiagramm zeichnen*

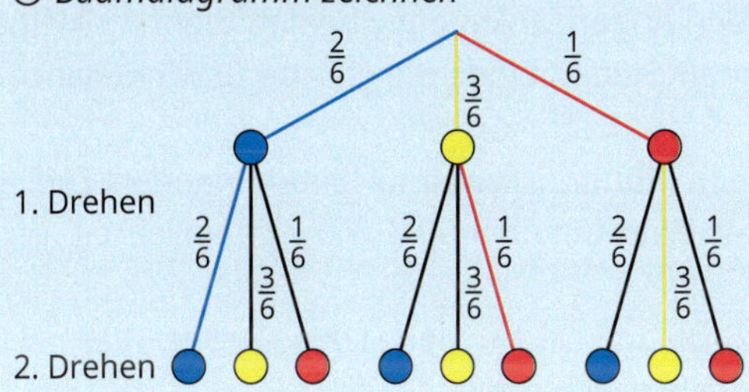

② *Pfadregeln anwenden*

a) P(blau, blau)
$= \frac{2}{6} \cdot \frac{2}{6} = \frac{4}{36} = \frac{1}{9} \approx 0{,}11 = 11\,\%$

b) P(je einmal rot und gelb)
= P(rot, gelb) + P(gelb, rot)
$= \frac{1}{6} \cdot \frac{3}{6} + \frac{3}{6} \cdot \frac{1}{6} = \frac{6}{36} = \frac{1}{6} \approx 0{,}17 = 17\,\%$

1. Gruppenarbeit:
Es wird zweimal mit einem Würfel gewürfelt, „Augensumme 10" gewinnt. Bestimmt die Gewinnwahrscheinlichkeit und erklärt euer Vorgehen. Präsentiert euer Vorgehen und eure Lösung.

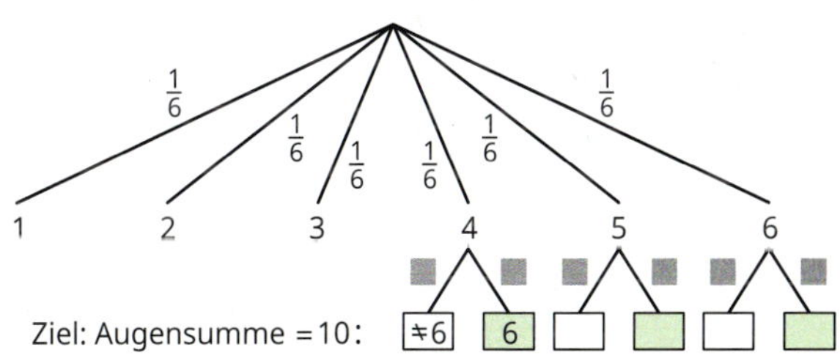

2. Aus der abgebildeten Urne werden nacheinander zwei Kugeln gezogen.

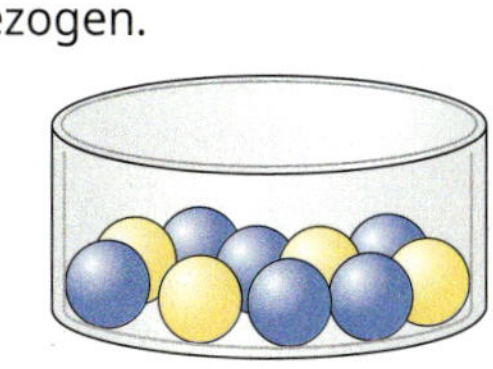

a) Bestimme mit Hilfe eines Baumdiagramms die Wahrscheinlichkeiten für das folgende Ereignis, wenn nach jedem Zug die Kugel wieder zurückgelegt wird.
A: „Beide Kugeln haben die Farbe gelb."
B: „Genau eine Kugel hat die Farbe blau."
C: „Beide Kugeln haben die gleiche Farbe."

b) Timo behauptet: „Führe ich einen Zufallsversuch ohne Zurücklegen durch, ist die Wahrscheinlichkeit größer für das jeweilige Ergebnis." Hat Timo recht? Begründe deine Antwort anhand des Ergebnisses „beide Kugeln blau".

+3. Eine Münze wird zweimal geworfen. Vergleiche die Wahrscheinlichkeiten für die Ereignisse
A: „Es liegt immer dieselbe Seite oben."
B: „Es liegt nicht immer dieselbe Seite oben."

4. In einer Urne sind 20 Lose. Davon sind 4 Gewinnlose und 16 Nieten. Arno und Beate ziehen beide je ein Los. Mit welcher Wahrscheinlichkeit
a) ziehen beide einen Gewinn, **b)** zieht nur einer einen Gewinn, **c)** ziehen beide Nieten?

5. Aus der Urne werden zwei Kugeln ohne Zurücklegen gezogen.

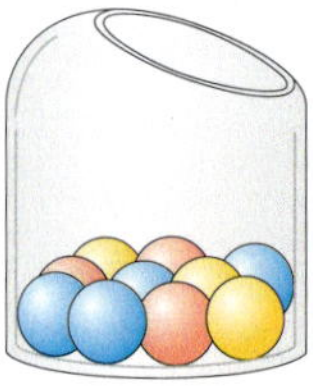

a) Bestimme die Wahrscheinlichkeiten der Ereignisse
A: „zwei gleichfarbige Kugeln" B: „erste Kugel blau"
C: „zweite Kugel blau" D: „keine Kugel blau"
b) Bestimme dieselben Wahrscheinlichkeiten wie in a), wenn aus der Urne zwei Kugeln mit Zurücklegen gezogen werden.

+6. Mit einem idealen 6-seitigen Spielwürfel wird zweimal gewürfelt.
a) Wie groß ist die Wahrscheinlichkeit für die Augensumme 5.
b) Serkan gewinnt bei einer Augensumme bis maximal 6, Clara gewinnt bei einer Augensumme größer als 6. Wer hat die besseren Gewinnchancen?
c) Das Produkt der beiden Augenzahlen entscheidet. Wenn es kleiner als 11 ist, gewinnt Paula, andernfalls Jonah. Haben beide die gleiche Gewinnchance?

+7. Ahmed meint: „Wenn beim Münzwurf zweimal hintereinander „Zahl" geworfen wurde, dann kommt beim dritten Wurf mit über 90 % Wahrscheinlichkeit „Wappen". Hat er Recht?

+8. In dem Glücksrad ist das blaue Feld ein Viertel des Kreises. Die anderen Felder sind alle gleich groß.

a) Wie groß ist die Wahrscheinlichkeit, dass der Pfeil auf dem blauen (gelben, roten, orangen, grünen) Feld bei einmaligem Drehen stehen bleibt?
b) Wie groß ist die Wahrscheinlichkeit, dass der Pfeil bei zweimaligem Drehen zuerst auf rot und dann auf blau zeigt?

9. Partnerarbeit:
a) Eine Münze wird dreimal geworfen. Vergleicht die Wahrscheinlichkeiten für die Ereignisse
A: „Es fällt immer dieselbe Seite." und B: „Es fällt nicht immer dieselbe Seite."
b) Moni meint: „Wenn ich eine Münze viermal werfe, ist hundertprozentig einmal ‚Wappen' dabei." Hat Moni Recht?

10. In einer Urne sind 10 Kugeln: eine schwarze und neun weiße Kugeln. Fanni und Luise ziehen abwechselnd jeweils eine Kugel ohne Zurücklegen, bis eine von beiden durch Ziehen der schwarzen Kugel gewinnt. Haben beide dieselben Gewinnchancen, oder kommt es darauf an, wer als erste zieht? Begründe.

11. Angenommen, bei der Geburt eines Kindes seien die freudigen Ereignisse „Junge" oder „Mädchen" gleich wahrscheinlich. Mit welcher Wahrscheinlichkeit sind dann in einer Familie mit 3 Kindern

a) nur Mädchen,
b) nicht nur Jungen,
c) 2 Mädchen oder 2 Jungen?

12. Ein Glücksrad mit den Ziffern von 0 bis 9 wird mehrfach gedreht. Mit welcher Wahrscheinlichkeit erhält man lauter verschiedene Ziffern

a) bei zweimaligem Drehen, **b)** bei dreimaligem Drehen, **c)** bei elfmaligem Drehen?

13. Es wird dreimal gewürfelt.

a) Übertrage das verkürzte Baumdiagramm in dein Heft und vervollständige es.

b) Berechne mit Hilfe des Baumdiagramms die Wahrscheinlichkeit, dass keine 6 gewürfelt wird.

c) Berechne die Wahrscheinlichkeit, dass mindestens einmal eine 6 gewürfelt wird.

d) Berechne die Wahrscheinlichkeit, dass bei fünfmaligem Würfeln mindestens einmal eine 6 gewürfelt wird.

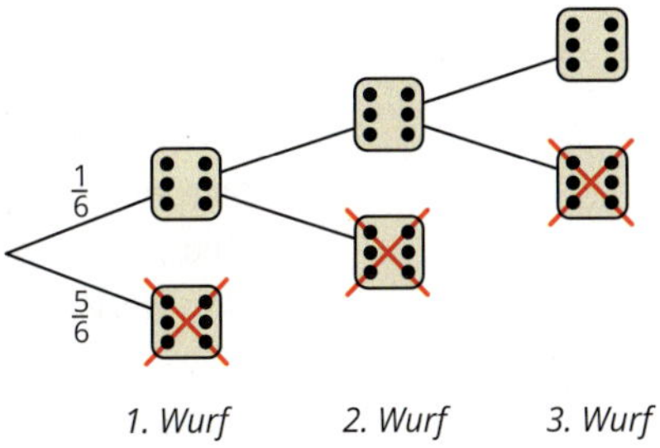

14. Ein Glücksrad hat drei Felder (rot, blau, grün).
Es gelten die Wahrscheinlichkeiten P(rot) = 0,5, P(blau) = 0,3 und P(grün) = 0,2.

a) Zeichne dazu ein passendes Glücksrad mit einem Durchmesser von 6 cm.

b) Wie groß ist die Wahrscheinlichkeit, dass bei zweimaligem Drehen **nie** das rote Feld getroffen wird?

15. Ein 8-seitiges Oktaeder ist mit den Zahlen 1–8 beschriftet.
Es wird dreimal mit dem Oktaeder gewürfelt. Mit welcher Wahrscheinlichkeit

a) ist die zweite Augenzahl größer als die erste und die dritte,

b) ist die erste Augenzahl kleiner als die zweite und diese kleiner als die dritte?

16. In einer Fabrik werden Tassen produziert. Die Tassen werden nach der Produktion zuerst nach Formfehlern und anschließend nach Farbfehlern beurteilt. Als 1. Wahl gelten nur Tassen, die weder einen Formfehler noch einen Farbfehler haben.

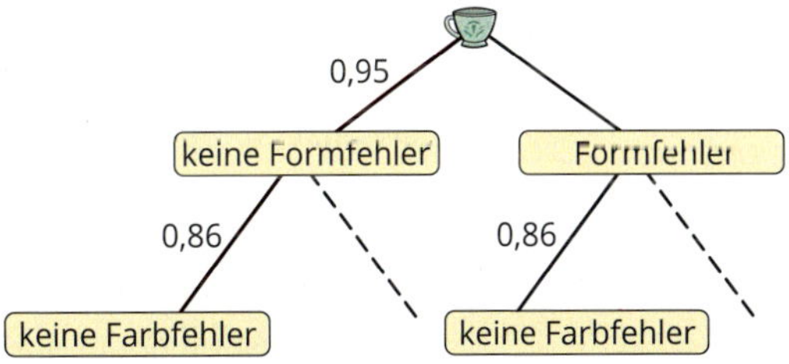

a) Übertrage das Baumdiagramm und vervollständige es.

b) Lies ab, welcher Fehler die größere Wahrscheinlichkeit hat.

c) Berechne die Wahrscheinlichkeit, dass eine Tasse ohne Fehler in den Verkauf kommt.

d) Eine Tasse gilt als 2. Wahl, wenn sie genau einen Fehler aufweist. Diese werden dann im Outlet-Shop verkauft. Wie viele Tassen sind das bei einer Tagesproduktion von 250 Stück?

17. Das abgebildete Glücksrad wird dreimal gedreht.

a) Wie groß ist die Wahrscheinlichkeit, dass der Pfeil jeweils auf die gleiche Farbe zeigt?

b) Wie groß ist die Wahrscheinlichkeit, dass der Pfeil mindestens einmal auf das rote Feld zeigt?

c) Wie groß ist die Wahrscheinlichkeit, dass der Pfeil genau einmal auf das grüne Feld zeigt?

Vierfeldertafeln

1. Die Schülerinnen und Schüler einer Klasse wurden befragt, ob sie einen eigenen Computer haben. Die Daten wurden in der nebenstehenden *Vierfeldertafel* notiert. Überlegt gemeinsam:

	Junge	Mädchen	
mit Comp.	10	12	22
ohne Comp.	2	1	3
	12	13	25

Ⓐ Warum heißt die Tabelle „Vierfeldertafel"?
Ⓑ Wie viele Schülerinnen und Schüler sind in der Klasse?
Ⓒ Wie viel Prozent der Klassenmitglieder haben einen eigenen Computer?
Ⓓ Wie viel Prozent der Jungen haben einen Computer, wie viel Prozent der Mädchen?
Ⓔ Wie viel Prozent der Klassenmitglieder sind weiblich und im Besitz eines Computers?

Eine **Vierfeldertafel** ist ein statistisches Hilfsmittel, um Zusammenhänge zwischen zwei Ereignissen eines Zufallsversuchs darzustellen.

In einer Urne sind rote und gelbe Kugeln mit oder ohne Punkt. Es wird eine Kugel gezogen.

	rot	gelb	
mit Punkt	1	3	4
ohne Punkt	4	3	7
	5	6	11

a) Wie viele Kugeln sind insgesamt in der Urne?
11 Kugeln

b) Mit welcher Wahrscheinlichkeit wird eine Kugel ohne Punkt gezogen?
$P(\text{ohne Punkt}) = \frac{\text{Anzahl Kugeln ohne Punkt}}{\text{Anzahl Kugeln insgesamt}} = \frac{7}{11} \approx 64\,\%$

c) Die gezogene Kugel hat keinen Punkt. Mit welcher Wahrscheinlichkeit ist sie gelb?
$P(\text{gelb unter den Kugeln ohne Punkt}) = \frac{\text{Anzahl gelbe Kugeln ohne Punkt}}{\text{Anzahl Kugeln ohne Punkt}} = \frac{3}{7} \approx 43\,\%$

2. In einer Urne sind rote und grüne Lose, Gewinnlose bzw. Nieten (siehe Vierfeldertafel). Angenommen, du ziehst ein Los. Mit welcher Wahrscheinlichkeit gewinnst du, wenn du ziehst:
a) rot, **b)** grün, **c)** „farbenblind"?

	rot	grün	
Gewinn	30	65	
Niete	70	135	

3. In einer Urne sind 200 blaue und 300 weiße Lose, von den blauen sind 50 Gewinnlose, von den weißen ebenfalls 50, alle anderen Lose sind Nieten. Angenommen, ein Los wird gezogen.
a) Erstelle eine Vierfeldertafel wie in Aufgabe 2.
b) Vergleiche die Gewinnchancen abhängig und unabhängig von der Farbe.
c) Mit welcher Wahrscheinlichkeit zieht man mit einem weißen Los einen Gewinn?

4. Jonah und Fanni planen in ihrer Schule eine Befragung, wer bei der letzten Klassenarbeit geschummelt hat. Bei dieser „unangenehmen" Frage besteht die Gefahr, dass sich die Befragten vor dem Fragesteller schämen und lügen. Deshalb haben Jonah und Fanni festgelegt: Der Befragte wirft (nur für ihn sichtbar) eine Münze, bei „Zahl" antwortet er grundsätzlich mit „ja", bei „Wappen" antwortet er entsprechend der Wahrheit.
a) Warum muss sich keiner mehr schämen, wenn er „ja" sagt?
b) Von 600 Befragten haben 350 mit „ja" geantwortet und 250 mit „nein". Erklärt die Einträge in der Vierfeldertafel. Schätzt anschließend die Anzahl aller, die geschummelt haben.

	„ja"	„nein"
Zahl (300)	300	0
Wappen (300)	50	250

Kombinieren und Variieren

Bearbeitet alle Aufgaben in Partner- oder Gruppenarbeit.

1. **a)** Wie viele verschiedene Touristenmenüs sind möglich? Vervollständigt das Baumdiagramm und überlegt euch eine Regel.

Wenn es a Möglichkeiten für den **1. Platz** gibt und b Möglichkeiten für den **2. Platz**, dann gibt es insgesamt $a \cdot b$ Möglichkeiten, um beide Plätze zu besetzen.

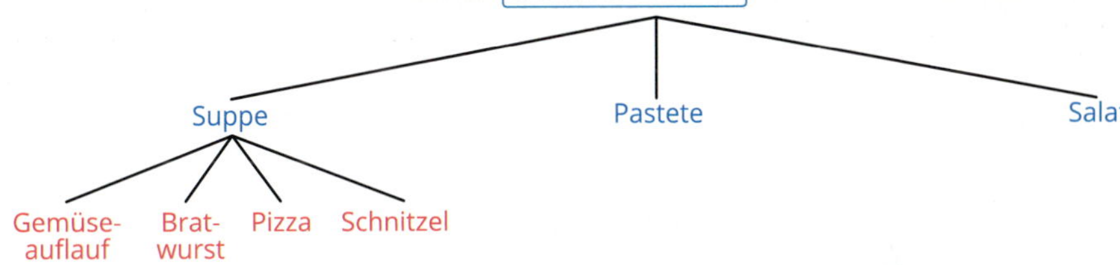

b) Wie viele Menüs wären möglich, wenn zusätzlich noch zwei Nachspeisen angeboten würden?

2. **a)** Auf der Menükarte eines Restaurants stehen 5 Vorspeisen, 4 Hauptgerichte und 6 Nachspeisen. Unter wie vielen verschiedenen 3-Gang-Menüs kann ein Gast wählen?

b) Das Mountain-Bike „Alpen-Hopper“ gibt es in 7 Größen, jede in 4 Farben und alle mit oder ohne Federgabel. Wie viele verschiedene Räder sind es, wenn von jeder Art eines vorrätig ist?

3. Lisa, Anja, Bushra und Karla nehmen an einem Tischtennisturnier teil. Sie spielen „Jede gegen Jede“. Wie viele Spiele müssen ausgetragen werden? Schreibt alle Begegnungen auf.

4. **a)** Hier sind vier Freunde in der Reihenfolge (von links): Max, Lana, Esra und Samuel. Wie viele Reihenfolgen sind insgesamt möglich, wenn sie die Plätze tauschen? Überlegt: 1. Platz links, dann der 2. Platz, …

b) Wie viele Reihenfolgen sind möglich?

Ⓐ Hausaufgaben erledigen in 3 Schulfächern

Ⓑ 5 Personen gehen nacheinander durch eine Tür

Ⓒ 7 Bilder in einer Reihe aufhängen

5. **a)** Das Zahlenschloss an einem Fahrrad besteht aus drei drehbaren Metallscheiben mit jeweils den Ziffern 0 bis 9. Wie viele verschiedene Zahlenkombinationen sind möglich?

b) Wie viele Kombinationen sind möglich, wenn das Zahlenschloss aus fünf Scheiben mit jeweils den Ziffern von 1 bis 5 besteht?

c) Formuliert eine Regel für die Anzahl der Kombinationen von k Metallscheiben mit je n Zeichen. Wendet eure Regel anschließend auf andere Beispiele an.

① Allgemein kannst du **n** Objekte auf **n!** (sprich „n Fakultät") verschiedene Weisen anordnen.
$n! = n \cdot (n-1) \cdot (n-2) \cdot \ldots \cdot 2 \cdot 1$

② Du kannst aus **n** Objekten **k** Objekte mit Beachtung der Reihenfolge (**Variationen**) auswählen.
ⓐ Wählst du mit Zurücklegen aus, gibt es $\mathbf{n^k}$ Variationen. Alle Objekte dürfen mehrmals ausgewählt werden.
ⓑ Wählst du ohne Zurücklegen aus, gibt es $\frac{n!}{(n-k)!} = n \cdot (n-1) \cdot (n-2) \cdot \ldots \cdot (n-k+1)$ Variationen. Jedes Objekt darf nur einmal ausgewählt werden.

③ Du kannst aus **n** Objekten **k** Objekte ohne Beachtung der Reihenfolge (**Kombinationen**) und ohne Zurücklegen auswählen. Dann gibt es $\frac{n!}{(n-k)! \cdot k!}$ Kombinationen.

Du hast die abgebildeten 6 Spielsteine mit Buchstaben. Ⓐ Ⓑ Ⓔ Ⓘ Ⓝ Ⓢ

① Wie viele Möglichkeiten gibt es, alle 6 Spielsteine hintereinander zu legen?
$\mathbf{6! = 6 \cdot 5 \cdot 4 \cdot 3 \cdot 2 \cdot 1 = 720}$

② ⓐ Es soll ein Wort aus 3 dieser 6 Buchstaben gelegt werden. Wie viele Möglichkeiten gibt es, 3 Spielsteine **mit Beachtung der Reihenfolge und mit Zurücklegen** zu legen?
Beispiele: AAA, AAB, ABA, BAA, AAE, ...
Anzahl: $\mathbf{6^3 = 216}$

ⓑ Es soll ein Wort aus 3 dieser 6 Buchstaben gelegt werden. Wie viele Möglichkeiten gibt es, 3 Spielsteine **mit Beachtung der Reihenfolge und ohne Zurücklegen** zu legen?
Beispiele: ABI, ABN, ABS, AEB, ...
Anzahl: $\frac{6!}{(6-3)!} = \frac{6!}{3!} = 6 \cdot 5 \cdot 4 = 120$

③ Es soll ein Wort aus 3 dieser 6 Buchstaben gelegt werden. Wie viele mögliche Kombinationen gibt es, 3 Spielsteine **ohne Beachtung der Reihenfolge und ohne Zurücklegen** zu legen?
Beispiele: ABE, ABI, ABN, ABS, BEI, ... (ABE und AEB sind hier gleiche Kombinationen.)
Anzahl: $\frac{6!}{(6-3)! \cdot 3!} = \frac{6!}{3! \cdot 3!} = \frac{6 \cdot 5 \cdot 4}{3 \cdot 2 \cdot 1} = 20$

6. In einer Urne befinden sich fünf verschiedenfarbige Kugeln (rot, blau, grün, gelb, weiß). Die Kugeln werden gezogen und nicht wieder zurückgelegt.
a) Wie viele Möglichkeiten gibt es, die fünf Kugeln nacheinander zu ziehen?
b) Wie viele Möglichkeiten gibt es, drei der Kugeln nacheinander zu ziehen?

7. Eine PIN (Persönliche Identifikations-Nummer) für das Bankkonto besteht aus 4 Ziffern, wobei die erste nicht die Null ist.
a) Wie viele PINs sind insgesamt möglich?
b) Jan hat seine PIN vergessen, er erinnert sich, dass sie aus vier verschiedenen Ziffern besteht.
c) Wie viele wären es, wenn er sich an die letzte Ziffer erinnert?

8. Das Restaurant „Opera" hat ein Buffet mit 20 Vorspeisen. Für den kleinen Teller darf der Gast 6 verschiedene Vorspeisen auswählen, für den großen Teller 8 verschiedene Vorspeisen. Wie viele verschiedene „kleine Teller" gibt es, wie viele „große Teller"?

9. Wie viele verschiedene Eisbecher sind möglich mit jeweils 4 verschiedenen Kugeln aus insgesamt 15 angebotenen Eissorten?

10. Die Sonnen-Schule macht ein Fußballturnier auf einer Kleinfeldanlage. Die Klasse 10b stellt 10 Feldspieler und einen Torwart auf.
Von den 10 Feldspielern müssen immer 7 Spieler auf dem Feld stehen. Wie viele Möglichkeiten gibt es, die 7 Spieler zu kombinieren?

11. **a)** 15 Pferde sind am Start mit den Nummern von 1 bis 15. Für ihre Wette muss Anne die Nummern der ersten drei Pferde in der Reihenfolge ihres Zieleinlaufs auf dem Wettschein eintragen. Wie viele solcher Tipps sind möglich?
b) Für den zweiten Gewinnrang braucht sie nur die Nummern der ersten drei Pferde, egal in welcher Reihenfolge. Wie viele Tipps mit Reihenfolge führen jeweils zum selben Tipp ohne Reihenfolge?

12. Überlegt euch für die Auswahl von „4 aus 10" ein Beispiel, bei der die Reihenfolge der Auswahl wichtig ist, und eins, bei der sie unwichtig ist. Bestimmt jeweils die Anzahl der Möglichkeiten. Präsentiert eure Beispiele und Rechenwege in der Klasse.

13. Anne geht shoppen. Ihr gefallen 6 T-Shirts. Sie kann sich jedoch nur 3 davon kaufen. Wie viele Möglichkeiten hat sie, 3 T-Shirts auszuwählen?

14. Es wird zweimal gewürfelt. Mit welcher Wahrscheinlichkeit sind beide Augenzahlen verschieden? Überlege: Wie viele Augenpaare gibt es, wie viele davon bestehen aus zwei verschiedenen Zahlen? Bestimme jetzt auch die Wahrscheinlichkeit dafür, das die Augenzahlen nicht verschieden sind.

15. Ein beliebtes Babyspielzeug sind die 6 klingenden Bausteine (siehe Abbildung).

a) Wie viele verschiedene Möglichkeiten gibt es, die 6 Bausteine hintereinander zu stecken?
b) Bei wie vielen Möglichkeiten sind der rote, gelbe, blaue und grüne Baustein in genau dieser Reihenfolge gesteckt?

16. **a)** Ein neu gewählter Bundespräsident möchte im ersten Monat seiner Amtszeit drei der insgesamt 16 deutschen Bundesländer besuchen. Wie viele Möglichkeiten hat er dazu?
b) Klaus hat zum Thema „Meeresstrand“ 25 Fotos gemacht, die ihm alle gleich gut gefallen. Für eine Ausstellung soll er 5 Fotos auswählen. Wie viele Möglichkeiten hat er dazu?

17. Die drei abgebildeten Münzen werden geworfen.

a) Bestimme die Wahrscheinlichkeiten, dass 10, 20 oder 50 die höchste oben liegende „Zahl“ ist.
b) Als Einsatz werden 40 Cent verlangt. Die höchste oben liegende Zahl wird als Gewinn ausgezahlt. Lohnt sich dieses Spiel für den Spieler?

18. **a)** Auf wie viele Arten können sich 7 Personen für ein Foto in eine Reihe stellen?
b) Wie viele Aufstellungen gibt es, wenn sich die 3 Kleinsten in die vordere Reihe stellen?

19. Acht Artistengruppen treten auf. Es ist nur festgelegt, welche vier vor der Pause auftreten. Wie viele Reihenfolgen gibt es?

20. Wie viele Kfz-Kennzeichen können aus zwei Buchstaben und einer dreistelligen Zahl gebildet werden?

21. Wenn Personen zufällig eine Gruppe bilden, zum Beispiel eine Schulklasse oder ein Sportteam, dann stellt man relativ häufig fest, dass 2 Personen dieser Gruppe am gleichen Tag Geburtstag feiern. Ab welcher Personenzahl ist dies mit mehr als 50 % Wahrscheinlichkeit zu erwarten?
Gruppenarbeit: Notiert zuerst eure Schätzung. Geht dann in eurer Überlegung davon aus, dass jeder Tag eines Jahres für die Geburt eines Menschen gleich wahrscheinlich ist.
Ⓐ Überlegt, mit welcher Wahrscheinlichkeit 2 Personen an *verschiedenen* Tagen Geburtstag feiern: Wie viele Paare von Tagen gibt es, wie viele bestehen aus verschiedenen Tagen? Bestimmt damit die Wahrscheinlichkeit, dass es *nicht* verschiedene Geburtstage sind.

Anzahl	„alle verschieden“	„nicht alle verschieden“
2		
3		

Ⓑ Bestimmt für 3 Personen zunächst die Wahrscheinlichkeit, dass alle drei verschiedene Geburtstage haben, und damit die Wahrscheinlichkeit, dass *nicht* alle Geburtstage verschieden sind.
Ⓒ Setzt dies fort für n = 4, 5, 6 ... Personen, bis die Wahrscheinlichkeit, dass nicht alle verschiedene Geburtstage haben, erstmals über 50 % liegt.

22. Es wird dreimal gewürfelt. Bestimme durch Kombinieren und Variieren die Wahrscheinlichkeiten dafür, dass die Augenzahlen
Ⓐ alle verschieden sind, Ⓑ nicht alle verschieden sind, Ⓒ alle gleich sind.

Lotto „6 aus 49“

Bearbeitet alle Aufgaben in Gruppenarbeit.

Für ein **Spiel** werden in einem Feld 6 aus 49 Zahlen angekreuzt. Auf einem Schein sind maximal 12 Spiele möglich.

Jedes Spiel kostet 1 € **Einsatz.**

Außerdem zahlt man pro Schein unabhängig von der Spielzahl 0,20 € (online).

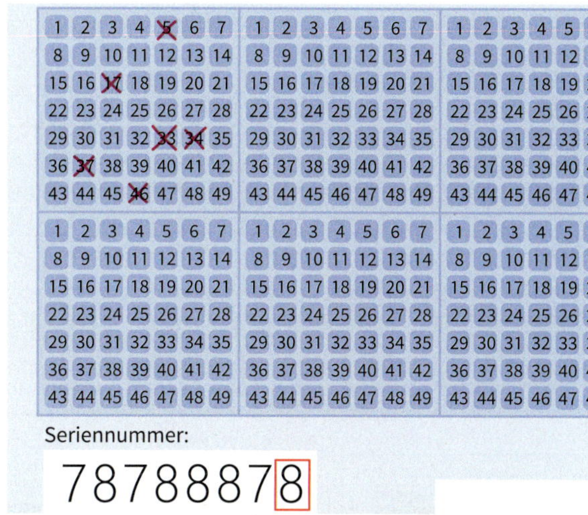

1. Wie viel muss man an Einsatz und Gebühr zahlen für einen Schein
a) mit 12 Lottospielen,
b) mit 5 Lottospielen?

Hier geht es nur um Lotto „6 aus 49“. Die Teilnahme an „Super 6“ oder „Spiel 77“ kostet zusätzlichen Einsatz.

Bei der Ziehung werden aus den Zahlen 1 bis 49 gezogen:
– die 6 **Gewinnzahlen**
und aus den Zahlen 0 bis 9
– die **Superzahl**

Die Tabelle enthält die verschiedenen Gewinnklassen und ihre prozentualen Anteile am insgesamt ausgezahlten Gewinn.

Klasse	Anzahl richtiger Vorhersagen	Anteil an der Gewinnsumme	Gewinnerwartung
Gewinnklasse 1	6 Richtige + Superzahl	12,8 %	8 949 642,20 Euro
Gewinnklasse 2	6 Richtige	10 %	574 596,50 Euro
Gewinnklasse 3	5 Richtige + Superzahl	5 %	10 022,00 Euro
Gewinnklasse 4	5 Richtige	15 %	3 340,60 Euro
Gewinnklasse 5	4 Richtige + Superzahl	5 %	190,80 Euro
Gewinnklasse 6	4 Richtige	10 %	42,40 Euro
Gewinnklasse 7	3 Richtige + Superzahl	10 %	20,90 Euro
Gewinnklasse 8	3 Richtige	45 %	10,40 Euro
Gewinnklasse 9	2 Richtige + Superzahl	Anzahl der Gewinne multipliziert mit dem festen Gewinnbetrag von 5 Euro.	

*Die prozentuale Berechnung der Gewinnklassen 2 bis 8 erfolgt auf die nach dem Abzug der Gewinnklassen 1 und 9 verbleibende Gewinnsumme.

2. Überlegt, wie ihr eine Lottoziehung in der Klasse nachspielen könnt.

Ziehung Samstag 16.02. (ohne Gewähr)

6 9 10 11 18 22 SZ: 7

3. Wer hätte am 16.02. gewonnen, und wenn, in welcher Gewinnklasse?

Arno

Bea

Gewinnquoten für die Ziehung am 16.02.

Gewinnklasse 1	6 Richtige + Superzahl	1 ×	7 094 666,40 Euro
Gewinnklasse 2	6 Richtige	14 ×	109 123,60 Euro
Gewinnklasse 3	5 Richtige + Superzahl	214 ×	3 569,40 Euro
Gewinnklasse 4	5 Richtige	1 547 ×	1 481,30 Euro
Gewinnklasse 5	4 Richtige + Superzahl	8 264 ×	92,40 Euro
Gewinnklasse 6	4 Richtige	59 962 ×	25,40 Euro
Gewinnklasse 7	3 Richtige + Superzahl	125 375 ×	12,10 Euro
Gewinnklasse 8	3 Richtige	919 836 ×	7,40 Euro
Gewinnklasse 9	2 Richtige + Superzahl	831 249 ×	5,00 Euro

4. Vergleicht die einzelnen Gewinne vom 16. 02. mit den durchschnittlichen aus der vorigen Tabelle.

5. a) Wie hoch war am 16.02. die Gesamthöhe der ausgezahlten Gewinne?
b) Wie hoch waren dann die gesamten Spieleinsätze?

50 % der Einsätze werden beim Lotto als Gewinne ausgezahlt.

6. Wenn 50 % der Einsätze als Gewinne ausgezahlt werden, was bedeutet das im Normalfall für einen Lottospieler, der jahrelang Woche für Woche einen Lottoschein mit 12 Spielen bezahlt?

7. a) Die Lottozahlen wurden im Laufe der Zeit nicht alle gleich oft gezogen. Wie lässt sich das erklären?
b) Überlegt, ob einer der beiden seine Gewinnchancen verbessert.

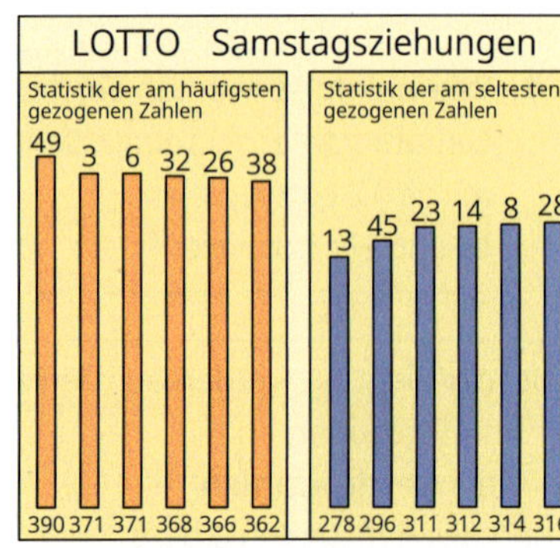

8. a) Wie groß ist die Wahrscheinlichkeit P(„6 Richtige“ im Lotto *ohne* Superzahl)? Überlegt dazu: Wie viele Tipps „6 aus 49“ sind möglich, und wie viele davon haben nach der Ziehung 6 Richtige?
b) Wie groß ist die Wahrscheinlichkeit P(„6 Richtige mit Superzahl“)? Überlegt, wie groß sie im Vergleich zu P(„6 Richtige ohne Superzahl“) ist.

P(6 Richtige ohne Superzahl)
$= \frac{\text{Anzahl richtiger Tipps}}{\text{Anzahl möglicher Tipps}}$

P(6 Richtige mit Superzahl)
$= \frac{\text{P(6 Richtige ohne Superzahl)}}{\blacksquare}$

9. Die Wahrscheinlichkeit, im Lotto 6 Richtige oder gar 6 Richtige mit Superzahl zu haben, ist „sehr gering“. Wie erklärt es sich dann, dass fast jede Woche ein oder sogar mehrere Spieler einen richtigen Tipp abgeben?

10. a) Berechnet die Wahrscheinlichkeit für „4 Richtige“ im Lotto (ohne Superzahl).
b) Erstellt nun eine Liste und berechnet die Wahrscheinlichkeiten der noch fehlenden Gewinnklassen.

Statistische Kennwerte und Boxplot

Der **Mittelwert** (das arithmetische Mittel) von Daten berechnest du, indem du die Summe der Daten durch ihre Anzahl dividierst.

Der **Median** (Zentralwert) steht in der Mitte einer Rangliste (geordnete Daten) bzw. ist der Mittelwert der beiden Daten links und rechts der Mitte.

Der **Modalwert** ist der häufigste Wert der Daten.

Die **Spannweite** von Daten ist die Differenz zwischen dem größten und dem kleinsten Wert.

Quartile und Boxplot

Eine Rangliste mit geordneten Daten kann durch das untere Quartil (Median der unteren Hälfte), den Median und durch das obere Quartil (Median der oberen Hälfte) in vier Bereiche eingeteilt werden.

Die Box umfasst 50 % aller Daten, die Antennen jeweils 25 %.

1. Bestimme die statistischen Kennwerte der folgenden Daten
5, 5, 3, 8, 9, 23, 13, 2, 5, 9, 6, 15, 18, 19

2. Berechne Spannweite, Mittelwert und Median der folgenden Skisprungweiten von einer Großschanze, die noch ungeordnet sind.

107,5 m	126 m	114,5 m	106 m	118 m
135,5 m	116,5 m	109 m	128 m	131,5 m
127,5 m	119 m	114,5 m	129,5 m	132 m

3. Lies die statistischen Kennwerte aus dem Boxplot ab.

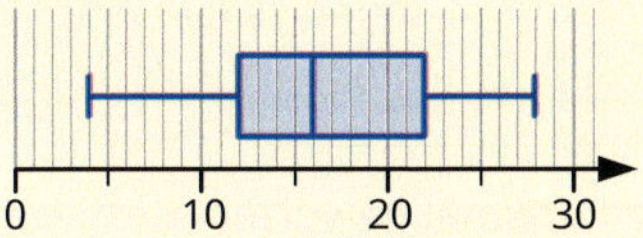

4. 18 Studenten haben in einer Klausur die folgenden Punktzahlen erreicht. Stelle das Ergebnis in einem Boxplot dar.

24 P	7 P	19 P	5 P	9 P	19 P
25 P	22 P	16 P	10 P	8 P	18 P
22 P	6 P	21 P	23 P	17 P	12 P

Baumdiagramme

Produktregel

Die Wahrscheinlichkeit eines **Ergebnisses** ist das Produkt der Wahrscheinlichkeiten längs des zugehörigen Pfades.

Summenregel

Die Wahrscheinlichkeit eines **Ereignisses** ist die Summe der Wahrscheinlichkeiten der zugehörigen Ergebnisse (Pfadwahrscheinlichkeiten).

Beispiel: 2-mal Ziehen ohne Zurücklegen
P(2-mal schwarz) = P(●, ●) = $\frac{3}{5} \cdot \frac{1}{2} = \frac{3}{10}$

P(genau 1-mal weiß)
= P(●, ○) + P(○, ●)
= $\frac{3}{5} \cdot \frac{1}{2} + \frac{2}{5} \cdot \frac{3}{4} = \frac{6}{10}$

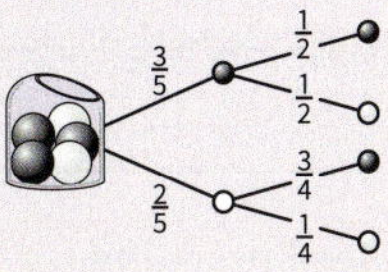

5.

Aus dem abgebildeten Behälter werden mit verbundenen Augen ohne Zurücklegen zwei Kugeln herausgenommen.
Zeichne ein Baumdiagramm und bestimme die Wahrscheinlichkeiten,

a) dass beide Kugeln verschiedene Farben haben.

b) dass mindestens eine Kugel rot ist.

Kombinationsmöglichkeiten

Wenn es a Möglichkeiten auf dem 1. Platz gibt und anschließend b Möglichkeiten auf dem 2. Platz, dann gibt es insgesamt a · b Möglichkeiten, um beide Plätze zu kombinieren.

6. Aus den Ziffern 1, 2, ... 9, soll eine dreistellige Zahl gebildet werden. Wie viele Möglichkeiten gibt es, wenn

a) jede Ziffer nur einmal auftreten darf,

b) die Ziffern beliebig oft auftreten dürfen,

c) die ersten beiden Ziffern gleich sind?

Alles klar?

1. Berechne von den abgebildeten Weiten im Kugelstoßen den Mittelwert.

2. Ordne die Weiten im Kugelstoßen und bestimme Median und Spannweite.

3. Erstelle zu den Kugelstoßweiten einen Boxplot.

12,50 m	14,70 m
14,10 m	14,10 m
11,70 m	12,20 m
15,80 m	13,90 m
12,90 m	11,90 m
11,60 m	12,30 m
13,20 m	13,60 m

4. Eine Urne enthält 3 blaue und 5 gelbe Kugeln. Bestimme die Wahrscheinlichkeit für das Ereignis, „zwei gelbe Kugeln" beim Ziehen **a)** mit Zurücklegen, **b)** ohne Zurücklegen.

5. Zwei Würfel werden geworfen. Berechne die Wahrscheinlichkeit für eine zweistellige Augensumme.

6. Bei einer Verlosung befinden sich in einer Urne 50 Lose, von denen 5 Gewinne sind. Theo zieht zwei Lose. Mit welcher Wahrscheinlichkeit ist mindestens ein Gewinn darunter?

7. Ein Würfel wird dreimal geworfen. Bestimme die Wahrscheinlichkeit für das Ereignis
a) „keine Sechs" **b)** „genau eine Sechs"
c) „höchstens eine Sechs" **d)** „mindestens eine Sechs"

8. Cem bietet seiner Schwester Hatice folgende Wette an: „Wenn bei 3 Würfen mit einer Münze mindestens zweimal Kopf fällt, gehe ich einkaufen, sonst gehst du." Sollte Hatice die Wette annehmen?

9. Barun hat fünf Weitsprünge hinter sich. Die ersten vier Weiten waren 3,80 m; 4,10 m; 3,60 m und 4,40 m. Insgesamt haben die fünf Sprungweiten einen Mittelwert von 3,80 m. Wie groß ist die Spannweite der fünf Weitsprungergebnisse?

10. Katrins kleiner Bruder sammelt Lkw-Modelle. Er besitzt 4 Zugmaschinen und 10 Anhänger. Wie viele verschiedene Lastzüge mit einer Zugmaschine und zwei Anhängern kann er zusammenstellen?

11. Aus einer Urne mit 12 nummerierten Kugeln werden nacheinander 4 Kugeln gezogen und notiert. Wie viele Möglichkeiten gibt es beim Ziehen
a) ohne Zurücklegen, **b)** mit Zurücklegen?

12. In einer Tüte sind rote (R) und blaue (B) Schokolinsen, die mit Vollmilch (V)- oder Zartbitter (Z)-Schokolade gefüllt sind. Eine Linse wird blind gezogen.
a) Bestimme die Wahrscheinlichkeit, dass sie rot ist.
b) Die gezogene Linse ist blau. Wie groß ist die Wahrscheinlichkeit, dass sie mit Zartbitter-Schokolade gefüllt ist?

	R	B	
V	12	36	
Z	8	24	

13. In den Skilaufgebieten der Alpen gibt es neuerdings 8er-Sessellifts.

a) Familie Aydin ist achtköpfig: Vater, Mutter und sechs Kinder. Wie viele Fahrten auf dem abgebildeten Sessellift müssen sie unternehmen, um jede mögliche Sitzverteilung einmal eingenommen zu haben?
b) Die Plätze auf dem abgebildeten 8er-Sessel werden von links nach rechts mit 1 bis 8 nummeriert und unter der achtköpfigen Familie Aydin verlost. Mutter Aydin zieht zuerst: kein „Randplatz".
Wie groß ist die Wahrscheinlichkeit, dass ihr Mann einen Platz an ihrer Seite bekommt?

Fit für die Abschlussprüfung

8

Prozent-, Zins- und Zinseszinsrechnung

1. Lisa hat an ihrer Schule 264 Mädchen nach ihrem Berufswunsch befragt und in einem Diagramm veranschaulicht.

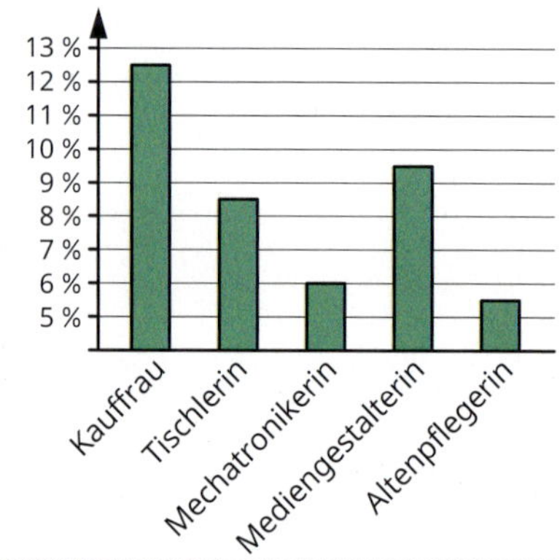

a) In der Umfrage haben 12,5 % als Berufswunsch „Kauffrau“ angegeben.
Berechne die Anzahl der Mädchen, die den Berufswunsch „Kauffrau“ angegeben haben.

b) Flynn behauptet: „Der Berufswunsch „Kauffrau“ wurde viermal so oft gewählt wie der Berufswunsch „Mechatronikerin“.
Begründe, dass Flynn die Grafik der Umfrage nicht richtig gelesen hat.

2. In der Grafik siehst du die Anteile der Flächennutzung in Deutschland.

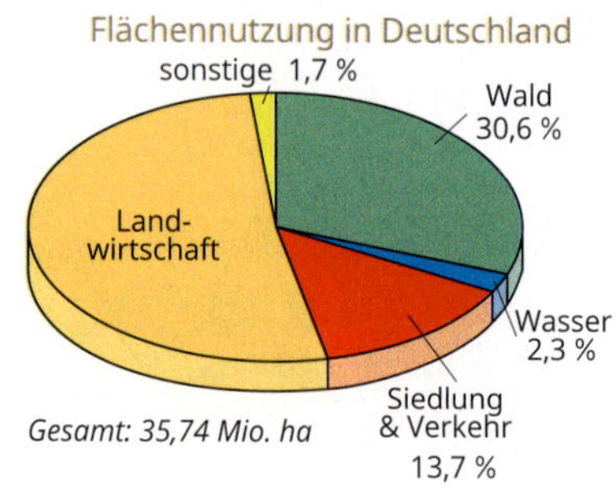

a) Gib den Anteil der Flächennutzung für „Landwirtschaft“ in Prozent an.

b) Berechne die Größe der Fläche, die in Deutschland von Wasser bedeckt ist.

c) Wandle das Kreisdiagramm in ein Säulendiagramm um.

3. Tino möchte sich einen Laptop kaufen. Im Schaufenster eines Computerfachgeschäfts findet er das abgebildete Angebot.
Tino behauptet: „Ich ziehe gleich 15 % ab, dann habe ich den neuen Preis.“
Entscheide, ob die Behauptung von Tino stimmt. Begründe deine Entscheidung.

4. Bei der Bundestagswahl 2021 waren ca. 61,2 Millionen Bürgerinnen und Bürger wahlberechtigt. Die Wahlbeteiligung lag bei 76,6 %.

a) 3,4 % der Wahlberechtigten waren Jungwähler.
Wie viele Jungwähler waren wahlberechtigt?

b) Die drei Parteien SPD, Grüne und FDP bilden zusammen die Regierung.
Aaron behauptet: „Dann haben mehr als 25 Millionen Bürgerinnen und Bürger die Regierungsparteien gewählt.“
Überprüfe mit Hilfe einer Rechnung, ob die Behauptung von Aaron richtig ist.

Partei	Stimmenanteile
SPD	25,7 %
CDU	18,9 %
Grüne	14,8 %
FDP	11,5 %
AFD	10,3 %
CSU	5,2 %
Die Linke	4,9 %
SSW	0,1 %
Sonstige	8,6 %

5. Micha erhält für sein Erspartes in Höhe von 4000 € im Jahr 20 € Zinsen.

a) Berechne den Zinssatz, den Micha von seiner Bank erhalten hat.

b) Anton behauptet: „Wenn ich doppelt so viel Geld für einen doppelt so hohen Zinsatz anlege, erhalte ich auch doppelt so viel an Zinsen." Begründe, dass das nicht stimmt.

6. Vor 18 Jahren legten die Großeltern von Clara 1 600 € auf einem Sparbuch für sie an. Die Bank verzinst dieses Geld mit einem Festzinssatz von jährlich 2,4 %.

a) Berechne die Zinsen nach einem Jahr.

b) Clara möchte mit dem Geld ihren Führerschein bezahlen. Sie rechnet mit Gesamtkosten in Höhe von 2 400 €.
Reicht das Geld vom Sparbuch? Begründe mit Hilfe einer Rechnung.

7. Luca legt 2 450 € bei seiner Hausbank an. Er bekommt 5 Jahre lang den gleichen Zinssatz.

a) Nach einem Jahr werden seinem Konto 44,10 € gutgeschrieben. Berechne den Zinssatz.

b) Nach 4 weiteren Jahren möchte Luca von dem Geld auf dem Konto eine Reise machen. Bis dahin nimmt er keine Ein- und Auszahlungen vor.
Um das Guthaben in 5 Jahren zu ermitteln, hat er die abgebildete Rechnung notiert.
Begründe, warum Luca so nicht rechnen darf.

2450 € + 5 · 44,10 € = 2670,50 €

c) Berechne, über welchen Betrag Luca am Ende der 5 Jahre verfügen kann.
Solltest du Teilaufgabe a) nicht gelöst haben, rechne mit p % = 1,5 % weiter.

8. Frau Meyer hat im Lotto 150 000 € gewonnen. Sie möchte das Geld für mehrere Jahre fest anlegen. Von ihrer Hausbank erhält sie das abgebildete Angebot.

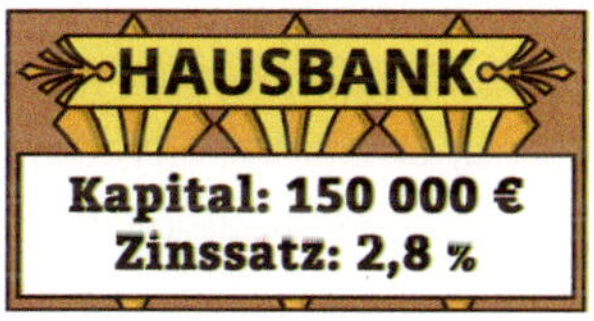

a) Übertrage die Tabelle in dein Heft und ergänze die fehlenden Werte.

Laufzeit in Jahren	0	1	3	5	7	11	14
Kapital am Jahresende	150 000 €		162 956,09 €	172 209,39 €		203 242,96 €	220 797,86 €

b) Zeichne die Wertepaare in ein Koordinatensystem. Verbinde die Punkte sinnvoll. (x-Achse: 1 cm für 1 Jahr; y-Achse: 5 cm für 100 000 €)

c) Begründe, dass die Behauptung von Justin falsch ist.

d) Frau Meyer möchte das Kapital K_n nach n Jahren mit einer Gleichung berechnen.
Stelle mit konkreten Werten eine Gleichung in der Form $K_n = K_0 \cdot q^n$ auf.

e) Bestimme das Kapital, das Frau Meyer nach 20 Jahren auf dem Konto hat.

f) Von der Sparbank erhält Frau Meyer ein weiteres Angebot.
Berechne den Zinssatz, den die Sparbank anbietet.

Sparbank
- Anfangskapital: 150 000 €
- Kapital nach 10 Jahren: 193 894,22 €

Lineare und quadratische Funktionen

1. Im Koordinatensystem sind die Graphen verschiedener Funktionen abgebildet.
Ordne jeder Funktionsgleichung den passenden Graphen zu.

A	$y = \frac{1}{3}x + 1$
B	$y = -x^2 + 2x + 1$
C	$y = (x + 1)^2 + 1$
D	$y = x^2 - 1$
E	$y = 3x + 1$

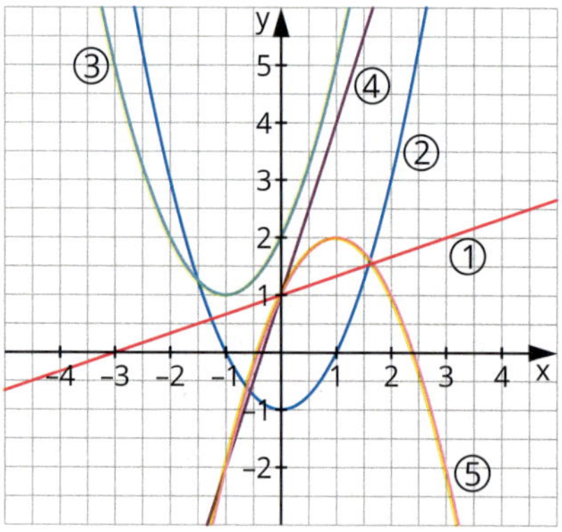

2. Im Koordinatensystem ist der Graph einer linearen Funktion abgebildet.

a) Bestimme die Funktionsgleichung in der Form $y = mx + b$.

b) Überprüfe mit Hilfe einer Rechnung, ob der Punkt (8|12) auf dem Graphen liegt.

c) Eine zweite Gerade verläuft durch den Punkt A (0|−1).
Die zweite Gerade liegt parallel zur abgebildeten Geraden.
Bestimme die Funktionsgleichung der zweiten Geraden.

d) Eine dritte Gerade steht senkrecht auf der abgebildeten Geraden.
Gib eine mögliche Funktionsgleichung an.

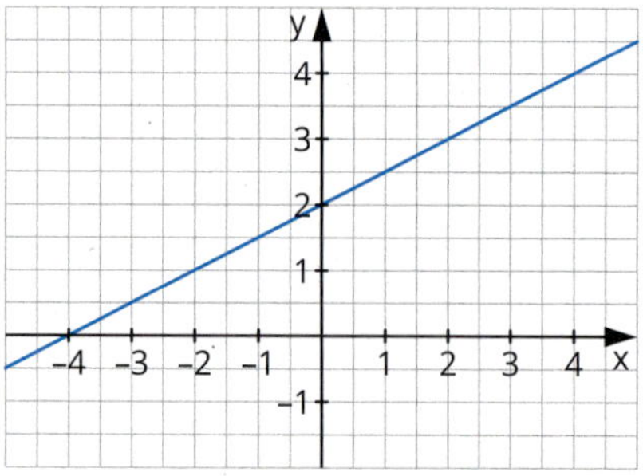

3. Eine Funktion hat die Gleichung $y = x^2 - 2x - 1$.

a) Zeichne den Graphen der Funktion in ein Koordinatensystem.

b) Überprüfe mit Hilfe einer Rechnung, ob der Punkt (−3|14) auf dem Graphen liegt.

c) Berechne die Nullstellen des Graphen.

4. Der Bogen der abgebildeten Brücke wird durch die Funktionsgleichung $y = -0{,}08x^2 + 1{,}8x$ beschrieben.

a) Begründe, warum der Faktor vor x^2 negativ ist.

b) Berechne die Spannweite der Brücke.

c) Kann ein Segelboot mit einer Höhe von 12,50 m über der Wasserlinie durch die Brücke fahren?
Begründe mit Hilfe einer Rechnung.

d) Der Scheitelpunkt der Parabel wird in den Ursprung des Koordinatensystems verschoben.
Bestimme die Funktionsgleichung der verschobenen Parabel.

5. Ein Fahrradfahrer fährt mit konstanter Geschwindigkeit. Er legt in einer Sekunde drei Meter zurück.

a) Gib die Funktionsgleichung in der Form $y = mx$ für die Bewegung des Fahrradfahrers an. Wähle für x die Zeit in Sekunden (s) und für y den Weg in Metern (m).

b) Zeichne den Graphen der Funktion in ein Koordinatensystem. (x-Achse: 1 cm für 1 s, y-Achse: 1 cm für 10 m.)

c) Ein Bus startet 42 m hinter dem Fahrradfahrer und fährt in die gleiche Richtung. Die Bewegung des Busses wird durch die Funktionsgleichung $y = 0{,}6x^2 - 42$ beschrieben. Zeichne den Graphen der Funktion $y = 0{,}6x^2 - 42$ in das Koordinatensystem der Aufgabe b) ein.

d) Berechne die Zeit, die der Bus benötigt, um den Fahrradfahrer einzuholen.

e) Peter behauptet: „Der Bus hat den Fahrradfahrer nach ca. 70 m eingeholt.“ Entscheide, ob die Behauptung von Peter richtig ist. Begründe deine Entscheidung.

6. Eine Tennisspielerin trifft den Ball in einer Höhe von 40 cm genau über der Grundlinie und spielt diesen parallel zur Seitenlinie. Die Flugbahn des Balls ist nahezu parabelförmig und kann mit der Funktionsgleichung $y = -0{,}05x^2 + 0{,}7x + 0{,}4$ beschrieben werden.

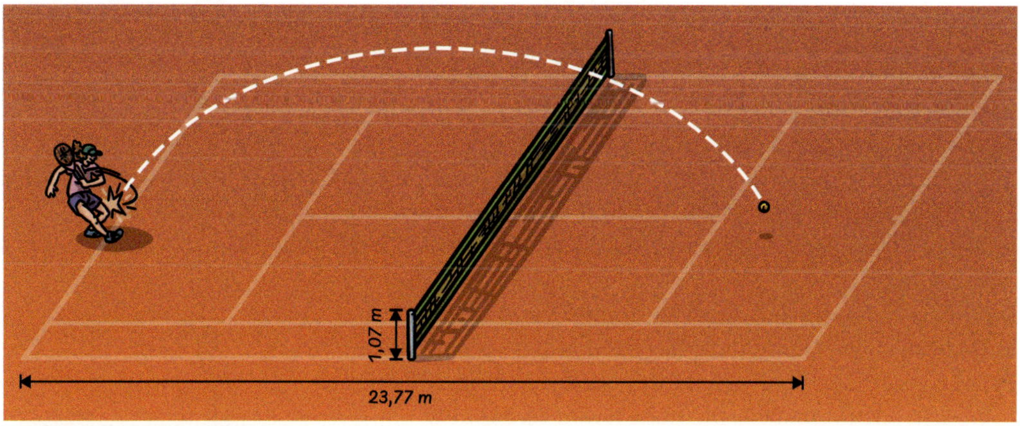

a) Ergänze die Wertetabelle.

x: horizontale Entfernung in m	0	1	3	5	7	9	11	13	15
y: Höhe über den Boden in m			2,05	2,65	2,85		2,05	1,05	

b) Zeichne die Flugbahn des Tennisballs in ein Koordinatensystem. (x-Achse: 1 cm für 1 m; y-Achse: 1 cm für 1 m.)

c) Berechne die horizontale Entfernung des Tennisballs vom Schlag bis zum Aufprall auf das Spielfeld.

d) Zeige mit Hilfe einer Rechnung, dass der Tennisball in eine Höhe von ca. 58 cm über das Netz fliegt. Trage den zugehörigen Punkt in deine Zeichnung ein.

Flächenberechnung

1. Berechne den Flächeninhalt der abgebildeten Figur.

a)

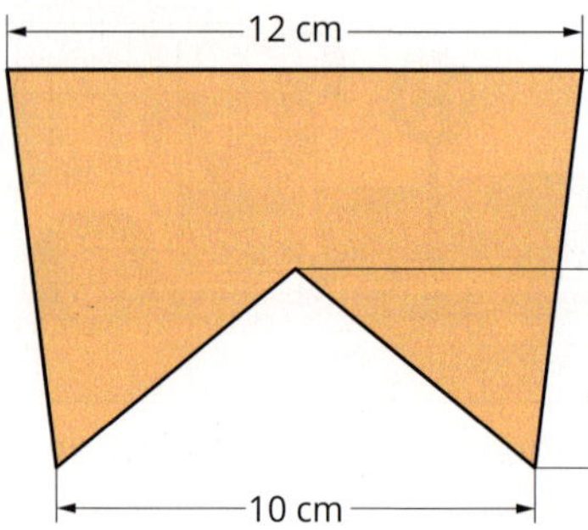

b)

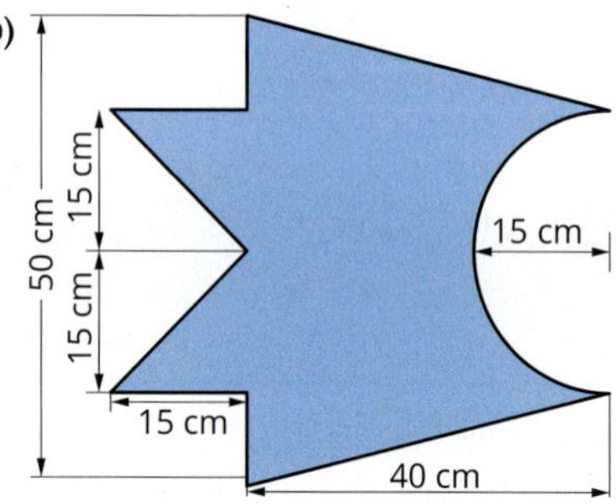

2. Gegeben ist das abgebildete Dreieck ABC im Koordinatensystem (Maßstab: 1 Kästchen = 1 cm).

a) Berechne den Flächeninhalt des abgebildeten Dreiecks.

b) Gib einen vierten Punkt D an, sodass der Flächeninhalt des Vierecks doppelt so groß ist wie der Flächeninhalt des Dreiecks.

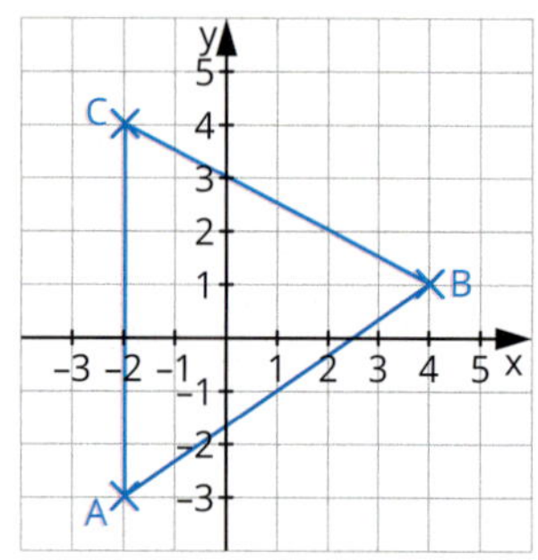

3. Berechne den Flächeninhalt und den Umfang der abgebildeten Figur.
Entnimm alle nötigen Seitenlängen der Zeichnung.

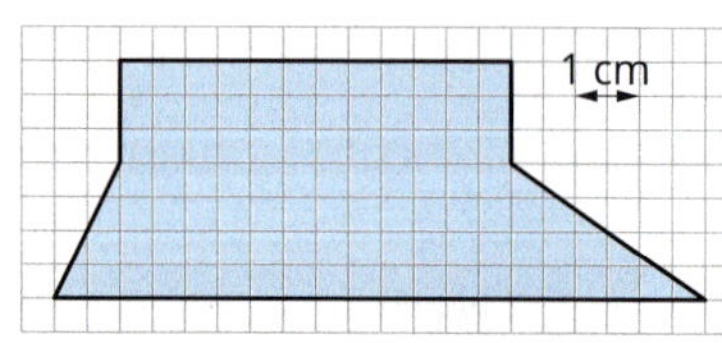

4. Der Umfang des gleichschenkligen Trapezes beträgt u = 29 cm.

a) Berechne den Flächeninhalt des gleichschenkligen Trapezes.

b) Die Längen der Seiten a und c des gleichschenkligen Trapezes werden nicht verändert. Die Höhe h wird verdoppelt.
Peter behauptet: „Dann vierfacht sich der Flächeninhalt."
Begründe, dass die Behauptung von Peter falsch ist.

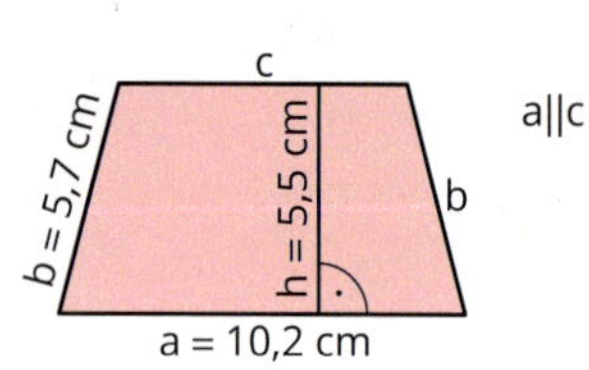

5. **a)** Gib eine allgemeine Formel zur Berechnung des Flächeninhalts der Figur in Abhängigkeit von x an.

b) Berechne den Flächeninhalt für x = 5 cm.

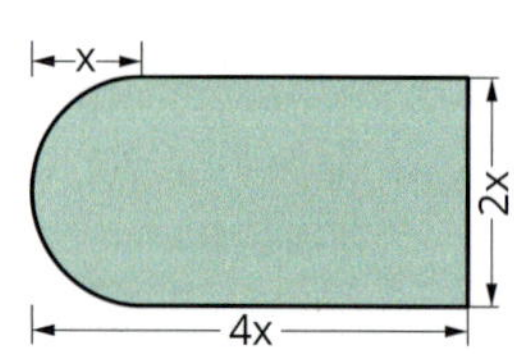

6. **a)** Clara hat diese Formel zur Berechnung des Flächeninhalts der abgebildeten Figur aufgestellt:

$$A = 8\,x^2$$

Zeige mit Hilfe einer Rechung, dass Clara Recht hat.

b) Berechne für x = 12 cm den Flächeninhalt der Figur.

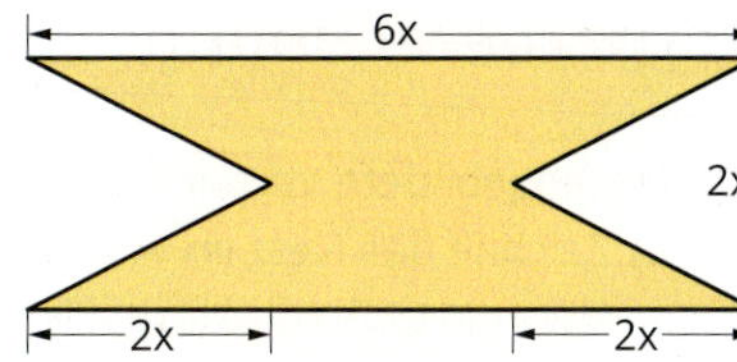

7. Familie Schmidt findet zwei Angebote für einen Akku-Rasenmäher.

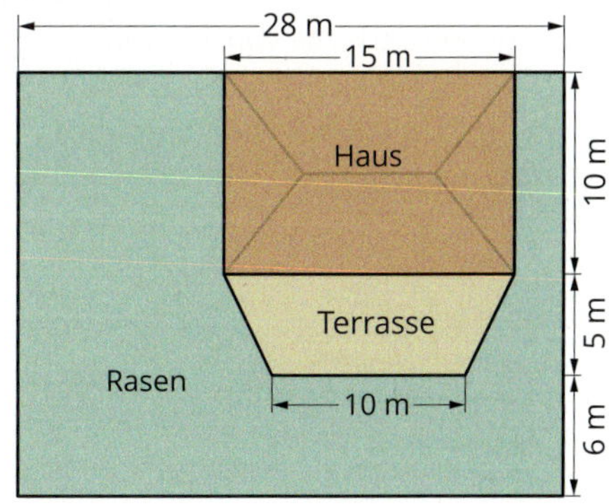

a) Berechne den Flächeninhalt der Rasenfläche des Grundstücks von Familie Schmidt.

b) Frau Schmidt behauptet: „Wenn wir unseren kreisrunden Pool mit einem Flächeninhalt von 30 m² auf den Rasen stellen, dann reicht der Akkurasenmäher für 459 €."
Überprüfe mit Hilfe einer Rechnung, ob die Behauptung von Frau Schmidt stimmt.

8. Die Karte zeigt den Dümmer-See.

a) Bestimme näherungsweise den Flächeninhalt des Sees.

b) Marie möchte einmal mit dem Fahrrad um den Dümmer-See fahren.

Entscheide mit Hilfe einer Rechnung, ob die Behauptung von Leon stimmt.

9. Maxi baut aus sechs Zaunelementen mit je 80 cm Länge ein Gehege für seine Zwerghasen. Die Grundfläche hat die Form eines regelmäßigen Sechsecks.

a) Berechne den Flächeninhalt der Grundfläche.

b) Maxi behauptet: „Wenn ich die Länge der Zaunelemente verdoppele, dann vervierfacht sich der Flächeninhalt der Grundfläche.
Entscheide, ob die Behauptung von Maxi stimmt. Begründe deine Entscheidung.

Körperberechnung

1. Die abgebildete Verpackung besteht aus Pappe.

a) Zeichne das Netz im Maßstab 1 : 2 und beschrifte in deinem Netz die gelb markierte Fläche mit dem Begriff „Schokokekse“.

b) Berechne den Bedarf an Pappe. Für Verschnitt und Klebelaschen werden zusätzlich 15 % gerechnet.

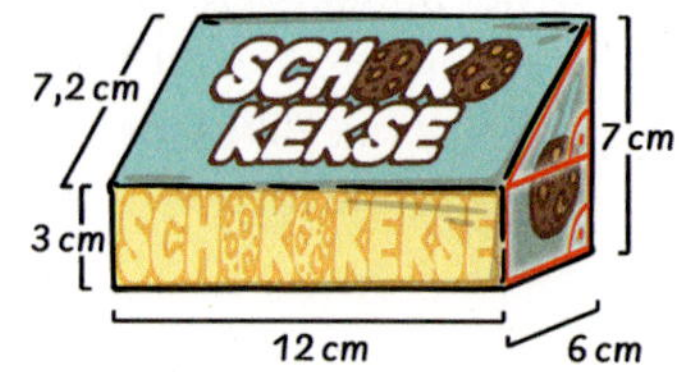

2. Die abgebildete Fläche ist die Grundfläche eines Werkstücks mit einer Körperhöhe von 120 mm.
Das Werkstück besteht aus Messing.
Die Dichte von Messing beträgt $\rho_{Messing} = 8{,}73\ \frac{g}{cm^3}$.
Berechne die Masse des Werkstücks.

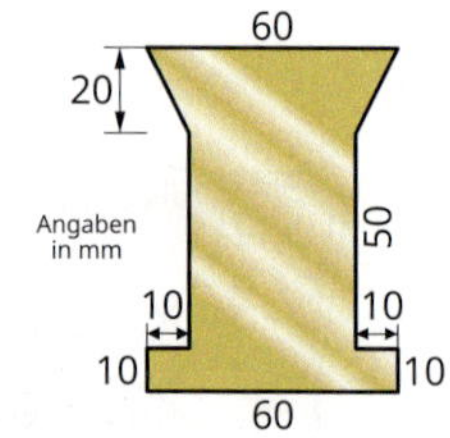

3. Die Holzfigur ist aus zwei Teilkörpern zusammengesetzt.

a) Benenne die beiden Teilkörper.

b) Thomas behauptet: „Mit der Formel $O = 6\pi r^2$ kann ich die Gesamtoberfläche der Holzfigur berechnen.“ Weise nach, dass die Oberflächenformel von Thomas richtig ist.

c) Berechne die Gesamtoberfläche für r = 2 cm.

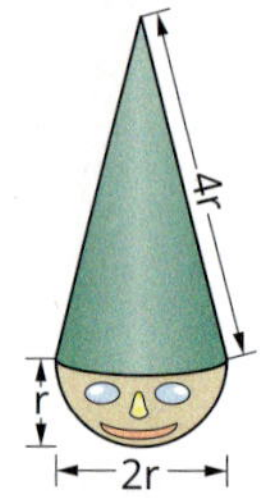

4. Aus einem Würfel wird eine Pyramide herausgesägt.

a) Berechne die Volumina des Würfels und der Pyramide.

b) Die Grundfläche einer zweiten Pyramide und die Grundfläche eines zweiten Würfels sind kongruent. Die Körperhöhe der Pyramide ist halb so lang wie die Körperhöhe des Würfels.
Ann-Christine behauptet: „Dann kann ich das Volumen der Pyramide mit der Formel $V_{Pyramide} = \frac{V_{Würfel}}{6}$ berechnen.“
Entscheide, ob die Behauptung von Ann-Christine richtig ist. Begründe deine Entscheidung.

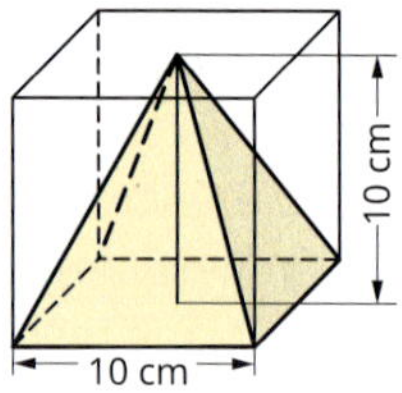

5. Um Wetterdaten zu erhalten, werden zweimal am Tag Wetterballons mit Messgeräten gestartet. Ein Wetterballon besteht aus Kunststoff und hat annähernd die Form einer Kugel. Am Boden hat der Wetterballon einen Durchmesser von d = 1,20 m.

a) Berechne die Oberfläche des Wetterballons.

b) Berechne die Masse der Kunststoffhülle des Wetterballons, wenn 1 dm² des Kunststoffs 1,3 g wiegt.
Solltest du a) nicht gelöst haben, rechne mit O = 457,16 dm².

c) Auf dem Flug nach oben vergrößert sich das Volumen. In ca. 30 km ist das Volumen auf das 400-Fache angewachsen.
Elijah behauptet: „Dann ist der Durchmesser in 30 km Höhe auch 400-mal so lang.“
Überprüfe die Behauptung von Elijah mit Hilfe einer Rechnung.

6. Die Auszubildende Lisa hat für ihre Gesellenprüfung einen massiven Schmuckanhänger hergestellt.

a) Benenne die drei Teilkörper, aus denen sie den Schmuckanhänger angefertigt hat.

b) Berechne das Volumen des Schmuckanhängers für x = 2 mm.

c) Der Schmuckanhänger wiegt 42,2 g. Überprüfe, ob der Schmuckanhänger aus Gold gefertigt wurde. Die Dichte von Gold beträgt $\rho_{Gold} = 19{,}3\ \frac{g}{cm^3}$.
Solltest du b) nicht gelöst haben, rechne mit V = 2 180 mm³.

d) Gib eine allgemeine Formel zur Berechnung des Volumens des Schmuckanhängers in Abhängigkeit von x an.

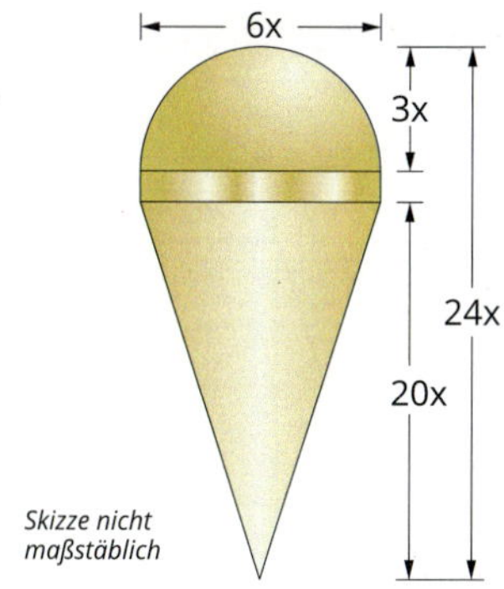

7. Eine Spielzeugfabrik stellt Bausteine aus Buchenholz her.
Die Bausteine haben alle die gleiche Höhe und die gleiche Tiefe von a = 2,2 cm.

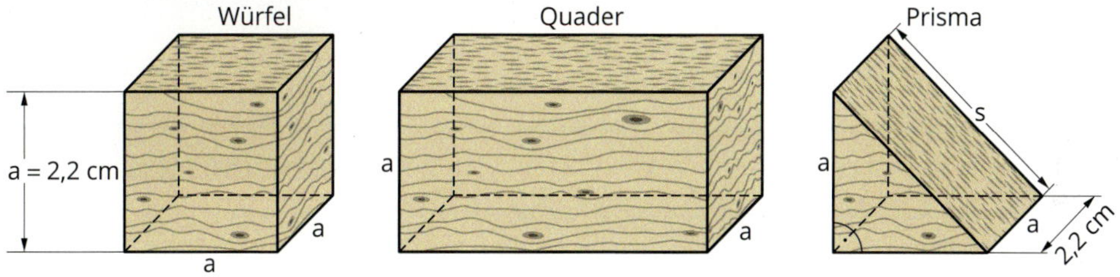

a) Der Quader hat die doppelte Breite des Würfels. Bestimme das Volumen des Quaders.

b) Die Spielzeugfabrik gibt eine Verpackung heraus, die nur mit Quadern gefüllt ist. Bestimme die Anzahl der Quader, die mindestens in einer 500-g-Verpackung enthalten sein müssen. Die Dichte von Buchenholz beträgt $\rho_{Buchenholz} = 0{,}68\ \frac{g}{cm^3}$.
Solltest du a) nicht gelöst haben, rechne mit V = 22,32 cm³.

c) Das Prisma hat eine Kantenlänge von s = 3,11 cm.
Clara behauptet: „Mit der Formel $V_{Prisma} = \frac{V_{Quader}}{4}$ kann ich das Volumen des Prismas annähernd berechnen."
Begründe, dass die Behauptung von Clara richtig ist.

d) Die Spielzeugfabrik hat noch den Baustein Torbogen im Angebot.

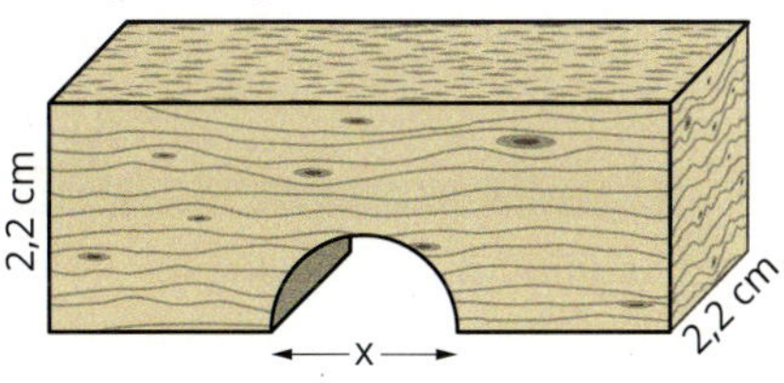

Aus einem Quader mit einem Volumen von $V_{Quader} = 31{,}94\ cm^3$ wird ein Halbzylinder mit einem Volumen $V_{Halbzylinder} = 3{,}75\ cm^3$ herausgefräst. Berechne die Länge der Strecke x.

e) Gib den Holzabfall, der beim Fräsen entsteht, in Prozent an.

f) Sebastian behauptet: „Wenn ich den Durchmesser des Torbogens verdopple, dann verdoppelt sich auch der prozentuale Anteil für den Holzabfall."
Überprüfe mit Hilfe einer Rechnung, ob die Behauptung von Sebastian stimmt.

Satz des Pythagoras

1. Berechne den Flächeninhalt und den Umfang der gefärbten Fläche.

a)

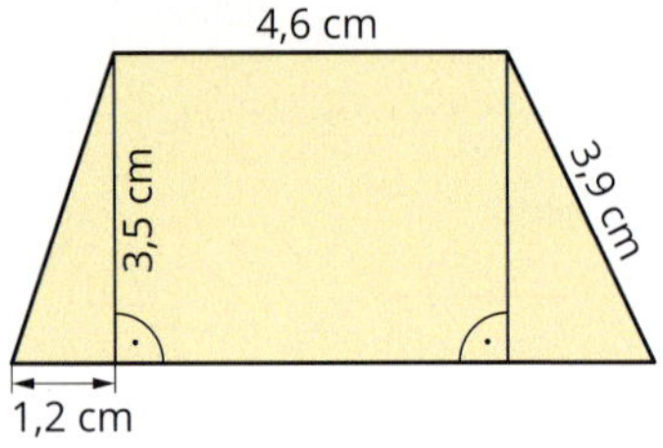

b)

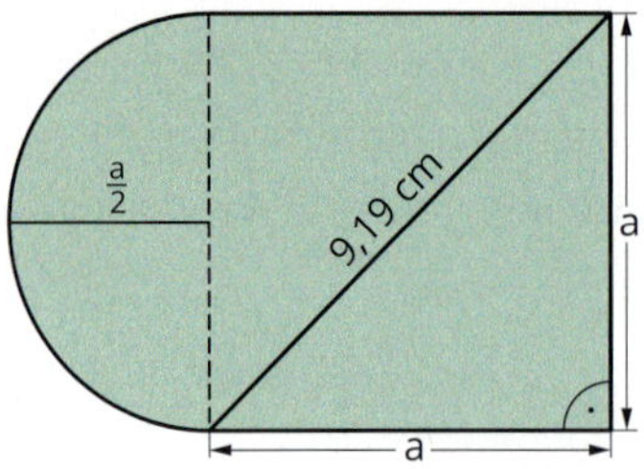

2. Clara schießt den Ball vom Elfmeterpunkt direkt auf das Tor. Das Fußballtor ist 2,44 m hoch und 7,32 m breit. Trifft sie ins Tor?

3. Ein 84 m hoher Sendemast ist mit Stahlseilen am Boden befestigt.

a) Fertige eine Zeichnung im Maßstab 1 : 1 000 an.

b) Berechne die Länge eines Stahlseils.

c) Ein 65 m langes Stahlseil soll in gleicher Höhe befestigt werden. Berechne die Entfernung des Befestigungspunkts am Boden. Ergänze deine Zeichnung mit dem zweiten Stahlseil.

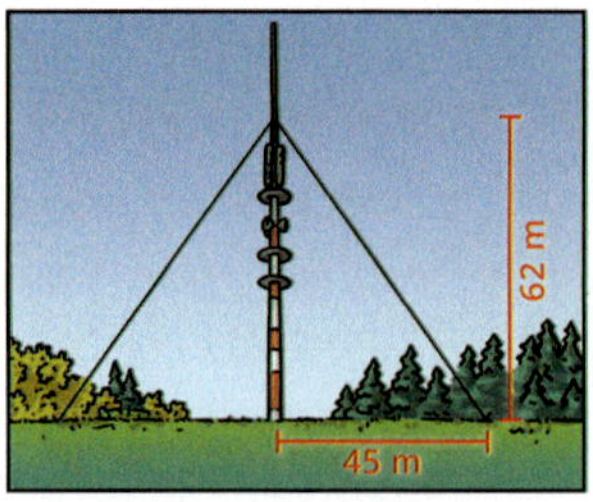

4. Die Höhe eines Gebäudes wird mit einem Lasermessgerät bestimmt. Es werden die beiden Strecken a und b gemessen. Daraus wird die Höhe h berechnet.

a) Erstelle eine Planfigur. Trage alle gegebenen Werte ein.

b) Begründe, warum man zur Berechnung den Satz von Pythagoras anwenden kann.

c) Berechne die Höhe h des Gebäudes.

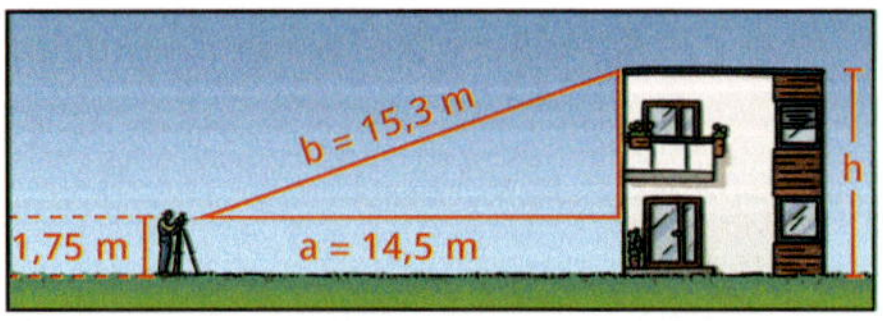

5. Ist α ein rechter Winkel? Überprüfe mit Hilfe einer Rechnung.

a)

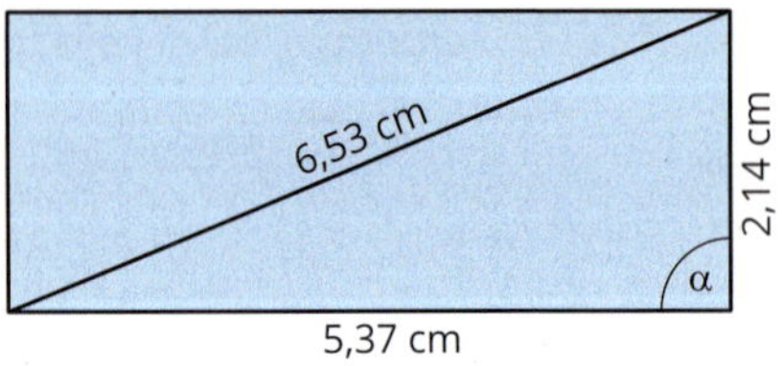

b)

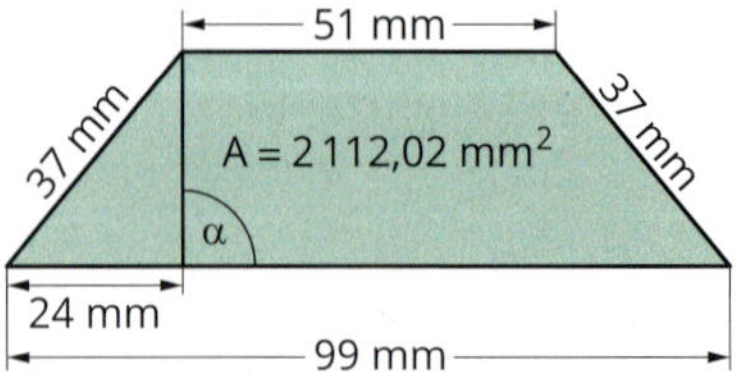

6. Niko stellt ein Hochbeet in seinem Garten auf. Er misst die abgebildeten Längen. Begründe mit Hilfe einer Rechnung, dass die Wände rechtwinklig zueinanderstehen.

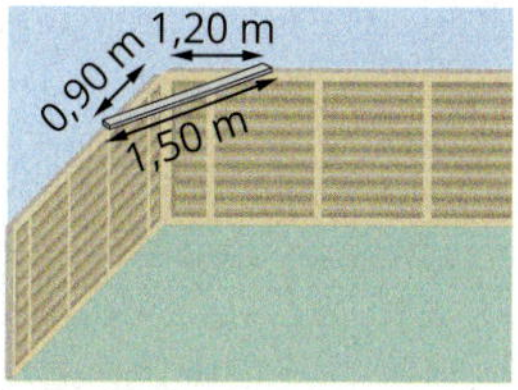

7. Ein Fesselballon ist mit einem langen Seil am Boden befestigt. Um 15:08 Uhr steht er senkrecht über der Befestigung. Um 15:18 ist er 75 m nach rechts abgetrieben.

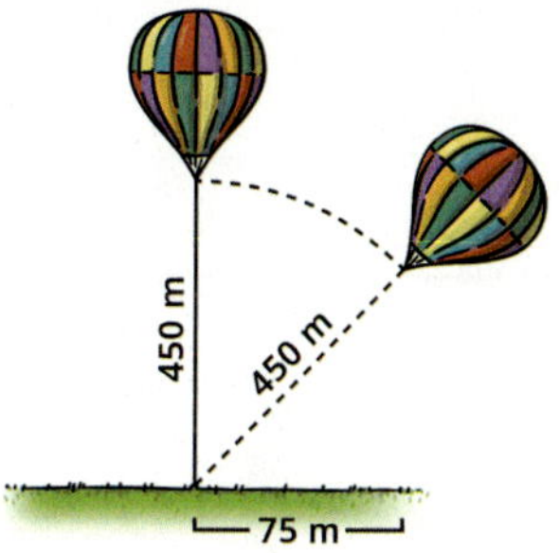

a) Erstelle eine Planfigur zur Berechnung der Höhe.

b) Berechne die Höhe, in der sich der Fesselballon um 15:18 Uhr befindet.

c) Tino behauptet: „Wenn der Ballon in 150 m Entfernung vom Befestigungspunkt eine Höhe von 443 m haben soll, muss das Seil 75 m länger sein."
Überprüfe mit Hilfe eine Rechnung, ob die Behauptung von Tino stimmt.

8. Die Baufirma *„Baufix"* hat eine Zeichnung für ein Einfamilienhaus erstellt.

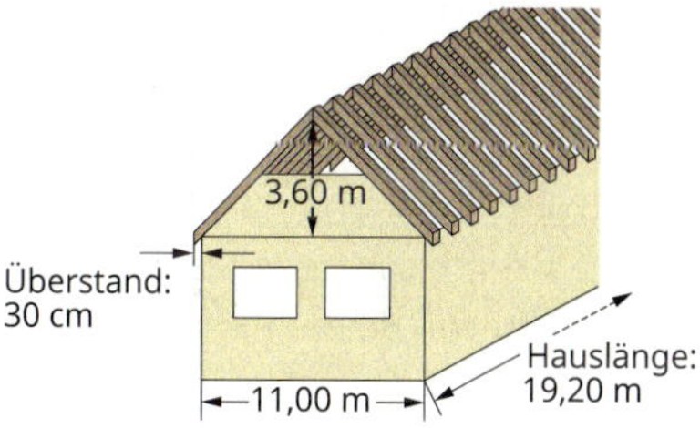

a) Berechne die Länge eines Dachbalkens.

b) Die Dachbalken sind 6 cm breit. Sie sollen jeweils 60 cm Abstand voneinander haben. Bestätige durch eine Rechnung, dass man insgesamt 60 Balken für den Dachstuhl benötigt.

c) Paul behauptet: „ Mit der Formel $n = 2\left(\frac{\text{Hauslänge} - 1}{6 + 60}\right)$ kann ich die Anzahl der Balken in Abhängigkeit der Hauslänge berechnen." Zeige, dass die Formel von Paul falsch ist.

d) Verändere die Formel so, dass man damit die Anzahl der Balken berechnen kann.

e) Die Balken werden mit einem PKW-Anhänger transportiert.
Der PKW-Anhänger darf maximal 0,5 Tonnen aufladen.
Der Zimmermann behauptet: „Dann muss ich dreimal fahren."
Überprüfe mit Hilfe einer Rechnung, ob die Behauptung stimmt.
Die Dachbalken sind aus Fichtenholz, das eine Dichte von $\rho_{\text{Fichte}} = 480\ \frac{\text{kg}}{\text{m}^3}$ hat.
Solltest du a) nicht gelöst haben, rechne mit einer Balkenlänge von 6,78 m.

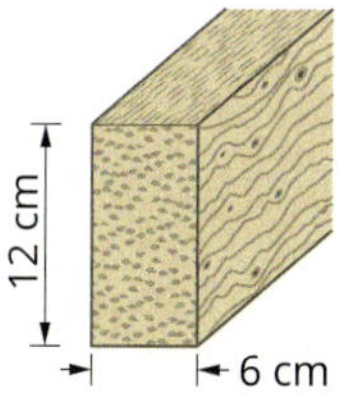

f) Die Baufirma *„Baufix"* hat die Hausecken mit Pfählen auf dem Grundstück abgesteckt und die abgebildeten Strecken gemessen.
Maurermeister Schmidt sieht sich die Zeichnung mit den Maßen genauer an und behauptet: „Das Haus wird nicht rechtwinklig."
Begründe, dass die Behauptung von Maurermeister Schmidt stimmt.

g) Gib den Pfahl an, der verändert werden muss, damit das Haus rechtwinklig wird. Begründe deine Entscheidung.

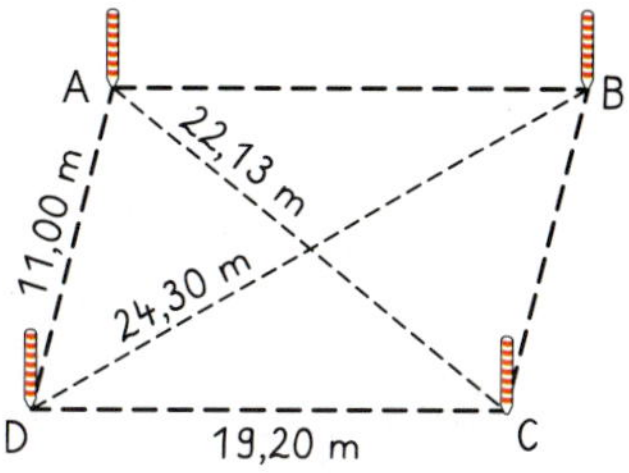

Skizze nicht maßstäblich

Ähnlichkeit und Trigonometrie

1. **a)** Berechne mit Hilfe eines Strahlensatzes die Strecke $\overline{AE}$.
b) Zeichne die Figur maßstabsgetreu in dein Heft.
c) Berechne den Winkel γ.
d) Die Strecken $\overline{AD}$ und $\overline{AB}$ stehen im Verhältnis 3 : 1.
Tim behauptet: „Dann stehen auch die Strecken $\overline{DE}$ und $\overline{BC}$ im Verhältnis 3 : 1." Entscheide, ob Tim Recht hat.
Begründe deine Entscheidung.

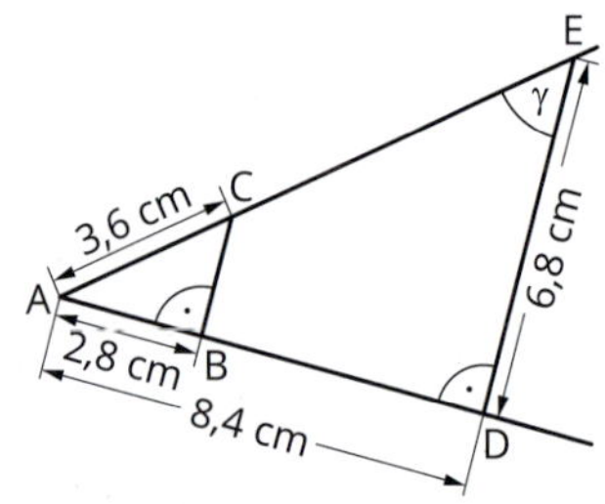

---

2. Über einen See soll eine Brücke gebaut werden. Um die Länge der Brücke zu bestimmen, wurde die abgebildete Zeichnung angefertigt.
a) Berechne die Länge der Strecke x.
b) Erstelle eine maßstabsgetreue Zeichnung.
c) Gib den Maßstab deiner Zeichnung an.

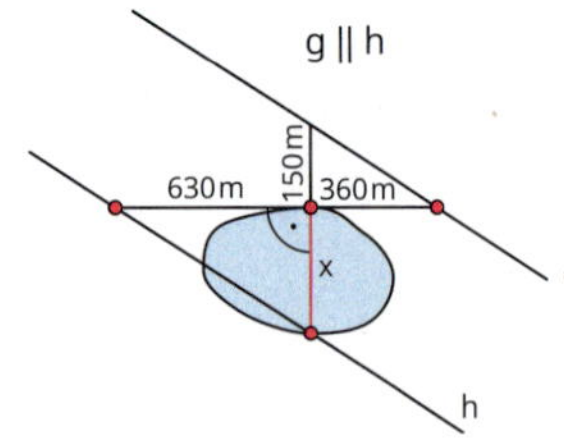

---

3. Die steilste Straße im Harz hat eine Steigung von 22 %.
a) Berechne den Steigungswinkel der Straße.
b) Peter fährt mit seinem E-Bike eine Strecke von 850 m auf dieser Straße. Berechne den Höhenunterschied, den Peter dabei überwindet.
c) Frances behauptet: „In unserem Ort gibt es eine steilere Straße. Bei einer Fahrstrecke von 950 m beträgt der Höhenunterschied 195 m."
Überprüfe die Behauptung von Frances mit Hilfe einer Rechnung. Gib die Steigung in Prozent an.

---

4. Auf Rügen gab es 2019 einen Weltrekord zu bestaunen. Künstler haben die höchste kegelförmige Sandburg gebaut.
a) Berechne den Radius der kegelförmigen Sandburg.
b) Die Sandburg wurde aus Spezialsand gebaut. Emilio behauptet: „Für die Sandburg hat man mindestens 8 500 Tonnen Sand verbaut."
Überprüfe mit Hilfe einer Rechnung, ob die Behauptung von Emilio stimmt. $\left(\rho_{\text{Spezialsand}} = 3200\,\frac{\text{kg}}{\text{m}^3}\right)$
Solltest du a) nicht gelöst haben, rechne mit r = 14,24 m.

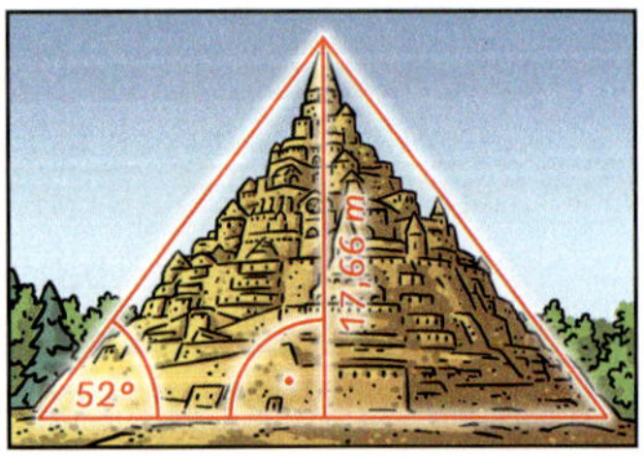

---

5. In eine Dachschräge soll ein Regal eingebaut werden.
Leon und Marie wollen die Länge x des Regalbrettes berechnen.

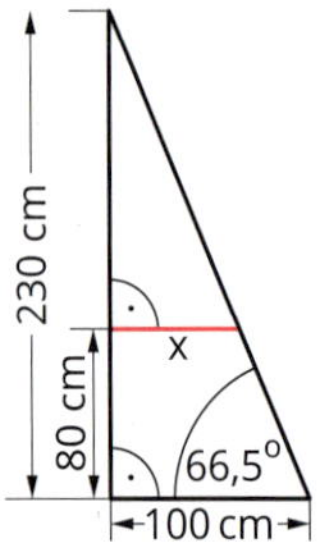

Zeige, dass beide Wege zum gleichen Ergebnis führen.

6. Der Hubschrauber befindet sich am Punkt C und wird vom Punkt A unter einem Winkel $\alpha = 37°$ und vom Punkt B unter einem Winkel $\beta = 32°$ angepeilt.

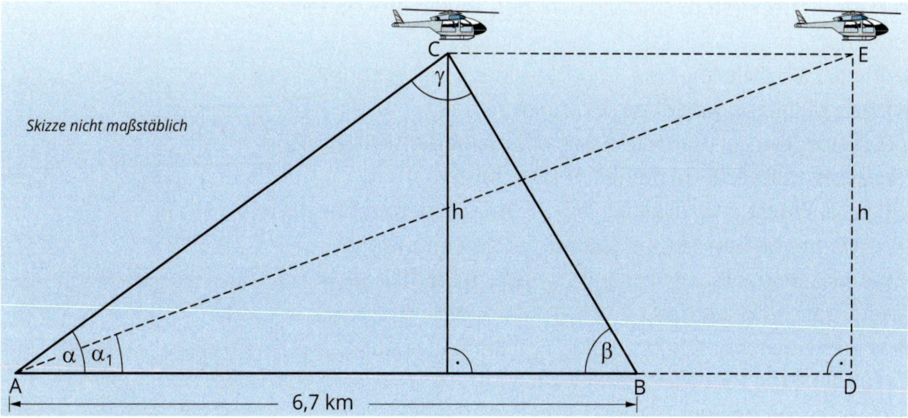

a) Marie erstellt eine Zeichnung vom Dreieck ABC im Maßstab 1 : 100 000.
In welcher Länge muss Marie die Strecke $\overline{AB}$ zeichnen?

b) Mit Hilfe ihrer Zeichnung bestimmt Marie die Strecke $\overline{AC} = 3{,}8$ km.
Überprüfe mit Hilfe einer Rechnung, ob Marie Recht hat.

c) Berechne die Flughöhe h des Hubschraubers.

d) Der Hubschrauber fliegt in gleicher Höhe h weiter zum Punkt E. Vom Punkt A wird er jetzt unter einem Winkel $\alpha_1 = 12°$ angepeilt. Berechne die Länge der Strecke $\overline{BD}$.
Solltest du c) nicht gelöst haben, rechne mit h = 2,3 km.

e) Ein zweiter Hubschrauber überfliegt den Punkt E in doppelter Höhe.
Leon behauptet: „Dann muss der Winkel α_1 auch doppelt so groß sein."
Entscheide ob Leon Recht hat. Begründe deine Entscheidung.

7. Um die Ausdehnung der Insel zu bestimmen, wurden die Punkte A, B und C vom Festland vom Messpunkt P aus angepeilt.
Folgende Strecken wurden gemessen:
$\overline{PA} = 670$ m $\quad\quad$ $\overline{PB} = 530$ m

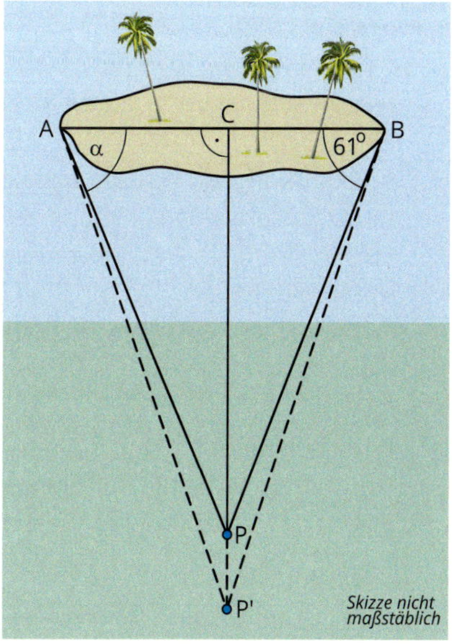

a) Berechne die Länge der Strecke $\overline{PC}$.

b) Berechne den Winkel α.

c) Fertige eine maßstabsgetreue Zeichnung an.

d) Miss die Ausdehnung $\overline{AB}$ der Insel in deiner Zeichnung aus. Überprüfe deinen Messwert mit Hilfe einer Rechnung.

e) Der Messpunkt P wird geradlinig nach hinten in den Punkt P' verschoben. Die Strecke $\overline{P'C}$ ist jetzt um 20% länger als die Strecke $\overline{PC}$.
Anton behauptet: „Dann ist die Strecke $\overline{P'A}$ auch um 20 % länger als die Strecke $\overline{PA}$."
Überprüfe Antons Behauptung.

Exponentielle Prozesse

1. a) Im Koordinatensystem sind die Graphen dreier Funktionen abgebildet.
Ordne die Begriffe lineares, quadratisches oder exponentielles Wachstum den abgebildeten Graphen zu.

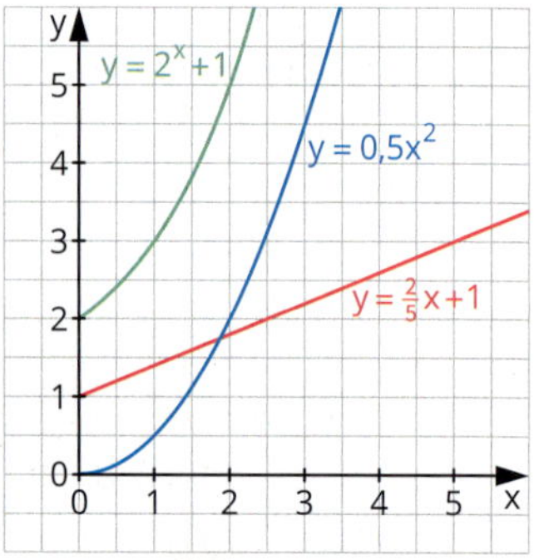

b) Entscheide jeweils, ob ein lineares oder exponentielles Wachstum vorliegt. Begründe deine Entscheidung.
- Alle drei Wochen verdoppelt sich die Anzahl der Algen.
- Pro Minute fließen 15 Liter Wasser in die Badewanne.
- Eine Messenger-Nachricht soll von jedem Empfänger 4-mal weitergeschickt werden.

c) Formuliere aus den Karten je eine Funktionsgleichung ...
- ... für ein exponentielles Wachstum.
- ... für ein lineares Wachstum.
- ... für einen exponentiellen Zerfall.

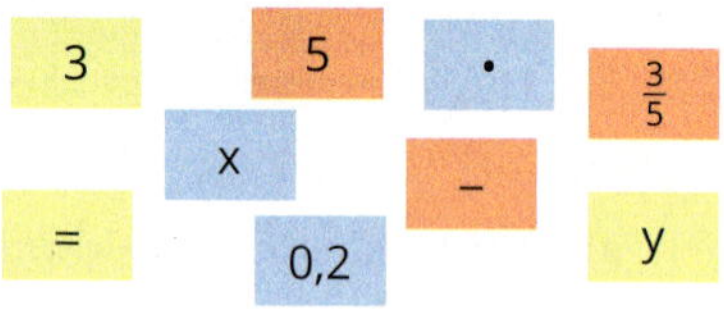

2. Gegeben ist eine Exponentialfunktion mit der Funktionsgleichung $y = 1{,}5^x$.

a) Ergänze die fehlenden Werte.

x	0	1	2	3	4	5	6
y	1				5,06		11,39

b) Zeichne den Graphen in ein Koordinatensystem.

c) Bestimme den Funktionswert für $x = -2$.

d) Mehmet behauptet: „Wenn ich von der Basis der Funktionsgleichung $y = 1{,}5^x$ den Kehrwert bilde, dann habe ich eine Funktionsgleichung für einen exponentiellen Zerfall.“
Entscheide, ob Mehmet Recht hat. Begründe deine Entscheidung.

3. Frau Meyer hat vor 8 Jahren im Lotto 25 000 € gewonnen. Sie legte ihren Gewinn für $p\,\% = 3{,}4\,\%$ Zinsen an.

a) Bestimme den Wachstumsfaktor q für die Entwicklung des Kapitals.

b) Formuliere eine Funktionsgleichung zur Berechnung des Kapitals in Abhängigkeit von der Zeit.

c) Überprüfe, ob Frau Meyer heute einen Betrag von 30 000 € von ihrem Konto abheben kann.

d) Flynn behauptet: „Wenn Frau Meyer ihren Lottogewinn für 22 Jahre auf dem Konto lässt, dann hat sich der Lottogewinn mehr als verdoppelt.“ Überprüfe die Behauptung von Flynn.

4. Lucia bekommt im Krankenhaus eine 250-mℓ-Infusion eines Medikamentes. Ihr Körper baut alle 6 Stunden jeweils die Hälfte dieses Medikamentes ab.

a) Übertrage die Tabelle in dein Heft und bestimme die fehlenden Werte.

Zeit (in h)	0	6	12		24
Menge (in mℓ)	250			31,25	

b) Formuliere eine Gleichung, mit der man die Menge des Medikaments nach x Tagen berechnen kann.

5. In Delhi lebten 2021 etwa 30,91 Mio. Menschen. In den letzten Jahren gab es ein Bevölkerungswachstum von 2,7 %.

a) Bestimme die Einwohnerzahl im Jahr 2015.

b) Tim behauptet: „Wenn die Wachstumsrate von 2,7 % in den nächsten Jahren so bleibt, dann hat Delhi im Jahr 2031 über 40 Mio. Einwohner." Begründe mit Hilfe einer Rechnung, ob Tim Recht hat.

6. Ein 600 m^2 großer Baggersee soll zu einem Naherholungsgebiet ausgebaut werden. Durch Baggerarbeiten wird er jede Woche um 80 m^2 größer. Zu Beginn der Beobachtung ist der Baggersee mit einem 100 m^2 großen Algenteppich bedeckt. Man hat festgestellt, dass sich der Algenteppich jede Woche um 30 % vergrößert.

a) Formuliere für beide Zuordnungen eine Funktionsgleichung.

b) Zeichne die beiden Graphen in ein Koordinatensystem. (x-Achse: 1 cm für 1 Woche, y-Achse: 1 cm für 100 m^2)

c) Bestimme mit Hilfe der beiden Graphen, nach wie vielen Wochen der Baggersee komplett zugewachsen ist.

d) Berechne die Größe des Algenteppichs 3 Wochen vor Beobachtungsbeginn.

e) Die Größe des Algenteppichs soll nicht für jede Woche, sondern für jeden Tag berechnet werden. Begründe mit einer Rechnung, dass sich der Teppich pro Tag um etwa 3,8 % vergrößert.

7. Die Zeitspanne, in der die Hälfte der Masse eines radioaktiven Elements zerfällt, nennt man Halbwertszeit.

a) Übertrage die Tabelle in dein Heft und ergänze die fehlenden Werte.

Anzahl Halbwertszeiten	0	1	2		4	5	6
Masse	100 g			12,5 g		3,13 g	1,56 g

b) Trage die Werte in ein Koordinatensystem ein. Verbinde sie sinnvoll. (x-Achse: 1 cm für 1 Halbwertszeit, y-Achse: 1 cm für 10 g)

c) Stelle die Abnahme als Funktionsgleichung dar.

d) Berechne die Masse, die nach 12 Halbwertszeiten vorhanden ist.

e) Bestimme die Masse, die 2 Halbwertzeiten vor der Masse von 100 g vorhanden war.

f) Ermittle, nach wie vielen Halbwertszeiten weniger als 0,5 g von der Anfangsmasse vorhanden sind.

g) Das Element Wasserstoff H-3 hat eine Halbwertszeit von 12,3 Jahren. Lena behauptet: „Nach 160 Jahren beträgt die Masse von H-3 weniger als 0,02 % vom Anfangswert." Überprüfe mit Hilfe einer Rechnung, ob Lenas Behauptung stimmt.

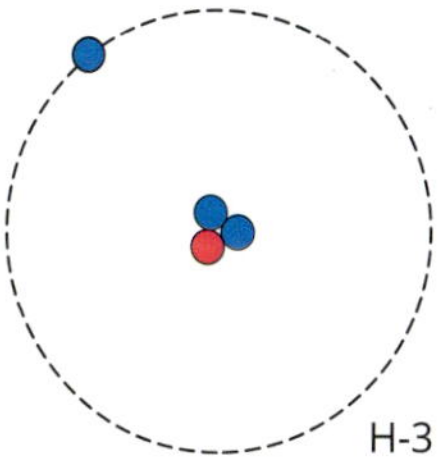

H-3

Daten und Zufall

1. Eine Firma stellt Lakritzstangen her. Jede Packung solle 150 g enthalten. Es werden Stichproben genommen.

152 g	151 g	150 g	152 g	151 g	151 g	151 g	149 g	150 g	151 g
150 g	151 g	149 g	152 g	151 g	150 g	152 g	151 g	151 g	152 g

a) Bestimme die absoluten Häufigkeiten der einzelnen Massen.

b) Berechne die relativen Häufigkeiten der einzelnen Massen und gib diese in Prozent an.

c) Stelle die relativen Häufigkeiten in einem Säulendiagramm dar.

d) Svenja behauptet: „Wenn ich 500 Packungen überprüfe, dann habe ich ungefähr 450 Packungen mit einem Inhalt von mindestens 150 g." Nimm Stellung zu Svenjas Behauptung.

2. Aus der abgebildeten Urne werden nacheinander zwei Kugeln gezogen. Nach dem ersten Ziehen wird die Kugel wieder zurückgelegt.

a) Bestimme die Anzahl aller möglichen Ergebnisse.

b) Zeichne ein Baumdiagramm. Trage alle Wahrscheinlichkeiten ein.

c) Berechne die Wahrscheinlichkeit für das Ereignis P(grün, blau).

d) Berechne die Wahrscheinlichkeit für das Ereignis P(mindestens eine grüne Kugel).

e) Es sollen zwei Kugeln mit gleicher Farbe gezogen werden. Hasan behauptet: „Die Wahrscheinlichkeit vom Ereignis P(rot, rot) ist am größten." Entscheide, ob Hasan Recht hat. Begründe deine Entscheidung.

3. Nora möchte aus den Buchstaben ihres Namens ein Passwort erstellen. Dafür beschriftet sie 4 Kugeln und legt sie in eine Urne. Sie zieht nacheinander blind die 4 Kugeln und notiert sich die Buchstaben. Die Kugeln werden nicht wieder zurückgelegt.

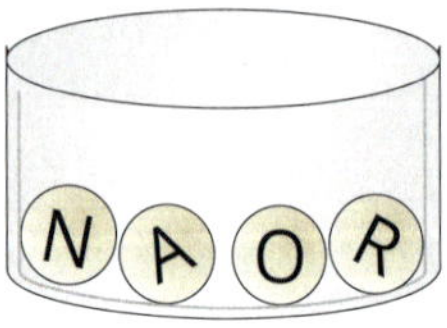

a) Bestimme die Anzahl aller Möglichkeiten für ein Passwort.

b) Berechne die Wahrscheinlichkeit, die Buchstabenfolge „ARON" zu ziehen.

c) Henry behauptet: „Das Passwort NORA zu ziehen ist am unwahrscheinlichsten." Begründe, dass die Behauptung von Henry falsch ist.

4. Ein Glücksrad ist in acht gleich große Segmente aufgeteilt. Die Segmente sollen mit rot, blau oder gelb gefärbt werden. Zeichne jeweils ein Glücksrad und markiere die Bereiche so, …

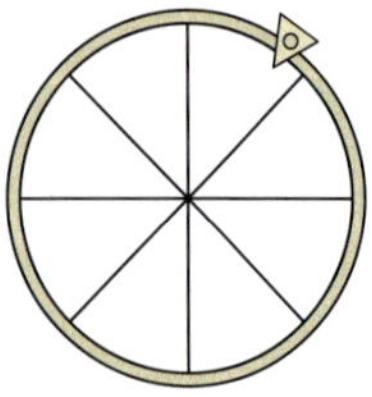

a) … dass der Zeiger mit einer Wahrscheinlichkeit von $\frac{3}{4}$ bei Rot oder Gelb stehen bleibt,

b) … dass der Zeiger mit einer Wahrscheinlichkeit von 37,5 % bei Rot stehen bleibt.

c) Mathilda behauptet: „Wenn ich zwei Felder gelb und fünf Felder rot einfärbe, dann beträgt die Wahrscheinlichkeit P(blau) = 12,5 %." Zeige, dass die Behauptung von Mathilda richtig ist.

5. Für das Schulfest hat die Klasse 10a ein Würfelspiel vorbereitet. Ein Würfel wird zweimal hintereinander geworfen. Aus den gewürfelten Augenzahlen wird die Augensumme gebildet.

Crocks – Das ultimative Würfelspiel
Du gewinnst bei den Augensummen
2, 3, 4, 9, 10, 11 und 12.
Du verlierst bei den Augensummen
5, 6, 7 und 8.

a) Antonia hat begonnen, die Augensummen in einer Tabelle zu notieren.

+	⚀	⚁	⚂	⚃	⚄	⚅
⚀	2	3	4	5	6	7
⚁	3					
⚂						
⚃						
⚄						
⚅						

Übertrage die Tabelle in dein Heft und ergänze die fehlenden Augensummen.

b) Marcel behauptet: „Dann ist die Wahrscheinlichkeit für die Augensumme 7 am größten." Begründe, dass Marcel Recht hat.

c) Bestimme die Wahrscheinlichkeit für die Augensumme 12.

d) Justin hat für die Augensumme 9 die Wahrscheinlichkeit $P(9) = \frac{1}{8}$ bestimmt. Überprüfe, ob Justin Recht hat.

e) Danny behauptet: „Das Spiel ist nicht fair." Zeige, das Dannys Behauptung richtig ist.

6. Thomas ist Hobbyfischer. In seinem Teich schwimmen Karpfen (35 %), Forellen (55 %) und Schleien (10 %). Insgesamt sind 80 Fische in seinem Teich. Er möchte zwei Fische angeln.

a) Zeichne ein Baumdiagramm.

b) Bestimme die Wahrscheinlichkeit, dass Thomas zwei Karpfen angelt.

c) Thomas behauptet: „Die Wahrscheinlichkeit, dass ich genau eine Forelle und eine Schleie angle, beträgt ca. 10 %." Überprüfe die Behauptung von Thomas.

d) Thomas möchte zuhause den Fischbestand mit einer Urne und 20 Kugeln simulieren. Beschreibe, wie Thomas vorgehen muss.

Punkte auf Geraden mit gegebener Funktionsgleichung

Aufgabe 1
→ *Seite 38*

Ein Punkt P mit beiden Koordinaten ist vorgegeben.
Setze beide Koordinaten in die Funktionsgleichung der Geraden g ein. Ergibt sich eine wahre Aussage, liegt P auf g. Andernfalls liegt P nicht auf g.

Ein Punkt A ist nur mit einer Koordinate vorgegeben und soll auf der Geraden g liegen.
Setze die gegebene Koordinate in die Funktionsgleichung von g ein und löse die Gleichung nach der nicht gegebenen Variablen auf.

Die Gerade g hat die Funktionsgleichung $y = 3x - 11$

a) Welcher der Punkte $A(5|4)$, $B(0|-8)$ und $C(-3|-20)$ liegen auf g?

zu A: $4 = 3 \cdot 5 - 11$
$4 = 15 - 11$
$4 = 4$ (w)
A liegt auf g.

zu B: $-8 = 3 \cdot 0 - 11$
$-8 = 0 - 11$
$-8 = -11$ (f)
B liegt nicht auf g.

zu C: $-20 = 3 \cdot (-3) - 11$
$-20 = -9 - 11$
$-20 = -20$ (w)
C liegt auf g.

b) $S(6|y)$ soll auf g liegen. Bestimme seine y-Koordinate.
$y = 3 \cdot 6 - 11$
$y = 7$ $D(6|7)$ liegt auf g.

c) $E(x|1)$ soll auf g liegen. Bestimme seine x-Koordinate.
$1 = 3x - 11$ $\quad | + 11$
$12 = 3x$ $\quad | : 3$
$x = 4$ $E(4|1)$ liegt auf g.

1. Liegen die Punkte $P(5|-9)$ und $Q(-5|6)$ auf der Geraden g mit $y = -2x - 4$?

2. Der Punkt B(6 | □) soll auf der Geraden g mit der Gleichung $y = \frac{2}{3}x - 5$ liegen. Bestimme seine y-Koordinate.

3. Der Punkt C(□ | 4,5) soll auf der Geraden g mit der Gleichung $y = 5x - 5{,}5$ liegen. Bestimme seine x-Koordinate.

Schnittpunkte einer Geraden mit der x-Achse und der y-Achse angeben

Aufgabe 3
→ *Seite 38*

Ablesen der Schnittpunkte im Koordinatensystem für die Gerade mit der Gleichung $y = \frac{1}{2}x - 5$
Bestimme 2 Punkte der Geraden, trage sie in ein Koordinatensystem ein und verbinde sie zu einer Geraden. Lies anschließend im Koordinatensystem die Schnittpunkte mit beiden Achsen ab.

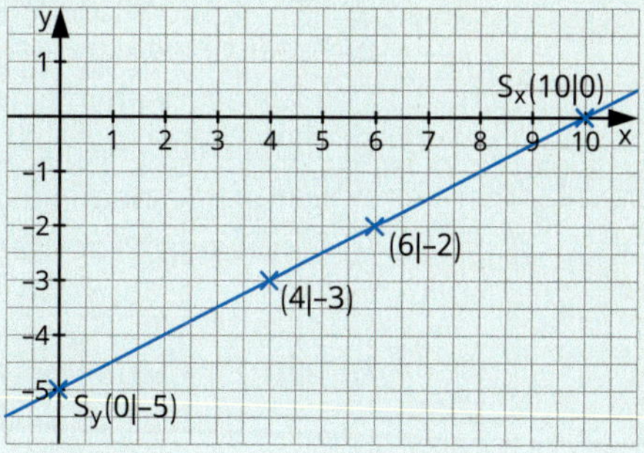

Berechnen der Schnittpunkte der Geraden mit der Gleichung $y = \frac{1}{2}x - 5$ mit den beiden Achsen
Setze einmal für x = 0 und einmal für y = 0 ein. Du erhältst dann zunächst den Schnittpunkt mit der y-Achse und anschließend den Schnittpunkt mit der x-Achse.

y-Achse:
setze x = 0
$y = \frac{1}{2} \cdot 0 - 5$
$\mathbf{y = -5}$

x-Achse:
setze y = 0
$0 = \frac{1}{2}x - 5 \quad |+5$
$5 = \frac{1}{2}x \quad |\cdot 2$
$\mathbf{10 = x}$

1. Bestimme durch Zeichnung die Schnittpunkte der Geraden mit der Gleichung $y = -3x + 6$ mit der y-Achse und der x-Achse.

2. Bestimme durch Rechnung die Schnittpunkte der Geraden mit der Gleichung $y = 2x - 8$ mit den beiden Koordinatenachsen. Kontrolliere die Rechenergebnisse durch eine Zeichnung.

Terme durch Auflösen von Klammern, Ordnen und Zusammenfassen vereinfachen

Aufgabe 4
→ *Seite 38*

Du addierst (subtrahierst) eine Summe, die in Klammern steht, indem du die Summanden einzeln addierst (subtrahierst).

$$\begin{aligned}3x - (6 - 3y + 2x) &= 3x - 6 - (-3y) - (+2x)\\ &= 3x - 6 + 3y - 2x\\ &= 3x - 2x + 3y - 6\\ &= \mathbf{x + 3y - 6}\end{aligned}$$

Du kannst durch Ausmultiplizieren Klammern auflösen und danach ordnen und zusammenfassen.

$$\begin{aligned}2a - 4(5 - 3a - b) &= 2a - 4 \cdot 5 - 4 \cdot (-3a) - 4 \cdot (-b)\\ &= 2a - 20 + 12a + 4b\\ &= \mathbf{14a + 4b - 20}\end{aligned}$$

3. Löse die Klammern auf, ordne und fasse so weit wie möglich zusammen.
a) $3x + 4y - (5y - 2x - 4)$
b) $3(4a - b + 3) - 5(2b - 3a - 6)$
c) $(3p - q) \cdot (-2) + 5(2p - q)$
d) $(6x - 4y - 8) \cdot 0{,}5 - 3(-2 + x - 1{,}5y)$
e) $4s - (3t + 7 - 2s) + 4(s - t)$
f) $\frac{1}{2}(16 - 7x + 5y) - (2{,}5x - 12 - 9y)$

Zu Sachaufgaben Gleichungen aufstellen und lösen

Aufgabe 5
→ *Seite 38*

Folgende Schritte helfen dir beim Lösen von Sachaufgaben.
① Lies den Text gründlich, markiere wichtige Informationen oder schreibe sie heraus.
② Bezeichne die gesuchte Größe mit einer Variablen und trage alle gegebenen Informationen in eine passende Skizze oder Tabelle ein.
③ Stelle eine Gleichung auf, die den Sachverhalt beschreibt. Löse die Gleichung und formuliere einen aussagekräftigen Antwortsatz.
④ Mache eine Probe am Text.

① **Text** Eine Mutter ist heute dreimal so alt wie ihre Tochter. In 12 Jahren wird sie nur noch doppelt so alt wie ihre Tochter sein. Wie alt sind Mutter und Tochter heute?

② **Tabelle**

Alter	heute	in 12 J
Tochter	x	x + 12
Mutter	3x	3x + 12

③ **Gleichung aufstellen und lösen**

Alter Mutter in 12 J. = 2 · Alter Tochter in 12 J.

$3x + 12 = 2(x + 12)$

$3x + 12 = 2x + 24 \quad | -2x$

$x + 12 = 24 \quad | -12$

$x = 12$

Antwort:
Heute ist die Tochter 12 Jahre alt und die Mutter 36.

④ **Probe am Text:**
Heute: Mutter dreimal so alt wie ihre Tochter, also $3 \cdot 12 = 36$ (w)
In 12 Jahren: Mutter (48) doppelt so alt wie ihre Tochter (24), also $2 \cdot 24 = 48$ (w)

1. Leni ist heute dreimal so alt wie ihre Schwester Kira. In vier Jahren wird sie nur noch doppelt so alt sein wie Kira. Wie alt ist Kira heute, wie alt ist Leni heute?

2. Die Freunde Ali, Ben und Cem sind zusammen 47 Jahre alt. Ben ist zwei Jahre älter als Ali und Cem ist ein Jahr älter als Ben. Wie alt sind Ali und seine Freunde?

Verhältnisgleichungen lösen

Aufgabe 5
→ *Seite 66*

Wenn du zwei Verhältnisse gleichsetzt, erhältst du eine Verhältnisgleichung.

$a : b = c : d$ oder $\frac{a}{b} = \frac{c}{d}$

Variable im Zähler:

- $\frac{x}{7} = \frac{12}{28} \quad | \cdot 7$

$\frac{x \cdot 7}{7} = \frac{12 \cdot 7}{28} \quad |$ kürzen

$x = 3$

*Multipliziere mit dem Nenner **unter der Variablen**.*

Variable im Nenner:

- $\frac{36}{x} = \frac{4}{6} \quad | \cdot 6 \cdot x$

$\frac{36 \cdot 6x}{x} = \frac{4 \cdot 6x}{6} \quad |$ kürzen

$216 = 4x \quad | :4$

$54 = x$

*Multipliziere mit **beiden** Nennern.*

3. Löse die Gleichung. **a)** $\frac{x}{6} = \frac{15}{18}$ **b)** $\frac{x}{8} = \frac{5}{20}$ **c)** $\frac{12}{x} = \frac{8}{15}$ **d)** $\frac{24}{14} = \frac{72}{x} - 5$

Dreiecke beschriften und konstruieren

Aufgabe 2
→ *Seite 66*

Dreiecke werden häufig mit den Eckpunkten A, B und C (gegen den Uhrzeigersinn) beschriftet. Die Punkt A gegenüberliegende Seite wird a genannt. Die Seiten gegenüber B und C heißen dann b und c. Der Winkel bei A wird α, der Winkel bei B wird β und der Winkel bei C wird γ genannt.

Zur Konstruktion eines Dreiecks benötigst du drei Stücke (Seiten oder Winkel), darunter muss mindestens eine Seite sein.

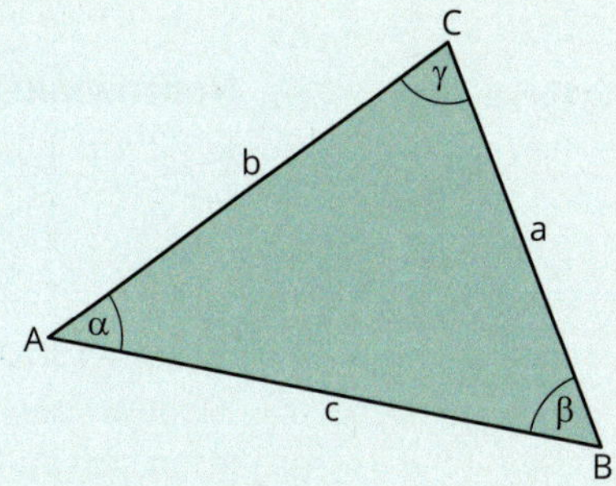

1. Übertrage eine Skizze des Dreiecks ins Heft und vervollständige die Beschriftung.

a)

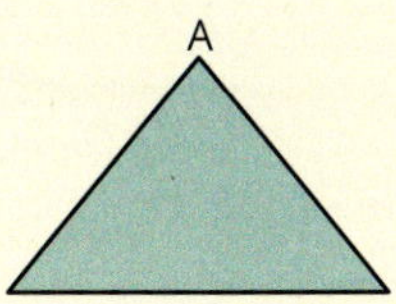

b)

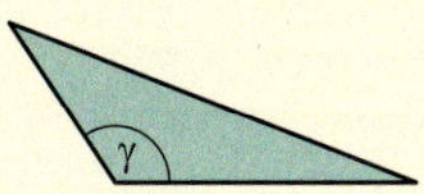

c)

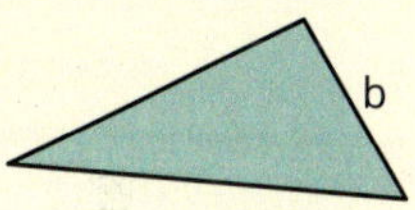

2. Rechts ist das Dreieck aus c = 6 cm, b = 3,5 cm und α = 81° konstruiert. Bringe die Konstruktionsschritte in die richtige Reihenfolge.

Ⓐ Kreisbogen um A mit dem Radius 3,5 cm.

Ⓑ An c im Punkt A den Winkel α = 81° antragen.

Ⓒ B und C mit einer Strecke verbinden.

Ⓓ Der Schnittpunkt des Kreisbogens mit dem Strahl heißt C.

Ⓔ Seite c = 6 cm mit den Endpunkten A und B zeichnen.

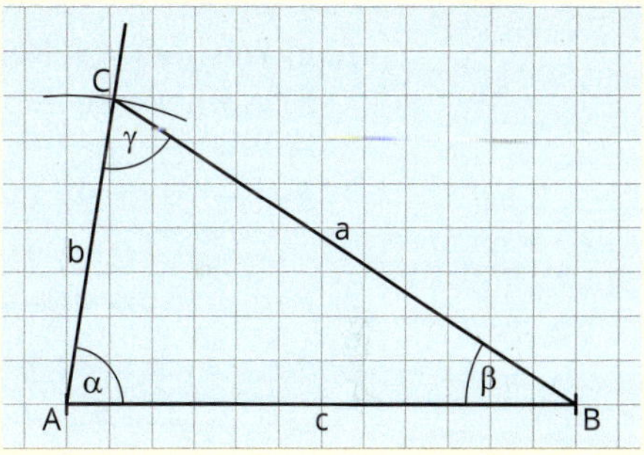

3. Konstruiere ein Dreieck mit den angegebenen Maßen.

a) c = 7 cm; α = 79°; β = 55°

b) a = 6,3 cm; b = 5,4 cm; c = 7 cm

c) c = 7,5 cm; α = 79°; γ = 86°

Winkel an geschnittenen Geraden und in Dreiecken bestimmen

Aufgabe 1
→ *Seite 66*

Nebenwinkel

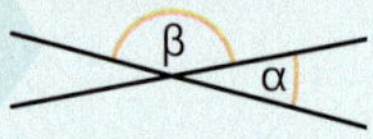

Scheitelwinkel

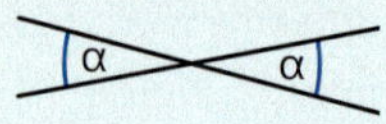

Stufenwinkel

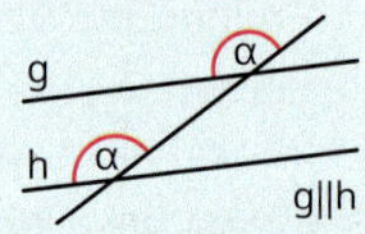

Wechselwinkel

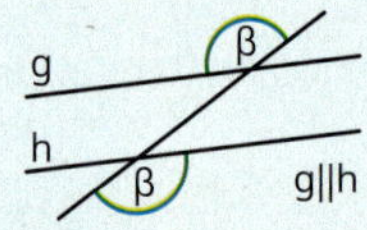

$\alpha + \beta = 180°$
Nebenwinkel ergänzen sich zu 180°.

Scheitelwinkel sind gleich groß.

Stufen- und Wechselwinkel an parallelen Geraden sind gleich groß.

In jedem Dreieck beträgt die Summe der Innenwinkel 180°.

$\alpha + \beta + \gamma = 180°$.

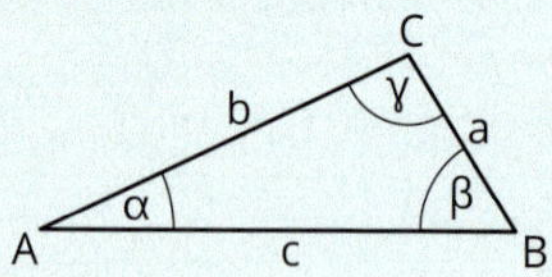

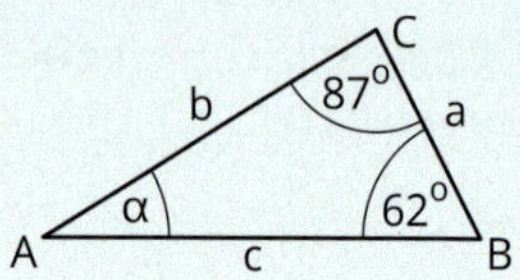

Berechne die Größe des Winkels α.

$\alpha = 180° - 87° - 62° = 31°$

1. **a)** Wie heißt der Nebenwinkel zu α_1?
b) Wie heißt der Stufenwinkel zu β_1?
c) Wie heißt der Wechselwinkel zu α_1?
d) Gib die Größe aller Winkel an.

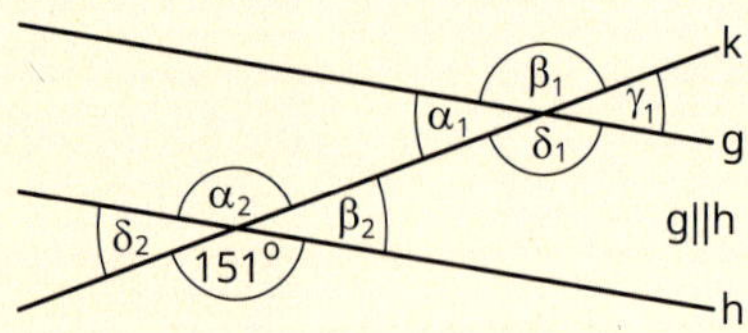

2. Berechne die jeweilige Größe der fehlenden Winkel.

a)

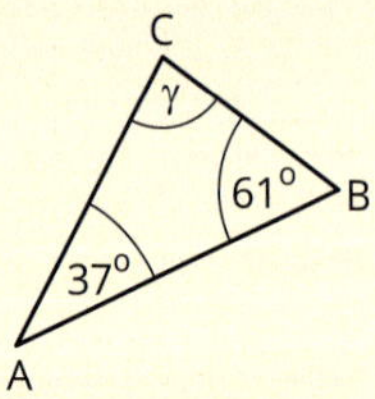

b)

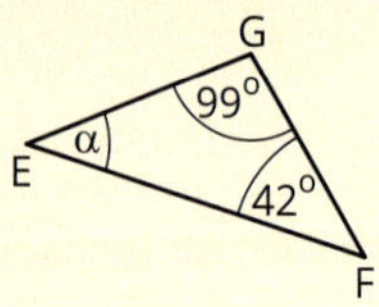

c)

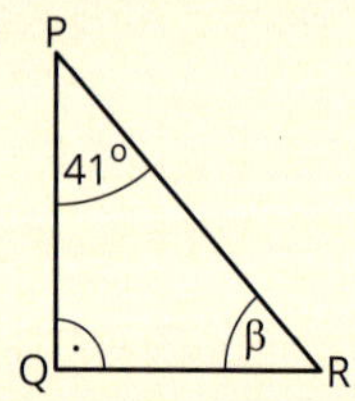

d)

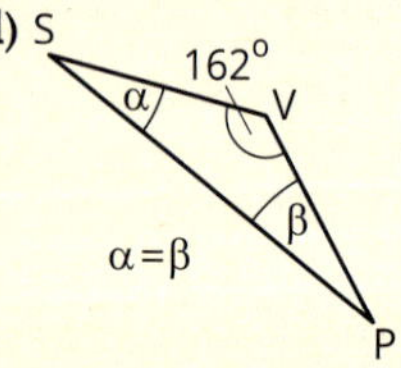

Seiten im rechtwinkligen Dreieck

Aufgabe 3
→ *Seite 66*

In einem rechtwinkligen Dreieck heißt die Seite, die dem rechten Winkel gegenüberliegt, Hypotenuse. Sie ist die längste Seite im rechtwinkligen Dreieck. Die Seiten, die den rechten Winkel einschließen, heißen Katheten.

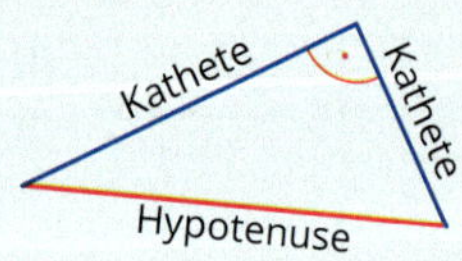

3. Benenne die beiden Katheten und die Hypotenuse im rechtwinkligen Dreieck.

a)

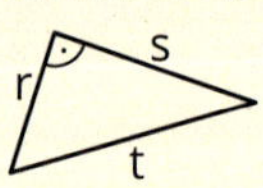

b)

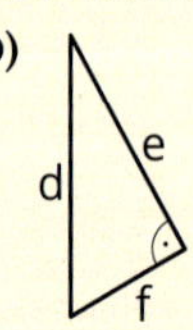

c)

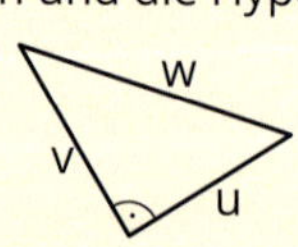

d)

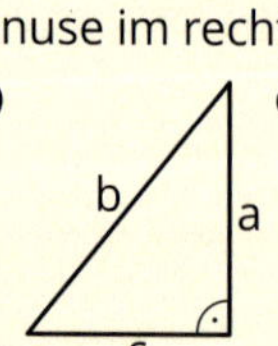

e)

f)

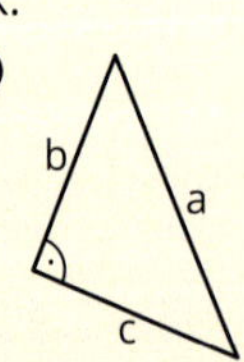

Quadrat- und Kubikzahlen im Kopf berechnen

Aufgabe 1
→ Seite 94

Du berechnest eine **Quadratzahl**, wenn du eine Zahl mit sich selbst multiplizierst.

$3^2 = 3 \cdot 3 = 9$

Ist a die Seitenlänge eines Quadrats, so ist der Flächeninhalt a^2.

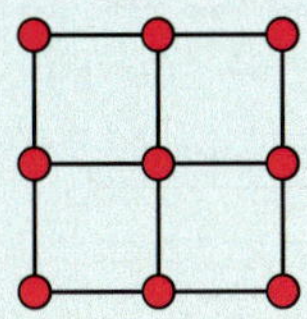

Du berechnest eine **Kubikzahl**, wenn du eine Zahl dreimal mit sich selbst multiplizierst.

$3^3 = 3 \cdot 3 \cdot 3 = 27$

Ist a die Kantenlänge eines Würfels, so ist das Volumen a^3.

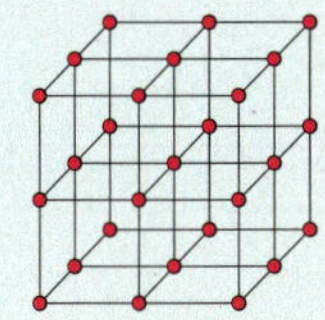

1. Notiere die Quadratzahlen von 1^2 bis 20^2 und lerne sie auswendig.

2. Berechne die Quadratzahl im Kopf.
a) 3^2 **b)** 10^2 **c)** 19^2 **d)** 8^2 **e)** 1^2 **f)** 20^2 **g)** 4^2 **h)** 13^2
i) 0^2 **j)** 14^2 **k)** 9^2 **l)** 6^2 **m)** 11^2 **n)** 15^2 **o)** 100^2 **p)** 5^2

3. Berechne die Kubikzahl im Kopf.
a) 2^3 **b)** 1^3 **c)** 4^3 **d)** 5^3 **e)** 3^3 **f)** 10^3 **g)** 6^3 **h)** 100^3

4. Bestimme das Volumen des Würfels mit der gegebenen Kantenlänge.
a) a = 5 m **b)** a = 2 cm **c)** A = 5 mm **d)** a = 100 cm

Potenzen

Aufgabe 2
→ Seite 94
Aufgabe 4
→ Seite 138

Wenn ein Produkt aus mehreren gleichen Faktoren besteht, kannst du es kürzer als **Potenz** schreiben. Das Ergebnis wird Potenzwert genannt. Außerdem gilt z. B. $2 = 2^1$.

Basis **Exponent** (Hochzahl)
2^5
Potenz (lies "2 hoch 5")

Potenzwert
$2^5 = 2 \cdot 2 \cdot 2 \cdot 2 \cdot 2 = 32$
5-mal der Faktor 2

5. Schreibe als Potenz.
a) $6 \cdot 6 \cdot 6 \cdot 6 \cdot 6$ **b)** $10 \cdot 10 \cdot 10$ **c)** $0{,}2 \cdot 0{,}2 \cdot 0{,}2 \cdot 0{,}2$ **d)** 25
e) $\frac{1}{2} \cdot \frac{1}{2} \cdot \frac{1}{2} \cdot \frac{1}{2} \cdot \frac{1}{2} \cdot \frac{1}{2} \cdot \frac{1}{2}$ **f)** $0{,}5 \cdot 0{,}5 \cdot 0{,}5 \cdot 0{,}5 \cdot 0{,}5$ **g)** $1000 \cdot 1000 \cdot 1000$ **h)** $\frac{2}{3} \cdot \frac{2}{3} \cdot \frac{2}{3} \cdot \frac{2}{3}$

6. Stelle die Potenz zuerst als Produkt dar. Berechne dann den Potenzwert im Kopf.
a) 2^6 **b)** 4^3 **c)** 2^4 **d)** 10^6 **e)** 2^9 **f)** 100^3 **g)** 3^4 **h)** 2^{10}

7. Notiere die Potenz und berechne den Potenzwert im Kopf.
a) Die Basis ist 2 und der Exponent ist 8.
b) Die Basis 10 wird mit 5 potenziert.
c) Die Potenz besteht viermal aus dem Faktor 5.
d) Der Exponent 5 wird mit der Basis 3 verknüpft.

Zehnerpotenzen

Aufgabe 3
→ *Seite 94*

Eine Potenz mit der Basis 10 wird als Zehnerpotenz bezeichnet.

Bei Zehnerpotenzen mit **positiven ganzen Exponenten** gibt der Exponent **die Anzahl der Nullen** an. (*Sonderfall: Für den Exponenten Null gilt:* $10^0 = 1$).

Hunderttausend:

5-mal der Faktor 10

$10^5 = 10 \cdot 10 \cdot 10 \cdot 10 \cdot 10$

$= 100\,000$

↑↑↑↑↑

Zehnerpotenzen mit **negativen ganzen Exponenten** kannst du als Bruch darstellen. Die Zehnerpotenz wird in den Nenner geschrieben, der Exponent wechselt das Vorzeichen.

Ein Hunderttausendstel:

$10^{-5} = \frac{1}{10^5}$

$= \frac{1}{100\,000}$

↑↑↑↑↑

$= 0{,}00001$

↑ ↑↑↑↑

1. Notiere als Zahl.

a) 10^4 **b)** 10^{-2} **c)** 10^1 **d)** 10^8 **e)** 10^{-6} **f)** 10^{-3} **g)** 10^0 **h)** 10^{-1}

2. Notiere als Zahl und in der Potenzschreibweise.

a) zehn **b)** eintausend **c)** 1 Mio. **d)** 10 Mrd.
e) eins **f)** ein Hundertstel **g)** ein Millionstel **h)** ein Zehntel
i) ein Milliardstel **j)** ein Tausendstel

3. Berechne. Es gilt: Potenz vor Punktrechnung.

a) $10^3 \cdot 5$ **b)** $10^{-1} \cdot 9$ **c)** $6 \cdot 10^5$ **d)** $9 \cdot 10^9$ **e)** $2 \cdot 10^{-4}$

Quadrat- und Kubikwurzeln im Kopf berechnen

Aufgabe 4
→ *Seite 94*

Das Ziehen einer **Quadratwurzel** ist das Gegenteil vom Quadrieren. Deswegen ist die Wurzel aus einer Quadratzahl immer eine natürliche Zahl.

Quadratwurzel

Welche Zahl zum Quadrat ergibt 9?

$\sqrt{9} = 3$

Das Ziehen einer **Kubikwurzel (dritten Wurzel)** ist das Gegenteil vom „hoch 3" Rechnen.

Kubikwurzel

Welche Zahl „hoch 3" ergibt 27?

$\sqrt[3]{27} = 3$

4. Berechne die Quadratwurzel im Kopf.

a) $\sqrt{4}$ **b)** $\sqrt{64}$ **c)** $\sqrt{16}$ **d)** $\sqrt{196}$ **e)** $\sqrt{1}$ **f)** $\sqrt{324}$ **g)** $\sqrt{361}$ **h)** $\sqrt{400}$
i) $\sqrt{0}$ **j)** $\sqrt{49}$ **k)** $\sqrt{100}$ **l)** $\sqrt{121}$ **m)** $\sqrt{25}$ **n)** $\sqrt{169}$ **o)** $\sqrt{289}$ **p)** $\sqrt{36}$

5. Berechne die Kubikwurzel im Kopf.

a) $\sqrt[3]{8}$ **b)** $\sqrt[3]{1\,000}$ **c)** $\sqrt[3]{64}$ **d)** $\sqrt[3]{125}$ **e)** $\sqrt[3]{1\,000\,000}$

6. Bestimme die Seitenlänge des Quadrats mit dem gegebenen Flächeninhalt.

a) $A = 4\ m^2$ **b)** $A = 225\ cm^2$ **c)** $A = 169\ dm^2$ **d)** $A = 1\ mm^2$ **e)** $A = 289\ m^2$

Brüche und Dezimalzahlen multiplizieren

Aufgabe 5
→ *Seite 94*

Du multiplizierst zwei Brüche miteinander, indem du Zähler mit Zähler und Nenner mit Nenner multiplizierst. (kurz: Zähler mal Zähler, Nenner mal Nenner)

$\frac{2}{5}\cdot\frac{3}{7}=\frac{2\cdot 3}{5\cdot 7}=\frac{6}{35}$

$\frac{3}{4}\cdot\frac{8}{9}=\frac{{}^{1}\cancel{3}\cdot\cancel{8}^{2}}{{}_{1}\cancel{4}\cdot\cancel{9}_{3}}=\frac{2}{3}$ *Zähler und Nenner dürfen auch schräg gekürzt werden*

Beim Multiplizieren von Dezimalzahlen rechnest du zunächst ohne Komma. Das Ergebnis hat so viele Stellen hinter dem Komma wie beide Faktoren zusammen.

$1{,}2\cdot 3=3{,}6$ *Rechne $12\cdot 3=36$*

$0{,}5\cdot 0{,}5=0{,}25$ *Rechne $5\cdot 5=25$*

1. Multipliziere im Kopf.
a) $\frac{1}{2}\cdot\frac{1}{5}$ **b)** $\frac{1}{6}\cdot\frac{1}{3}$ **c)** $\frac{2}{5}\cdot\frac{3}{7}$ **d)** $\frac{4}{3}\cdot\frac{11}{9}$ **e)** $\frac{4}{15}\cdot\frac{2}{5}$

2. Berechne im Kopf. Kürze möglichst früh.
a) $\frac{6}{7}\cdot\frac{5}{4}$ **b)** $\frac{8}{15}\cdot\frac{25}{6}$ **c)** $\frac{4}{7}\cdot\frac{7}{9}$ **d)** $\frac{12}{17}\cdot\frac{2}{3}$ **e)** $\frac{11}{13}\cdot\frac{13}{11}$

3. Multipliziere im Kopf.
a) $0{,}2\cdot 0{,}4$ **b)** $0{,}3\cdot 0{,}7$ **c)** $0{,}5\cdot 0{,}8$ **d)** $1{,}1\cdot 0{,}3$ **e)** $2{,}5\cdot 0{,}6$

Flächeninhalt und Umfang von Quadrat, Rechteck und Kreis

Aufgabe 1
→ *Seite 114*

Quadrat

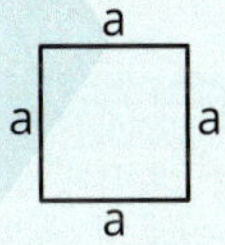

Flächeninhalt:
$A=a\cdot a=a^2$
Umfang:
$u=4\cdot a$

Rechteck

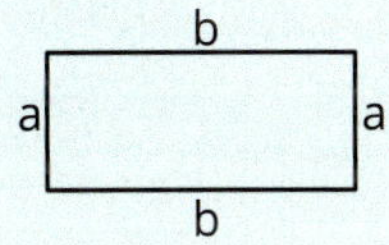

Flächeninhalt:
$A=a\cdot b$
Umfang:
$u=2a+2b$

Kreis

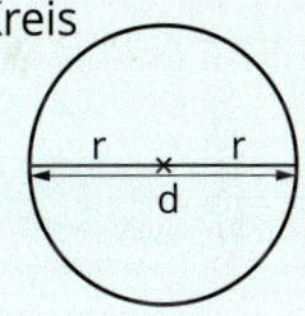

Flächeninhalt:
$A=\pi\cdot r^2$
Umfang:
$u=\pi\cdot d=2\pi\cdot r$

4. Berechne den Flächeninhalt und den Umfang der Figur.
a) Quadrat mit a = 9 cm **b)** Rechteck mit a = 8 cm und b = 12 cm **c)** Kreis mit r = 7 cm

5. Berechne den Flächeninhalt der gefärbten Figur.

a)

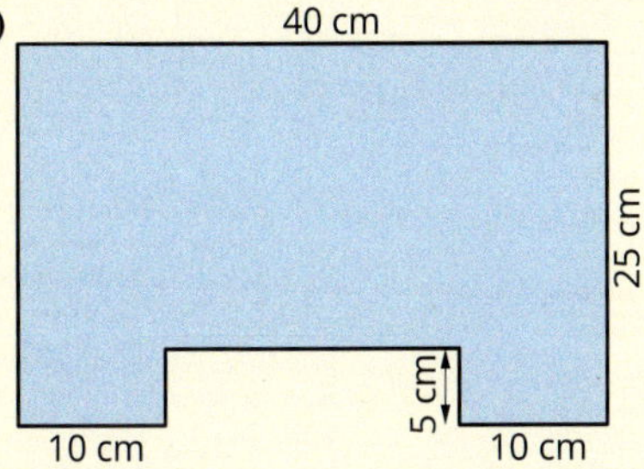

b)

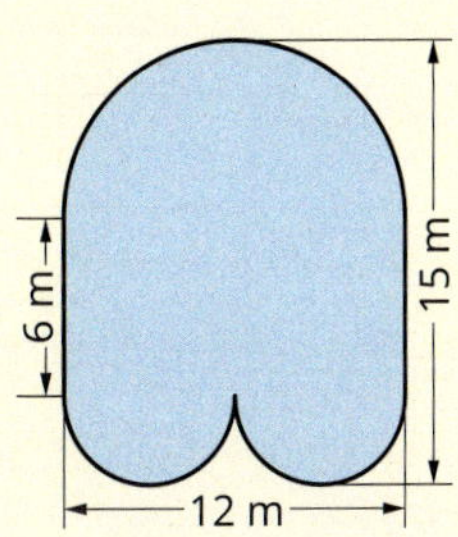

c)

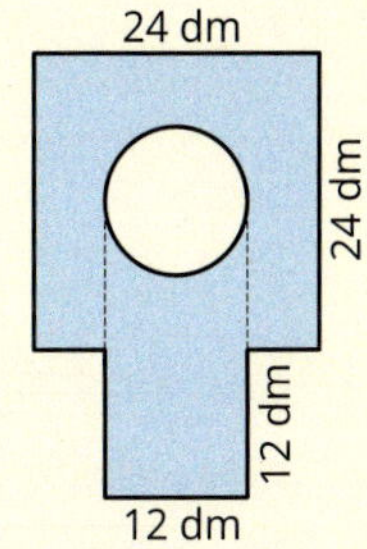

Flächeninhalt eines Dreiecks

Aufgabe 2
→ Seite 114

Rechtwinkliges Dreieck
Der Flächeninhalt des roten Dreiecks ist halb so groß wie der Flächeninhalt des Rechtecks.

$A = \frac{a \cdot b}{2}$

a, b: Katheten

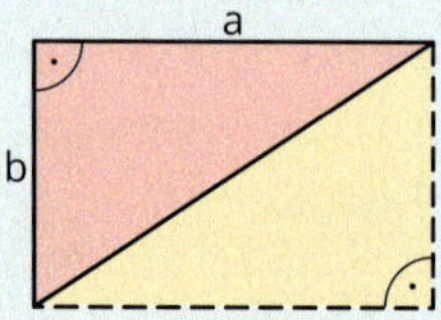

Allgemeines Dreieck
Der Flächeninhalt des grünen Dreiecks ist halb so groß wie der Flächeninhalt des Rechtecks.

$A = \frac{g \cdot h}{2}$

g: Grundseite
h: Höhe

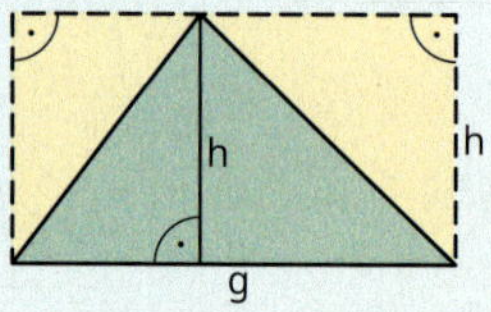

1. Berechne den Flächeninhalt des rechtwinkligen Dreiecks.

a)

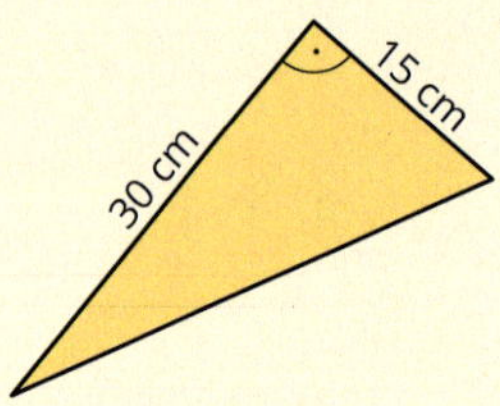

b)

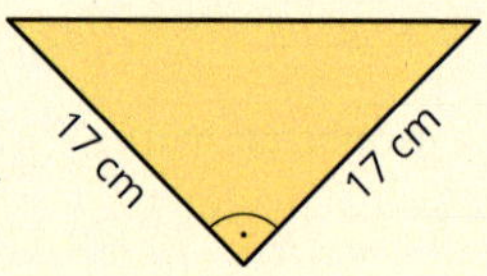

c)

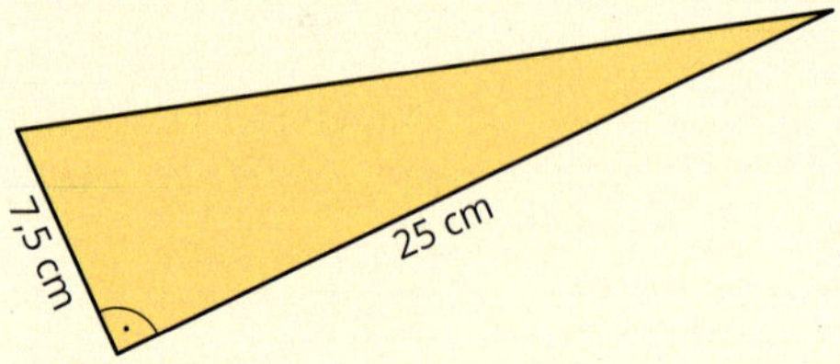

2. Berechne den Flächeninhalt des allgemeinen Dreiecks.

a)

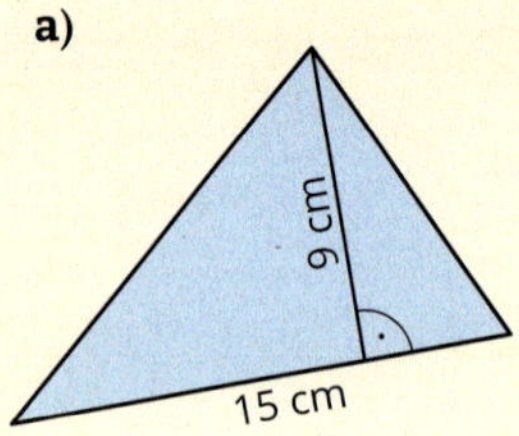

b)

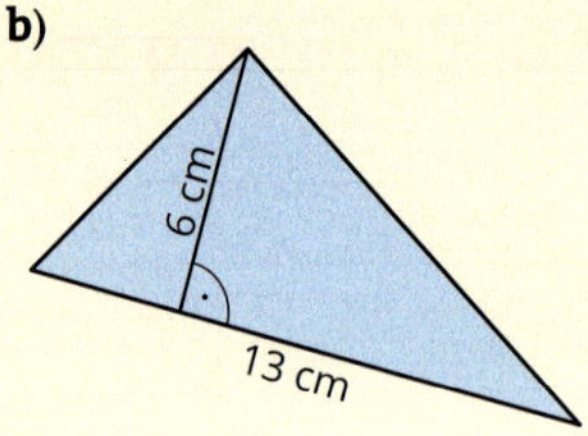

c)

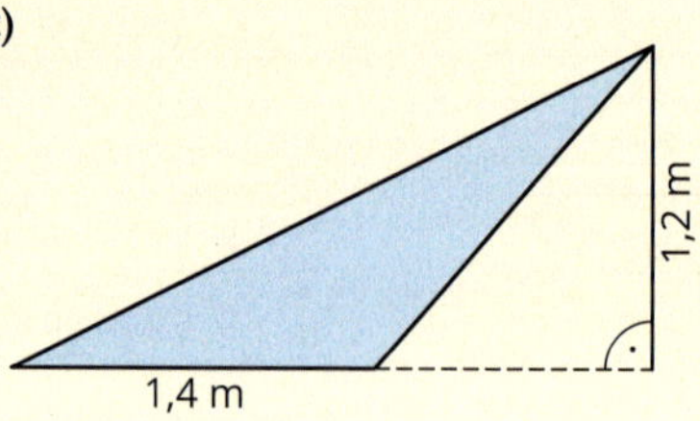

Satz des Pythagoras

Aufgabe 3
→ *Seite 66*
Aufgabe 4
→ *Seite 66*
Aufgabe 3
→ *Seite 114*

In jedem rechtwinkligen Dreieck ist die Summe der Flächeninhalte der beiden Kathetenquadrate gleich dem Flächeninhalt des Hypotenusenquadrats.

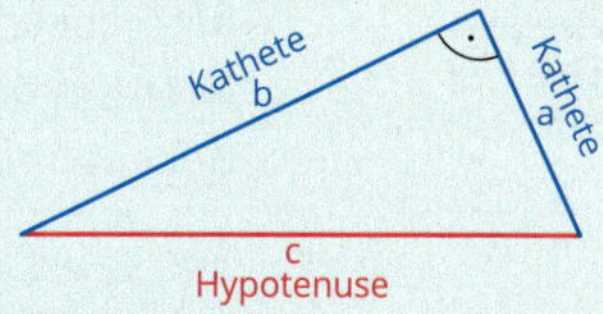

$(\text{Kathete } 1)^2 + (\text{Kathete } 2)^2 = (\text{Hypotenuse})^2$
Für $\gamma = 90°$ gilt $a^2 + b^2 = c^2$.

Hypotenuse berechnen
$a = 3{,}2$ cm; $b = 6$ cm; $\gamma = 90°$; $c = ▒$

Einsetzen
$3{,}2^2 + 6^2 = c^2$
$c^2 = 10{,}24 + 36 \quad | \sqrt{}$
$c \approx 6{,}8$
Die Hypotenuse c ist 6,8 cm lang.

Kathete berechnen
$c = 9$ cm; $b = 5{,}4$ cm; $\gamma = 90°$; $a = ▒$

Einsetzen
$a^2 + 5{,}4^2 = 9^2 \quad | - 5{,}4^2$
$a^2 = 9^2 - 5{,}4^2$
$a^2 = 81 - 29{,}16 \quad | \sqrt{}$
$a \approx 7{,}2$
Die Kathete a ist 7,2 cm lang.

1. Notiere eine Gleichung, die nach dem Satz des Pythagoras gilt.

a)
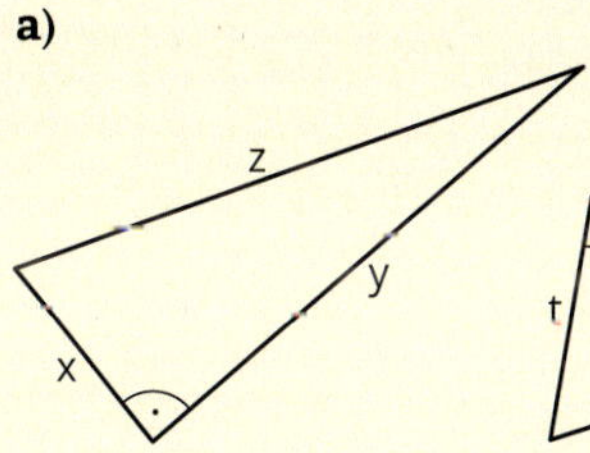

b)
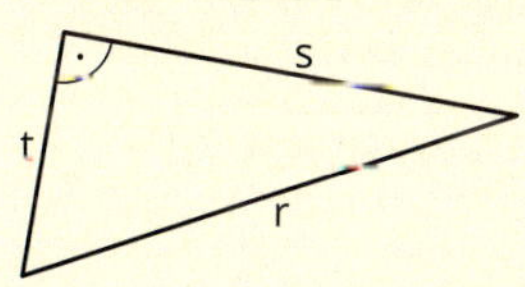

c)
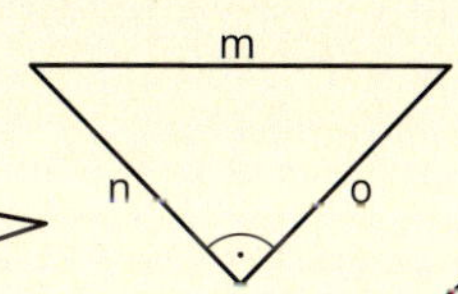

d)
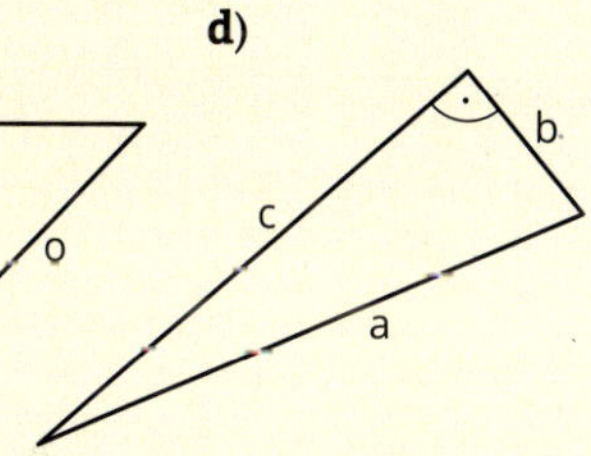

2. Berechne die Seite x.

a)
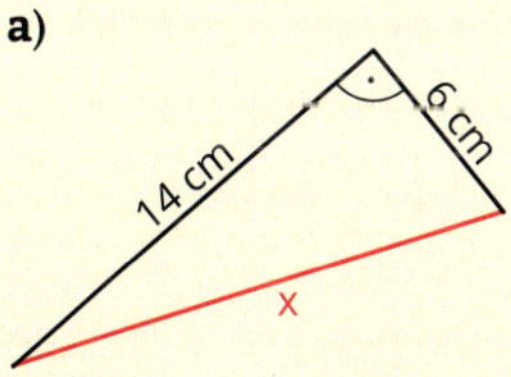

b)
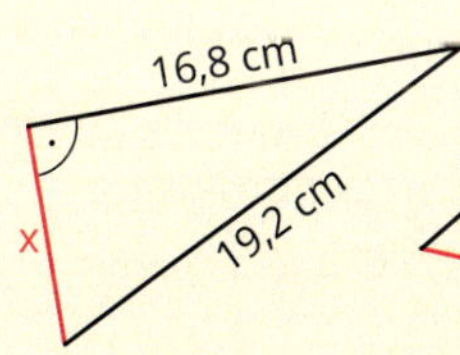

c)
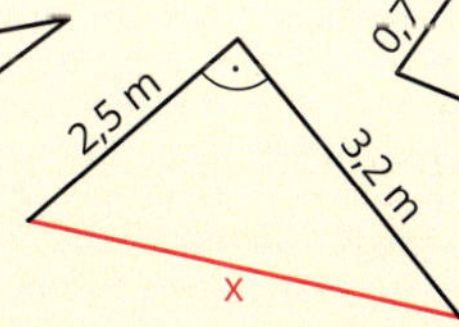

d)
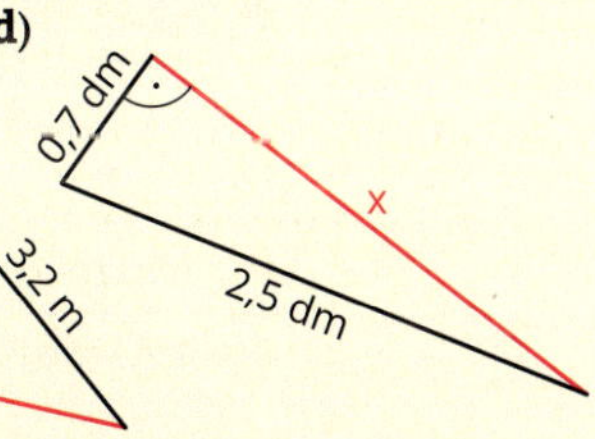

Fehlende Größen durch Umstellen von Formeln berechnen

Aufgabe 4
→ *Seite 114*

Mit Hilfe von **Formeln** kannst du gesuchte Größen bestimmen. Dafür sollte die gesuchte Größe in der Formel vorkommen. Alle anderen Größen der Formel sollten in der Aufgabe gegeben sein.

Von einem Prisma sind die Oberfläche $O = 108\ cm^2$ und die Mantelfäche $M = 50\ cm^2$ gegeben. Berechne die Grundfläche G.

$O = 2 \cdot G + M$		①	*Suche die passende Formel und schreibe sie auf.*
$108 = 2 \cdot G + 50$	$\vert -50$	②	*Setze alle gegebenen Größen in die Formel ein.*
$58 = 2 \cdot G$	$\vert :2$	③	*Du erhältst eine Gleichung. Löse diese Gleichung*
$\mathbf{29 = G}$			*nach der gesuchten Größe auf.*

Die Grundfläche ist $29\ cm^2$ groß.

1. Berechne die gesuchte Größe des Rechtecks.
a) $A = 28{,}8\ cm^2$; $a = 4{,}5\ cm$; $b =$ ■
b) $u = 25{,}4\ m$; $a = 9{,}6\ m$; $b =$ ■
c) $A = 419{,}68\ m^2$; $b = 17{,}2\ m$; $a =$ ■
d) $u = 222{,}0\ cm$; $a = 45{,}6\ cm$; $b =$ ■

2. Berechne die gesuchte Größe des Quaders.
a) $V = 5244\ cm^3$; $a = 19\ cm$; $b = 23\ cm$; $c =$ ■
b) $V = 72160\ mm^3$; $a = 32\ mm$; $c = 41\ mm$; $b =$ ■

Flächenmaße umwandeln

Aufgabe 5
→ *Seite 114*

Ein **Quadratmeter** ($1\ m^2$) ist ein Quadrat mit 1 m Seitenlänge.
Es besteht aus
$10\ dm \cdot 10\ dm = 100$ Quadratdezimetern:

$$1\ m^2 = 100\ dm^2$$

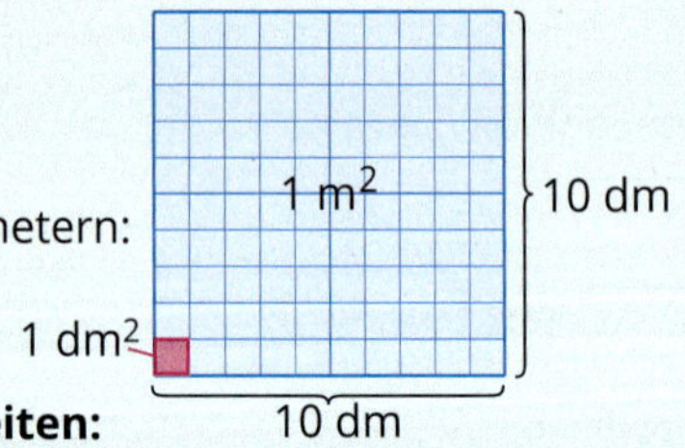

Weitere Flächenmaße:
$1\ km^2 = 100\ ha$
$1\ ha = 100\ a$
$1\ a = 100\ m^2$

$1\ dm^2 = 100\ cm^2$
$1\ cm^2 = 100\ mm^2$

Umrechnen benachbarter Einheiten:

$720\ mm^2 \xrightarrow[:100]{\text{in die nächstgrößere}} 7{,}2\ cm^2$

$720\ mm^2 \xleftarrow[\cdot 100]{\text{in die nächstkleinere}} 7{,}2\ cm^2$

3. Rechne in die nächstgrößere Flächeneinheit um.
a) $720\ cm^2$ **b)** $9000\ dm^2$ **c)** $574\ mm^2$ **d)** $800\ a$ **e)** $3500\ ha$ **f)** $5\ m^2$

4. Rechne in die nächstkleinere Flächeneinheit um.
a) $7{,}2\ dm^2$ **b)** $9\ cm^2$ **c)** $7{,}5\ m^2$ **d)** $0{,}8\ a$ **e)** $0{,}735\ ha$ **f)** $0{,}03\ km^2$

5. Rechne in die angegebene Flächeneinheit um.
a) $80\ cm^2 =$ ■ mm^2
b) $80\ cm^2 =$ ■ dm^2
c) $5{,}2\ m^2 =$ ■ dm^2
d) $0{,}7\ m^2 =$ ■ cm^2
e) $7350\ mm^2 =$ ■ dm^2
f) $12000\ cm^2 =$ ■ m^2

Volumenmaße umwandeln

Aufgabe 5
→ *Seite 114*

Ein Würfel mit 1 m Kantenlänge hat das Volumen von einem **Kubikmeter** (1 m^3). Er besteht aus 10 dm · 10 dm · 10 dm = 1 000 Kubikdezimetern:

$$1\ m^3 = 1\,000\ dm^3$$

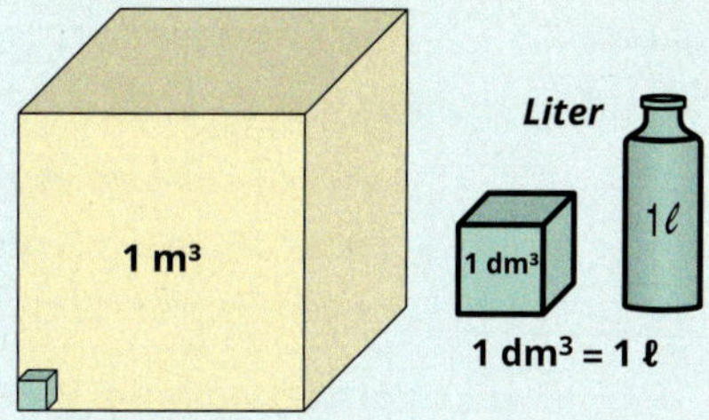

Weitere Volumenmaße:

$1\ dm^3 = 1\,000\ cm^3$ $\quad$ $1\ cm^3 = 1\,000\ mm^3$

$1\ \ell = 1\,000\ m\ell$ $\quad$ $1\ m\ell = 1\ cm^3$

Umrechnen benachbarter Einheiten:

$7\,500\ mm^3 \xrightarrow[:1000]{\text{in die nächstgrößere}} 7{,}5\ cm^3$ $\qquad$ $7\,500\ mm^3 \xleftarrow[\cdot 1000]{\text{in die nächstkleinere}} 7{,}5\ cm^3$

1. Rechne in die nächstgrößere Volumeneinheit um.
a) 7 500 cm^3 **b)** 4 000 dm^3 **c)** 800 mm^3 **d)** 60 mm^3 **e)** 20 000 cm^3 **f)** 5 dm^3

2. Rechne in die nächstkleinere Volumeneinheit um.
a) 7,5 dm^3 **b)** 9 m^3 **c)** 0,2 cm^3 **d)** 4,55 m^3 **e)** 1,485 cm^3 **f)** 0,03 dm^3

3. Rechne in die angegebene Volumeneinheit um.
a) 74 cm^3 – ▢ mℓ **b)** 12 dm^3 = ▢ ℓ **c)** 1,5 ℓ = ▢ mℓ
d) 7 000 mℓ = ▢ ℓ **e)** 0,25 dm^3 = ▢ mℓ **f)** 65 400 cm^3 = ▢ ℓ
g) 0,33 ℓ = ▢ cm^3 **h)** 2 500 mℓ = ▢ dm^3 **i)** 22 500 ℓ = ▢ m^3

Prozentsätze in Dezimalzahlen umwandeln und umgekehrt

Aufgabe 1
→ *Seite 138*

Brüche mit dem **Nenner 100** kannst du einfach in der **Prozentschreibweise** notieren. Das Zeichen für Prozent ist % und steht für „Hundertstel".

So wandelst du einen **Prozentsatz in eine Dezimalzahl** um:

$3{,}5\,\% \overset{①}{=} \frac{3{,}5}{100} \overset{②}{=} 3{,}5 : 100 = 0{,}035$

Komma um 2 Stellen nach links

① *Ersetze das Prozentzeichen durch einen Bruch mit dem Nenner 100.*
② *Dividiere „Zähler durch Nenner".*

So wandelst du eine **Dezimalzahl in einen Bruch** um:

$0{,}21 \overset{①}{=} \frac{21}{100} \overset{②}{=} 21\,\%$

Komma um 2 Stellen nach rechts

① *Schreibe die Dezimalzahl in einen Bruch mit dem Nenner 100 um.*
② *Notiere den Bruch in der Prozentschreibweise.*

4. Wandle den Prozentsatz in eine Dezimalzahl um.
a) 30 % **b)** 18 % **c)** 3 % **d)** 85,2 % **e)** 0,5 % **f)** 150 %

5. Wandle die Dezimalzahl in einen Prozentsatz um.
a) 0,47 **b)** 0,08 **c)** 0,2 **d)** 0,85 **e)** 0,6 **f)** 0,01
g) 1,25 **h)** 0,123 **i)** 2 **j)** 0,008 **k)** 1,5 **l)** 0,025

Prozentuale Änderungen

Aufgabe 2
→ *Seite 138*

Ein Grundwert wird oft um einen prozentualen Anteil p % vermehrt oder vermindert.

Du erhältst den vermehrten Grundwert, wenn du den Grundwert mit dem Prozentfaktor 100 % + p % multiplizierst.

G = 2 190 €;
Erhöhung um p % = 6,5 %;
Prozentfaktor = 100 % + 6,5 %
= 106,5 % = 1,065
W = 2 190 € · 1,065 = 2 332,35 €

Du erhältst den verminderten Grundwert, wenn du den Grundwert mit dem Prozentfaktor 100 % – p % multiplizierst.

G = 1 240 €;
Verminderung um p % = 17 %;
Prozentfaktor = 100 % – 17 %
= 83 % = 0,83
W = 1 240 € · 0,83 = 1 029,20 €

1. Berechne den vermehrten Prozentsatz (100 % + p %) und damit den neuen Preis.

	a)	b)	c)	d)	e)
alter Preis	100 €	1 000 €	450 €	25,50 €	44,20 €
Erhöhung **um %**	30 %	15 %	5 %	19 %	7 %
Erhöhung **auf %**	130 %				
neuer Preis					

2. Berechne den verminderten Prozentsatz (100 % – p %) und damit den neuen Preis.

	a)	b)	c)	d)	e)
alter Preis	200 €	4 000 €	150 €	55,50 €	15,20 €
Verminderung **um %**	9 %	20 %	50 %	19 %	15 %
Verminderung **auf %**	91 %				
neuer Preis					

Grundbegriffe der Prozentrechnung

Aufgabe 3
→ *Seite 138*

30 %	von	400 kg	sind	120 kg.
Prozentsatz		Grundwert		Prozentwert
p %		G		W

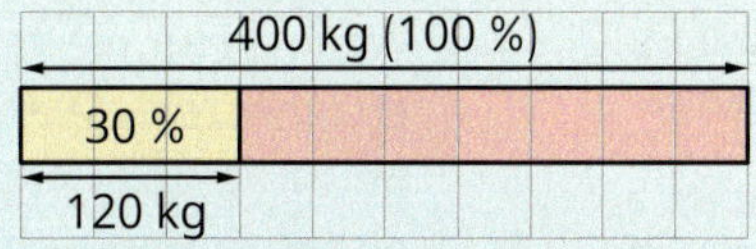

Der **Prozentwert W** gibt den Anteil am Ganzen an.	Der **Grundwert G** gibt das Ganze (100 %) an.	Der **Prozentsatz p %** gibt das Verhältnis in Prozent an.
Prozentwert W bestimmen: G = 500 €; p % = 20 % W = G · p % W = 500 € · 0,2 W = 100 €	**Grundwert G** bestimmen: W = 80 kg; p % = 5 % G = W : p % G = 80 kg : 0,05 G = 1 600 kg	**Prozentsatz p %** bestimmen: G = 90 m^2; W = 27 m^2 p % = W : G p % = 27 m^2 : 90 m^2 p % = 0,3 p % = 30 %

1. Berechne die fehlenden Werte möglichst im Kopf.

	a)	b)	c)	d)	e)	f)
Grundwert G	400 €	1 600 €	200 €	1 200 €	■	■
Prozentwert W	■	■	50 €	48 €	60 €	150 €
Prozentsatz p %	20 %	3 %	■	■	10 %	5 %

2. Ordne die Begriffe Grundwert, Prozentwert und Prozentsatz zu.

a) Nadine bekommt monatlich 30 € Taschengeld. Das sind 60 % des Betrags, den ihr Bruder erhält. Dieser ist drei Jahre älter und bekommt 50 € im Monat.

b) Mike wirft beim Basketball 40-mal auf den Korb und trifft 16-mal. Das sind 40 %.

3. Welcher Wert (G, W oder p %) fehlt? Berechne ihn.

a) Ein Flugzeug hat 350 Plätze für Passagiere. Beim Flug von Berlin nach New York sind 98 % der Plätze besetzt.

b) Bei einem Aufnahmetest für die Polizei haben 106 Bewerberinnen und Bewerber den ersten Test bestanden. Angemeldet hatten sich 150 für den Polizeiberuf Interessierte.

c) Jetzt haben wir schon 24 Seemeilen hinter uns, das sind 75 % der Schiffstour von Emden auf die Insel Borkum.

Wertetabellen erstellen und Funktionsgraphen zeichnen

Aufgabe 2
→ *Seite 38*

Aufgabe 5
→ *Seite 138*

Wenn du für die Variable x im Funktionsterm verschiedene Zahlen einsetzt, kannst du die errechneten y-Werte in einer Wertetabelle übersichtlich anordnen.
Bei **linearen Funktionen** kannst du den Graphen mit **zwei Wertepaaren** zeichnen, bei **anderen Funktionen** benötigst du **mehrere Punkte** und kannst den Graphen häufig nur skizzieren.

Funktionsterm: $y = 2x + 1$
Wertetabelle:

x	−2	−1	0	1	2
y	−3	−1	1	3	5

Zeichne **zwei Wertepaare** als Punkte ins Koordinatensystem und verbinde diese zu einer Geraden.

Funktionsterm: $y = 0{,}5x^2 - 2$
Wertetabelle:

x	−2	−1	0	1	2
y	0	−1,5	−2	−1,5	0

Zeichne **mehrere Wertepaare** als Punkte ins Koordinatensystem und verbinde zu einem Graphen.

Funktionsgraph:

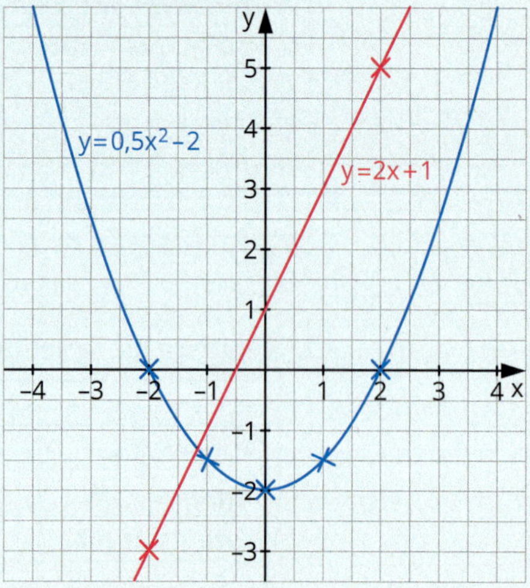

1. Erstelle eine Wertetabelle für x = −3; −2 ; …; 3. Zeichne die lineare Funktion mit Hilfe von zwei Punkten in ein Koordinatensystem (x-Achse von −5 bis 5; y-Achse von −4 bis 6; zwei Kästchen als Einheit).

a) $y = 0{,}5x - 2$ **b)** $y = -2x + 1$ **c)** $y = \frac{1}{4}x$ **d)** $y = 3$

2. Erstelle eine Wertetabelle. Runde auf eine Nachkommastelle, wenn nötig. Skizziere die Funktion mit Hilfe von mehreren Punkten in ein Koordinatensystem (x-Achse von −5 bis 5; y-Achse von −4 bis 6; zwei Kästchen als Einheit).

a) $y = 0{,}5x^2 - 1$ **b)** $y = -2x^2 + 5$ **c)** $y = (x - 1)^2 - 3$ **d)** $y = \sqrt{x} + 1$

Informationen aus Diagrammen entnehmen

Aufgabe 1
→ *Seite 164*

① Beschreibe das Diagramm möglichst genau. Worum geht es? Achte auf die Überschrift und die Beschriftungen der Achsen.

② Lies die Werte an den Achsen ab. Beachte die Einteilung der Achsen.

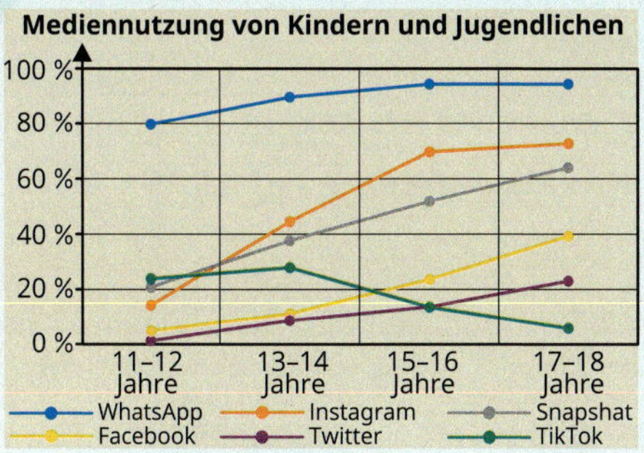

Im abgebildeten Liniendiagramm geht es um die Mediennutzung von Kindern und Jugendlichen. Es wird zu verschiedenen Altersstufen (x-Achse) die Mediennutzung in Prozent (y-Achse) angegeben.

Beispiele für Informationen:

- Im Alter von 11–18 Jahren ist „WhatsApp" das am häufigsten genutzte Medium mit etwa 80–95 %.
- Tik-Tok wird im Alter von 13–14 Jahren häufiger genutzt als im Alter von 17–18 Jahren.

1. Betrachte das Diagramm.

a) Gib an, welches Thema dargestellt ist.

b) Lies ab, in welchen Monaten es den höchsten bzw. den niedrigsten Niederschlag gibt.

c) Wann würdest du deinen Urlaub gerne in Lübeck verbringen? Begründe.

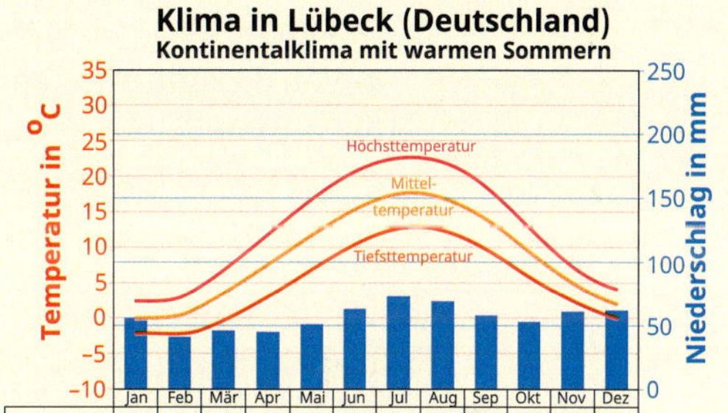

	Jan	Feb	Mär	Apr	Mai	Jun	Jul	Aug	Sep	Okt	Nov	Dez
Niederschlag in mm	56	41	46	45	51	63	73	69	58	53	61	62
Höchsttemperatur	2,3	2,8	6,7	11,8	16,7	20,4	22,3	21,7	18,5	12,8	7,3	4,0
Mitteltemperatur	–0,1	0,1	3,1	7,4	11,8	15,4	17,5	17,0	14,0	9,4	4,9	1,8
Tiefstemperatur	–2,4	–2,6	–0,5	3,0	6,9	10,4	12,7	12,4	9,6	6,0	2,5	–0,4

2. a) Beschreibe, was im Diagramm dargestellt ist.

b) Entscheide, welche Aussagen zum Musikhören zutreffen und welche nicht.

Ⓐ Jugendliche von 16–17 Jahren nutzen überwiegend Spotify.

Ⓑ Die meisten nutzen mehrere Wege zum Musikhören.

Ⓒ CDs und Platten werden von 10 % der Zwölf- bis 13-Jährigen regelmäßig genutzt.

Ⓓ Die Nutzung von Musikstreams spielt bei Älteren eine größere Rolle als bei Jüngeren.

Ⓔ Musik bei YouTube ist bei den Jüngsten weiter verbreitet als bei den Ältesten.

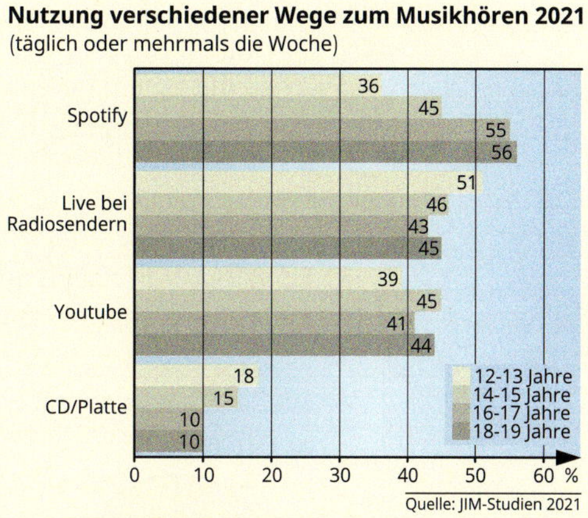

Absolute und relative Häufigkeiten

Aufgabe 2
→ *Seite 164*

Die **absolute Häufigkeit** gibt die Anzahl an, wie oft ein bestimmter Wert vorkommt.
Die **relative Häufigkeit** gibt den Anteil an, den die absolute Häufigkeit an der Gesamtzahl hat.
Die relative Häufigkeit kannst du als Bruch, als Dezimalzahl oder in Prozent angeben.

relative Häufigkeit $= \frac{\text{absolute Häufigkeit}}{\text{Gesamtzahl}}$

4 von 25 Kindern haben eine Siegerurkunde erhalten.

absolute Häufigkeit: 4 **relative Häufigkeit:** $\frac{4}{25} = \frac{16}{100} = 0{,}16 = 16\,\%$

1. Bestimme die absolute und relative Häufigkeit der roten Kugeln in der Urne.

a)

b)
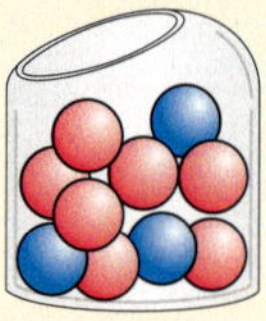

c)
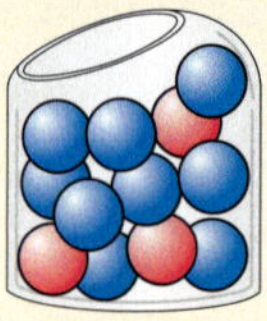

d)
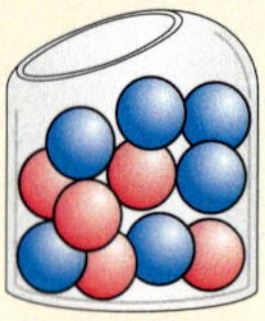

2. Bestimme die relative Häufigkeit.
a) Von 80 kontrollierten Fahrrädern waren 20 nicht verkehrssicher.
b) Paul hat 30-mal gewürfelt. Er hat 6-mal eine Sechs gewürfelt.
c) Die Klasse 10a besteht aus 10 Mädchen und 12 Jungen.

Wahrscheinlichkeit eines Ereignisses bei Laplace-Experimenten bestimmen

Aufgabe 3
→ *Seite 164*

Ein **Ereignis** ist eine Zusammenfassung von einem oder mehreren Ergebnissen eines Zufallsexperimentes. Diese Ergebnisse werden als **günstige Ergebnisse** bezeichnet.
Bei **Laplace-Experimenten** berechnest du die Wahrscheinlichkeit eines Ereignisses so:

$$\textbf{P(Ereignis)} = \frac{\text{Anzahl der günstigen Ergebnisse}}{\text{Anzahl aller möglichen Ergebnisse}}$$

Würfeln mit einem fairen Würfel:
6 mögliche Ergebnisse: 1; 2; 3; 4; 5; 6

Wahrscheinlichkeit für das Ereignis „gerade Zahl“:
3 Ergebnisse davon sind günstig: 2; 4; 6
P(gerade Zahl) $= \frac{3}{6} = \frac{1}{2} = 0{,}5 = 50\,\%$

3. Ein fairer Würfel wird geworfen. Wie groß ist die Wahrscheinlichkeit für das Ereignis
a) gerade Zahl, **b)** größer als 2, **c)** 1 oder 6, **d)** mindestens 1?

4. Ein Zufallsexperiment wird einmal durchgeführt. Berechne die Wahrscheinlichkeit.

a) P(blau)

b) P(gelb)

c) P(5,5)

Gegenereignis

Aufgabe 4
→ *Seite 164*

Zu jedem Ereignis E gibt es ein zugehöriges **Gegenereignis $\overline{E}$** (lies: nicht E).
Das Gegenereignis $\overline{E}$ enthält alle Ergebnisse, die nicht zum Ereignis E gehören.
Es gilt: $\mathbf{P(\overline{E}) + P(E) = 100\,\% = 1}$ und $\mathbf{P(E) = 1 - P(\overline{E})}$

Aus einer Urne mit 3 blauen und 5 roten Kugeln werden zwei Kugeln mit Zurücklegen gezogen. Bestimme die Wahrscheinlichkeit für das Ereignis E „mindestens eine rote Kugel".
Vorüberlegung: Das Gegenereignis zum Ereignis E „mindestens eine rote Kugel" ist $\overline{E}$ „keine rote Kugel" bzw. „zwei blaue Kugeln".

① *Baumdiagramm zeichnen*

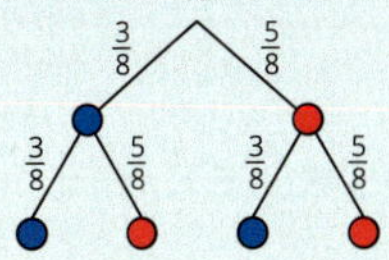

② *Pfadregeln anwenden*

$P(\overline{E}) = P(\text{zwei blaue Kugeln}) = \frac{3}{8} \cdot \frac{3}{8} = \frac{9}{64}$

$P(E) = P(\text{mindestens eine rote Kugel})$
$= 1 - P(\overline{E}) = 1 - \frac{9}{64} = \frac{55}{64} \approx 0{,}86 = 86\,\%$

1. Es wird mit einem Spielwürfel gewürfelt. Gib das Gegenereignis an.
a) Es wird eine ungerade Zahl gewürfelt. **b)** Es wird keine Zwei gewürfelt.
c) Es wird höchstens eine 5 gewürfelt. **d)** Es wird eine 4 oder mehr gewürfelt.

2. a) Aus den Losen mit den zweistelligen Nummern von 10 bis 99 wird ein Los gezogen. Mit welcher Wahrscheinlichkeit sind die Ziffern der Losnummer verschieden?
b) In einer Lostrommel sind 30 Gewinnlose und 70 Nieten. Anne kauft sich zwei Lose. Bestimme die Wahrscheinlichkeit, dass sie mindestens einen Gewinn zieht.

Zweistufige Zufallsexperimente

Aufgabe 5
→ *Seite 164*

Bei **zweistufigen Zufallsexperimenten** besteht jedes Ergebnis aus **zwei Teilergebnissen.** Du kannst die Ergebnisse mit einem **Baumdiagramm** veranschaulichen.

Zwei Münzen werden geworfen. Bestimme die Wahrscheinlichkeit für das Ereignis „gleiche Symbole".

W: Wappen *Z: Zahl*

Baumdiagramm: *Ergebnisse*

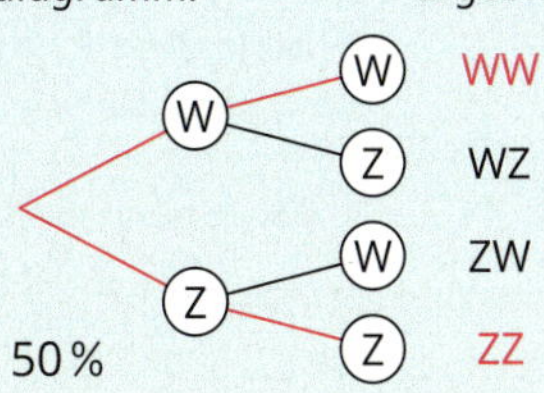

Insgesamt sind vier Ergebnisse möglich:
(W,W); (W,Z); (Z,W); (Z,Z).

Zwei davon gehören zum Ereignis „gleiche Symbole" (sind dafür *günstig*): (W,W); (Z,Z).

$P(\text{gleiche Symbole}) = \frac{\text{Anzahl der günstigen Ergebnisse}}{\text{Anzahl aller möglichen Ergebnisse}} = \frac{2}{4} = \frac{1}{2} = 0{,}5 = 50\,\%$

3. In Tims Schublade liegen zwei weiße, zwei schwarze und zwei rote Socken. Tim greift im Dunkeln hinein und nimmt sich zwei Socken. Notiere alle Möglichkeiten, die auftreten können.

4. Eine Münze wird zweimal geworfen. Bestimme mit einem Baumdiagramm die Wahrscheinlichkeit für folgende Ereignisse. **a)** zweimal Wappen **b)** mindestens einmal Zahl

Lösungen zu Kapitel 1

Check-In
→ *Seite 7*

1. **a)** richtig **b)** falsch **c)** falsch

2. **a)** 9 030 **b)** 952 **c)** 4 012

3. **a)** $\frac{6}{7}$ **b)** $\frac{7}{2}$ **c)** $\frac{7}{15}$ **d)** $\frac{10}{21}$ **e)** 5
f) 0,5 **g)** 0,0024 **h)** 16 **i)** 5,6 **j)** 9,25

4. $A = \frac{2}{25} = 0{,}08$ $B = \frac{8}{25} = 0{,}32$ $C = \frac{3}{4} = 0{,}75$

5. **a)** −16; −19; −22 **b)** −48; 96; −192

6. 144,40 €

7. **a)** proportional **b)** antiproportional **c)** keins von beiden

8.

km	min
40	60
10	15
140	210

210 min = 3 h und 30 min

9. 19,34 % ≈ 20 %

10. G = 148,50 €

→ *Seite 8*

11. 174 €

12. 12,5 €

13.

x	2	0,5	0	−2
y	−3	−7,5	−9	−15

14. **a)** $5x + 50$ **b)** $11x + 10$ **c)** $-24x + 3$ **d)** $2x^2 + 5x + 17$ **e)** $-5x^2 + 7x + 4$ **f)** $20x - 5$

15. **a)** x = 5 **b)** y = 2 **c)** x = 14

16. $2x + 11 = 5x - 7$ $x = 6$

17. **a)** 570 €

b)

km	Preis
200	200 €
300	200 €
400	300 €
500	400 €
600	500 €
700	600 €

18. Hier ohne Zeichnung.
a) Raute **b)** Parallelogramm

19. A = 2 B = 5 C = 6
D = 1 E = 3 F = 4

20. $y = -\frac{2}{3}x$

→ *Seite 9*

21. **a)** x = 1; y = 8 **b)** x = 5; y = 2

22. I e + k = 14 II 2e + 3k = 33 Preis Erwachsene: 9 € Preis Kinder: 5 €

23. $\alpha = 25°$

24. In einer Raute sind die gegenüberliegenden Winkel jeweils gleich groß.
$\alpha = 120°$; $\gamma = 120°$; $\beta = 60°$; $\delta = 60°$

25. Ja, denn ein Quadrat besitzt die Eigenschaften eines Rechtecks:
1. Alle Winkel haben 90°.
2. die gegenüberliegenden Seiten sind gleichlang und parallel zueinander.

26. Hier ohne Zeichnung. Wert zur Kontrolle. b ≈ 2,01 cm

27. Der Baum ist 9,6 m hoch.

28. 830 m

29. x ≈ 5,04 cm

30. **a)** 13 **b)** 30

31. **a)** 75 dm > 705 cm **b)** $250\ cm^2 < 2{,}5\ m^2$ **c)** $5\ m^3 > 555\ \ell$

32. 14:47 Uhr

→ *Seite 10*

33. A = 100 cm²   **34.** A ≈ 21,5 cm²   **35.**

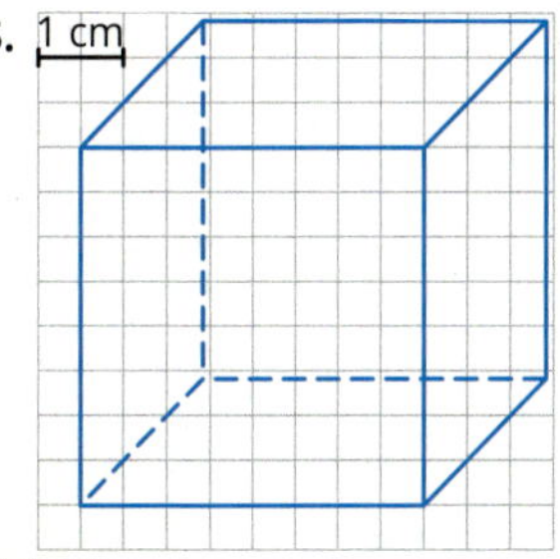

36. Rechteck und Kreise   **37.** 400 cm³   **38.** m ≈ 110 g

39. Es war vermutlich das Glücksrad A.
Bei diesem ist die Chance für rot $\frac{1}{3}$.

40. Median: 53 €   Mittelwert: 58 €

41.

42. Die Spannweite der Jungs ist größer, als die Spannweite der Mädchen.
Die maximale Nutzungsdauer der Mädchen ist 25 Stunden geringer, als die maximale Nutzungsdauer der Jungen.
Bei den Mädchen liegt die minimale Nutzungsdauer bei 0 Stunden.
Bei den Jungs liegt die minimale Nutzungsdauer bei 5 Stunden.
Die Streuung in den mittleren 50 % der Jungs ist größer, als die Streuung der mittleren 50 % der Mädchen.

43. $\frac{2}{3} \approx 66{,}67\,\%$

44. $\frac{132}{870} \approx 15{,}17\,\%$

→ *Seite 11*

1. **a)** 3450 **b)** 5900 **c)** 35000
d) 72,3 **e)** 950 **f)** 1090
g) 72 **h)** 6,8 **i)** 0,06

2. **a)** 48 **b)** 8000 **c)** 100 **d)** 7 Mio.

3. **a** 49600 **b)** 1645 **c)** 11280 **d)** 1200000 **e)** 690 **f)** 80

4. **a)** 400 **b)** 128 **c)** 666 **d)** 134 **e)** 121 **f)** 2454

5. **a)** 9594 **b)** 8608 **c)** 26544 **d)** 15236 **e)** 5997 **f)** 9064

6. **a)** 2490 **b)** 20811 **c)** 29520 **d)** 1815 **e)** 26011 **f)** 16878

7. **a)** 179 **b)** 971 **c)** 155 **d)** 104 **e)** 1018 **f)** 397

8. **a)** 2500; 8300; 92900 **b)** 8720; 290; 75300 **c)** 6000; 25000; 233000

9. **a)** 7372 **b)** 13186 **c)** 5001 **d)** 1112 **e)** 183 **f)** 2820

→ *Seite 12*

1. **a)** 40 g **b)** 36 km **c)** 100 € **d)** 27 kg

2. 20x leichte Mängel   24x erhebliche Mängel

3. **a)** $\frac{13}{20}$ **b)** $\frac{2}{12}=\frac{1}{6}$ **c)** $\frac{19}{30}$ **d)** $\frac{7}{6}=1\frac{1}{6}$ **e)** $\frac{27}{20}=1\frac{7}{20}$ **f)** $\frac{6}{35}$

4. **a)** $\frac{3}{20}$ **b)** $\frac{27}{110}$ **c)** $\frac{20}{63}$ **d)** $\frac{1}{7}$ **e)** $\frac{1}{3}$ **f)** $\frac{5}{28}$

5. **a)** $\frac{7}{6}=1\frac{1}{6}$ **b)** $\frac{7}{2}=3\frac{1}{2}$ **c)** $\frac{35}{12}=2\frac{11}{12}$ **d)** $\frac{7}{2}=3\frac{1}{2}$ **e)** $\frac{3}{4}$ **f)** $\frac{3}{2}=1\frac{1}{2}$

6. **a)** $\frac{3}{4}$ **b)** 2 **c)** $\frac{9}{10}$ **d)** $\frac{4}{9}$ **e)** $\frac{1}{6}$ **f)** $\frac{4}{75}$

7. **a)** 330,55 € **b)** 3,29 kg **c)** 27,304 km

8. **a)** 17,96 **b)** 318,84 **c)** 105,77 **d)** 0,678 **e)** 5617,6 **f)** 6307,62

9. **a)** 498,64 **b)** 12,3 **c)** 4,99224

10. **a)** 0,45 **b)** 0,2 **c)** 0,027 **d)** 30 **e)** 5 **f)** 1,01

11. **a)** 243,6 **b)** 30,25 **c)** 4,848 **d)** 1,05 **e)** 510 **f)** 0,46

→ *Seite 13*

1. **a)** A = −1,4 B = −1 C = −0,2 D = 0,4 E = 0,8 **b)** F = −3,19 G = −3,16 H = −3,13 I = −3,09 J = −3,05

2. $-0{,}21 < -\frac{1}{5} < -0{,}12 < 0{,}12 < \frac{1}{5} < 0{,}21$

3. **a)** x = 6,152 **b)** x = −2,45

4. **a)** 0,8 **b)** $\frac{5}{4}$ **c)** 5 **d)** 3,14 **e)** $\frac{1}{2}$ **f)** 9,03

5. **a)** −24; −30; −36 **b)** −3; −7; −11 **c)** −1; −3,5 ; −6 **d)** 0; 5; 10

6. **a)** −4 **b)** 87 **c)** −49 **d)** −144 **e)** 50 **f)** −36

7. **a)** −7 **b)** −33 **c)** 78 **d)** −35 **e)** 16 **f)** −10

8. **a)** −70 **b)** −18
c) −47 **d)** 14

9.

	36	−12	−4,2	−0,6
a)	108	−36	−12,6	−1,8
b)	18	−6	−2,1	−0,3
c)	12	−4	−1,4	−0,2

10. **a)** −33 **b)** 72
c) −42 **d)** $-\frac{10}{7}$
e) 8 **f)** −22

11. Der Flug dauert 10 Stunden und 40 Minuten. Wenn es in Bangkok 14:40 Uhr am nächsten Tag ist, ist es in Deutschland 8:40 Uhr morgens am Tag nachdem sie losgeflogen sind. Von 22:00 Uhr abends bis 8:40 morgens am nächsten Tag sind es 10 Stunden und 40 Minuten.

→ *Seite 14*

1. **a)**

kg	€
3	24
1	8
9	72

b)

min	ℓ
6	24
1	4
12	48

c)

h	€
5	60
1	12
10	120

2. **a)**

Arb.	h
3	6
1	18
6	3

b)

a	b
4	6
1	24
6	3

c)

Tage	ℓ
5	20
1	100
4	25

3. **a)** 3 €

b)

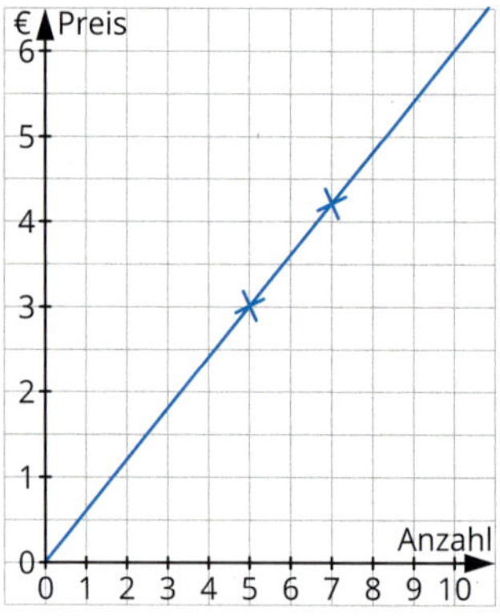

4. In der zweiten Woche verdient Jan 270 €.

5. Der Pkw braucht 6 Stunden.

6. **a)** antiproportional; 12,50 €
b) proportional; 24 ℓ
c) keins von beidem; 256 cm^2
d) proportional; 42 cm^3
e) antiproportional; 21 h

→ *Seite 15*

1. $\frac{1}{10} = 10\,\%$ $\frac{1}{5} = 20\,\%$ $\frac{2}{3} \approx 67\,\%$ $\frac{1}{4} = 25\,\%$ $\frac{1}{2} = 50\,\%$ $\frac{3}{4} = 75\,\%$ $\frac{1}{3} \approx 33\,\%$

2. a) 25 % = 13 Lkws b) 5 % = 8 Lose gewinnen

3. a) 2500 ℓ b) 200 kg c) 400 m d) 0,255 € e) 6000 a f) 27 cm

4. a) 60,91 € b) 0,21 m c) 5538,56 kg d) 69 min

5. a) 17,68 % b) 6,8 % c) 36,11 % d) 90 %

6. Das Brot wiegt 500 g.

7. a) 294 € b) 56,65 € c) 1792 € d) 44,16 € e) 119 €

8. Das Vorgängermodell hatte 700 Sitzplätze.

→ *Seite 16*

1. a) 30 € b) 60 € c) 9,92 € d) 20 €

2. Herr Schmidt bezahlt 480 € Zinsen für ein Jahr.

3. Der Zinssatz betrug 1,1 %.

4. Der Zinssatz der Bank beträgt 4,44 %.

5. a) Die Familie zahlt in einem Jahr 304 € Zinsen b) Die Rückzahlung beträgt 8304 €.

6. a) 10280 € b) 10300 €. Die Zinsen sind beim Kreditvermittler höher.

7. a) 2 € b) 30 € c) 3,75 € d) 1,50 €

8. Am Ende des Jahres (für 10 Monate hat er das Geld angelegt), bekommt er ≈ 25,67 € Zinsen.

9. Rosi hat einen Kleinkredit in Höhe von 3800 € aufgenommen.

→ *Seite 17*

1. a) $3x + 7$ b) $24 - 7x$

2. a) 26 b) 12

3. a) $-12y + 9$ b) 21

4. a) $24x$ b) $5ab$ c) $12x^2$ d) $45ab$

5. a) $2x + 18$ b) $13y - 4$ c) $2a - 3$ d) $-2x + 38$ e) $16y + 19$ f) $24a + 7$

6. a) $8x + 20$ b) $18b - 8$ c) $12y - 15x$ d) $30 - 15x$ e) $7x^2 + 9x$ f) $15a^2 - 10a$

7. ① und ⑥ ② und ④ ③ und ⑤

8. a) $5(5a + 7)$ b) $7x(3y - 7)$ c) $24a(-a + 2b)$ oder $-24a(a - 2b)$
d) $15(a - 1)$ e) $16x(x - 3)$ f) $xy(x + y)$

9. a) $10x^2 + 31x + 15$ b) $18a^2 + 18a - 8$ c) $21y^2 + 27y - 30$ d) $8x^2 - 26x + 21$

10. a) $x^2 + 12x + 36$ b) $y^2 - 10y + 25$ c) $9a^2 + 24ab + 16b^2$
d) $y^2 - 6xy + 9x^2$ e) $y^2 + y + \frac{1}{4}$ f) $x^2 + 0{,}6x + 0{,}09$
g) $x^2 - 10x + 25$ h) $b^2 - 16b + 64$ i) $y^2 - 12y + 36$

11. a) $x^2 - 16$ b) $9y^2 - 25$ c) $49 - b^2$ d) $25a^2 - 4b^2$

12. a) $(x + 5)(x - 5)$ b) $(a + 3)^2$ c) $(9s + 2t)(9s - 2t)$ d) $(10y - 5z)^2$

→ Seite 18

1. **a)** Ja **b)** Ja

2. **a)** x – 10 = –6 x = 4 **b)** 2x + 16 = 46 x = 15

3. **a)** x = 7 **b)** x = –10 **c)** x = 4 **d)** x = –2

4. **a)** x = 11 **b)** y = 3 **5.** **a)** x = 23 **b)** x = –1 **c)** y = 4

6. **a)** x = 2 **b)** x = –1 **c)** x = 1

7. **a)** 2x + 16,8 = 26,4 x = 4,8 cm **b)** 2x + 6,8 = 21,8 x = 7,5 cm

8. **a)** x = 8 **b)** x = 48 **c)** x = 4

9. **a)** x = 10 **b)** x = 20 **c)** x = 8 **d)** x = 10 **10.** x = 16 cm

→ Seite 19

1. **a)** Benzinmotor: ≈ 555,56 km Dieselmotor: ≈ 757,58 km
Hybridmotor: ≈ 793,65 km Elektromotor: ≈ 1 041,67 km
Hier ohne Zeichnung: Es eignen sich ein Liniendiagramm, ein Säulendiagramm oder ein Balkendiagramm.

b) Elektromotor 100 000 km: 4 800 € Dieselmotor 100 000 km: 6 600 €
Ersparnis: 1 800 €

c) Herr Kazan kann 30 % Energiekosten sparen, wenn er sich für einen Hybridmotor anstelle eines Benzinmotors entscheidet.

2. **a)** Quadrat **b)** Rechteck **c)** Drachen

3. A(3|2) B(5|–2) C(0|4) D(–1|3)
E(–2|0) F(–3|–1) G(2|–3) H(1|–1)

4. (–3|3) (–3|–3) (9|1)

→ Seite 20

1. A – ③ B – ① C – ②

2.

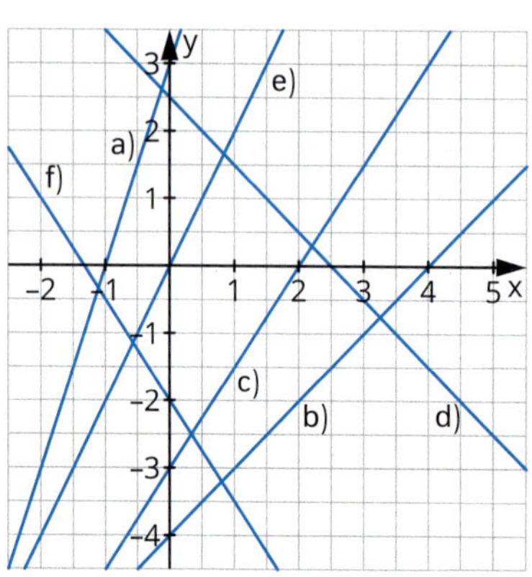

3. **a)** y = 0,5x + 0,5 **b)** $y = -\frac{2}{3}x + 2$

4. Hier ohne Zeichnung.
a) m = 3; b = 1 y = 3x + 1
b) m = 2,5; b = 0 y = 2,5x

5. Hier ohne Zeichnung. A ≈ 13 cm2

6. y = –0,075x + 38 x ≈ 506,7 km

→ Seite 21

1. Hier ohne Zeichnung.
a) x = 2; y = 5 **b)** x = –7; y = 6

2. Hier ohne Zeichnung.
1: Keine Lösung (die Graphen der Funktionen verlaufen parallel)
2: unendlich viele Lösungen (es handelt sich um die gleiche Funktion)

3. **a)** x = 3; y = –6 **b)** x = 3; y = –1 **4.** **a)** x = 2; y = 1 **b)** x = 3; y = –2

5. **a)** $x = 2; y = -2$ **b)** $x = 3; y = 8$ **c)** $x = 3; y = 2{,}5$ **d)** $x = 3{,}5; y = 2$

6. **a)** $x = 3; y = 6$ **b)** $x = -1; y = -6$ **c)** $x = 3; y = 3$ **d)** $x = 2; y = 9$

7.

a) I $x + y = 29$	II $y = x + 3$	x: Mädchen; y: Jungen	$x = 13; y = 16$
b) I $x + y = 48$	II $x = 3y$		$x = 36; y = 12$
c) I $x = 3y$	II $x - 4 = 7(y - 4)$	x: Alter Pia; y = Alter Bruder	$x = 18; y = 6$

→ *Seite 22*

1. $\alpha = 120°; \beta = 34°$ **2.** **a)** $\alpha = \beta = 125°; \gamma = 55°$ **b)** $\alpha = 70°; \beta = 50°$

3. **a)** $\beta = 42°$ **b)** $\delta = 98°$

4. **a)** - **b), c)**

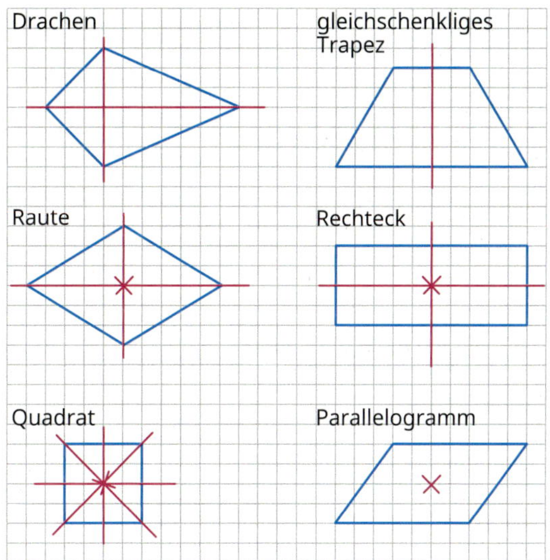

→ *Seite 23*

1. **a)** ①: rechtwinklig
②: gleichschenklig
③: gleichseitig
b) ①: $\beta = 37°; c = 5$ cm
②: $\alpha = \beta = 37{,}5°; c \approx 8$ cm
③: $\alpha = \beta = \gamma = 60°$

2. Hier ohne Zeichnung.
a) WSW
b) SWS
c) SSS
d) SsW

3. **a)** D(2|4)
b) D(3|5)
c) D(2|6)

4. **a)** Tipps zur Konstruktion:
① Strecke von 3,2 cm zeichnen;
② Winkel von 96° abtragen;
③ Am zweiten Schenkel des Winkels 4,8 cm abtragen.
④ Die beiden Endpunkte der Strecken verbinden = Diagonale.
⑤ Die Hälfte des Drachen an der Diagonale spiegeln.
b) Tipps zur Konstruktion:
① Zuerst die beiden Diagonalen zeichnen, denn die Diagonalen einer Raute stehen immer senkrecht aufeinander und halbieren sich gegenseitig.
② Danach alle vier Punkte der Diagonalen verbinden.

5. Tipps zur Konstruktion:
① Strecke a mit 8 cm zeichnen.
② Am linken Anfangspunkt der Strecke den Winkel $\alpha = 70°$ abtragen.
③ Am rechten Endpunkt der Strecke a den Winkel $\beta = 55°$ abtragen.
④ links auf dem 2. Schenkel des Winkels α eine Länge von 4,5 cm abmessen. Diese Strecke ist d.
⑤ Am Ende von Strecke d eine Parallele zu a zeichnen, so weit, bis die Parallele den zweiten Schenkel von β trifft.

6. **a)** falsch **b)** wahr **c)** falsch **d)** falsch **e)** wahr

→ *Seite 24*

1. **a)** 0,4 km **b)** 2,5 km

2. Marienkäfer: 0,7 cm (7 mm)
Elefant: 350 cm (3,50 m)

3. Ja, denn alle 3 Winkel stimmen überein.

4. $x = 9$ cm

5. Die Tanne ist 10 m hoch.

6. **a)** $x = 7$ cm **b)** $x = 7{,}2$ cm

→ *Seite 25*

1. **a)** 8 **b)** 12 **c)** 20 **d)** 15

2. **a)** $a \approx 11$ cm **b)** $a \approx 7{,}1$ cm

3. **a)** $e^2 + f^2 = d^2$ **b)** $p^2 + o^2 = n^2$ **c)** $r^2 + m^2 = w^2$

4. **a)** $c \approx 9{,}2$ cm **b)** $p \approx 14{,}6$ cm

5. **a)** $a \approx 9{,}6$ cm **b)** $c \approx 9$ cm

6. Die Leiter ist 5,70 m lang.

7. **a)** $s \approx 14{,}4$ cm **b)** $h_K \approx 13{,}9$ cm

8. $d \approx 12{,}4$ cm

9. **a)** rechtwinklig **b)** nicht rechtwinklig

→ *Seite 26*

1. **a)** Länge eines Autos < 400 dm
b) Höhe des Eiffelturms > 10 000 cm
c) Länge einer Stecknadel < 500 mm

2. **a)** 24,5 km **b)** 800 m **c)** 18 mm **d)** 24,6 dm

3. 3 a

4. Fußballfeld: 1 ha; Tennisplatz: 2,6 a; Din-A4-Blatt: 6 dm^2
Fläche USA: 9 Mio. km^2; Klassenraum: 65 m^2; CD: 113 cm^2

5. $0{,}5\ m\ell < 8{,}5\ dm^3 < 87\,000\ cm^3 < \frac{1}{2}\ m^3 < 650\ \ell$

6. **a)** 300 dm^3 **b)** 7 dm^3 **c)** 0,05 m^3 **d)** 0,2 m^3 **e)** 0,8 ℓ **f)** 4,3 ℓ

7. Tafel Schokolade: 100 g; Elefant: 4 t; Mensch: 70 kg; Tüte Zucker: 1 kg

8. **a)** 3 500 kg **b)** 0,012 kg **c)** 0,75 t **d)** 500 mg

9. **a)** 140 000 h **b)** 30 Tage = 720 h = 43 200 min = 2 592 000 s

10.

	Anfangszeit	Dauer	Ende
a)	11:45 Uhr	$6\frac{3}{4}$ h	18:30 Uhr
b)	16:45 Uhr	$4\frac{1}{2}$ h	21:15 Uhr
c)	15:55 Uhr	$7\frac{1}{4}$ h	23:10 Uhr

→ *Seite 27*

1. **a)**

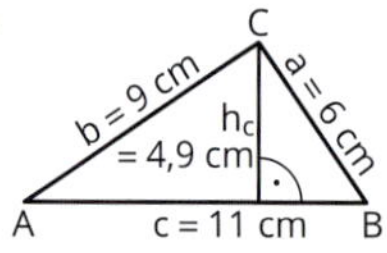

b) $u = 26$ cm; $A = 26{,}95\ cm^2$

2. **a)** $u = 72$ cm; $A = 324\ cm^2$
b) $u = 130$ cm; $A = 1000\ cm^2$
c) $u = 17$ cm; $A = 16{,}2\ cm^2$

3. **a)** 2,52 m^2 **b)** $A_{Rechteck} = 3\ m^2$ $2{,}52 = 3 \cdot p\,\%$; $p\,\% = 0{,}84$ Verlust: 16 %

4. Länge der 2. Diagonalen: 10 cm

5. **a)** $u \approx 37{,}7$ cm; $A \approx 113{,}1\ cm^2$ **b)** $u \approx 33{,}93$ cm; $A \approx 91{,}61\ cm^2$

6. **a)** 32 cm^2 **b)** 25,5 cm^2

7. **a)** $A = 50\ cm^2$ **b)** $A = 100\ cm^2$ **c)** $A \approx 26{,}38\ cm^2$ **d)** $A \approx 42{,}92\ cm^2$

→ Seite 28

1. **a)**

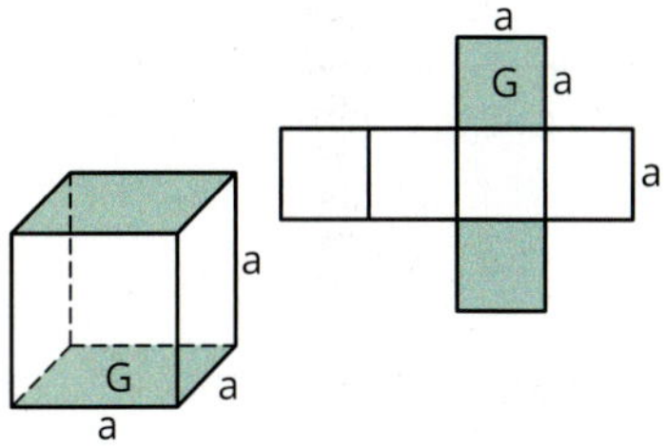

b)

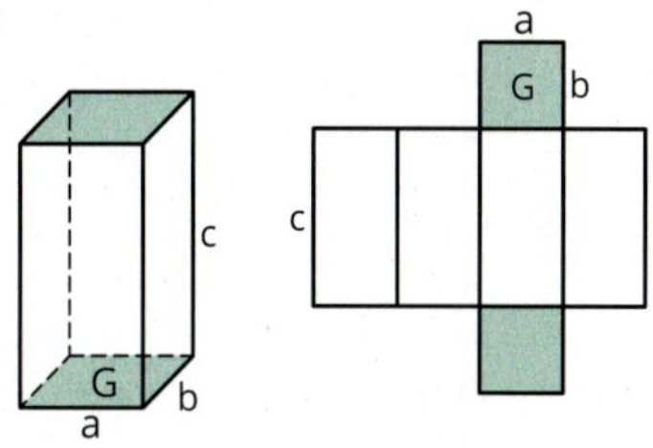

c)

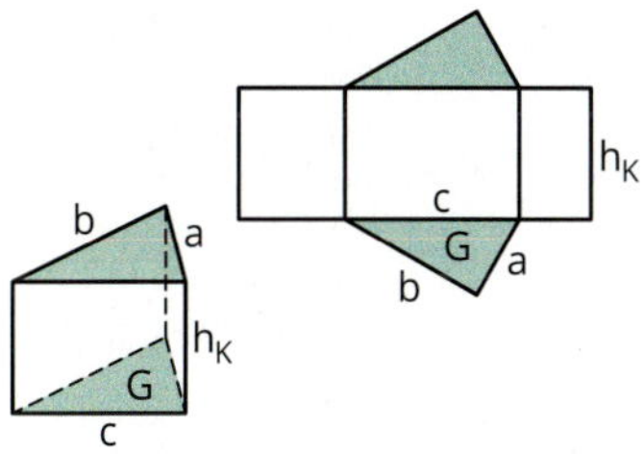

d)

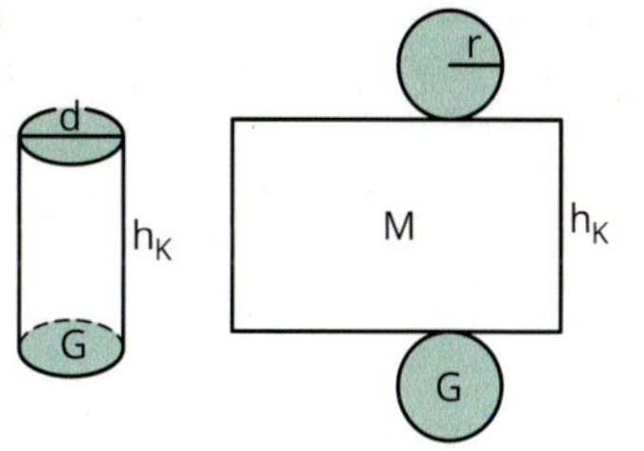

2. **a)**

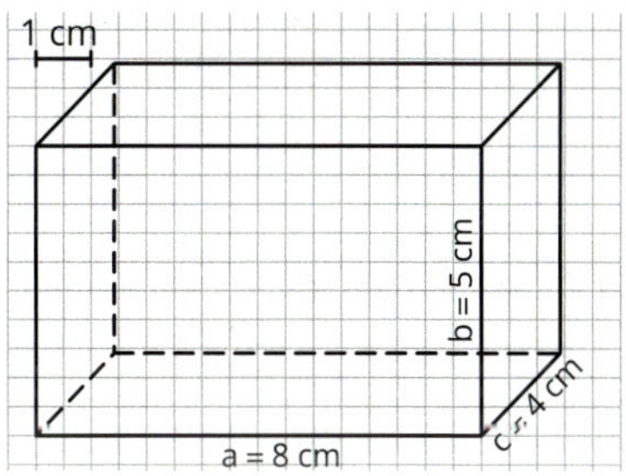

b)

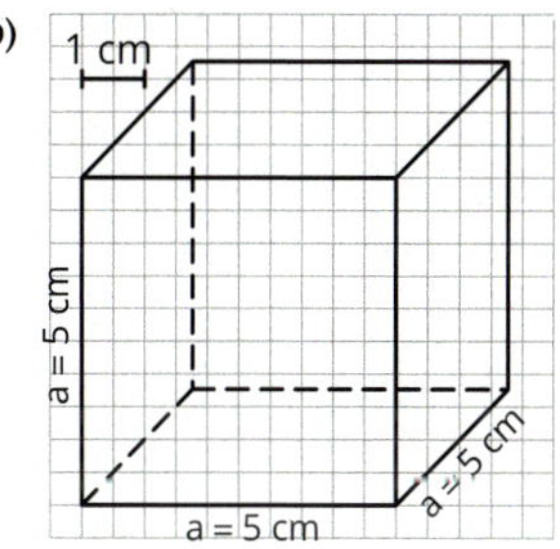

c)

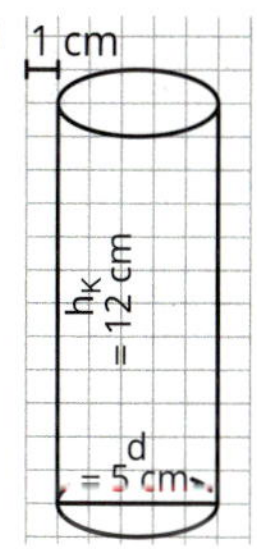

3.

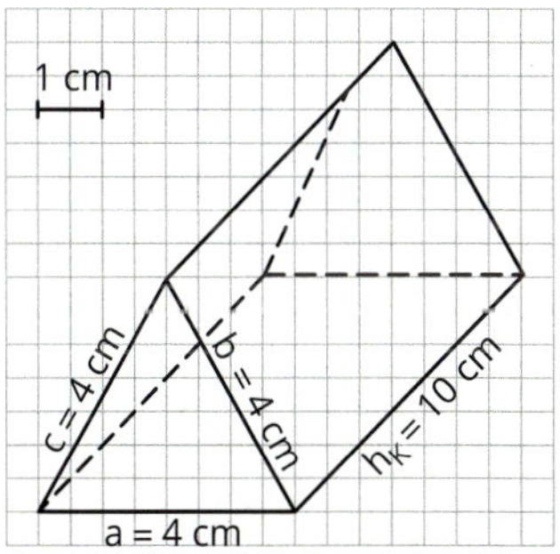

4.

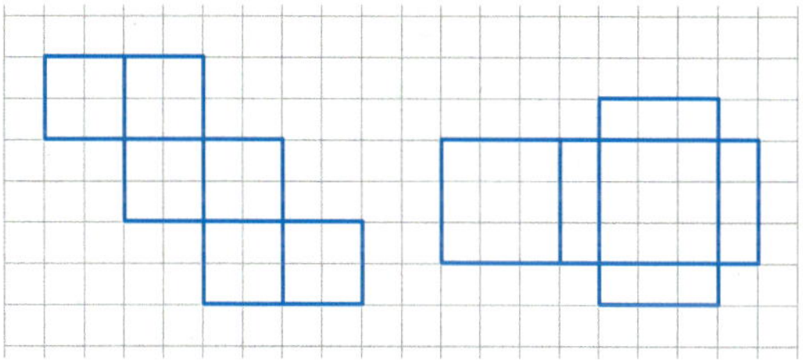

5.

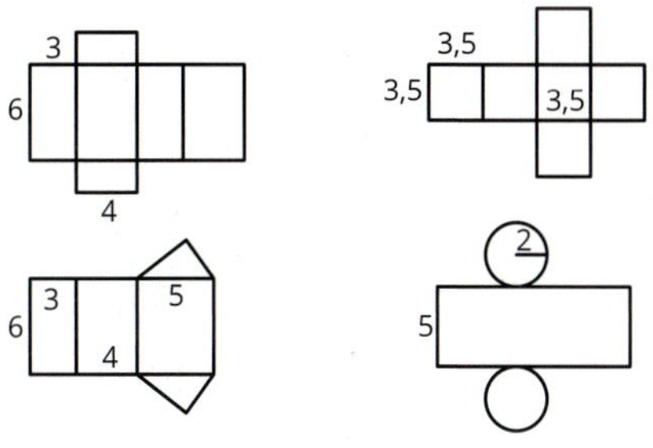

→ Seite 29

1. **a)** $V = 60\ cm^3$; $O = 98\ cm^2$

b) $V = 270\ cm^3$; $O = 240\ cm^2$

c) $V \approx 3015{,}93\ cm^3$; $O \approx 1156{,}11\ cm^2$

d) $V = 432\ cm^3$; $O = 408\ cm^2$

2. $V = 9000\ cm^3 = 9\ \ell$; $O = 2700\ cm^2$

3. $V = 36\ m^3 = 36000\ dm^3 = 36000\ \ell$

4. **a)** $V = 64\ cm^3$; $O = 96\ cm^2$
b) Das Volumen verachtfacht sich (2^3). Die Oberfläche vervierfacht sich (2^2).
c) Das Volumen wird 27-mal so groß (3^3). Die Oberfläche verneunfacht sich (3^2).

5. $V \approx 3141{,}59\ cm^3$ $O \approx 1256{,}64\ cm^2$

6. **a)** 21 Kanten
b) 9 Flächen. $O = 50 \cdot 40 + 4 \cdot 40 \cdot 10 + 2 \cdot 40 \cdot 18{,}03 + 2(50 \cdot 10 + 15 \cdot 10) \approx 6342{,}4\ cm^2$
c) $V = 650 \cdot 40 = 26000\ cm^3$ $m = 7{,}9\ \frac{g}{cm^3} \cdot 26000\ cm^3 = 205400\ g = 205{,}4\ kg$

→ *Seite 30*

1. Median: 66 kg
Mittelwert: 60 kg

2. **a)** 22; 35; 42; 45; 55; 60; 60; 68; 120; 135
b) Spannweite: 113
c) Median: 57,5 Mittelwert: 64,2

3. 3 Tore

4. z.B.: 10; 20; 23; 26; 31 oder 22; 20; 23; 24; 32 (Die Werte 20 und 23 müssen auf jeden Fall dabei sein.)

5. **a)** Minimum: 0 h Maximum: 54 h Median: 4 h 1. Quartil: 1 h 3. Quartil: 24 h
Die 12 Jungen lesen mindestens 0 h im Monat und höchstens 54 h im Monat.
Mindestens 1 Junge liest 0 h und mindestens 1 Junge liest 54 h.
Im Mittel(Median) lesen die Jungen 4 h.
75 % der Jungen lesen mindestens 1 h, 50 % der Jungen lesen mindestens 4 h und 25 % der Jungen lesen mindestens 24 h.
b)
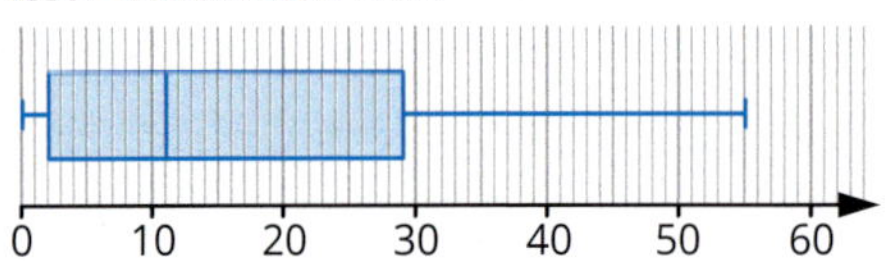

→ *Seite 31*

1. **a), b)**

Abschlussart	Abgänger insgesamt	Abgänger weiblich	**a)** Abgänger männlich	**b)** prozentuale Anteile
ohne Abschluss	45 072	17 013	28059	Weiblich: ≈ 38% Männlich: ≈ 62%
Hauptschulabschluss	127 410	50 043	77367	Weiblich: ≈ 39% Männlich: ≈ 61%
mittlerer Abschluss	333 039	162 552	170487	Weiblich: ≈ 49% Männlich: ≈ 51%
Fachhochschulreife	81 748	37 900	43848	Weiblich: ≈ 46% Männlich: ≈ 54%
allgemeine Hochschulreife	300 252	163 977	136275	Weiblich: ≈ 55% Männlich: ≈ 45%

c) Abschluss
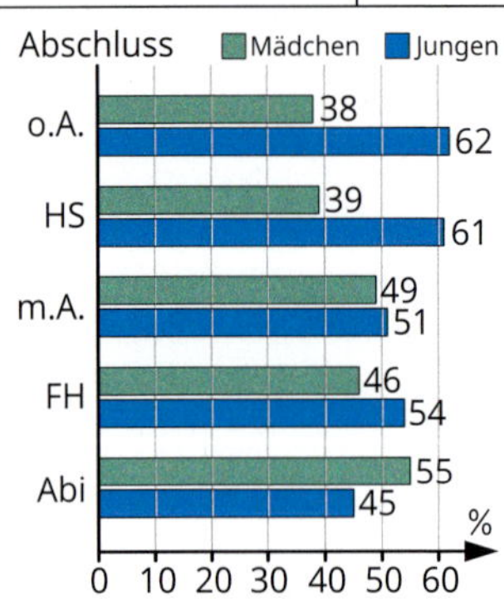

d) Schulabgänger in 2020
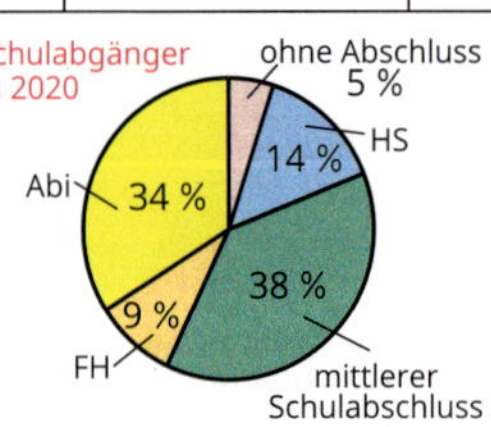

2. a) Über die Jahre hat die Wahlbeteiligung zunächst stark abgenommen und steigt aber am Ende wieder an. Über die Jahre steigt der Fernsehkonsum an und „stagniert" am Ende leicht. Für den Zeitraum zwischen 1998 und 2005 soll vermittelt werden, dass erhöhter Fernsehkonsum dazu führt, dass die Wahlbeteiligung abnimmt.
b) Dadurch, dass die Graphen übereinandergelegt wurden.
Dadurch, dass die Sehdauer als Balken und die Wahlbeteiligung als Verlaufsgraph dargestellt wurden.
Durch die Farbwahl.
Durch die Skalierung der Jahre in 4er-Schritten.
c) Ein direkter Zusammenhang lässt sich hier nicht beweisen. Außerdem ist Ursache und Wirkung nicht eindeutig belegbar.

→ *Seite 32*

1. a) 8 **b)** $\frac{1}{8} = 12{,}5\,\%$ **c)** $\frac{4}{8} = \frac{1}{2} = 50\,\%$

2. $P(1 \text{ oder } 6) = \frac{2}{6} = \frac{1}{3} \approx 33{,}3\,\%$

3. a) Diese Aussage ist falsch. Die Wahrscheinlichkeit, dass eine 6 fällt, steigt zwar, aber Wahrscheinlichkeiten sind nie eine Garantie.
b) Aussage ist richtig, denn hier wird von „etwa 1 000" gesprochen. Das ist genau das, was die Wahrscheinlichkeit beschreibt.

4. a) Urne 1: $P(\text{blau}) = \frac{1}{2} = 50\,\%$ Urne 2: $P(\text{blau}) = \frac{5}{8} = 62{,}5\,\%$
b) Urne 1: $P(\text{rot}) = \frac{1}{6} \approx 16{,}67\,\%$ Urne 2: $P(\text{rot}) = \frac{1}{4} = 25\,\%$
c) $P(\text{keine rote}) = \frac{5}{6} \approx 83{,}3\,\%$
d) $P(\text{weder rot, noch gelb}) = \frac{5}{8} = 62{,}5\,\%$

5. $P(\text{2-mal ungerade}) = \frac{1}{2} \cdot \frac{1}{2} = \frac{1}{4} = 25\,\%$ **6.** $P(\text{2-mal rot}) = \frac{8}{13} \cdot \frac{7}{12} = \frac{14}{39} \approx 35{,}9\,\%$

7. a) $P(\text{mind. eine 6}) = 1 - (\frac{5}{6} \cdot \frac{5}{6}) = \frac{11}{36} \approx 30{,}6\,\%$ **b)** $P(\text{Augensumme} > 2) = 1 - (\frac{1}{6} \cdot \frac{1}{6}) = \frac{35}{36} \approx 97{,}2\,\%$

Check-out
→ *Seite 33*

1. a) 1920 **b)** 7800 **c)** 94000 **d)** 36,5 **e)** 840
f) 70 **g)** 0,54 **h)** 4,35 **i)** 0,09 **j)** 0,01

2. a) 28778 **b)** 1972 **c)** 15350 **d)** 11443

3. a) 52 **b)** 15 m **c)** $\frac{1}{3}$ **d)** 5 **e)** $\frac{15}{2} = 7{,}5$
f) 0,6 **g)** 0,008 **h)** 1,65 **i)** 1,9 **j)** 6

4. a) 253,33 **b)** 24,545 **c)** 87,72 **d)** 937,3

5. a) –16 **b)** –4

6. a) –25 **b)** –9 **c)** –72 **d)** 8

7. Frau Mäurich muss 22,40 € für 7 kg Erdbeeren bezahlen.

8. Der Praktikumsbericht hat 24 Seiten, wenn 32 Zeilen auf jede Seite passen.

9. a) 12 € **b)** 200 m **c)** 16 kg **d)** 48 €

10. Das Jahresticket kostet im nächsten Jahr 702 €.

11. Frau Krause muss insgesamt 5 150 € zurückzahlen.

12. Halil muss 75 € Zinsen zahlen.

→ *Seite 34*

13. a) $11a - 30$ **b)** $5x - 7$ **c)** $5b - 30$ **d)** $-5x + 60$

14. $200 - 4x$ **15. a)** $y = 23$ **b)** $a = 15$ **c)** $x = 45$

16. $(10 + x) \cdot 4 = 8x + 20$ $x = 5$

17. a)

	Verbrauch (in ℓ)	Anteil (in %)
Baden/Duschen	44	36
Toilette	33	**27**
Wäsche	**17**	**14**
Sonstiges	28	**23**
gesamt	122	100

b)

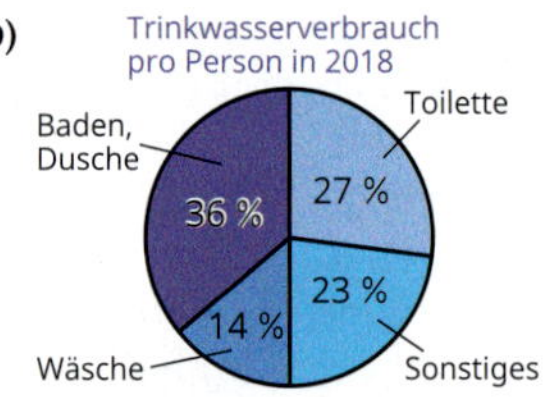

18. Hier ohne Zeichnung. Es entsteht ein Trapez.

19. ① – D; ② – C; ③ – B; ④ – A **20.** $m = -1$ $y = -x + 3$

21. $x = 3; y = 6$ **22.** I $x + y = 55$ II $x - y = 11$ $x = 33; y = 22$

→ Seite 35 **23.** $\alpha = 48°$

24. a) **b)**

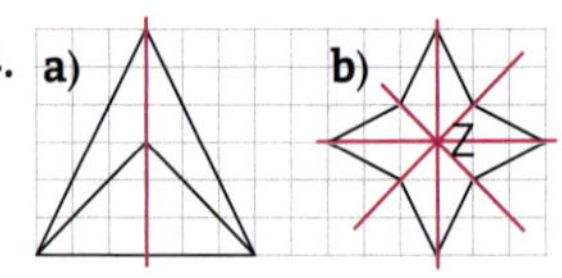

25. Konstruktion nach SWS. Tipps für die Konstruktion:
① Zeichne die Seite a = 7 cm.
② Trage am Endpunkt bei C den Winkel γ mit 80° ab.
③ Miss auf dem zweiten Schenkel des Winkels die Strecke b von 8 cm ab.
④ Verbinde den Endpunkt von b und der Startpunkt von A miteinander. Dies ist die Strecke c.

26. Die Behauptung stimmt nicht, weil in einer Raute gegenüberliegende Winkel gleichgroß sind und alle Seiten gleichlang sind. Diese beiden Einschränkungen hat ein Drachen nicht.

27. 7 cm · 3 500 000 = 24 500 000 cm = 245 km **28.** x = 486 m Der See hat eine Länge von 162 m.

29. $10^2 = 6^2 + c^2$ $c = 8$ cm

30. $3^2 = 1{,}05^2 + x^2$ $x \approx 2{,}81$ m Die Leiter erreicht das Fenster in 2,80 m Höhe.

31. a) 3 500 m **b)** 500 kg **c)** 60 h **d)** 720 m² **e)** 300 ℓ (300 dm³)

32. 3 ℓ · 365 · 70 = 76 650 ℓ = 76,65 m³ Die Menge an Wasser würde annähernd einen Pool füllen.

33. $A = 16{,}5$ cm² **34.** $A \approx 201{,}1$ cm² $u \approx 50{,}3$ cm

→ Seite 36 **35.**

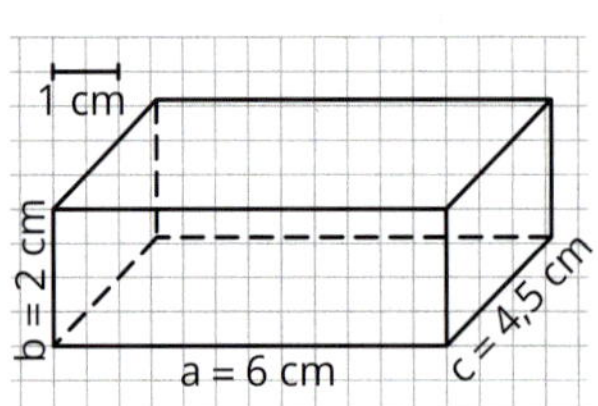

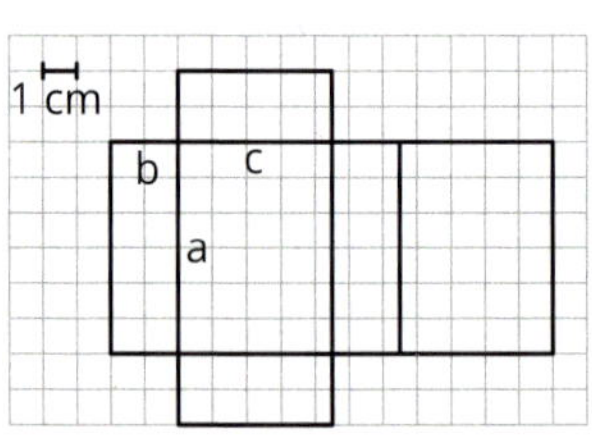

36.

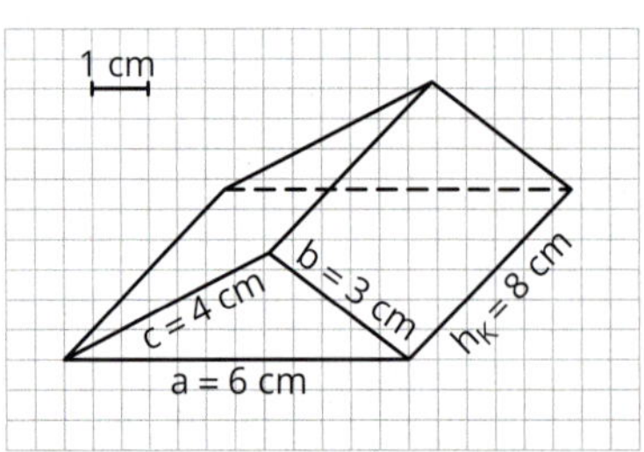

37. O = 800 cm² V = 1200 cm³

38. V ≈ 35 342,9 cm³

39. Mittelwert: 25,50 €
Median: 26 €
Spannweite: 13 €

40. a) Minimum: 155 cm Maximum: 190 cm Median:165 cm
unteres Quartil: 160 cm oberes Quartil: 175 cm

b) Timur ist größer als 75 % seiner Mitschüler. Im Vergleich zum Rest der Klasse befindet er sich unter den größten 25 %.

41. Hertz-Schule: $\frac{160}{640} = 25\,\%$ Lessing-Schule: $\frac{180}{810} \approx 22\,\%$ Die Hertz-Schule hatte die bessere Erfolgsquote.

42. a) Hertz-Schule

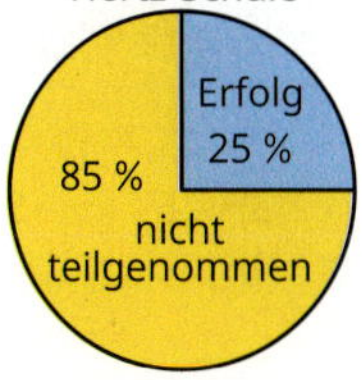

b) Lessing-Schule

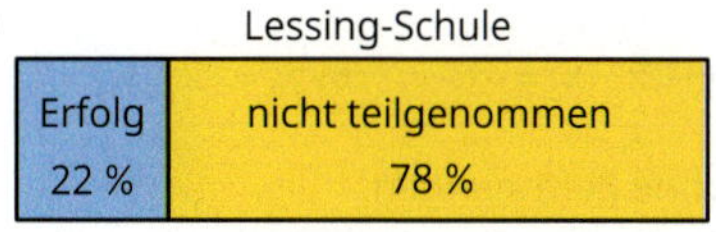

43. $P(\text{Gewinn}) = \frac{5}{25} = \frac{1}{5} = 20\,\%$

44. $P(\text{Augensumme 10 oder mehr}) = P(4;6) + P(6;4) + P(5;5) + P(5;6) + P(6;5) + P(6;6) = 6 \cdot \frac{1}{36} = \frac{1}{6} \approx 16{,}7\,\%$

Lösungen zu Kapitel 2

Startklar?
→ *Seite 38*

1. a) A: nein; B: ja **b)** A: ja; B: ja **c)** A:ja; B: nein

2. a)

x	–3	–2	–1	0	1	2	3
y	–0,5	0	0,5	1	1,5	2	2,5

b)

x	–3	–2	–1	0	1	2	3
y	7	2	–1	–2	–1	2	7

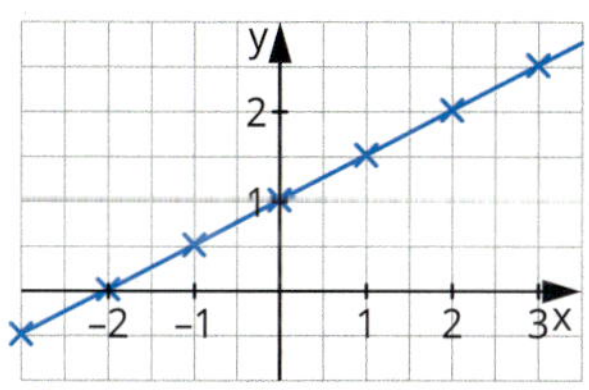

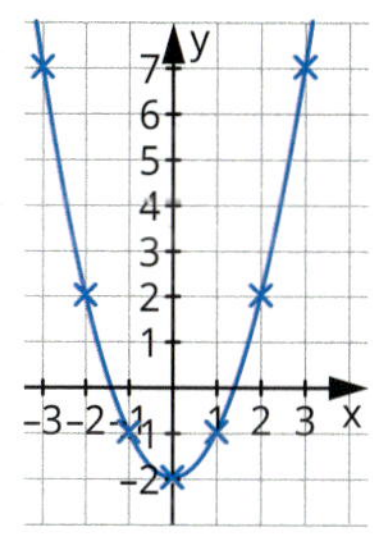

3. Schnittpunkt mit der x-Achse: $(-4|0)$
Schnittpunkt mit der y-Achse: $(0|3)$

4. a) $3x + 6$ **b)** $4x - 2$
c) $x^2 - 1$ **d)** $x^2 + 12x + 36$

5. a) Sohn: 13 Jahre alt; Vater: 38 Jahre alt
b) Mia hat sich die 17 gedacht.

Auf einen Blick!
→ *Seite 63*

1. a) $S(0|0)$, nach oben geöffnet und gestreckt **b)** $S(0|3)$, nach oben geöffnet und gestaucht
c) $S(0|1)$, nach oben geöffnet und gestreckt **d)** $S(0|0)$, nach oben geöffnet und gestaucht
e) $S(0|0{,}5)$, nach unten geöffnet und gestreckt **f)** $S(0|-5)$, nach oben geöffnet und gestaucht

2. Hier ohne Zeichnung. **a)** $(0|0)$ **b)** keine Nullstellen **c)** $(-1{,}29|0)$ und $(1{,}29|0)$

3. a) ja **b)** nein **c)** ja **d)** nein

4. Hier ohne Zeichnung. **a)** $S(-4|-1)$ **b)** $S(3|4)$ **c)** $S(0|-5)$ **d)** $S(1|0)$

5. a) $f(x) = (x + 5)^2 + 7$ **b)** $f(x) = (x - 6)^2 + 9$ **c)** $f(x) = (x + 8)^2 - 1$
d) $f(x) = (x - 1{,}5)^2 + 2{,}5$ **e)** $f(x) = (x - 0{,}5)^2 - 11$ **f)** $f(x) = (x + 1{,}3)^2 - 4$

6. a) $x_1 = -7$; $x_2 = 3$ **b)** $x_1 = -7$; $x_2 = 1$ **c)** $x_1 = -7$; $x_2 = -1$ **d)** $x_1 = -10$; $x_2 = 14$

7. Länge: 26 cm; Breite: 19 cm

8. a) $x_1 = -3$; $x_2 = -1$ **b)** $x_1 = 0{,}76$; $x_2 = 5{,}24$ **c)** $x_1 = 0$; $x_2 = 7$ **d)** $x_1 = -4$; $x_2 = 4$

Alles klar?
→ *Seite 64*

1. a) nein **b)** ja

2. Hier ohne Zeichnung. Nullstellen bei (2|0) und (–2|0)

3. a ist positiv und größer als 1: $a > 1$

4. Hier ohne Zeichnungen. **a)** S(–3|–3) **b)** S(1|2) **c)** S(4|–6) **d)** S(–2|1)

5. **a)** $x_1 = -8$; $x_2 = 8$ **b)** $x_1 = -20$; $x_2 = 20$ **c)** $x_1 = -0{,}3$; $x_2 = 3$

6. **a)** $x_1 = -11$; $x_2 = -1$ **b)** $x_1 = -2$; $x_2 = 6$ **7.** $x_1 = -15$; $x_2 = 12$

8. Hier ohne Zeichnungen.
a) $f(x) = (x - 2)^2 + 1$ S(2|1) **b)** $f(x) = (x + 3)^2 - 5$ S(–3|–5)
c) $f(x) = (x - 2{,}5)^2 - 6$ S(2,5|–6) **d)** $f(x) = (x - 4)^2$ S(4|0)

9. **a)**

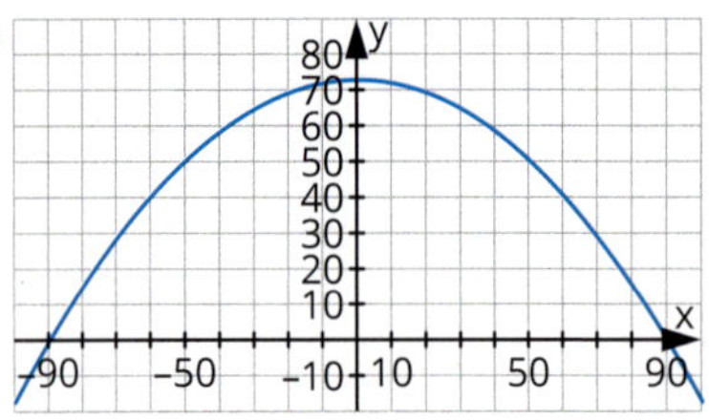

b) $0 = -a(90)^2 + 73$
$a = -\frac{73}{8100}$
$f(x) = -\frac{73}{8100}x^2 + 73$

10. **a)** $x_1 = 0$; $x_2 = -7$ **b)** $x_1 = 0$; $x_2 = 6$ **c)** $x_1 = 0$; $x_2 = 8$ **d)** $x_1 = 0$; $x_2 = 2$

11. **a)** $x = -4$ **b)** $x_1 = -3{,}5$; $x_2 = -0{,}5$

12. $x_1 = -17$; $x_2 = 18$ Es gibt zwei Zahlenpaare. Entweder 18 und 19 oder –17 und –16.

13. $120t - 5t^2 = 540$ $x_1 = 6$; $x_2 = 18$
Die Gleichung gilt nur für die ersten 10 Sekunden. Deshalb ist nach 6 s die richtige Lösung.

14. **a)** S(5|–7), nach oben geöffnet und gestreckt
b) S(–2|–8), nach oben geöffnet und gestaucht
c) S(4|–5), nach unten geöffnet und gestreckt

15. Die Katheten sind 20 cm und 21 cm lang.

Lösungen zu Kapitel 3

Startklar?
→ *Seite 66*

1. **a)** $\alpha = 80°$; $\beta = 100°$; $\gamma = 80°$; $\delta = 80°$ **b)** $\beta = 180° - 61° - 37° = 82°$

2. **a)**

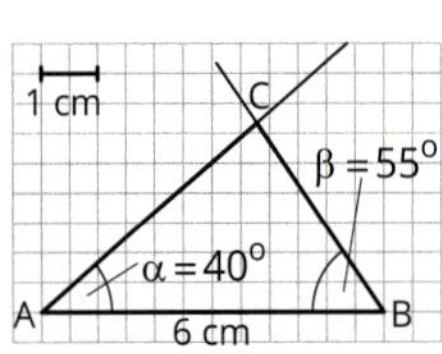

b)

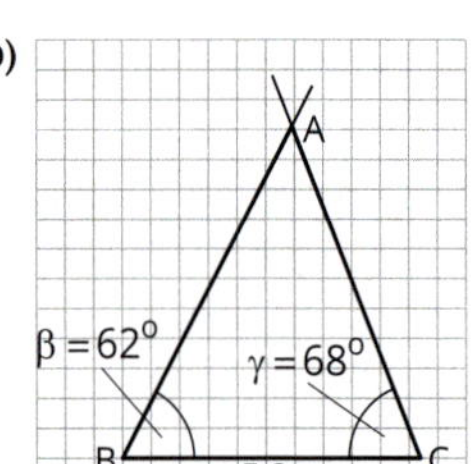

3.

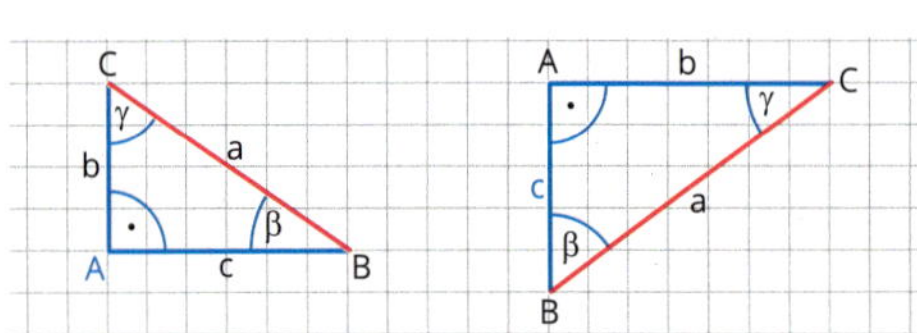

4. **a)** $x = 10$ cm **b)** $x \approx 5{,}66$ cm **5.** **a)** $x = 6$ **b)** $x = 7{,}5$ **c)** $x = 17{,}5$

Auf einen Blick!
→ *Seite 91*

1. $\sin\beta = \frac{b}{a}$ $\sin\gamma = \frac{c}{a}$ $\cos\beta = \frac{c}{a}$ $\cos\gamma = \frac{b}{a}$ $\tan\beta = \frac{b}{c}$ $\tan\gamma = \frac{c}{b}$

2. **a)** $a \approx 9{,}23$ cm **b)** $\alpha \approx 56{,}25°$ **3.** **a)** $h \approx 47{,}67$ m **b)** $h \approx 34{,}79$ m

4. **a)** $\alpha \approx 10{,}2°$ **b)** $\alpha \approx 15{,}64°$ **c)** $\alpha \approx 4°$

5. **a)** $p\,\% \approx 17{,}63\,\%$ **b)** $p\,\% \approx 46{,}63\,\%$ **c)** $p\,\% = 100\,\%$

6. **a)** $\alpha = 53°$; $b \approx 42{,}87$ cm; $c \approx 36{,}92$ cm **b)** $\alpha \approx 40{,}79°$; $\beta \approx 56{,}21°$; $b \approx 66{,}15$ cm

7. $\alpha = 44°$; $b \approx 7{,}1$ cm; $c \approx 5{,}9$ cm

8.

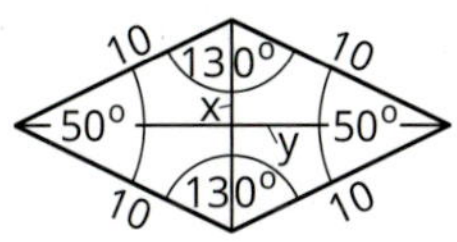

$x \approx 8{,}44$ cm; $y \approx 18{,}13$ cm

9. Hier ohne Zeichnung.
a) $\gamma \approx 34°$; $\alpha \approx 76°$; $a \approx 5{,}17$ cm **b)** $c \approx 6{,}7$ cm; $\beta \approx 47°$; $\alpha \approx 78°$
c) $a \approx 6$ cm; $\beta \approx 49°$; $\gamma \approx 57°$ **d)** $\alpha \approx 83°$; $\beta \approx 42°$; $\gamma \approx 55°$

Alles klar?
→ *Seite 92*

1. **a)** 0,574 **b)** 0,725 **c)** 0,466 **d)** –0,5 **e)** –0,643

2. **a)** 40° **b)** 90° **c)** 56° **d)** 66° **e)** 90°

3. **a)** $\sin\alpha = \frac{a}{c}$ **b)** $\tan\beta = \frac{b}{a}$ **c)** $\cos\beta = \frac{a}{c}$ **d)** $\tan\alpha = \frac{a}{b}$

4. **a)** $x \approx 5$ cm **b)** $b \approx 5{,}31$ cm

5. **a)** $b \approx 4{,}44$ cm **b)** $a \approx 7{,}74$ cm; $\gamma = 82°$; $c \approx 11{,}24$ cm; $u = 28{,}28$ cm

6. $\alpha \approx 19°$ **7.** $G \approx 22{,}32\ m^2$ $V \approx 4464\ m^3$ Es werden 4464 m^3 Erde benötigt.

8. $\alpha \approx 4{,}25°$; $p\,\% = 7{,}4\,\%$ **9.** **a)** $c \approx 9{,}86$ cm **b)** $c \approx 8{,}61$ cm

10. $\overline{CD} \approx 3{,}4$ cm $A \approx 26{,}84\ cm^2$

11. Hier ohne Zeichnung.

$a^2 = b^2 + c^2 - 2bc\cdot\cos\alpha$	$25 = 81 + 36 - 2\cdot 9\cdot 6\cdot\cos\alpha$	$-92 = -108\cdot\cos\alpha$	$\alpha \approx 31{,}6°$
$b^2 = a^2 + c^2 - 2ac\cdot\cos\beta$	$81 = 25 + 36 - 2\cdot 5\cdot 6\cdot\cos\beta$	$20 = -60\cdot\cos\beta$	$\beta \approx 109{,}5°$
$c^2 = a^2 + b^2 - 2ab\cdot\cos\gamma$	$36 = 25 + 81 - 2\cdot 5\cdot 9\cdot\cos\gamma$	$-70 = -90\cdot\cos\gamma$	$\gamma \approx 38{,}9°$

Lösungen zu Kapitel 4

Startklar?
→ *Seite 94*

1. **a)** 25; 64; 121; 144; 225; 400; 900 **b)** 1; 8; 27; 64; 125; 216; 1 000

2. Ⓐ: Basis Ⓑ: Exponent Ⓒ: Faktoren Ⓓ: Potenzwert

3.

zehn Millionen	10^7	10 000 000
ein Hunderttausendstel	10^{-5}	0,00001
ein Hundertstel	10^{-2}	0,01
zehntausend	10^4	10 000
zehn Milliarden	10^{10}	10 000 000 000

4. **a)** 10 **b)** 8 **c)** 15 **d)** 9 **e)** 14 **f)** 19
g) 3 **h)** 20 **i)** 3 **j)** 1 **k)** 5 **l)** 10

5. **a)** $\frac{1}{33}$ **b)** $\frac{3}{4}$ **c)** $\frac{1}{24}$ **d)** $\frac{1}{6}$
e) 12 **f)** 0,49 **g)** 0,13 **h)** 1,87

Auf einen Blick!
→ *Seite 111*

1. **a)** 64 **b)** 0,25 **c)** –27 **d)** 256 **e)** 0,00001

2. **a)** $\frac{1}{49}$ **b)** $\frac{1}{125}$ **c)** $\frac{1}{81}$ **d)** $\frac{1}{32}$ **e)** $\frac{1}{100\,000}$

3. **a)** $7{,}5 \cdot 10^{11}$ **b)** $5{,}93 \cdot 10^{-9}$ **c)** $3{,}7 \cdot 10^{10}$ **d)** $4{,}3 \cdot 10^{-5}$

4. **a)** 520 000 000 **b)** 7 400 000 000 000 **c)** 0,0000041

5. **a)** $18 \cdot 10^{19}$ **b)** $14 \cdot 10^{2}$

6. **a)** $4^5 = 1024$ **b)** $2^{15} = 32768$ **c)** $8^5 = 32768$ **d)** $5^4 = 625$ **e)** $12^2 = 144$ **f)** $23^3 = 12167$

7. **a)** $2^8 = 256$ **b)** $6^5 = 7776$ **c)** $2^4 = 16$ **d)** $2^6 = 64$ **e)** $2^4 = 16$ **f)** $3^5 = 243$

8. **a)** $2^6 = 64$ **b)** $1{,}5^8 \approx 25{,}63$ **c)** $\frac{1}{4^4} = \frac{1}{256}$ **d)** $\frac{1}{5^6} = \frac{1}{15625}$

9. **a)** $4^5 \cdot 4^4 = 4^9$ **b)** $5^4 : 5^6 = 5^{-2}$ **c)** $4^3 \cdot 5^3 = 20^3$ **d)** $(4^3)^5 = 4^{15}$

10. Die Kantenlänge beträgt ca. 7,94 cm.

11. **a)** 12 **b)** 5 **c)** 0,2

12. **a)** $x \approx 2{,}587$ **b)** $x \approx 0{,}688$ **c)** $x^7 = 5$ $x \approx 1{,}258$

13. **a)** $\sqrt{100} = 10$ **b)** $\sqrt{144} = 12$ **c)** $\sqrt{256} = 16$ **d)** $\sqrt{100} = 10$ **e)** $\sqrt{4} = 2$ **f)** $\sqrt{81} = 9$

14. **a)** $\sqrt{25} = 5$ **b)** $\sqrt{36} = 6$ **c)** $\sqrt{121} = 11$ **d)** $\sqrt{4} = 2$ **e)** $\sqrt{49} = 7$ **f)** $\sqrt{225} = 15$

Alles klar?
→ *Seite 112*

1. **a)** 16 **b)** 125 **c)** 1 000 000 **d)** 0,001
e) 160 **f)** 100 000 000 **g)** 10,08 **h)** 10 000

2. **a)** $9{,}4 \cdot 10^{6}$ **b)** $6{,}3 \cdot 10^{10}$ **c)** $1 \cdot 10^{-5}$ **d)** $5{,}3 \cdot 10^{-6}$

3. **a)** 5; 12; 100; 3; 4; 1 **b)** 3,162; 1,26; 4,642

4. **a)** $a^2 = 20{,}25\ cm^2$ $a = 4{,}5\ cm$ **b)** $a^3 = 216\ cm^3$ $a = 6\ cm$

5. 300 000 = 1 s 150 000 000 = 500 s = 8 Minuten und 20 Sekunden

6. **a)** $1{,}3 \cdot 10^{7}$ **b)** $2 \cdot 10^{-3}$

7. **a)** $10^{-5} = \frac{1}{100000}$ **b)** $10^0 = 1$ **c)** $(-1)^{-3} = -1$ **d)** $2^{-9} = \frac{1}{512}$

8. **a)** $d_K = 0{,}01 \cdot 10^{-12}\ m$
$d_H = 0{,}1 \cdot 10^{-9}\ m$
$\frac{d_K}{d_H} = 1 \cdot 10^{-4}$

b) $d_s = 1{,}4 \cdot 10^{9}\ m$
$d_p = 4{,}5 \cdot 10^{12}\ m$
$\frac{d_s}{d_p} = 3{,}1 \cdot 10^{-4}$

c) Die Verhältnisse unterscheiden sich um den Faktor 3,1.

9. ① – Ⓔ ② – Ⓓ ③ – Ⓐ ④ – Ⓑ ⑤ – Ⓕ ⑥ – Ⓒ

10. **a)** $V_{1W} = 125\ cm^3$
$a^3 = 125\ cm^3$ $a = 5\ cm$
$O = 14 \cdot a^2 = 350\ cm^2$

b) $V_{1W} = 216\ cm^3$
$a^3 = 216\ cm^3$ $a = 6\ cm$
$O = 22 \cdot a^2 = 792\ cm^2$

c) $V_{1W} = 64\ cm^3$
$a^3 = 64 cm^3$ $a = 4\ cm$
$O = 32 \cdot a^2 = 512\ cm^2$

11. **a)** $\sqrt{196} = 14$ **b)** $\sqrt{36} = 6$ **c)** $\sqrt{4} = 2$ **d)** $\sqrt{0{,}16} = 0{,}4$ **e)** $\sqrt{10^4} = 100$ **f)** $\sqrt{16x^2} = 4x$

12. **a)** $\sqrt[3]{1000} = 10$ **b)** $\frac{1}{\sqrt[4]{16}} = \frac{1}{2}$ **c)** $\sqrt[4]{9^3} \cdot \sqrt[4]{9^3} = \sqrt{9^3} = 27$ **d)** $\sqrt[6]{125^2} = 5$

13. **a)** $x^6 + 12x^3 + 36 = 46 + 12x^3$
$x^6 = 10$ $x_1 \approx 1{,}468$
$x_2 \approx -1{,}468$

b) $x^{10} - 9x^4 = x^{10} - 54$
$54 = 9x^4$
$6 = x^4$ $x_1 \approx 1{,}565$
$x_2 \approx -1{,}565$

Lösungen zu Kapitel 5

Startklar?
→ *Seite 114*

1. **a)** $A = 49\ cm^2$; $u = 28\ cm$ **b)** $A = 14\ cm^2$; $u = 15{,}6\ cm$ **c)** $A \approx 176{,}72\ cm^2$; $u \approx 47{,}12\ cm$

2. **a)** $A = 12\ cm^2$ **b)** $A = 7{,}5\ cm^2$ **3.** **a)** $x \approx 3{,}05\ cm$ **b)** $x \approx 2{,}98\ cm$ **4.** $a = 12\ cm$

5. **a)** $160\ cm^2$ **b)** $2{,}41\ dm^2$ **c)** $2300\ mm^2$ **d)** $9{,}753\ cm^2$ **e)** $30\,000\ cm^2$
f) $15\,000\ cm^3$ **g)** $3{,}468\ dm^3$ **h)** $48\,000\ mm^3$ **i)** 2,5 ℓ **j)** 7000 mℓ

Auf einen Blick!
→ *Seite 135*

1. **a)** $V \approx 508{,}94\ cm^3$; $O \approx 353{,}43\ cm^2$ **b)** $V = 40{,}5\ cm^3$; $O = 72\ cm^2$ **c)** $V = 52{,}5\ cm^3$; $O = 106\ cm^2$

2. **a)** $r \approx 1{,}94\ cm$ **b)** $h_K \approx 3{,}46\ cm$ **3.** $O \approx 132$ cm2

4. **a)** $M \approx 117{,}76\ cm^2$; $O \approx 158{,}72\ cm^2$ **b)** $M \approx 204{,}20\ cm^2$; $O \approx 282{,}74\ cm^2$

5. **a)** $V \approx 44{,}1\ cm^3$ **b)** $V \approx 30{,}44\ cm^3$

6. **a)** $r = 6{,}8\ cm$ **b)** $h_K = 10\ cm$

7. **a)** $V \approx 113{,}10\ cm^3$ **b)** $V \approx 735{,}62\ m^3$ **c)** $V \approx 24{,}43\ m^3$

8. **a)** $O \approx 201{,}06$ cm2 **b)** $O \approx 706{,}86$ dm2 **c)** $O \approx 24{,}63$ m2 **9.** $r \approx 1{,}93\ cm$

Alles klar?
→ *Seite 136*

1. $O \approx 349{,}72\ cm^2$; $V \approx 498{,}57\ cm^3$

2. **a)**

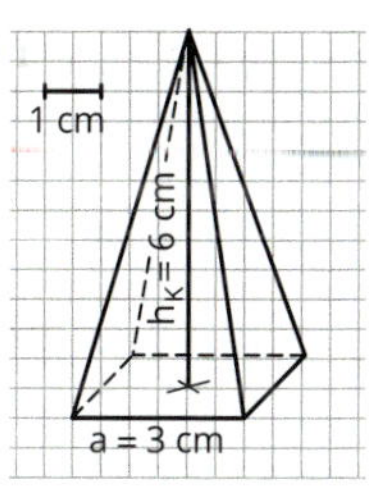

b)

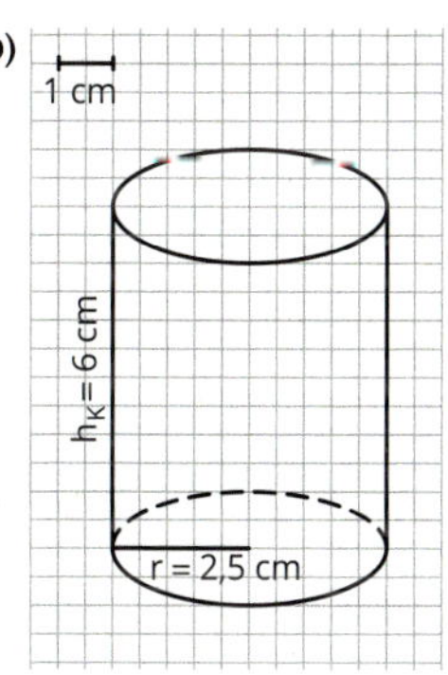

3. **a)** $V = 500$ cm3
b) $V \approx 254{,}47\ cm^3$

4. **a)** $O = 21{,}6\ m^2$
b) $O \approx 94{,}25\ mm^2$

5. $V \approx 179{,}59\ cm^3$;
$O \approx 153{,}94\ cm^2$

6. **a)** $h_s \approx 7{,}02\ cm$
b) $h_K \approx 6{,}50\ cm$

7. **a)** $h_s \approx 7{,}41\ cm$ **b)** $a \approx 7{,}07\ cm$ **8.** $r \approx 2{,}80\ cm$ **9.** $a \approx 6{,}02\ cm$

10. $V_{Kugel} \approx 65{,}45\ cm^2$ $V_{Abfall} = 5^3 - V_{Kugel} = 59{,}55\ cm^3$ **11.** $\frac{O_{Kegel}}{2} + \frac{24}{2} \approx 49{,}70\ cm^2$

12. $\frac{V_{50mm}}{V_{10mm}} = 125$ 125 10mm-Kugeln können hergestellt werden.

13. $O \approx 87{,}4\ cm^2$ **14.** $r \approx 2{,}26\ cm$; $V \approx 48{,}35\ cm^3$

15. **a)** $r \approx 15\ cm$; $h_K \approx 14{,}7\ cm$; $s \approx 21\ cm$; $M \approx 989{,}6\ cm^2$; $V \approx 3463{,}81\ cm^3$
b) $r \approx 6{,}6\ cm$; $h_K \approx 12{,}7\ cm$; $s \approx 14{,}3\ cm$; $G \approx 136{,}85\ cm^2$; $V \approx 579{,}33\ cm^3$

16. $V_{Würfel} = 216\ cm^3$ $r_{Kugel} \approx 3{,}72\ cm$ $O_{Kugel} \approx 173{,}9\ cm^2$

Lösungen zu Kapitel 6

Startklar?
→ *Seite 138*

1. **a)** 0,14 **b)** 0,6 **c)** 0,925 **d)** 1,2 **e)** 0,07 **f)** 0,002
g) 3 % **h)** 88 % **i)** 50 % **j)** 143 % **k)** 0,8 % **l)** 100 %

2. **a)** 1,05 **b)** 1,5 **c)** 1,27 **d)** 0,99 **e)** 0,995 **f)** 0,3

3. **a)** W = 20,88 € **b)** G = 25 Schüler **c)** p % = 8 %

4. **a)** 8 **b)** 32 **c)** 128
d) 1 024 **e)** 9 **f)** 81
g) 64 **h)** 625 **i)** 100 000

5. **a)**

x	0	1	2	3	4	5	6	7	8	9
y	0	2	2,8	3,5	4	4,5	4,9	5,3	5,7	6

b)

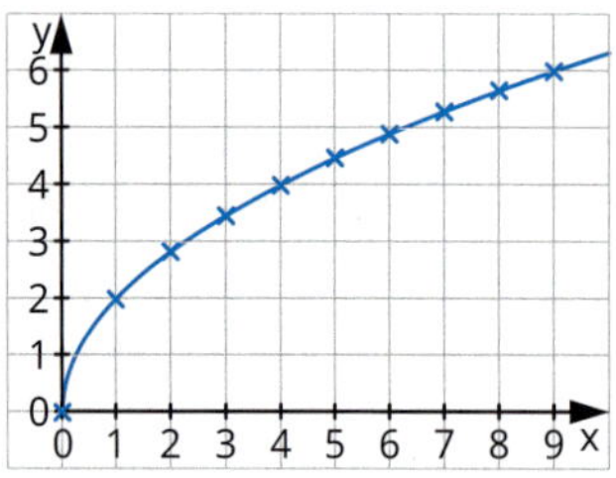

Auf einen Blick!
→ *Seite 161*

1. $K_5 \approx 269{,}32$ € **2.** $K_0 \approx 1200$ € **3.** $G_5 = 30\,720$ Bakterien **4.** $G_4 \approx 47$ °C

5. **a)** $G_5 = 240\,000 \cdot 1{,}06^5 \approx 321\,174$ Einwohner **b)** $480\,000 = 240\,000 \cdot 1{,}06^x$ $x \approx 12$ Jahre

6. ① quadratisch ② exponentiell ③ exponentiell ④ linear ⑤ linear

7. f_1: $y = 1{,}5^x$ f_2: $y = 2^x$ f_3: $y = 2{,}8^x$ f_4: $y = 0{,}5^x$

Alles klar?
→ *Seite 162*

1. 858,50 € **2.** $K_8 \approx 531\,884$ € **3.** $G_{25} \approx 1\,411\,282{,}00$ € **4.** $G_{10} \approx 2{,}39$ cm

5. $4281{,}51 = G_0 \cdot 1{,}06^{18}$ $G_0 = 1\,500$ € **6.** $100\,000 = 25\,000 \cdot x^{40}$ $x \approx 1{,}035$ p % = 3,5 %

7. $3 = x^{20}$ $x \approx 1{,}056$ Die jährliche Wachstumsrate beträgt etwa 5,6 %

8. **a)**

Auftreffen	0	1	2	3	4	5
Höhe (in m)	2	1	0,5	0,25	0,125	0,0625

b)

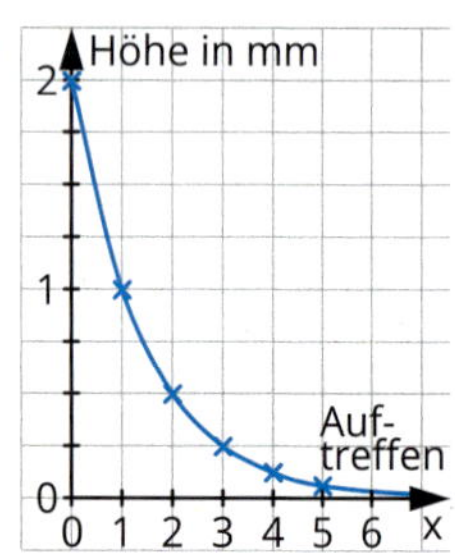

c) $0{,}01 = 2 \cdot 0{,}5x$ $0{,}005 = 0{,}5x$ Nach dem 8. Auftreffen: 0,0078 m

9. $125 = 250 \cdot 0{,}93^x$ $0{,}5 = 0{,}93^x$
Nach etwa 10 Jahren wären nur noch ≈ 121 ha vorhanden.

10. $10 = 6{,}6 \cdot 1.035^x$ $1{,}51 = 1{,}035^x$ $x \approx 12{,}08$
Vor etwa 12 Jahren war das Schild aktuell.

Lösungen zu Kapitel 7

Startklar?
→ *Seite 164*

1. **a)** 4 % **b)** Industriekaufmann/-kauffrau

2. absolute Häufigkeit: 6 relative Häufigkeit: $\frac{6}{10} = 60\,\%$

3. **a)** P(rot) = $\frac{5}{10} = 50\,\%$ **b)** P(kein gelb) = 1 – P(gelb) = $1 - \frac{3}{10} = \frac{7}{10} = 70\,\%$

4. **a)** $\overline{E}$: Der Pfeil zeigt auf eine ungerade Zahl. ($P(\overline{E}) = 50\,\%$)
b) $\overline{E}$: Der Pfeil zeigt auf eine Zahl, die nicht durch drei teilbar ist. ($P(\overline{E}) = 66{,}67\,\%$)
c) $\overline{E}$: Der Pfeil zeigt auf eine Zahl, die weniger als 3 Teiler hat. ($P(\overline{E}) = 50\,\%$)

5. 1;1 | 1;2 | 1;3 | 1;4 | 2;1 | 2;2 | 2;3 | 2;4 | 3;1 | 3;2 | 3;3 | 3;4 | 4;1 | 4;2 | 4;3 | 4;4 (16 Ergebnisse)

Auf einen Blick!
→ *Seite 181*

1. Minimum: 2 Maximum: 23 Median: 8,5 Mittelwert: 10 Spannweite: 21

2. Spannweite: 29,5 Mittelwert: 121 Median: 119

3. Minimum: 4 Maximum: 28 Spannweite: 24
unteres Quartil: 12 oberes Quartil: 22 Median: 16

4.
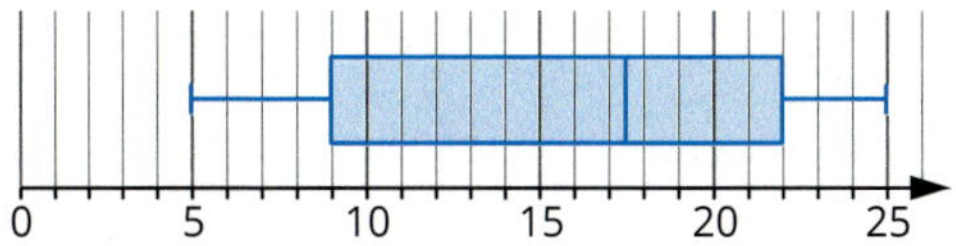

5.
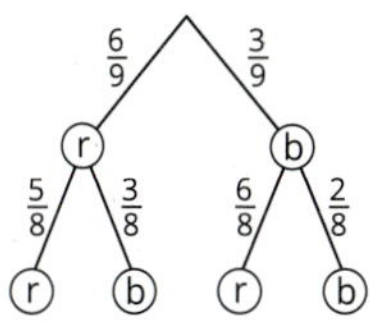

a) P(versch. Farben) $= \frac{6}{9} \cdot \frac{3}{8} + \frac{3}{9} \cdot \frac{6}{8} = \frac{36}{72} = 50\,\%$

b) P(mind. 1x rot) = 1 – P(2x blau) $= 1 - \left(\frac{3}{9} \cdot \frac{2}{8}\right) = 1 - \frac{6}{72} \approx 91{,}7\,\%$

6. a) $9 \cdot 8 \cdot 7 = 504$ **b)** $9 \cdot 9 \cdot 9 = 729$ **c)** $9 \cdot 1 \cdot 9 = 81$ (wenn alle drei auch gleich sein dürfen)

Alles klar?
→ *Seite 182*

1. Mittelwert: 13,18 m

2. Median: 13,05 m Spannweite: 4,2 m

3.
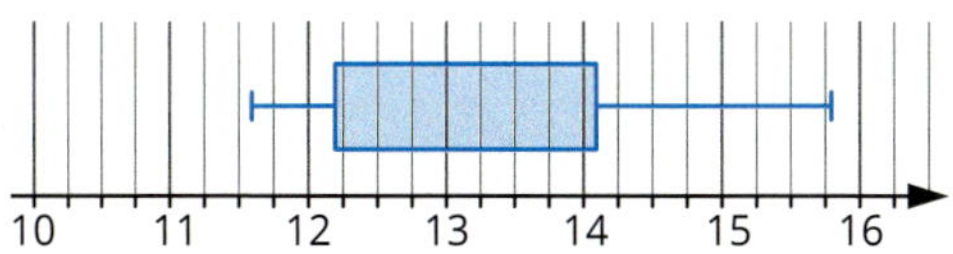

4. a) P(2x gelb) $= \frac{5}{8} \cdot \frac{5}{8} = \frac{25}{64} \approx 39{,}1\,\%$

b) P(2x gelb) $= \frac{5}{8} \cdot \frac{4}{7} = \frac{20}{56} \approx 35{,}7\,\%$

5. P(Augensumme 10, 11 oder 12) = P(4;6) + P(6;4) + P(5;5) + P(5;6) + P(6;5) + P(6;6)
$= 6 \cdot \frac{1}{36} = \frac{1}{6} \approx 16{,}67\,\%$

6. P(mind. 1x Gewinn) $= 1 - \frac{45}{50} \cdot \frac{44}{49} = 1 - \frac{1980}{2450} \approx 0{,}1918 \approx 19{,}18\,\%$

7. a) P(keine 6) $= \frac{5}{6} \cdot \frac{5}{6} \cdot \frac{5}{6} = \frac{125}{216} \approx 57{,}9\,\%$

b) P(genau 1x6) $= \frac{1}{6} \cdot \frac{5}{6} \cdot \frac{5}{6} + \frac{5}{6} \cdot \frac{1}{6} \cdot \frac{5}{6} + \frac{5}{6} \cdot \frac{5}{6} \cdot \frac{1}{6} = 3 \cdot \frac{25}{216} \approx 34{,}7\,\%$

c) P(höchstens 1x6) = P(keine 6) + P(genau 1x6) ≈ 92,6 %

d) P(mindestens 1x6) = 1 – P(keine 6) = 1 – 57,9 % ≈ 42,1 %

8. a) $4 \cdot \frac{1}{8} = 50\,\%$ Die Wette ist fair, weil sie mit 50 % gewinnen, bzw. auch verlieren kann.

9. $3{,}8 = \frac{3{,}8 + 4{,}1 + 3{,}6 + 4{,}4 + x}{5}$ $19 = 15{,}9 + x$ $x = 3{,}1$ Spannweite: 1,30 m

10. $4 \cdot 10 \cdot 9 = 360$

11. a) $12 \cdot 11 \cdot 10 \cdot 9 = 11\,880$ **b)** $12^4 = 20\,736$

12. a) P(rot) $= \frac{20}{80} = 25\,\%$ **b)** P(B&Z) $= \frac{24}{60} = 40\,\%$

13. a) $8! = 40\,320$ **b)** $\frac{2}{7} \approx 28{,}6\,\%$

Lösungen zu Kapitel 8

→ *Seite 184*

1. a) 33 Mädchen

b) Die Hochachse beginnt nicht bei 0 %. Deshalb kann man nicht einfach die Höhe der Säulen vervielfachen.

2. **a)** 51,7 % **b)** 822 020 ha **c)**

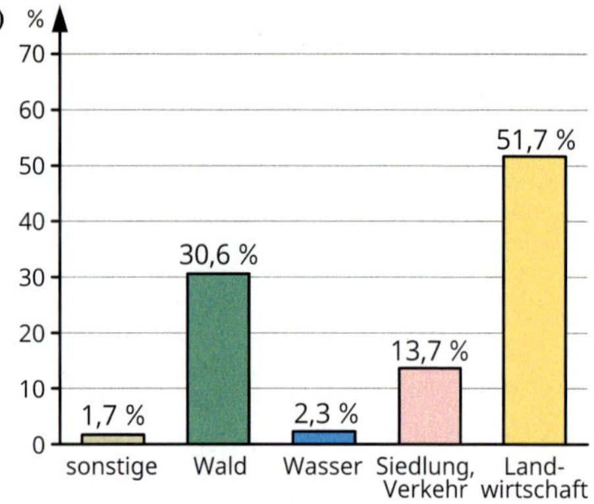

3. $1098 \cdot 0{,}9 = 988{,}20$ $1098 \cdot 0{,}85 = 933{,}30$ €
$988{,}20 \cdot 0{,}95 = 938{,}79$ €
Die Behauptung stimmt nicht. Zieht er sofort 15 % ab, müsste er am Ende weniger zahlen.

4. **a)** ≈ 2,08 Mio. Jungwähler
b) Regierungsparteien: 52% Stimmenanteil.
≈ 46,9 Mio. Menschen haben gewählt, davon also ≈ 24,4 Mio. die Regierungsparteien.
Die Behauptung stimmt nicht.

→ *Seite 185*

5. **a)** $p\,\% = 0{,}5\,\%$ **b)** $Z = 8000 \cdot 0{,}01$ $Z = 80$
$80 \neq 2 \cdot 20$

6. **a)** $Z = 38{,}40$ € **b)** $K_{18} = 1600 \cdot 1{,}024^{18}$ $K_{18} \approx 2452$ € Das Geld vom Sparbuch reicht.

7. **a)** $p\,\% = 1{,}8\,\%$
b) Jedes Jahr befindet sich das Anfangskapital inklusive der Zinsen des letzten Jahres auf dem Konto, das hat Luca hier nicht bedacht.
c) $K_5 = 2450\text{ €} \cdot 1{,}018^5 \approx 2678{,}58$ € *(2639,35 €)*

8. **a)**

Laufzeit in Jahren	0	1	3	5	7	11	14
Kapital am Jahresende	150 000 €	**154 200 €**	162 956,09 €	172 209,39 €	**181 988,13 €**	203 242,96 €	220 797,86 €

b)

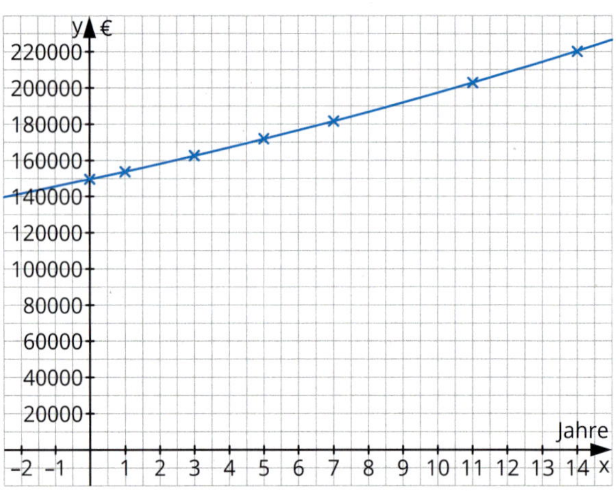

c) Das Kapital wächst exponentiell.
d) $K_n = 150\,000 \cdot 1{,}028^n$
e) $K_{20} \approx 260\,587{,}48$ €
f) $193\,894{,}22 = 150\,000 \cdot (1 + p\,\%)^{10}$
$1{,}2926 \approx (1 + p\,\%)^{10}$
$1{,}026 \approx 1 + p\,\%$
$p\,\% = 2{,}6\,\%$

→ *Seite 186*

1. A – ① B – ⑤ C – ③ D – ② E – ④

2. **a)** $y = 0{,}5x + 2$ **b)** $12 = 0{,}5 \cdot 8 + 2$ $12 \neq 6$ P liegt nicht auf dem Graphen.
c) $y = 0{,}5x - 1$ **d)** $y = -2x + 2$

3. a)

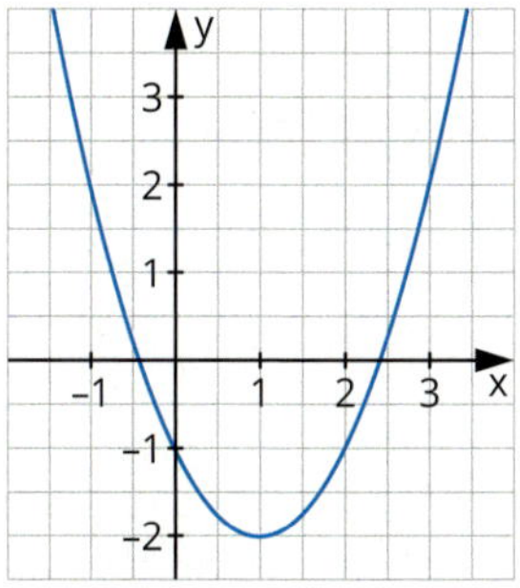

b) $14 = (-3)^2 - 2(-3) - 1$
$14 = 9 + 6 - 1$
$14 = 14$ w P liegt auf dem Graphen.

c) $0 = x^2 - 2x - 1$
$x_{1,2} = 1 \pm \sqrt{1 + 1}$
$x_1 \approx 2{,}41$ $x_2 \approx -0{,}41$

4. a) Die Parabel ist nach unten geöffnet, deshalb ist der Faktor negativ

b) $0 = -0{,}08x^2 + 1{,}8x$ $| : (-0{,}08)$
$0 = x^2 - 22{,}5x$
$x_{1,2} = 11{,}25 \pm \sqrt{11{,}25^2 - 0}$
$x_1 = 22{,}5$ $x_2 = 0$ Die Spannweite beträgt 22,5 m.

c) $y = -0{,}08(11{,}25)^2 + 1{,}8(11{,}25)$
$y = -10{,}125 + 20{,}25$
$y = 10{,}125$ $S(11{,}25 | 10{,}125)$ Das Segelboot passt nicht durch.

d) $y = -0{,}08x^2$

→ *Seite 187*

5. a) $y = 3x$

d) $3x = 0{,}6x^2 - 42$
$0 = 0{,}6x^2 - 3x - 42$ $|: 0{,}6$
$0 = x^2 - 5x - 70$
$x_{1,2} = 2{,}5 \pm \sqrt{76{,}25}$
$x_1 \approx 11{,}23$ $x_2 \approx -6{,}23$
Der Bus benötigt 11,23 s.

e) $y = 3(11{,}23) = 33{,}69$
33,69 m vom Startpunkt des Radfahrers.
33,69 m + 42 m = 75,69 m.
Peter hat Recht.

b), c)

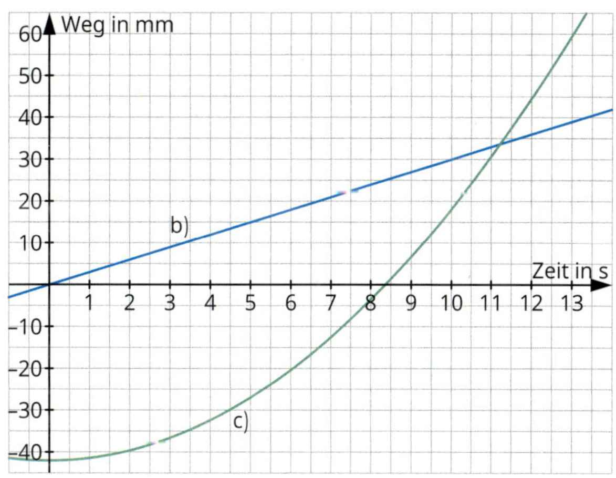

6. a)

x: horizontale Entfernung in m	0	1	3	5	7	9	11	13	15
y: Höhe über den Boden in m	**0,4**	**1,05**	2,05	2,65	2,85	**2,65**	2,05	1,05	**−0,35**

b)

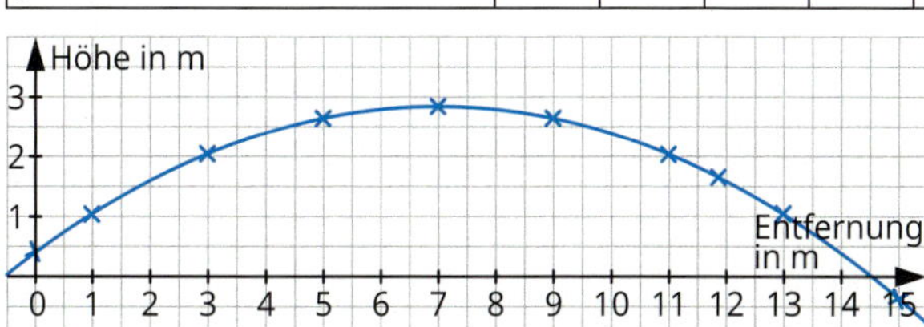

c) $y = -0{,}05x^2 + 0{,}7x + 0{,}4$
$y = x^2 - 14x - 8$
$x_{1,2} = 7 \pm \sqrt{49 + 8}$
$x_1 \approx -0{,}55$ $x_2 \approx 14{,}55$
Die Entfernung beträgt 14,55 m.

d) Spielfeldhälfte bei 11,885 m: $y = -0{,}05(11{,}885)^2 + 0{,}7(11{,}885) + 0{,}4$
$y \approx 1{,}66$
Höhe über dem Netz: 1,66 m − 1,07 m = 0,59 m = 59 cm

→ *Seite 188*

1. a) $A = 68\ cm^2$ **b)** $A \approx 1471{,}57\ cm^2$

2. a) $21\ cm^2$ **b)** z.B.: D(4|8) (oder D(−8|1) oder D(4|−6))

3. $A = 25\ cm^2$ u = 10 + 3,6 + 1,5 + 6 + 1,5 + 2,2 = 24,8 cm

4. **a)** $c = 7{,}4\ cm$ $A = 48{,}4\ cm^2$ **b)** A verdoppelt sich: $\frac{a+c}{2} \cdot 2 \cdot h = 96{,}8\ cm^2$

5. **a)** $A = 3x \cdot 2x + \frac{x^2 \cdot \pi}{2} = 6x^2 + \frac{x^2 \cdot \pi}{2} \approx 7{,}57\ x^2$ **b)** $A = 189{,}27\ cm^2$

→ *Seite 189*

6. **a)** $6x \cdot 2x - 2 \cdot (\frac{2x \cdot 2x}{2}) = 12x^2 - 4x^2 = 8x^2$ **b)** $A = 1152\ cm^2$

7. **a)** $A = 588\ m^2 - 150\ m^2 - 62{,}5\ m^2 = 375{,}5\ m^2$ **b)** $A = 345{,}5\ m^2$ Die Behauptung stimmt.

8. **a)** Breite ≈ 3 km Länge ≈ 5 km $A \approx 15\ km^2$
b) u ≈ 16 km Da der See nicht genau rechteckig ist, sind es eher noch mehr Kilometer. Würde Marie es in einer halben Stunde schaffen wollen, müsste sie etwa $35\ \frac{km}{h}$ fahren. Das schaffen nur sehr trainierte Rennradfahrerinnen und Rennradfahrer.

9. **a)** $A \approx 16\,627{,}7\ cm^2$ **b)** $A = 66\,510{,}75\ cm^2$ Die Behauptung stimmt.

→ *Seite 190*

1. **a)**

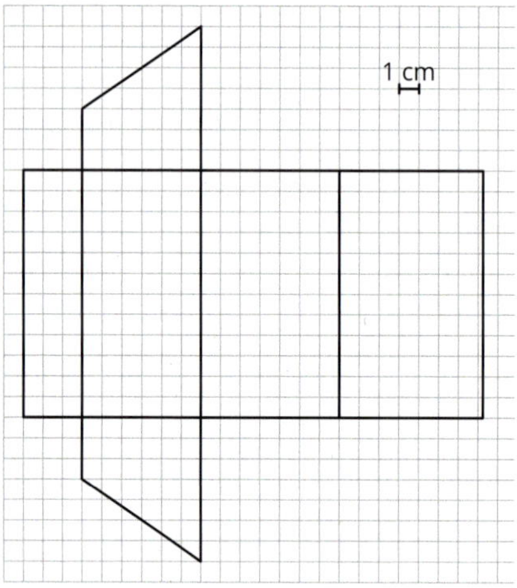

b) $O = 338{,}4\ cm^2$
Pappe $= 338{,}4 \cdot 1{,}15 \approx 389{,}16\ cm^2$

2. $G = 20 + 6 + 10 = 36\ cm^2$ $V = 36\ cm^2 \cdot 12\ cm = 432\ cm^3$ $m = 432\ cm^3 \cdot 8{,}73\ \frac{g}{cm^3} = 3\,771{,}36\ g \approx 3{,}77\ kg$

3. **a)** Kegel und Halbkugel
b) $O_{Halbkugel} = \frac{4\pi r^2}{2}$ $O_{Mantel\text{-}Kegel} = \pi r \cdot 4r$ $O_{Gesamt} = \frac{4\pi r^2}{2} + \pi r \cdot 4r = 2\pi r^2 + 4\pi r^2 = 6\pi r^2$
c) $O = 6\pi(2)^2 \approx 75{,}4\ cm^2$

4. **a)** $V_W = 1000\ cm^3$ $V_P \approx 333{,}33\ cm^3$
b) $V_W = a \cdot a \cdot a = a^3$ $V_P = \frac{1}{3}\ a \cdot a \cdot \frac{1}{2}a = \frac{1}{6} \cdot a^3 = \frac{1}{6} \cdot V_W$ Die Behauptung stimmt.

5. **a)** $O = 4 \cdot \pi \cdot r^2 = 4 \cdot \pi \cdot 0{,}6^2 \approx 4{,}52\ m^2$ **b)** $4{,}52\ m^2 = 452\ dm^2$ $m = 452 \cdot 1{,}3\ g = 587{,}6\ g$ *(594,31 g)*
c) $V_{Boden} = \frac{4}{3} \cdot \pi \cdot r^3 = 0{,}9\ cm^3$ $V_{30\ km} = 360\ cm^3$
$360 = \frac{4}{3} \cdot \pi \cdot r^3$ $r^3 \approx 85{,}94\ cm^3$ $r \approx 4{,}4\ cm$ $\frac{4{,}4}{0{,}6} = 7{,}3$
Die Behauptung stimmt nicht. Der Radius ist ungefähr 7 mal so lang ($\sqrt[3]{400}$).

→ *Seite 191*

6. **a)** Halbkugel, Zylinder, Kegel
b) $V_{Halbkugel} \approx 452{,}39\ mm^3$ $V_{Zylinder} \approx 226{,}19\ mm^3$ $V_{Kegel} \approx 1\,507{,}96\ mm^3$
$V_{Gesamt} \approx 2\,186{,}55\ mm^3$
c) $2\,186{,}55\ mm^3 \approx 2{,}19\ cm^3$ $m = 2{,}19\ cm^3 \cdot 19{,}3\ \frac{g}{cm^3} = 42{,}267\ g$ Er ist aus Gold.
d) $V = \frac{\frac{4}{3} \cdot \pi \cdot (3x)^3}{2} + \pi \cdot (3x)^2 \cdot x + \frac{\pi \cdot (3x)^2 \cdot 20x}{3}$
$V = \frac{4}{6} \cdot \pi \cdot 27x^3 + \pi \cdot 9x^3 + \pi \cdot 60x^3$
$V = 18x^3 \cdot \pi + 9x^3 \cdot \pi + 60x^3 \cdot \pi = \mathbf{87x^3 \cdot \pi}$

7. **a)** $V_Q = 21{,}296\ cm^3$
b) $m = 21{,}296\ cm^3 \cdot 0{,}68\ \frac{g}{cm^3} \approx 14{,}48\ g$ $\frac{500\ g}{14{,}48\ g} \approx 34{,}5$ In der Packung sind 35 Stück.
c) $3{,}11^2 = 2{,}2^2 + x^2$ $x = 2{,}2$ Das Prisma ist so breit wie hoch, also genau die Hälfte eines Würfels, bzw. ein Viertel des Quaders.
d) $V_{Halbzylinder} = \frac{\pi \cdot r^2 \cdot 2{,}2\ cm}{2}$
$3{,}75\ cm^3 = \frac{\pi \cdot r^2 \cdot 2{,}2\ cm}{2}$
$r \approx 1{,}04\ cm$ $x = 2{,}08\ cm$
e) $3{,}75 = 31{,}94 \cdot p\,\%$ $p\,\% \approx 11{,}74\,\%$
f) $2d = 2x = 4{,}16\ cm$ $r = 2{,}08\ cm$
$V = \frac{\pi \cdot 2{,}08^2 \cdot 2{,}2}{2} \approx 14{,}95\ cm^3$ $14{,}95 = 31{,}94 \cdot p\,\%$ Die Behauptung stimmt nicht.
$p\,\% \approx 46{,}8\,\%$ Der prozentuale Anteil vervierfacht sich.

→ *Seite 192*

1. **a)** $A \approx 21{,}18\ cm^2$ $u \approx 19{,}7\ cm$ **b)** $A \approx 58{,}85\ cm^2$ $u \approx 29{,}7\ cm$

2. $x = 2{,}3\ m$ Ja, sie trifft hinein.

3. **a)**

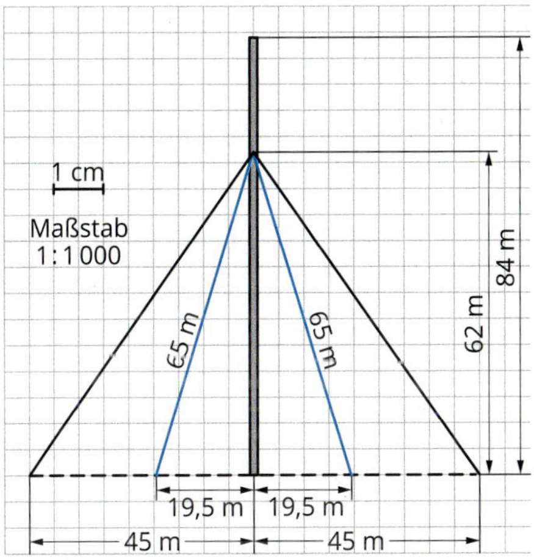

b) $62^2 + 45^2 = x^2$ $x \approx 76{,}6\ m$
c) $65^2 - 62^2 = x^2$ $x \approx 19{,}5\ m$

4. **a)**

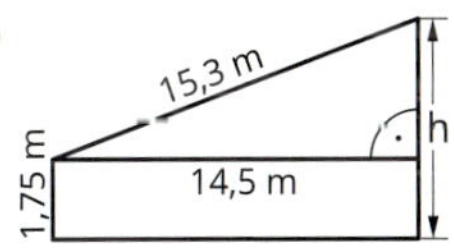

b) Das Dreieck ist rechtwinklig.
c) $h = \sqrt{15{,}3^2 - 14{,}5^2} + 1{,}75 \approx 6{,}63\ m$

5. **a)** $6{,}53^2 = 5{,}37^2 + 2{,}14^2$ $42{,}6409 \neq 33{,}4165$ α ist kein rechter Winkel.
b) $A = \frac{a + c}{2} \cdot h$ $h \approx 28{,}16\ mm$ $37^2 = 24^2 + 28{,}16^2$ $1\,369 \approx 1\,368{,}9$ α ist ein rechter Winkel.

→ *Seite 193*

6. **a)** $1{,}2^2 + 0{,}9^2 = 1{,}5^2$ $2{,}25 = 2{,}25$

7. **a)**

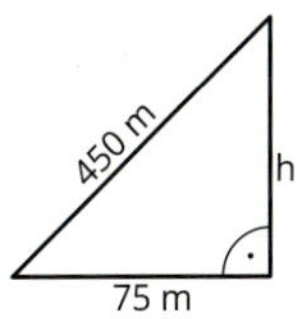

b) $h \approx 443{,}7\ m$
c) $x^2 = 150^2 + 443^2$
$x \approx 467{,}7\ m$
Das Seil muss nur 17,7 m länger sein.

8. **a)** $3{,}6^2 + 5{,}5^2 = x^2$ $x \approx 6{,}57\ m$
Balken: x + 0,3 m Überstand = 6,87 m
b) $30 \cdot 0{,}06\ m + 29 \cdot 0{,}6\ m = 19{,}2\ m$
$19{,}2\ m = 19{,}2\ m$
c) $n = 2\left(\frac{19{,}2 - 1}{6 + 60}\right) = 0{,}55$
Das Ergebnis ist falsch.
d) $n = 2\left(\frac{\text{Hauslänge in m} + 0{,}6}{0{,}06 + 0{,}6}\right)$
e) $60 \cdot 0{,}06\ m \cdot 0{,}12\ m \cdot 6{,}87\ m = 2{,}97\ m^3$
$m = 2{,}97\ m^3 \cdot 480\ \frac{kg}{m^3} = 1\,425{,}6\ kg$ *(1 405,9 kg)*
f) $11^2 + 19{,}2^2 = 22{,}13^2$ $11^2 + 19{,}2^2 \neq 24{,}3^2$
Der Winkel bei B ist nicht rechtwinklig.
g) Also mussen Pfahl B verändert werden, damit auch die Winkel in A, B und C 90° betragen.

→ Seite 194

1. a) $\frac{\overline{AE}}{\overline{AC}} = \frac{\overline{AD}}{\overline{AB}}$ $\overline{AE} = 10{,}8$ cm

b)

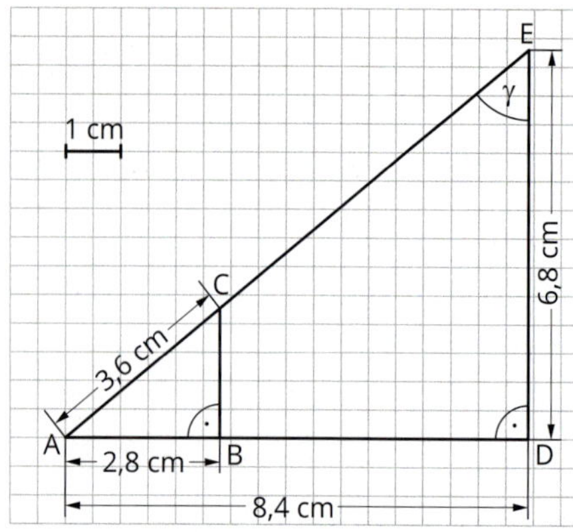

c) $\tan \gamma = \frac{8{,}4}{6{,}8}$ $\gamma = 51°$

d) Die Behauptung stimmt.
Hier gilt der 2. Strahlensatz.

2. a) $\frac{630}{x} = \frac{360}{150}$ $x = 262{,}5$ m

b)

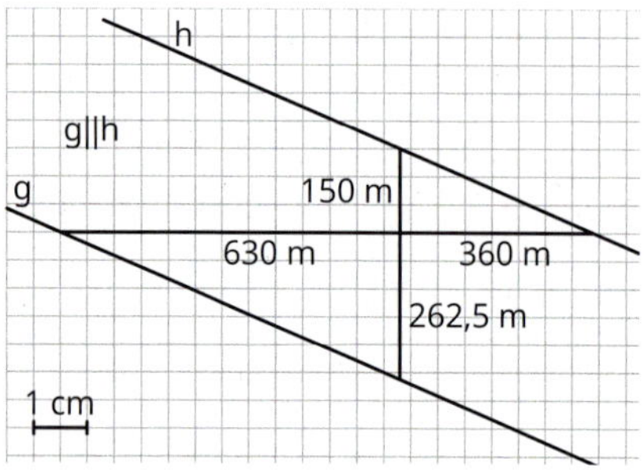

c) Maßstab: 1:10 000

3. a) $\tan \alpha = \frac{p}{100}$ $\alpha \approx 12{,}4°$ **b)** $\sin 12{,}4° = \frac{x}{850}$ $x \approx 182{,}5$ m

c) $\sin \alpha = \frac{195}{950}$ $\alpha \approx 11{,}8°$ $\tan 11{,}8° = \frac{p}{100}$ $p\,\% \approx 21\,\%$ Die Behauptung ist falsch.

4. a) $\tan 52° = \frac{17{,}66}{r}$ $r \approx 13{,}8$ m **b)** $V_{Kegel} \approx 3521{,}9\ m^3$ $m = 11\,270{,}08$ t
Die Behauptung stimmt.

5. Leon: $\tan 23{,}5° = \frac{x}{230 - 80}$ $x \approx 65{,}2$ cm Marie: $\frac{230}{230 - 80} = \frac{100}{x}$ $x \approx 65{,}2$ cm

→ Seite 195

6. a) 6,7 km = 670 000 cm 1:100 000 → 670 000 cm ≙ 6,7 cm

b) $\frac{x}{\sin 32°} = \frac{6{,}7\ km}{\sin 111°}$ $x = 3{,}8$ km **c)** $\sin 37° = \frac{h}{3{,}8\ km}$ $h \approx 2{,}29$ km

d) $\tan 12° = \frac{2{,}29}{x}$ $x \approx 10{,}77$ km $\overline{BD} = 4{,}07$ km **e)** $\tan \alpha = \frac{4{,}58}{10{,}77}$ $\alpha \approx 23{,}03°$
Die Behauptung ist falsch.

7. a) $\sin 61° = \frac{\overline{PC}}{530}$ $\overline{PC} \approx 463{,}55$ m **b)** $\sin \alpha = \frac{463{,}55}{670}$ $\alpha \approx 43{,}8°$

c)

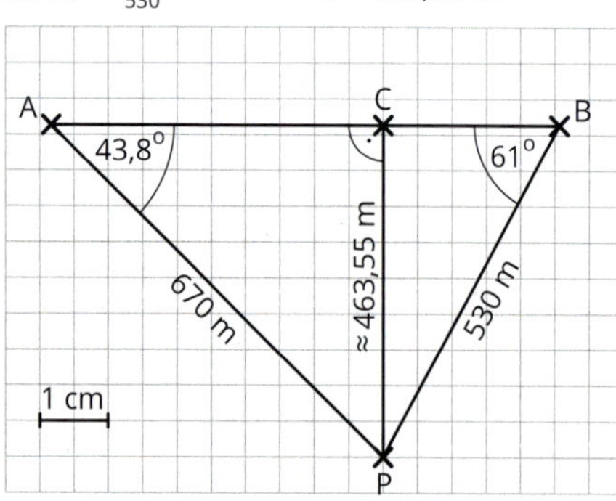

d) Messung: 7,4 cm ≙ 740 m
$\frac{\sin 75{,}2°}{\overline{AB}} = \frac{\sin 61°}{670\ m}$ $\overline{AB} \approx 740{,}6$ m

e) $\overline{AC}^2 = \overline{PA}^2 - \overline{PC}^2 \approx 483{,}81$ m
$\overline{P'A} = 483{,}81^2 + 556{,}26^2 \approx 737{,}22$ m
$\overline{PA} \cdot 1{,}2 = 804$ m
$737{,}22\ m \neq 804\ m$
Die Behauptung ist falsch.

→ Seite 196

1. a) $y = 2^x + 1$ exponentielles Wachstum
$y = 0{,}5x^2$ quadratisches Wachstum
$y = \frac{2}{5}x + 1$ lineares Wachstum

b) Algen exponentielles Wachstum
Badewanne lineares Wachstum
Nachricht exponentielles Wachstum

c) z.B.:
exponentielles Wachstum $y = 3^x$
lineares Wachstum $y = 5x - 3$
exponentieller Zerfall $y = 0{,}2^x$

2. a)

x	0	1	2	3	4	5	6
y	1	**1,5**	**2,25**	**3,375**	5,06	**7,59**	11,39

b)

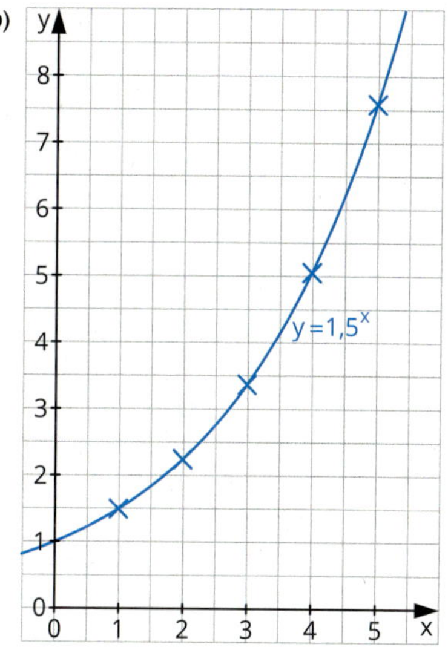

c) $y = 1{,}5^{-2} = 0{,}44$

d) $y = \left(\frac{1}{1{,}5}\right)^x = 0{,}67^x$

Mehmet hat Recht, denn wenn $0 < q < 1$ gilt, handelt es sich um einen exponentiellen Zerfall.

3. a) $q = 1 + \frac{p}{100} = 1{,}034$

b) $K_n = 25\,000 \cdot 1{,}034^n$

c) $K_8 = 25\,000\text{ €} \cdot 1{,}034^8 = 32\,666{,}63\text{ €}$

Sie kann den Betrag abheben.

d) $K_{22} = 25\,000\text{ €} \cdot 1{,}034^{22} = 52\,166{,}52\text{ €}$

Die Behauptung stimmt.

4. a)

Zeit (in h)	0	6	12	**18**	24
Menge (in mℓ)	250	**125**	**62,5**	31,25	**15,625**

b) $y = 250 \cdot 0{,}0625^x$

→ *Seite 197*

5. a) $30{,}91 = G_0 \cdot 1{,}027^6$ $G_0 \approx 26{,}34$ Mio. **b)** $G_{10} = 30{,}91 \cdot 1{,}027^{10}$ $G_{10} \approx 40{,}35$ Mio. Tim hat Recht.

6. a) Ausbau: $y = 600 + 80 \cdot x$

Algen: $y = 100 \cdot 1{,}3^x$

b)

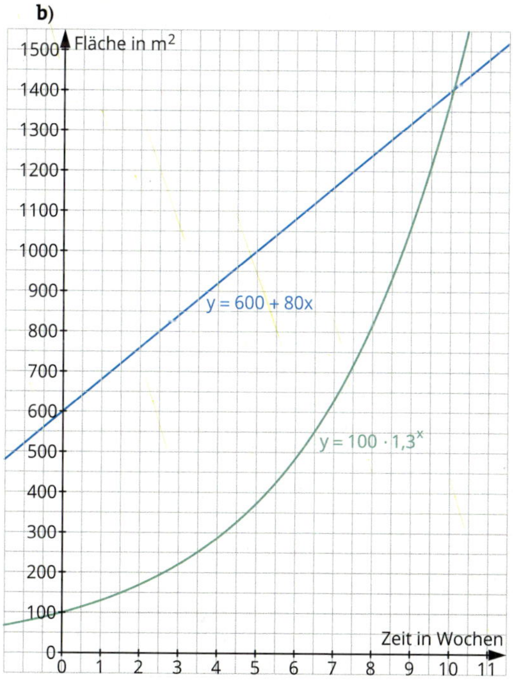

c) Nach etwas mehr als 10 Wochen ist der Baggersee zugewachsen.

d) $100 = G_0 \cdot 1{,}3^3$ $G_0 \approx 45{,}5\text{ m}^2$

e) $130 = 100 \cdot q^7$ $q \approx 1{,}038$ $p\,\% = 3{,}8\,\%$

7. a)

Anz. HWZ	0	1	2	**3**	4	5	6
Masse (g)	100	**50**	**25**	12,5	**6,25**	3,13	1,56

b)

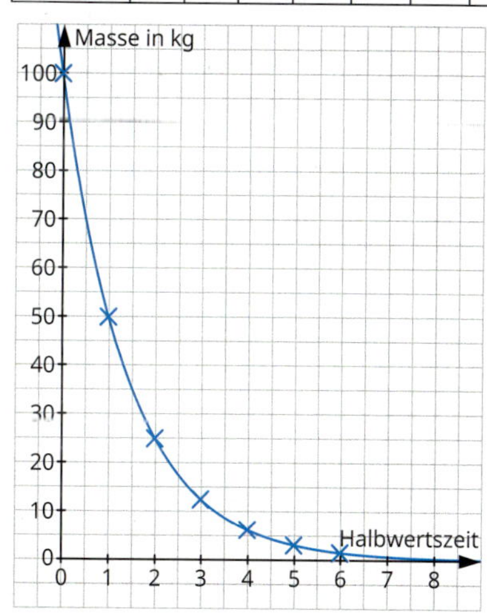

c) $y = 100 \cdot 0{,}5^x$

d) $y = 100\text{ g} \cdot 0{,}5^{12} \approx 0{,}024\text{ g}$

e) $100 = G_0 \cdot 0{,}5^2$ $G_0 = 400\text{ g}$

f) Nach 7 HWZ: 0,78 g, nach 8 HWZ: 0,39 g.

g) $y = 100 \cdot 0{,}5^{13}$ $y = 0{,}01\,\%$

Lenas Behauptung stimmt.

→ Seite 198

1. a), b)

	149 g	150 g	151 g	152 g
abs. H.	2	4	9	5
rel. H.	10 %	20 %	45 %	25 %

c)

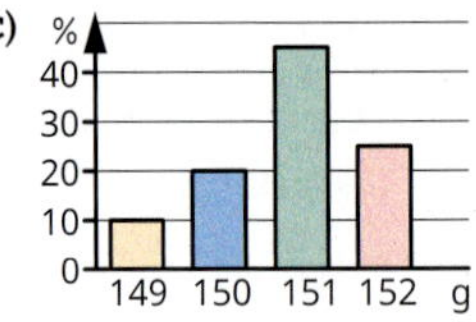

d) $P(\geq 150g) = \frac{18}{20} = 90\,\%$ $500 \cdot 0{,}9 = 450$

Svenja hat Recht.

2. a) Rot: 4 Blau: 2 Grün: 3

b)

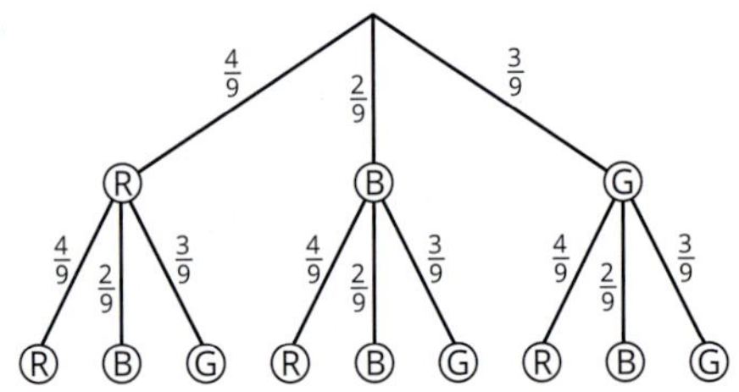

c) $P(\text{grün, blau}) = \frac{6}{81} \approx 66{,}67\,\%$

d) $P(\text{mind. 1x grün}) = \frac{45}{81} \approx 55{,}56\,\%$

e) $P(g,g) = \frac{9}{81}$ $P(b,b) = \frac{4}{81}$ $P(r,r) = \frac{16}{81}$

Hasan hat Recht. Denn es befinden sich am meisten rote Kugeln in der Urne.

3. a) 4! = 24 Möglichkeiten **b)** $P(\text{ARON}) = \frac{1}{24} \approx 4{,}17\,\%$

c) Das Ziehen aller Kugeln ist gleichwahrscheinlich, also ist die Wahrscheinlichkeit für NORA 4,17 %.

4. a) Genau 6 Felder müssen rot und gelb gefärbt sein, 2 Felder müssen blau gefärbt sein.

b) Genau 3 Felder müssen rot sein. Die Verteilung von blau und gelb ist dann egal.

c) $P(\text{blau}) = \frac{1}{8} = 12{,}5\,\%$

→ Seite 189

5. a)

+	⚀	⚁	⚂	⚃	⚄	⚅
⚀	2	3	4	5	6	7
⚁	3	4	5	6	7	8
⚂	4	5	6	7	8	9
⚃	5	6	7	8	9	10
⚄	6	7	8	9	10	11
⚅	7	8	9	10	11	12

b) $P(7) = \frac{6}{36} \approx 16{,}67\,\%$ Die Behauptung stimmt.

c) $P(12) = \frac{1}{36} \approx 2{,}78\,\%$

d) $P(9) = \frac{4}{36} = \frac{1}{9} \approx 11{,}11\,\%$ Die Behauptung ist falsch.

e) $P(\text{Gewinn}) = \frac{16}{36} \approx 44{,}44\,\%$

$P(\text{Verlust}) = \frac{20}{36} \approx 55{,}56\,\%$

Die Wahrscheinlichkeit zu verlieren ist höher als die zu gewinnen, also ist das Spiel nicht fair.

6. a)

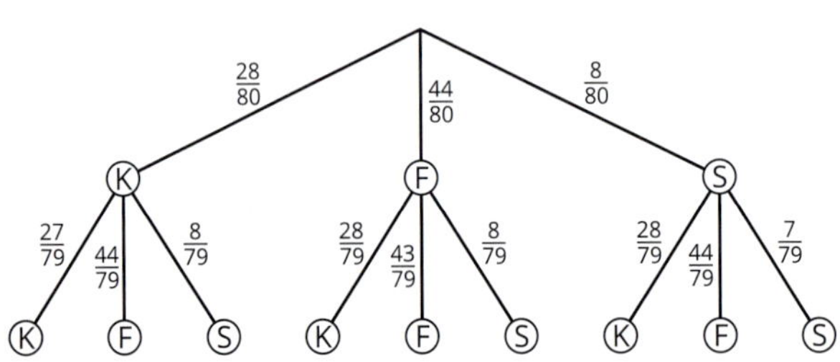

b) $P(K, K) = \frac{756}{6320} \approx 11{,}96\,\%$

c) $P(F,S;S,F) = \frac{352}{6320} + \frac{352}{6320} \approx 11{,}14\,\%$

Thomas Behauptung stimmt.

d) 7 Kugeln mit K beschriften, 11 Kugeln mit F beschriften, 2 Kugeln mit S beschriften.

$\frac{7}{20} = 35\,\%$; $\frac{11}{20} = 55\,\%$; $\frac{2}{20} = 10\,\%$

Lösungen „Erinnern und Wiederholen"

→ Seite 200

1. Punkt P liegt nicht auf der Geraden, Punkt Q liegt auf der Geraden.

2. B(6 | **−1**) **3.** C(**2** | 4,5)

→ Seite 201

1. Hier ohne Zeichnung. Werte zur Kontrolle: $S_y(0|6)$; $S_x(2|0)$

2. Hier ohne Zeichnung. $S_y(0|-8)$; $S_x(4|0)$

3. a) $5x - y + 4$ **b)** $27a - 13b + 39$ **c)** $4p - 3q$

d) $2{,}5y + 2$ **e)** $10s - 7t - 7$ **f)** $-6x + 11{,}5y + 20$

→ Seite 202

1. $3x + 4 = 2(x + 4)$
$3x + 4 = 2x + 8$ $\quad x = 4$ $\quad$ Kira ist heute 4 und Leni ist heute 12.

2. $a + b + c = 47$ $\quad a = b - 2$ $\quad b = c - 1$
$b - 2 + b + c - 1 = 47$
$3b = 48$ $\quad b = 16;\ a = 14;\ c = 17$ $\quad$ Ben ist 16, Ali ist 14 und Cem ist 17.

3. **a)** $x = 5$ **b)** $x = 2$ **c)** $x = 22{,}5$ **d)** $x = 10\,\frac{34}{47}$ ($\approx 10{,}72$)

→ Seite 203

1. **a)**

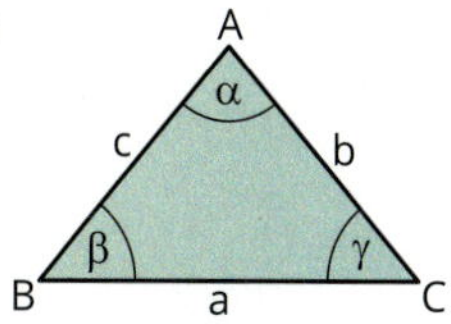

b)

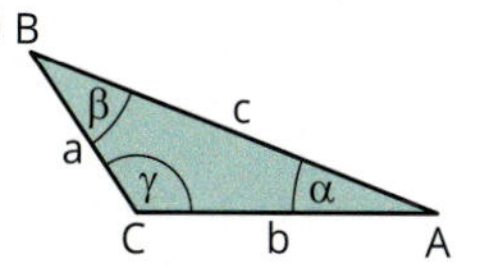

c)

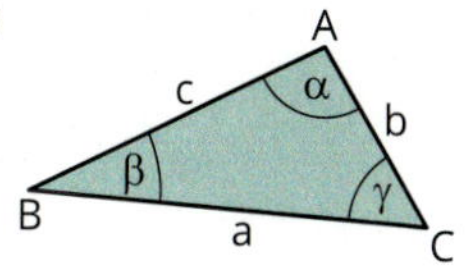

2. Ⓔ – Ⓑ – Ⓐ – Ⓓ – Ⓒ

3. Hier ohne Zeichnung. Werte zur Kontrolle.
a) $\gamma = 46°$; $a = 9{,}5$ cm; $b = 8$ cm **b)** $\alpha = 59{,}5°$; $\beta = 47{,}5°$; $\gamma = 73°$ **c)** $\beta = 15°$; $a = 7{,}4$ cm; $b = 2$ cm

→ Seite 204

1. **a)** δ_1 und β_1 **b)** α_2 **c)** β_2
d) $\alpha_1 = 29°$; $\beta_1 = 151°$; $\gamma_1 = 29°$; $\delta_1 = 151°$; $\alpha_2 = 151°$; $\beta_2 = 29°$; $\delta_2 = 29°$

2. **a)** $\gamma = 82°$ **b)** $\alpha = 39°$ **c)** $\beta = 49°$ **d)** $\alpha = \beta = 9°$

3. **a)** Katheten: r; s Hypotenuse: t **b)** Katheten: e; f Hypotenuse: d
c) Katheten: u; v Hypotenuse: w **d)** Katheten: a; c Hypotenuse: b
e) Katheten: k; l Hypotenuse: m **f)** Katheten: b; c Hypotenuse: a

→ Seite 205

1. 1; 4; 9; 16; 25; 36; 49; 64; 81; 100; 121; 144; 169; 196; 225; 256; 289; 324; 361; 400

2. **a)** 9 **b)** 100 **c)** 361 **d)** 64 **e)** 1 **f)** 400 **g)** 16 **h)** 169
i) 0 **j)** 196 **k)** 81 **l)** 36 **m)** 121 **n)** 225 **o)** 10 000 **p)** 25

3. **a)** 8 **b)** 1 **c)** 64 **d)** 125 **e)** 27 **f)** 1 000 **g)** 216 **h)** 1 000 000

4. **a)** $V = 125\ \text{m}^3$ **b)** $V = 8\ \text{cm}^3$ **c)** $V = 125\ \text{mm}^3$ **d)** $V = 1\,000\,000\ \text{cm}^3$

5. **a)** 6^5 **b)** 10^3 **c)** $0{,}2^4$ **d)** 25^1 **e)** $\left(\frac{1}{2}\right)^7$ **f)** $0{,}5^5$ **g)** $1\,000^3$ **h)** $\left(\frac{2}{3}\right)^4$

6. **a)** $2 \cdot 2 \cdot 2 \cdot 2 \cdot 2 \cdot 2 = 64$ **b)** $4 \cdot 4 \cdot 4 = 64$
c) $2 \cdot 2 \cdot 2 \cdot 2 = 16$ **d)** $10 \cdot 10 \cdot 10 \cdot 10 \cdot 10 \cdot 10 = 1\,000\,000$
e) $2 \cdot 2 \cdot 2 \cdot 2 \cdot 2 \cdot 2 \cdot 2 \cdot 2 \cdot 2 = 512$ **f)** $100 \cdot 100 \cdot 100 = 1\,000\,000$
g) $3 \cdot 3 \cdot 3 \cdot 3 = 81$ **h)** $2 \cdot 2 \cdot 2 \cdot 2 \cdot 2 \cdot 2 \cdot 2 \cdot 2 \cdot 2 \cdot 2 = 1024$

7. **a)** $2^8 = 256$ **b)** $10^5 = 100\,000$ **c)** $5^4 = 625$ **d)** $3^5 = 243$

→ Seite 206

1. **a)** 10 000 **b)** 0,01 **c)** 10 **d)** 100 000 000
e) 0,000001 **f)** 0,001 **g)** 1 **h)** 0,1

2. **a)** $10 = 10^1$ **b)** $1\,000 = 10^3$ **c)** $1\,000\,000 = 10^6$ **d)** $10\,000\,000\,000 = 10^{10}$
e) $1 = 10^0$ **f)** $0{,}01 = 10^{-2}$ **g)** $0{,}000001 = 10^{-6}$ **h)** $0{,}1 = 10^{-1}$
i) $0{,}000000001 = 10^{-9}$ **j)** $0{,}001 = 10^{-3}$

3. **a)** 5 000 **b)** 0,9 **c)** 600 000 **d)** 9 000 000 000 **e)** 0,0002

4. **a)** 2 **b)** 8 **c)** 4 **d)** 14 **e)** 1 **f)** 18 **g)** 19 **h)** 20
i) 0 **j)** 7 **k)** 10 **l)** 11 **m)** 5 **n)** 13 **o)** 17 **p)** 6

5. **a)** 2 **b)** 10 **c)** 4 **d)** 5 **e)** 100

6. **a)** a = 2 m **b)** a = 15 cm **c)** a = 13 dm **d)** a = 1 mm **e)** a = 17 m

→ Seite 207

1. **a)** $\frac{1}{10}$ **b)** $\frac{1}{18}$ **c)** $\frac{6}{35}$ **d)** $\frac{44}{27}$ **e)** $\frac{8}{75}$

2. **a)** $\frac{15}{14}$ **b)** $\frac{20}{9}$ **c)** $\frac{4}{9}$ **d)** $\frac{8}{17}$ **e)** 1

3. **a)** 0,08 **b)** 0,21 **c)** 0,4 **d)** 0,33 **e)** 1,5

4. **a)** $A = 81\ cm^2$; u = 36 cm **b)** $A = 96\ cm^2$; u = 40 cm **c)** $A \approx 154\ cm^2$; $u \approx 44$ cm

5. **a)** $A = 900\ cm^2$ **b)** $A \approx 157\ m^2$ **c)** $A \approx 607\ dm^2$

→ Seite 208

1. **a)** $A = 225\ cm^2$ **b)** $A = 144{,}5\ cm^2$ **c)** $A = 93{,}75\ cm^2$

2. **a)** $A = 67{,}5\ cm^2$ **b)** $A = 39\ cm^2$ **c)** $A = 0{,}84\ cm^2$

→ Seite 209

1. **a)** $x^2 + y^2 = z^2$ **b)** $t^2 + s^2 = r^2$ **c)** $o^2 + n^2 = m^2$ **d)** $c^2 + b^2 = a^2$

2. **a)** $x \approx 15{,}23$ cm **b)** $x \approx 9{,}3$ cm **c)** $x \approx 4{,}06$ m **d)** x = 2,4 dm

→ Seite 210

1. **a)** b = 6,4 cm **b)** b = 3,1 m **c)** a = 24,4 m **d)** b = 65,4 cm

2. **a)** c = 12 cm **b)** b = 55 mm

3. **a)** $7{,}2\ dm^2$ **b)** $90\ m^2$ **c)** $5{,}74\ cm^2$ **d)** 8 ha **e)** $35\ km^2$ **f)** 0,05 a

4. **a)** $720\ cm^2$ **b)** $900\ mm^2$ **c)** $750\ dm^2$ **d)** $80\ m^2$ **e)** 73,5 a **f)** 3 ha

5. **a)** 8 000 **b)** 0,8 **c)** 520 **d)** 7 000 **e)** 0,735 **f)** 1,2

→ Seite 211

1. **a)** $7{,}5\ dm^3$ **b)** $4\ m^3$ **c)** $0{,}8\ cm^3$ **d)** $0{,}06\ cm^3$ **e)** $20\ dm^3$ **f)** $0{,}005\ m^3$

2. **a)** $7500\ cm^3$ **b)** $9000\ dm^3$ **c)** $200\ mm^3$ **d)** $4550\ dm^3$ **e)** $1485\ mm^3$ **f)** $30\ cm^3$

3. **a)** 74 **b)** 12 **c)** 1 500
d) 7 **e)** 250 **f)** 65,4
g) 330 **h)** 2,5 **i)** 22,5

4. **a)** 0,3 **b)** 0,18 **c)** 0,03 **d)** 0,852 **e)** 0,005 **f)** 1,5

5. **a)** 47 % **b)** 8 % **c)** 20 % **d)** 85 % **e)** 60 % **f)** 1 %
g) 125 % **h)** 12,3 % **i)** 200 % **j)** 0,8 % **k)** 150 % **l)** 2,5 %

→ Seite 212

1.

	a)	b)	c)	d)	e)
alter Preis	100 €	1 000 €	450 €	25,50 €	44,20 €
Erhöhung **um %**	30 %	15 %	5 %	19 %	7 %
Erhöhung **auf %**	130 %	**115 %**	**105 %**	**119 %**	**107 %**
neuer Preis	**130 €**	**1 150 €**	**472,50 €**	**≈ 30,35 €**	**≈ 47,29 €**

2.

	a)	b)	c)	d)	e)
alter Preis	200 €	4000 €	150 €	55,50 €	15,20 €
Verminderung **um %**	9 %	20 %	50 %	19 %	15 %
Verminderung **auf %**	91 %	**80 %**	**50 %**	**81 %**	**85 %**
neuer Preis	**182 €**	**3200 €**	**75 €**	**≈ 44,96 €**	**12,92 €**

→ *Seite 213*

1.

	a)	b)	c)	d)	e)	f)
Grundwert G	400 €	1600 €	200 €	1200 €	**600 €**	**3000 €**
Prozentwert W	**80 €**	**48 €**	50 €	48 €	60 €	150 €
Prozentsatz p %	20 %	3 %	**25 %**	**4 %**	10 %	5 %

2. **a)** W = 30 €; p % = 60 %; G = 50 € **b)** G = 40-mal; W = 16-mal; p % = 40 %

3. **a)** W: 343 Plätze sind besetzt.
b) p %: ≈ 71 % der Interessierten haben den ersten Test bestanden.
c) G: 32 Seemeilen sind es insgesamt von Emden bis auf die Insel Borkum.

→ *Seite 214*

1. Hier ohne Zeichnung. Wertetabelle zur Kontrolle.

a)

x	−3	−2	−1	0	1	2	3
y	−3,5	−3	−2,5	−2	−1,5	−1	−0,5

b)

x	−3	−2	−1	0	1	2	3
y	7	5	3	1	−1	−3	−5

c)

x	−3	−2	−1	0	1	2	3
y	−0,75	−0,5	−0,25	0	0,25	0,5	0,75

d)

x	−3	−2	−1	0	1	2	3
y	3	3	3	3	3	3	3

2.

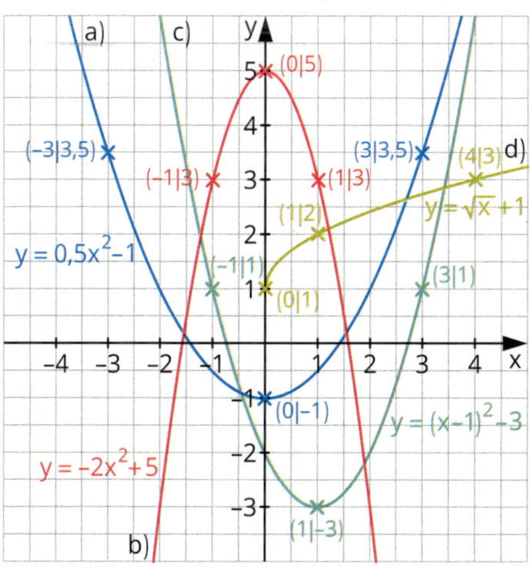

→ *Seite 215*

1. **a)** Das Thema des Diagramms ist das Klima in Lübeck über ein Jahr betrachtet.
b) Höchster Niederschlag: Juli niedrigster Niederschlag: Februar
c) z. B.: Im September, da ist es immer noch angenehm warm, aber die Niederschlagsmenge ist geringer als im warmen Juli.

2. a) Es handelt sich um eine Auflistung der Nutzung verschiedener Wege zum Musikhören nach Altersgruppen aufgeteilt. Die Angaben werden in % gemacht.
b) Ⓐ Stimmt: 55 % gegenüber 43 %, 41 % und 10 % bei den anderen Wegen.
Ⓑ Stimmt: Die Prozentsätze der einzelnen Altersgruppen ergeben in der Summe mehr als 100 %.
Ⓒ Stimmt nicht: Sie werden von 18 % der 12-13-Jährigen regelmäßig genutzt.
Ⓓ Stimmt für Spotify. Youtube wird von den 14-15-Jährigen am häufigsten genutzt.
Ⓔ Stimmt nicht: Bei den Jüngsten 39 %, bei den Ältesten 44 %.

→ *Seite 216*

1. a) absolute Häufigkeit: 4 relative Häufigkeit: $\frac{4}{8} = 50\,\%$
b) absolute Häufigkeit: 7 relative Häufigkeit: $\frac{7}{10} = 70\,\%$
c) absolute Häufigkeit: 3 relative Häufigkeit: $\frac{3}{12} = 25\,\%$
d) absolute Häufigkeit: 5 relative Häufigkeit: $\frac{5}{11} \approx 45\,\%$

2. a) $\frac{20}{80} = \frac{1}{4} = 25\,\%$ **b)** $\frac{6}{30} = \frac{1}{5} = 20\,\%$ **c)** Mädchen: $\frac{10}{22} \approx 45\,\%$ Jungen: $\frac{12}{22} \approx 55\,\%$

3. a) $P(\text{gerade}) = \frac{3}{6} = 50\,\%$ **b)** $P(>2) = \frac{4}{6} \approx 66{,}67\,\%$ **c)** $P(1 \text{ o. } 6) = \frac{2}{6} \approx 33{,}3\,\%$ **d)** $P(\geq 1) = \frac{6}{6} = 100\,\%$

4. a) $P(\text{blau}) = \frac{2}{8} = \frac{1}{4} = 25\,\%$ **b)** $P(\text{gelb}) = \frac{2}{12} = \frac{1}{6} \approx 16{,}67\,\%$ **c)** $P(5{,}5) = \frac{1}{36} \approx 2{,}78\,\%$

→ *Seite 217*

1. a) $\overline{E}$: Es wird eine gerade Zahl gewürfelt.
b) $\overline{E}$: Es wir genau eine Zwei gewürfelt.
c) $\overline{E}$: Es wird eine 6 gewürfelt.
d) $\overline{E}$: Es wird höchstens eine 3 gewürfelt.

2. a) $\overline{E}$: Die Ziffern der Losnummern sind gleich; $P(\overline{E}) = \frac{9}{90} = 0{,}1$
$P(E) = 1 - P(\overline{E}) = 1 - 0{,}1 = 0{,}9 = 90\,\%$
b) $\overline{E}$: zweimal eine Niete; $P(\overline{E}) = \frac{70}{100} \cdot \frac{69}{99} = \frac{161}{330} \approx 0{,}49$
$P(E) = 1 - P(\overline{E}) = 1 - 0{,}49 = 0{,}51 = 51\,\%$

3. (W,W); (W,S); (W,R); (S,S); (S,W); (S,R); (R,R); (R,W); (R,S)

4. a) $P(W,W) = \frac{1}{4} = 25\,\%$ **b)** $P(\geq 1Z) = \frac{3}{4} = 75\,\%$

Formeln

Algebra

Klammern auflösen: $a + (b - c) = a + b - c$ $a - (b - c) = a - b + c$ Multiplikation von Summen: $(a + b) \cdot (c + d) = ac + ad + bc + bd$	rationale Zahlen: $a + (-b) = a - b$ $a - (-b) = a + b$ $a \cdot (-b) = -a \cdot b$ $a : (-b) = -a : b$ $-(-a) = a$	Binomische Formeln: $(a + b)^2 = a^2 + 2ab + b^2$ $(a - b)^2 = a^2 - 2ab + b^2$ $(a + b)(a - b) = a^2 - b^2$

Quadratische Gleichungen (in Normalform) $x^2 + px + q = 0$

haben zwei Lösungen $x_{1/2} = -\frac{p}{2} \pm \sqrt{\left(\frac{p}{2}\right)^2 - q}$, wenn $\left(\frac{p}{2}\right)^2 - q > 0$

haben eine Lösung $x = -\frac{p}{2}$, wenn $\left(\frac{p}{2}\right)^2 - q = 0$

haben keine Lösung, wenn $\left(\frac{p}{2}\right)^2 - q < 0$

Rechenregeln für Potenzen von Zahlen $a, b > 0$:

$a^n \cdot a^m = a^{n+m}$ $a^n \cdot b^n = (a \cdot b)^n$ $(a^n)^m = a^{n \cdot m}$ $a^n : a^m = a^{n-m}$ $a^n : b^n = (a : b)^n$ $(\sqrt[n]{a})^n = a$

Beispiele für Zehnerpotenzen:

$10^3 \cdot 10^4 = 10^{3+4} = 10^7$ $(10^3)^2 = 10^{3 \cdot 2} = 10^6$ $10^8 : 10^2 = 10^{8-2} = 10^6$

Standardschreibweise mit Zehnerpotenzen:

84 Mio. = 84 000 000 = $8{,}4 \cdot 10^7$ $0{,}0028 = 2{,}8 \cdot 10^{-3}$

Prozentrechnung: $W = G \cdot \frac{p}{100}$ $G = W : \frac{p}{100}$ $\frac{p}{100} = W : G$

Vermehrter Grundwert
$G = G \cdot \left(1 + \frac{p}{100}\right) = G \cdot q$ mit Zunahmefaktor $q = \left(1 + \frac{p}{100}\right)$.

Verminderter Grundwert
$G = G \cdot \left(1 - \frac{p}{100}\right) = G \cdot q$ mit Abnahmefaktor $q = \left(1 - \frac{p}{100}\right)$.

Zinsrechnung: $Z = K \cdot \frac{p}{100} \cdot \frac{t}{360}$ (Zinsen nach t Tagen, das Jahr zu 360 Tagen)

Zinseszinsrechnung: $K_n = K_0 \cdot q^n = K_0 \cdot \left(1 + \frac{p}{100}\right)^n$ (Kapital mit Zinseszins nach n Jahren)

Exponentielles Wachstum: $G_n = G_0 \cdot q^n$

mit dem Wachstumsfaktor $q = \left(1 + \frac{p}{100}\right)$ bei Zunahme *oder* $q = \left(1 - \frac{p}{100}\right)$ bei Abnahme.

Dichte

So viel Gramm wiegt 1 cm^3 von diesem Material:

Aluminium	2,7	Granit	2,6	Silber	10,5
Beton	2,4	Holz (Buche)	0,7	Spiritus	0,83
Blei	11,3	Kork	0,5	Stahl	7,9
Eis (bei 0 °C)	0,92	Kupfer	8,9	Styropor	0,02
Eisen	7,9	Marmor	2,6	Titan	4,5
Glas	2,5	Platin	21,4	Wasser	1
Gold	19,3	Sand	1,7	Zink	7,1

Geometrie

In jedem Dreieck ist die Winkelsumme 180°. In jedem Viereck ist die Winkelsumme 360°.

Rechteck	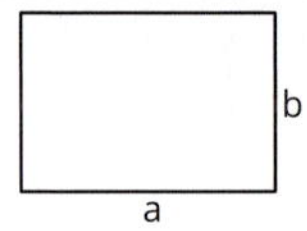	Flächeninhalt: $A = a \cdot b$ Umfang: $u = 2a + 2b$ u = Summe aller Seitenlängen
Dreieck	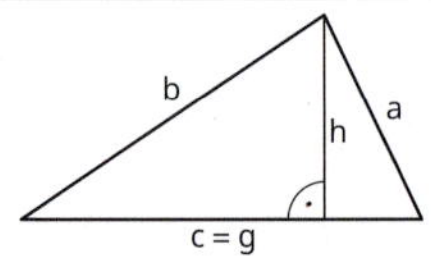	Flächeninhalt: $A = \frac{g \cdot h}{2}$ Umfang: $u = a + b + c$
Parallelogramm	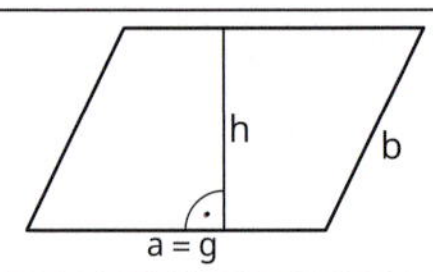	Flächeninhalt: $A = g \cdot h$ Umfang: $u = 2a + 2b$
Trapez	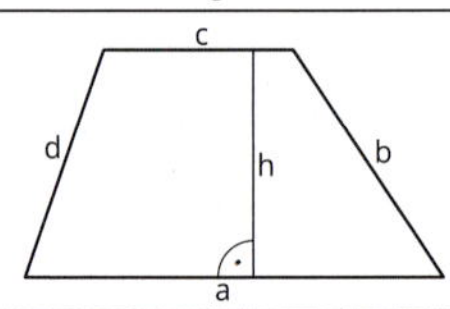	Flächeninhalt: $A = \frac{a + c}{2} \cdot h$ Umfang: $u = a + b + c + d$
Drachen und Raute	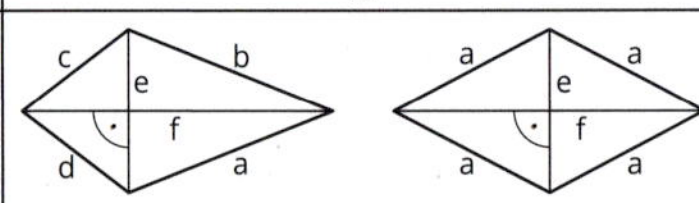	Flächeninhalt: $A = \frac{e \cdot f}{2}$ Umfang: $u = a + b + c + d$ $u = 4a$
Kreis	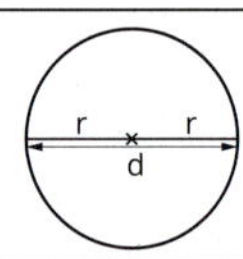	Flächeninhalt: $A = \pi \cdot r^2$ Umfang: $u = \pi \cdot d = 2\pi \cdot r$
Kreisring	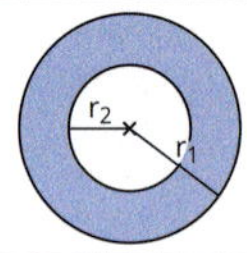	Flächeninhalt: $\pi \cdot r_1^2 - \pi \cdot r_2^2$
Kreisausschnitt	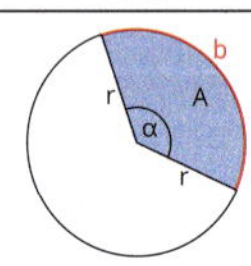	Flächeninhalt: $A = \pi r^2 \cdot \frac{\alpha}{360°}$ Bogenlänge: $b = 2\pi r \cdot \frac{\alpha}{360°}$

Quader	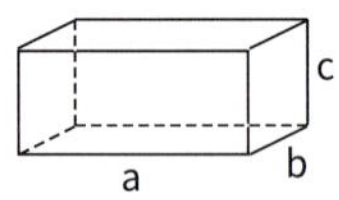	Volumen: $V = a \cdot b \cdot c$ Oberfläche: $O = 2ab + 2ac + 2bc$
Prisma	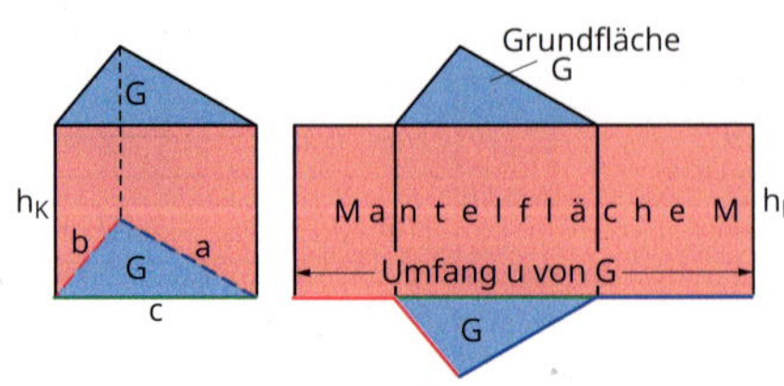	Volumen: $V = G \cdot h_K$ Mantelfläche: $M = u \cdot h_K$ Oberfläche: $O = 2G + M$

Zylinder	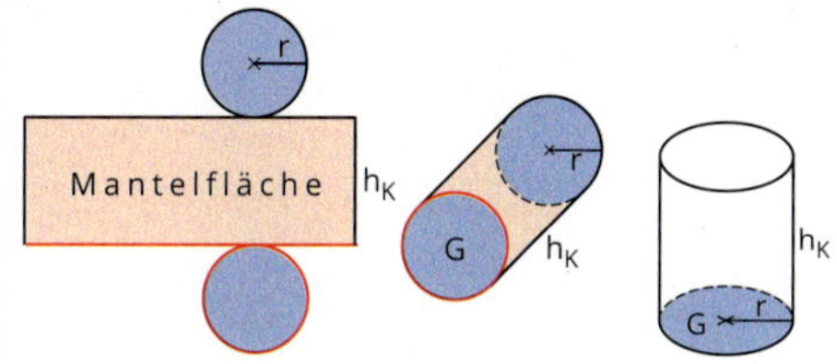	Volumen: $V = \pi r^2 \cdot h_K$ Mantelfläche: $M = u \cdot h_K = 2\pi r \cdot h_K$ Oberfläche: $O = 2G + M = 2\pi r^2 + 2\pi r \cdot h_K$
Quadratische Pyramide	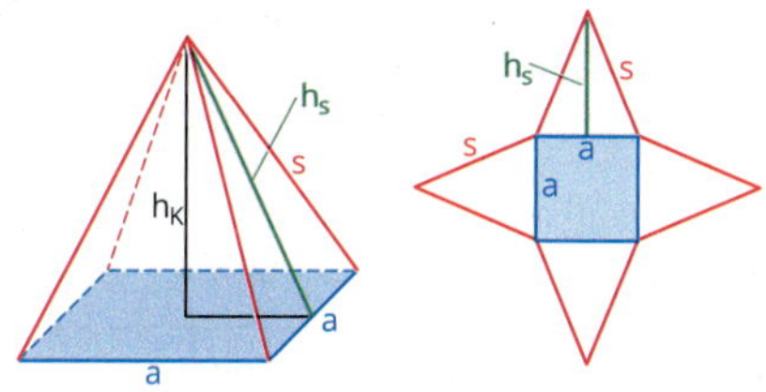	Volumen: $V = \frac{1}{3} \cdot a^2 \cdot h_K$ Mantelfläche: $M = 2 \cdot a \cdot h_s$ Oberfläche: $O = G + M = a^2 + 2 \cdot a \cdot h_s$
Kegel	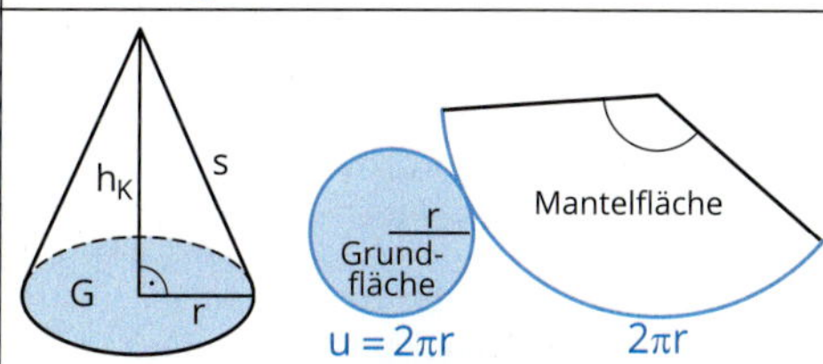	Volumen: $V = \frac{1}{3} \cdot \pi \cdot r^2 \cdot h_K$ Mantelfläche: $M = \pi \cdot r \cdot s$ Oberfläche: $O = G + M = \pi \cdot r^2 + \pi \cdot r \cdot s$
Kugel	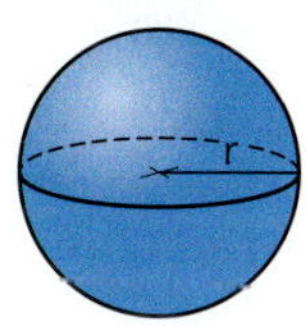	Volumen: $V = \frac{4}{3} \cdot \pi \cdot r^3$ Oberfläche: $O = 4 \cdot \pi \cdot r^2$

Satz des Pythagoras	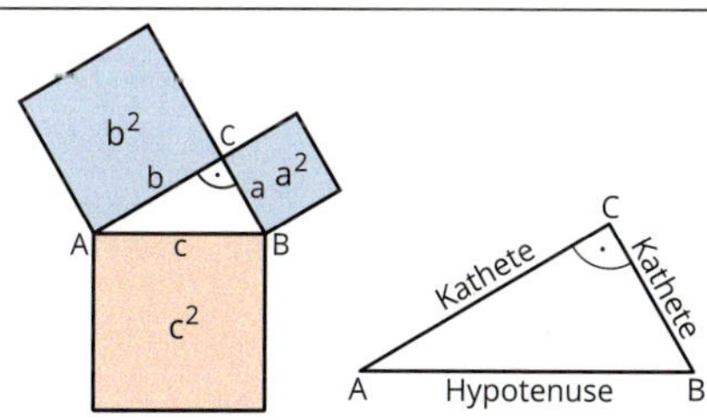	Im rechtwinkligen Dreieck (rechter Winkel gegenüber von c) gilt: $a^2 + b^2 = c^2$. umgekehrt: Gilt für die Seiten eines Dreiecks $a^2 + b^2 = c^2$, so ist das Dreieck rechtwinklig mit dem rechten Winkel gegenüber der Seite c.
Höhen- und Kathetensatz	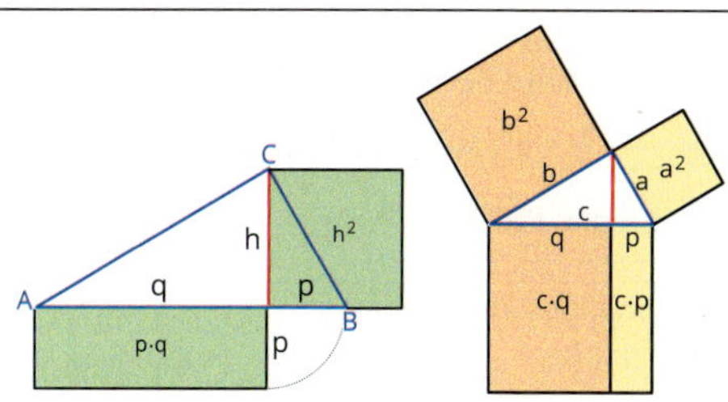	Im rechtwinkligen Dreieck gelten: $h^2 = p \cdot q$ $a^2 = c \cdot p$ $b^2 = c \cdot q$
Seiten-verhältnisse	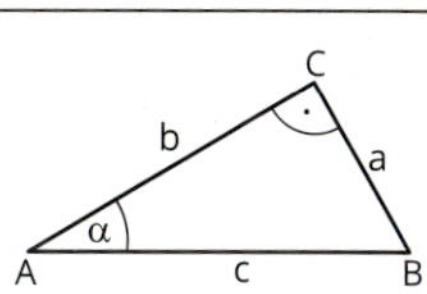	$\sin \alpha = \frac{a}{c}$ $\cos \alpha = \frac{b}{c}$ $\tan \alpha = \frac{a}{b}$

Ähnlichkeit

Zentrische Streckung und Ähnlichkeits-beziehungen	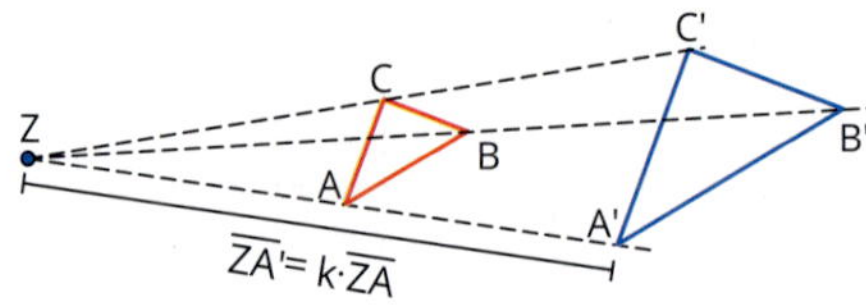	$\frac{\overline{AB}}{\overline{AC}} = \frac{\overline{A'B'}}{\overline{A'C'}}$ usw. $\frac{\overline{ZA}}{\overline{ZA'}} = \frac{\overline{AB}}{\overline{A'B'}} = \frac{1}{k}$ usw.
Figuren sind **ähnlich**, wenn sie in allen entsprechenden Winkeln übereinstimmen. Entsprechende Seitenverhältnisse sind bei ähnlichen Figuren gleich.		

Stochastik

Datenreihe	Die ungeordnete Darstellung der Daten heißt Datenreihe oder Urliste.	Daten: 14 € 17 € 19 € 17 € 16 €
Mittelwert (arithmetisches Mittel)	Alle Werte einer Datenreihe werden addiert und anschließend durch die Anzahl der Werte dividiert.	14 € + 17 € + 19 € + 17 € + 16 € = 83 € Mittelwert: 83 € : 5 = 16,60 €
Median (Zentralwert)	Die Daten werden nach aufsteigender Größe geordnet (Rangliste). Der Median (Zentralwert) ist der Wert in der Mitte der Reihe. Bei einer geraden Anzahl von Werten ist der Median der Mittelwert der beiden Werte in der Mitte der Reihe. In der Rangliste stehen rechts und links vom Median gleich viele Daten.	Rangliste: 14 € 16 € $\underbrace{17\,€}$ 17 € 19 € Median: 17 € 19 g 19 g $\underbrace{21\text{ g } 22\text{ g}}$ 24 g 26 g Median: $\frac{21\text{ g} + 22\text{ g}}{2} = 21{,}5$ g
Spannweite	Die Spannweite von Daten ist die Differenz zwischen dem größten und dem kleinsten Datenwert.	Spannweite: 19 € – 14 € = 5 €
Modus (Modalwert)	Der Modus ist der am häufigsten auftretende Datenwert.	Modus: 17 €

Wahrscheinlichkeit

Bei einem Zufallsexperiment mit gleichwahrscheinlichen Ergebnissen (Laplace-Experiment) gilt für die **Wahrscheinlichkeit P** eines Ereignisses

$$P(\text{Ereignis}) = \frac{\text{Anzahl der günstigen Ergebnisse}}{\text{Anzahl aller möglichen Ergebnisse}}$$

Beispiel:
Mögliche Ergebnisse beim fairen 6er-Würfel: Augenzahlen 1; 2; 3; 4; 5; 6
Wahrscheinlichkeit für das Ereignis „1 oder 6": $P(1 \text{ oder } 6) = \frac{2}{6} = \frac{1}{3} \approx 33\,\%$

Für das **Gegenereignis $\overline{E}$** gilt: $P(\overline{E}) = 1 - P(E)$

Produktregel (1. Pfadregel)	Zweimaliges Ziehen **ohne** Zurücklegen: 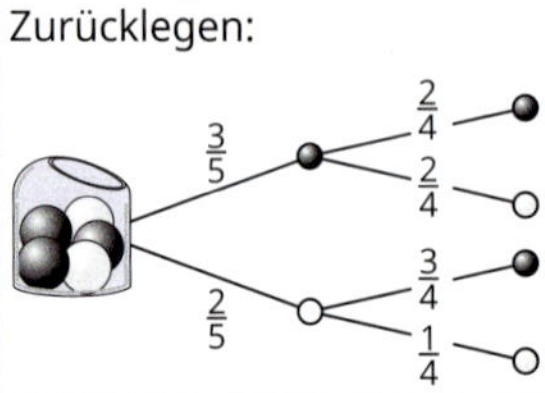	Die Wahrscheinlichkeit eines **Ergebnisses** berechnest du durch **Multiplikation** der Wahrscheinlichkeiten längs des zugehörigen Pfades.
Summenregel (2. Pfadregel)		Die Wahrscheinlichkeit eines **Ereignisses** berechnest du durch **Addition** der Wahrscheinlichkeiten der zugehörigen Pfade.

Boxplot

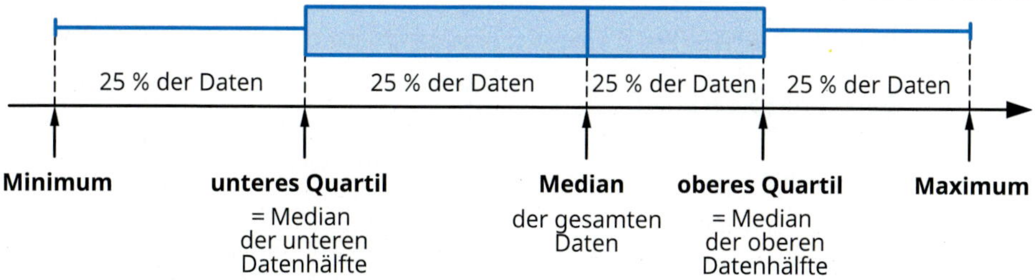

Ein Boxplot ist eine grafische Darstellung von Daten. In einem Boxplot werden die Daten einer Rangliste in vier gleich große Teile geteilt. Die beiden mittleren Teile sind durch eine Box hervorgehoben.

Maßeinheiten

Längen

1 km = 1 000 m
1 m = 10 dm = 100 cm = 1 000 mm
1 dm = 10 cm = 100 mm
1 cm = 10 mm

Flächen

1 km^2 = 100 ha = 10 000 a
1 ha = 100 a = 10 000 m^2
1 a = 100 m^2

1 m^2 = 100 dm^2 = 10 000 cm^2
1 dm^2 = 100 cm^2 = 10 000 mm^2
1 cm^2 = 100 mm^2

Volumen

1 m^3 = 1 000 dm^3
1 dm^3 = 1 000 cm^3
1 cm^3 = 1 000 mm^3

1 dm^3 = 1 ℓ
1 cm^3 = 1 mℓ

1 hℓ = 100 ℓ
1 ℓ = 100 cℓ = 1 000 mℓ
1 cℓ = 10 mℓ

Massen

1 t = 1 000 kg
1 kg = 1 000 g
1 g = 1 000 mg

Zeit

1 t = 24 h
1 h = 60 min
1 min = 60 s

Geschwindigkeit $= \frac{\text{Weg (in km)}}{\text{Zeit (in h)}}$, $v = \frac{s}{t}$

Dichte $= \frac{\text{Masse (in g)}}{\text{Volumen (in cm}^3\text{)}}$, $\varrho = \frac{m}{V}$

Arbeitsaufträge (Operatoren)

Arbeitsauftrag	Das sollst du tun
Begründe (begründen)	sagen oder aufschreiben, warum etwas so ist
Berechne (berechnen)	etwas ausrechnen/das Ergebnis einer Aufgabe herausfinden
Beschreibe (beschreiben)	einen Lösungsweg oder ein Vorgehen in eigenen Worten wiedergeben
Beschrifte (beschriften)	aufschreiben von Begriffen oder Zahlenwerten an die passenden Stellen einer Skizze oder Zeichnung
Besprich (besprechen)	mit einem Partner über Ideen oder Lösungswege sprechen
Bestimme (bestimmen)	etwas herausfinden
Beurteile (beurteilen)	zu Sachverhalten eine selbstständige Einschätzung aufschreiben und **begründen**
Beweise (beweisen)	Aussagen durch logische Schlussfolgerung bestätigen
Entscheide (entscheiden)	eine von mehreren Möglichkeiten auswählen
Entwickle (entwickeln)	eine Idee oder einen Lösungsweg ausdenken/erarbeiten
Ergänze (ergänzen)	eine Liste, einen Text, eine Tabelle ausfüllen oder **vervollständigen**
Erkläre (erklären)	einen Lösungsweg oder eine Idee einer anderen Person verständlich machen
Erläutere (erläutern)	Informationen geben, mit denen man die Rechnung oder das Ergebnis nachvollziehen kann
Ermittle (ermitteln)	etwas herausfinden
Erstelle (erstellen)	einen Plan ausarbeiten, eine Liste machen, eine Tabelle **zeichnen**
Fasse zusammen (zusammenfassen)	wie **vereinfachen**
Fertige an (anfertigen)	etwas erstellen
Füge zusammen (zusammenfügen)	unterschiedliche Ergebnisse zu einem Neuen kombinieren *in der Geometrie:* aus Figuren oder Körpern ein neues Ganzes bilden
Gib an (angeben)	etwas aufschreiben oder nennen
Konstruiere (konstruieren)	eine exakte grafische Darstellung **anfertigen** (mit Hilfe von Werkzeugen wie Lineal, Zirkel, Geodreieck)
Löse (lösen)	eine Aufgabe bearbeiten und das Ergebnis herausfinden
Markiere (markieren)	mit einem (farbigen) Stift kennzeichnen oder unterstreichen
Miss (messen)	die Länge, den Winkel von etwas genau **bestimmen** (zum Beispiel mit einem Lineal oder Geodreieck)
Nenne (nennen)	etwas aufschreiben oder sagen
Ordne (ordnen)	alles in eine bestimmte Reihenfolge bringen

Arbeitsauftrag	Das sollst du tun
Ordne zu (zuordnen)	einen Zusammenhang zwischen Objekten oder Darstellungen herstellen
Rechne (rechnen)	*geschickt:* eine Aufgabe auf möglichst einfache Weise lösen *im Kopf:* rechnen, ohne den Taschenrechner zu benutzen
Runde (runden)	abrunden bei 0 bis 4, aufrunden bei 5 bis 9 *sinnvoll:* So viele Kommastellen betrachten, wie es in einer Maßeinheit üblich ist oder so runden, dass das Rechnen zum Beispiel beim Kopfrechnen wirklich einfacher wird
Schätze (schätzen)	die Größe, den Wert, die Dauer von etwas ungefähr **bestimmen**
Setze ein (einsetzen)	*Text:* Etwas in eine Lücke schreiben *Term:* Eine Zahl anstelle einer Variablen aufschreiben
Skizziere (skizzieren)	von einer Figur oder einem Körper eine Zeichnung anfertigen, die sich auf das Wesentliche beschränkt und als Entwurf gelten kann.
Stelle dar (darstellen)	etwas **erklären**, wiedergeben, aufschreiben, oder **zeichnen**
Stelle um (umstellen)	eine Gleichung so umformen, dass die gesuchte Größe allein auf einer Seite steht
Stelle vor (vorstellen)	einen Lösungsweg oder eine Idee einer anderen Person präsentieren, **erklären**, erzählen
Trage ein (eintragen)	etwas in eine Liste oder Lücke schreiben
Überprüfe (überprüfen)	eine Rechnung, eine Aussage oder einen Lösungsweg kontrollieren
Überschlage (überschlagen)	mit gerundeten Zahlen im Kopf berechnen, um ein Ergebnis ungefähr zu bestimmen
Übertrage (übertragen)	etwas (eine Zahl, eine Figur, eine Tabelle) an einer anderen Stelle noch einmal schreiben oder **zeichnen**
Untersuche (untersuchen)	etwas nach bestimmten sinnvollen Kriterien erkunden
Vereinfache (vereinfachen)	eine Aufgabe, einen Term oder eine Rechnung kürzer machen
Vergleiche (vergleichen)	entscheiden, ob etwas zum Beispiel größer, kleiner oder gleich ist und wo genau der Unterschied liegt entscheiden, welcher Lösungsweg oder welche Vorgehensweise besser ist
Vervollständige (vervollständigen)	Texte, Tabellen oder Rechnungen so erweitern, dass nichts mehr fehlt
Wähle aus (auswählen)	aus mehreren Möglichkeiten heraussuchen
Wandle um (umwandeln)	etwas verändern, umformen
Zeichne (zeichnen)	einen Zusammenhang aufmalen *in der Geometrie:* wie **konstruieren**
Zeige (zeigen)	mit Worten oder Rechnungen nachweisen, dass eine Aussage richtig ist

Stichwortverzeichnis

absolute Häufigkeit 31
Achsensymmetrie 22, 103
Additionsverfahren 21
Ähnlichkeit 24, 194
Altersvorsorge 146
Amplitude 88, 90
Anfangskapital 142, 143, 161
Ankathete 70
äquivalent 159
Auslenkung 87

Balkendiagramm 31
Basis 95, 111
Baumdiagramm 32, 171, 181
Betrag 13
Binomische Formeln 17
Bogenmaß 89
Boxplot 30, 166, 181
Bremsweg 60
Brüche 12
- addieren 12
- dividieren 12
- multiplizieren 12
- subtrahieren 12

Daten und Zufall 198
Dezimalzahlen 12
- addieren 12
- dividieren 12
- multiplizieren 12
- subtrahieren 12
DGS 40, 42, 43, 46, 49, 69, 82, 90, 103
Diagramm 31, 167
- beschreiben 31, 167
- bewerten 31, 167
- interpretieren 31, 167
Dichte 29
Dreieckskonstruktionen 23
Dreisatz 14, 15

Einheitskreis 67, 68
Einsetzungsverfahren 21
Endkapital 142, 161
Ereignis 32, 171, 181
Ergebnis 32, 171, 181
Exponent 95, 111, 152
Exponentialfunktionen 158, 161
exponentieller Zerfall 150, 152, 161, 196
exponentielles Wachstum 150, 152, 161, 196

Flächenberechnung 188
Flächeninhalt
- Drachen 27
- Dreieck 27
- Kreis 27
- Parallelogramm 27
- Quadrat 27
- Raute 27
- Rechteck 27
- Trapez 27
- zusammengesetzte Figuren 27
Frequenz 88, 90

Gegenereignis 32
Gegenkathete 70
Gleichsetzungsverfahren 21
Grundwert 15, 212
- vermehrter 212
- verminderter 212

Haus der Vierecke 23
Hyperbel 103
Hypotenuse 25, 70

Inflation 154
Intervallschachtelung 106

Kapital 16, 139
Kathete 25
Kaufkraft 154
Kegel 118, 119, 122, 125, 135
- basteln 118
- Oberfläche 122
- Volumen 125
Kombination 176, 181
Koordinatensystem 19
- Punkte ablesen 19
- Punkte einzeichnen 19
Körper 131, 132, 190
- ausgehöhlt 131
- Netze 28
- Oberfläche 132
- Volumen 132
- zusammengesetzt 131
Kosinus 68, 69, 70, 72, 80, 91
Kosinussatz 83, 91
Kreisdiagramm 31
Kubikwurzel 105
Kugel 129, 130, 135
- Oberfläche 129
- Volumen 130
Laplace-Experiment 32
Lineare Funktionen 20, 186
Lineare Gleichungssysteme 21
Logarithmus 159
Logarithmusgleichung 159
Lösungsformel 54, 63

Maßeinheiten
- für Flächen 26
- für Längen 26
- für Massen 26
- für Volumina 26
- für Zeiten 26
Maßstab 24
Maximum 30, 165
Median 30, 165, 181
Minimum 30, 165
Mittelwert 30, 165, 181
Modalwert 165, 181

Normalform 63
Normalparabel 39, 63
- verschoben 46
n-te Wurzel 108, 111
Nullstellen 45, 51

Parabel 41, 44, 59
- gestaucht 41
- gestreckt 41
- nach oben geöffnet 41
- nach unten geöffnet 41
Parabeleigenschaften 41, 63

Periodische Vorgänge 87, 88
Pfadregeln 32, 171
Phasenänderung 90
Potenz 95, 98, 99, 109, 111
- mit Brüchen 109
- potenzieren 111
- Rechenregeln 99, 100, 101, 111
Potenzfunktion 103
Potenzgleichung 159
Potenzwert 95
pq-Formel 54
Prisma 115, 116, 135
- Oberfläche 115
- Volumen 116
Produktregel 32, 171, 181
Prozentfaktor 15
Prozentformel 15
Prozentrechnung 184
Prozentsatz 15
prozentuale Erhöhung 15
prozentuale Verminderung 15
Prozentwert 15
Punktsymmetrie 22, 103
Pyramide 119, 120, 125, 135
- basteln 117
- Oberfläche 120
- Volumen 125

Quadratische Ergänzung 48, 53
Quadratische Funktionen 186
Quadratische Gleichung 51
- Lösen von Sachaufgaben 56
- Normalform 51
- Sonderfälle 52
Quadratwurzel 25, 105
- Rechenregeln 107, 111
Quartil 166, 181
- oberes 166
- unteres 166

Rangliste 30
relative Häufigkeit 31
Runden 11

Satz des Pythagoras 25, 119, 192
Säulendiagramm 31
Scheitelpunkt 39, 44, 46, 63
Scheitelpunktform 46, 48, 49, 63
Schrägbilder 28
Schriftliche Rechenverfahren 11
Schwingung 87
Sinus 67, 69, 70, 72, 80, 91
Sinusfunktion 90
Sinussatz 81, 91
Spannweite 30, 165, 181
Sparplan 140
Standardschreibweise 97, 111
Steigung 20, 76, 91
Steigungswinkel 76
Strahlensätze 24
Streckfaktor 41
Streifendiagramm 31
Summenregel 32, 171, 181
Symmetrieachse 22
Symmetriezentrum 22

Tabellen 19
Tabellenkalkulation 140, 152, 165, 168, 169
Tangens 68, 69, 70, 72, 80, 91
Terme 17
- ausklammern 17
- ausmultiplizieren 17
- multiplizieren 17
Termumformungen 17
Trigonometrie 194
- in beliebigen Dreiecken 80
- in rechtwinkligen Dreiecken 71

Überschlag 11
Umfang 27
Urliste 30

Variation 176
Verhältnisgleichungen 18
Vermessungstechnik 84
Vierfeldertafel 174
Vorsilben 96, 97

Wachstum 155
- exponentielles 155
- lineares 155, 161
- quadratisches 155, 161
Wachstumsfaktor 150, 161
Wahrscheinlichkeit 32
Winkel 22
- Nebenwinkel 22
- Scheitelwinkel 22
- Stufenwinkel 22
- Wechselwinkel 22
Winkelfunktion 67, 68
Winkelsumme
- im Dreieck 22
- im Viereck 22

y-Achsenabschnitt 20

Zahlengerade 13
Zehnerpotenz 96
Zerfallsfaktor 150, 161
Zinsen 16, 139
- für ein Jahr 139
- für ein Jahr 16
- für m Monate 16
- für t Tage 16
Zinseszins 142, 161, 184
Zinseszinsrechung 141
Zinsfaktor 142, 161
Zinsrechnung 16, 139, 184
Zinssatz 16, 139, 142, 143, 161
Zuordnung 14
- antiproportional 14
- proportional 14
Zylinder 115, 116, 135
- Oberfläche 115
- Volumen 116

Bildquellenverzeichnis

|akg-images GmbH, Berlin: 133.5. |Alamy Stock Photo, Abingdon/Oxfordshire: McAulay, Sophie 75.13; Reed, Jonathan 197.1; Van Zandbergen, Ariadne 97.3. |Alamy Stock Photo (RMB), Abingdon/Oxfordshire: Art Kowalsky 75.14; imageBROKER 64.1; Panther Media GmbH/DieterM 97.4; Sherratt, Adrian 126.9. |APA-PictureDesk GmbH, Wien: Gredler-Oxenbauer, Wilfried 110.1. |dreamstime.com, Brentwood: Dalland, Reid 84.1. |Drescher, Heinrich, Münster: 3.1, 3.2, 4.1, 4.2, 4.3, 5.1, 5.2, 5.3, 6.1, 32.1, 37.1, 37.2, 37.3, 37.4, 41.5, 45.1, 46.3, 48.1, 51.1, 52.1, 52.2, 53.1, 53.2, 53.3, 53.4, 53.5, 53.6, 54.1, 55.1, 55.3, 55.4, 56.2, 56.3, 57.1, 57.2, 57.3, 57.5, 60.1, 60.2, 60.3, 60.4, 60.5, 61.1, 61.2, 61.3, 61.4, 61.5, 65.1, 65.2, 68.1, 69.3, 70.6, 70.7, 71.4, 73.1, 73.7, 76.2, 76.3, 77.1, 77.3, 78.5, 78.6, 80.1, 81.1, 81.2, 85.1, 85.2, 86.5, 86.7, 87.2, 87.3, 93.1, 93.2, 93.3, 98.1, 98.2, 98.3, 99.1, 99.2, 99.3, 101.1, 101.2, 102.1, 102.2, 106.1, 106.2, 106.3, 106.4, 107.1, 107.2, 107.3, 108.1, 108.2, 108.3, 108.4, 109.1, 109.2, 113.1, 113.2, 113.3, 113.4, 113.5, 113.6, 118.2, 122.1, 124.1, 124.2, 124.3, 124.4, 125.9, 126.1, 126.2, 126.3, 126.4, 126.10, 126.11, 126.12, 126.13, 129.1, 130.1, 133.10, 133.11, 133.12, 134.1, 134.2, 137.2, 137.3, 139.1, 139.2, 139.3, 139.4, 140.1, 140.3, 141.1, 141.2, 141.3, 141.4, 142.1, 143.1, 143.2, 144.1, 145.1, 146.1, 146.2, 146.3, 146.4, 146.5, 146.6, 146.7, 146.8, 150.3, 151.2, 152.1, 155.1, 155.2, 155.3, 158.2, 160.1, 162.1, 162.2, 162.3, 163.1, 163.2, 163.3, 163.4, 173.2, 175.1, 175.3, 175.4, 176.1, 177.4, 178.2, 180.2, 180.3, 180.4, 180.5, 182.2, 183.1, 184.3, 185.1, 185.2, 185.3, 186.3, 187.1, 187.2, 189.2, 189.5, 190.1, 190.5, 191.3, 192.3, 192.4, 192.5, 193.2, 194.4, 194.6, 194.7, 198.1, 199.1, 199.14. |Druwe & Polastri, Cremlingen/Weddel: 182.1. |Feldhaus, Hans-Jürgen, Münster: 112.1, 112.2, 153.1. |fotolia.com, New York: DeVIce 130.5; fotum 87.8; Häßler, K.-U. 146.12; Hohler, Thomas 84.3; Hohlfeld, Daniel 62.1; jogyx 147.2; Pfluegl, Franz 147.3; Thome, Eugen 134.3; Viktor 84.2. |Imago, Berlin: imagebroker 121.7. |iStockphoto.com, Calgary: Arnau, Xavier 137.1; Deagreez 172.3; FatCamera 149.1; Geiser, Andreas 132.1; Halfpoint Titel; Isselée, Eric 132.2; JohnnyGreig 177.2. |Lookphotos, München: Martini, Rainer 177.3. |mauritius images GmbH, Mittenwald: Krüger, Torsten 74.2. |Microsoft Deutschland GmbH, München: 140.2, 169.1. |Minkus Images Fotodesignagentur, Isernhagen: 87.5, 87.6. |OKAPIA KG - Michael Grzimek & Co., Frankfurt/M.: BIOS/Watts, Dave 97.5; Freund, Jürgen 149.3. |Picture-Alliance GmbH, Frankfurt a.M.: dpa 59.2; dpa/Kleefeldt, Frank 62.3; dpa/Stache, Sören 62.2. |Prof. Dr. Stetter, Karl O., Regensburg: 97.6. |Shutterstock.com, New York: Dimyadi, Hywit 76.8; Paye, Tom B. 76.7. |stock.adobe.com, Dublin: Alekss 130.6; Alexandra 130.3; Andrius 123.2; Antonov, Nikolay N. 110.2; blende11.photo 84.6; by-studio 130.4; Dietl, Jeanette 97.2; eyetronic 146.11; foto_tech 151.3; grafikplusfoto 146.9; Hermes Furian, Peter 102.3; Izzotti, Andrea 160.2; Kovalchuk, Igor 84.4; krasyuk 149.2; Kzenon 123.1; LIGHTFIELD STUDIOS 85.3; LioTou 147.4, 178.1; m.u.ozmen 144.2; NDABCREATIVITY 147.5; Nowottnick, Klaus 132.3; Patrick Foto 132.4; peters, frank 129.3; Rosskothen, Michael 97.1; Schuppich, M. 84.5; smart.art 77.5; Stock Rocket 147.6; Stockfotos-MG 146.10, 147.1; UsedomCards.de 197.3; Vitalii 197.2; Weil, Mathias 178.3; Zveiger, Alexandre 105.4. |StockFood, München: Eising Studio - Food Photo & Video 177.1. |Wojczak, Michael, Braunschweig: 7.1, 8.1, 9.1, 9.2, 9.3, 10.1, 10.2, 10.3, 10.4, 10.5, 12.1, 13.1, 13.2, 13.3, 14.1, 14.2, 18.1, 18.2, 19.1, 19.2, 20.1, 20.2, 20.3, 20.4, 20.5, 20.6, 20.7, 20.8, 20.9, 20.10, 21.1, 22.1, 22.2, 22.3, 22.4, 22.5, 22.6, 22.7, 22.8, 22.9, 22.10, 22.11, 22.12, 22.13, 22.14, 22.15, 22.16, 23.1, 23.2, 23.3, 23.4, 23.5, 23.6, 23.7, 23.8, 23.9, 23.10, 23.11, 24.1, 24.2, 24.3, 24.4, 24.5, 24.6, 24.7, 24.8, 25.1, 25.2, 25.3, 25.4, 25.5, 25.6, 26.1, 26.2, 26.3, 27.1, 27.2, 27.3, 27.4, 27.5, 27.6, 27.7, 27.8, 27.9, 27.10, 27.11, 27.12, 27.13, 27.14, 27.15, 28.1, 28.2, 28.3, 28.4, 28.5, 28.6, 28.7, 28.8, 28.9, 28.10, 28.11, 28.12, 28.13, 28.14, 28.15, 28.16, 29.1, 29.2, 29.3, 29.4, 29.5, 29.6, 29.7, 29.8, 29.9, 30.1, 30.2, 31.1, 31.2, 31.3, 31.4, 31.5, 32.2, 32.3, 34.1, 35.1, 35.2, 35.3, 36.1, 36.2, 36.3, 38.1, 39.1, 39.2, 39.3, 40.1, 40.2, 40.3, 41.1, 41.2, 41.3, 41.4, 42.1, 42.2, 42.3, 42.4, 42.5, 42.6, 43.1, 44.1, 44.2, 44.3, 44.4, 44.5, 44.6, 44.7, 45.2, 45.3, 45.4, 45.5, 46.1, 46.2, 47.1, 47.2, 47.3, 47.4, 47.5, 49.1, 49.2, 50.1, 50.2, 55.2, 56.1, 57.4, 58.1, 58.2, 58.3, 59.1, 59.3, 62.4, 63.1, 63.2, 66.1, 66.2, 66.3, 66.4, 67.1, 67.2, 67.3, 68.2, 68.3, 68.4, 68.5, 68.6, 69.1, 69.2, 69.4, 70.1, 70.2, 70.3, 70.4, 70.5, 71.1, 71.2, 71.3, 71.5, 72.1, 72.2, 72.3, 72.4, 72.5, 72.6, 72.7, 73.2, 73.3, 73.4, 73.5, 73.6, 74.1, 74.3, 74.4, 75.1, 75.2, 75.3, 75.4, 75.5, 75.6, 75.7, 75.8, 75.9, 75.10, 75.11, 75.12, 76.1, 76.4, 76.5, 76.6, 77.2, 77.4, 77.6, 78.1, 78.2, 78.3, 78.4, 78.7, 78.8, 78.9, 79.1, 79.2, 79.3, 79.4, 80.2, 80.3, 80.4, 80.5, 80.6, 80.7, 80.8, 80.9, 80.10, 80.11, 81.3, 81.4, 81.5, 81.6, 81.7, 81.8, 81.9, 82.1, 82.2, 82.3, 82.4, 82.5, 83.1, 83.2, 83.3, 83.4, 83.5, 84.7, 84.8, 86.1, 86.2, 86.3, 86.4, 86.6, 87.1, 87.4, 87.7, 87.9, 88.1, 88.2, 88.3, 88.4, 88.5, 89.1, 89.2, 90.1, 90.2, 90.3, 90.4, 90.5, 91.1, 91.2, 91.3, 91.4, 91.5, 91.6, 91.7, 91.8, 91.9, 91.10, 91.11, 91.12, 91.13, 91.14, 91.15, 91.16, 91.17, 91.18, 92.1, 92.2, 92.3, 92.4, 92.5, 92.6, 92.7, 92.8, 92.9, 96.1, 103.1, 103.2, 104.1, 104.2, 104.3, 105.1, 105.2, 105.3, 112.3, 112.4, 112.5, 114.1, 114.2, 114.3, 114.4, 115.1, 115.2, 115.3, 115.4, 116.1, 116.2, 116.3, 116.4, 116.5, 116.6, 116.7, 116.8, 116.9, 116.10, 116.11, 117.1, 117.2, 117.3, 117.4, 118.1, 118.3, 118.4, 118.5, 118.6, 118.7, 118.8, 119.1, 119.2, 119.3, 119.4, 119.5, 119.6, 119.7, 119.8, 119.9, 119.10, 120.1, 120.2, 120.3, 120.4, 120.5, 120.6, 121.1, 121.2, 121.3, 121.4, 121.5, 121.6, 122.2, 122.3, 122.4, 122.5, 123.3, 123.4, 123.5, 125.1, 125.2, 125.3, 125.4, 125.5, 125.6, 125.7, 125.8, 126.5, 126.6, 126.7, 126.8, 127.1, 127.2, 127.3, 127.4, 127.5, 127.6, 127.7, 129.2, 130.2, 131.1, 131.2, 131.3, 131.4, 131.5, 131.6, 131.7, 131.8, 131.9, 133.1, 133.2, 133.3, 133.4, 133.6, 133.7, 133.8, 133.9, 134.4, 134.5, 134.6, 134.7, 135.1, 135.2, 135.3, 135.4, 135.5, 135.6, 135.7, 135.8, 135.9, 135.10, 135.11, 135.12, 136.1, 136.2, 136.3, 136.4, 136.5, 142.2, 148.1, 148.2, 148.3, 148.4, 150.1, 150.2, 151.1, 151.4, 153.2, 154.1, 155.4, 155.5, 155.6, 155.7, 155.8, 156.1, 156.2, 157.1, 157.2, 158.1, 158.3, 161.1, 163.5, 164.1, 164.2, 164.3, 166.1, 166.2, 166.3, 166.4, 166.5, 167.1, 167.2, 168.1, 168.2, 168.3, 170.1, 170.2, 170.3, 171.1, 171.2, 171.3, 171.4, 172.1, 172.2, 173.1, 173.3, 173.4, 173.5, 173.6, 173.7, 173.8, 173.9, 173.10, 175.2, 179.1, 179.2, 179.3, 179.4, 180.1, 181.1, 181.2, 181.3, 184.1, 184.2, 186.1, 186.2, 188.1, 188.2, 188.3, 188.4, 188.5, 188.6, 189.1, 189.3, 189.4, 190.2, 190.3, 190.4, 191.1, 191.2, 191.4, 192.1, 192.2, 192.6, 192.7, 193.1, 193.3, 193.4, 193.5, 193.6, 194.1, 194.2, 194.3, 194.5, 195.1, 195.2, 196.1, 197.4, 198.2, 198.3, 198.4, 199.2, 199.3, 199.4, 199.5, 199.6, 199.7, 199.8, 199.9, 199.10, 199.11, 199.12, 199.13, 201.1, 203.1, 203.2, 203.3, 203.4, 203.5, 204.1, 204.2, 204.3, 204.4, 204.5, 204.6, 204.7, 204.8, 204.9, 204.10, 204.11, 204.12, 204.13, 204.14, 204.15, 204.16, 204.17, 204.18, 205.1, 205.2, 207.1, 207.2, 207.3, 207.4, 208.1, 208.2, 208.3, 208.4, 209.1, 209.2, 209.3, 210.1, 211.1, 211.2, 213.1, 214.1, 215.1, 215.2, 216.1, 216.2, 216.3, 216.4, 216.5, 216.6, 216.7, 217.1, 217.2, 219.1, 219.2, 220.1, 222.1, 223.1, 224.1, 225.1, 225.2, 225.3, 225.4, 225.5, 225.6, 225.7, 225.8, 225.9, 225.10, 226.1, 226.2, 226.3, 228.1, 228.2, 228.3, 228.4, 228.5, 229.1, 229.2, 229.3, 229.4, 230.1, 230.2, 230.3, 230.4, 231.1, 233.1, 233.2, 234.1, 234.2, 235.1, 235.2, 235.3, 236.1, 236.2, 237.1, 237.2, 237.3, 238.1, 239.1, 239.2, 239.3, 240.1, 240.2, 240.3, 241.1, 241.2, 241.3, 242.1, 242.2, 242.3, 242.4, 242.5, 242.6, 242.7, 242.8, 242.9, 242.10, 242.11, 242.12, 242.13, 242.14, 242.15, 243.1, 243.2, 243.3, 245.1, 248.1, 248.2, 248.3, 248.4, 248.5, 248.6, 248.7, 248.8, 248.9, 249.1, 249.2, 249.3, 249.4, 249.5, 249.6, 249.7, 249.8, 249.9, 249.10, 249.11, 249.12, 249.13, 249.14, 250.1, 250.2, 251.1; Jim-Studien 2021 215.3.